Die menschliche Lunge

Heinrich von Hayek

Die
menschliche Lunge

Zweite, ergänzte und erweiterte Auflage

Mit 291 zum Teil farbigen Abbildungen und einer Falttafel

Springer-Verlag Berlin Heidelberg GmbH 1970

ISBN 978-3-662-11513-8   ISBN 978-3-662-11512-1 (eBook)
DOI 10.1007/978-3-662-11512-1

Ursprünglich erschienen bei Springer-Verlag Berlin · Heidelberg 1970

Library of Congress Catalog Card Number 74-117715.

Vorwort zur zweiten Auflage

In den 15 Jahren seit dem ersten Erscheinen dieses Buches ist die Literatur über die mikroskopische Anatomie der Lunge enorm angewachsen, und zwar zu einer Menge, wie es nach den vorhergehenden Jahren nicht zu erwarten war.

Die Ursache hierfür ist einerseits besonders das vermehrte Auftreten des Lungenemphysems speziell in den U.S.A. und die Entwicklung der Technik der Elektronenmikroskopie, die zuerst im Jahre des Abschlusses der ersten Auflage dieses Buches 1952 erlaubte, Dünnschnitte der Lunge mit dieser Methode zu untersuchen. Die erfolgreichen elektronenmikroskopischen Arbeiten zahlreicher Autoren veranlaßten mich dann, einige Fragen an tierischem Material mit dieser Methode anzugehen, was mir zuerst (1957) durch Mitarbeit von Dr. Braunsteiner von der II. Med. Klinik (Vorstand: Prof. Dr. Fellinger) mit dem dort vorhandenen Elektronenmikroskop (Philips) möglich war. Später konnte ich dank dem Entgegenkommen von Prof. Dr. Pischinger (Vorstand des histol. Instituts) an seinem Institut durch Zusammenarbeit mit Prof. Dr. Stockinger mittels eines Siemens Elmiskopes an gut fixiertem menschlichem Material den Bau der Lunge gründlich untersuchen und dabei nicht nur die Angaben anderer Autoren nachprüfen und neue Befunde erheben.

Ich danke Herrn Prof. Dr. Stockinger auch für die freundschaftliche, erfolgreiche Zusammenarbeit.

Bei der großen Zahl der in der Lunge vorkommenden Gewebearten und Zellformen mußte ich mich zur Beschränkung des Dargestellten entschließen und insbesondere auf die Beschreibung von Geweben verzichten, die auch in anderen Organen ebenso vorkommen, wie etwa Knorpel, Nervengewebe und Gefäßwände (mit Ausnahme der Capillaren), so wie auch die Erythrocyten, Leukocyten, Eosinophilen, Mastzellen und Plasmazellen nicht behandelt werden, obwohl diese Dinge an unseren Schnitten oft sehr schön zur Darstellung gekommen sind.

Ich möchte auch hier den vielen Herren danken, die durch die Zusendung von Sonderdrucken über die Anatomie der Lunge meine Arbeit gefördert haben, darunter besonders den Initiatoren der Elektronenmikroskopie der Lunge, Herrn Low und Herrn Policard.

Dem Verlag gebührt mein ganz besonderer Dank, nicht nur dafür, daß er sich bereit erklärt, so viele neue Bilder, besonders elektronenmikroskopische Aufnahmen, in die zweite Auflage aufzunehmen, sondern auch für die ausgezeichnete Reproduktion.

Wien, September 1969   H. v. Hayek

Vorwort zur ersten Auflage

Das Buch soll einen Versuch darstellen, das komplexe Organ der Lunge in seinen funktionellen Zusammenhängen gründlich zu beschreiben. Nachdem mich die Untersuchung zahlreicher einzelner Fragestellungen im Laufe der letzten 20 Jahre vom Zwerchfell über seine Gefäße zum Bau der Lungengefäße und schließlich zur Anatomie der Lunge geführt hatte, zeigte sich immer mehr, wie sehr gerade in diesem Organ Einzelheiten des Baues nur im größeren Zusammenhang verständlich werden. Wohl sind schon früher ausführliche Beschreibungen der Anatomie der Lunge erfolgt; so von Miller, der sich 40 Jahre mit Untersuchungen über dieses Organ befaßte, und fast gleichzeitig von Policard, der besonders die Beziehung zur Pathologie hervorhob. Nachdem aber die zusammenfassenden Werke dieser Autoren schon etwa 15 Jahre zurückliegen, seither viele neue Beobachtungen gemacht wurden und andere Fragestellungen aufgetaucht sind, soll hier der Bau der Lunge in weiteren Zusammenhängen von neueren funktionellen Gesichtspunkten aus dargestellt werden.

Das Buch soll jeden, der sich mit der menschlichen Lunge beschäftigt, die für seine Fragestellung wichtigen anatomischen Tatsachen und Zusammenhänge vorzeigen; es ist also nicht nur für Anatomen geschrieben, sondern ebenso für Physiologen, Pathologen, Pharmakologen oder Kliniker. Es versucht, die Grundlagen zu bieten für Fragen der Atmung, des Lungenkreislaufes sowie der Stoffwechsel- und Abwehrvorgänge in der Lunge. Die sich aus pathologischen Vorgängen wie Asthma, Emphysem, Ödem, Silikose, Carcinom und Tuberkulose ergebenden Fragestellungen werden, soweit sie die normale Anatomie betreffen, weitgehend berücksichtigt.

Die Betrachtung eines Organs vom funktionellen Gesichtspunkt lernte ich zuerst kennen in dem Buche von Hesse und Doflein über „Tierbau und Tierleben", denen dieser Gesichtspunkt als Leitgedanke diente. Mein Lehrer J. Schaffer sah die Hauptaufgabe der Histologie darin, die „formbestimmende Kraft der physiologischen Funktion und den kausalen Zusammenhang zwischen Leistung und Gestaltung" zu erkennen. H. Braus hat die gesamte Anatomie des Menschen vom gleichen Standpunkte aus durchgearbeitet.

Wenn ich es unternehmen konnte, dieses Buch zu schreiben, so verdanke ich die Möglichkeit dazu erstens meinem Lehrer, Prof. F. Hochstetter, bei dem ich die kritische Betrachtung und die Technik anatomischer Untersuchung gelernt habe, weiter Prof. C. Elze, dessen Mitarbeiter ich durch über 20 Jahre sein durfte, in welcher Zeit ich von ihm viel Anregung und Kritik erfahren habe und außerdem als Helfer bei der Neuherausgabe des Brausschen Lehrbuches die ganze Anatomie von einem mir neuen Gesichtspunkte durchzuarbeiten Gelegenheit hatte. Das Buch ist ein wesentliches Resultat meiner 14jährigen Tätigkeit an der Universität Würzburg, wo ich trotz der Kriegs- und Nachkriegswirren nicht nur das reiche Material sammeln, sondern auch zahlreiche Einzeluntersuchungen über die Lunge veröffentlichen konnte. Die Gesamtkonzeption erfolgte in der äußerlich schwierigen Zeit, in der in ganz Deutschland praktische wissenschaftliche Forschungsarbeit unmöglich war und die Universität Würzburg ihre Pforten geschlossen hatte. Eine Zeit, in der mir der von den Einzelproblemen und vom Unterricht gewonnene Abstand die Möglichkeit gab, eine Übersicht über größere Zusammenhänge zu gewinnen. Nach dieser Zeit wissenschaftlicher Isolierung war es für mich besonders erfreulich, als Prof. C. Ch. Macklin aus Kanada als erster die seit Kriegsbeginn hermetisch abgeschlossenen Grenzen für mich wieder eröffnete und in wissenschaftlichen Gedankenaustausch über das uns gemeinsam interessierende Gebiet der Lunge trat, und dem bald Prof. A. Policard aus Frankreich folgte. Ich möchte an dieser Stelle besonders diesen beiden Herren sowie allen anderen Kollegen des In- und Auslandes, die mir durch Zusendung ihrer Arbeiten Anregung gaben, dafür meinen herzlichen Dank aussprechen.

Wenn auch die reiche Literatur verwertet wurde, so habe ich doch versucht, alle anatomischen Befunde nachzuuntersuchen und selbst die meisten Präparate, die mir für die makroskopischen und mikroskopischen Untersuchungen nötig schienen, hergestellt. Nur bei der Untersuchung der Innervation der Lunge mußte ich mich vorwiegend auf die Literatur stützen, denn eine eigene Nachuntersuchung dieses weiten Gebietes hätte noch jahrelanger Arbeit bedurft. Die Beschreibung und die Abbildungen beziehen sich, soweit nichts anderes vermerkt ist, durchwegs auf die menschliche Lunge, wenn auch bei experimentellen Fragestellungen und zur allgemeinen Orientierung vielfach andere Säuger, Reptilien und Amphibien herangezogen wurden. Die Mikrophotographien wurden mit Aufsatzkameras von Zeiss oder Leitz aufgenommen. Die Zeichnungen wurden von Präparator Pfeiffer, später von Präparator Hippeli und zum Teil von cand. med. Specht in dankenswerter Sorgfalt ausgeführt. Für die ausgezeichnete Reproduktion der Abbildungen sowie für die schnelle Drucklegung danke ich dem Verlag, dem ich für die Übernahme des so reichlich mit Bildern versehenen Buches ganz besonders zu Dank verpflichtet bin.

Als Zeichen meines Dankes für die genossene Ausbildung möchte ich dieses Werk meinen beiden Lehrern im Fach der Anatomie widmen:

Prof. F. Hochstetter und Prof. C. Elze

Wien, 1953   H. v. Hayek

Inhaltsverzeichnis

Die Spannungs- und Druckverhältnisse in der Lunge

Die Lunge unterscheidet sich von anderen Organen wesentlich dadurch, daß ihre Form, sobald der Thorax eröffnet ist, sich so weitgehend der Unterlage anpaßt, daß man eine eigene Form nur schlecht erkennen kann, ja das Recht, von einer Eigenform (v. Hayek, s. S. 46) zu sprechen, überhaupt angezweifelt wurde (v. Möllendorff). Sie ist ein Hohlorgan mit baumartig verzweigtem Lumen, wobei die Trachea als Stamm anzusprechen ist und die beiden Lungenflügel als Baumkronen. Das Eigentümliche ist nun, daß die Wände dieser Hohlräume — das ist eben die Lunge — nur im Bereiche der Trachea am Kehlkopf befestigt, sonst nirgends wesentlich nach außen hin verspannt sind (mit Ausnahme der besonderen Verhältnisse der Bifurcatio) — wie etwa das Gefäßsystem überall in seiner Peripherie — sondern nur durch von innen wirkende Kräfte, den Luftdruck in den Luftwegen (z. B. Winterstein) und den Blutdruck in den Lungengefäßen in Spannung gehalten werden.

Dadurch ergeben sich eigentümliche Spannungsverhältnisse, die besonders hervorgehoben zu werden verdienen, da ja die dauernd auf Spannung beanspruchte Hauptmasse des Stützgewebes der Lunge aus gummi-elastisch dehnbaren Fasern besteht, die besonders entsprechend den Atmungsbewegungen wechselnd, aber doch dauernd gespannt sind. Darauf, daß außer den elastischen Fasern auch die Oberflächenspannung an der Alveolenwand für die elastische Dehnbarkeit und Retraktionsfähigkeit der Lunge eine Rolle spielt, wird in einem eigenen Abschnitt (S. 230) eingegangen werden.

Die Druckverhältnisse und die unter Spannung stehenden Systeme seien in Abb. 1 dargestellt. Der äußere Luftdruck in der Größe einer Atmosphäre, also etwa 1 kg/cm², wirkt einerseits von außen auf den Rumpf, andererseits durch den Mund oder die Nasenöffnung durch Kehlkopf und Trachea auf das Innere der Lunge. Da der Pleuraraum luftleer ist und nur wenig Flüssigkeit enthält, wird der von innen und außen wirkende Luftdruck Lunge und Brustwand aneinanderpressen, so daß auch im Pleuraspalt der gleiche Druck herrschen müßte, wenn nicht im Laufe der Entwicklung elastische Spannungen entständen, die von der Lunge und dem Thorax dem äußeren Luftdruck entgegenwirkend einen unter dem atmosphärischen Druck liegenden Unterdruck im Pleuraspalt erzeugen würden. Wenn nach der Geburt der in utero zusammengekrümmte kindliche Körper gestreckt wird, so wird diese Streckung durch die Befestigung des Kehlkopfes am Schädel und den durch die Hebung des Kopfes bewirkten Zug an der Trachea einen Anteil an der Entstehung der elastischen Spannung der Lunge haben. Außerdem wird das verschieden starke Wachstum von Lunge und Thorax in fetaler und postfetaler Zeit die Spannung der Lunge beeinflussen, die Lunge kann sich nicht vom Thorax abheben, wenn nicht andere Organe oder Flüssigkeit sich dazwischen einschieben, da sonst ein luftleerer Raum zwischen beiden entstehen müßte; das ist aber wegen des von außen wirkenden Druckes unmöglich. Einen Beweis dafür, daß es der atmosphärische Druck ist, der die Lunge gespannt hält und nicht die Adhäsion im Pleuraraum, liefert das Verhalten der Lunge bei der Resorption eines Pneumothorax. Durch das Überwiegen des intrapulmonalen atmosphärischen Druckes über den durch Resorption der Luft im Pleuraraum entstandenen subatmosphärischen intrapleuralen Druck wird das elastische Lungengewebe gedehnt, bis schließlich bei völliger Resorption der Luft die Pleurablätter sich berühren und damit die normale Spannung des Lungengewebes (abgesehen von seiner weiteren respiratorischen Dehnung) erreicht ist. Jedenfalls beweist diese Beobachtung, daß die Druckdifferenz zwischen intrapulmonalem und intrapleuralem Druck allein imstande ist, das Lungengewebe zu dehnen und in diesem Zustand in Spannung zu erhalten. Ja, die Lunge folgt sogar bei Pneumothorax (auch wenn keine Adhäsionen vorhanden sind) den Atmungsbewegungen des Thorax. Sie wird inspiratorisch durch die Abnahme des intrapleuralen Druckes jeweils so weit gedehnt, bis die elastische Spannung der Lunge plus intrapleuralem Druck dem atmosphärischen Druck das Gleichgewicht halten. Es ist daher unrichtig und irreführend, wenn z. B. v. Möllendorff und van Gehlen davon sprechen, daß alle Teile der Lunge einer Zugspannung von der Pleura aus nur durch die Adhäsion unterworfen sind. Es ergibt sich vielmehr, daß die Alveolen von ihrer Lichtung aus durch den in ihnen herrschenden atmosphärischen Luftdruck in Spannung gehalten werden.

Jedenfalls steht das ganze System vom Schädel über Zungenbein, Kehlkopf, Trachea und Bronchien bis zu den Alveolarsepten und der Abgrenzung der Lungenläppchen unter einer elastischen Zugspannung, die den Druck im Pleuraspalt unter den atmosphärischen Druck herabsetzt, wobei die Thoraxwand den elastischen Gegenzug gleicher Größe erzeugt. Dieser subatmosphärische Druck, der von Donders beschrieben wurde, soll nach älteren Untersuchungen zwischen 6 (exsp.) und 30 mm (insp.) Hg schwanken, nach neueren Untersuchungen in Ruhe um 5 mm Hg fluktuieren (zit. nach Cameron).

Sowie der Luftdruck sich nach allen Seiten hin gleich auswirkt und mit einer Atmosphäre oder 1 kg/cm² drückt, so daß der durch die Lichtung der Trachea wirkende Druck sich von innen auf die ganze Oberfläche der Lunge auswirkt, ebenso wird der elastische Zug von der Trachea aus sich auf die ganze Lungenoberfläche auswirken (Als Oberfläche der Gesamtlunge ist hier die der Pleura parietalis zugewendete Fläche zu betrachten, auf welche Fläche die Resultierenden der Einzelkräfte an den Alveolarwänden sich so auswirken, als ob die innere Oberfläche glatt wäre. Diese Oberfläche der Gesamtlunge beträgt im Mittel etwa 1000 cm².); dabei halten die von gegenüberliegenden Flächen aus wirkenden Kräfte einander das Gleichgewicht und schräg aufeinander wirkende Zugspannungen wirken sich im Sinne eines Kräfteparallelogrammes aus, wie das in der linken Lungenspitze und der Bifurcatio tracheae eingezeichnet ist (Abb. 1).

Nachdem die Lunge bestrebt ist, sich von allen Seiten her elastisch zusammenzuziehen, wird sich dieser Zug auch auf das Mediastinum auswirken und besonders an den darin gelegenen Hohlorganen wirksam werden. Der Herzbeutel wird imstande sein, einen Teil dieses elastischen Zuges abzuschirmen, der die Vorhöfe in ihrer Diastole weit offen hält. Auf den Oesophagus wirkt sich der elastische Lungenzug so aus, daß er in seinem Brustteil im Gegensatz zum Halsteil in der Regel ein offenes Lumen besitzt, und die Trachea ist im Brustteil etwas weiter als im Halsteil. Besonders wichtig wird der Lungenzug ferner für die Venen und Lymphgefäße im Thoraxraum sein.

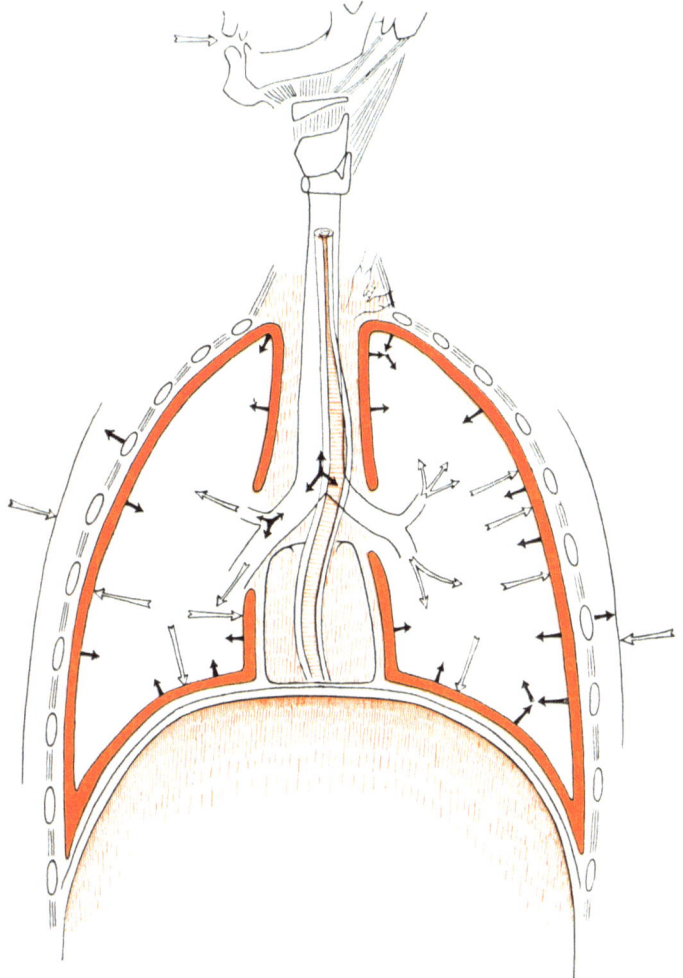

Abb. 1. Druckverhältnisse und Zugspannungen im Thorax. Schwarze Pfeile: Zugspannungen; weiße Pfeile: Luftdruck; gelb: verschieden starker unteratmosphärischer Druck

Aber auch caudalwärts und cranialwärts wird sich der elastische Lungenzug auswirken. Caudal wirkt ihm die starke elastische untere Zwerchfellfascie — auch in der Ruhe der Zwerchfellmuskulatur — entgegen. Dennoch kann sich der Lungenzug auch durch das Zwerchfell auf den oberen Bauchraum auswirken, wobei ihm das Gewicht der oberen Bauchorgane im aufrechten Stand das Gleichgewicht hält, so daß seine Auswirkung caudalwärts schnell abnimmt. In der Magenblase kann sogar gelegentlich subatmosphärischer Druck beobachtet werden. Cranialwärts ist die Wirkung des Lungenzuges noch bemerkbar im Raume über der Lungenspitze zwischen den Scaleni, in welchem Raume er für die Venen und die Einmündung der großen Lymphwege von besonderer Bedeutung ist. Pfuhl (1938) hat gezeigt, daß sich in den Venen, die in ihre Umgebung so eingebaut sind, daß ihre Lichtung offen bleibt, der negative (unteratmosphärische) Druck noch viel weiter auswirkt. (Nauheimer Fortbldgs.-Lehrg. Bd. 14, 1938). Der verschieden starke, durch den Lungenzug erzeugte Unterdruck ist in Abb. 1 durch verschieden dunkle gelbe Farbe angezeigt.

Die in Frage kommende Größe der Spannung beträgt, nachdem der Donderssche Unterdruck im Pleuraraum von verschiedenen Autoren mit 5—30 mm Hg bei verschiedenen Atmungsphasen gemessen wurde, 65—400 g/cm². Bei einer Lichtung der Trachea von etwas über 3 cm² würde demnach ihre elastische Längsspannung $3 \times (65—400) = 200—1200$ g betragen, wobei auch die vor- oder rückgebeugte Stellung des Kopfes eine Rolle spielen wird. Entsprechendes gilt für jede Säule von Lungengewebe von 1 cm² Querschnitt, die zwischen Bronchus und Lungenoberfläche ausgespannt ist oder auch irgend sonstwo im Lungengewebe.

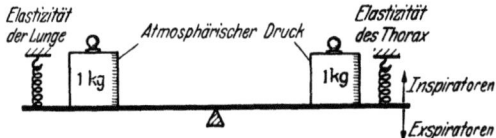

Abb. 2. Darstellung der Druckverhältnisse im Pleuraraum durch eine federgebremste Waage. (Aus v. Hayek, 1952)

Diesen, aus theoretischen Überlegungen 1952 errechneten Angaben entsprechen die Zahlen sehr gut, die sich aus den Experimenten in vivo ergeben haben. Zenker und Glaninger (1959) haben anläßlich von in Lachgasnarkose durchgeführten Larynxexstirpationen mit einer besonders dazu konstruierten Waage die Zugspannung der Trachea gemessen. Bei spontaner Atmung, Verlagerung des Kehlkopfes beim Schluckakt und Kopfbewegungen schwankte die Längsspannung der Trachea zwischen 20 und 1500 g, also noch stärker als vorher errechnet war.

Die Verschiebung der Gleichgewichtslage bei der Atmung läßt sich gut darstellen an einer durch Federn gebremsten Waage (Abb. 2), (v. Hayek, 1945), an welcher sich der elastische Lungenzug und die Elastizität des Thorax als Zugfedern das Gleichgewicht halten. Ebenso halten sich der vom Innern der Lunge und von außen her wirkende Luftdruck in der Höhe von 1 kg die Waage. Der Zug der Inspiratoren wird die das Lungengewebe darstellende Feder spannen und verlängern, die Luftsäule in der Lunge wird der Bewegung folgen, während der Zug der Exspiratoren die Lungenluft wieder zurückdrängt und die elastische Spannung des Thorax vergrößert. Dies gilt für geringgradige Inspirationsbewegungen. Bei stärkeren Inspirationsbewegungen wird die elastische Mittelstellung des Thorax überschritten und die auf Zug beanspruchte Feder (Elastizität des Thorax, Abb. 2) wird dann zusammengedrückt. Die geatmete Luft wird bewegt und kann doch gleichzeitig die Lunge in Spannung halten (entgegen v. Möllendorff, 1941), so wie ein Gewicht auf der Waage gleichzeitig auf die Waagschale drückt und doch vom Gegengewicht hochgehoben werden kann.

Aus dieser schematischen Darstellung des Spannungsverhältnisses von Lunge und Thorax lassen sich verschiedene Beobachtungen über die Folgen der Änderung einzelner Faktoren verständlich machen, so z.B. die Beobachtung Anthonys, die dieser Autor nicht erklärte, daß das absolute Fassungsvermögen des Thorax zunimmt, wenn man durch Anlage eines Pneumothorax die Retraktionskraft einer Lunge ausschaltet. Schaltet man nämlich in der Darstellung der Waage die Zugfeder, die die Elastizität der Lunge darstellt, aus, so wird die andere Zugfeder (Thoraxelastizität) das Übergewicht bekommen und der Thorax sich der Inspirationsstellung nähern, bzw. leichter von den Inspiratoren erweitert werden können.

Der Thorax

Die elastische Spannung des gesamten Thorax

Die Skeletteile des Thorax, die 12 Brustwirbel, die 12 Rippenpaare und das Sternum sind größtenteils durch Gelenke miteinander verbunden, deren Bänder aus dem wenig elastisch dehnbaren kollagenen Bindegewebe bestehen, ebenso sind die faserknorpeligen Zwischenwirbelscheiben und die Synchondrose zwischen 1. Rippe und Sternum sowie die Bandverbindungen zwischen 7.—9. oder 10. Rippe wenig oder gar nicht elastisch dehnbar. Dennoch besitzt das Thoraxskelet oder der Bänderthorax im ganzen eine starke Elastizität, die ihn, wenn man ihn in einer oder der anderen Richtung zusammendrückt, immer wieder in die Ausgangsstellung zurückkehren läßt. Beim Kinde kann man das Sternum bis an die Wirbelsäule andrücken, ohne das Skelet zu verletzen (Fick), und auch noch beim Jugendlichen kann eine Gewalteinwirkung auf den Thorax zu Zerquetschung der Brusteingeweide führen, ohne daß Rippen gebrochen wurden. Diese Elastizität des ganzen Thorax ist außer auf die Elastizität der Bänder auf die der Rippenknorpel und -knochen zurückzuführen.

Das ganze Thoraxskelet steht dauernd unter elastischer Spannung, auch wenn der Zug der Muskulatur oder der Eingeweide nicht wirksam sind. Die Rippen werden durch die Zusammenfassung ihrer vorderen Enden durch das Sternum dauernd in elastischer Spannung gehalten, und zwar mit einer beträchtlichen Kraft. So hat Landerer angegeben, daß, wie man mittels Durchschneidung des Sternum zwischen 5. und 6. Rippe nachweisen kann, die 5 oberen Rippenpaare zusammen einen nach aufwärts gerichteten elastischen Zug von 1,8 kg auf das Sternum ausüben (wovon 850 g auf das erste Rippenpaar entfallen), dem die unteren Rippen das Gleichgewicht halten. Außerdem streben die unteren Rippen nach der Durchschneidung ihrer Verbindung mit dem Sternum kräftig lateralwärts. Durch diese Spannung ergibt sich die Mittelstellung des Bänderthorax.

Die 10 Rippenringe, von denen 7 direkt, 3 weitere indirekt am Sternum befestigt sind, entwickeln zusammen eine beträchtliche elastische Kraft, die das Sternum in seiner Lage hält. Erst ein Gewicht von annähernd 100 kg gleichmäßig auf die vordere Brustwand einwirkend ist beim Kinde imstande, das Sternum gegen die Wirbelsäule zu pressen (Fick). Daß eine Erhöhung des intrathorakalen Luftdruckes die Widerstandskraft des Thorax gegen äußeren Druck erheblich zu verstärken imstande ist, ergibt sich von selbst.

Diese Mittelstellung des Bänderthorax entspricht aber keineswegs der Leichenstellung des Thorax oder der Ruhestellung beim Lebenden. Denn in beiden Fällen ist außer der Elastizität des Thorax noch das Gewicht der Bauchmuskulatur und der Baucheingeweide sowie der elastische Lungenzug wirksam. Letzterer ist wegen der beträchtlichen Größe der Kontaktfläche der Lunge mit dem Thorax nicht außer acht zu lassen. Die konvexe Lungenoberfläche mit einer Fläche von 1250 cm² wird bei einem Dondersschen Unterdruck von 6—8 mm Hg einen Zug von etwa 10 g/cm², also im ganzen einen Zug von 12 500 g oder 12,5 kg, auf den Thorax ausüben (Pfuhl). Durch diesen Zug wird der Ruhethorax des Lebenden oder der Leichenthorax vom Bänderthorax in der Richtung der Exspirationsstellung abweichen, also kleiner sein als dieser.

Die Bedeutung der Form der Brustwirbelsäule

Die Mittelstellung der Brustwirbelsäule ist eine leicht nach hinten konvexe. Eine Streckung ist möglich, bis die Brustwirbelsäule eine Gerade bildet, eine Beugung nach vorne, bis die Achse des ersten mit der des 12. Wirbels einen Winkel von etwa 60° einschließt. Die Bedeutung der Krümmung der Brustwirbelsäule für die Atmung liegt in der Befestigung der Rippen an den Brustwirbeln. Streckung der Brustwirbelsäule bewirkt Spreizung der Rippen und damit Inspiration. Starke Krümmung dagegen hemmt die inspiratorische Hebung der Rippen (Einfluß auf die Lage der Bewegungsachse der Rippen s. S. 9). Daß das Ausmaß der Krümmung der Brustwirbelsäule kompensatorisch mit der Lenden- und Halslordose gekoppelt ist, sei der Wichtigkeit halber hier wenigstens erwähnt.

Die Rippenwirbelgelenke und ihre Beweglichkeit

Die schematisierte Darstellung der Lehrbücher sagt aus, daß die Bewegungsachse des ersten Rippengelenkes nahezu frontal steht, während die der folgenden Gelenke schräg nach dorsal gerichtet seien, woraus sich ergebe, daß das sternale Ende der 1. Rippe sich nur nach vorne, das Ende der folgenden Rippen aber außerdem nach lateral bewege. Entgegen dieser Darstellung unterscheidet Keith den sternocostalen Bewegungstypus der 5 oberen Rippen von dem costodiaphragmalen Bewegungstypus der unteren Rippen, von denen er angibt, daß sie sich nicht um die Achse des Rippenhalses bewegen, sondern im Costotransversalgelenk Schiebebewegungen ausführen, die er allerdings nach späteren Untersuchungen in verkehrter Richtung beschreibt.

Diese Gelenke hat nun Werenskiold genau untersucht und die Bewegungen am Röntgenbild beobachtet. Er ist dabei zu anderen Ergebnissen gekommen als die Autoren vor ihm. Es erscheint daher notwendig, die Rippenwirbelgelenke und besonders die Costotransversalgelenke näher zu besprechen.

Abgesehen davon, daß den letzten beiden Rippen diese Gelenke fehlen und durch Syndesmosen ersetzt sind, kann man 3 Typen der Ausbildung dieser Gelenke unterscheiden, den der 1. Rippe, den der 2.—4. oder 5. Rippe und den der unteren, d. h. der 7.—10. Rippe, wobei die 6. Rippe die Übergangsform darstellt.

Der Querfortsatz des ersten Brustwirbels ist bekanntlich etwa frontal eingestellt, während die Querfortsätze der folgenden Wirbel immer stärker von der Frontalebene dorsalwärts ausweichen. Daraus ergibt sich, daß der Hals der Rippe mit der

Frontalebene einen Winkel (Abb. 3), der als der frontale Kreuzungswinkel (Felix) bezeichnet wird, bildet. Er beträgt stark variierend durchschnittlich etwa:

1. Rippe . . . . . . 10°
2. Rippe . . . . . . 20°
3. und 4. Rippe . . . 40°
5. bis 10. Rippe . . . 45°

Da Rippe und Wirbel durch zwei Gelenke miteinander verbunden sind, soll eine Bewegung nur um eine Achse möglich sein, die durch das Rippenköpfchen und das

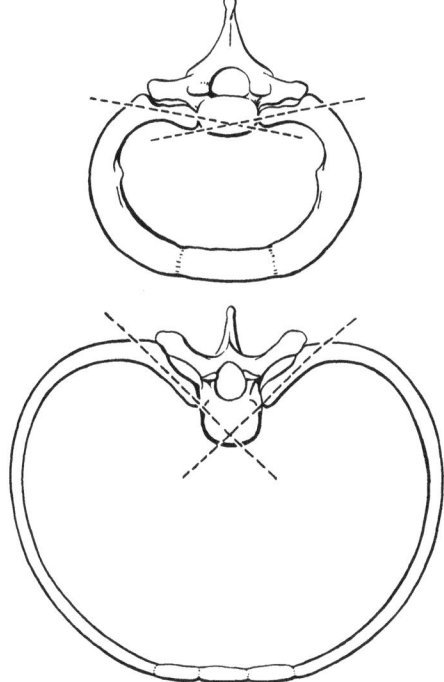

Abb. 3. Rippenhalsachse frontaler Kreuzungswinkel 1. und 6. Rippe

Tuberculum costae geht; das ist die Rippenhalsachse, „sie einzig und allein bestimmt die Bewegungsform der Rippe" nach Felix. Diese Rippenhalsachse weicht außerdem auch aus der Transversalebene nach cranial oder caudal ab und schließt mit ihr den horizontalen Kreuzungswinkel ein (Abb. 4), dessen Größe von der Ausbildung der Kyphose abhängig ist (Felix).

Die Verschiedenheit des frontalen Kreuzungswinkels würde für eine reine Bewegung um diese Achse bedeuten, daß sich das vordere Ende der 1. Rippe etwa in einer sagittalen Ebene bewegt, so daß es sich bei einer Hebung der in Ruhelage herabhängenden Rippe nach vorne von der Wirbelsäule entfernt, während bei den folgenden Rippen sich die vorderen Enden in lateralwärts divergierenden Ebenen bewegen, so daß sie bei Hebung der Rippen auseinanderweichen und zur transversalen Erweiterung des Thorax betragen.

Ein starker horizontaler Kreuzungswinkel (Abb. 4) im Sinne eines Lateralwärts-Aufsteigen der Rippenhalsachse würde bewirken, daß sich das vordere Ende der

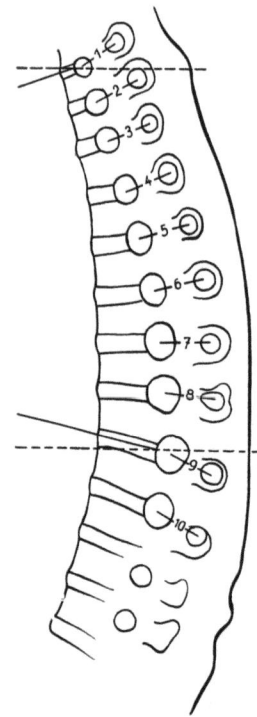

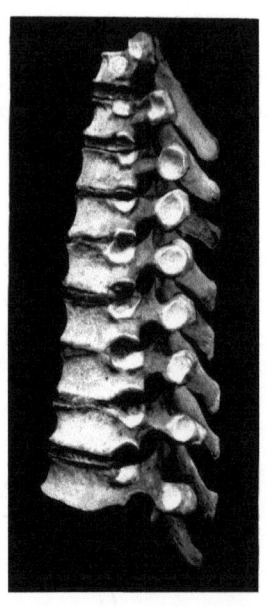

Abb. 4. Rippenhalsachse horizontaler Kreuzungswinkel 1.—9. Rippe. (Nach Felix)

Abb. 5. Gelenkflächen an Wirbelkörper und
Proc. transversi vom 1.—9. Brustwirbel

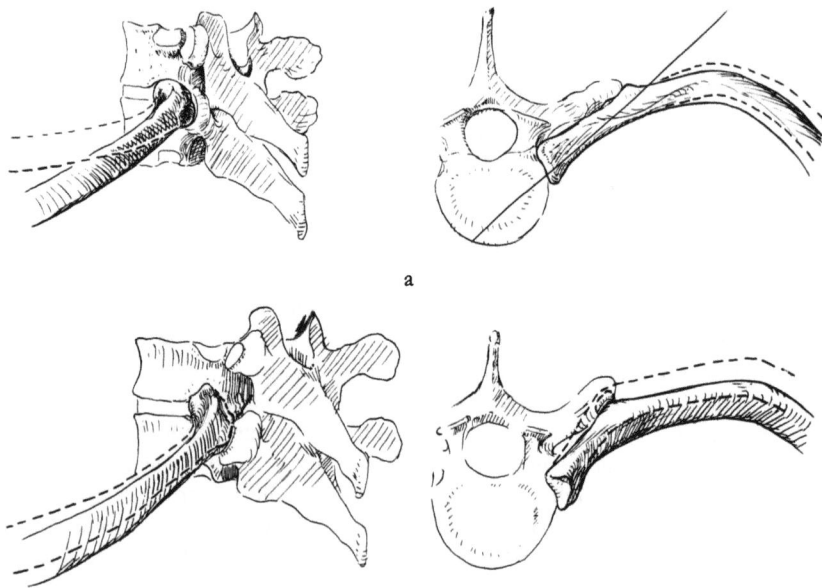

Abb. 6a u. b. Bewegungsmöglichkeit der 3. (a) und 8. (b) Rippe von dorsolateral und
cranial. Bei (a) Drehung um die Halsachse, bei (b) Schiebegelenk am Querfortsatz

Rippe in einer dachartig lateral absinkenden Ebene bewegt, also beim Heben der Medianebene nähert (entgegen der Ansicht von Felix und Sieglbauer), so daß bei starker Kyphose eine Erweiterung des Thorax in seinen oberen Partien — die durch den frontalen Kreuzungswinkel bedingt wäre — ausfallen müßte. In der unteren Thoraxpartie dagegen würde der negative horizontale Kreuzungswinkel zur Folge haben, daß die Rippenenden stärker lateralwärts gehoben werden, als das durch den frontalen Kreuzungswinkel der Achse allein bedingt wäre.

Eine genaue Untersuchung der Gelenkflächen an den Querfortsätzen allein läßt schon vermuten, daß auch andere Bewegungen als die um die Rippenhalsachse in diesen Gelenken möglich sind, eine Vermutung, die durch die röntgenologischen Untersuchungen Werenskiold für die 2.—10. Rippe bestätigt wurde. Da das Gelenk der 1. Rippe einer gesonderten Besprechung bedarf, möchte ich dieses Gelenk erst nach den anderen Gelenken betrachten.

Regelmäßig am Querfortsatz des 2.—4. Wirbels (Virchov, 1917) manchmal am 5. und seltener am 6. findet sich eine konkave Gelenkfläche (Abb. 5) mit zylindrischer Krümmung, die nach lateral und vorne blickt, wobei die Achse des Zylinders etwa der Rippenhalsachse entspricht (Abb. 6). Am 7.—10. Brustwirbel dagegen ist die Gelenkfläche am Querfortsatz nahezu plan, und ist um etwa 45° zur Transversalebene schräg gestellt, so daß sie nach außen oben und cranial blickt. Diese Schrägstellung ist bei verschiedener Krümmung der Wirbelsäule verschieden (Virchov, 1917) bei stärker gekrümmter Wirbelsäule stehen die Gelenkflächen steiler als bei weniger kyphotischer Wirbelsäule. Die Gelenkfläche ist kleiner als bei den Konkavgelenken der oberen Wirbel, der überknorpelte Abschnitt kann so klein sein, daß am macerierten Wirbel nichts mehr davon zu erkennen ist; die Kapsel ist meist sehr weit oder besitzt große Recessus. Wenn am 10. Wirbel überhaupt ein Costotransversalgelenk vorhanden ist, steht die Gelenkfläche häufig beinahe horizontal, das Gelenk ist hypoplastisch, was auch bei den vorhergehenden Gelenken vorkommt. Werenskiold versteht darunter Gelenke mit kleinen meist inkongruenten Gelenkflächen, die durch die Kapsel nach Art eines Discus articularis vergrößert werden. Die Ausbuchtungen des Gelenkraumes sind oft größer als die Gelenkfläche.

Bei den oberen Rippen mit Ausnahme der 1., also der 2.—5., findet, wie Keith und Werenskiold nach Röntgenbildern angeben, eine Bewegung um die Rippenhalsachse statt (Abb. 6a). Das gilt jedoch nicht für die unteren Rippen (7.—10.). Schon Fick gibt an, daß es in diesen Gelenken „keine reinen Rotationsbewegungen um eine einzige feste Achse" gibt. Keith beschreibt Schiebebewegungen in den Costotransversalgelenken, doch gibt erst Werenskiold eine befriedigende Erklärung der Bewegung in diesen Gelenken der unteren Rippen. Er zeigt an Hand von Röntgenbildern, daß das Tuberculum costae inspiratorisch auf dem Querfortsatz nach hinten und oben gleitet (Abb. 6b), so daß auch die Gegend des Rippenwinkels nach hinten und oben bewegt wird. Eine Verschiebung, die mit den Angaben Landerers (1881) im wesentlichen übereinstimmt, der bei künstlicher Einatmung an der Leiche die Verschiebung von je 4 Punkten der Rippenringe nach oben, vorne oder hinten und außen gemessen hat (s. Tabelle 1). Ein Unterschied besteht nur darin, daß Landerer an der Leiche eine Rückwärtsbewegung erst von der 8. Rippe ab festgestellt hat, während Werenskiold am Lebenden diese Rückwärtsbewegung schon von der 6. Rippe ab konstant beobachtete, von wo aus sie caudalwärts zunimmt. Entsprechend wie der Rippenwinkel bewegt sich auch das vordere Ende der Rippe, und zwar am stärksten nach oben, weniger stark nach außen und außerdem etwas nach rückwärts. Eine Bewegung, um die für die oberen Rippen so wichtige Rippenhalsachse, kann daher für die unteren Rippen (6.—12.) als Hauptbewegung ausgeschlossen werden. Wenn man die Inspirationsbewegung der Rippe überhaupt als Bewegung um eine Achse bezeichnen will, so kommt nur eine annähernd anterior-posteriore Achse in Frage, die durch das Rippenköpfchen geht, wie dies Piersol (1906) angibt. Aus den oben geschilderten Verschiedenheiten der Schrägstellung der Gelenkflächen der Proc. transversarii (Virchov, 1917) ergibt sich, daß die geschilderte Dorsolateralbewegung der Rippen bei stärkerer Kyphose schwächer sein wird.

Die von Werenskiold beschriebene Bewegung der unteren Rippen bedeutet eine rein seitliche Erweiterung der unteren Thoraxpartien, eine Atmungsform, die wir als reine Flankenatmung (s. S. 15) bezeichnen können.

Tabelle 1. *Bewegungsgröße von 3 Punkten jedes Rippenringes bei künstlicher Einatmung an der Leiche nach Landerer (1881). (In Millimetern)*

Mitte der	1. Punkt entsprechend der Spitze der 10. Rippe			2. Punkt entsprechend der Spitze der 11. Rippe			3. Punkt entsprechend der Scapularlinie		
	nach oben	nach vorn	nach außen	nach oben	nach vorn	nach außen	nach oben	nach vorn	nach außen
1. Rippe	25,0	15,0	10,0	21,0	16,0	7,0	6,0	4,0	2,0
2. Rippe	29,0	13,0	14,0	29,0	24,0	8,0	14,0	11,0	3,5
3. Rippe	31,0	15,0	17,0	**36,0**	21,0	8,5	**15,0**	5,0	3,0
4. Rippe	**35,0**	9,0	18,0	32,0	15,0	11,5	14,0	3,0	3,0
5. Rippe	32,0	5,5	14,5	26,0	6,0	12,5	10,5	1,0	3,5
6. Rippe	31,0	2,5	15,5	22,0	2,0	14,0	8,0	1,0 rück- wärts	4,0
7. Rippe	31,0	1,0 rück- wärts	16,0	18,0	— rück- wärts	15,0	6,5	2,0	5,0
8. Rippe	30,0	2,0	20,7	17,5	2,0	16,5	6,0	1,5	7,0
9. Rippe	27,0	4,5	22,0	14,0	2,0	18,0	5,0	1,5	7,0
10. Rippe	24,0	8,0	20,0	7,0	1,0	23,0	3,0	—	10,0

Die Maxima der Aufwärtsbewegung halbfett.

Die erste Rippe und ihre Beweglichkeit

Der Ring der 1. Rippe steht in der Ruhestellung des Thorax meist in einer etwa um 45° nach vorne gesenkten Ebene, die durch die Rippenköpfchen und das sternale Ende der Rippe gegeben ist. Bei einer Einstellung des Rippenhalses in einer annähernd transversalen Ebene ist der laterale in der Axillarlinie gelegene Teil der Rippe gegen diese Ebene, entsprechend der Stellung des Rippenhalses zum Rippenkörper, etwas abwärts geneigt (Abb. 7a). Individuell variierend finde ich aber an einzelnen Skeleten ein dachartiges Absinken der Fläche des 1. Rippenringes um etwa 45°, wobei dann auch der Rippenhals nicht mehr transversal verläuft, sondern das Köpfchen höher steht als das Tuberculum (Abb. 7b). Eine Verschiedenheit der

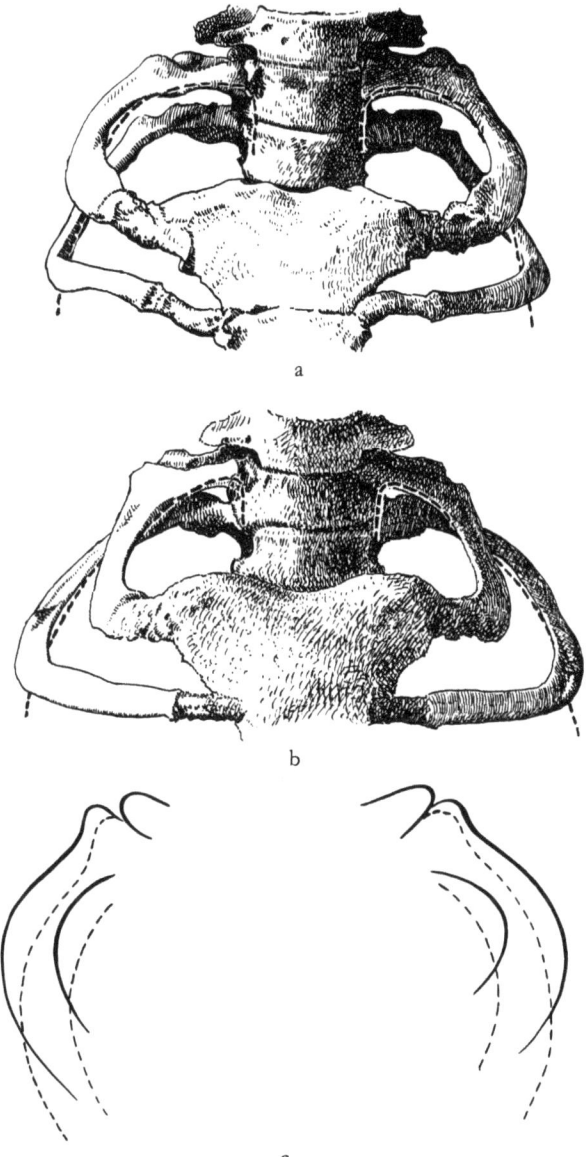

Abb. 7a—c. Verschiedene Stellung der 1. Rippe und Form der Pleurakuppel. a und b trockene Skeletpräparate; c respiratorische Verschieblichkeit der unteren Rippe nach Röntgenbildern. (Aus v. Hayek, 1950)

Stellung am Leichenthorax, die offenbar auf der besonderen Beweglichkeit der 1. Rippe beruht. Vom Ring der 1. Rippe ist ferner besonders bemerkenswert, daß der Unterschied zwischen tiefem und breitem Thorax hier besonders deutlich hervortritt, da die 1. Rippe in dem einen Falle einen weniger starken, in dem anderen Falle einen stärker nach lateral ausladenden Bogen bildet (Abb. 8), wodurch die anschließend zu besprechende Kippbewegung der 1. Rippe weniger stark oder stärker die Pleurakuppel zu erweitern imstande ist.

Die Verbindung der 1. Rippe mit der Wirbelsäule unterscheidet sich von den gleichen Verbindungen der folgenden Rippen durch den Bau der Articulatio capituli sowie der Articulatio tuberculi costae (v. Hayek, 1950). Während die folgenden Rippen mit ihrem Köpfchen an zwei Wirbeln artikulieren und in der Mitte der gehöhlten Gelenkfläche durch das Lig. interarticulare befestigt sind, artikuliert die 1. Rippe nur am 1. Brustwirbel mit ihrem Köpfchen an einer annähernd planen

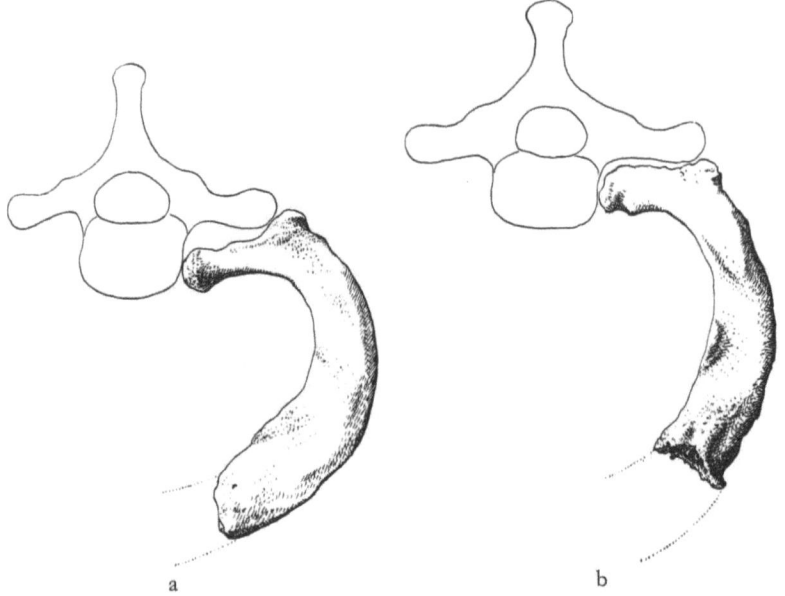

a   b

Abb. 8a u. b. Variabilität der 1. Rippe. Extremformen. (Aus v. Hayek, 1950)

Gelenkfläche. Am Querfortsatz findet sich für das Tuberculum costae primae eine plane oder leicht konvexe Gelenkfläche (Werenskiold), die nach außen, vorne und unten blickt.

Am Gelenkpräparat sind außer der Bewegung um die Rippenhalsachse auch Schiebebewegungen in beiden Gelenken nach oben und unten möglich, so daß eine Bewegung um eine sagittale Achse durchgeführt werden kann, die etwa durch das Lig. colli costae hindurchgeht.

Bei einer solchen Kippbewegung kann der axillare Teil der Rippe gehoben werden, so daß die dachförmig geknickte Fläche des 1. Rippenringes zu einer Ebene wird, wobei die axillaren Partien der 1. Rippe gleichzeitig lateralwärts bewegt werden.

Beim Lebenden finden wir am Röntgenbild ein inspiratorisches Hochsteigen des Tuberculum costae gegenüber dem Querfortsatz (Abb. 7c) sowie eine inspiratorische Zunahme des Querdurchmessers des 1. Rippenringes um beinahe 1 cm (Abb. 9 und 10a), was beides durch eine reine Bewegung um die Rippenhalsachse nicht erklärt werden kann. Das Rippenköpfchen und der Rippenhals sind an meinen Aufnahmen nicht frei projiziert, so daß eine Stellungsänderung des Rippenhalses nur aus den Verschiebungen des Tuberculum costae geschlossen werden kann. Bei dem

frontalen Kreuzungswinkel der Halsachse der 1. Rippe von etwa 10° müßte sich das
sternale Ende bei einer reinen Bewegung um die Rippenhalsachse der 1. Rippe
stärker nach lateral bewegen als ihr axillarer Teil; eine Entfernung des sternalen
Endes der knöchernen Rippe von der Medianebene ist aber nicht möglich, da ja der
knorpelige Teil der 1. Rippe die gerade Fortsetzung des knöchernen Teiles bildet
und annähernd senkrecht auf die Längsachse des Sternum verläuft. Die seitwärts
gerichtete Bewegungskomponente, die durch den frontalen Kreuzungswinkel der
Rippenhalsachse bedingt wird, wird überdies, wie oben erwähnt, durch den hori-

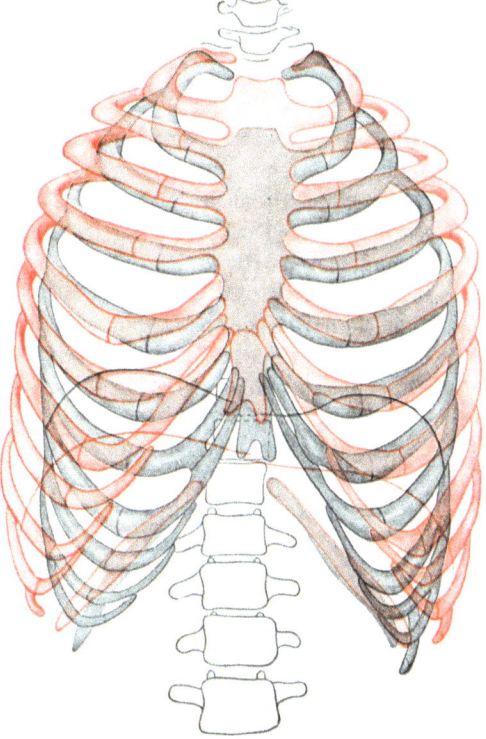

Abb. 9. Thorax in Inspirations- und Exspirationsstellung. (Nach Röntgenbildern von
Hasselwander aus Braus-Elze, 1. Bd., 3. Aufl.)

zontalen Kreuzungswinkel aufgehoben. So kann also die quere Erweiterung des
1. Rippenringes beim Lebenden nur durch die Kippbewegung der 1. Rippe um eine
annähernd sagittale Achse erklärt werden, bei welcher Kippbewegung kleine Schiebebewegungen nach auf- und abwärts in den beiden Gelenken der 1. Rippe stattfinden.
Man kann sich gut vorstellen, daß bei dieser inspiratorischen Kippbewegung der an
der Außenkante der 1. Rippen befestigte Musculus scalenus medius eine Rolle spielt.
Das Ausmaß der respiratorischen Bewegung der 1. Rippe wird demnach durch
zahlreiche Faktoren beeinflußt werden können, wobei die Festigkeit der Gelenk-
bänder und des Rippenknorpels wesentlich ist. Die Hebungsmöglichkeit der 1. Rippe
wird geringer sein bei Kyphose der oberen Brustwirbelsäule, weil 1. die Bänder der
Rippengelenke früher gespannt werden, 2. der horizontale Kreuzungswinkel ver-

größert ist und daher mit einer Bewegung um die Rippenhalsachse eine Verengung der oberen Thoraxapertur einhergeht. Verringert wird die Erweiterungsmöglichkeit der oberen Thoraxapertur weiterhin durch eine wenig nach lateral ausgebogene 1. Rippe (Abb. 8 b), da dann ihre Kippbewegung weniger erweiternd wirkt. Wieweit etwa hängende Schultern durch die Stellung der Clavicula die Kippbewegung negativ beeinflussen, ist nicht untersucht, doch scheint es mir wahrscheinlich. Daß die Kippbewegung der 1. Rippe aber durch Kyphose behindert wird, ist nach der nach vorne abwärts gerichteten Stellung der Gelenkfläche am Querfortsatz als sicher zu bezeichnen. Wheelers-Haines kommt auf Grund anatomischer und röntgenologischer Untersuchungen im wesentlichen zu den gleichen Ergebnissen.

Die respiratorischen Formänderungen des Thorax

Betrachten wir nun die respiratorischen Formänderungen des ganzen Thoraxraumes, wie sie sich darstellen, wenn man Röntgenbilder vom extremen Exspirium und Inspirium übereinanderzeichnet und dabei den ersten Brustwirbel oder, was das gleiche bedeutet, die Pleurakuppel zur Deckung bringt (Abb. 10). An diesen Bildern fällt auf, daß sich die obere Thoraxpartie stärker (Abb. 10a) oder ebenso stark (Abb. 10b) lateralwärts erweitert wie die untere Thoraxpartie, während sich aus der Analyse der Bewegungen der einzelnen Rippen ergab, daß sich die oberen Rippen weniger lateralwärts bewegen als die unteren, was mit den Messungen Landerers (Tabelle 1) übereinstimmte. Die Diskrepanz beruht erstens darauf, daß bei der Betrachtung des ganzen Thoraxumrisses nicht die Querdurchmesser jeweils des gleichen Rippenringes verglichen werden, sondern Querdurchmesser des Thorax in bestimmter Wirbelhöhe und in dieser Wirbelhöhe im Inspirium ein anderer Rippenring liegt als im Exspirium (Abb. 9), zweitens auf der Kegelform der oberen Thoraxpartie (1.—4. Rippe) im Vergleich zur Zylinderform der unteren Thoraxpartie (5.—10. Rippe). Da der Querdurchmesser des 5. und 6. Rippenringes annähernd gleich ist, wird beim Inspirium, wenn die 6. Rippe in der Axillarlinie dort liegt, wo beim Exspirium die 5. Rippe lag (Abb. 9), der Thorax hier in der Höhe des 9. Brustwirbels nur um den Betrag erweitert, um den ein entsprechender Punkt der Rippe sich lateralwärts bewegt, also jederseits um etwa 15 mm, im ganzen um 30 mm.

In der Höhe des 5. Brustwirbels tritt beim Inspirieren der Querdurchmesser der 3. Rippe an Stelle des um 3 cm kleineren Querdurchmessers der 2. Rippe (Abb. 9), außerdem verschiebt sich die 3. Rippe jederseits inspiratorisch lateralwärts um 8 mm (Punkt entsprechend dem vorderen Ende der 11. Rippe, Landerers Tabelle), so daß eine Erweiterung des Thorax in dieser Höhe um 46 mm zustande kommt, was der Differenz an der Umrißskizze von Röntgenbildern entspricht.

Besonders eindrucksvoll ist diese Änderung des ganzen Thoraxdurchmessers in der Nähe der Pleurakuppel, die ja ihre Lage zur Wirbelsäule nicht verändert. In der Höhe des unteren Randes des 2. Brustwirbels liegt exspiratorisch der Querdurchmesser des 1. Rippenringes mit etwa 11 cm, inspiratorisch dagegen der Querdurchmesser des 2. Rippenringes mit etwa 16 cm, so daß der Querdurchmesser des Thorax sich hier um etwa die Hälfte vergrößert, wenn die 1. Rippe so stark wie auf Hasselwanders und meinen Röntgenbildern gehoben wird, was nicht ohne Einfluß auf die hier gelegenen Lungenpartien bleibt (Abb. 9). Die Darstellung der respiratorischen Formänderung des Thorax in Abb. 10a—d stellt 4 verschiedene Typen der tho-

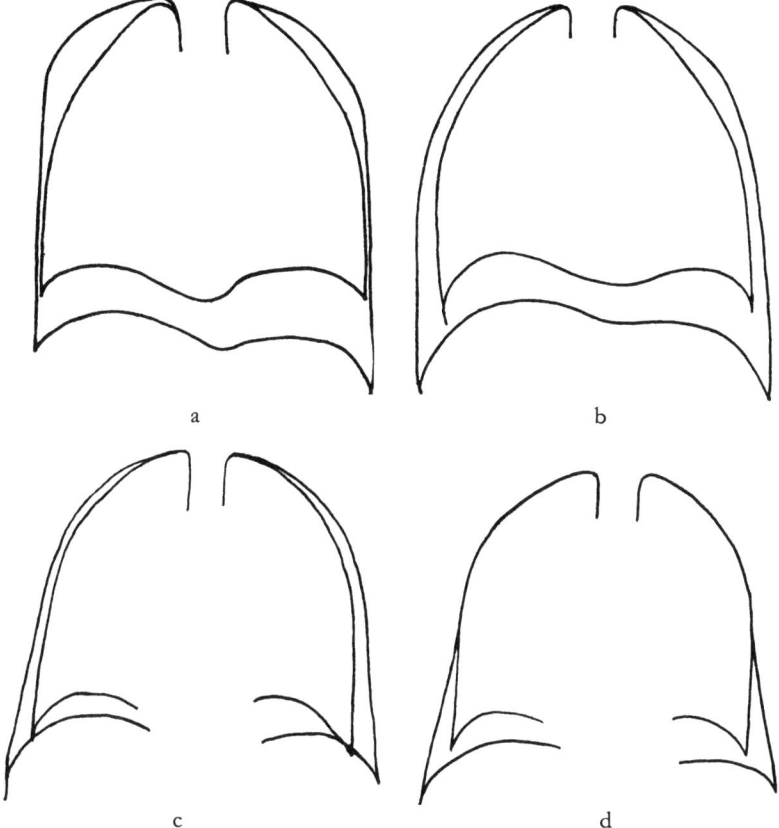

Abb. 10 a—d. Inspiration und Exspiration, Umrisse nach Röntgenbildern. a obere Rippenatmung; b gleichmäßige Rippenatmung; c schwache Flankenatmung; d Flankenatmung.
(a und b aus v. Hayek, 1950)

rakalen Atmung dar. Während beim Typus a die Erweiterung der oberen Thoraxpartie überwiegt und im Typus b der ganze Thorax gleichmäßig erweitert wird,
überwiegt in Typus c und d die Erweiterung der unteren Thoraxpartie ein wenig (c)
oder sehr stark (d). Wir haben hier die Flankenatmung vor uns, die in dem einen
Fall (c) unwillkürlich, im anderen Fall willkürlich (d) hervorgebracht wurde.

Die reine Flankenatmung wie im Falle d ist eine unvollständige Inspiration; wird
jedoch tiefer inspiriert, so folgt auf die Bewegung der unteren Rippen auch die
Bewegung der oberen Rippen, bis schließlich der inspiratorische Zustand vom
Typus a oder b erreicht ist. Wenn in diesem Falle (Abb. 10 d) die Flankenatmung
vom Gesunden willkürlich ausgeübt wurde, so wird in anderen Fällen beim Kranken
diese Form der Atmung auch unwillkürlich auftreten können. Bei der Flankenatmung bewegen sich die unteren Rippen 6—12 hauptsächlich nach der Seite und
nur wenig nach oben. Es handelt sich dabei offenbar um eine reine Schiebebewegung
im Costotransversalgelenk, wobei das Tuberculum nach hinten oben gleitet. Bei der
Hebung des ganzen Thorax mit dem Sternum dürfte dagegen auch die Drehung um
die Rippenhalsachse eine Rolle spielen.

Die Intercostalräume

Die Weite der Intercostalräume ist in ihren einzelnen Abschnitten sehr verschieden. Dorsal in der Nachbarschaft der Rippenhöcker nehmen die Intercostalräume von 1.—11. entsprechend der Zunahme der Höhe der Wirbelkörper der Reihe nach gleichmäßig an Höhe zu. In der Axillarlinie sind der 4.—6. Intercostalraum kleiner als die übrigen. Nach vorne nehmen diese Räume an Weite zu bis zum Knorpelknickungswinkel, um gegen das Sternum wieder abzunehmen. In der Ruhe

Tabelle 2. *Über die Weite der Intercostalräume bei ruhendem und aufgeblasenem Thorax. (Nach v. Ebner). Dazu die Berechnung der Prozentzahlen der Erweiterung*

Inter-costal-raum	Etwa 4 cm vor dem Rippenwinkel				Unter der Art. subclavia			
	Ruhe	Inspir.	Differenz	%	Ruhe	Inspir.	Differenz	%
1.	21	21	0	0	21	18,7	−2,3	−10
2.	19	21	2	5	20,3	23	2,7	13,5
3.	21,5	23,1	1,6	7	**21,1**	21,2	0,1	0,5
4.	15,6	21,7	**6,1**	39	19	**23,5**	4,5	**23,5**
5.	19	25,4	**6,4**	33	12	19	**7,0**	**58**
6.	22	25	3	13	17,7	20,7	3,0	18
7.	24,5	26,7	2,2	9	19	20	1,0	5
8.	28,1	29,2	1,1	5				
9.	30	34,2	4,2	14				
10.	36,7	38	1,3	5				
11.	37	38	1	3				

Die Maxima halbfett.

wie im Exspirium (Abb. 9) ist der 3. Intercostalraum in der Mamillarlinie der weiteste, was auch mit den Messungen v. Ebners an der Leiche übereinstimmt. Inspiratorisch erweitern sich die Intercostalräume (3 oder) 4—11, während die ersten 2 oder 3 beim Lebenden (Fick) sowie der erste an der Leiche (v. Ebner) sich verengen sollen oder vielleicht unverändert bleiben. Die Erweiterung ist eine sehr ungleichmäßige. Während, wie gesagt, der dritte in der Mamillarlinie der weiteste ist, ist es inspiratorisch der vierte (Abb. 9), was mit den Messungen an der Leiche über die Weite der Intercostalräume (nach Ebner) und über das Ausmaß der Verschiebung der 4. Rippe (Tabelle 1 nach Landerer) gut übereinstimmt. Daß sich der 5. Intercostalraum absolut und prozentual stärker inspiratorisch erweitert als der 4. Intercostalraum, ist an der Tabelle 2 von der Leiche auffallend, kann an der Abbildung vom Lebenden (Abb. 9) nur für die linke Seite bestätigt werden.

Die Intercostalmuskulatur

Auf die inspiratorische und exspiratorische Funktion der Musculi intercostales externi und interni brauche ich nicht einzugehen, so wie betreffs der anatomischen Details auf Eislers Bearbeitung im Handbuch der Anatomie verwiesen werden kann. Eine weitere Hauptfunktion dieser Muskeln ist der Abschluß der Intercostalräume gegenüber Druckunterschieden, wie bei Entstehung eines starken Unterdruckes bei der Inspiration oder Überdruckes beim Husten und Pressen. Die Intercostalmuskeln können diesen Druckunterschieden vielfach nicht standhalten, ohne etwas nachzugeben; bei tiefster Inspiration sinken die Intercostalräume etwas ein, beim Hustenstoß werden sie vorgewölbt. In beiden Fällen wird die Wirkung der die Rippen bewegenden Intercostalmuskeln von den anderen Atmungsmuskeln an Kraft übertroffen, so bei der tiefen Inspiration vom Zwerchfell und den akzessorischen Rippenhebern, bei der Exspiration von der Bauchmuskulatur und dem Latissimus dorsi (Hustenmuskel), die den knöchernen Thorax verengern und die Rippen in die Oberfläche der Lunge kräftiger hineindrücken, als die Intercostalmuskeln könnten. Feneis hat kürzlich gezeigt, daß die schräge Überkreuzung der Fasern der Interni und Externi es ermöglicht, daß auch bei starker Annäherung der Rippen aneinander die Fasern gespannt bleiben, so daß sie dieser Funktion gerecht bleiben können, was bei einem Verlauf senkrecht zur Rippe nicht möglich wäre. Ja, dieser Schrägverlauf ermöglicht ein Aneinanderziehen der Rippen beinahe bis zur Berührung durch Kontraktion der Muskelfasern, etwa bei Seitneigung, während bei senkrechtem Verlauf, bei der Kontraktion der Fasern auf höchstens die halbe Länge, eine Verengung des Intercostalraumes höchstens auf die Hälfte möglich wäre. Damit hängt offenbar die meines Wissens noch nicht in funktioneller Beziehung und sonst wenig beachtete Tatsache zusammen, daß die Fasern der Intercostalmuskeln verschieden schräg verlaufen; nur Eisler hat vom rein morphologischen Gesichtspunkt darauf hingewiesen, daß am sternalen Ende der Intercostalräume die Fasern senkrecht auf die Rippen verlaufen. Dies hängt damit zusammen, daß sich hier die Weite der Intercostalräume nicht wesentlich verändern kann, weder bei inspiratorischen Bewegungen noch bei Rumpfbewegungen. Außerdem finden sich Unterschiede im Schrägverlauf der Intercostalmuskeln auch in den stärker bewegten Teilen der Rippen. Im 1. und 2. Intercostalraum verlaufen die Fasern steiler zu den Rippen als sonst, im 4. und 5. Intercostalraum dagegen in besonders spitzem Winkel, wie ich an 3 Präparaten feststellen konnte. Der steile Verlauf der Fasern in den ersten beiden Intercostalräumen ist aber auch schon an einer Abbildung Vesals gezeichnet. Nach den vorhin beschriebenen Änderungen der Weite der Intercostalräume dürfte der steile Verlauf in den beiden ersten Intercostalräumen mit der geringen respiratorischen Weitenänderung dieser Räume, der spitzwinklige Verlauf im 4. und 5. Intercostalraum mit der prozentual besonders großen Weitenveränderung dieser Intercostalräume zusammenhängen.

Die entspannte Intercostalmuskulatur, also auch bei der Leiche, sinkt ein bei normal elastisch retraktionsfähiger Lunge, man findet daher längliche Furchen an der Lungenoberfläche entsprechend den Intercostalmuskeln. Eine geblähte Lunge bei Emphysem oder Ödem und an unter Druck injizierter Leiche dagegen wird Vorwölbungen der Lunge entsprechend den Intercostalmuskeln (Abb. 55) zeigen, so wie beim Pressen oder Hustenstoß sich die Lunge hier vorwölbt. Die verschiedene Beweglichkeit der Brustwand im Bereiche der Rippen und der Intercostalmuskeln spielt eine wesentliche Rolle für die Anordnung des Fettgewebes und der Lymphgefäße der Pleura costalis (s. S. 37) sowie für die Pigmentanordnung der Pleura pulmonalis (s. S. 91).

Das Zwerchfell

Das Zwerchfell ist eine bewegliche Platte, die aus einer Zentralsehne besteht und den von dieser nach allen Seiten ausstrahlenden Muskelfasern, die an der unteren Thoraxapertur befestigt sind. Es wölbt sich normalerweise kuppelförmig von seiner Befestigungsstelle in den Thorax hinein vor.

Die Zentralsehne (Centrum tendineum) hat die Form eines etwa halbkreisförmigen Bandes, mit einer Nase (Lobus ventralis) gegen das Sternum. Die konkave Begrenzung dieses Bandes ist gegen die Wirbelsäule gerichtet, die rechte Hälfte ist etwas breiter als die linke Hälfte. Die Lage des Centrum tendineum ist im allgemeinen eine solche, daß sein vorderer Rand im Bereiche der Zwerchfellkuppeln weiter kranial gelegen ist als sein hinterer Rand, daß es also nach hinten um etwa 2 Wirbelhöhen absinkt (Abb. 11 und 15). In der Medianebene dagegen steht das Centrum tendineum etwa transversal (Abb. 33).

Die Muskelfasern verlaufen so von ihrem Ursprung zum Sehnenzentrum, daß sie etwa senkrecht auf den Rand des Sehnenbandes in dieses einstrahlen. Die Fasern der von der Lendenwirbelsäule entspringenden Pars lumbalis gelangen an die gegen die Wirbelsäule gerichtete Konkavität des Sehnenbandes, die Fasern der vom Processus ensiformis entspringenden Pars sternalis an die vorspringende Nase des Centrum tendineum, während die Fasern der von der 7.—10. Rippe entspringenden Pars costalis an den seitlichen Teilen des Lobus ventralis sowie dem konvexen Rand der seitlichen Teile des Centrum tendineum befestigt sind.

Die Muskelfasern des Zwerchfells

Durch die Form des Centrum tendineum und den Faserverlauf senkrecht auf dessen Ränder (Abb. 12) ergibt sich ein starkes Konvergieren der Muskelfasern der Pars sternalis mit den benachbarten Fasern der Pars costalis, die von der 7. Rippe entspringen gegen den Lobus ventralis des Centrum tendineum. Nicht selten ist der Ansatz der Pars sternalis auf die thorakale Fläche des Centrum tendineum verschoben, und die Insertionen der von der 7. Rippe entspringenden Randbündel der Pars costalis grenzen in der Medianebene aneinander (Eisler). In ähnlicher Weise konvergieren die Fasern der Pars costalis und lumbalis gegen das abgerundete dorsale Ende der Seitenteile des Centrum tendineum, wo es nicht selten zu einer Überkreuzung der Fasern der beiden Partien von ihrem Übergang in die Sehnenplatte kommt (Eisler).

Die Länge der Fleischfasern ist sehr verschieden: sie beträgt bei der Pars sternalis am erschlafften Zwerchfell etwa 3—5 cm, an der von der 7. Rippe entsprungenen Portion etwa 6—8 cm, an den anderen Teilen bis zu 14 cm, wobei die an der 9., 10. oder 11. Rippe entspringenden Fasern die längsten sind. Die Fasern der Pars lumbalis haben eine Länge von etwa 10 cm (s. a. Heinrich, 1953). Daß die dorsolateralen Muskelfasern des Zwerchfells die längsten sind, wird bei einer gleichmäßigen Kontraktion der Fasern zur Folge haben, daß der dorsolaterale Abschnitt der Zwerchfellkuppeln am stärksten gesenkt wird, was mit der Form der Lunge im Zusammenhang steht (s. S. 47).

Die Richtung der Fleischfasern, soweit sie am erschlafften hochgewölbten Zwerchfell der Innenfläche des Thorax anliegen, wechselt im Umkreis wesentlich. Während die nahe der Medianebene gelegenen Fasern der Pars sternalis etwa meridional in

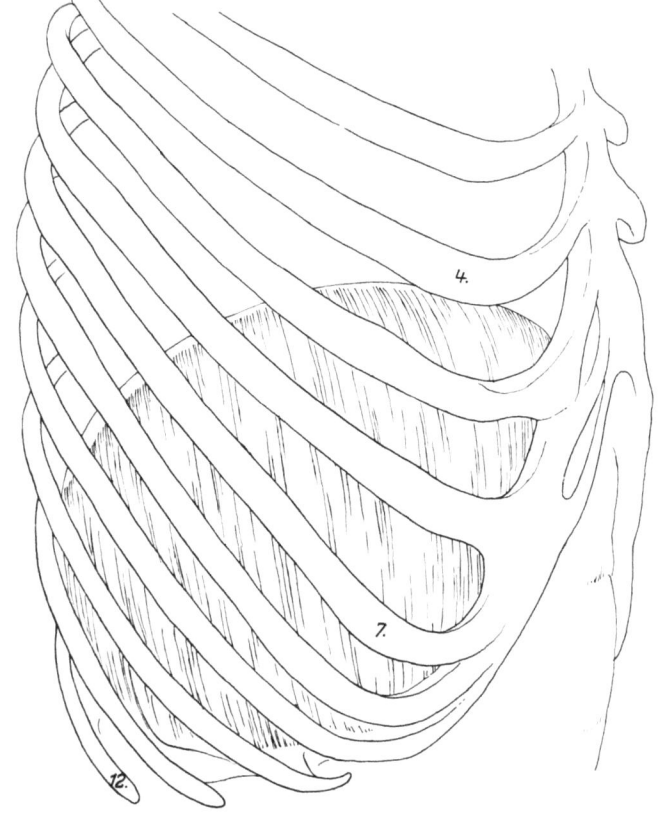

Abb. 11. Zwerchfell von lateral im Thorax. Präparat Rack, gez. Pfeiffer.
(Anat. Sammlung Würzburg)

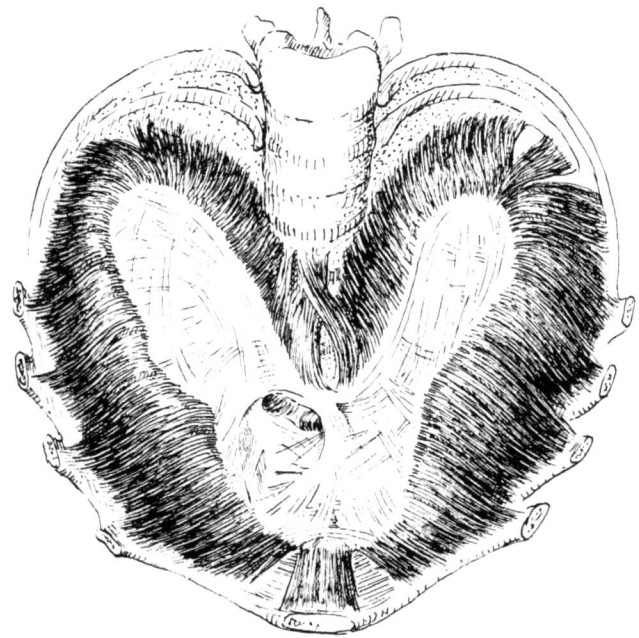

Abb. 12. Zwerchfell von kranial, Anordnung der Muskel- und Sehnenfasern; gez. Hippéli

bezug auf die Kuppel verlaufen, ziehen die Fasern des vorderen Randes der Pars costalis von ihrem etwa 4 cm seitlich der Medianebene gelegenen Ursprung schräg fast bis zur Medianebene. Anschließend divergieren die Muskelfasern etwas, entsprechend der Konkavität des Randes des Centrum tendineum an der Grenze von Lobus ventralis und lateralis, so daß die von der 8. Rippe entspringenden Fasern, deren Ursprung an der Rippe etwa 3 cm caudal vom Ursprung der Pars sternalis gelegen ist, etwa in einem Winkel von 60° nach hinten aufsteigen und die Rippen schräg überkreuzen.

Weiter rückwärts ist der Verlauf der Fasern noch steiler und paßt sich über der 12. Rippe der faßförmigen Erweiterung des Thorax an, so daß auch die am weitesten dorsal gelegenen Fasern der Pars costalis des erschlafften Zwerchfells etwas schräg dorsalwärts aufsteigen, soweit sie der Thoraxfläche anliegen.

Daß die Muskelfasern in der gleichen Richtung wie die Rippen verlaufen, wie das Blechschmidt für den Neugeborenen und Felix für den Erwachsenen angeben, ist wenigstens für das erschlaffte Zwerchfell nicht richtig (Abb. 11), ebensowenig kann man, wie auch Hasselwander 1949 betont, von einem sagittalen Verlauf (Felix) der meisten Zwerchfellfasern sprechen (Abb. 11 und 12).

Die Anordnung der Sehnenfasern des Centrum tendineum

Aus den sich in verschiedener Richtung überkreuzenden Sehnenfasern des Centrum tendineum lassen sich 2 Hauptsysteme herausschälen. Erstens die Fasern, die das Band des Centrum tendineum etwa quer durchkreuzend von den Bündeln der Pars costalis zu den gegenüber ansetzenden Bündeln der Pars lumbalis hinziehen und nur im Bereiche des Foramen venae cavae von dieser Richtung wesentlich ausbiegen. Zweitens Längsbündel, die im wesentlichen quer auf die erstgenannten Bündel verlaufen; sie sind mit ihnen verwebt und halten sie so zusammen.

Besonders zu erwähnen ist noch, daß im Mittellappen transversal verlaufende Sehnenbündel an der abdominalen Fläche oft gut sichtbar sind, die bogenförmig verlaufend, gleichsam als Zwischensehne zwischen die links und rechts von der 7. Rippe entspringende Bündel eingeschaltet sind.

Betreffs weiterer Einzelheiten über den Bau des Zwerchfells und seine Variabilität sei auf die Abhandlung Eislers verwiesen.

Über die Pars sternalis
und das Vorkommen weißen Muskelfleisches

Von den verschiedenen Teilen des Zwerchfells zeigt die Pars sternalis die größte Variabilität. Sie kann bis 4 cm breit sein und von gleicher Dicke wie das übrige Zwerchfell, andererseits kann sie ganz schmal und dünn sein und sogar gelegentlich völlig fehlen (Kratzeisen, 1921; und 3mal auf 20 an meinem Material), so daß dann das präperitoneale Fettgewebe ohne Grenze in das präperikardiale Fettgewebe übergeht.

Die Muskulatur des Zwerchfells besteht im Bereich der Pars costalis und lumbalis aus roten protoplasmareichen dünnen Muskelfasern; die Pars sternalis des menschlichen Zwerchfells dagegen besteht in der Regel ganz oder großenteils aus weißem Muskelfleisch (v. Hayek, 1949), das bei der Präparation im frischen Zustand durch den größeren Reichtum an Bindegewebe eine größere Festigkeit zeigt. Die einzelnen weißen Muskelfasern unterscheiden sich von den roten durch ihre größere Dicke, während beim Kaninchen jedoch die Fasern der roten Muskeln dicker sind als die weißer Muskeln (Graf). Wenn auch die weißen Fasern am Paraffinschnitt eine viel größere Schrumpfung zeigen als die roten, ist ihre Querschnittfläche auch dann noch viel größer. Weiter sind die roten Fasern kernreicher als die weißen. Weiter zeigen die „weißen" dickeren Fasern eine Art Längsstreifung, die ähnlich der ist, die Mayer, Stockinger und Zenker (1966) bei dickeren Fasern von Augenmuskeln beschrieben haben und nach deren Untersuchungen auf „Mitochondrienstraßen" zurückzuführen sind. Diese dickeren Fasern werden entsprechend den Untersuchungen von Heß und Pilar (1963) als „schnelle" Fasern den dünnen „langsamen" Fasern gegenübergestellt. Die „schnellen" Fasern der Augenmuskeln sind nach Mayer et al. multipel inneviert, die langsameren dagegen einfach inneviert.

Die intensiv rote Farbe und der Protoplasmareichtum der Zwerchfellmuskulatur wird von manchen Autoren (Schaffer) in Parallele gestellt mit gleichen Eigenschaften der Herzmuskulatur und mit der dauernden Arbeit des Zwerchfells in Beziehung gebracht. Den weißen Fasern wird wenigstens für das Kaninchen die Fähigkeit einer kurzdauernden kräftigen Arbeitsleistung zugeschrieben (Landois-Rosemann). Andererseits wird das weiße Fleisch gewisser Muskeln des Kaninchens als Zeichen einer Art Degeneration betrachtet (Watzka). Doch kann nach den bisherigen Angaben der Literatur nichts sicheres Allgemeingültiges über Funktionsunterschiede der weißen und roten Muskelfasern ausgesagt werden.

Die von der 7. Rippe entspringenden Zwerchfellbündel konvergieren gegen die Medianlinie, wo sie nahe nebeneinander, nur vom schmalen Ansatz der Pars sternalis getrennt, ansetzen. Bogenförmige, nach vorn konkave Sehnenfasern verbinden diese Ansätze. Durch den schrägen Verlauf und ihre Verbindung untereinander werden diese von der 7. Rippe kommenden Züge die gemeinsame Ansatzstelle am Centrum tendineum stärker abwärtsziehen können als die gerade verlaufenden Fasern der Pars sternalis, wenn sich beide Teile prozentuell gleich stark verkürzen. Eine maximale Kontraktion der Pars costalis (Portion von der 7. Rippe) wird durch Mitwirkung der Pars lumbalis das Centrum tendineum bis in die Ebene der Ursprünge an der 7. Rippe herabziehen, also tiefer als das freie Ende des Processus ensiformis. Die Pars sternalis wird daher nur im Anfang der Zwerchfellsenkung tätig sein können. Demnach wird die Funktion der Pars sternalis sich wesentlich von der der anderen Teile unterscheiden.

Bei einer etwas stärkeren Verkürzung der Costalportionen und geringem inspiratorischem Auseinanderweichen der Rippenbögen wird ihre Ansatzstelle am Centrum tendineum bis in die Höhe ihres Ursprunges an der 7. Rippe herabgezogen werden können, also bis caudal vom Processus ensiformis, wodurch es zu einer Umklappung der Pars sternalis kommen muß (Abb. 15b und 33); durch die Wirkung der von der 8. Rippe kommenden Bündel wird dieses Herunterziehen des Centrum noch verstärkt werden können. Hasselwander (1949) hat diese herabgeklappte Stellung der Pars sternalis auch am Lebenden in Stereoröntgendarstellung beschrieben im Zusammenhang mit der starken Senkung des Herzens und des Centrum tendineum. Die aus weißen Muskelfasern bestehende Pars sternalis kann offenbar nur im Anfang dieser Bewegung in Funktion treten, sobald ein gewisser Grad der Annäherung des Centrum an den Schwertfortsatz erfolgt ist, wird die Pars sternalis durch die starke Kontraktion der Partes costales außer Funktion gesetzt, so daß es bis zu einem gewissen Grade verständlich ist, daß die Pars sternalis aus anderen Muskelfasern besteht als die Pars costalis.

Form und Lage der Zwerchfellkuppel

Die Zwerchfellkuppel ist in ihrer Form und Lage abhängig von verschiedenen Faktoren, die vielfach unabhängig voneinander wechselnd gleichzeitig einwirken, wobei das Überwiegen des einen oder anderen schwer zu erkennen ist. Diese Faktoren sind:

1. Die Elastizität der Zwerchfellfascie und der Muskulatur.
2. Form und Höhenlage der unteren Thoraxapertur.
3. Die Befestigung des Zwerchfells an den Organen des Mediastinums.

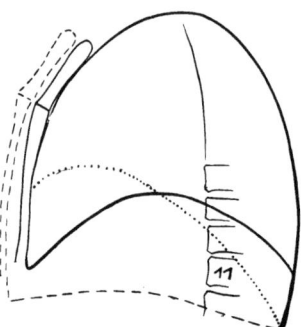

Abb. 13. Seitliche Durchleuchtung. 62jährig. Exspirationsstellung, ————— Rückenlage, ... Bauchlage und Inspirationsstellung - - - -

4. Der vom Thoraxraum auf das Zwerchfell wirkende Druck und die Form der angelagerten Flächen der Brustorgane.
5. Der vom Bauchraum auf das Zwerchfell wirkende Druck und die Form der angelagerten Organflächen.
6. Die Kontraktion der Zwerchfellmuskulatur.

1. Die kollagen-elastische Zwerchfellfascie wird bei völliger Entspannung der Muskulatur in Funktion treten und an der Leiche wesentlich für die Form der Zwerchfellkuppel maßgebend sein, wenn etwa das Zwerchfell zur Präparation mit Gips ausgegossen wird. Die elastische Retraktionskraft der Zwerchfellfascie nimmt wie allgemein beim elastischen Gewebe im Alter ab, und so ist es verständlich, daß im Alter die erschlaffte Zwerchfellkuppel besonders in Rückenlage höher in den Thorax aufsteigt als sonst (Abb. 13). Die erschlaffte Muskulatur ohne Fascie besitzt eine größere Dehnbarkeit als die Fascie, so daß das Zwerchfell nach Entfernung der Fascie weiter in den Thorax vorgewölbt werden kann. Die Fascie bedeutet einen Schutz der erschlafften Muskulatur gegen Dehnung. Die Wirkung der Kontraktion der Muskulatur kann erst nach Besprechung der anderen Faktoren abgehandelt werden.

2. Die Weite der unteren Thoraxapertur wird in dem Sinne einen Einfluß haben, als bei größerer Weite sich die Kuppel flacher zwischen ihren Befestigungspunkten ausspannen muß, bei enger Thoraxapertur höher gegenüber diesen aufsteigt. Da

aber bei Verengung der Thoraxapertur die an den Rippen gelegenen Befestigungspunkte gegen die Wirbelsäule gesenkt werden, bedeutet die Verengung der unteren
Thoraxapertur ceteris paribus nur ein Ansteigen der Zwerchfellkuppel gegen die
vorderen und seitlichen Thoraxpartien, nicht jedoch gegenüber der Wirbelsäule
und den daran befestigten dorsalen Teilen der Rippen. Bei tief herabhängender enger
unterer Thoraxapertur kann die Zwerchfellkuppel in der Höhe der 4. Rippe stehen,
gleichzeitig aber in Höhe des unteren Randes des 10. Brustwirbels, während sonst
die Zwerchfellkuppel exspiratorisch im 4. Intercostalraum und in der Höhe des
9. Brustwirbels steht. Umgekehrt wird bei Hochstand der unteren Thoraxapertur
die abgeflachte Zwerchfellkuppel von vorne gesehen in der Höhe der 6. Rippe
stehen und sich nach hinten ebenfalls auf den 10. Brustwirbel projizieren. Eine
besonders weite untere Thoraxapertur kann zur Folge haben, daß sich das Zwerchfell bei seiner Kontraktion nahezu plan von vorne nach hinten durch den Thorax
spannt (Abb. 13), wenn auch in vorliegendem Falle die geringe Elastizität der Lunge
(beginnendes Emphysem, 62 Jahre) eine Rolle spielen dürfte, in dem Sinne, daß die
elastische Eigenform der Lunge keine wölbende Wirkung wie sonst ausübt.

3. Befestigt ist das Zwerchfell im Bereiche des Mediastinums am Ösophagus,
dem Perikard mit der Vena cava inferior und der Pleura.

Die Verbindung des Ösophagus mit dem Zwerchfell wird durch die kollagen
elastische Membrana phrenico-oesophagea hergestellt (v. Hayek, 1933), die nur bei
gesenktem Zwerchfell vom Ösophagus angespannt wird, bei hochstehendem Zwerchfell dagegen entspannt ist, da dann der Ösophagus nicht gestreckt, sondern bogenförmig durch den Thorax verläuft (Abb. 1). Diese Befestigung des Zwerchfells nach
oben ist elastisch-muskulös durch die Beziehung der Membran zur Längsmuskulatur
des Ösophagus.

Das Perikard ist nur an seinem vorderen Rande und im Gebiet der Vena cava
caudalis mit dem Zwerchfell fest verbunden (Tandler, Wallraff). Vorne gehen sehnige
Faserbündelchen aus dem Perikard in den vorderen Rand des Centrum tendineum
über. An der Hinterwand der Vena cava caudalis findet sich ein sehniger Faserzug
in ihre Adventitia eingewebt, der vom Centrum tendineum zum Perikard zieht, in
welchen Faserzug häufig die Endsehne eines Muskelbündelchens der Pars lumbalis
ausstrahlt. Dieser Faserzug wird als Lig. phrenicopericardiacum bezeichnet (Tandler-
Teutleben, Wallraff), es strahlt in der Hinterwand des Herzbeutels gegen den
Lungenhilus aus. Diese Befestigung des Zwerchfells am Perikard findet ihre Fortsetzung durch die Befestigung des Perikards an der Aorta und der Vena cava cranialis
sowie an der Trachea (Membrana bronchopericardiaca s. S. 61), so daß das Zwerchfell über das Perikard durch die Verzweigungen dieser Gefäße und die Trachea gegen
die obere Brustapertur verspannt ist. Die Wirkung dieser Verbindung des Zwerchfells mit der oberen Brustapertur durch das Perikard zeigt das Bild eines Falles von
hochgradiger Enteroptose (Abb. 14a), in welchem Falle nicht nur der Herzbeutel in
die Länge gezogen ist, sondern auch die mittlere Partie des Zwerchfells durch den
Herzbeutel so hoch gezogen ist, daß sie höher steht als die Zwerchfellkuppel.

Zwischen den dorsal und ventral gelegenen Befestigungsstellen des Zwerchfells
am Perikard liegt zwischen beiden fibrösen Membranen nur lockeres verschiebliches
Bindegewebe mit eingelagerten Lymphknoten (Tandler), das nicht nur stumpfes
Abpräparieren der beiden Schichten gegeneinander gestattet, sondern am frischen
Präparat erlaubt, daß der Herzbeutel in Falten vom Zwerchfell abgehoben wird, wie

man etwa am Handrücken eine Hautfalte hochhebt (Tandler). Wir werden also
annehmen müssen, daß auch beim Lebenden hier eine gewisse Verschieblichkeit
besteht. Dieser lockere Bindegewebsraum ist von beiden Seiten her aus der Furche
zwischen Perikard und Diaphragma leicht zugänglich; der hier erfolgende Übergang
der Pleura mediastinalis in die Pleura diaphragmatica wird ein Abheben von Perikard
und Diaphragma verhindern, eine Verschiebung in geringem Maße jedoch gestatten,
da hier die Pleura sehr dünn, elastisch dehnbar und mit Perikard und Diaphragma
nur locker verbunden ist. In dem Falle von hochgradiger Enteroptose (Abb. 14a)
scheint es wahrscheinlich, daß, entsprechend dieser Verschieblichkeit des Herzbeutels gegen das Zwerchfell, die Kontaktfläche sich langsam, vielleicht im Laufe
von Monaten oder Jahren, mit der Enteroptose verschmälert hat.

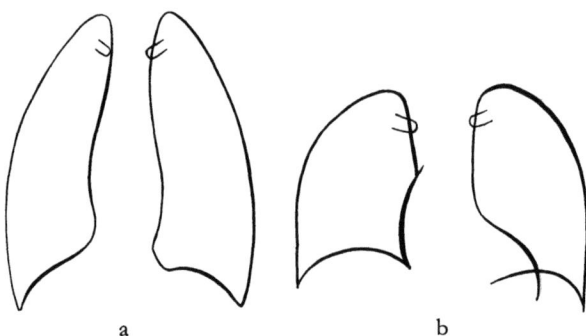

                    a   b

Abb. 14a u. b. Einfluß des Herzens und Herzbeutels auf das Zwerchfell. Bei Ptose (a); und
                    Hochstand (b). (Nach Hitzenberger)

Auch bei frontalem Strahlengang ist am Röntgenbild die Wirkung des Zuges des
Herzbeutels am Zwerchfell zu erkennen, und zwar bei tiefster Inspiration in Form
einer Abknickung der Zwerchfellkontur am hinteren Rande des Herzschattens; der
Herzschatten ist dabei extrem lang und schmal (Abb. 15b).

4. Der elastische Zug der Lungen erzeugt im ganzen Thorax einen unter-
atmosphärischen Druck, der natürlich niedriger ist als der Druck in der Bauchhöhle.
Er bedingt, daß das Zwerchfell sich in den Thorax hinein vorwölbt (Abb. 1). Innerhalb des Herzbeutels ist der Druck höher als im Pleuraraum, da sich der Lungenzug
auf den Perikardialraum nicht voll auswirken kann, dementsprechend finden wir die
Zwerchfellkuppeln höher vorgewölbt als den unter dem Perikard gelegenen Herzsattel. Wenn im aufrechten Stand aber das Gewicht des Herzens auf dem Zwerchfell
ruht, wird dieses Gewicht den Unterdruck im Spalt zwischen Herz und Zwerchfell
in einen Gewichtsdruck verwandeln, dementsprechend sinkt der Herzsattel im
Stehen tiefer als im Liegen (s. Röntgenbilder bei Hitzenberger). Dabei wird die Form
des auf dem Zwerchfell liegenden Herzabschnittes eine Rolle spielen (Abb. 14a und b).
Auf die Tatsache, daß die Form der Zwerchfellfläche der Lunge durch die elastische
Eigenform der Lunge (s. S. 46) eine Rolle für die Form der Zwerchfellkuppel spielt,
wird später (S. 51) eingegangen werden.

Wenn der Unterdruck im Thoraxraum fehlt wie bei Pneumothorax, fehlt auch
die Wölbung des Zwerchfells in den Thorax hinein, die betreffende Zwerchfellkuppel kann in den Bauchraum hinunterhängen. Jede Verminderung der elastischen

Spannung der Lunge, etwa bei Emphysem, wird einen Tiefstand des Zwerchfells bedingen, jede Erhöhung, wie sie bei Erweiterung des Thorax eintritt, ceteris paribus einen Hochstand des Zwerchfells, so hat ein willkürliches Heben des Thorax ohne Atmung ein Einsinken des Bauches zur Folge.

5. Die Druckverhältnisse im Oberbauchraum unter dem Zwerchfell sind wesentlich von der Körperstellung abhängig. Im aufrechten Stand herrscht unter dem Zwerchfell normalerweise, d. h., wenn die Bauchmuskulatur nicht besonders kontrahiert ist, ein unteratmosphärischer Druck, der — bei der vorhandenen relativen Fixation des Zwerchfells durch den elastischen Lungenzug — bedingt ist durch den hermetischen Abschluß des Bauchraumes und durch das Gewicht der Bauchorgane, die, leicht gegeneinander beweglich, hydrostatischen Verhältnissen unterworfen sind. Das Gewicht der Bauchorgane wird dem elastischen Lungenzug das Gleichgewicht halten, da der Bauchraum ja hermetisch abgeschlossen und ein Eindringen von Luft oder Flüssigkeit zwischen die Bauchorgane dadurch unmöglich ist. Da ebenso wie das Gewicht der Bauchorgane auch die Elastizität der Zwerchfellfascie und der Zug der Zwerchfellmuskulatur nach abwärts zieht, wird die Druckdifferenz über und unter dem Zwerchfell so groß sein wie die Zugwirkung des gesamten Zwerchfells. Vom Zwerchfell caudalwärts nimmt der Druck im aufrechten Stand zu, so daß entsprechend den hydrostatischen Verhältnissen im unteren Bauchraum ein Überdruck von über 30 cm Wassersäule herrscht. In liegender Stellung fällt der Zug des Gewichtes der Bauchorgane auf das Zwerchfell größtenteils weg und weicht bei Beckenhochlegung einem Druck der Bauchorgane auf das Zwerchfell, der mit der Stärke der Beckenhochlagerung zunimmt. Die Wirkung des Zuges und Druckes des Gewichtes der Bauchorgane bei wechselnder Körperstellung auf das Zwerchfell ist eine so starke, daß auch bei der Leiche durch Lagewechsel eine nennenswerte Belüftung der Lunge möglich ist (Henderson) und Kippbewegungen des Körpers (um jeweils 45° Abweichung von der Horizontalen nach beiden Seiten) zur künstlichen Beatmung von Patienten angewendet werden (Eve).

Während im aufrechten Stand am ganzen Querschnitt der gleiche Druck herrscht, entsprechend der leichten Verschieblichkeit der Bauchorgane, ist das in liegender Stellung nicht der Fall. Bei Seitenlage wird im jeweils unteren, also der Unterlage anliegenden Teil der Bauchhöhle ein Druck herrschen, der — entsprechend den hydrostatischen Verhältnissen in der Bauchhöhle — um etwa 25 cm Wassersäule (entsprechend der Thoraxbreite) höher ist als in dem oberen — der Unterlage abliegenden — Teil; bei Rücken- oder Bauchlage wird dagegen der Unterschied nur etwa 15—20 cm Wassersäule betragen entsprechend dem geringeren sagittalen Durchmesser der unteren Thoraxapertur. Jedenfalls herrscht im jeweils anliegenden Teil in liegender Stellung ein überatmosphärischer Druck, der hier zu einem Hochstand des Zwerchfells führt, während im abliegenden Teil ein unteratmosphärischer Druck herrscht, der sich von dem im aufrechten Stand nur wenig unterscheidet. Wie stark der nach der Unterlage hin lastende Druck der Baucheingeweide die aufliegende Zwerchfellkuppel bei Seitenlage verdrängt und dadurch die Größe und Form des Pleuraraumes verändert, soll Abb. 17 nach Jamin zeigen. Aber auch bei Rücken- und Bauchlage kann bei schlaffem Zwerchfell und tiefem Thorax die Verlagerung des Zwerchfells eine sehr bedeutende sein, was zu einer starken passiven Formänderung der Lunge führen muß (Abb. 13 und S. 46). Daß auch die Form der Baucheingeweide einen Einfluß auf die Form und Höhenlage der Zwerchfellkuppeln

haben kann, haben Assmann und Hitzenberger gezeigt an Hand von Fällen von
Leberechinococcus und Blähung des Magens oder Colons.

6. Die Zwerchfellkontraktion. Auf die Bedeutung des intraabdominalen Druckes
für die Länge der Zwerchfellfasern in der Ausgangsstellung für die Inspiration und
damit für die Kraftwirkung dabei weist Förster ausführlich hin. Bei der Kontraktion
des Zwerchfells wird die Hauptwirkung wie bei jeder Muskelkontraktion durch
Verkürzung der einzelnen Fasern hervorgebracht, doch hat Pfuhl zu zeigen versucht,
daß auch die bei der Kontraktion erfolgende Dickenzunahme in ihrer Wirkung nicht
zu vernachlässigen ist. Die Verkürzung der Muskelfasern des Zwerchfells bedingt

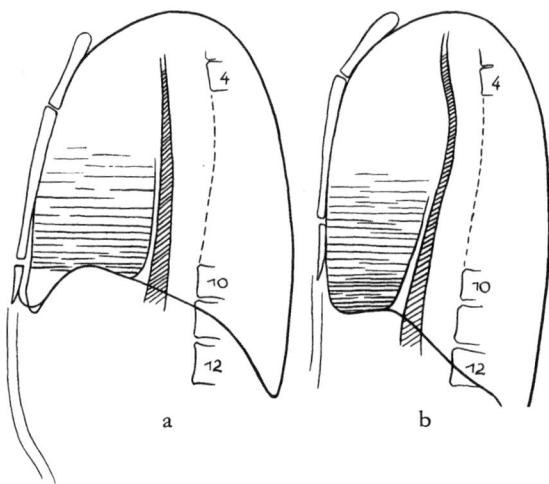

Abb. 15a u. b. Verschiedene Formen des Zwerchfells. a Bei Heben des Thorax und Einziehen
des Bauches; b bei tiefer Inspiration. 30jährig

das Herabsteigen der Zwerchfellkuppel mit dem Centrum tendineum, wobei gleich-
zeitig der Sinus phrenicocostalis eröffnet wird, d. h., das Zwerchfell von der Thorax-
innenwand ablöst. Da in der Regel mit der Zwerchfellsenkung eine Erweiterung der
unteren Brustapertur erfolgt (costoabdominale Atmung), wird die Wölbung des
Zwerchfells erweitert, jedes einzelne Muskelbündel in seinem Verlauf zwischen
Thoraxwand und Ansatz am Centrum tendineum etwas gestreckt. Der Winkel des
Sinus phrenicocostalis ändert sich jedoch nicht oder nur unbedeutend, so daß die
Abbiegung der einzelnen Muskelbündel dort, wo sich das Zwerchfell von der
Thoraxwand ablöst, zwar die gleiche bleibt, aber sich an eine andere Stelle des Muskel-
bündels verlagert. Dafür, daß der Winkel des Sinus phrenicocostalis annähernd gleich
bleibt, ist meiner Meinung nach im wesentlichen die Eigenform der Lunge (s. S. 46)
verantwortlich. Pfuhl (1926) nimmt an, daß die contractorische Dickenzunahme der
Muskelbündel für die Form der Zwerchfellkuppel eine erhebliche Rolle spielt. Da
sich die einzelnen Fasern und Bündel innerhalb des Querschnitts nicht gegeneinander
verlagern können — wie etwa bei glattmuskeligen Organen — muß seiner Ansicht
nach bei der Kuppelform des Zwerchfells „zwangsläufig eine Verlagerung aller
Muskelteilchen nach außen von der Mittelachse weg erfolgen", was gleichbedeutend
mit einer Abflachung der Kuppel sei, die sich bei ruhiger Atmung tatsächlich beobachten läßt. Die Zusammenkeilung der Muskelfasern durch ihre Dickenzunahme

muß zu einem Rigidewerden des Zwerchfells führen, was von Sauerbruch beobachtet wurde; er sagt nach Pfuhl: ,,Der Tonus, der die Wölbung des Zwerchfells
bestimmt, ist beträchtlich. Es gelingt kaum, mit der Hand den Muskel abwärts zu
drängen." Dafür, daß die Rigidität des kontrahierten Zwerchfells für seine Form
eine wesentliche Rolle spielt, spricht, daß nach Abbildungen Hitzenbergers die bei
Pneumothorax im Exspirium ungleichmäßig gewölbte Zwerchfellkuppel mit weit
offenem Sinus phrenicocostalis, im Inspirium, also bei Kontraktion des Zwerchfells
eine gleichmäßige Wölbung mit engen Sinus zeigt.

Die Hebung der Rippen bei Zwerchfellkontraktion beruht auf der Gegenwirkung
der Baucheingeweide, denn sie fehlt bei Lähmung der Bauchmuskeln und Inter-

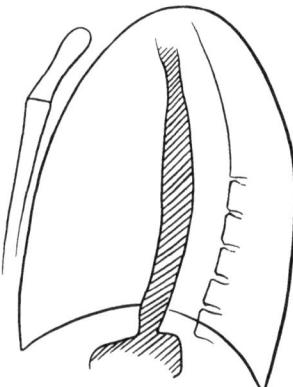

Abb. 16. Seitliche Durchleuchtung, gleichmäßige Wölbung des Zwerchfells bei gehobenem
Thorax und entspanntem Zwerchfell. 25jährig

costalmuskeln bei Querschnittslähmung des Rückenmarkes (Förster, 1937). Beim
normalen kräftigen Tonus der Bauchmuskulatur nähert sich die Form des Bauchraumes bei Zwerchfellkontraktion der Kugelform, und es kommt so zum Breiter-
werden der unteren Thoraxapertur mit Auswärtsbewegung und Hebung der unteren
Rippen, an denen das Zwerchfell entspringt. Es ist hier zu bemerken, daß diese
Rippen (7.—12.) einen anderen Bewegungstypus und andere Gelenke als die oberen
Rippen besitzen, worauf oben (S. 15) eingegangen wurde.

Das kontrahierte Zwerchfell unterscheidet sich vom erschlafften Zwerchfell auch
durch die Form der Kuppel; besonders bei seitlicher Durchleuchtung tritt das
Centrum tendineum als dorsalwärts absinkende Abflachung deutlich hervor, so daß
der höchste Punkt der Kuppel etwa dem vorderen Rande des Centrum tendineum
entspricht (Abb. 15), während das erschlaffte Zwerchfell eine gleichmäßig gewölbte
Kuppel zeigt, so daß der höchste Punkt der Kuppel etwa in der Mitte des Thorax
gelegen ist (Abb. 16).

Das Zusammenwirken aller Faktoren
auf Zwerchfellform und -stellung

Alle diese Faktoren wirken bei den normalen Zwerchfellbewegungen in einer
Weise zusammen oder gegeneinander, daß es meist kaum möglich ist, die Wirkung
eines Faktors daraus zu erkennen; nur in Extremfällen, wie bei Enteroptose (Abb. 14)

oder Pneumothorax, tritt die Wirkung eines Faktors besonders hervor. Wieweit die Lunge in diese Wechselwirkung aktiv eingreift oder passiv davon betroffen ist, soll im Abschnitt über die Eigenform der Lunge besprochen werden (S. 47). Als Beispiel des Zusammenwirkens verschiedener Faktoren sei auf Abb. 13 hingewiesen. Die große Weite der unteren Thoraxapertur zusammen mit der geringen elastischen Spannung der Lunge bei leichtem Emphysem (60jähriger, Abb. 13) bewirken, daß sich das kontrahierte Zwerchfell nahezu plan durch den Thorax spannt, während das erschlaffte Zwerchfell durch die geringe elastische Spannung der Zwerchfellfascie sich in liegender Stellung besonders hoch in den Thorax vorwölbt.

Bei Seitenlage lassen sich Rückschlüsse auf das Ausmaß der Wirkung der verschiedenen Komponenten ziehen (Abb. 17). Bei linker Seitenlage wird durch die

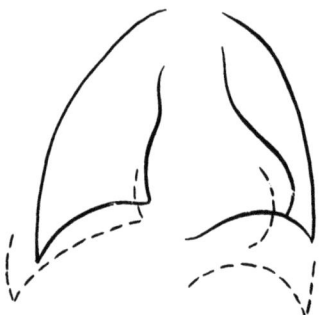

Abb. 17. Verlagerung des Herzens bei linker Seitenlage. Exspiration ———, Inspiration ———. Starke Zwerchfellverlagerung an der aufliegenden Seite. (Nach Jamin)

Linksverlagerung des Herzens die elastische Spannung der linken Lunge gering sein; die linke Zwerchfellkuppel steht sehr hoch, nur durch die Wirkung des Gewichtsdruckes der Baucheingeweide. Diese Wirkung wird durch die Kontraktion des Zwerchfells völlig überwunden, die wenig gespannte linke Lunge wird stark gedehnt, nicht nur durch die Senkung der linken Zwerchfellkuppel, sondern auch durch die Rückverlagerung des Herzens zur Normallage. Die in Linkslage schon stark gedehnte rechte Lunge wird inspiratorisch nur wenig erweitert, da die hier geringe inspiratorische Zwerchfellsenkung durch die Rechtsverlagerung des Herzens in ihrer Wirkung auf die Vergrößerung des Lungenvolumens großenteils ausgeglichen wird.

Das Ausmaß der Zwerchfellbewegung und die Eröffnung der Sinus phrenicocostalis

Bei der Charakterisierung des Ausmaßes der Zwerchfellbewegung ist besonders zu beachten, daß bei der kombinierten thorakoabdominalen Atmung die vordere Thoraxwand und damit die Zwerchfellursprünge gehoben werden, während sich die Zwerchfellkuppel abflacht, so daß die relative Verschiebung der Zwerchfellkuppel gegen die vordere Thoraxwand von der absoluten Verschiebung unterschieden werden muß. Die Verschiebung der Zwerchfellkuppeln gegen die vordere Thoraxwand kann nach Hasselwander rechts vom 4. Rippenknochen bis zum 7. Rippenknochen erfolgen, links $1/_2$—1 Intercostalraum tiefer, d. h. rechts bis zu 8,3 cm, links bis zu 10,7 cm erfolgen. Einer Senkung des Zwerchfells gegen die vordere Thoraxwand um 2 Intercostalräume wird bei gleichzeitiger Hebung des Thorax oft nur eine Senkung um eine Wirbelhöhe entsprechen. Die maximale Verschiebung gegen die Wirbelsäule beträgt nach Hasselwander 3 Wirbelhöhen, d. h. rechts vom 8. bis zum 11. Brustwirbel, links $1/_2$ Wirbelhöhe tiefer. Die stärkste Abflachung der Zwerchfell-kuppel wird erfolgen, wenn bei Vertiefung des Thorax sich das Zwerchfell maximal kontrahiert. So kann eine tiefe thorakoabdominale Inspiration zur vollständigen Eröffnung der Sinus phrenicocostales führen (Hasselwander), so daß dann die Lungengrenze mit der Pleuraumschlagstelle zusammenfällt. Wenigstens gilt dies für kräftige junge Versuchspersonen. Der sonst spaltförmige Sinus phrenicocostalis ist dann bis zu einem Winkel von etwa 80° vollständig geöffnet. Ebenso geben Holz-knecht und Hofbauer an, daß bei Seitenlage auf der Unterlage abliegenden Seite der Sinus phrenicocostalis vollständig eröffnet sei. Das gleiche gilt nach meinen Röntgen-bildern auch für Bauch- und Rückenlage bei leichtem Emphysem für die jeweils obere Seite, wo sich die Lunge bis an die Pleuraumschlagstelle in den Sinus phrenico-costalis einschiebt. Schließlich ist noch zu erwähnen, daß nach den Bildern Jamins es bei faradischer Phrenicusreizung ebenfalls zur vollständigen Eröffnung des Sinus phrenicocostalis kommt.

Die Pleura parietalis

Die Pleurasinus

An der den Pleuraraum auskleidenden Pleura parietalis unterscheiden wir Pleura costalis, Pleura diaphragmatica und Pleura mediastinalis, die im Bereich der Pleura-sinus ineinander übergehen. Auf das allgemein bekannte Verhalten der Sinus phrenico-costalis und costomediastinalis brauche ich hier nicht einzugehen. Die Variabilität dieser Sinus in Beziehung zu Körperbautypen betrachten Sontoul u. Poupee (1962). Doch sind die Veränderungen der vorderen Pleuragrenzen nach der Geburt (Gräper) von Interesse, da sie mit der Fixation der Pleura an der Thoraxwand zusammen-hängen. Gräper zeigte, daß die Sinus costomediastinalis beim Totgeborenen über die doppelte Breite des Sternums voneinander entfernt sind. Schon wenige Atemzüge bis $1/_2$ Std Lebensdauer genügen, um die Pleuraumschlagstellen wesentlich, teils bis hinter das Sternum, vorzuschieben. Nach 2 Lebenstagen schon nähert sich der Ver-lauf der Pleuragrenzen dem Verhalten beim Erwachsenen. Jedenfalls findet nach Beginn der Atmung nach Stunden und Tagen eine so starke Lageänderung der Pleuragrenze statt (besonders stark gegen den rechten Rippen-Schwertfortsatzwinkel), daß diese nicht durch Wachstum der Pleura allein, sondern nur durch das Statt-finden einer Verschiebung der Pleura gegen die Thoraxwand erklärt werden kann. Gräper weist auf das „außerordentlich zarte und nachgiebige" Bindegewebe, das der Pleura anhaftet, hin. Jedenfalls geht aus dieser Beobachtung hervor, daß — zumindest beim Neugeborenen — die Pleura an der Brustwand verschieblich befestigt ist.

Außer den genannten Komplementärsinus, in welche die scharfen Lungenränder sich einschieben können, wurde von Heiß noch ein Sinus mediastinovertebralis

(Recessus retrooesophagicus) beschrieben, der von rechts her zwischen Ösophagus und Wirbelsäule vorragt und bis nahe an die linke Pleura mediastinalis heranreicht. Dieser Pleuraspalt ist wohl an der in Rückenlage fixierten Leiche regelmäßig zu sehen (Abb. 32); der Ösophagus liegt ja an der Leiche sehr nahe an der Wirbelsäule. Beim Lebenden im aufrechten Stand jedoch ist der Ösophagus viel weiter von der Wirbelsäule entfernt; das dorsale Mediastinum zwischen ihm und der Wirbelsäule (das dorsale Ösophagusgekröse) wird daher in der Sagittalebene angespannt verlaufen, und ein Sinus mediastinovertebralis existiert beim Lebenden mindestens im aufrechten Stand und in Bauchlage nicht. In Rückenlage im Exspirium jedoch kann bei der festgestellten Annäherung des Ösophagus an die Wirbelsäule ein solcher Sinus zustande kommen. Bei der Besprechung der Verlagerung des Lungenhilus (S. 59) werde ich auf diese Verhältnisse noch zu sprechen kommen.

Durch die starke Annäherung der rechten an die linke Pleura mediastinalis im Bereiche dieses Sinus mediastinovertebralis besteht hier zwischen Aorta und Ösophagus ein dorsales Ösophagusgekröse, das die eben beschriebene Verlagerung des Ösophagus gestattet. Beim Embryo bildet es eine nur ganz dünne Mesenterialplatte und kann sogar bei einigen Säugetieren den Charakter des Omentum annehmen (Maximow). Auch ventral vom Perikard legen sich im Bereich der 2.—4. Rippe rechte und linke Pleura nach Art eines Mesenteriums aneinander, eine Aneinanderlagerung, die bei der seltenen tiefen Lage des Herzbeutels auch beim Erwachsenen caudal bis zum Zwerchfell reichen kann. Auch hier findet sich bei manchen Säugern (Maximow, Seifert) eine netzartige Umbildung der aneinandergelagerten Pleurablätter, so wie auch die Pleuraabschnitte, die den Recessus infracardiacus (für den infrakardialen Lappen der rechten Lunge) begrenzen, die gleiche Bauart zeigen können.

Die Pleurakuppel

Die Kuppel des Pleuraraumes ragt mit ihrem höchsten Punkt bis in die Höhe des Halses der 1. Rippe. Die mediale Wand des Kuppelraumes wird von Pleura mediastinalis gebildet. Im Bereich der hinteren und lateralen Wand legt sich die Pleura an die Rippen und die Wirbelsäule: nur die nach vorne und etwas seitlich abdachende Wand wird allein von Pleura gebildet, die in den halbkreisförmigen Bogen der 1. Rippe eingespannt ist (Abb. 18). Über die Ebene des Bogens der 1. Rippe, soweit man bei der Krümmung der Rippe überhaupt von einer Ebene sprechen kann, ragt die Pleura kaum $1/_2$ cm oder gar nicht hinaus (Abb. 19). Daß bei der Schrägstellung der 1. Rippe und ihrer seitlichen Abdachung die Pleurakuppel von vorne her gesehen und auch ein wenig von seitwärts betrachtet die 1. Rippe überragt, ist verständlich; das Ausmaß dieses Vorragens hängt von der Stellung der 1. Rippe ab (vgl. Abb. 7).

Fixiert wird die Pleurakuppel außer durch die Verbindung der Pleura mit dem Periost der Innenfläche der 1. Rippe noch durch ziemlich variable fibröse Bandzüge (Hafferl), von denen sich mit gewisser Regelmäßigkeit ein Ligamentum vertebropleurale und ein Lig. costopleurale darstellen lassen (Abb. 18). Diese beiden von dorsal an die Pleurakuppel heranziehenden Bänder verlaufen kranial bzw. caudal vom letzten Cervicalnerven. Das Lig. vertebropleurale kommt vom Querfortsatz des letzten Halswirbels und zieht gegen den höchsten Punkt der Pleurakuppel, der durch dieses Band kranialwärts verspannt ist. Seine Fasern strahlen teils in die

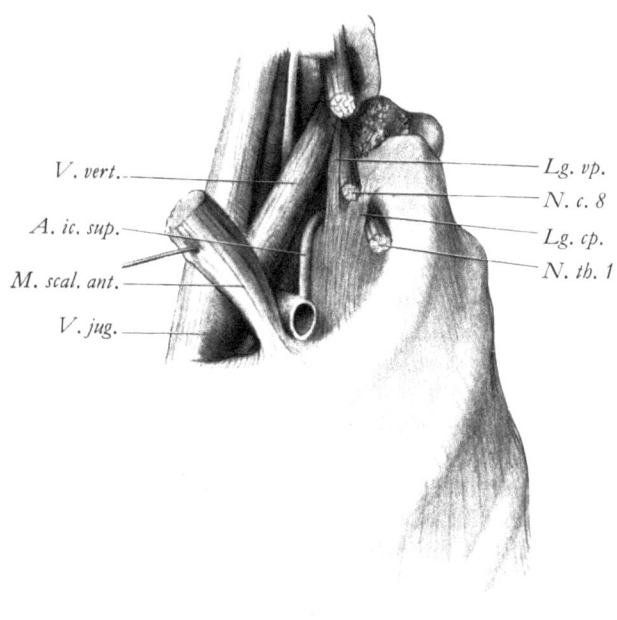

V. vert.   *Lg. vp.*
          N. c. 8
A. ic. sup.   *Lg. cp.*
M. scal. ant.   *N. th. 1*
V. jug.

Abb. 18. Pleurakuppel mit Bändern. *Lg. vp.* Ligamentum vertebropleurale; *Lg. cp.* Ligamentum costopleurale; *N. c. 8* achter Cervicalnerv; *A. ic. sup.* Arteria intercostalis suprema (gez. Hippéli)

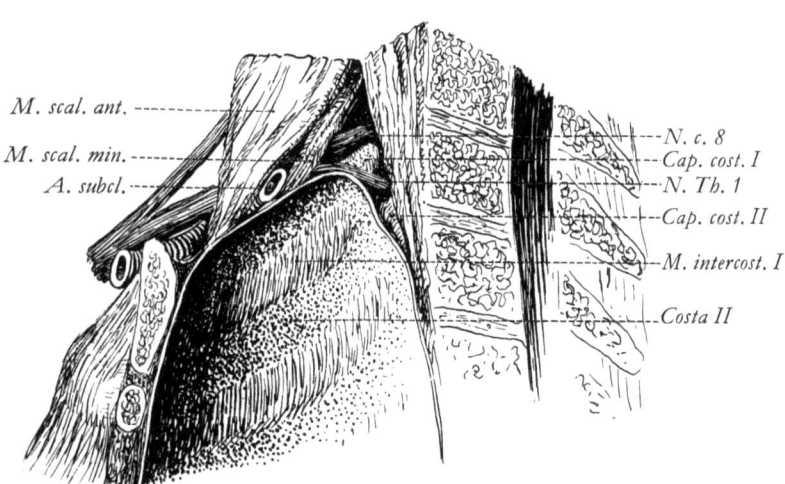

M. scal. ant.   *N. c. 8*
M. scal. min.   *Cap. cost. I*
A. subcl.   *N. Th. 1*
                Cap. cost. II
                M. intercost. I
                Costa II

Abb. 19. Pleurakuppel von medial. *N. c. 8* achter Cervicalnerv; *N. Th. 1* erster Thorakalnerv. (gez. Hippéli)

vordere Wand der Pleurakuppel ein, teils lassen sie sich mit der Pleura eng verbunden bis nach vorne an die 1. Rippe verfolgen, wo sie am Periost des scharfen Randes der Rippe endigen. Die Fasern des Bandes verbinden geradlinig die beiden Befestigungspunkte. Außerdem wird unter dem gleichen Namen Lig. vertebropleurale noch eine zartere breite Bandmasse beschrieben, die von weit medial her von den Wirbelkörpern zur Pleurakuppel zieht und mit dem vorhergenannten Band eine Lücke für den Durchtritt der Arteria intercostalis suprema und des Sympathicus freiläßt (Zuckerkandl).

Das Lig. costopleurale (Abb. 18) entspringt am Hals der 1. Rippe und zieht, die seitlich vom Hals gelegene Krümmung der Rippe überbrückend, zur Pleura und teils in diese einstrahlend, teils ihr enge anliegend wieder zur 1. Rippe, an der es etwa am lateralsten Teil der Konkavität befestigt ist. Das Band überbrückt den zum Plexus brachialis ziehenden Teil des 1. Thorakalnerven dort, wo er die 1. Rippe kreuzt, und liegt somit zwischen diesem Nerven und dem letzten Cervicalnerven. Beide Bänder werden den dorsalen Teil der Pleuramembran, der nicht so wie der ventrale Teil direkt an der 1. Rippe haftet, dorsokranialwärts verspannen.

An Stelle des Lig. costopleurale fand P. Eisler (1912) einen kleinen Muskel, der vom Hals der 1. Rippe zur Gegend des Scalenusansatzes zog. Eine ähnliche Wirkung wie diese beiden Bänder wird auch der M. scalenus minimus haben, der nach Okamota in der Hälfte, nach Hafferl in einem Viertel der Fälle vorkommen soll. Dieser Muskel zieht vom Querfortsatz des 7. Halswirbels kommend in variabler Stärke zwischen Plexus und A. subclavia herab gegen die Pleura und mit dieser verwebt zum Teil auch zur 1. Rippe. Der Muskel ersetzt, wenn er vorhanden ist, das Lig. vertebropleurale. Gelegentlich strahlen auch vom M. scalenus anterior Fasern in die Pleura ein.

Auch die Verbindung der anliegenden Gefäße durch das perivasculäre Bindegewebe mit der Pleurakuppel wird für deren Fixation eine Rolle spielen. Außer A. und V. subclavia sind besonders zu nennen die A. intercostalis suprema, die über den höchsten Punkt der Pleurakuppel bogenförmig hinwegzieht (Abb. 18), sowie die A. thoracica (mammaria) interna und die V. vertebralis. Auch die Blutfülle und der Blutdruck in den Gefäßen werden für die jeweilige Form der Pleurakuppel eine Rolle spielen. Die Muskeln, Gefäße und Nerven mit ihren Bindegewebshüllen verstärken gemeinsam mit den Bändern die dünne Haut der Pleurakuppel.

Die oben erwähnte Tatsache, daß die genannten Ligamente am Periost der 1. Rippe endigen, zeigt, daß man diese Bänder eigentlich nicht zur Pleura selbst zählen sollte, sondern zum subpleuralen Bindegewebe oder als Fortsetzung der Fascia endothoracica. Tatsächlich gelingt an günstigen Präparaten auch hier im Bereiche der Pleurakuppel unter den Bändern eine Ablösung der von der Innenfläche der 1. Rippe heraufziehenden dünnen Pleura von diesen Bändern.

Eine Beanspruchung der Pleurakuppel kann in zweierlei Richtung erfolgen. Bei dem normalerweise vorhandenen Unterdruck im Thorax werden die beiden genannten Bänder die Pleurakuppel nach hinten oben verspannen. Die in einer Ebene ausgespannten fibrösen Bänder werden ein Einsinken der Pleura im Bogen der 1. Rippe verhindern. Inspiratorisch werden die variablen zur Pleura ziehenden Sehnen des Scalenus minimus (Tensor pleurae *Zuckerkandl*) und Scalenus anterior die Verspannung der Pleura unterstützen. Bei intrathorakalem Überdruck wie beim Pressen wird die Pleurakuppel von ihrer Konkavität her in Spannung versetzt. Daß die Verstärkung der Pleurakuppel diesem Überdruck nicht immer genügend Widerstand zu leisten vermag, zeigt ein Fall, in dem ich an einer gesunden Lunge ein über bohnengroßes Läppchen an der Lungenspitze finde, das sich in eine bruchsackartige Vorwölbung der Pleurakuppel dorsal von der A. subclavia vorgeschoben hatte.

Die Dehnbarkeit der Pleurakuppel durch den Überdruck im Thorax dürfte die Erklärung für die Aufhellung der Lungenspitzen beim Hustenstoß (Kreuzfuchs) im Röntgenbild sein, denn die Pleurakuppel ist der am meisten nachgiebige Teil der Thoraxwand, wenn durch die Kontraktion der Bauchmuskulatur und der Intercostales interni unter Mitwirkung des Latissimus dorsi der intrathorakale Druck bei verschlossener Glottis erhöht wird.

Der Bau der Pleuramembran

Die den Pleuraraum auskleidende Pleura parietalis zeigt im Bau ihrer verschiedenen Wandabschnitte dieselben Verschiedenheiten wie die andere große seröse Membran, das Peritonaeum. Wir finden alle Übergänge von der Bauweise einer fibrösen Membran über mehr oder weniger fettgewebsreiche Partien zu Abschnitten, die wenigstens beim Kind (Seifert) einem Mesenterium eines kleinen Säugers gleichen (Abb. 23), und schließlich bei Hund, Katze, Meerschweinchen und Ratte (nicht aber beim Kaninchen) Teile vom Bau eines Omentum (Maximow, Seifert, Abb. 24). Mit dieser Bauweise steht die vielleicht wichtigste Funktion der Pleura parietalis, nämlich das Resorptionsvermögen, in Zusammenhang. Für diese Leistung kommen nicht nur das Epithel und die Blut- und Lymphgefäße in Frage, sondern auch das Fettgewebe (Loeschcke), das als Fettorgan der Pleura (Wassermann, 1933) dem lymphatischen System in seiner Funktion sehr nahe steht.

Präparatorisch läßt sich die Pleura parietalis in ihren verschiedenen Abschnitten in sehr verschiedener Weise von der Unterlage ablösen. Leicht gelingt dies bei der Pleura costalis, die besonders, wenn sie fettfrei ist, über den Rippen deutlich fester ist und sich leichter ohne Verletzung ablösen läßt als über der Fascie der Intercostalmuskeln, mit der die hier dünnere Membran fester verbunden ist. Das die Pleura mit Periost bzw. der Fascie verbindende teils mit Fettgewebe durchsetzte Bindegewebe wird als Fascia endothoracica bezeichnet (Hafferl). Im Bereich der Sinus phrenicocostalis ist die Pleura nur sehr locker angeheftet, während sie auf den Zwerchfellkuppeln fester haftet. Vom Herzbeutel läßt sich die Pleura leicht ablösen, ebenso beim Kind (Seifert) dort, wo sich linker und rechter Pleurasack vor dem Perikard berühren, während hier beim Erwachsenen die beiden Pleurablätter oft so fest miteinander verbunden sind, daß eine Ablösung ohne Zerreißung eines Blattes unmöglich ist. Daß dort, wo das Mediastinum netzartigen Charakter angenommen hat, eine Ablösung eines Pleurablattes nicht möglich ist, erscheint selbstverständlich.

Soweit die Pleura überhaupt als selbständige Haut dargestellt werden kann, gelingt es, an ihr ein oberflächliches dünneres Häutchen von einer tiefen Schicht zu isolieren.

Zu besprechen sind demnach als Schichten der Pleura parietalis außer dem Epithel die oberflächliche und tiefe Bindegewebsschicht sowie das subpleurale Bindegewebe, das auch als Fascia endothoracica bezeichnet wird.

Das Bindegewebe der Pleura läßt sich entsprechend der Anordnung seiner Fasern an den meisten Stellen in eine dünnere oberflächliche und eine dickere tiefe

Schicht präparatorisch zerlegen. Die Fasern sind in den verschiedenen Abschnitten verschieden reichlich ausgebildet, aber auch das gegenseitige Mengenverhältnis der kollagenen, elastischen und Silberfasern ist nicht überall gleich. An Zellen finden sich in der Pleura wie in anderen serösen Membranen die zahlreichen Zellformen des lockeren Bindegewebes, von denen außer Wanderzellen und Fibrocyten die embryonalen Bindegewebszellen der Gefäßscheiden besonders hervorzuheben sind (Maximow). Aus solchen embryonalen Bindegewebszellen (Mesenchymzellen) entstehen die vielfach in der Pleura vorhandenen Fettgewebsmassen, die mit Wassermann besser als Fettorgane bezeichnet werden und die von diesem Autor dem reticuloendothelialen System zugezählt werden.

Das Epithel oder Mesothel der Pleura

Das Epithel der Pleura wird vielfach wohlbegründet auch als Mesothel bezeichnet (Maximow), um es gegenüber den Epithelien ektodermaler oder entodermaler Herkunft wegen seiner besonderen Fähigkeiten abzugrenzen. Die Bezeichnung Endothel ist dagegen hier abzulehnen, da dieser Begriff für die Auskleidung der Blut- und Lymphgefäße reserviert bleiben sollte. Die Pleuraepithelzellen (Deckzellen) stammen von dem Mesoderm, das zuerst als einschichtiges, später als vielschichtiges Epithel die Leibeshöhle auskleidet, dessen tiefere Schichten sich später in Mesenchym umwandeln. Wieweit diese Fähigkeit zur Umwandlung der Deckzellen in Mesenchymzellen und damit die Fähigkeit, Bindegewebe zu bilden, auch beim Erwachsenen noch erhalten ist, war lange Zeit strittig. Sicher scheint nur, daß bei den Netzbildungen (Abb. 24) — und daher auch bei den netzartigen Gebilden der Pleura mediastinalis (Maximow, Seifert) — im Bereich der feineren Bälkchen Bindegewebszellen fehlen, so daß man annehmen muß, daß die Mesothelzellen (Deckzellen) an der Bildung der Bindegewebsfasern beteiligt sind. Wieweit jedoch eine Umwandlung von Mesothelzellen in Bindegewebszellen möglich ist oder Bindegewebszellen sich in Mesothelzellen umwandeln können, das bezeichnet auch Maximow als fraglich. Eine solche Umwandlung erscheint unwahrscheinlich, wenn man bedenkt, daß bei defektem Epithel oder Mesothel Verwachsungen der sich berührenden Pleurablätter entstehen können und daß eben das intakte Epithel die Entstehung von Verwachsungen verhindert.

Die Deckzellen (das Mesothel) der Pleura liegen als einschichtiges Plattenepithel der Bindegewebsschicht der Pleura direkt auf, eine Basalmembran fehlt. Die Zellgrenzen bilden ein unregelmäßig polygonales Netzwerk von Intercellularspalten, das sich mit Azanfärbung oder Silberimprägnation darstellen läßt. Die Breite der Intercellularspalten wechselt stark, an manchen Stellen scheinen sie von Zellfortsätzen überbrückt, an anderen verbreiterten Stellen finden sich in ihnen Wanderzellen (Lymphocyten oder Leukocyten). Die durch Silberimprägnation darstellbare Zwischensubstanz der Intercellularspalten scheint demnach sehr plastisch oder gar halbflüssig zu sein. Verbreitert wird diese Zwischensubstanz, wenn sich Deckzellen auf einen Reiz hin kontrahieren (Walter, 1912; Cunningham, 1922, nach Maximow; Niessing, 1938, für Peritonaeum), ein Vorgang, der mit der Resorption aus der serösen Höhle in Zusammenhang gebracht wird. Das Vorkommen von Stomata oder Stigmata als dauernd vorhandene Öffnungen, die aus der Pleurahöhle in die Lymphgefäße führen, wie sie von Dybkowsky beschrieben werden, wird von Walter abgelehnt.

Die Größe der Deckzellen wechsel, kleinzellige Abschnitte mit nahezu kreisrunden Zellen, deren Oberfläche nur wenig größer ist als der Kern, wechseln mit großzelligen Abschnitten, deren oft länglich polygonale Zellen oft dreimal so lang sind als der Kerndurchmesser. Eine regelmäßige Anordnung, wie sie Walter für die peritoneale Seite des Zwerchfells beim Kaninchen und Meerschweinchen beschrieb (kleine Zellen über den Lymphgefäßen), konnte dieser Autor an der Pleura nicht feststellen. Die Kerne der Deckzellen sind abgeplattet, länglich oval mit einem stark färbbaren Kernkörperchen. Sie liegen oft exzentrisch in der Zelle, nahe verbreiterten Intercellularspalten; ob aber diese Lage der Kerne mit der Verbreiterung dieser Spalten und damit mit dem Resorptionsvorgang in regelmäßiger Beziehung steht, konnte nicht festgestellt werden (einige allgemeine Angaben über Mesothelzellen s. bei Pleura pulmonalis S. 250).

Die oberflächliche Schicht der Pleura parietalis

Das Epithel sitzt direkt der kollagen-elastischen Schicht auf, ohne daß eine Basalmembran vorhanden wäre. Von dieser kollagen-elastischen Schicht läßt sich

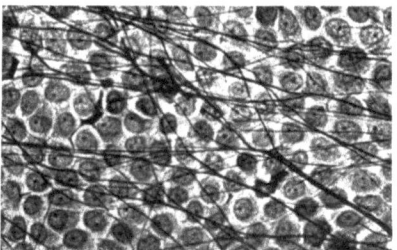

Abb. 20. Mesothel der Pleura costalis und unterliegende elastische Fasern. (Aus Hass, 1938.)
Orcein etwa 350f.

präparatorisch eine dünnere oberflächliche Schicht mit dem Epithel besonders im Bereich der Intercostalräume ablösen (Hass, Abb. 20). Die Schicht besteht aus einem zarten Stratum fibrillare und feinen elastischen Fasern (Hass), die sich vielfach spitzwinklig überkreuzen, wobei die Hauptrichtung etwa senkrecht zu den Rippen steht. Die Schicht besitzt nach Hass eine gewisse Tiefenausdehnung mit feineren Fasern nahe dem Epithel und etwas stärkeren mit größeren Maschen in der Tiefe. Der Reichtum an Bindegewebszellen scheint größer als in den tiefen Schichten der Pleura, doch fehlen genauere Untersuchungen, da sich die Untersucher seröser Häute meist nur mit dem Peritonaeum beschäftigt haben. Daß eine solche oberflächliche Schicht sich dort, wo die Pleura Netzcharakter hat, nicht ablösen läßt, ist selbstverständlich.

Die tiefe Schicht der Pleura parietalis

Diese Schicht zeigt in den verschiedenen Abschnitten der Pleura wesentliche Bauunterschiede (Hass). Am Perikard besteht sie fast nur aus kollagenem Bindegewebe mit nur ganz zarten unregelmäßigen Netzen elastischer Fasern; am Zwerchfell dagegen ist sie sehr reich an elastischen Fasern, auch über dem Centrum tendineum.

Die elastischen Strukturen wie die kollagenen Strukturen folgen in ihrer Anordnung im wesentlichen dem Sehnengewebe. Im Bereich der Pars muscularis folgen die elastischen Fasern im wesentlichen den kollagenen Bündeln, die etwa senkrecht auf die Muskelbündel verlaufen. Eine tiefere Schicht, die Hass als straffen Faserfilz beschreibt, der durch die groben Muskelbündel des Zwerchfells beeinflußt wird, ist wohl nichts anderes als die Fascie des Zwerchfells, mit welcher die Pleura diaphragmatica mehr oder weniger fest verwachsen ist.

Die tiefe Schicht der Pleura costalis läßt deutlich eine Pars intercostalis und eine den Rippen anliegende, am mikroskopischen Häutchenpräparat dunkler gefärbte Pars costalis unterscheiden, ein Unterschied, der weniger durch die Dichte und Dicke der Fasern zustande kommt als durch die Färbung der mikroskopischen Präparate, bei denen der Zellreichtum und die Blutgefäße stark hervortreten. Die kollagenen Fasern verlaufen in Schichten teils etwa senkrecht, teils etwa parallel zu den Rippen (Fink) und lassen sich gelegentlich auch entsprechend ihrer Anordnung in 2 Schichten abpräparieren. Die elastischen Fasern ziehen sich gleichmäßig überkreuzend schräg zu den Rippen (Hass). Bei fetten Individuen sind die elastischen Strukturen meist nur sehr spärlich entwickelt.

Die Blutgefäße der Pleura parietalis

Die Pleura costalis wird von zahlreichen Ästen der Intercostalarterien versorgt, die auf dem Periost der Rippen, besonders bei fettreichen Tieren, ein viel dichteres

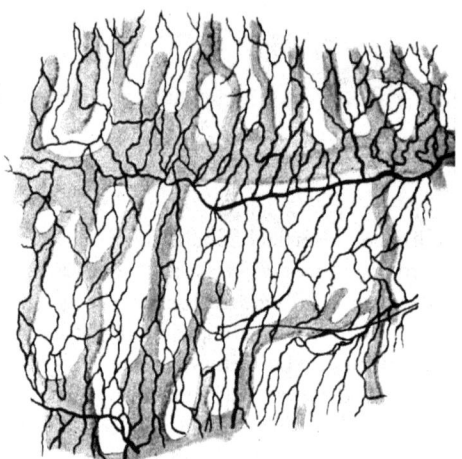

Abb. 21. Arterien (schwarz) und Lymphgefäße der Pleura costalis vom Hund über der Intercostalmuskulatur. (Umzeichnung aus Dybkowsky)

Netzwerk bilden als über der Intercostalmuskulatur, „an fettreichen Tieren heben sich deshalb die Rippen, vermöge ihrer starken Injektion, von den meisten fettärmeren Muskelflächen durch die Injektionsfarbe lebhaft ab" (Abb. 21 nach Dybkowsky). Auch an der Pleura mediastinalis, die im wesentlichen von der Arteria pericardiacophrenica versorgt wird, finden sich feinere Gefäßnetze nur dort, wo Fettläppchen eingelagert sind (Abb. 23).

Die Lymphgefäße

Netze von Lymphcapillaren finden sich in der Pleura costalis nach Dybkowsky beim Hund nur im Bereich der Intercostalmuskulatur und des Transversus thoracis (M. sternocostalis), fehlen dagegen über den Rippen (Abb. 22). Offenbar besitzt die Tätigkeit der Muskulatur eine Bedeutung für die Förderung des Lymphstromes. Die Lymphcapillaren liegen teils oberflächlich gleich unter dem Pleuraepithel, teils in die tieferen Schichten der Pleura eingebettet. Die klappentragenden Lymphstämmchen, in die sich diese Netze entleeren, laufen am oberen und unteren Rande des Intercostalraumes entlang und ziehen teils zu den Lymphgefäßen, welche die A.

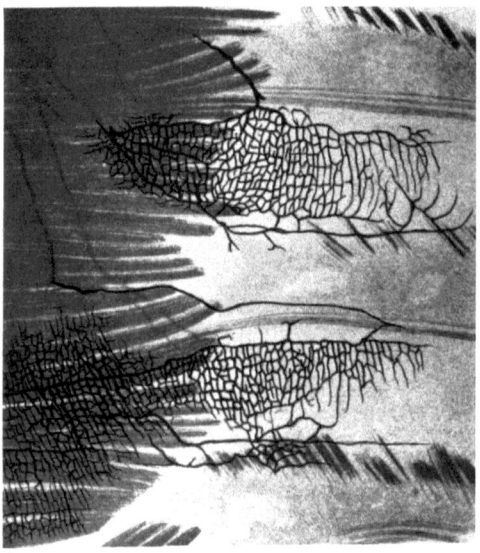

Abb. 22. Lymphgefäße der Pleura costalis vom Hund auf M. intercostalis und sternocostalis. (Umzeichnung aus Dybkowsky)

mammaria (thoracica interna) begleiten, teils zu den Lymphonodi intercostales interni, die nahe den Rippenköpfchen gelegen sind. Nach Most (zit. nach Bartels) gilt es auch für den Menschen, daß die Lymphgefäße der vorderen Pleuraabschnitte zu den Lymphonodi sternales, die der hinteren Pleuraabschnitte zu den Nodi lymphatici intercostales interni (an den Rippenköpfchen) verlaufen. Außerdem sollen nach Most auch Verbindungen, die durch Injektion schwer nachweisbar erscheinen, mit Lymphknoten außerhalb des Thorax vorkommen, die aber regelmäßig vorhanden sein dürften, da ja bei Pleuritis häufig die Nodi lymphatici intercostales externi (axillares pectorales) am Rande des Pectoralis deutlich tastbar sind.

Am Zwerchfell finden sich nach Bartels und Magnus auf beiden Flächen, d. h. unter der Pleura und unter dem Peritonaeum Lymphgefäßnetze, die durch das Zwerchfell miteinander anastomosieren. Im Bereich des Centrum tendineum soll es zarter und spärlicher, auf der Muskulatur gröber und dichter sein. Die abführenden Lymphgefäße führen zu den Nodi lymphatici sternales und mediastinales anteriores und posteriores.

Unter der Pleura mediastinalis findet Dybkowsky nur dort Lymphgefäße, wo
Fettgewebe gelegen ist; es handelt sich offenbar um die Lymphgefäße, die die
A. pericardiacophrenica begleiten.

Das Fettgewebe der Pleura

Fettgewebe findet sich im Bereich der Pleura parietalis in der Regel in Form von
Fettstreifen in der Pleura costalis, auf dem Herzbeutel, den benachbarten Teilen des
Zwerchfells und des vorderen Mediastinums sowie im hinteren Mediastinum aus-
gebildet.

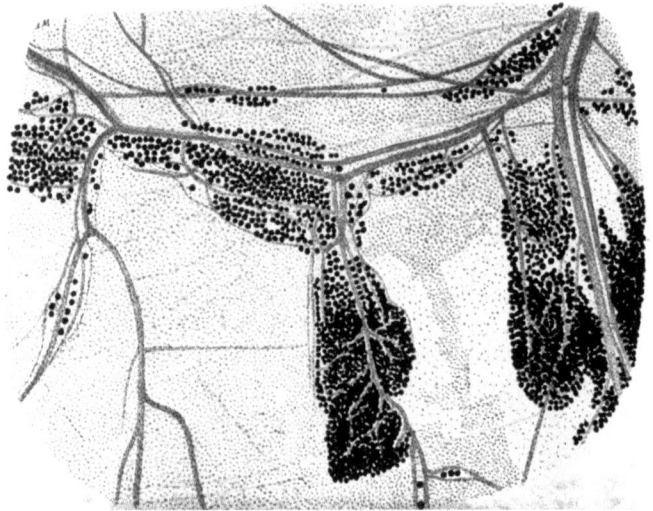

Abb. 23. Pleura mediastinalis eines ³/₄ Jahre alten Kindes. Sudan-Hämalaun, Deckzellen
teilweise abgelöst, Blutgefäße und Fettzellen. (Aus Seifert, 1928)

Die Fettstreifen der Pleura costalis werden vielfach als intercostale Fettstreifen
bezeichnet; entgegen dieser Bezeichnung lassen jedoch diese Fettstreifen beim Neugeborenen wie beim Erwachsenen gerade die Streifen der Intercostalmuskulatur frei
und stehen zu den Rippen in Beziehung. Die Rippen nehmen nun an Breite von
hinten gegen die Knorpelknochengrenze zu, so daß auch der von dem Ansatz der
Intercostalmuskeln freie Teil dorsal schmäler ist als vorne. Dementsprechend bedeckt
das Fettgewebe den schmalen dorsalen Teil der Rippen vollständig, während der
vordere Teil der Rippen nicht ganz vom Fettgewebe bedeckt wird, sondern dieses
die Mitte jeder Rippe freiläßt. Das Fettgewebe beschränkt sich hier gewöhnlich auf
zwei Streifen entlang jeder Rippe, die enge an die Ansatzstelle der Intercostalmuskulatur angrenzen. Es ist also im dorsalen Teil jeder Rippe ein Fettstreifen vorhanden, der sich nach vorne in zwei die Rippe begrenzende Streifen teilt. Die Lage
des Fettgewebes zur Muskulatur ist eine ähnliche wie an den Extremitäten, wo in
ähnlicher Weise das Fettgewebe die gegen die Fascie gerichtete Oberfläche der stark
bewegten und in ihrem Volumen wechselnden Muskelbäuche freiläßt und sich auf
die Furchen zwischen den Muskelbäuchen beschränkt. Die starke Beweglichkeit der
Intercostalmuskulatur (vgl. S. 17) verhindert offenbar die Bildung von Fettgewebe,

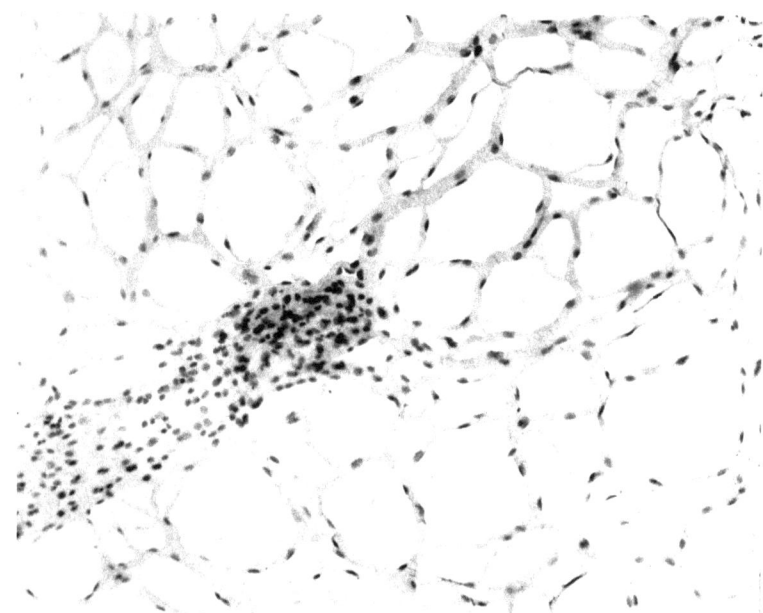

Abb. 24. Häutchenpräparat des Mediastinum vom Meerschweinchen mit gefäßfreiem Milchfleck, darin links vorwiegend Mesothelkerne. 100f. Hämat.-Eosin

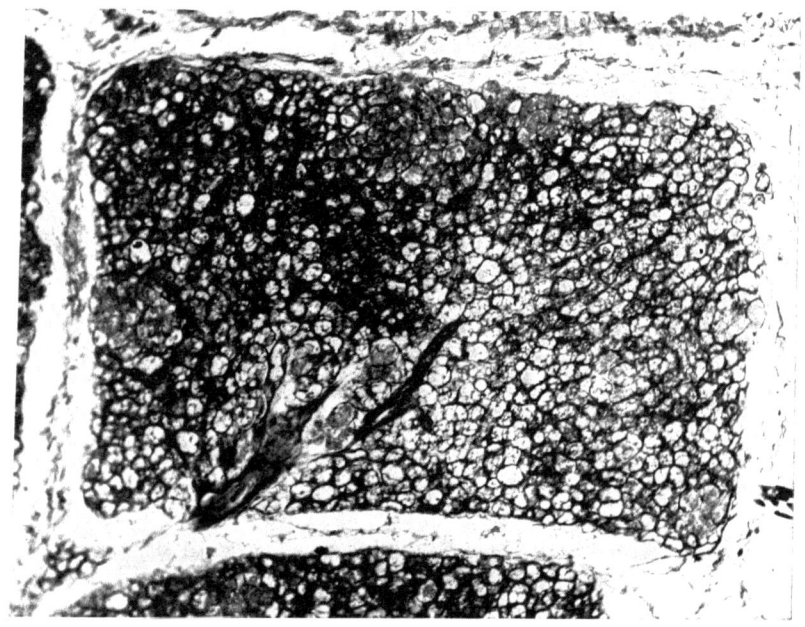

Abb. 25. Fettläppchen der Pleura costalis vom reifen Neugeborenen mit Gefäßstiel. Plurivacuoläre Fettzellen. 100f. 10 μ Hämat.-Eosin

während der mit Ausnahme des Zustandes des Pressens immer im Bereich der Rippen herrschende Unterdruck zu seiner Bildung prädisponiert.

Eisler (1925) nimmt an, daß „der Lungensog allmählich das subseröse Gewebe gedehnt und so einen von der zuströmenden Gewebsflüssigkeit eingenommenen Wich geschaffen hat", der sich dann mit indifferentem Fettgewebe füllte. Er sagt weiter: „Wo Sog und Druck abwechselt, wie in der Breite des bei der Exspiration durch Anlagerung des Zwerchfells sich schließenden Sinus pleurae, kommt es nicht zur Ausbildung von Fettstreifen." Ein gleiches Verhalten finde ich auch schon beim

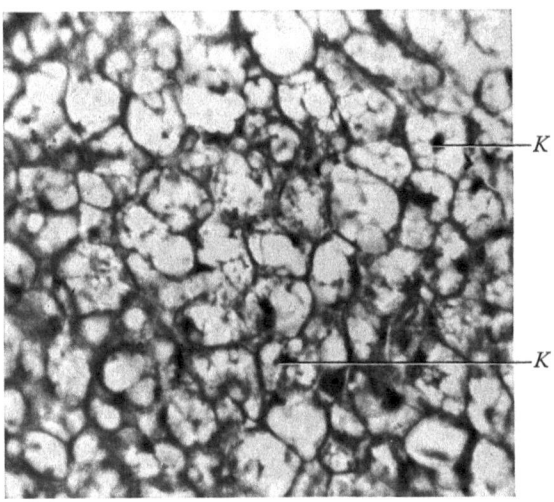

Abb. 26. Plurivacuoläre Fettzellen aus der Pleura costalis vom reifen Neugeborenen mit zentral gelegenen Zellkernen (K). 400 f. 10 μ Hämat.-Eosin

Neugeborenen (Abb. 27), wo an der Anlagerungsstelle des Zwerchfells an die Innenfläche des Thorax Fettgewebe fehlt.

Das Fettgewebe im Bereich der Pleura pericardiaca und an dem benachbarten Teil des Zwerchfells bildet oft grobe Knollen. Eisler betont, daß diese oft sehr mächtigen Fettgewebsmassen sich ebenso im weiten Brustkorb des Schwerarbeiters wie in dem flachen des chronischen Phthisikers finden können. Außerdem findet sich längs des N. phrenicus und der ihn begleitenden A. pericardiacophrenica Fettgewebe streifenförmig angeordnet. In der dünnen Pleuraduplikatur zwischen Herzbeutel und Sternum ist das Fettgewebe ähnlich ausgebildet wie im Mesenterium, so daß sich beim Kinde ähnlich wie vom Mesenterium Häutchenpräparate darstellen lassen, die die mit Blutgefäßen reichlich durchsetzten kleinen Fettläppchen sehr schön zeigen (Abb. 23). Gefäßhaltige Zotten und Falten der Pleura mediastinales beschreibt Lang (1962) vom Erwachsenen, beide Bildungen enthielten auch antrakotisches Pigment.

Im dorsalen Mediastinum bleiben die pleuralen Flächen der großen Gefäße (Aorta und Azygos) frei von Fettgewebe, doch sind Aorta und Ösophagus häufig von Fettgewebestreifen begleitet, Streifen, die als paraortales und parösophageales Fettgewebe (Loeschcke) bezeichnet werden. Das den Ductus thoracicus umgebende Fettgewebe läßt sich nicht scharf vom pleuralen Fettgewebe trennen.

Der feinere Bau des Fettgewebes verdient wegen der Funktion des pleuralen Fettgewebes als Resorptionsorgan hier nähere Betrachtung, aber auch beim peribronchialen Fettgewebe wird auf dessen ähnliche Funktion hinzuweisen sein. Das Fettgewebe der Brusthöhle (wie das der Bauchhöhle nach Feyrter) ist beim Neugeborenen (im Gegensatz zu dem univacuolären Fettgewebe der Subcutis) ein plurivacuoläres Fettgewebe (Abb. 25 und 26), d.h., in jeder Fettzelle entstehen mehrere Fetttropfen (Abb. 26), so daß die Zelle wie eine Maulbeere anmuten kann. Am Ende

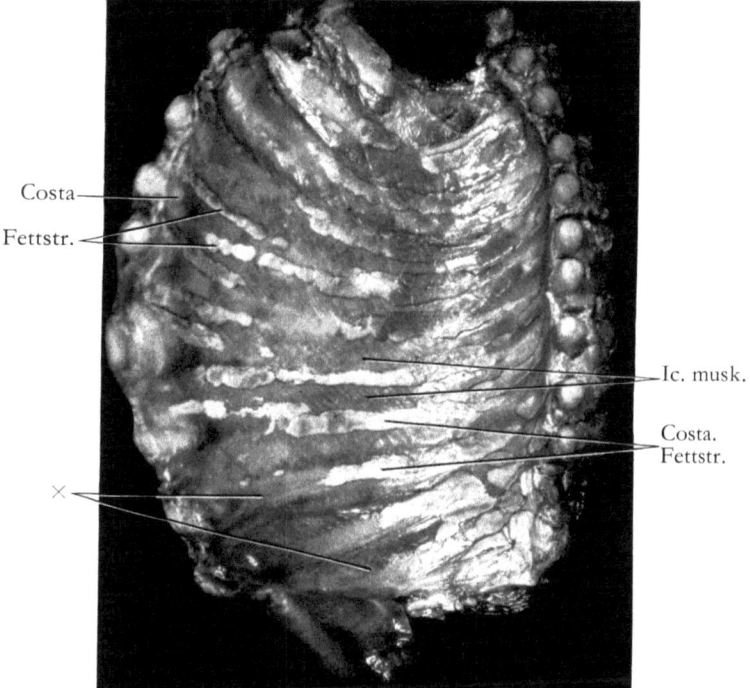

Abb. 27. Pleura costalis vom Neugeborenen mit Fettstreifen dorsal auf den Rippen, ventral am oberen und unteren Rand der Rippe, Intercostalmuskeln fettfrei, ebenso Anlagerungsfläche des Zwerchfells ×

der fetalen Entwicklung oder erst später sind die Tropfen meist zusammengeflossen, so daß die plurivacuolären Fettzellen zu univacuolären geworden sind. Das plurivacuoläre Fettgewebe verschiedener Säugetiere, das seinem Verbreitungsgebiet dem des Menschen entspricht, ist sog. braunes Fettgewebe. Es ist nach Feyrter dem plurivacuolär angelegten Fettgewebe des Menschen analog, doch ist dessen Braunfärbung beim Menschen nie so auffällig, wenn auch beim etwa 8monatigen Fetus deutlich.

Während das univacuoläre weiße Fettgewebe als Speicherungsorgan und Stoffwechselorgan neutralen Fettes gilt, hält Feyrter das plurivacuoläre Fettgewebe für ein Organ der Speicherung und des Stoffwechsels lipoider Fette. Das plurivacuoläre Fettgewebe zeichnet sich vor dem weißen Fettgewebe, wie Feyrter und auch Hoffmann beschreiben, dadurch aus, daß bei Entspeicherung des Fettes protoplasmareiche Zellen zurückbleiben, die mit den Blutcapillaren ein Bild bieten wie ein innersekretorisches Organ. Wassermann gibt an, daß nach Entspeicherung des Fettes die

Fettzellen zu ihrem Zustand im retikulären Primitivorgan des Fettgewebes zurückkehren. Fettorgan, lymphoides Gewebe und Lymphknoten entstehen seiner Meinung
nach aus demselben Keimstock, nämlich dem Gefäßmesenchym. Es besteht somit
eine histogenetische Verwandtschaft zwischen Fettgewebe, lymphoidem Gewebe
und Lymphknoten. „Wenn lymphoides Gewebe im Fettläppchen oder an Stelle eines
solchen auftritt, so ist das keine Neubildung, keine Metaplasie, sondern das Ergebnis
einer Differenzierung, die dem zugrunde liegenden Gefäßmesenchym von Hause aus
zukommt und die es einschlagen kann, wenn eine Entspeicherung des Fettorgans
den ursprünglichen geweblichen Zustand wieder herbeigeführt hat" (Wassermann,
1933, S. 14). In ähnlicher Weise spricht Seifert (1928) vom Umbau des Fettknotens
des Mediastinums unter Verschwinden des Fettes der Fettzellen in Milchflecken
nach Tuscheinjektionsversuchen beim Hund. Die regelmäßige Einlagerung von
lymphatischem Gewebe in die intercostalen Fettstreifen wird von Loeschcke betont.
Das Keimgewebe der Fettläppchen unterscheidet sich von dem des Lymphknotens
im wesentlichen durch das Fehlen von Lymphcapillaren (Wassermann), so wie ja
auch das fertige Fettläppchen keine Lymphcapillaren enthält (Wassermann und
Dabelow).

Resorption durch die Pleura parietalis

Versuche über die Resorption von Lösungen oder Aufschwemmungen fester
Teilchen durch die Pleura wurden seit Dybkowsky (1866) vielfach wiederholt, so
von Fleiner (1888), Grober (1901), Seifert (1928) und Loeschcke (1934). Überein-
stimmend wird angegeben, daß corpusculäre Elemente nur von der Pleura parietalis
aufgenommen und von ihr nur auf dem Lymphwege abtransportiert werden. Dybkowsky betont die Bedeutung der Atmungsbewegung und den dabei auf die Lymphgefäße wirkenden wechselnden Zug für die Resorption der Teilchen. Aus der Pleurahöhle eines ruhig atmenden Hundes werden Teilchen nur in beschränktem Maße
resorbiert, während auch aus der Pleurahöhle des toten Tieres bei der Durchführung
von Atmungsbewegungen am geschlossenen Thorax der Übertritt von Körnchen
in die Lymphgefäße von Dybkowsky und von Grober beobachtet wurde. Die
Bedeutung der oben geschilderten Lage der Lymphgefäße auf den beim Lebenden
bei der Atmung stark bewegten Muskeln (Intercostales und Transversus thoracis)
und ihre Funktion im Sinne einer Saugpumpe wird dadurch augenscheinlich. Beim
Menschen wird die Resorption von Teilchen aus dem Pleuraraum durch die Lymphgefäße dadurch bewiesen, daß der am lateralen Rand des M. pectoralis major gelegene
Lymphknoten nicht selten schwarz gefärbt von anthrakotischem Pigment gefunden
wird.

Gelöste Farbstoffe, die aus der Pleurahöhle resorbiert werden, erscheinen nach
Grober im Urin, bevor ihre Anwesenheit im Ductus thoracicus erkennbar ist, woraus
ihre Resorption auf dem Blutwege wahrscheinlich wird. Loeschcke gibt an, daß
kolloidale Farbstoffe nicht vom Blut, sondern nur durch die Lymphe resorbiert
werden, kristalloide Stoffe dagegen durch Blut und Lymphe. Außer der direkten
Resorption aus der Pleurahöhle durch die der Pleuraoberfläche nahegelegenen Blut-
und Lymphgefäße kommt als weiterer Weg die Resorption auf dem Wege über das
pleurale Fettgewebe in Frage, die von Fleiner (1888), Seifert (1928) und Loeschcke
(1934) beschrieben wurde. Die costalen Fettgewebsstreifen sowie das Fettgewebe

des Mediastinum zeigen sich je nach dem angewendeten Material rot mit Blut (Fleiner), schwarz mit Tusche (Seifert) oder blau mit Trypanblau (Loeschcke) gefärbt. Loeschcke beschreibt perivasculäre (besser „periendotheliale" Elze) Saftbahnen im Fettgewebe, wobei die Frage offen bleibt, ob der weitere Abtransport auf dem Blut- oder Lymphwege erfolgt, und bezeichnet das pleurale Fettgewebe direkt als Resorptionsorgan der Pleura. Seifert stellt die Pleura mediastinalis in dieser Funktion an die Seite des Omentum.

Die Funktion des pleuralen Fettgewebes als Resorptionsorgan betont seine Beziehungen zum lymphatischen Gewebe im Sinne Wassermanns und Seiferts. Beim peribronchialen Fettgewebe wird wieder auf die Beziehung des Fettgewebes zum lymphatischen Gewebe hinzuweisen sein sowie auf die Fähigkeit des Fettgewebes zur Aufnahme corpusculärer Elemente.

Der allgemeine Aufbau der Lunge

Jeder Lungenflügel ist von Pleura pulmonalis überzogen und dadurch zu einem einheitlichen Gebilde zusammengefaßt, in welches am Hilus Bronchus und Gefäße eintreten, die sich in die Lappen und Läppchen hinein verzweigen. Ein Frontalschnitt durch eine Lunge, in der durch Ödembildung das lockere interstitielle Bindegewebe stärker als sonst hervortritt, zeigt die allgemeinen Bauprinzipien besser, als dies sonst der Fall ist (Abb. 28). Oberflächliche Einschnitte, die von Pleura ausgekleidet sind und verschieden weit in die Tiefe greifen, trennen die Lappen mehr oder weniger vollständig voneinander. Jeder Lappen läßt wieder eine Unterteilung in Läppchen erkennen, die, aus Lungenparenchym bestehend, durch Einschnitte voneinander getrennt sind, die lockeres Bindegewebe enthalten. Dieses lockere Bindegewebe oder interstitielle Gewebe finden wir auch in der Tiefe der Lappenspalten unter der Pleura, so wie es sich auch in das lockere gefäßreiche subpleurale Gewebe fortsetzt, das zwischen der faserreichen Hauptschicht der Pleura und dem Lungenparenchym liegt. Andererseits setzt sich das interstitielle Gewebe zwischen den Läppchen in das Innere des Lappens fort, wo es ohne scharfe Grenzen in das peribronchiale und periarterielle Gewebe übergeht (Abb. 29).

Das eigentliche Lungenparenchym, das die Läppchen bildet, ist aus Alveolarsepten aufgebaut, deren elastische Fasernetze mit denen der kleinsten Luftwege und Gefäße untrennbar verbunden sind. An der Oberfläche ist dieses Lungenparenchym abgegrenzt durch eine kräftige Membran, die als Grenzmembran der Läppchen oder des Lungengewebes bezeichnet wird. Diese Grenzmembran grenzt das Lungengewebe nicht nur an der Oberfläche der Läppchen gegen das subpleurale Gewebe und gegen die Septa interlobularia ab, sondern auch in der Tiefe gegen das interstitielle Gewebe um die Bronchien und Gefäße (Abb. 29). Die die Läppchen trennenden mit interstitiellem Gewebe gefüllten Einschnitte, die Septa interlobularia, schneiden sehr verschieden tief in das Lungengewebe ein, nur selten bis auf die

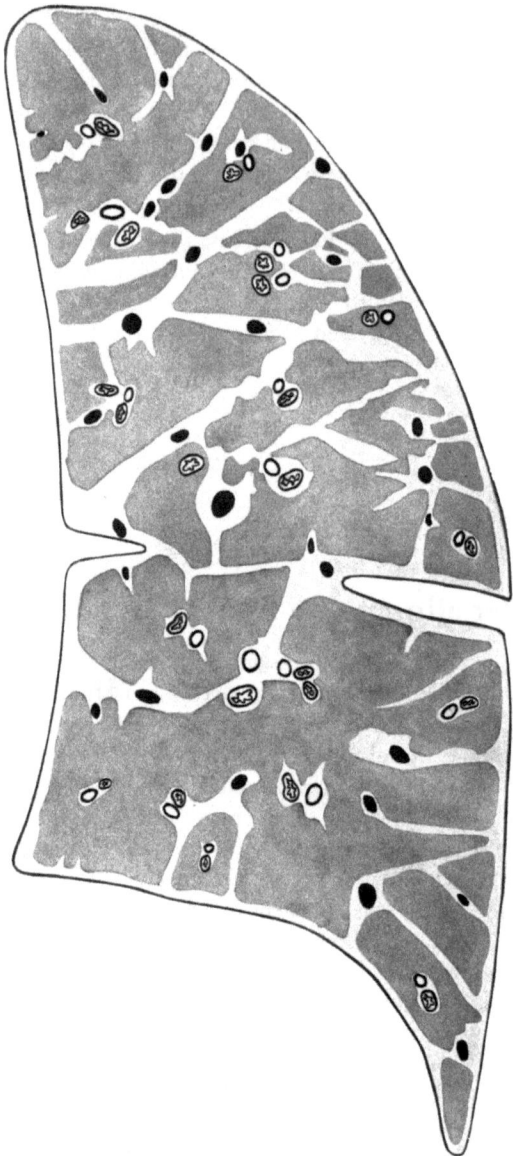

Abb. 28. Längsschnitt durch die linke Lunge eines 6jährigen Kindes mit interstitiellem Ödem. Umzeichnung nach Lauche. Arterie weiß, Vene schwarz, Bronchus mit Falten. Teilweiser Zusammenhang der Läppchen

einander begleitenden Bronchien und Arterien. Daher hängt das von einer Grenzmembran umgebene Lungengewebe der Läppchen in der Tiefe weitgehend zusammen. Der in Abb. 28 abgebildete Schnitt zeigt, wie die Läppchen von der Außenseite zur Innenseite des Oberlappens und von allen 4 Flächen des Unterlappens in der Tiefe zusammenhängen, und daß nur wenige Läppchen an diesem Schnitt ganz isoliert erscheinen.

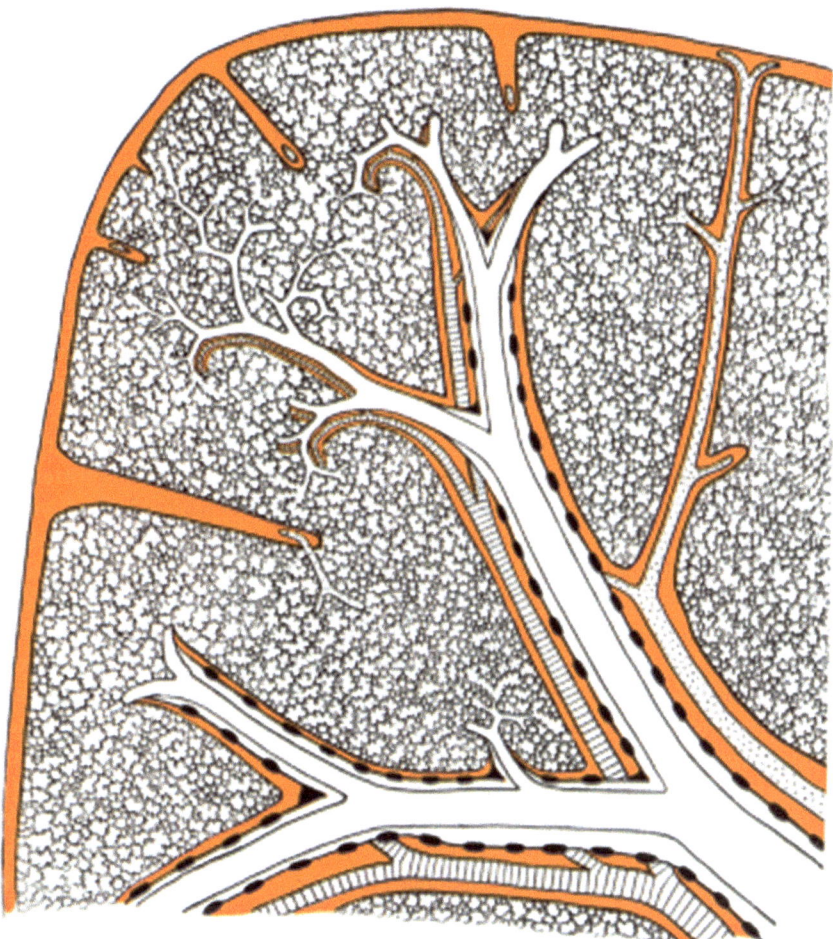

Abb. 29. Schema der Läppchengliederung der Lunge und der Anordnung des interstitiellen Gewebes. Die Zahl der eingezeichneten Teilungsstellen der Bronchioli ist geringer als die der tatsächlich aufeinanderfolgenden Teilungen. (Vgl. Abb. 64 mit besonderer Berücksichtigung der Blutgefäße)

Die Venen liegen (Abb. 29) durchwegs in den Septa interlobularia, die Arterien mit den Bronchi teils im Innern eines Läppchens, soweit es sich um die kleineren handelt, während die größeren ebenfalls zwischen Läppchen liegen, überall von interstitiellem Gewebe umgeben. Von diesen peribronchialen Bindegewebsräumen ausgehend, schneiden ähnlich wie von der Lungenoberfläche aus unvollständige Septa interlobularia in das umgebende Parenchym ein (Abb. 28 und 249).

Wo in der Tiefe der Lappenspalte die Pleura sich von einem Lappen auf den anderen umschlägt, sind an diesem Schnitt (Abb. 28) die benachbarten Läppchen der beiden Lappen durch interstitielles Bindegewebe getrennt, doch möchte ich schon hier bemerken, daß das Lungengewebe zweier Lappen gelegentlich (entgegen der Annahme von Felix) kontinuierlich zusammenhängen kann, ohne Trennung durch interstitielles Bindegewebe der Septa interlobularia (s. S. 104).

Übertragen wir nun das an Hand von Abb. 1 über die Druckverhältnisse und Zugspannung der Lungen Gesagte auf die Läppchenstruktur, so ergibt sich folgendes (Abb. 29): Die durch den atmosphärischen Druck aufrechterhaltene elastische Längsspannung der Bronchialwände wird durch das elastische Lungenparenchym auf die Läppchengrenzmembran übertragen; diese Membran wird bestrebt sein, sich elastisch zu verkürzen, so daß außerhalb dieser Membran ein Druck herrscht, der geringer sein wird als der Druck in den Alveolen (der allerdings bei ruhiger Atmung zwischen Atemphasen sich dem atmosphärischen Druck angleichen wird). Es wird also überall im interstitiellen Bindegewebe zwischen den Läppchen und außerhalb der Läppchen zwischen ihnen und der Pleura und den Bronchien und Gefäßen ein Unterdruck herrschen (Abb. 29, gelb), der aber nicht so tief sein wird als der Unterdruck im Pleuraraum, da ja auch die elastische Pleura in der Regel gespannt ist und so eine Druckdifferenz zwischen Pleuraraum und subpleuralem interstitiellem Gewebe aufrechterhalten kann. Dieser Unterdruck im interstitiellen Bindegewebsraum wird von besonderer Bedeutung sein für die in dieses Gewebe eingelagerten Gefäße (Venen und Lymphgefäße), die durch den Unterdruck offen gehalten, Flüssigkeit ansaugen. Wenn Flüssigkeit nachströmt, werden diese Gefäße entsprechend ihrer elastischen Dehnbarkeit erweitert werden. Sie verhalten sich also ganz anders als die fest in das Lungenparenchym eingebauten kleinen Gefäße (Arteriolen, Capillaren, Venen, s. S. 257), die sich nur parallel den Veränderungen des umgebenden Lungengewebes erweitern und verengern können. Der Unterschied zwischen den beiden Abschnitten der Blutgefäße, die in verschiedener Weise in die Umgebung eingebaut sind, hat physiologisch besondere Bedeutung, so daß Physiologen (J. Mead, 1963; N. C. Staub, 1966) diese Abschnitte als „extra alveolar vessels" und „alveolar vessels" unterscheiden. Der Unterdruck im interstitiellen Bindegewebe hat wesentliche Bedeutung für das interstitielle Ödem (v. Hayek, 1948) und besonders auch für die Ausbreitung des interstitiellen Emphysems.

Eigenform und passive Form

Im Gegensatz zur passiven Form, die die Lunge in Anpassung an den verfügbaren Innenraum des Thorax annimmt, können wir als Eigenform (v. Hayek, 1940) jene Form bezeichnen, in welcher die ganze Lunge gleichmäßig gedehnt ist, gleichgültig, ob diese Dehnung der ganzen Lunge eine stärkere oder schwächere ist. Bei schwächerer oder stärkerer Aufblähung bleibt nämlich die Lunge sich durch den gleichartigen Bau ihrer Teile geometrisch ähnlich, wie eine Kugel einer größeren, das geht aus den Versuchen Rohrers hervor, der runde Gummistempel vor der Blähung auf die Pleurafläche drückte, die ihre Form dann nicht veränderten. Auch bleibt das Verhältnis von Länge zu Breite bei der Aufblähung das gleiche. Die passive Form der Lunge bleibt sich dagegen keineswegs geometrisch ähnlich, man denke etwa an die Verschiedenheit der Form bei rein diaphragmaler oder rein costaler Inspiration oder den Unterschied der Form, der sich aus der Verlagerung des exspiratorischen Zwerchfells bei Bauch- und Rückenlage ergibt (Abb. 31 und 32). Nähern wird sich die passive Form der Lunge der Eigenform vielleicht bei einer mittleren costodiaphragmalen Atmung, ja die Eigenform der Lunge wird in Abhängigkeit von der passiven Form sich entwickeln, und zwar in Abhängigkeit von einem Mittel aus den verschiedenen möglichen passiven Formen. Die Eigenform der Lunge entwickelt sich offenbar in Abhängigkeit von dem ihr zur Verfügung stehenden Raum, den sie vollkommen ausfüllt; dabei können an gleicher Stelle liegende Teile einmal von einer, einmal von einer anderen epithelialen Bronchialknospe aus sich entwickeln (s. Bronchien und Lobi S. 79 und 96). Die Form des zur Verfügung stehenden Raumes wird von der Eigenform der Lunge wiedergegeben, und alle dauernden, wenn auch im Kleinen veränderlichen Formen des Pleuraraumes sind an der Eigenform der Lunge im Negativ wiedergegeben, so die Vorwölbungen etwa des Herzens und der großen Gefäße durch entsprechende Dellen oder die Pleurakuppel und die Sinus durch Lungenspitze und die scharfen Lungenkanten. Nicht wiedergegeben sind dagegen etwa die Rippen, da sich die Intercostalmuskeln einmal nach innen, einmal nach außen vorwölben und sich die Lunge gegen sie verschiebt. Dabei spielt es etwa für die Ausbildung des Sulcus arteriae subclaviae keine Rolle, ob die Lungenspitze vom normalen Oberlappenbronchus oder von einem direkt aus der Trachea entspringenden, sog. trachealen Bronchus versorgt wird.

Andererseits steht die Eigenform offenbar in Korrelation mit der Erweiterungsfähigkeit des Pleuraraumes, welche Korrelation zur Funktion des Zwerchfells deutlich erscheint. Dorsolateral sind die Muskelfasern des Zwerchfells am längsten und können daher diesen Teil des Zwerchfells am stärksten verschieben, und ebendort findet sich der Teil der Lunge, der durch seine große Länge von der Lungenspitze zum dorsolateralen Teil der Basis auch die absolut größte Dehnbarkeit besitzt.

Abgesehen von den großen Proportionen ist die Eigenform noch durch die Einzelheiten gekennzeichnet, die sie von der passiven Form der im Thorax fixierten Lunge unterscheidet, Eigenschaften, die Rückschlüsse auf die Beweglichkeit der Lunge im Thorax gestatten. Die Eigenform der Lungenspitze mit den Impressiones ist weniger scharf in den Einzelheiten und eher abgerundet. Ferner fehlen der Eigenform der Lunge die scharfen Kanten, die die Zwerchfellfläche der Lingula und des Mittellappens von ihrer Unterlappenfläche abgrenzen, so wie am Oberlappen die Kante fehlt, die seine Unterlappenfläche von seiner dorsalen Fläche trennt (Abb. 63), die kranial an die Spitze des Unterlappens anschließt. Das Fehlen dieser Kanten an der Eigenform läßt schließen, daß hier Verschiebungen der Lappen erfolgen.

Die Verschiedenheit der passiven Form (Abb. 54 und 55) würde bei dem gleichartigen Bau und der gleichmäßigen Dehnbarkeit der Lunge eine sehr verschiedene Dehnungsbeanspruchung des Lungengewebes bedeuten, wenn nicht besondere Einrichtungen einen Ausgleich zwischen den extrem passiven Formen und der im Mittel liegenden Eigenform herstellen würden, es sind dies die Bildung der Lappen und der Läppchen.

Die Grundlage für diese dehnbare Eigenform ist nicht nur das Lungenparenchym, sondern auch die Bronchien, und die Blutgefäße haben ihren Anteil an der Eigenform der Lunge, indem sie die Lappen untereinander verbinden. Wesentlich für die Eigenform sind im Zustand verschiedener Dehnung in erster Linie die elastischen Fasern, erst im Zustand extremer Dehnung treten auch die kollagenen Fasern des Lungengewebes, der Bronchien und der Pleura offenbar gleichzeitig in Funktion, was daraus zu schließen ist, daß auch bei extremer Dehnung eine Änderung der Eigenform nicht eintritt. Inwieweit die Lungenmuskulatur einen Anteil an der

Eigenform hat, soll später bei Besprechung der Alveolarmuskulatur untersucht werden. Daß narbige Schrumpfungen einerseits, die Veränderung des elastischen Gewebes bei Emphysem andererseits die Eigenform wesentlich beeinflussen, ist selbstverständlich.

Bei gleichmäßiger, d.h. geometrisch ähnlicher Dehnung der Eigenform der Lunge (Schema Abb. 30), wie sie bei mittlerer thorakoabdominaler Atmung erfolgen kann, wird jede Alveole gleichmäßig gedehnt und wird dabei ihre Form beibehalten. Eine ungleichmäßige Dehnung, etwa von Kreisform zur Eiform, wie sie Orsós an

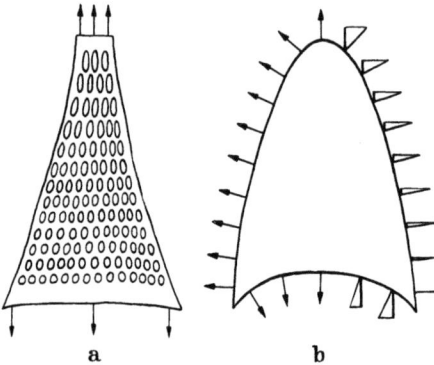

Abb. 30. a Unrichtiges Modell der Spannungsverhältnisse der Lunge nach Orsós; b Darstellung der gleichmäßig auf die Lunge wirkenden Kräfte, rechts nur die in der Längsrichtung wirkenden Komponenten dargestellt. (Aus v. Hayek, 1951)

seinem durch eine Gummimembran hergestellten Modell (Abb. 30a) darstellt, gibt es offenbar nicht. Denn die Wirkung der dehnenden Kräfte ist nicht eine solche, wie Orsós sie dargestellt hat, sondern, wie auf Abb. 1 gezeigt wurde, eine gleichmäßige (Abb. 30b). Orsós Modell stimmt nur in Fällen von Pneumothorax, in denen etwa die Lungenspitze und ihre Basis festgewachsen sind. Nur in solchem und ähnlichen kann es zu einer einseitigen Dehnung des Lungengewebes kommen. Stutz ergänzt das Schema von Orsós, indem er die Bronchi der Hilusgegend als undehnbare Gebilde in das dehnbare Gummimodell einzeichnet. Dazu ist zu sagen, daß auch die Bronchien elastisch dehnbar sind. Nur ist das elastische Gewebe in der Bronchialwand konzentriert, das Verhältnis seines Querschnitts zur Größe der Lichtung ist aber etwa das gleiche wie das im Bereich der Alveolen, das gilt auch für die Trachea, die inspiratorisch relativ ebensoviel (1 Wirbelhöhe, s. S. 65) gedehnt wird wie das Lungenparenchym.

Die Bewegungen der ganzen Lunge im Pleuraraum

Daß Bewegungen der Lunge gegen die Wand des Pleuraraumes erfolgen, ist schon aus dem Vorhandensein des serösen Spaltes zu schließen. Nur am Hilus und caudal anschließend durch das Lig. pulmonale (Mesopneumonium) ist die Lunge im Pleuraraum festgeheftet. Zweierlei Bewegungen der Lunge im Thorax sind zu unterscheiden; einerseits die vielfach beschriebenen Atmungsbewegungen, andererseits Bewegungen bei unverändertem Thoraxvolumen, bei denen die Form des knöchernen Thorax die gleiche bleiben kann, Bewegungen, die bei Lageänderungen des Körpers eintreten. Die starken Verschiebungen der Lungenränder bei der Atmung sind bekannt. Aus diesen Beschreibungen scheint hervorzugehen, daß dabei die Lungenspitze der am wenigsten bewegte Teil der Lunge ist.

Die ausgiebigen Veränderungen der Lungenform, die beim Wechsel von Rückenlage in Bauchlage stattfinden, haben auch Verschiebungen der Lunge zur Folge (Abb. 31). Denn die leichte Lunge schwimmt bei diesen Lageveränderungen gleichsam auf den schwereren Baucheingeweiden, soweit das Zwerchfell dies zuläßt. Bei der Rückenlage schiebt sich die Lunge an der vorderen Thoraxwand caudalwärts, während die Zwerchfellkuppel sich in der dorsalen Thoraxhälfte besonders in Exspiration stark kranialwärts vorschiebt. Bei der Einnahme der Rückenlage dürfte daher eine

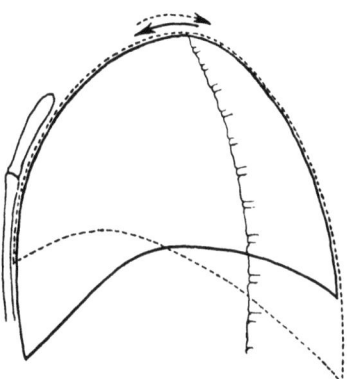

Abb. 31. Schema der Verschiebung der Lunge und ihrer Spitze bei Bauch- (-------) und Rücken- (———) Lage. Zwerchfellstellung nach Röntgenbildern eines 60jährigen. (Aus v. Hayek, 1933)

wesentliche Ventralverschiebung der Lungenspitze innerhalb der Pleurakuppel erfolgen (Abb. 31).

Auch innerhalb einer Transversalebene erfolgen wesentliche Verschiebungen. Daß der linke Rand der absoluten Herzdämpfung bei Rückenlage beinahe bis zum linken Sternalrand vorrücken kann, ist leicht festzustellen. Bei Bauchlage dagegen verschiebt er sich lateralwärts bis gegen die Herzspitze. Das heißt, der vordere Lungenrand verschiebt sich beim Wechsel von Bauchlage über den aufrechten Stand zur Rückenlage stark medianwärts.

Daß sich das Herz im Mediastinum bei Rückenlage der Wirbelsäule nähert, ist bekannt. Die Veränderung des Abstandes des Oesophagus von der Wirbelsäule ist dafür charakteristisch. An der wie gewöhnlich in Rückenlage fixierten Leiche findet sich nun, wie Heiss (1919) beschreibt, rechts ein Recessus dorsal vom Oesophagus, der als Recessus mediastinovertebralis (inter azygo-oesophagien Rouvière, retro-oesophagicus, Abb. 32) bezeichnet wird. Da ich auch an Röntgenbildern vom Lebenden eine starke Annäherung des Oesophagus mit der Bifurcatio tracheae an die Wirbelsäule beobachten konnte, muß ich schließen, daß auch im Leben bei Rückenlage und erschlafftem Zwerchfell ein solcher Sinus durch Zurücksinken des Herzens entsteht. Die Annäherung des Hilus an die Wirbelsäule, das Zurückziehen der Lunge aus dem Sinus und die Medianwärtsverlagerung des vorderen Lungenrandes bei Rückenlage zusammen lassen schließen, daß sich bei Einnehmen der

Rückenlage die ganze Lunge etwa um ihre Längsachse nach vorne und einwärts dreht (Abb. 32). Auch die Verlagerung von lateral vom Hilus gelegenen verkalkten Lymphknoten beim Einnehmen der Rückenlage läßt eine solche Verschiebung vermuten.

Wieweit bei Einnehmen einer Seitenlage die Lunge außer einer Formveränderung auch eine Verlagerung erfährt, konnte noch nicht untersucht werden, doch erscheinen mir solche Verschiebungen insbesondere auch im Bereich der Lungenspitze sehr wahrscheinlich.

Aus dem Gesagten ergibt sich, daß bei diesen Verlagerungen auch eine passive, geometrisch unähnliche Formänderung der Lunge erfolgt, eine Veränderung, die

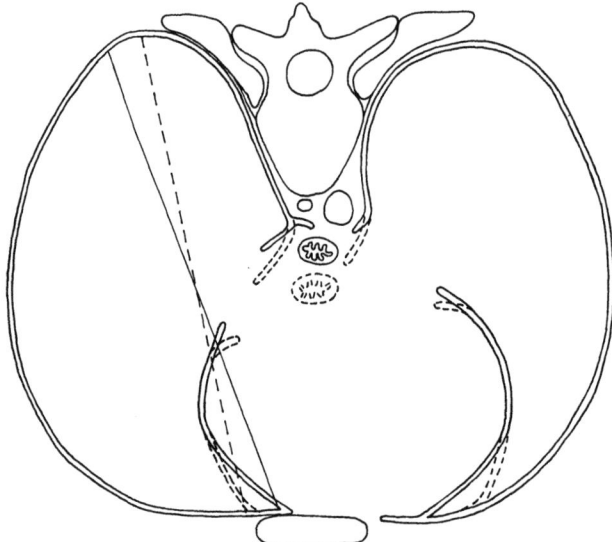

Abb. 32. Schema der Drehung der Lunge um ihre Längsachse mit Eröffnung des Sinus mediastino-vertebralis und Entfaltung des dorsalen Mediastinum bei Bauchlage (————) und Rückenlage (———)

auf die später zu besprechende gegenseitige Lage der Lappen und Läppchen einen wesentlichen Einfluß haben muß.

Was nun die inspiratorischen Veränderungen der Lunge betrifft, so sind die Verschiebungen der Lungenränder ja vielfach genau beschrieben worden. Die dem Thorax, d.h. den Rippen und der Wirbelsäule, anliegende Lungenfläche wird ihre Form rein passiv verändern müssen, so wie sich die Rippen inspiratorisch heben und die Wirbelsäule sich streckt. Anders verhält es sich bei den den weichen Wandungen der Pleurahöhle zugewendeten Flächen der Lunge. Bei diesen wird die inspiratorische Formänderung keine rein passive sein, sondern die Eigenform der Lunge wird hier wesentlich mitsprechen.

Die konkaven Flächen der Lungen, die gegen das Zwerchfell und gegen das Mediastinum gerichtet sind, werden bei Blähung der aus dem Thorax entfernten Lungen größer und tiefer, ihre Krümmung bleibt sich aber doch ähnlich, wie zwei verschieden große Kreisbogen mit dem gleichen Bogenwinkel. Auch im Röntgenbild zeigt die Lunge im Thorax eine Veränderung der konkaven Lungenoberflächen gegen das Herz und gegen das Zwerchfell im gleichen Sinne, die Bogen werden breiter und absolut genommen tiefer, wobei das Verhältnis der Breite zur Tiefe jedoch das gleiche bleibt. Wohl zeigt auch das kontrahierte wie das erschlaffte Zwerchfell, das vom intraabdominellen Druck gegen die Pleurahöhle vorgewölbt wird, seine Eigenform (Pfuhl, 1929), doch muß diese elastische Form der Zwerchfellkuppel auch mit der elastischen Eigenform der Lunge in Einklang bleiben. Einen größeren Einfluß als auf das Zwerchfell kann die elastische Eigenform auf das Mediastinum und darin insbesondere auf die Vorhöfe ausüben, die Vergrößerung der dem Herzen zugewendeten Konkavität ist beim Vergleich exspiratorisch und inspiratorisch aufgenommener Röntgenbilder sehr deutlich.

Die Tatsache, daß der phrenicocostale Winkel im Röntgenbild bei der Atmung auf- und absteigt, „ohne seine Winkelgröße merklich zu verändern" (Braus I, 2. Aufl., S. 202), ist jedenfalls auf die Eigenform der Lunge zurückzuführen. Wenn die Form der Zwerchfellwölbung vom Kontraktionszustand des Zwerchfells abhinge, wie Pfuhl (1926) meint, müßte sich dieser Winkel ebenso ändern wie die Zwerchfellwölbung.

Die mediastinale Fläche ist aber auch von vorne nach hinten gehöhlt. Inspiratorisch wird sich diese Höhlung absolut genommen vertiefen, der vordere und hintere Rand der mediastinalen Lungenfläche werden sich dabei gegen das Mediastinum stemmen. Die vordere Kante kann sich, wie bekannt, stark medianwärts vorschieben, die hintere Kante dagegen nur wenig, wenn sich das hintere Mediastinum inspiratorisch verlängert und verdünnt. So muß sich bei Vertiefung der mediastinalen Fläche ihr mittlerer Teil, das Hilusgebiet, lateralwärts verschieben, so daß das Mesopneumonium (Radix und Lig. pulmonale) angespannt wird (s. S. 67, Abb. 41).

Die Trachea

Die Trachea bildet als elastisches Rohr, dessen Wand durch knorpelige Stützen offen gehalten wird, die Fortsetzung des Kehlkopfes und reicht bis zu ihrer Teilungsstelle in die beiden Bronchien, der Bifurcatio. Zwischen diesen beiden End- und Befestigungspunkten ist die Trachea dauernd elastisch gespannt. Entsprechend der voneinander weitgehend unabhängigen Verschieblichkeit von Kehlkopf und Bifurkation ist ihre Länge in vivo veränderlich, sie beträgt durchschnittlich 10—12 cm (Brünings, Frau und Mann); die Weite, die bei Längsdehnung etwas abnimmt, 13—22 mm, wobei der transversale Durchmesser etwa $1/4$ größer ist als der sagittale. Etwa die Hälfte der Länge der Trachea liegt im Halsbereich, die andere Hälfte im Brustbereich zwischen den beiden Pleurahöhlen, wodurch der Brustteil der Trachea in Abhängigkeit von den Druckverhältnissen im Pleuraraum gerät. Wenn bei tiefer Inspiration der Unterdruck im Pleuraraum abnimmt, wird sich der thorakale Abschnitt erweitern, während beim Pressen bei geschlossener Stimmritze sich nur der cervicale Abschnitt erweitert, beides infolge der Druckdifferenz zwischen Lumen der Trachea und dem umgebenden Raume. Infolge des Übergreifens der thorakalen

Druckverhältnisse auf den zwischen den Scaleni und dem Sternocleidomastoideus gelegenen Raum wird dabei die Grenze zwischen den sich verschieden verhaltenden Abschnitten der Trachea unscharf sein und etwas über der Thoraxapertur liegen.

Abgesehen von den Druckdifferenzen innerhalb und außerhalb der Trachea wird ihre Weite von den hinten offenen Knorpelringen und der Muskulatur geregelt. Die $^2/_3$ eines Kreises bildenden Knorpelringe liegen in der vorderen und den beiden Seitenwänden der Trachea (Paries anulatus, Elze), während die Muskulatur dorsal den Kreis schließt und die Hinterwand (Paries membranaceus) bildet. Wenn auch im oberen Abschnitt der Trachea der Oesophagus dieser membranösen Wand anliegt, so kann die Bedeutung dieser membranösen Wand für den Schluckakt, entgegen der Ansicht mancher Autoren, nicht wesentlich sein, da ja im unteren Abschnitt der Trachea diese nicht genau vor dem Oesophagus liegt, sondern nach rechts abweicht, so daß der Oesophagus gerade hinter den Enden der Trachealknorpel liegt, die bei Erweiterung des Oesophagus durch den Schluckakt nicht so leicht ausweichen werden.

An der Wand der Trachea können wir eine Schleimhaut (Mucosa), eine Submucosa und eine Grundmembran (Faserhaut) mit Knorpeln und Muskeln unterscheiden, die wir als Tunica cartilagineo-fibrosa bezeichnen können. Die Unterscheidung einer Submucosa als eigene Schicht (Schaffer und Petersen) hat — entgegen v. Schumacher und Petersen, die eine solche nicht anerkennen — mindestens im Bereich der membranösen Wand Berechtigung, da sich dort die Schleimhaut verschieben und in Falten legen kann, was eben durch die lockere Submucosa ermöglicht wird. Die Furchen zwischen den Schleimhautfalten sind vorgezeichnet durch die häufig in Längslinien angeordneten Drüsenausführgänge. Im Bereich der Knorpel dagegen ist die Schleimhaut so gut wie unverschieblich, zwischen den Knorpeln, wo die Schleimhaut etwas einsinkt, liegt die Mehrzahl der Drüsenausmündungen dieser Wandabschnitte. Die Drüsen selbst liegen hier größtenteils in der Submucosa, soweit sie sich nicht bis in die Grundmembran zwischen die Knorpel vorschieben.

Die Trachealschleimhaut

An der Trachealschleimhaut können wir 3 Schichten unterscheiden, das Epithel, die Basalmembran und die Membrana propria. Das Epithel ist ein mehrstufiges (mehrreihiges) hochprismatisches Flimmerepithel (Schaffer) mit Becherzellen, d. h., auch die oberflächlich gelegenen prismatischen Flimmer- und Becherzellen erreichen mit Fortsätzen die Basalmembran (sie sind bodenständig), so wie die in den tieferen Schichten gelegenen unregelmäßig geformten Ersatzzellen, die alle mit unregelmäßig geformten Drucknischen versehen sein können. Die oberflächlichen Becher- und Flimmerzellen mit ihren stäbchenförmigen Kernen reichen mit langen schmalen Fortsätzen zwischen den Ersatzzellen bis an die Basalmembran. Die Kerne liegen in 4—6 Reihen, die der basalen Zellen sind annähernd kugelig, die der folgenden 2 Reihen dick ellipsoidisch. In sämtlichen Zellformen, den Ersatz-, Flimmer- und Becherzellen, beschreibt Kopsch den Golgi-Apparat. Die Zahl der Becherzellen ist wesentlich geringer als die der Flimmerzellen, so daß jede Becherzelle von einem Kranz von Flimmerzellen umgeben ist. Die Flimmerbewegung der Flimmerhaare ist gegen den Kehlkopf zu gerichtet (Toldt, Heiss). Bemerkenswert ist in den Kernen der Flimmerzellen und der Ersatzzellen der deutlich färbbare Nucleolus. Daß die Becherzellen und Flimmerzellen aus den Zellen der tieferen Schichten hervorgehen können, sagt schon der Name Ersatzzellen. Mitotische Teilungen wurden von Bockendahl (1885) beobachtet. Betreffs der morphologischen Veränderungen der Becherzellen bei der Sekretion sei auf Schaffer (1927) verwiesen. Zwischen den Zellen aller Schichten finden sich häufig Lymphocyten, gelegentlich auch Leukocyten eingelagert. Da die Zellen nicht fest untereinander verbunden sind, finden sich nämlich virtuelle Spalträume zwischen ihnen, in denen die Lymphocyten wandern können. Diese virtuellen Spalträume sind nach der freien Fläche hin durch die Cuticularmembran abgeschlossen, die über alle Zellen hinwegzieht und sie untereinander fest verbindet (Policard und Galy). Die etwa 10 μ dicke Basalmembran ist, wie schon Heiss betont, keine homogene Membran, sondern ein Netzwerk von Silberfasern, die mit Silbermethoden (Pap) oder Azanfärbung darstellbar sind. Mit dieser Basalmembran sind die ihr breit aufsitzenden Zellen ebensofest verbunden

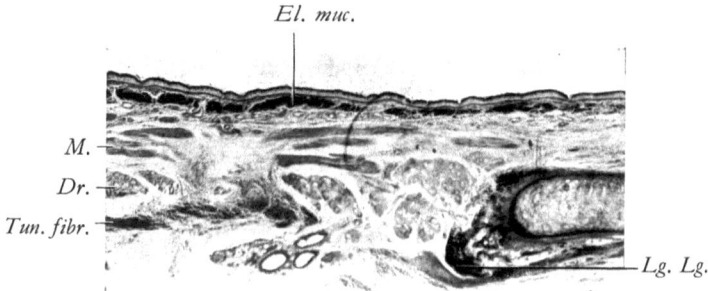

Abb. 33. Hinterwand der Trachea. Querschnitt 15f., Orcein, Hämat.-Eosin. *El. muc.* Elastica mucosae; *M.* Muskelbündel; *Lg. Lg.* Ligament. Elasticum longitudinale; *Tun. fibr.* Tunica fibrosa; *Dr.* Drüsen

wie die oberflächlichen Zellen mit der oberflächlichen Cuticularmembran; an dünnen Schnitten zerreißt das Epithel oft in 2 Schichten, und zwar so, daß die tiefe Schicht durch die Basalmembran festgehalten wird, die oberflächliche Zellschicht mit Flimmer- und Becherzellen dagegen eine durch die Cuticularmembran fest zusammenschließende Schicht bildet.

An der Grundmembran der Schleimhaut (Membrana propria) kann man eine oberflächliche zellreiche und eine tiefe faserreiche Schicht unterscheiden. Bei den Zellen handelt es sich vorwiegend um Lymphocyten, die besonders um die Drüsenausführungsgänge in Ansammlungen gefunden werden. Diese Schicht enthält außerdem die Blutcapillaren und Lymphgefäßnetze sowie ein lockeres Netz kollagener Fasern. In der tiefen Schicht finden sich reichlich elastische Fasern (Elastica interna tracheae, Petersen), die sich in den Conus elasticus des Kehlkopfes fortsetzen. Sie bilden im Bereich der Paries anulatus eine dünne Schicht, während im Bereich des Paries membranaceus besonders dicke (bis 8 μ) Fasern innerhalb der Längsfalten zu dicken Bündeln (Abb. 33) zusammengefaßt sind, die auch makroskopisch an der gespannten Schleimhaut zu sehen sind (Aschoff). Zwischen ihnen münden in Längsreihen die Drüsenausführungsgänge. In dieser elastischen Längsfaserschicht können nach Schaffer (1933) verstreut Bündelchen glatter Muskulatur vorkommen.

Die Submucosa ist besonders im Bereich der Knorpel lamellär gebaut (Schaffer, 1933) und geht ohne scharfe Grenze in das Perichondrium über. Im Bereich des

Paries membranaceus ist sie lockerer gefügt und gestattet eine Verschiebung und Faltenbildung der Schleimhaut. Die Drüsen sind zum Teil in die Submucosa eingelagert, wo sie zwischen den elastischen Faserzügen gelegen sind, die die elastische Längsfaserschicht mit den Lig. anularia der Knorpelfaserhaut verbinden und so die Verschieblichkeit der Mucosa beschränken.

Drüsen finden sich in der Trachealwand sowohl im Paries membranaceus als auch im Paries anulatus. Hier liegen sie teils in der Submucosa, teils sich zwischen den Knorpeln bis an ihre Außenseite vorschiebend, im Paries membranaceus dagegen durchgehend außerhalb der Muscularis zwischen ihr und der äußeren Längsfaserschicht (Abb. 33). Die Ausführungsgänge münden in den flachen Furchen der Schleimhaut zwischen den Knorpeln oder in Reihen in den Längsfurchen der Hinterwand. Die Ausführungsgänge der Drüsen sind häufig noch eine Strecke weit mit Flimmerepithel ausgekleidet (Toldt), ampullenartig erweitert und mit einer Lymphocytenansammlung umgeben (Schaffer, 1933). Es handelt sich um gemischte Drüsen mit Schleimschläuchen, an denen Ebner-Gianuzzische Halbmonde mit Sekretcapillaren sitzen, sowie rein serösen Schläuchen und serösen Acini (Fuchs-Wolfring), die alle nach Pilocarpin starke Erschöpfung der Drüsenzellen zeigen.

Die ganze Schleimhaut ist mit Schleim überzogen, der von den Drüsen und den Becherzellen gebildet wird. Die Flimmerhaare bewegen sich, wie Policard und Galy nach den Untersuchungen verschiedener Autoren angeben, nicht innerhalb der Schleimschicht, sondern innerhalb einer unter der Schleimschicht gelegenen Schicht seröser Flüssigkeit, so daß die Flimmerhaare mit ihren Enden die Schleimschicht an ihrer Unterseite berühren, die wie ein rollender Teppich fortbewegt wird. Auch an Schnitten sieht man, daß die Flimmerhaare nur mit ihren freien Enden die färbbare Schleimschicht berühren. Die Zahl der Flimmerschläge beträgt beim Menschen 3—10 je Sekunde (Policard und Galy), die Weiterbeförderung des Schleimes ist so schnell, daß bei der Katze (Barklay, Franklin und Macbeth) schon nach 7 Std der staubbedeckte Schleim aus dem gesamten Bronchialbaum hinausbefördert sein kann. Policard und Galy stellen noch die Frage, woher die seröse Flüssigkeit unter der Schleimschicht kommt. Von den serösen Zellen der gemischten Drüsen? Aber gibt es nicht auch noch Flimmerepithel in den Bronchiolen, denen Drüsen meist fehlen? Vielleicht kommt die seröse Flüssigkeit von Gewebsflüssigkeit, die durch das Epithel hindurchfiltriert wurde (Policard und Galy). Störungen der Sekretion berauben die Schleimhaut ihres schützenden Überzuges gegen Bakterien (Wätjen).

Die Tunica fibrosa tracheae

Die Tunica fibrosa tracheae (Grundmembran, v. Schumacher) wird vielfach auch als Tunica fibrocartilaginea bezeichnet, ein Name, der besser zu vermeiden wäre, da ja diese Schicht nicht aus Faserknorpel (Fibrocartilago) besteht, sondern aus Fasern und Knorpel, so daß man besser von einer Tunica cartilagineo-fibrosa sprechen sollte oder, wenn man den Muskel einbeziehen will, von einer Tunica cartilagineo-musculo-fibrosa.

Die Hauptmasse dieser Schicht stellen kollagene und elastische Fasermassen dar, in deren Längsverlauf die Knorpel des Paries anulatus eingeschaltet sind; die dorsalen Enden dieser Knorpel sind im Bereich des Paries membranaceus durch glatte Muskulatur miteinander verbunden.

Im Bereich des Paries anulatus finden sich 16—20 hinten offene Knorpelringe, die von außen nach innen etwas abgeplattet sind. Am Längsschnitt durch die Trachea erscheinen die Querschnitte durch die einzelnen Knorpel außen nahezu plan, nach innen zu dagegen konvex begrenzt. Diese Querschnittsform der Trachealknorpel dürfte mit folgendem zusammenhängen: Bei der Zunahme der Krümmung der Knorpel durch die Tätigkeit der Muskulatur wird das äußere Perichondrium stark gespannt, der Knorpel an der konkaven Seite stark unter Druck gesetzt. Dadurch, daß die äußere Fläche der Knorpel fast eben ist, werden seine Fasern alle gleichmäßig gespannt, was bei einer am Querschnitt außen konvexen Form nicht der Fall wäre. Die Konvexität an der Innenfläche wieder dürfte ähnlich wie der senkrechte Balken eines T-Trägers wirken.

Das Perichondrium ist an der Außenseite dicker als an der Innenseite, ein Verhalten, das damit zusammenhängt, daß die elastische Ruhestellung sich nur wenig von der extremen Erweiterung entfernt, die durch Dehnung der elastischen Fasern und der Muskulatur der Hinterwand bis zur Spannung der kollagenen Fasern erreicht wird. Die Verengerung der Trachea, die durch Kontraktion der Muskulatur und Überwiegen des Außendruckes erreicht werden kann, bedingt eine starke Zunahme der Krümmung der Trachealknorpel, so daß die Außenfläche der Knorpelringe auf Zug, die Innenfläche auf Druck beansprucht wird. Diese in den äußeren Partien der Knorpel entstehende starke Zugspannung wird von dem verstärkten Perichondrium aufgenommen, während die verstärkte Druckspannung in den inneren Partien durch die Knorpelgrundsubstanz getragen werden kann. Unter dem Perichondrium folgt die subperichondrale oxyphile Schicht, die auch noch reich an Fasern ist, die weiter durch eine Übergangszone in die tiefere Schicht übergeht, die eine ausgesprochen territoriale Gliederung zeigt, die aber nur zur „Ausbildung dünner, oxyphiler, vorwiegend kollagene Fasern enthaltender, interterritorialer Scheidewände, stark basophiler Innen- und schwacher basophiler Außenhöfe führt" (Schaffer). Die Festigkeit, Druckelastizität des Knorpels hängt größtenteils von diesen um die Zellen herum entstandenen Schichten, den Zellhöfen als druckfesten Gebilden, ab, „sie sind also ein mechanisch funktionell wichtiges Strukturprinzip des Knorpels, während das andere im fibrillären Aufbau gesehen werden muß" (Schaffer). Die territoriale Gliederung, d.h. die Ausbildung druckelastischer Schalen, erfolgt erst in der Tiefe, wo der Knorpel auf Druck beansprucht wird (Schaffer), während an der Oberfläche, die durch Streckung und Biegung stärkerem Zug ausgesetzt ist, die Fasern vorherrschen. Die Anordnung der Fasern und besonders ihren Übergang von der Oberfläche in die Tiefe hat Benninghoff näher untersucht. Sie ziehen vom Perichondrium, in die Tiefe abbiegend, dort im wesentlichen senkrecht von der äußeren Knorpelfläche zur inneren. Das Perichondrium besteht hauptsächlich aus zirkulär die Trachea umgreifenden kollagenen Fasern, zwischen die wenige elastische Fasern eingestreut sind, die aus der Umgebung in das Perichondrium einstrahlen.

Wenn auch das Gesamtbild der Knorpel ein regelmäßiges zu sein scheint, so findet man doch vielfach gegabelte Knorpel, so daß die Zahl der Knorpelringe rechts und links nicht immer die gleiche ist, insbesondere ist der erste Knorpel oft in variabler Weise mit der Cartilago cricoidea verwachsen. Auch in der Längsrichtung der Trachea verlaufende Verbindungen der Trachealknorpel kommen besonders in der Nähe der Bifurkation vor.

Die fibröse Längsfaserschicht, die durch die Cartilagines tracheales in die Ligamenta anularia unterteilt wird, läßt zwischen den Knorpelringen 3 Schichten unterscheiden. Eine stärkere äußere Schicht, die mit dem äußeren Perichondrium in Verbindung steht, eine mittlere, die die Kanten der Knorpel verbindet und eine schwache innere, die mit dem inneren Perichondrium verbunden ist. Zwischen die 3 Schichten sind Fettläppchen und vielfach auch Drüsen eingelagert. Die diese Schichten aufbauenden kollagenen und elastischen Fasern, letztere etwas weniger als 50% ausmachend, sollen nicht ganz in der Längsrichtung, sondern etwas schräg scherengitterartig angeordnet sein (Wolf-Heidegger). Dennoch ergibt sich bei Dehnung der Trachea nur eine wenig deutliche Verengerung des Lumens. Die äußere und innere Schicht, die dem Perichondrium enge verbunden sind, können von diesem dennoch durch den verschiedenen Faseraufbau unterschieden werden. Über die dorsalen Enden der Trachealknorpel zieht ein kräftiges, vorwiegend aus elastischen Fasern bestehendes Längsband hinweg.

Im Bereich der membranösen Wand der Trachea (Abb. 33) besteht die Tunica fibrosa außer aus der Muskulatur, die als Musculus transversus tracheae bezeichnet wird, noch aus einer äußeren Längsfaserschicht. Zwischen beiden Schichten liegen die Körper der Drüsen. Die Längsfaserschicht besteht vorwiegend aus elastischen und aus kollagenen Fasern und bildet eine Fortsetzung der Längsbänder an den Hinterenden der Knorpel. Da sie mit diesen Bändern eine Einheit bildet und die gleiche Beanspruchung und Widerstandsfähigkeit wie die übrige Tunica fibrosa (Grundmembran) besitzt, möchte ich sie wie Schumacher dieser zurechnen und nicht der Adventitia, die als lockeres verschiebliches Bindegewebe die Gefäße und Nerven enthält.

Der Musculus transversus tracheae besteht aus einer einheitlichen Schicht dicker Bündel glatter Muskulatur, die sich wenig verzweigen und nahezu rein quer verlaufen. Die Bündel sind mit elastischen Sehnen (v. Ebner) an der Innenseite der Cartilagines tracheales am Perichondrium nahe dem dorsalen Ende der Knorpel und den Lig. anularia befestigt. Zwischen den Bündeln treten die Ausführungsgänge der Drüsen durch. An der Außenseite dieser Schicht liegen noch vereinzelt Längsmuskelbündel, die mit elastischen Sehnen in die Grundmembran einstrahlen.

Gelegentlich ziehen einzelne dieser Bündel caudalwärts an den Oesophagus heran, in dessen Vorderwand sie einstrahlen (M. tracheo-oesophageus, Luschka).

Das craniale Ende der Trachea

Am cranialen Ende der Trachea ist die Grundmembran am Ringknorpel befestigt in ähnlicher Weise wie an den Trachealknorpeln. Der erste Trachealknorpel zeigt eine große Variabilität, er erstreckt sich in der Regel nur über die vordere Wand der Trachea, ist also wesentlich kürzer als die anderen (Abbildung in Toldt-Hochstetter) und steht häufig mit dem Ringknorpel in kontinuierlicher Verbindung.

Die Bifurcatio tracheae

Caudalwärts setzt sich die Trachea in der Bifurcatio in die beiden Bronchien fort. Die Lichtung beider Bronchi ist zusammen etwas größer als die Lichtung der Trachea. Der Durchmesser des rechten Bronchus beträgt 12—16 mm, der des linken 10—14 mm (Brünings), ein Unterschied in der Weite, der mit dem verschie-

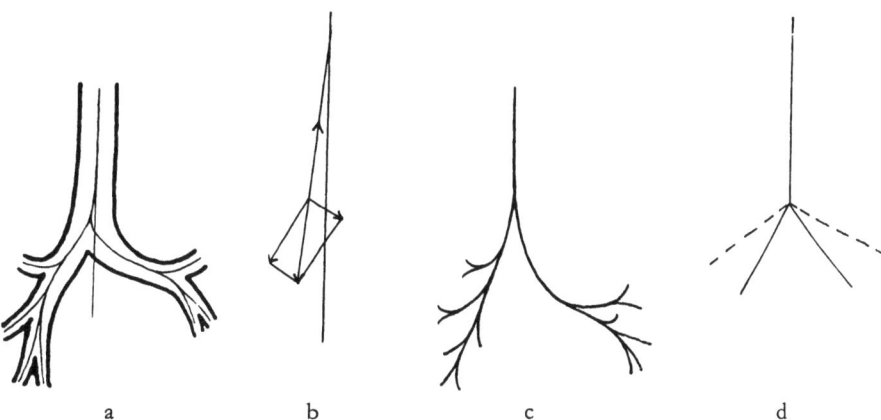

Abb. 34a—d. Bifurcatio tracheae. a Umriß mit Achsen der Lichtung und Medianebene; b Kräfteparallelogramm der Zugwirkung der Bronchi; c Lichtungsachsen der Trachea und der Bronchien nach Hilber; d Variabilität des Bifurkationswinkels nach Weingärtner

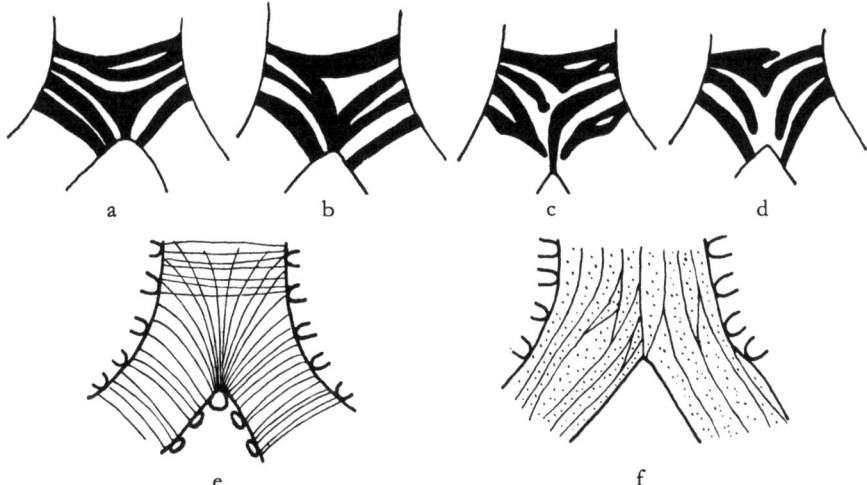

Abb. 35a—f. Verschiedene Formen der Bifurkationsknorpel. a, c, d nach Heller und Schröter; b eigenes Präparat; e Muskulatur an der Hinterwand; f Schleimhautfalten entsprechend den elastischen Faserbündeln und Drüsenausmündungen an der Hinterwand

denen Volumen der beiden Lungenflügel zusammenhängt. Darüber hinaus ergeben sich respiratorisch Lumenänderungen für den rechten Bronchus von 11—18 mm auf 14—20 mm und für den linken Bronchus von 8—15 mm auf 10—16 mm. Gegenüber diesen auf tracheoskopischem Wege erhaltenen Maßen von Brünings gibt Brückner (1950) an, daß er bei röntgenstereoskopischen Untersuchungen bei tiefer Atmung teils größere Weiten beobachtet hat. Im Durchschnitt ergaben sich bei der Untersuchung von 23 Männern von 19—25 Jahren folgende Maße:

Trachea inspir. 18,2, exspir. 16,9;

rechter Bronchus inspir. 17,0, exspir. 14,2;

linker Bronchus inspir. 13,0, exspir. 11,0.

Mit diesem verschiedenen Volumen hängt auch die Verschiedenheit des Winkels zusammen, den die beiden Bronchi mit der Trachea einschließen (Abb. 34a). Der rechte Bronchus weicht in seiner Richtung weniger von der Richtung der Trachea ab als der linke, weil die Gesamtmasse der rechten Lunge und damit auch der elastische Zug der rechten Lunge größer ist (s. S. 3) und sich die Zugkräfte der beiden Lungen und der Trachea in der Bifurcatio im Sinne eines Kräfteparallelogrammes das Gleichgewicht halten müssen (Abb. 34b). Daraus erklärt sich auch, daß die Bifurcatio ein wenig aus der Mittellinie auf die Seite des größeren Zuges der rechten Lunge verlagert ist.

Der Winkel zwischen beiden Bronchi, der sich aus dem Winkel ergibt, den jeder der beiden mit der Medianebene einschließt, variiert (Weingärtner) zwischen 50° (20 + 30) und 100° (45 + 55) (Abb. 34d). Dabei besteht allerdings eine gewisse

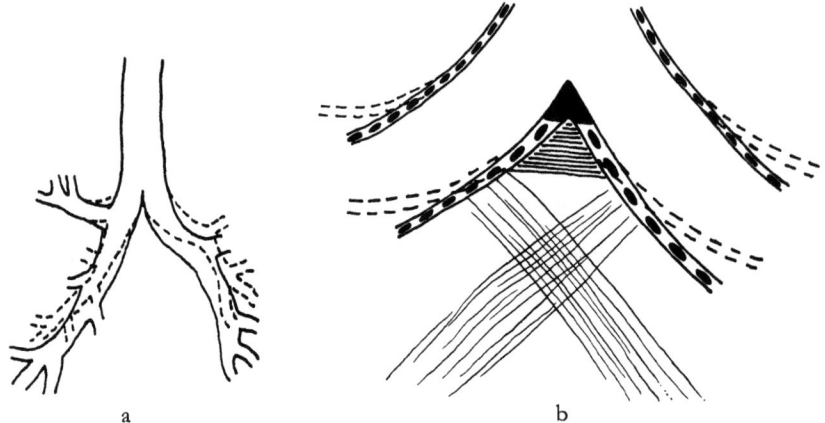

a   b

Abb. 36a u. b. Veränderlichkeit des Bifurkationswinkels. a nach Röntgenbildern von Pratje; b Verhalten der Wand; schwarz: der unveränderliche Teilungssporn; quer schraffiert: Lig. interbronchiale; schräg schraffiert: Züge der Membrana bronchopericardiaca

Schwierigkeit, diesen Winkel zu messen, da ja die Bronchi nicht gerade verlaufen und keine scharfen Winkel an den Abgangsstellen bilden. Vielmehr bilden die Führungslinien der Bronchial- und Tracheallichtung Schraubenlinien, die ohne Abknickung ineinander übergehen (Hilber, Abb. 34c). So ist es nicht ohne weiteres möglich, genaue Winkelangaben zu machen. Diese Schraubenform der Führungslinien der Bronchien (Marcus) an den Abgangsstellen soll die Aufgabe haben, die Luft den verschiedenen Abschnitten der Lunge in aerodynamisch günstigster Form zuzuführen, da ja geringe Abgangswinkel aerodynamisch günstig sind und „die Schraube die einzige Kurve darstellt, die dem Organismus ermöglicht, mit einem geringen Abzweigungswinkel der Bronchien zugleich eine geringe Wegstrecke derselben zu verbinden" (Hilber). Ich komme auf diese Frage bei Besprechung der Bewegungen in der Bifurkation und den Bronchialteilungsstellen noch zurück.

An der Teilungsstelle der Trachea springt zwischen den Eingängen in die beiden Bronchi eine sagittal stehende konkave Leiste in die Lichtung der Trachea vor, die Carina tracheae, der Trachealsporn. Die Schleimhaut trägt hier an der Oberfläche Plattenepithel, ihre in der Richtung des Sporns verlaufenden kräftigen elastischen Fasern gehen an der Hinterwand in 1—2 der oben geschilderten elastischen Längsfaserbündel über (Abb. 35f). Dort, wo der Sporn in die vordere bzw. hintere Trachealwand übergeht, verbreitet er sich in das größere vordere und das kleinere hintere Sporndreieck. Im Bereich dieser beiden Sporndreiecke zeigen die Knorpel und die Muskulatur eine besondere Differenzierung. Im Bereich des vorderen Sporndreiecks sind es 1—3 Knorpel, die in ihrer Form von der typischen einfachen C-Form der Tracheal- oder Bronchialknorpel abweichen; Heller und Schröter haben diese Verhältnisse an über 100 Tracheae studiert und eine außerordentlich große Variabilität festgestellt. In mehr als der Hälfte der Fälle wird der Sporn von einem Spornknorpel gestützt, der mit 1—3 Knorpelringen zusammenhängt (Abb. 35a—d), in den selteneren Fällen endigen 1—2 Knorpel im vorderen Sporndreieck, so daß der Sporn keine knorpelige Stütze enthält. In diesen Fällen spricht man von membranösem Sporn. In anderen Fällen ist der Sporn zur Hälfte knorpelig, zur Hälfte membranös. Vom Sporn aus in die hintere Trachealwand übergreifend und im Sporn selbst mehr oder weniger weit nach vorne findet sich Muskulatur, die im Bereich des hinteren Sporndreiecks fächerförmig in die hintere Trachealwand ausstrahlt (Abb. 35e). Hier verbinden die schräg lateralwärts aufsteigenden Fasern sich mit dem dorsalen Ende von 2—3 Trachealknorpeln, während die mittleren längsverlaufenden Fasern des Fächers in die elastischen Längsfasern der Mucosa sich fortsetzen. Immer aber ist im Bereich des Sporns ein 2—3 mm langes Stück der Grundmembran beider Bronchi in ihrem Anfangsstück gemeinsam, so daß mit der etwa 1 mm dicken Schleimhaut ein Abschnitt mit einem craniocaudalen Durchmesser von 3—4 mm als in seiner Form wenig veränderlicher Sporn die beiden Bronchi voneinander scheidet (Abb. 36b, schwarz). Darüber hinaus ist das Anfangsstück der beiden Bronchi im Teilungswinkel (bis in das Gebiet des zweiten Bronchialknorpels jederseits) durch ein dreieckiges quer verlaufendes Band verbunden, das von Luschka als Lig. interbronchiale beschrieben wurde (Abb. 36b, grobschraffiert). Bei Bewegungen der beiden Bronchi gegeneinander im Sinne einer Vergrößerung ihres Divergenzwinkels wird also nicht nur der Sporn, sondern darüber hinaus auch das Anfangsstück der beiden Bronchi im wesentlichen unverändert bleiben (Abb. 36a) und so der vorüberstreichenden Luft immer die gleichen aerodynamischen Verhältnisse darbieten. Bei Bewegungen der Bronchien wird also die eine Schraubenlinie darstellende Achse der Bronchiallichtung erst etwa 1 cm distal vom Teilungssporn eine Änderung ihrer Krümmung erfahren, so daß die Luftströmung, die durch die Form des Sporns stark beeinflußt wird, durch die Richtungsänderung der Bronchi im Bereich der Bifurkation, wo die Luftströmung zur Wirbelbildung (s. Rohrer) neigt, keine weitere Störung erfährt. Die Richtungsänderung findet vielmehr im Bereich des glatten Bronchialrohres statt, wo Parallelströmung der Luft herrscht (Rohrer), die durch die Verstärkung der schraubigen Krümmung des Bronchus nicht wesentlich gestört werden kann. Distal vom Ansatz des Lig. interbronchiale wird eine Abknickung des Bronchus beim Auseinanderweichen der beiden Lungenhili verhindert durch die Befestigung der Schrägfasern der Membrana bronchopericardiaca am Bronchus (s. später S. 62), die bei der Inspiration angespannt werden und so eine langsame Zunahme der caudal konvexen schraubigen Krümmung des Bronchus sichert (Abb. 36a). Diese Zunahme der Krümmung distal von der Bifurcatio ist an Röntgenaufnahmen von der Leiche deutlich zu sehen, die Pratje (1924) nach Aufblähung und Entleerung der Lungen zur Darstellung des Oesophagus gemacht hat, ohne daß Pratje jedoch darauf hinweist.

Aufgabe der Muskulatur der Trachea ist es, durch ihre Kontraktion die Lichtung der Trachea zu verengern, indem sie die Krümmung der Trachealknorpel verstärkt. Beim Nachlassen der Kontraktion werden die Knorpel durch ihre Elastizität wieder in ihre weniger gekrümmte Ruhelage zurückkehren. Da die Länge der Muskelbündel nur etwa $1/3$—$1/4$ des Umfanges der Trachea ausmacht und die Muskelfasern sich maximal bis auf die Hälfte verkürzen können, wird die Verengerung der Trachea bei Kontraktion ihrer Muskulatur — bei der normalerweise geringen Dicke der Schleimhaut — nur etwa $1/4$ ihrer Lichtung ausmachen können. Bei verdickter Schleimhaut dagegen wird diese ähnlich wirken wie die Endothelpolster in Sperrarterien, so daß eine Kontraktion der Muskulatur die Lichtung prozentuell viel stärker verkleinern wird. Die Bedeutung der Verengerung der Trachea durch ihre Muskulatur wird in der Verringerung des schädlichen Raumes liegen (Hayek, 1945; Heiss; Rein), die bei flacher Atmung erfolgt, wobei allerdings eine Erhöhung des Strömungswiderstandes erfolgt, die aber bei der langsamen Luftströmung bei flacher Atmung keine große Rolle spielen dürfte. Die Muskulatur im Bereich der Bifurkation dürfte die Aufgabe haben, die Lichtung der Bifurkation parallel der Verengerung der Lichtung der Trachea und der Bronchien zu verengern. Wie diese Verengerung erfolgt, ist nicht bekannt, doch ist wohl anzunehmen, daß dabei der für die Luftströmung besonders maßgebende Abschnitt, der Sporn, in seiner Form im wesentlichen unverändert bleibt.

Passive Lichtungsänderungen der Trachea

Die Lichtung der Trachea wird durch die U-förmigen Knorpel offen gehalten, die elastisch in ihre U-Form immer wieder zurückzukehren streben und zwischen ihren dorsalen Enden die membranöse Wand in Spannung halten und beim Nachlassen der Kontraktion der Muskulatur die Hinterwand wieder ausspannen. Der intratracheale atmosphärische Druck wird, da ja im Thorax Unterdruck herrscht, darüber hinaus den thorakalen Abschnitt der Trachea offen zu halten bestrebt sein, so wie er ja auch die Längsspannung der Trachea aufrechterhält. Die respiratorischen Druckänderungen im Thorax und in der Trachea besonders bei zeitweisem Verschluß der Glottis werden daher einen wesentlichen Einfluß auf ihre Weite haben. Inspiratorisch erweitert sich der intrathorakale Abschnitt der Trachea durch die Erniedrigung des intrathorakalen Druckes, während sich der Halsabschnitt etwas verengt, weil der intratracheale Druck etwas absinkt (18,2—16,9 mm, Brückner). Umgekehrt wird bei kräftiger Exspiration, besonders beim Husten bei Öffnung der Glottis, der thorakale Abschnitt der Trachea stark verengt (Brünings), so daß die Luft den Schleim nicht nur durch Reibung bewegt, sondern ihn vor sich hertreiben kann (Brünings). Diese Verengerung beim Hustenstoß erstreckt sich, wie Stutz gezeigt hat, auch, wenn vielleicht auch weniger stark, auf den extrathorakalen Abschnitt. Dabei kontrahieren sich besonders die Halsmuskeln. Diese Verengerung erscheint mir dadurch erklärlich, daß sich der intrathorakale Druck vom Thorax auf den unteren Halsabschnitt ausbreiten kann, der von den Scaleni und den Unterzungenbeinmuskeln begrenzt ist und in diesem Raume im Moment der Anspannung der Venendruck wesentlich ansteigt. Die Verengerung des intrathorakalen Teiles der Trachea wird dadurch verständlich, daß sich der Überdruck, der vor der Glottisöffnung in der Trachea vorhanden war, schneller dem Außendruck angleicht als der

Überdruck, der durch mehr oder weniger lange Bronchi mit der Bifurkation verbundenen Lungenpartien und der in ihnen herrschende Druck die Trachea komprimiert. Die Verkleinerung der Lichtung erfolgt nach Brünings' bronchoskopischen Untersuchungen „im wesentlichen durch Vorwölbung der hinteren membranösen Wand". Stutz (1948) hat nun durch Bronchographie gezeigt, daß beim Hustenstoß die Trachea stark seitlich komprimiert und ihre Hinterwand so tief eingedellt wird (Abb. 37), daß das Lumen bis auf $^1/_{10}$ (bei Jugendlichen) verkleinert wird (querer und sagittaler Durchmesser je auf etwa $^1/_3$). Die Druckerhöhung in der Trachea vor dem Hustenstoß dehnt die Trachea in die Länge, eine Dehnung, die sich durch Hochsteigen des Kehlkopfes äußert; beim Hustenstoß läßt der intratracheale Druck und damit die erhöhte Längsspannung der Trachea nach, und der Kehlkopf sinkt

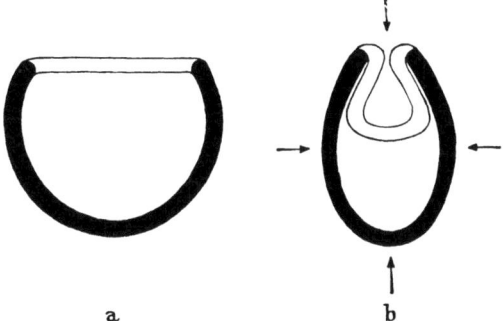

a   b

Abb. 37a u. b. Einengung der Trachea beim Hustenstoß. (Nach Stutz, 1948)

wiederum durch die elastische Verkürzung der Trachea nach abwärts (Brünings). Gleichzeitig steigt die Bifurkation nach der Angabe von Stutz mit den großen Gefäßen um etwa 5 cm nach aufwärts, was außer durch die elastische Verkürzung der Trachea durch das plötzliche Hochsteigen des Zwerchfells bedingt ist.

Die Befestigung der Trachea, die Membrana bronchopericardiaca

Das craniale Ende der Trachea ist fest mit dem Kehlkopf verbunden, so daß dessen Befestigung für die Spannung und für die Bewegungen der Trachea maßgebend ist. Der Kehlkopf hängt einerseits am Zungenbein und dieses wieder durch seine Muskulatur am Schädel. Andererseits ist der Kehlkopf durch den Constrictor pharyngis inferior und die Längsmuskulatur des Pharynx am Schädel befestigt.

Das caudale Ende der Trachea, die Bifurkation, ist einerseits durch ihre Fortsetzung in die Bronchien, andererseits durch die bindegewebige Membrana bronchopericardiaca caudalwärts fixiert und verspannt. Die Einwirkung des elastischen Zuges der Bronchien im Sinne eines Kräfteparallelogrammes auf die Trachea wurde oben schon besprochen.

Daß die Trachea caudalwärts durch Bindegewebe mit dem Herzbeutel verbunden ist, wurde von Tandler gezeigt, er hat ein Lig. tracheo-pericardiacum beschrieben und dessen Bedeutung für den Herzbeutel, so wie später Wallraff, untersucht. Schäffer nennt eine bindegewebige Beziehung der Trachea zum Zwerchfell. Löst man den Oesophagus einerseits, die großen Gefäße andererseits von der Bifurkation ab,

so zeigt sich eine Membran, die ich Membrana bronchopericardiaca nennen will, die
von der Vorderfläche der Trachea und der beiden Bronchien bis an die Hinterfläche
des Perikards zieht, in welches sie kontinuierlich übergeht (Abb. 38). In dem Winkel
zwischen den beiden Bronchien liegen charakteristischerweise an der Hinterfläche
der Membran die beiden Lymphonodi tracheales inferiores (bifurcationis), die stark
abgeplattet sich der Membran anschmiegen. Die Membran, die sich an der Vorderfläche der Trachea und der beiden Bronchi befestigt, ist zugfest und nur minimal
dehnbar, sie besteht vorwiegend aus kollagenem Bindegewebe. Ihre Fasern lassen

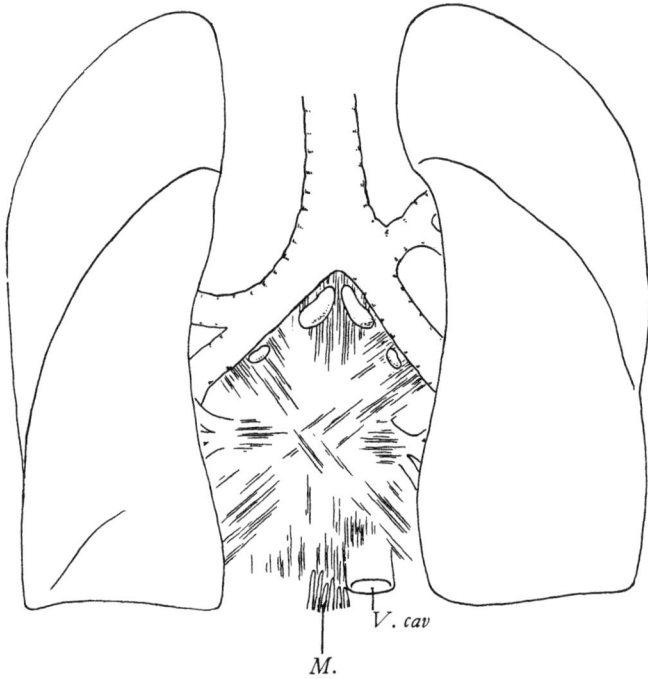

Abb. 38. Membrana bronchopericardiaca von dorsal mit Bifurkationslymphknoten, V. cava
inferior und einstrahlenden Muskelbündeln des Zwerchfells

drei verschiedene Richtungen unterscheiden. Die Hauptmasse der Fasern verläuft in
der Längsrichtung, es handelt sich um die Fasern, die von Tandler und Wallraff als
Lig. tracheopericardiacum beschrieben wurden. Sie können in der Hinterwand des
Herzbeutels bis in das Gebiet der V. cava inferior verfolgt werden, wo sie sich in
einigen Muskelfasern des Zwerchfells fortsetzen, die hier in den Herzbeutel einstrahlen (Muskelfasern, die auch von Tandler beobachtet wurden). Die Schrägfasern dagegen entspringen an den Bronchi bis $1^{1}/_{2}$ cm unter der Bifurkation, ziehen
etwa sich senkrecht überkreuzend zum Perikard, in dem sie sich bis zur Befestigung
des Lig. pulmonale und zum Teil in dieses hinein verfolgen lassen (s. S. 66). So
bildet die Membrana broncho-pericardiaca mit der Hinterwand des Herzbeutels und
den Lig. pulmonalia eine einheitliche fibröse Bindegewebsplatte unter der Bifurkation, die sich zwischen den beiden Bronchien, den beiden Lungenflügeln und dem
Zwerchfell ausspannt (Abb. 38).

Die Bewegungen der Trachea und der Bifurkation

Der Kehlkopf mit dem cranialen Ende der Trachea wird beim Schluckakt regelmäßig etwa 3 cm gehoben. Außerdem verschiebt er sich bei Bewegungen des Kopfes und der Halswirbelsäule sehr stark, so daß der untere Rand des Ringknorpels bei extrem nach vorne geneigtem Kopfe kaum 2 cm über dem Jugulum steht, bei Rückneigung des Kopfes dagegen sich aus dieser Stellung um etwa 7 cm hebt. Bei

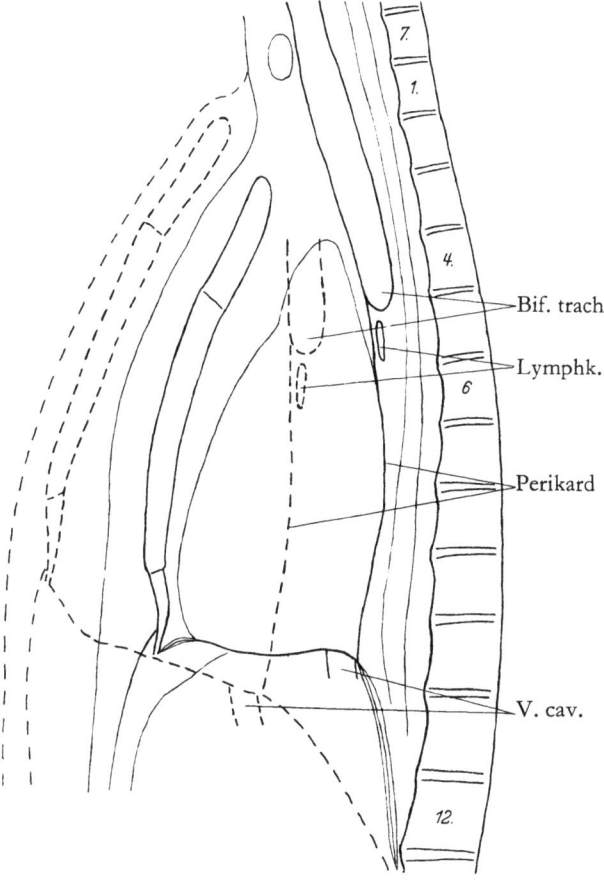

Abb. 39. Respiratorische Verlagerung der Bifurcatio tracheae. Nach Medianschnitt und Röntgenbildern

der normalen elastischen Spannung der Trachea zwischen ihren Befestigungspunkten ist es verständlich, daß bei so starker Verschiebung des Kehlkopfes die Lage der Bifurkation nicht unbeeinflußt bleibt. Tatsächlich finde ich an Röntgenaufnahmen (Prof. Heeren, Würzburg) der Trachea nach Einführung eines Kontrastmittels, daß bei Extrembewegungen des Kopfes sich die Bifurkation um über 1 cm hebt und senkt, wobei sich beim Heben auch der Bifurkationswinkel verkleinert. Eine Feststellung, die für die Technik der Aufnahme der Bifurkation von Bedeutung sein dürfte.

Die Bifurkation verlagert sich einerseits bei Änderung der Körperstellung, andererseits bei den Atembewegungen. Bei der wie gewöhnlich in Rückenlage fixierten Leiche liegt die ganze Trachea nahe der Wirbelsäule, von dieser nur durch den Oesophagus getrennt. Die Carina liegt etwa in der Höhe des oberen Randes des 5. Brustwirbels. Diese Lage entspricht auch etwa der Lage der Bifurkation beim Lebenden in Rückenlage und Exspiration (Abb. 39). Bei Einnahme der Bauchlage, sowie im aufrechten Stand, entfernt sich die Bifurkation von der Wirbelsäule um etwa 2 cm, das dorsale Mediastinum wird dabei gestreckt, was für die Lage der gesamten Lunge von Bedeutung ist.

Inspiratorisch senkt sich die Bifurkation gegen die Wirbelsäule nach den Angaben von Macklin, Huizinga und den neuesten röntgenstereographischen Untersuchungen von Hasselwander um maximal eine Wirbelhöhe. Da sich aber das Sternum inspiratorisch um eine Wirbelhöhe hebt, ergibt sich eine inspiratorische relative Senkung gegen das Sternum um etwa 2 Wirbelhöhen (Abb. 40), wie sich auch aus Bildern Macklins ergibt. Gleichzeitig entfernt sich die Trachea inspiratorisch um etwa 3 cm von der Wirbelsäule (Abb. 39).

Diese Bewegungen der Bifurkation nach vorne und unten bei der Inspiration beruhen zum Teil auf dem elastischen Zug der Bronchi (s. S. 74), außerdem dürfte daran die Membrana bronchopericardiaca mit ihrer Fortsetzung durch das Perikard bis an das Zwerchfell wesentlich beteiligt sein; das zeigt Abb. 39, die durch Kombination eines Medianschnittes mit Röntgenaufnahmen und den Angaben Hasselwanders gezeichnet wurde, aus denen die Verschiebung der Bifurkation, des Oesophagus und des Zwerchfells hervorgehen. Das Perikard und damit indirekt die Membrana bronchopericardiaca ist in der Nachbarschaft der V. cava inferior am Zwerchfell befestigt und damit am hinteren Rand des Centrum tendineum, wo die längsten Muskelfasern des Zwerchfells ansetzen, so daß hier die stärkste Caudalwärtsverschiebung bei der Inspiration erfolgt.

Die Bedeutung der Membran liegt in folgendem. Die drei großen mechanisch bedeutsamen Hilusgebilde, Arterie, Vene und Bronchus, sind in verschiedener Richtung gespannt; Arterie und Vene vorwiegend quer, die Bronchi dagegen schräg cranialwärts. Bei Senkung des Zwerchfells und noch mehr bei Hebung des Kehlkopfes durch die Bewegungen des Kopfes müßte sich die elastische Dehnung des Tracheobronchialbaumes auf seine ganze Länge erstrecken, während die Spannung von Arterie und Vene ziemlich unverändert bleibt. Die Folge wäre bei Längsdehnung des ganzen Tracheobronchialbaumes, daß die Bronchi aus dem Hilus herausgezogen würden; die Membrana broncho-pericardiaca verhindert dies und zwingt die Bronchi, sich parallel mit dem Zwerchfell und den Hilusgebilden zu bewegen, und beschränkt die Dehnung auf die Trachea. Umgekehrt werden beim inspiratorischen Auseinanderweichen der Hilusgebilde (Macklin, 1925) die Schrägfasern, die von den Bronchi schräg caudalwärts und medialwärts ziehen, in Funktion treten, da sie ja mit dem Lig. pulmonale zusammenhängen. Diese Schrägfasern werden einen Zug an den Bronchi ausüben und so verhindern, daß die Bronchi zwischen Bifurcatio und Hilus gerade gestreckt werden, vielmehr sie zu einem gleichmäßig gekrümmten Verlauf zwingen, der für die Strömungsbedingungen von Wichtigkeit ist (Abb. 34, 36a). Änderungen des Bifurkationswinkels können unter verschiedenen Bedingungen beobachtet werden. So finde ich beim Heben des Kopfes und damit des Kehlkopfes eine Verkleinerung dieses Winkels (Röntgenaufnahmen Prof. Heeren; v. Hayek,

1945), und ebenso zeigen Röntgenaufnahmen Pratjes (1924, 1926) von der Leiche bei geblähter Lunge und dadurch gesenktem Zwerchfell eine solche Verkleinerung; der Thorax scheint sich durch die Lungenblähung nach den Röntgenbildern nur wenig erweitert zu haben. In ähnlicher Weise zeigen Röntgenbilder in Exspirations-stellung bei willkürlicher Hebung und Senkung des Zwerchfells, die von meinem eigenen Thorax aufgenommen wurden, daß beim Hochsteigen des Zwerchfells und gleichzeitiger Erweiterung des Thorax sich der Bifurkationswinkel vergrößert.

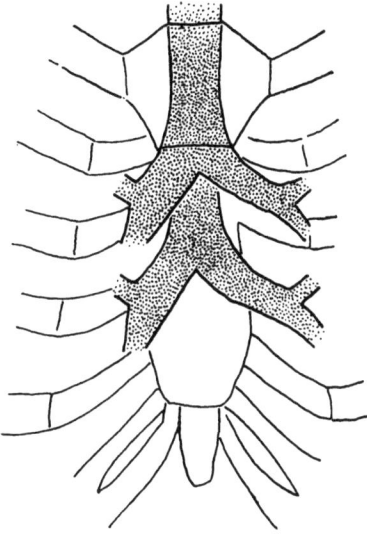

Abb. 40. Respiratorische Verschiebung der Bifurkation gegen das Sternum

Umgekehrt wurde der Bifurkationswinkel verkleinert, beim Senken des Zwerchfells und Senken der Rippen. Zuletzt hat Brückner (1948) durch Kombination von Kopf-heben mit Inspiration und Kinnsenken mit Exspiration eine Winkeländerung im äußersten Falle von 26° beobachtet. Die Winkeldifferenz bei Atmungsbewegung allein betrug 5—16°.

Aus dem Kräfteparallelogramm der Spannungen an der Bifurcatio (Abb. 34b) lassen sich die Winkeländerungen ableiten, die an der Bifurcatio auftreten, wenn Lageänderungen des Kehlkopfes, des Zwerchfells oder des Thorax einen Zug an der Trachea oder den Bronchien hervorrufen. Ein Zug an der Trachea bei Hebung des Kehlkopfes einerseits, eine Senkung des Zwerchfells, d.h. jede An-spannung der Trachea andererseits werden den Bifurkationswinkel spitzer machen, in derselben Richtung wird sich ein Schmälerwerden des Thorax auswirken. Um-gekehrt wird die Senkung des Kehlkopfes sowie Hebung des Zwerchfells und Verbreiterung des Thorax den Bifurkationswinkel vergrößern. Das Zusammen-wirken aller drei Komponenten wird sich in extremen Winkeln der Bifurkation auswirken müssen, während sich bei costodiaphragmaler Atmung die den Bifurka-tionswinkel vergrößernde Wirkung der Thoraxverbreiterung und die den Winkel verkleinernde Wirkung der Zwerchfellsenkung gegenseitig aufheben können. So gibt z.B. Macklin (1925) an, daß sich der Bifurkationswinkel praktisch bei der Atmung nicht ändere, während andere Autoren respiratorische Winkeländerungen beobachtet haben. Die verschiedenen Beobachtungen sind meiner Meinung nach auf das verschiedene Vorherrschen der costalen, kombinierten oder diaphragmalen Atmung zurückzuführen. Die große Variabilität des Bifurkationswinkels (Abb. 34d) nach Weingärtner (50—100°) hängt sicher zum Teil mit der individuell verschiedenen Zwerchfellstellung, Kopfhaltung und Thoraxbreite zusammen.

Bei dieser Winkeländerung werden die aerodynamischen Verhältnisse für das Einströmen der Luft in die beiden Bronchi nach dem oben (S. 66) Gesagten unverändert bleiben, weil die Form der Carina tracheae sich nicht ändert und das Anfangsstück der beiden Bronchi durch das Lig. interbronchiale (Luschka) und die Membrana broncho-pericardiaca zu einem bogigen Verlauf gezwungen werden, so daß den relativ starken Verschiebungen des Hilus gegen die Trachea die tracheanahen Teile der Bronchi um so weniger folgen, je näher sie der Trachea liegen (Abb. 36a).

Das Mesopneumonium

Der Lungenstiel (Radix pulmonis)
und die Plica mediastinopulmonalis (Ligamentum pulmonale)

Als Lungengekröse (Mesopneumonium) ist analog zum Darmgekröse der Lungenstiel zusammen mit dem Lig. pulmonale zu bezeichnen. Entsprechend wie bei den Mesenterien finden wir hier den Übergang der Pleura pulmonalis in die Pleura parietalis an der vorderen und hinteren Fläche des Gekröses. Zwischen diesem vorderen und hinteren Blatt der Pleura des Gekröses finden sich im Bereich des Lig. pulmonale nur wenig Bindegewebe, einige Venen und Lymphgefäße, während im Bereich des Lungenstieles die großen Gebilde Bronchus, Arterie und Vene die Hauptmasse ausmachen und auch als haltende, stützende Gebilde eine wesentliche Rolle spielen. Am cranialen Rande des Lungengekröses findet der Übergang des ventralen Pleuraüberzuges in den dorsalen Pleuraüberzug direkt am cranialen Rand der großen Hilusgebilde statt, während caudal von diesen die beiden Pleuraüberzüge das bis nahe an das Zwerchfell heranreichende Lig. pulmonale bilden. Es ist also bemerkenswert, daß cranial vom Lungenhilus eine dem Lig. pulmonale entsprechende Bildung fehlt, so wie andererseits über die normale Beanspruchung des Lig. pulmonale kaum etwas bekannt ist.

Die Grundlage des Lig. pulmonale wird von einer dünnen Bindegewebsplatte gebildet, die von der hinteren Herzbeutelwand zum interstitiellen Bindegewebe eines größeren Septum interlobulare des Unterlappens (Abb. 65b) zieht (Abb. 41a), über welches es mit dem Lungengewebe zusammenhängt. Über das Perikard wiederum hängt das Lig. pulmonale mit der Membrana broncho-pericardiaca zusammen. Nach abwärts ist das Lig. pulmonale durch einen freien caudal konkaven Rand begrenzt, der lateral am unteren Lungenrand und medial am Mediastinum festsitzt. Hier kann das Ligament, eine geringe Verbreiterung des Mediastinums bildend, bis an das Zwerchfell heranreichen. Eine breite Befestigung am Zwerchfell, wie Schulze sie beschreibt, habe ich niemals gefunden. Die Zugfestigkeit des Lig. pulmonale beträgt nach Schulze 2—3 Pfund. Aufgebaut ist es vorwiegend aus von der Lunge zum Mediastinum ziehenden kollagenen Fasern. Aus seiner Zugfestigkeit und seiner Struktur ist zu schließen, daß es (entgegen Braus) mechanische Bedeutung besitzt. Ich ziehe deshalb den alten Namen der B.N.A. Lig. pulmonale vor, entgegen dem von den J.N.A. gewählten Namen Plica mediastinopulmonalis, der damit begründet wurde, daß dieses Ligament keine mechanische Bedeutung habe. Mechanisch beansprucht wird das Lig. pulmonale außer bei Lageänderungen des Körpers sicher bei der inspiratorischen Vertiefung der konkaven mediastinalen Lungenfläche, die oben (S. 51, Abb. 41) besprochen wurde. Das Auseinanderweichen der Hilusfelder, das von Popa und von Macklin an Röntgenbildern beschrieben wurde, spielt für die

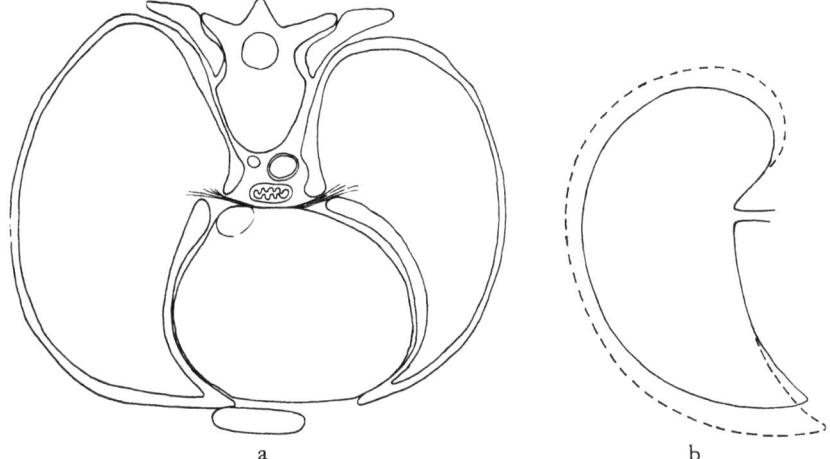

a   b

Abb. 41. a Thoraxquerschnitt mit Lig. pulmonale; b Einfluß der inspiratorischen Vertiefung der mediastinalen Lungenfläche auf das Lig. pulmonale

Anspannung des Lig. pulmonale eine wichtige Rolle. Nach Durchschneidung des Lig. pulmonale vertieft sich die mediastinale Fläche der Lunge bei Blähung am aus dem Thorax herausgenommenen Präparat (Blechschmidt). Im Thorax wird sich diese inspiratorische Vertiefung der mediastinalen Lungenfläche auswirken, indem das Ligamentum angespannt wird durch Seitwärtsrücken der Hilusfelder (Macklin, 1925, 1932), unter gleichzeitigem Vorrücken der vorderen Lungenränder und Vergrößerung des Mediastinalraumes.

Die großen Hilusgebilde, Bronchus, Arteria und V. pulmonalis werden entsprechend ihrer verschiedenartigen Verlaufsrichtung, Struktur und Spannung eine verschiedene mechanische Bedeutung für den Hilus haben. Auf die Stützfunktion der Gefäße wurde schon früher (v. Hayek, 1935) hingewiesen. Von den kleineren Hilusgebilden, Nerven, Lymphgefäßen, Arteriae und Venae bronchiales möchte ich hier nur auf den besonders bei der wie gewöhnlich in Rückenlage fixierten und untersuchten Leiche auffallenden geschlängelten Verlauf der A. bronchialis zwischen Ursprung und Hilus hinweisen, der mit den starken Verschiebungen zusammenhängen dürfte, die der Hilus gegen die Wirbelsäule und damit gegen die Aorta descendens mitmacht.

Was nun die Verlaufsrichtung der drei großen Hilusgebilde im Lungenstiel betrifft, so unterscheiden sich besonders Bronchus und Venen dadurch, daß die Bronchi schräg von der Medianebene zum Hilus absteigen (Abb. 200), während die Venen von dem caudal von der Bifurcatio gelegenen Vorhof nahezu radiär in die Lungen einstrahlen, so daß die unteren Lungenvenen etwas absteigen, die oberen Lungenvenen dagegen einen vom Vorhof zur Lunge aufsteigenden Verlauf zeigen. Die A. pulmonalis schließlich verläuft rechts im Lungenstiel nahezu quer, links dagegen aufsteigend, um dann beiderseits innerhalb der Lunge an die laterale Seite des Bronchus zu treten.

Abgesehen von den respiratorischen Spannungsänderungen, die alle Gebilde in gleicher Weise mitmachen, ist ihre Spannung wesentlich von ihrem Inhalt bedingt. Am stärksten ist die Spannung der A. pulmonalis, in welcher der Blutdruck etwa $1/3$ des Aortendruckes, also etwa 40 mm Hg beträgt, eine Spannung, die sich pulsatorisch ändert. Die A. pulmonalis ist in ihrer mechanischen Bedeutung für die Lunge einem elastisch biegsamen Gummistab zu vergleichen (v. Hayek, 1935), dessen hohe Längsspannung durch den Blutdruck einer weiteren respiratorischen Dehnung einen hohen elastischen Widerstand entgegensetzen wird.

Die Längsspannung des Bronchialbaumes dagegen entspricht nur dem Dondersschen Unterdruck von etwa 10 mm Hg/cm². Auch seine Lichtung wird durch den innen herrschenden größeren Druck offengehalten, denn innen herrscht atmosphärischer Druck, um ihn herum im interstitiellen Bindegewebe dagegen ein geringerer Druck, der nahe an den Dondersschen Unterdruck herankommt. Der Bronchialbaum wäre vielleicht einem elastischen Gummischlauch vergleichbar. Seine Längsspannung wird erzeugt von dem Dondersschen Unterdruck und wird mit ihm respiratorisch wechseln.

In den Lungenvenen schließlich herrscht, soviel wir wissen, ein geringer Unterdruck, der durch die Wirkung der pleuralen Unterdrucke auf den Vorhof bedingt ist. Ihre von innen her bedingte Längsspannung wird daher von den drei großen Hilusgebilden die geringste sein. Die Längsspannung der Venenwand im ganzen wird im wesentlichen von respiratorischen Bewegungen der Lunge bedingt sein. Die Lungenvenen sind ihrer mechanischen Bedeutung nach mit elastischen Bändern vergleichbar.

Die Befestigung der drei großen Hilusgebilde über die Medianebene hinweg ist entsprechend ihrer Verlaufsrichtung, ihrem Innendruck, ihrer Spannung und den strömungsmechanischen Bedingungen sehr verschieden.

Die beiden Aa. pulmonales hängen an der Teilungsstelle des Pulmonalisstammes mit diesem zusammen. Entsprechend der verschiedenen Größe der beiden Äste müssen die Abgangswinkel der beiden Äste verschieden sein. Die größere Pulmonalis dextra weicht weniger vom Verlauf des Stammes ab als die kleinere Pulmonalis sinistra. Ja, man kann umgekehrt sagen, der Pulmonalisstamm stellt sich vor der Teilungsstelle mehr in die Richtung des rechten Astes ein, der vor und unter der Bifurcatio tracheae nach rechts hinüberzieht, so daß die Teilungsstelle schräg im Körper steht und der linke Ast der Pulmonalis dadurch stärker aufsteigt als der rechte. Befestigt sind die beiden Aa. pulmonales am Pulmonalisstamm wie zwei elastische Stäbe. Dieser selbst haftet am Conus arteriosus des rechten Ventrikels, doch ist der Pulmonalisursprung, wie wir aus den älteren Arbeiten von Henke und Spee und den röntgenologischen Untersuchungen von Böhme wissen, keineswegs ein Fixpunkt, sondern wird selbst bei der Herztätigkeit stark bewegt. Relativ ruhig dagegen steht die Umschlagstelle des Perikard. Fixiert ist aber die Gegend der Teilungsstelle der Pulmonalis, nahe welcher am Anfang des linken Astes das Lig. arteriosum Botalli befestigt ist. Dieses Band dient als Stützorgan (Hayek, 1935) und befestigt die Pulmonalis an der an der Wirbelsäule festsitzenden absteigenden Aorta. Außerdem sind die Teilungsstelle und die Anfangsstücke der beiden Aa. pulmonales noch durch kräftige, aus dem Perikard einstrahlende Fasern (Tandler) in ihrer Lage festgehalten.

Der Befestigung der Bronchi im Hilusbereich dient außer ihrem Ursprung an der Trachea die Membrana broncho-pericardiaca, die nicht nur die Trachea mit dem Perikard, sondern auch die beiden Bronchi untereinander verbindet und damit eine zu starke Spreizung der beiden Bronchi verhindert.

Die vom linken Vorhof lateralwärts auf- und absteigenden, beinahe radiär verlaufenden Lungenvenen wurzeln nicht nur im Vorhof, sondern in ihre Adventitia strahlen quer verlaufende Fasern ein (Tandler), die sich in der Hinterwand des Herzbeutels als Lig. transversum pericardii (Wallraff) sammeln. Dieses Lig. transversum pericardii überbrückt sozusagen besonders in der Diastole die Muskulatur des linken Vorhofes. Wenn man von der mechanischen Bedeutung des queren Schenkels des Venenkreuzes (Vv. cavae und pulmonales, v. Spee, Benninghoff) spricht, so muß ich hinzufügen, daß dabei dieses Lig. transversum pericardii eine wesentliche Rolle spielt. Es verhindert (wie am Präparat leicht festzustellen ist) bei Zug an den Lungenvenen eine Anspannung der Vorhofswand.

Während die großen Hilusgebilde gegen die Lunge und gegen das Mediastinum verspannt sind, ist eine Fixation der Gebilde untereinander nicht ausgebildet. Vielmehr sind sie nur durch lockeres Bindegewebe verbunden, das, wie Macklin (1932) betont, an der frischen Leiche wie beim Lebenden eine Verschiebung gestattet, so wie der ganze Lungenstiel biegsam elastisch ist.

Unter welchen Umständen wird nun notwendigerweise eine Verschiebung der Hilusgebilde erfolgen müssen? An der Trachea wird beim Heben des Kopfes, wobei sich der Kehlkopf bis zu 7 cm verschiebt, ein starker Zug ausgeübt. Die ganze Trachea erfährt eine starke Längsspannung, die sich auf die beiden Bronchi auswirkt, so daß nicht nur die Bifurkation, sondern auch die Abgangsstellen der Lappenbronchi aus ihrer Lage gezogen werden, wie ich an Röntgenbildern, die mir von Prof. Heeren aufgenommen wurden, feststellen kann. Dabei verschieben sie sich gegen die anderen Hilusgebilde. Die Verschiebung ist aber nicht so groß, wie man nach der starken Verschiebung des Kehlkopfes erwarten würde. Sie beträgt nämlich an der Bifurkation nur etwa 1 cm, am Abgang der Lappenbronchi etwas weniger. Ich vermute, daß die geringe Verschiebung der Bifurkation ihre Erklärung findet in ihrer Fixierung nach abwärts zu durch die Membrana broncho-pericardiaca an das Zwerchfell, indem diese Membran allzu große Hebung der Bifurcatio gleichsam abbremst.

In der A. pulmonalis wiederum gehen pulsatorische Druckänderungen vor sich, von denen Bronchus und Venen primär nicht betroffen sind. Pulsatorische Druckänderungen in Gefäßen haben Änderungen der Spannung, der Länge und des Verlaufes zur Folge. Da bei der A. pulmonalis ihre feinsten Verzweigungen in der Lunge einerseits, ihr Anfang an der Teilungsstelle andererseits fixiert sind, wird sich bei den pulsatorischen Druckänderungen durch die sich ergebenden Längenänderungen

ihr Verlauf ändern müssen. Die pulsatorische, also durch die Druckerhöhung
bedingte Verlängerung führt bei jeder Arterie zu einer Vergrößerung ihres Bogens.
Man denke an die pulsatorischen Bewegungen etwa der im Alter sichtbaren und
geschlängelt verlaufenden A. temporalis. Bei der A. pulmonalis wird dementsprechend
jederseits der Bogen in der Lungenwurzel der den Bronchus überkreuzt, sich vergrößern und cranialwärts verschieben. Die Form des Bogens, der am Bronchus
vorbei an dessen laterale Seite führt, wird diesen Verschiebungen genügend Raum
geben; bei einem Verlauf an der medialen Seite des Bronchus dagegen müßte sich
die Vergrößerung des Bogens gegen den Bronchus auswirken. Ich glaube, daß mit
diesen pulsatorischen Veränderungen des Bogens der A. pulmonalis ihr Verlauf an
der lateralen Seite des Bronchus seine Erklärung findet.

Die respiratorischen Verschiebungen des Hilus

Parallel mit den oben (S. 63) geschilderten Verschiebungen der Bifurkation
erfolgen respiratorische Verschiebungen des ganzen Hilus gegen die Wirbelsäule.
Macklin (1932) beobachtete eine inspiratorische Senkung um eine ganze Wirbelhöhe,
so wie Huizinga (1933) und Stutz (1949) über eine solche Senkung berichten. Diese
Senkung ist offenbar auf zweierlei Ursachen zurückzuführen, einerseits auf die Zugwirkung der Membrana broncho-pericardiaca (S. 63), die den inspiratorischen Zug

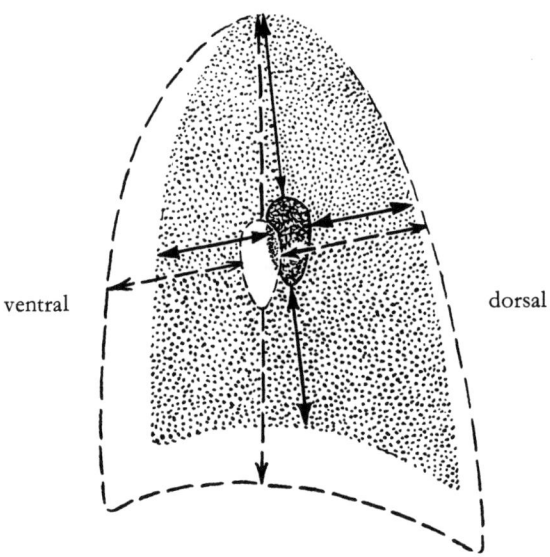

ventral   dorsal

Abb. 42. Respiratorische Verschiebung des Hilus bei thorakoabdominaler Atmung

des Zwerchfells auf die beiden Bronchi ebenso wie auf die Trachea überträgt;
andererseits auf die elastische Zugwirkung der Lunge und auf den Ausgleich der
elastischen Spannung der zwischen der unteren Lungenpartie — die dem Zwerchfell-
zug direkt ausgesetzt ist — und der oberen Lungenpartie schnell erfolgen wird
(Abb. 42), so daß der Hilus nach abwärts folgen muß. Die inspiratorische Senkung
des Hilus ist nun für die Belüftung der Lungenspitze von außerordentlicher Wichtigkeit. Es ist zu erwarten, daß etwa bei Flankenatmung (Abb. 10d) mit geringer

Zwerchfellverschiebung der Hilus sich wenig bewegt und die Lungenspitze wenig beatmet wird, während bei kräftiger Zwerchfellsenkung durch die konsekutive Senkung des Hilus die Lungenspitze stärker beatmet wird, auch wenn sich die 1. Rippe kaum bewegt.

Außerdem verschiebt sich der Hilus, wie Popa und Macklin beschrieben haben, inspiratorisch auch lateralwärts. Eine Verschiebung, die mit einer Dehnung der Bronchi und Anspannung des Lig. pulmonale parallel geht. Für die Belüftung der ober dem Hilus dem Mediastinum anliegenden Lungenpartie bis zur Lungenspitze wird diese Verlagerung von großer Wichtigkeit sein.

Der Bronchialbaum

Allgemeines über den Teilungsmodus

Bei Besprechung des Bronchialbaumes will ich zuerst einige allgemeingültige Regeln besprechen, das typische Verhalten der großen Äste sowie die wichtigsten Varietäten, dann den feineren Bau seiner Wände sowie die Bedeutung der Bronchi als zugfeste Gebilde im Rahmen der Mechanik der Lunge und als luftleitende Gebilde vom aerodynamischen Standpunkt aus, während die Beziehung der Bronchi zu den Lappen, Sublobi und Läppchen sowie ihr Verhalten bei den Atmungsbewegungen erst nach Besprechung der Lappen und Läppchen abgehandelt werden kann.

Zweiteilung und Dreiteilung

Die Verzweigungen des Bronchialbaumes sind baumförmig, d.h., den Verzweigungen eines Laubbaumes vergleichbar. Die Bronchi teilen sich in der Regel in zwei Äste, man spricht von dichotomischer Teilung. Nur gelegentlich findet man auch eine Dreiteilung bei größeren Bronchien und das an Stellen, an denen bei anderen Präparaten zwei nahe hintereinander gelegene Teilungen vorkommen, so am rechten Oberlappenbronchus oder in der Abgangsstelle des linken Oberlappenbronchus, so daß zwei Äste für diesen Lappen zusammen mit dem Unterlappenbronchus aus dem linken Bronchus entspringen. Bei genauerer Untersuchung dieser Dreiteilung zeigt sich aber, daß der eine der beiden Teilungssporne meist ein wenig gegen den anderen zurücktritt, so daß es sich genau genommen doch um zwei eng hintereinander gelegene Zweiteilungen handelt. Dabei kann einmal der eine Teilungssporn, einmal der andere weiter trachealwärts vorspringen, so daß etwa einmal Bronchus 1 und 2 gemeinsam entspringen und Bronchus 3 vorher selbständig abgeht (Abb. 48), während ein andermal etwa Bronchus 1 und 3 aus einem gemeinsamen Stamm hervorgehen und von welchem sich Bronchus 2 vorher trennt (wie beim rechten Oberlappen s. S. 84 und beim linken Oberlappen s. S. 83). Anders sind jedoch die Dreiteilungen zu beurteilen, die in den engsten Abschnitten des Bronchialbaumes in den Bronchioli alveolares bzw. Ductus alveolares. Hier finden sich richtige

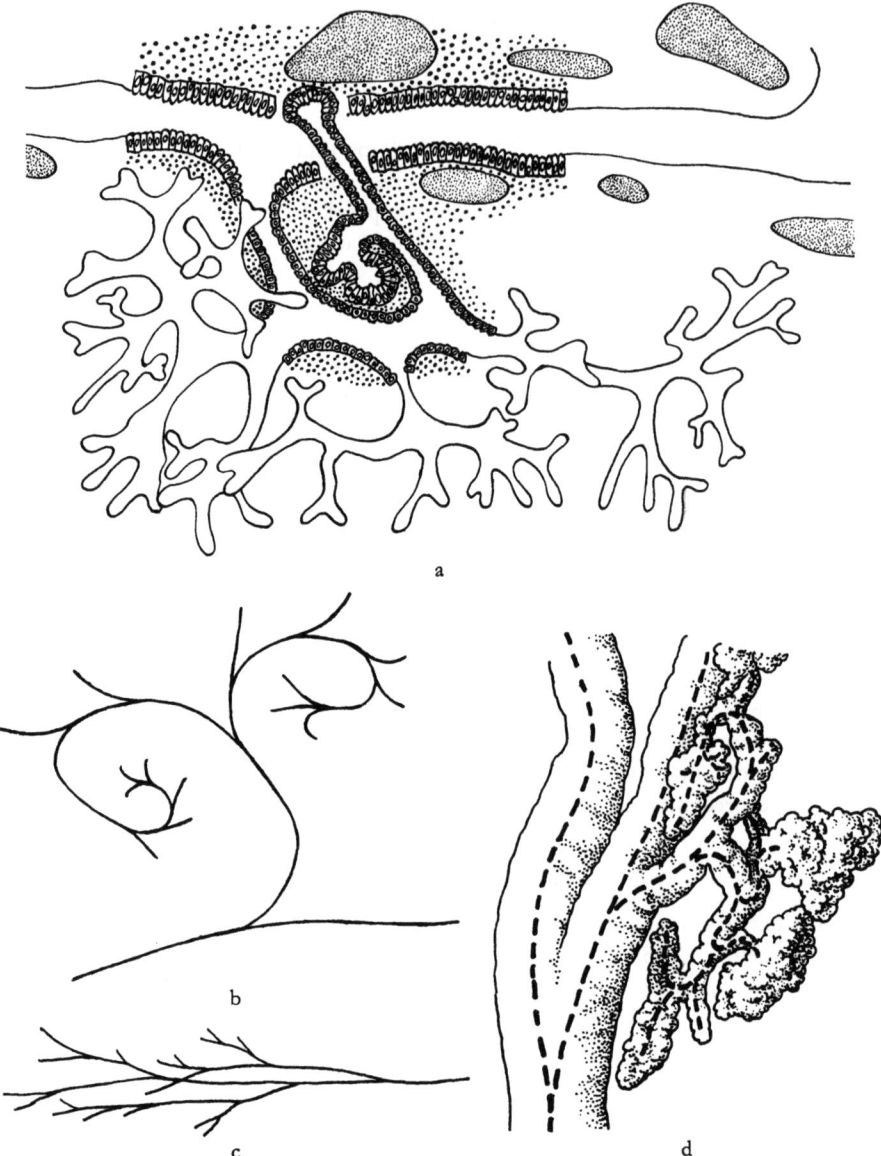

Abb. 43. a Rekonstruktion der Verzweigungen eines Bronchiolus mit seinem Abgang von einem Bronchus aus 10 Serienschnitten. Fetus 15 cm St.Sch.Lg.; b Schema der Lichtungsachsen dazu; c spitzwinklige Bronchialverzweigung; d rückläufiger Bronchiolus mit Alveolarsäckchen. Korrosionspräparat 10 f

monopodische Teilungen (Abb. 110) mit drei gleich großen Ästen, d.h., ein Ast bildet die Fortsetzung des Stammes, während die anderen beiden symmetrisch abgehen. Bei dichotomischer Teilung ist die Größe der beiden Äste häufig nahezu gleich, z.B. bei der Teilung des linken Bronchus in die beiden Lappenbronchi und bei vielen kleineren Bronchi; häufig aber auch deutlich ungleich, so daß sich die

Durchmesser wie 4:6 verhalten, seltener findet sich eine Relation wie 3:6 oder 2:6. Daß verhältnismäßig noch kleinere Äste von einem Stamm entspringen, wie dies etwa beim Ursprung der Intercostalarterien von der Aorta vorkommt, habe ich nie beobachtet.

Die Abgangswinkel

Die Abgangswinkel der Äste sind bei gleicher Größe der Äste gleich groß, bei ungleicher Größe weicht der kleinere Ast stärker von der Richtung des Stammes ab als der größere Ast, wie das von den Blutgefäßen bekannt ist. Die Größe der Abweichung der Äste von der Richtung des Stammes ist umgekehrt proportional der Größe des Querschnittes der beiden Äste. Der Winkel zwischen den beiden Ästen ist bei den größeren Ästen meist ein spitzer, bei den kleineren, besonders den

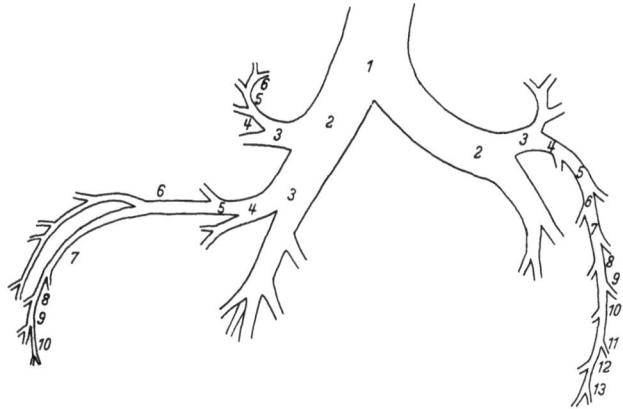

Abb. 44. Schema der Anzahl der aufeinanderfolgenden Bronchialteilungen und der Länge der astlosen Abschnitte. Nach einem Korrosionspräparat

Bronchioli, ein rechter oder stumpfer. Die Ebenen der aufeinanderfolgenden Teilungswinkel liegen sehr wechselnd zueinander, häufig rechtwinklig, wie das Braus als Regel für die Bronchioli angibt, doch finde ich auch häufig, daß mehrere Teilungswinkel hintereinander in der gleichen Ebene liegen. Wenn 3—4 Äste hintereinander auf derselben Seite abgehen, zieht der 3. oder 4. Ast rückläufig, und seine Verzweigungen legen sich oft in eine Teilungsstelle der größeren Äste hinein (Abb. 43a); bei 7 hintereinander folgenden Teilungen eines Bronchiolus und der Ductus alveolares bilden die Äste zusammen einen ganzen und einen halben Kreisbogen (360 + 180°) in Form einer Spirale (Abb. 43b).

Dort, wo rechtwinklige oder stumpfwinklige Teilungen enge aufeinanderfolgen und so viele rückläufige Äste entstehen, liegt die erste dieser Teilungen im Zentrum des von ihren Ästen gebildeten Baumes, der beinahe kugelförmig gestaltet ist, mit rückläufigen Ästen, die sich mit ihren Verzweigungen in die Teilungswinkel der vorhergehenden Teilungen hineinlegen. Am Korrosionspräparat werden die Verzweigungen nur durch Wegbrechen eines Teiles dieses Baumes sichtbar. Dort dagegen, wo die Teilungen spitzwinklig sind (Abb. 43a), wie nahe den Lungenrändern und in den Unterlappen, entstehen langgestreckte Bäume, einer Pyramidenpappel vergleichbar (Abb. 43c), die spitzwinkligen Verzweigungen der größeren Äste liegen außerhalb der feineren Verzweigungen. Bei solchen spitzwinkligen Teilungen kommt es auch vor, daß zwei daraus hervorgehende Bronchi ein längeres Stück nahezu parallel nebeneinander verlaufen und dann nur an den voneinander abgewendeten Seiten kleinere Äste abgeben (Abb. 44, mediastinale Äste des Mittellappens auf eine Länge von 4 cm).

Es wird gelegentlich davon gesprochen, daß „dort, wo der gerade Weg des Luftstromes unmittelbar hinführt (unterer Teil des Oberlappens und oberer Teil des Mittellappens", Lewke), die prädestinierte Stelle für die Ablagerung mitgerissener Schwebeteilchen zu suchen sei und daß diese Stellen der Lage der Ghonschen Herde entsprechen. Dem ist entgegenzuhalten, daß es bei der eben beschriebenen Ausbildung der Abgangswinkel gar keine geraden Wege gibt. Die Achse der Bronchiallichtung macht so viele Biegungen, als Äste abgehen; der sog. „gerade" Weg des Luftstromes ist nur eine resultierende aus den vielen kleinen Abweichungen von der Geraden, die, abwechselnd nach verschiedenen Seiten erfolgend, sich in ihrer Gesamtwirkung daher aufheben. Verfolgt man dagegen immer die Abweichung nach der gleichen Seite, so ergibt sich ein im ganzen stark gebogener Weg, bei dem aber die einzelnen Abweichungen an den Teilungsstellen auch nicht größer sind als im Laufe des geraden Weges. Bei fein verteilten Staubteilchen bietet somit die Anordnung der Bronchialteilungen keinen Anlaß, daß die Staubteilchen und eventuell Bakterien einem bestimmten Lungenteil den Vorzug geben sollten. Es ist auch nichts über eine besonders ungleiche Verteilung des Staubes in der Lunge bekannt (die intercostalen Pigmentstreifen liegen in der Pleura und haben andere Ursachen, die bei der Pleura besprochen werden). Daß große inspirierte Teile den „geraden" Weg bevorzugen, hat natürlich darin seinen Grund, daß an Teilungsstellen, wie oben gesagt, der größere Ast immer die kleinere Abweichung vom Stamm zeigt.

Die respiratorischen Winkeländerungen

Ob inspiratorisch eine Vergrößerung oder Verkleinerung der Teilungswinkel erfolgt, darüber lauten die Angaben der einzelnen Beobachter sehr verschieden, ebenso wie über die Winkeländerung des Bifurkationswinkels. Ich habe schon 1940 angegeben, daß das Vorwiegen der costalen oder der diaphragmalen Atmung auf die Verschiebung der Lappen eine verschiedene Wirkung hat, und ein gleiches gilt sicher auch für die Teilungswinkel der Bronchi. Bauer (1944) hat darauf besonders hingewiesen und festgestellt, daß bei vorwiegend costaler Inspiration die Teilungswinkel der nach vorne und nach der Seite gerichteten Bronchi sich verkleinern müssen, die Teilungswinkel der caudalwärts gerichteten Bronchi dagegen vergrößern. Umgekehrt muß bei rein diaphragmaler Inspiration eine Verkleinerung der zwerchfellwärts sich öffnenden Winkel folgen und eine Erweiterung der rippenwärts offenen Winkel (Abb. 99). Ebenso beobachtet Stutz (1949), daß inspiratorische Verkleinerung und Vergrößerung gleichzeitig vorkommt. Er erklärt dies durch die inspiratorische Zugspannung, die in Längsrichtung oder Querrichtung zum Bronchus entsteht. „Überwiegt der Längszug, so wird der von der Bronchusgabel eingeschlossene Winkel kleiner; ist der Querzug ausgiebiger, dann vergrößert sich der Winkel; erfolgt die Dehnung des Lungengewebes in beiden Richtungen gleich stark, so bleibt der Winkel unverändert" (Stutz, 1949, S. 311). Es gilt also für die respiratorischen Winkeländerungen der Bronchi im Prinzip das gleiche, was S. 65 über die Änderung des Bifurkationswinkels gesagt wurde.

Die Querschnittsgröße

Der Querschnitt der beiden Äste ist zusammen jeweils immer etwas größer als der Querschnitt des Stammes, so daß der Querschnitt aller Luftwege von der Trachea bis zu den Bronchioli stark zunimmt. Aus den von Miller angegebenen Zahlen ergibt sich für jede Teilung eine Zunahme des Querschnittes um etwa $^6/_5$, bis zu den Bronchioli alveolares (Lobular bronchi, Miller) eine Zunahme auf das 10fache des Trachealquerschnittes.

Die Weite der Bronchialverzweigungen beim Lebenden hat Stutz broncho-graphisch untersucht. Er kommt erstens zu dem Resultat, daß die Summe der Querschnitte der Bronchialzweige nicht mit der Zahl der Verzweigungen so stark zunimmt, wie es nach dem Poiseuilleschen Gesetz über den Strömungswiderstand zu erwarten wäre. Woraus sich ergibt, daß im Bereich der Verzweigungen der Strömungswiderstand für die Atmungsluft größer ist als in der Trachea. Zweitens stellt er fest, daß die respiratorischen Weitenänderungen bei den kleinen Bronchi relativ größer sind als bei den größeren Bronchi, was zur Folge hat, daß in Exspirationsstellung in den kleinen Bronchi ein besonders großer Strömungswiderstand herrscht. Für die Einzelheiten muß ich auf die ausführliche Arbeit von Stutz verweisen.

Die Verzweigungen jedes Astes des Bronchialbaumes erfüllen je einen Sektor, die einzelnen Bäumchen liegen mit relativ glatten Flächen nebeneinander, niemals durchflechten sich die Äste, so daß man am Korrosionspräparat das Bäumchen jedes Bronchus oder Bronchiolus leicht herausbrechen kann, ohne die anderen Bäumchen zu verletzen. Felix hat auf Grund dieser Beobachtung Innen- und Außenläppchen beschrieben, die mit der ursprünglichen Definition von Läppchen gar nichts zu tun haben (s. S. 97).

Die Zahl der Teilungen

Daraus, daß bei den Teilungsstellen der Bronchi die Äste ungleich groß sind, ergibt sich, daß die kleinsten knorpeltragenden Bronchi von etwa 1 mm Weite nach einer verschiedenen Zahl von Teilungen erreicht werden. Felix beschreibt, daß auf den Bronchus lobaris schon nach 6 Teilungen die Bronchioli folgen, Stutz dagegen beobachtet noch nach zwei weiteren Teilungen am Röntgenbild von Lebenden darstellbare Bronchi. Aus der ungleichen Größe der beiden aus einer Teilung hervorgehenden Äste ergibt sich aber auch, daß die aus einer gleichen Zahl von Teilungen hervorgegangenen Bronchi keineswegs gleich groß sind und man nicht die aus fünf Teilungen hervorgegangenen Bronchi 5. Ordnung einander gleichsetzen kann, was etwa ihre Weite und ihren Wandbau betrifft.

Aus der letzten Teilungsstelle eines Bronchus, dessen Sporn noch ein kleines Knorpelchen trägt, gehen zwei Bronchioli hervor, also knorpelfreie Abschnitte, die sich wieder verzweigen. In der Regel finden sich 3—4 weitere Teilungen, bevor der letzte Abschnitt der Bronchioli mit kontinuierlichem Bronchialepithel — die Bronchioli terminales — erreicht sind. Daraus ergibt sich, daß auf einen kleinsten Bronchus etwa 10 Bronchioli terminales folgen, ja nach Policard und Galy sind es sogar 8—9 primäre Bronchioli, die sich weiter in Bronchioli gleicher Struktur teilen, also etwa 20 Bronchioli terminales. Daraus würde sich die Zahl von über 20 000 Bronchioli terminales für jeden Lungenflügel ergeben. An einem Celluloid-korrosionspräparat, bei dem die Injektionsmasse nur teilweise bis in die Bronchioli alveolares eingedrungen war, sonst aber fast durchwegs bis in die Bronchioli terminales, ergab sich jedoch aus der Zählung im Bereich eines Segmentes die Schätzung von nur etwas über 5000 für einen Lungenflügel, also nur eine geringere Zahl als sich aus der Berechnung nach der Zahl der beobachteten Teilungsstellen ergab.

Da weiter nach den Rekonstruktionen Engels gelegentlich noch einzelne Verzweigungen der 5. Generation eines Bronchiolus terminalis Bronchialepithel tragen, können aus einem Bronchiolus terminalis bis zu 15 Bronchioli alveolares hervorgehen. Man kommt also, wenn man die Zahl der Bronchioli terminales (nach der Schätzung nach dem Korrosionspräparat) mit der Zahl der durchschnittlich aus einem von ihnen hervorgehenden Bronchioli alveolares multipliziert, auf etwa 150000 für beide Lungenflügel zusammen. Neuerdings berechnet Engel (1958) die Zahl der Acini und damit der Bronchioli terminales auf 30000; erklärlich wäre diese Differenz dadurch, daß am Korrosionspräparat Bronchioli terminales und alveolares nicht immer leicht unterscheidbar sind.

Um auf diesem Wege die Zahl der Alveolen zu errechnen, wäre eine systematische Rekonstruktion zahlreicher Alveolargänge notwendig, die aber noch nicht existiert, doch kann ich an einem Schnitt als einem Bronchiolus alveolaris zugehörig 200 Alveolen zählen. Für den ganzen kugeligen Acinus (Abb. 109) schätze ich daraus 2000 Alveolen. Daraus ergibt sich, mit der Zahl der Bronchioli alveolares (150000) multipliziert, die Gesamtzahl der Alveolen von etwa 300 Millionen. (Mehr darüber s. S. 211.)

Der Abstand der Teilungsstellen

Der Abstand zwischen zwei Teilungsstellen ist — auch wenn man von der Länge des linken Bronchus absieht — sehr verschieden. Er kann nach Korrosionspräparaten unter 1 mm und bis zu 4 cm (am medialen Ast des Mittellappenbronchus) betragen. Daraus ergibt sich, daß die Länge der Luftwege von der Bifurkation bis zu den kleinsten knorpeltragenden Bronchi stark variiert, sie kann zwischen 6 cm (rechter Oberlappen) und 18 cm (Lingula) betragen, wie meine Korrosionspräparate zeigen. Aber auch innerhalb eines Lappens sind die Unterschiede beträchtlich, so beim rechten Oberlappen 6—15 cm und beim Mittellappen 8—15 cm (Abb. 44).

Über die Eigentümlichkeiten des Baues der Wand der Bronchi an den Teilungsstellen s. S. 132.

Das typische Bild des Bronchialbaumes

Die Lappenbronchi (Bronchi lobares)

Die Anordnung der Bronchialverzweigungen ist, abgesehen von den eben besprochenen allgemeinen Prinzipien, weitgehend variabel, doch ergibt sich in annähernd 75% der Fälle für die gröberen Verzweigungen ein typisches Bild, jedoch höchstens bis zur Verzweigung des Bronchialbaumes in etwa 20 Äste. Es hat daher keinen Zweck, wie Ewart das getan hat, eine Namengebung für über 100 Äste durchzuführen. Nachdem Boyden u. Mitarb. an 50 Lungen den Bronchialbaum untersucht haben und seine Beobachtungen mit meinen an einem etwas weniger zahlreichen Material gemachten Befunden weitgehend übereinstimmen, kann ich mich in der Beschreibung des am häufigsten vorkommenden Verhaltens und der häufigsten Varietäten der Bronchialverzweigungen vorwiegend an Boydens Befunde halten. In enger Beziehung zur Variabilität des Bronchialbaumes, doch, wie wir sehen werden, nicht in Abhängigkeit allein von dieser, steht die Ausbildung der Lappen und Sublobi (oder Segmente), die anschließend zu besprechen ist.

Man kann entsprechend den normalerweise ausgebildeten Lappen rechts drei und links zwei Lappenbronchi unterscheiden. Den Begriff des Stammbronchus mit je 4—5 ventralen und dorsalen Ästen von den langgestreckten Lungen gewisser Säugetiere auf die Lunge des Menschen zu übertragen, ist eine künstliche Schematisierung, da hier eine solche typische Anordnung kaum jemals zu erkennen ist. Es wäre daher Zeit, daß diese Stilisierung des menschlichen Bronchialbaumes, die von Aeby stammt, aus den Büchern wieder verschwindet. Wenn man beim Menschen überhaupt von einem Stammbronchus sprechen will, so sollte dieser Begriff beschränkt bleiben auf den Abschnitt des Bronchialbaumes, der jederseits von der Bifurkation bis zur Teilung des Unterlappenbronchus in seine drei (links) bis vier (rechts) gegen das Zwerchfell gerichteten großen Äste.

Der Ursprung der Lappenbronchi

Der linke Bronchus teilt sich nach einer Verlaufsstrecke von etwa 5 cm in die etwa gleich starken (etwa 10 mm Durchmesser) Lappenbronchi für den Oberlappen und den Unterlappen. Der rechte Bronchus gibt nach 1—2$^1/_2$ cm Länge den Oberlappenbronchus ab, dessen Durchmesser nur $^2/_3$ (8 mm, Stutz 12—14) des verbleibenden Stammbronchus (12 mm, Stutz 13—14) beträgt, der sich in einer Entfernung von etwas unter 5 cm von der Bifurkation in den Mittellappenbronchus (10 mm, Stutz 9—11) und Unterlappenbronchus teilt.

Die Teilungswinkel folgen der oben besprochenen Regel, d.h., die Äste weichen im umgekehrten Verhältnis zu ihrer Größe von der Richtung des Stammes ab. Die Winkel zwischen den beiden etwa gleich großen Lappenbronchi links und dem Endstück des gebogenen linken Bronchus sind dementsprechend etwa gleich groß; wenn gelegentlich beschrieben wird, daß der linke Oberlappenbronchus etwa senkrecht abgeht, so beruht das auf einer Vernachlässigung des bogenförmigen Verlaufes des linken Bronchus und in der Tendenz, den „Stammbronchus" hervorzuheben. Die Teilung liegt nahezu in einer frontalen Ebene, von der der Unterlappenbronchus nur wenig dorsalwärts abweicht.

Der rechte Oberlappenbronchus weicht etwa um 45° von der Richtung des rechten Bronchus ab und zieht etwas dorsalwärts, so daß im Röntgenbild der Winkel zwischen ihm und dem Stammbronchus etwas zu spitz erscheint. Der Stammbronchus weicht an dieser Teilungsstelle etwas medialwärts von der Richtung des rechten Bronchus ab, bildet dann aber einen ganz flachen, medial konvexen Bogen, so daß diese Abweichung wenig in Erscheinung tritt. Durch den nahezu geraden Verlauf des rechten Stammbronchus bis zum Abgang des Mittellappenbronchus liegt diese Abgangsstelle weiter caudal als die Abgangsstelle des Oberlappenbronchus links, bis zu welcher der Bronchus 1—2 mm länger ist, weil ja der linke Bronchus einen stark nach medial und unten konvexen Verlauf besitzt. Der Abgang des Mittellappenbronchus ist nach lateral und ventral gerichtet, so daß die Abweichung des Unterlappenbronchus von der Richtung des Stammes bei der Ansicht von vorne kaum in Erscheinung tritt; die Abweichung des Mittellappenbronchus beträgt nur etwa 30°, die Abweichung des Unterlappenbronchus seiner Größe entsprechend weniger.

Die Lage des Ursprunges des rechten und linken Oberlappenbronchus unterscheidet sich nicht nur durch ihre Entfernung von der Bifurcatio tracheae, sondern auch durch ihre Beziehung zum zugehörigen Pulmonalisast. Der linke Oberlappenbronchus verläuft unter der A. pulmonalis sinistra und wird deshalb auch als hyparteriell bezeichnet, während die A. pulmonalis dextra den Stammbronchus caudal vom rechten Oberlappenbronchus kreuzt, weshalb dieser als eparteriell bezeichnet wird. Der den linken Bronchus überkreuzende Bogen der A. pulmonalis sinistra steigt weiter kranialwärts hoch als der Bogen der A. pulmonalis dextra, ein Verhalten, das mit der Stellung der Pulmonalisteilung zusammenhängt (s. S. 70 und 254); daß dieses verschiedene Verhalten keine ursächliche Bedeutung für die Lage zu den Bronchien hat, geht aber daraus hervor, daß bei anscheinend normaler Ausbildung der Arterien (Dalla Rosa) auch links der Oberlappenbronchus eparteriell gelegen sein kann[1]. Es besteht auch keine Abhängigkeit der Entstehung eines hyparteriellen Bronchus von der Überkreuzung des linken Bronchus durch den Aortenbogen und den Ductus Botalli, denn wenn diese beiden Gebilde rechts gelegen sind (Dalla Rosa), so findet sich doch rechts ein eparteriell entspringender Oberlappenbronchus.

Die Namengebung der Bronchialverzweigungen

Über die Bezeichnung der Lappenbronchi hinaus wird eine Homologisierung der Äste wegen der Variabilität der Anordnung oft schwierig. Ja, auf Grund der Untersuchungen von Heiss über die Entwicklung des Bronchialbaumes beim Menschen ist vielfach eine Homologisierung der Äste der Lappenbronchi schon beim Embryo unmöglich, so wenn z.B. der Oberlappenbronchus, der sich meist in 3 Äste teilt, in anderen Fällen nur 2 Äste abgibt und die beiden Äste einmal ventral und dorsal, einmal kranial und caudal liegen. Dennoch gebe ich in der Tabelle 3 und 4, S. 80, ein Schema der am häufigsten vorkommenden Verzweigungsformen der Bronchialbäume bei der Lunge nach den Angaben von Boyden u. Mitarb. (Smith, Berg, Scanel), welchem Schema entsprechend man meistens imstande sein dürfte, Bronchialäste zu identifizieren. Doch weicht im Bereich des Mittellappens die Anordnung gelegentlich so stark von diesem Schema ab, daß auch die nach Boyden mit Nummern bezeichneten „segmentalen Bronchi" nicht identifiziert werden können. Als „segmentale Bronchi" bezeichnet dieser Autor jederseits 10 Bronchi, die einen zugehörigen Abschnitt Lungengewebe, ein „Segment", versorgen. So ein „Segment" entspricht etwa dem, was Backmann als Sublobus (s. S. 86) bezeichnet hat. Die Bezeichnung „Segment" ist nun aber auch im Sinne metamer innervierter Segmente (s. S. 340) auf die Lunge angewendet worden, so daß auch Stutz besser von Keilsegmenten sprechen möchte. Doch scheint sich die Bezeichnung Segment in diesem Sinne besonders in der amerikanischen Literatur so eingebürgert zu haben, daß es wichtig ist, bevor man von Lungensegmenten spricht, erst klarzulegen, ob ein bronchiales Lungensegment im Sinne Boydens u.a. oder ein nervöses Segment im Sinne Reinhardts, Sturms u.a. gemeint ist.

---

1 Allerdings beschrieben Boyden und Hartmann einen Fall, in dem nur der apikale Ast des Oberlappenbronchus eparteriell lag, der andere Ast dagegen hyparteriell vom linken Bronchus entsprang. Boyden führt diese abnorme Teilung des linken Oberlappenbronchus auf eine abnorme Lage der A. pulmonalis in der Entwicklung zurück.

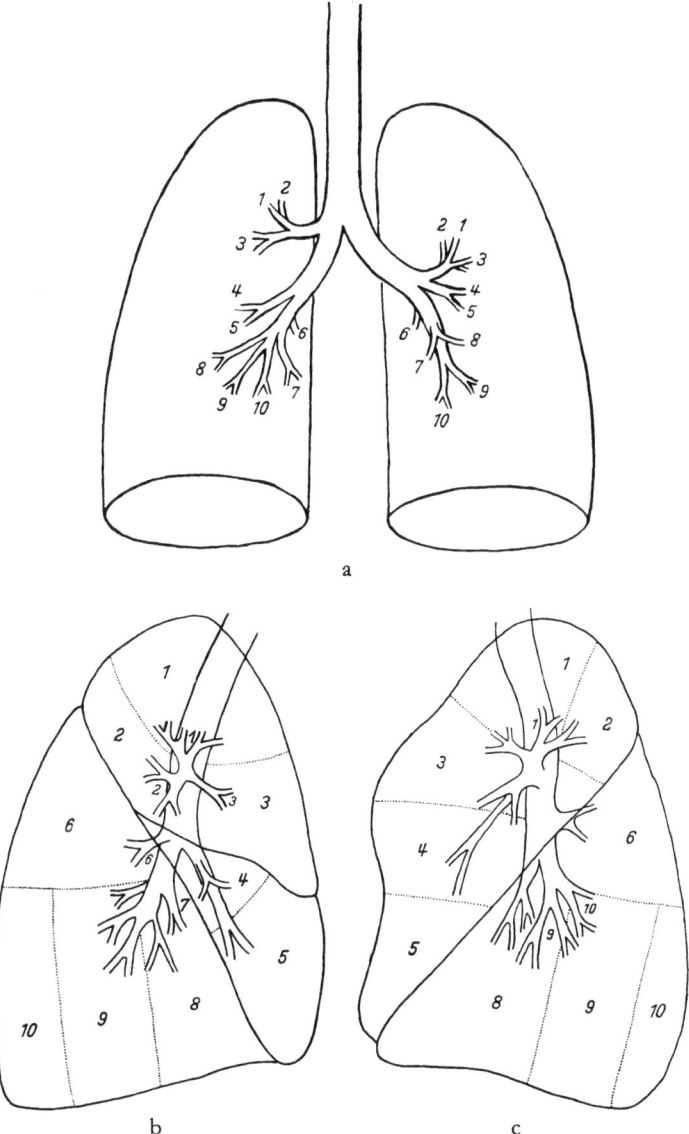

Abb. 45a—c. Schema des Bronchialbaumes. Numerierung nach der internationalen Nomenklatur (London, Juli 1949). a von vorne; b rechte Lunge von lateral; c linke Lunge von lateral. Seitenansicht mit Einzeichnung und Numerierung der Segmente. Für med. Fläche sowie Vorder- und Unterfläche des Unterlappens vgl. Abb. 70

Die aus der Zweiteilung eines Bronchus „segmentalis" hervorgehenden Äste, die nach Boyden ein Subsegment versorgen, bezeichnet dieser Autor als Rami subsegmentales. Diese Äste zeigen aber eine so starke Variabilität, daß es fraglich ist, ob ihre Benennung noch praktischen Wert hat, sie seien aber der Vollständigkeit halber in der Tabelle noch angeführt. Insbesondere ist die Bezeichnung der „sub-

Tabelle 3. *Bronchialverzweigungen der rechten Lunge*

Br. principalis	Br. lobaris	Br. segmentalis (sublobaris)	R. subsegmentalis
Br. dexter	Br. lobi superioris	1. Br. apicalis	1a. anterior
			1b posterior
		2. Br. posterior	2a. apicalis
			2b. posterior
		3. Br. anterior (ventralis, pectoralis)	3a. posterior
			3b. anterior
	Br. lobi medii	4. Br. lateralis	4a. anterior
			4b. posterior
		5. Br. anterior	5a. superior
			5b. inferior
	Br. lobi inferioris	6. Br. superior (dorsalis)	6a. medialis
			6b. superior
			6c. lateralis
		7. Br. medialis (infracardiacus)	7a. anterior
		× Br. subsuperior (dorsalis II)	7b. medialis
		8. Br. anterior (ventralis) basalis	8a. lateralis
			8b. basalis
		{ 9. Br. lateralis basalis (latero-ventralis)	9a. lateralis
			9b. basalis
		{10. Br. posterior basalis (medio-posterior)	10. × subsuperior
			10a. lateralis
			10b. mediobasalis

Br. = Bronchus, R. = Ramus, ( ) Synonyma, × Varietät, { häufig gemeinsamer Ursprung

segmentalen" Bronchi dann schwierig, wenn der ein bestimmtes Subsegment versorgende Ast, der von einem bestimmten Bronchus entspringt, in einzelnen Fällen von einem Nachbarbronchus ausgeht (Boyden), als ob sein Ursprung gewandert wäre, wie solche Wanderungen von Gefäßwurzeln vorkommen. Da aber, wie Heiss gezeigt hat, schon die Anlage des Bronchialbaumes bei Embryonen von etwa 10 mm Länge die gleichen Variationen zeigt, ist eine Wanderung der Bronchialursprünge nicht anzunehmen. Dennoch glaube ich, daß mit Boyden solche zwar verschieden entspringenden, doch ein gleiches Gebiet versorgenden Bronchi im Namen charakterisiert werden sollten, wie Boyden das tut, indem er ein X einfügt, z.B. B 1b, der Ast b des Bronchus B 1, und B X 1b, der das gleiche Gebiet versorgende Bronchus, dessen Ursprung auf B 2 verlagert ist.

In der Namengebung halte ich mich an die in der Tabelle 3 bei jedem Bronchus als erste stehenden Namen, die mir am zweckmäßigsten erscheinen und mit der Namengebung zahlreicher Autoren größtenteils übereinstimmen, Synonyma sind in Klammern gesetzt.

Bronchus lobaris superior sinister

Der linke Oberlappenbronchus zeigt von den 5 Lappenbronchi die relativ größte Regelmäßigkeit seiner Verzweigung. Er teilt sich in der Regel nach etwa $1^1/_2$ cm Länge in einen oberen (Ramus superior) und einen unteren (Ramus inferior) Ast. Diese Teilung kann auch so nahe an seiner Abgangsstelle vom linken Hauptbronchus sein, daß man den Eindruck einer Dreiteilung des linken Bronchus hat (Abb. 46),

Tabelle 4. *Bronchialverzweigungen der linken Lunge*

Br. princi-palis	Br. lobaris		Br. segmentalis (sublobaris)	R. subsegmentalis
Br. sinister	Br. lobi superioris	R. superior (cranialis)	⎰ 1. Br. apicalis	1a. apicalis
				1b. anterior
			⎱ 2. Br. posterior (axil-laris)	2a. apicalis
				2b. posterior
			3. Br. anterior (ventralis, pectoralis)	3a. lateralis
				3b. anterior
		R. inferior (caudalis, lingularis)	4. Br. lingularis superior	4a. posterior
				4b. anterior
			5. Br. lingularis inferior	5a. superior
				5b. inferior
	Br. lobi inferioris		6. Br. superior (dorsalis)	6a. medialis
				6b. superior
				6c. lateralis
		R. ventro-medialis	⎰ 7. Br. medialis (infracardiacus)	7a. anterior
				7b. medialis
			⎱ 8. Br. ventralis (anterior) basalis	8a. lateralis
				8b. basalis
			× Br. subsuperior (dorsalis II)	
			⎰ 9. Br. lateralis basalis (lateroventralis)	9a. lateralis
				9b. basalis
			⎱ 10. Br. posterior basalis (medio-posterior)	10. × subsuperior
				10a. lateralis
				10b. mediobasalis

Br. = Bronchus, R. = Ramus, ( ) Synonyma, × Varietät, { häufig gemeinsamer Ursprung

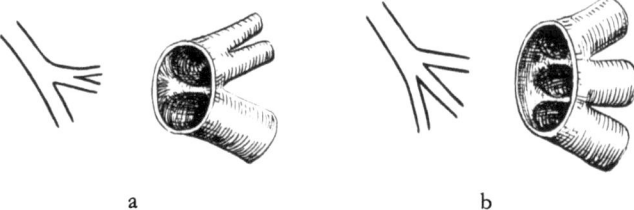

a   b

Abb. 46a u. b. Teilung des linken Bronchus. a Zweiteilung; b Dreiteilung durch Verlagerung des Teilungsspornes im Oberlappenbronchus trachealwärts

weil der Teilungssporn des Oberlappenbronchus kaum 1 mm hinter dem Teilungs-sporn zwischen Oberlappen- und Unterlappenbronchus steht (Bubenik, Toldt Atlas und eigene Beobachtung). Die Grenze der Verzweigungsgebiete des apikalen und des ventralen Astes zieht vom lateralen oberen Bogen der Incisura cardiaca gegen das dorsale Ende der interlobulären Fläche, so daß die kraniale Grenze der Incisura cardiaca noch vom apikalen Ast versorgt wird. Der Bronchus superior teilt sich wieder in einen Bronchus anterior (3) und einen kurzen aufsteigenden Ast, der sich

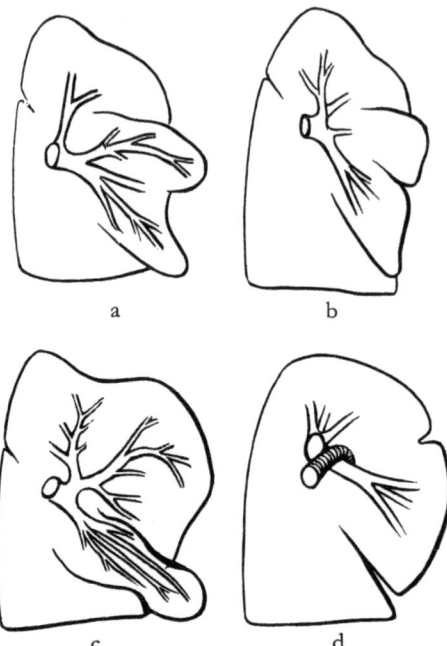

Abb. 47. a—c Variabilität der Unterteilung des linken Oberlappens;
d mit abnormem Verlauf der A. pulmonalis

nach kurzem Verlauf in einen Bronchus apicalis (1) und einen Bronchus posterior
axillaris (2) teilt. Auch hier kann die Lage der Teilungsstelle so stark variieren,
daß entweder der Ursprung von B3 so weit trachealwärts liegt, daß der Oberlappenbronchus sich dreiteilt in B1 + 2, B3 und B4 + 5 (Bronchus inferior, Heiss, Boyden)
oder der Bronchus superior sich dreiteilt in B1, B2 und B3. Weitere Einzelheiten
der Variabilität siehe bei Boyden und Hartmann. An der Versorgung der Lungenspitze ist außer dem Bronchus apicalis (1) noch der Bronchus posterior (2) an ihrem
dorsalen Abhang beteiligt.

Das Versorgungsgebiet des Ramus inferior des linken Oberlappenbronchus entspricht seiner Lage nach etwa dem rechten Mittellappen. Der von ihm versorgte
Abschnitt des Oberlappens kann durch eine Lappenspalte in variabler Weise vom
oberen Teil des Oberlappens getrennt sein (Boyden), so daß dann auch links ein
Mittellappen vorhanden sein kann (Abb. 47). Verläuft in solchen Fällen überdies
die A. pulmonalis sinistra zwischen Bronchus superior und inferior (Abb. 47d), so
ergibt sich eine symmetrische Lunge mit beiderseits eparteriell gelegenem Spitzenbronchus und beiderseitigem Mittellappen (Dalla Rosa, Boyden und Hartmann).
Der Bronchus inferior des rechten Oberlappens teilt sich in der Regel in einen oberen
und unteren Ast, die als Bronchus lingularis superior (4) und inferior (5) bezeichnet
werden.

Bronchus lobaris superior dexter

Der rechte Oberlappenbronchus teilt sich in der Regel nach etwa 1—1$^1/_2$ cm
Länge in 3 Äste, die ihrer Lage und ihrem Verzweigungsgebiet nach als Br. apicalis,

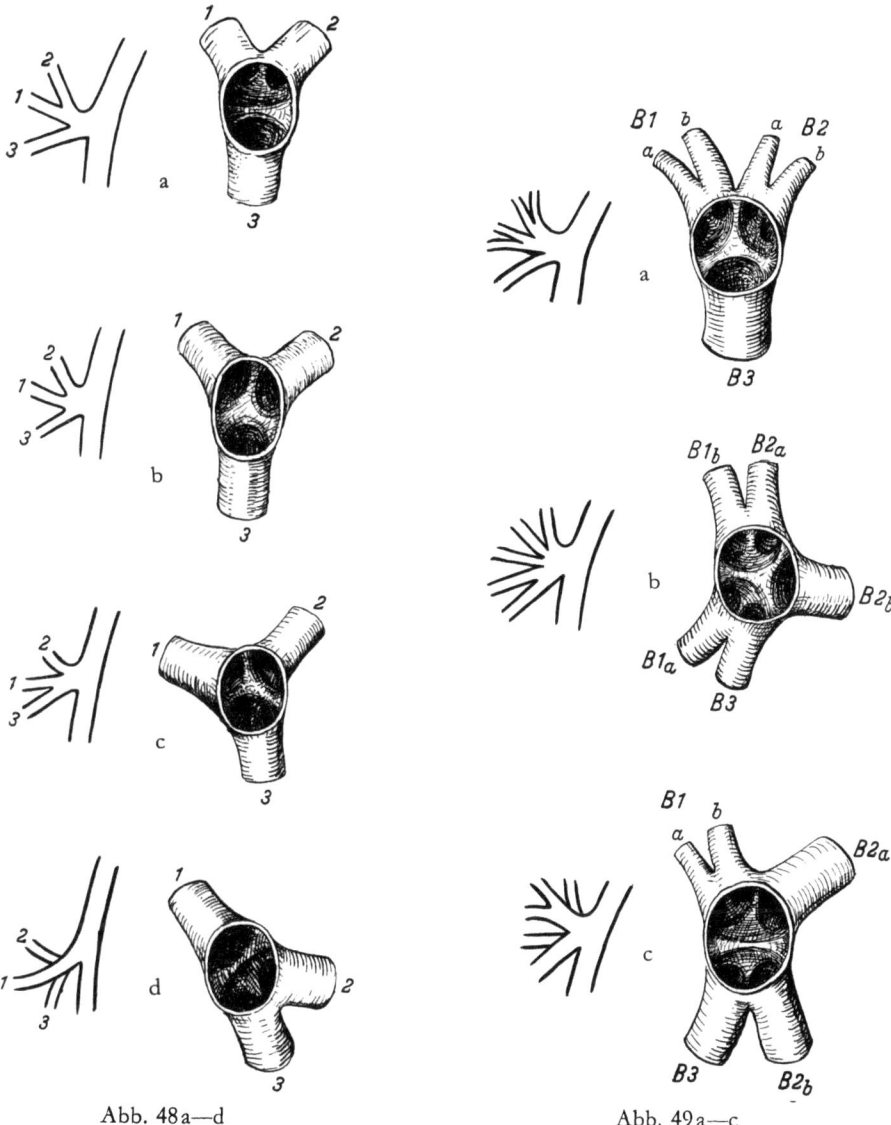

Abb. 48a—d   Abb. 49a—c

Abb. 48a—d. Teilung des rechten Oberlappenbronchus. a gemeinsamer Ursprung von B1 und B2; b Dreiteilung; c gemeinsamer Ursprung von B1 und B3; d gemeinsamer Ursprung von B2 und B3

Abb. 49a—c. Verschiedene Anordnung der subsegmentalen Äste des rechten Oberlappenbronchus

Br. posterior und Br. anterior bezeichnet werden können. Doch handelt es sich selten um eine wirkliche Dreiteilung, sondern meist um zwei ganz eng aufeinanderfolgende Zweiteilungen, manchmal geht der apikale Ast zuerst ab, in anderen Fällen der vordere Ast. Alle 3 Äste senden Verzweigungen gegen die Lungenspitze, an deren Aufbau einmal der eine, einmal der andere dieser Äste den größeren Anteil hat. Der vordere Ast besitzt meist einen nennenswerten längeren Zweig, der parallel dem Rande des Mittellappens gegen den Sternalrand hinzieht und sich durch seine Länge auszeichnet. Im übrigen variiert sein Verzweigungsgebiet sehr, indem es gelegentlich den ganzen vorderen Lappenrand vom vorderen Abhang der Lungenspitze bis zur kleinen Lappenspalte einnimmt, während in anderen Fällen nur etwa $^1/_4$ des vorderen Lappenrandes von ihm versorgt werden kann. In solchen Fällen werden die oberen $^3/_4$ des Lappenrandes vom Ramus apicalis versorgt (Abb. 50, Boyden und Scanell). Bei Besprechung der Sublobi wird darauf zurückzukommen sein.

Das Verzweigungsgebiet des rechten Oberlappenbronchus entspricht ungefähr dem Gebiet des oberen Astes des linken Oberlappenbronchus, ohne daß daraus irgendwelche Schlüsse auf Homologie gezogen werden sollen.

Bronchus lobaris medius

Der Mittellappenbronchus teilt sich häufig in einen Br. lateralis (4) und einen Br. anterior (5), von denen letzterer gegen die Zwerchfellfläche herabzieht. Der Ramus lateralis teilt sich nach kurzem Verlauf in einen hinteren (Ramus posterior) und vorderen (Ramus anterior), die jedoch auch selbständig vom Mittellappenbronchus entspringen können (Heiss). Die beiden Äste des vorderen Astes (B 5 R. superior und inferior) ziehen meist beinahe parallel zueinander nahe der kardialen Fläche (Abb. 44) gegen seine vordere Kante. Die große Variabilität der Äste hängt mit der Variabilität der Lappengröße (s. S. 87) und seiner Sublobi zusammen.

Bronchus lobaris inferior dexter

Der rechte Unterlappenbronchus läßt meist 5 größere Äste erkennen, die nacheinander vom Stamm des Unterlappenbronchus abgehen. Dieser Hauptstamm des Unterlappenbronchus, von dem drei Bronchi entspringen (6, 7 und 8), bevor er sich in seine beiden dorsal und basal gerichteten Endäste (9 und 10) teilt, kann als Stammbronchus bezeichnet werden. Nur wenig ($^1/_2$ cm) nach seiner Trennung vom Mittellappenbronchus geht dorsalwärts der kleinste dieser Äste, der dorsale Bronchus (6), ab, der den dorsokranialen Abschnitt des Lappens versorgt. Dieser Bronchus 6 wird auch als Bronchus superior oder auch als apicalis bezeichnet, welch letztere Bezeichnung mir nicht günstig erscheint, da die Bezeichnung „apicalis" für den Oberlappen reserviert bleiben sollte. Nicht selten entspringen hier dorsalwärts abgehend zwei Bronchi, von denen dann der weiter basal gelegene, meist kleinere als Bronchus „subsuperior" bezeichnet wird. 1—1$^1/_2$ cm caudal vom Abgang des Mittellappenbronchus entspringt ventromedialwärts vom Stammbronchus der sog. mediale oder infrakardiale Bronchus (B7), der gegen die vor dem Lig. pulmonale gelegene Partie der Lunge und gegen die ventromediale Partie der Zwerchfellfläche hinzieht. Bei vielen Säugetieren verzweigt sich der entsprechende Bronchus in einem selbständigen Lappen, der sich zwischen Herz und Zwerchfell einschieben kann[1], von welchem Verhalten die Bezeichnung infrakardialer Bronchus abgeleitet

---

1 Offenbar ein sekundärer Zustand, da ja auch bei diesen Säugern beim jungen Embryo das Herz mit dem Herzbeutel dem Zwerchfell noch enge anliegt und sich der Lappen erst später, wenn sich der Thorax verlängert und der Herzbeutel sich vom Zwerchfell abhebt,

wurde. Etwas unter dem Abgang des medialen Bronchus entspringt gelegentlich ein zweiter kleiner dorsaler Bronchus. Etwa 1 cm nach Abgang des infrakardialen Bronchus teilt sich der verbleibende größere Stamm in drei Bronchi, die als Br. anterior basalis (B8), Br. lateralis basalis (B9) und Br. posterior basalis (B10) bezeichnet werden können (Abb. 45). Meistens entspringen B9 und B10 mittels eines kurzen gemeinsamen Stammes (s. Smith und Boyden).

Bronchus lobaris inferior sinister

Der linke Unterlappenbronchus unterscheidet sich in der Anordnung seiner Äste vom rechten Unterlappenbronchus im wesentlichen nur dadurch, daß der mediale Bronchus (B7) in der Regel gemeinsam mit dem Br. anterior (B8) abgeht und sich von diesem erst nach 1—1¹/₂ cm trennt (Abb. 45). Während man also im Röntgenbild am rechten Unterlappen 4 große gegen das Zwerchfell hinziehende Bronchi unterscheiden kann, sind es im linken Unterlappen in der Regel nur 3, von denen der ventrale, der meist etwas höher abgeht, sich bald in 2 Äste teilt. Der linke mediale Bronchus ist in der Regel wesentlich kleiner als der rechte mediale Bronchus, auch links entspringen B9 (lateralis basalis) und B10 (posterior basalis) aus einem kurzen gemeinsamen Stamm. Ein zweiter dorsaler Bronchus findet sich nur seltener als rechts (Berg, Boyden und Smith).

Die internationale Nomenclatur anerkennt links keinen segmentalen medialen Bronchus (B7) und begründet das damit, daß es einen solchen bei keinem Säugetier gäbe. Dazu ist zu sagen, daß das Meerschweinchen (Cavia) auch links einen infrakardialen Lappen besitzt, der von einem eigenen infrakardialen Bronchus versorgt wird. Auch beim Menschen kann der entsprechende Teil des linken Unterlappens durch eine Fissura interlobaris vom übrigen Unterlappen getrennt sein (s. S. 111), so daß es entgegen der internationalen Nomenclatur sehr wohl zu begründen ist, auch links einen medialen basalen Segmentbronchus B7 zu unterscheiden.

Die Lobi pulmonalis, Sublobi, Segmente und Lobuli

Definition der Begriffe

Von einer Lappung der Lunge sprechen wir, wenn tiefe, von Pleura ausgekleidete Spalten die Lungen in einzelne Abschnitte, eben die Lappen oder Lobi, unterteilen. Dabei brauchen die Spalten (Fissurae interlobares) die Lappen keineswegs vollkommen zu trennen, die Lappen hängen häufig schon an der Lungenoberfläche teilweise zusammen, vielfach erst in der Tiefe der Spalten, doch schneiden die Lappenspalten an bestimmten Stellen meist bis an den Hilus ein, so daß dort die Pleura bis enge an die großen Gefäße oder Bronchi des Lungenhilus heranreicht.

zwischen beide einlagert. Beim Menschen bleibt die ursprüngliche Lagebeziehung des Herzbeutels zum Zwerchfell zeitlebens erhalten, und damit fehlt auch die Möglichkeit der Einlagerung eines Lungenlappens zwischen beide Organe.

Löst man die Pleura ab, so werden die von lockerem Bindegewebe erfüllten Spalten erkennbar, die das eigentliche Lungenparenchym in Sublobi und Läppchen unterteilen. Diese Bindegewebsmassen werden als Septa interlobularia bezeichnet. Auch diese Septa interlobularia schneiden sehr verschieden tief ein, so daß an ihrem Grunde das Lungengewebe der benachbarten Lobuli meist zusammenhängt. In der Tiefe der Septa interlobularia liegen die Lungenvenen wie Flüsse in ein Hochplateau eingeschnitten. So sind an der mediastinalen Fläche von Ober- und Mittellappen 4 oder 5 tief einschneidende Septa interlobularia ausgebildet, in deren Tiefe ebenso viele größere Venen liegen. Diese Venen bezeichnet Backmann als Vv. intersublobares und die von ihnen getrennten Abschnitte von Lungengewebe als Sublobi (Abb. 221). Es läßt sich leicht zeigen, indem man die einzelnen Bronchi mit Luft aufbläst, daß jedem Sublobus das Verzweigungsgebiet eines Bronchus entspricht, und zwar eines jener Bronchi, die Boyden als segmentale Bronchi bezeichnet hat.

Als Sublobus wäre demnach ein Abschnitt des Lungenparenchyms zu bezeichnen, der durch ein Bindegewebsseptum mit eingelagerter Vene mehr oder weniger vollständig von den Nachbarabschnitten getrennt ist und von einem Bronchus (sublobaris oder segmentalis) versorgt wird. Es muß schon hier bemerkt werden, daß nicht in allen Abschnitten der Lunge Sublobi abgegrenzt werden können. Dort, wo Sublobi abgrenzbar sind, fallen sie mit dem zusammen, was Boyden u. Mitarb. als Segmente bezeichnen.

Segmente der Lunge nennen diese Autoren Abschnitte, die von je einem größeren Bronchus (jederseits werden zehn solche unterschieden, s. S. 78) versorgt werden, ohne Rücksicht darauf, ob das Parenchym dieser Abschnitte durch Septa voneinander getrennt ist.

Als Lobuli schließlich sind die kleinsten Abschnitte des Lungenparenchyms zu bezeichnen, die ähnlich wie Drüsenläppchen von lockerem Bindegewebe in Form der Septa interlobularia getrennt sind. Diese Septen schneiden sehr verschieden tief ein und, die von ihnen abgegrenzten Lobuli sind in den einzelnen Abschnitten der Lunge sehr verschieden groß.

Lobi, Sublobi und Lobuli sind Abschnitte der Lunge, die von außen her an der Lunge darstellbar sind, während die „Segmente" erst erkennbar werden, wenn die zugehörigen Bronchi einzeln injiziert werden, um das zugehörige Lungengewebe zu kennzeichnen. Die Unterteilung der Lunge in Lobi, Sublobi und Lobuli durch die von Pleura ausgekleideten Spalten oder die aus lockerem Bindegewebe bestehenden Septen bedeuten eine Unterteilung in mechanisch festere Teile durch Gleiteinrichtungen, die für die Spannungsverhältnisse des Lungengewebes von Wichtigkeit sind. Die „Segmente" dagegen sind in ihrer Anordnung nur im Sinne der Verteilung der Atmungsluft vom Bronchialbaum her zu erklären. Eine Abhängigkeit dieser beiden Bauprinzipien voneinander, von denen das eine durch die Gleitfläche, das andere durch den Bronchialbaum bedingt ist, besteht nur in geringem Maße, wie die folgende Besprechung der Lobi, Sublobi und Lobuli sowie ihrer Bedeutung ergibt.

Die „normale" Variabilität der Lappenform

Wenn ich von einer „normalen" Variabilität der Lappenform spreche, so meine ich damit die Form der Lappen jener Lungen, die, wie es die Regel ist, rechts 3 Lappen und links 2 Lappen unterscheiden lassen. Dabei variiert rechts hauptsächlich die

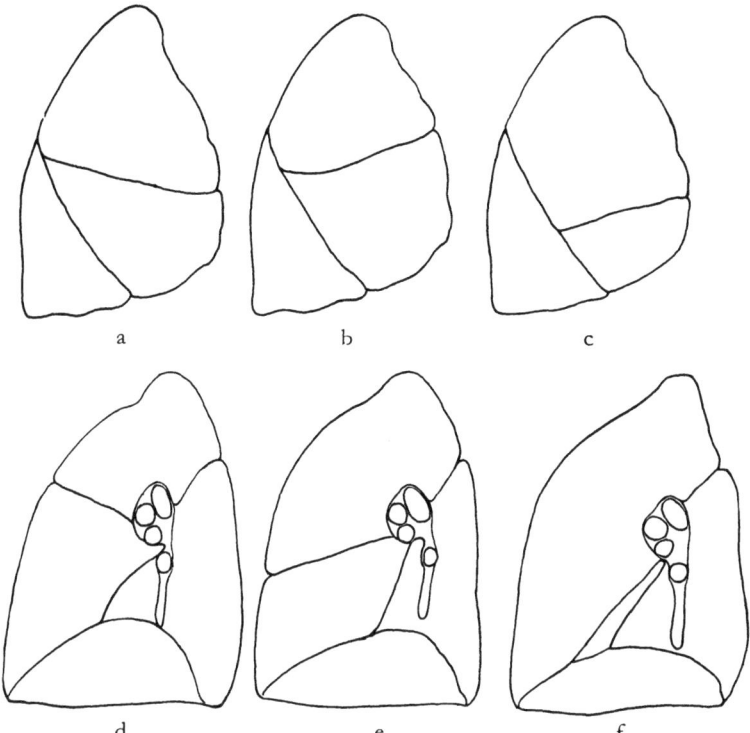

Abb. 50a—f. Variabilität des Mittel- und Oberlappens. a—c laterale Fläche; d—f mediale Fläche. Das zwischen obere und untere Lungenvene vorragende Läppchen kann vom Mittellappen (d) oder Unterlappen (e) gebildet werden

Größe des Mittellappens (Lobus medius) und die Lage seiner Abgrenzung gegen den Oberlappen (Lobus ventrocranialis oder superior), links die Größe der Lingula des Oberlappens. Die kraniale Abgrenzung (Fissura interlobaris obliqua) des Unterlappens (Lobus dorsocranialis oder inferior) ist dagegen ziemlich konstant, rechts dorsal meist einen bis einen halben Intercostalraum tiefer gelegen als links, wo sie nahe der 4. Rippe dorsal beginnt und schräg nach vorne unten gegen den 6. Intercostalraum zieht.

Die costale Fläche des Mittellappens nimmt meist von der Ober- und Mittellappen gemeinsam zugehörigen ventrolateralen Fläche der rechten Lunge etwa $1/3$ ein (Abb. 50a), während in anderen Fällen bis zur Hälfte diese Fläche (Abb. 50b) oder auch weniger als $1/4$ dieser Fläche (Abb. 50c) dem Mittellappen angehört. Auch an der mediastinalen Fläche von Ober- und Mittellappen läßt sich eine ähnliche Variabilität feststellen, manchmal ist diese Fläche des Mittellappens ebenso groß wie die des Oberlappens (Abb. 50d), halb so groß (Abb. 50e) oder noch kleiner (Abb. 50f). Damit steht wieder die Größe der Zwerchfellfläche des Mittellappens in Beziehung; wenn mediastinale und diaphragmale Fläche des Mittellappens sehr klein sind, kann der Oberlappen bis ans Zwerchfell heranreichen (Abb. 50f).

Auch gegen den Lungenhilus zu variiert die Ausdehnung des Mittellappens, in manchen Fällen schiebt sich eines seiner Läppchen zwischen obere und untere

Lungenvene vor (Abb. 50d), während dieser Raum in anderen Fällen von einem
Teil des Unterlappens eingenommen wird (Abb. 50e).

Die Lingula des linken Oberlappens reicht in der Regel bis an das Zwerchfell,
so daß der größere Teil der Impressio cardiaca der linken Lunge dem Oberlappen
angehört und nur ein kleiner Teil dem Unterlappen (Abb. 51b), wie es die meisten
Lehrbücher darstellen. Nicht selten findet man dagegen, daß die Lingula dorsalwärts bis an das Lig. pulmonale reicht (Abb. 51c) und somit den Unterlappen völlig
von der Impressio cardiaca und den Kontakt mit der Pleura pericardiaca ausschließt.
Daß in diesen Fällen der untere Ast des Oberlappenbronchus eine besondere Ausbildung zeigt, beschreibt Boyden (1949). Seltener finde ich das andere Extrem der

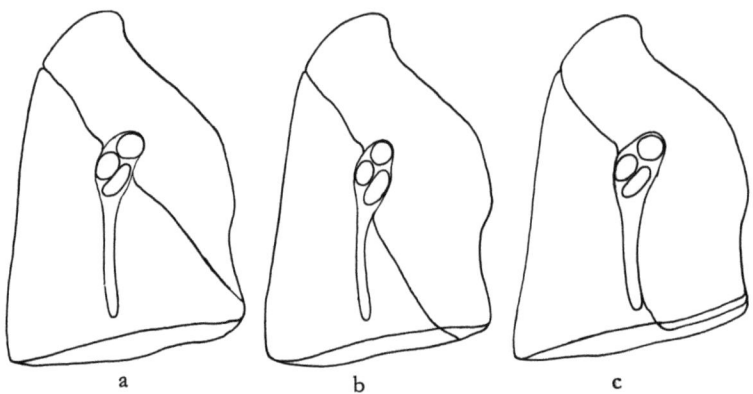

a   b   c

Abb. 51a—c. Variabilität des linken Oberlappens, betreffend Größe der Lingula

Ausbildung der Lingula (Abb. 51a), sie ist dann nur weniger mächtig und reicht
nicht bis an das Zwerchfell.

Daß sogar bei eineiigen Zwillingen die Ausbildung der Lappen verschieden sein
kann, beschreiben Tamaka und Tsuchiya.

Andererseits hat Browder (1942) durch Untersuchung von 365 Mäusen aus
8 Zuchtstämmen festgestellt, daß genetische Faktoren die Varianten der Lappenbildung beeinflussen.

Die Lappenspalten (Fissurae interlobares)
und die Verbindungen der Lappen

Die Lappenspalten sind in ihrer Ausbildung außerordentlich variabel; einerseits
schneiden sie sehr verschieden tief von der Lungenoberfläche gegen den Hilus ein,
andererseits trennen sie die Lappen auch an der Oberfläche nicht immer vollständig.
Bei solchen Verbindungen der Lappen untereinander an der Oberfläche der Lunge
oder in der Tiefe der Fissuren handelt es sich nicht um „frühzeitig" entstandene
„Verwachsungen" (Felix), sondern die Lappen und Fissuren werden in der ersten
Anlage gar nicht anders gebildet. Das ist daraus zu schließen, daß bei Feten und
bei Neugeborenen schon die gleiche Variabilität der Lappung gefunden wird wie
beim Erwachsenen.

Wenn eine Lappenspalte tief einschneidet, kann sie bis nahe an die Gebilde des
Lungenhilus reichen, die dann in der Tiefe der Spalte nur von ganz lockerem Binde-

gewebe und der Pleura bedeckt sind, die sich von der glatten Fläche eines Lappens zur ebensolchen Fläche des anderen Lappens hinüberspannt. Dieses Verhalten findet man meistens, wenn man von lateral her in die Fissura obliqua eingeht, und bedingt die chirurgische Zugangsmöglichkeit der großen Gefäße und Bronchi von der großen Lappenspalte aus.

In anderen Fällen stößt man jedoch, wenn die Pleura in der Tiefe einer Lappenspalte durchtrennt ist, auf Lungengewebe, in dem entweder Septa interlobularia gefunden werden, oder dies nicht der Fall ist. Die durch diese Septa interlobularia

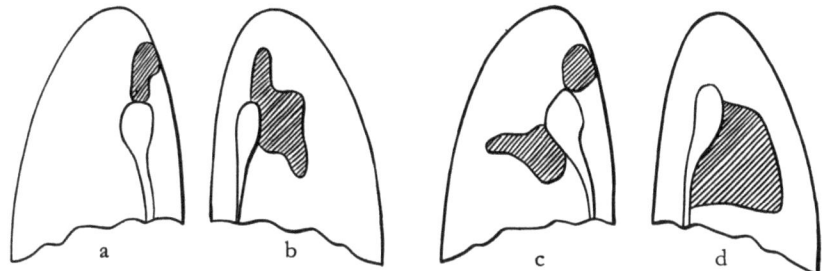

Abb. 52a—d. Ventralfläche der Unterlappen mit verschieden ausgedehnter Verwachsungsfläche des Parenchyms mit Ober- bzw. Mittellappen

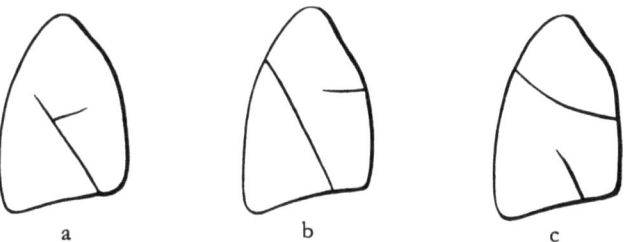

Abb. 53a—c. Variabilität der Lappenspalten der rechten Lunge

gebildeten Grenzflächen der Läppchen bilden nun keine Ebene in der Fortsetzung der Lappenspalte, sondern eine vielfach winkelig geknickte Fläche, in der es wohl gelingt, gegen den Hilus weiter vorzudringen, doch stellen sich Venen diesem Vordringen hindernd entgegen. Insbesondere liegt in solchen Fällen zwischen Mittel- und Oberlappen eine größere Vene (V. interlobaris), die aus den Läppchen beider Lappen ihre Äste aufnimmt (Abb. 221).

Fehlen in der Tiefe der Lappenspalte Septa interlobularia, so hängt das Lungengewebe der Nachbarlappen kontinuierlich zusammen, und es gelingt dann nicht, ohne Lungengewebe zu zerstören und Alveolen zu eröffnen, die Lappen zu trennen (Abb. 52). Auch Bronchi (s. S. 95) und Gefäße (s. S. 285) können von einem Lappen zum anderen ziehen, insbesondere findet sich, wenn eine Verbindung von Oberlappen und Unterlappen dorsal vom Hilus vorhanden ist, dort manchmal auch eine größere Vene, die von der Gegend der Lungenspitze kommend hinter dem Hilus vorbei zur unteren Lungenvene hinzieht (s. S. 288) oder auch eine Arterie (s. S. 289). Daß ein derartiges Zusammenhängen der Lappen das operative Eingehen auf die tiefen Gebilde in der Fissura interlobaris außerordentlich erschwert, betont schon Sauerbruch.

Am wenigsten konstant ist die Beziehung zwischen Mittel- und Oberlappen. Nur in seltenen Fällen ist die Spalte zwischen ihnen (Fissura interlobaris transversa) vollständig ausgebildet von der Fissura obliqua bis zum vorderen Lungenrand und zugleich bis nahe an den Hilus einschneidend. An der costalen Lungenfläche kann von der Spalte der ventrale (Abb. 53a) oder auch der dorsale Teil (Abb. 53b) fehlen. Hängen beide Lappen bis an den vorderen Lungenrand zusammen, so findet sich zwischen die Läppchen der beiden Lappen eingebettet nahe der mediastinalen Fläche eine große Vene (s. S. 291), deren Ursprung sich bis an den scharfen Lungenrand verfolgen läßt. Ist die Verbindung der Lappen weniger breit und reicht sie nicht so weit nach vorne, dann ist die Vene entsprechend kleiner. In der Tiefe der Lappenspalte und am Boden der der Einlagerung der Vene dienenden Furche hängt das Lungengewebe beider Lappen oft kontinuierlich zusammen.

Eine Verbindung zwischen Mittel- und Unterlappen findet sich selten im dorsalen Abschnitt bis an die costale Oberfläche reichend (Abb. 53c), etwas häufiger jedoch im hilusnahen Gebiet (Abb. 52c, auch Smith und Boyden).

Ober- und Unterlappen hängen etwa in der Hälfte der Fälle dorsokranial vom Hilus bis an die mediastinale Fläche hin zusammen (Abb. 52a—c) (Smith und Boyden sprechen sogar von „usually fused"), manchmal greift die Verbindung auch auf die dorsolaterale Oberfläche über. Wenn diese Lappen verbunden sind, finde ich meist einen kontinuierlichen Zusammenhang des Lungengewebes beider Lappen; das Ablösen der beiden Lappen entsprechend den Septa interlobularia gelingt dann kaum, ohne schließlich doch Lungengewebe zu zerreißen. Links findet sich außerdem ventral und caudal vom Hilus, besonders in den Fällen, in denen die Lingula bis an das Lig. pulmonale reicht (Abb. 51c), eine mehr oder weniger ausgedehnte Verwachsungsfläche beider Lappen (Abb. 52d und Smith und Boyden bzw. Berg, Boyden und Smith).

Die Verschieblichkeit der Lungenlappen

Daß seröse Spalträume im allgemeinen eine Verschiebung der von ihnen getrennten Gebilde gestatten, ist eine Selbstverständlichkeit geworden, und man kann daher wohl auch aus dem Vorkommen seröser Spalträume zwischen den Lappen schließen, daß in vivo Verschiebungen der Lappen gegeneinander erfolgen, was ja röntgenologisch nachgewiesen werden kann. Die Lappen, deren Gewebe durch den intrapulmonalen Luftdruck angespannt ist, stellen mechanisch relativ feste Gebilde dar, die bei Formänderungen des Thorax dank ihrer Elastizität bestrebt sind, ihre Form beizubehalten und demgemäß bei geometrisch unähnlichen Formänderungen des Thorax sich gegeneinander so verschieben werden, daß die Gesamtform der Lunge sich der Form des Thorax anpaßt. Heiss (1912) hat offenbar als erster auf diese Verschiebungsmöglichkeit der Lappen hingewiesen, und Braus (1924) bezeichnet die Lappenbildung als Hilfseinrichtung für die Elastizität der Lunge. Die Bewegung der Lappen gegeneinander kann natürlich nur im Sinne einer drehenden Bewegung erfolgen (Heiss, 1912; Blechschmidt, 1936), da die Lappen im Bereich des Hilus zusammenhängen. Der Oberlappen kann, sich um den Hilus drehend, auf dem Unterlappen nach abwärts und aufwärts gleiten, d. h. natürlich nur relativ, im Thorax wird bei der geringen Beweglichkeit der oberen Brustapertur und der starken Verschieblichkeit des Zwerchfells der Unterlappen hinter dem Oberlappen nach auf- und abwärts gleiten. Dabei muß die Ausdehnung der Kontaktflächen der Lappen wechseln. Daß diese Kontaktflächen nur an in situ fixierten Lungen an den stumpfen Winkeln durch scharfe Kanten abgegrenzt sind, an der geblähten Lunge außerhalb des Thorax solche scharfen Kanten jedoch fehlen, darauf wurde schon bei Besprechung der Eigenform der Lunge (s. S. 47) hingewiesen. (Kante zwischen diaphragmalen und interlobulären Flächen des Mittellappens bzw. linken Oberlappen, die Kante zwischen dorsaler und interlobärer Fläche der Oberlappen sowie die Kanten am rechten Ober- und Unterlappen entsprechend dem dorsalen Rand des Mittellappens.) Daß die Bewegungen zwischen Mittellappen und Oberlappen in der Regel von geringerem Ausmaß sind, das ist aus der häufig vorkommenden Verbindung beider Lappen zu schließen.

Die verschiedenen Bewegungen der Lappen werden mit der verschiedenartigen Erweiterung des Thorax im oberen und unteren Abschnitt in Zusammenhang gebracht (Braus, 1921 und 1924), mit dem costosternalen Mechanismus der Oberlappenlüftung und dem costodiaphragmalen Typus der Unterlappenlüftung (Weber, 1936). Einen Beweis dafür, daß der Oberlappen sich kaum in craniocaudaler Richtung gegen die Intercostalräume verschiebt, der Unterlappen dagegen keine feste Lage zu den Rippen besitzt, sehen Weber (1936) und Orsós (1928) in den intercostalen Pigmentstreifen, die in der Regel nur am Oberlappen ausgebildet sind, am Unterlappen jedoch meist fehlen. Ich finde gelegentlich auch am Unterlappen gesunder Lungen solche Pigmentstreifen, und es ergibt sich die Frage, wie ihr Vorhandensein mit verschiedenen Atmungstypen verknüpft sein mag. Orsós (1928) findet die Pigmentstreifen am Unterlappen nur bei immobilem Zwerchfell, wobei verständlich ist, daß auch der Unterlappen sich dann wenig gegen die Rippen auf- und abwärts verschiebt. Das Kymogramm schließlich zeigt, daß (Weber, 1936; van der Weth, 1936) die normale divergente inspiratorische Bewegung der Oberlappenbronchi und Unterlappenbronchi nur bei offener Interlobärspalte beobachtet werden kann. Bei Verschwartung der Interlobärspalte folgen auch die Oberlappenbronchi, wenn auch in geringerem Maße, den Zwerchfellbewegungen.

Wie aber die Verschiebungen der Lappen gegeneinander bei der Inspiration und Exspiration erfolgen und ob überhaupt regelmäßig respiratorische Verschiebungen der Lappen erfolgen, darüber sind die Ansichten geteilt. Braus (1924) sagt, daß bei der Inspiration der Unterlappen gegen den Oberlappen nach hinten aufwärts gleitet, so daß sich seine Basis ausdehnen kann; Weber und van der Weth dagegen beobachten im Kymogramm eine divergierende Bewegung der Bronchi des Ober- und Unterlappens, aus der hervorgeht, daß der Unterlappen inspiratorisch abwärts gleitet. Über den Atmungstypus geben dabei diese Autoren nichts an. Stutz (1949) gibt an, daß der Abgangswinkel des Unterlappenbronchus sich inspiratorisch um 5—10° vergrößere, was darauf beruhe, daß der Unterlappen inspiratorisch dem sich senkenden Zwerchfell folgt. Anschließend betont er jedoch, daß bei den übrigen Bronchialverzweigungen inspiratorische Winkelverkleinerungen und Winkelvergrößerungen vorkommen, je nachdem der Längszug oder der Querzug des gespannten Lungengewebes auf die Bronchi überwiege. Das Überwiegen der einen oder anderen Zugrichtung hängt nun außer von der Richtung der Bronchi zur Brustwand auch vom Überwiegen der costalen oder diaphragmalen Atmungsbewegung ab (Bauer). Bei gleichmäßig thorakoabdominaler Atmung wird der Thorax in allen Richtungen gleichmäßig (annähernd geometrisch ähnlich) erweitert werden können. Die Winkel zwischen den Bronchi werden sich kaum ändern und die Lappen auch nur wenig verschieben. Anders dagegen, wenn die Erweiterung des Pleuraraumes nur in einer Richtung erfolgt, wie bei starrem Thorax und reiner Bauchatmung, oder wenn mit einer Hebung des Zwerchfells eine Erweiterung des Thorax einhergeht (paradoxe Atmungsbewegung), was auch willkürlich durchgeführt werden kann (Hayek, 1945). In beiden Fällen ist die Längenänderung des Längsdurchmessers der Lunge von der des sagittalen Durchmessers verschieden (Abb. 54), die Formänderung der Lunge ist unähnlich. Eine Verkürzung des Längsdurchmessers der Lunge im Verhältnis zum sagittalen Durchmesser wird durch ein Hochgleiten des Unterlappens hinter dem Oberlappen erfolgen können und umgekehrt eine Verlängerung des Längsdurchmessers durch ein Caudalwärtsgleiten des Unterlappens

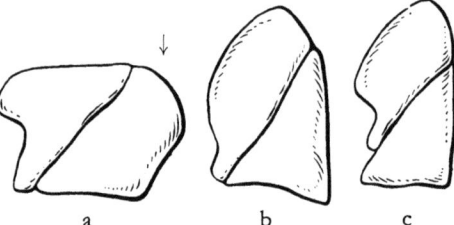

Abb. 54a—c. Schema der Verschiebung der Lungenlappen. a kyphotischer Thorax nach Loeschcke, Unterlappen erreicht Pleurakuppel (Pfeil); b Mittelstellung; c Tiefstand des Zwerchfells. (Aus v. Hayek, 1945)

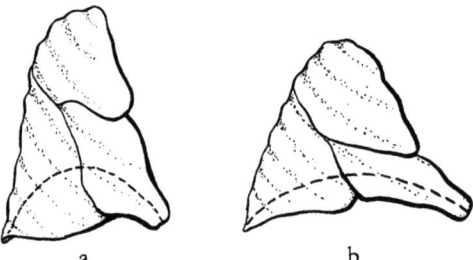

Abb. 55a u. b. Verschiedene Lagerung der Lungenlappen bei (a) flachem und (b) tiefem Thorax vom Neugeborenen

(Abb. 54c). So ergibt sich, daß wohl bei rein abdominaler Inspiration der Unterlappen caudalwärts gleitet, daß aber bei Überwiegen der Tiefenzunahme des Thorax bei reiner oder überwiegender thorakaler Atmung der Unterlappen gegen den Oberlappen nach aufwärts gleiten wird.

Bei der sehr niedrigen und tiefen Thoraxform bei Kyphose bildet Loeschcke (Abb. 54a) eine im Thorax fixierte Lunge ab, bei welcher der Unterlappen so weit aufwärts geglitten ist, daß er die Pleurakuppel erreicht. Bei der linken Lunge wird bei Hochstand des Zwerchfells die Kontaktfläche der Lingula mit dem Zwerchfell vergrößert, und rechts wird bei geringer Höhe und relativ großer Tiefe des Pleuraraumes der Mittellappen zwischen den beiden anderen Lappen sich nach vorne herausschieben, was man beides gelegentlich an in situ fixierten Lungen Totgeborener findet (Abb. 55b).

Die Bedeutung der Lappengliederung der Lunge liegt darin, daß bei der verschieden starken, geometrisch unähnlichen Formänderung des Pleuraraumes die

Formänderung der einzelnen Lappen keine so starke zu sein braucht und somit eine größere Formänderung des Alveolarbaumes vermieden wird. Wäre dagegen die Lunge einheitlich gebaut, durch und durch wie ein Gummischwamm, so müßte mit einer Dehnung der Lunge in einer Richtung jede Alveole in der gleichen Richtung gedehnt werden, die Alveolen und Bronchi würden die Form ihrer Lichtung ändern müssen, eine Änderung, die für die Strömungsverhältnisse der Luft weitgehende Folgen haben würde. Eine ähnliche Aufgabe wie die Lappen im großen haben im kleinen die Läppchen.

Überzählige Lappenspalten

Außer der großen Lappenspalte (Fissura interlobaris obliqua) beiderseits und der queren Lappenspalte (Fissura interlobaris transversa) rechts findet man an etwa der Hälfte der Lungen beim Neugeborenen wie beim Erwachsenen noch weitere Einschnitte an der Lungenoberfläche, die in ihrer Ausbildung ebenso variieren wie die normalen Lappenspalten. Das heißt, sie können an der Oberfläche der Lunge einen Lappen vollständig oder unvollständig unterteilen und außerdem mehr oder weniger tief gegen den Hilus einschneiden.

Am häufigsten, etwa in 30%, grenzt solch eine akzessorische Lappenspalte mehr oder weniger vollständig am Unterlappen den sog. Lobus accessorius inferior (Rektorzik, Abb. 56c) ab. „Ganz ausgebildet", d.h., durch eine vollständig $^1/_2$—2 cm

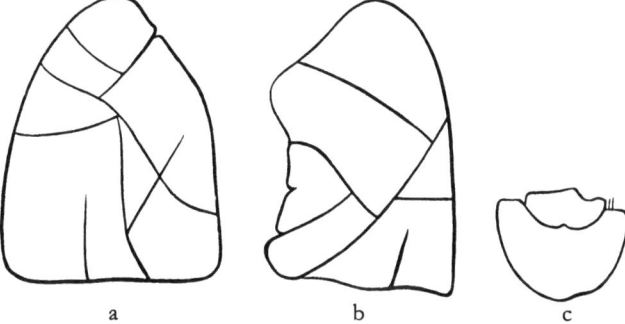

Abb. 56a—c. Kombinationszeichnung verschiedener überzähliger Lappenspalten

tiefe Furche abgegrenzt, fand ihn Schaffner 15mal rechts und 13mal links unter 105 Lungen. Der Lappen wird vom medialen Bronchus versorgt (B7). Seine Abgrenzung ist meistens nur an der Zwerchfellfläche ausgesprochen. Ein größerer Teil liegt ventrolateral vom Sulcus venae cavae, dorsalwärts reicht er bis an das Lig. pulmonale. Bei vielen Säugern ist rechts der entsprechende Lappen ganz oder nur teilweise zwischen Herz und Zwerchfell verlagert. Er wächst im Laufe der Entwicklung in einen zwischen Oesophagus und V. cava gebildeten Recessus infracardiacus hinein und wird dann als Lobus infracardiacus bezeichnet.

Nur wenig seltener findet man den kranialen Teil des Unterlappens, der von einem (Henle, 1873) oder zwei (Duančič) Bronchi dorsales versorgt wird, als Lobus posterior (Devé) abgegrenzt (Abb. 56). Er variiert sehr stark in seiner Größe, wie das ja auch für den zugehörigen Bronchus gilt, und kann zwischen $^1/_4$ und $^2/_3$ der Dorsalfläche des Lobus inferior einnehmen. Er wird vom Bronchus superior (B6) versorgt, oder, wenn ein solcher vorhanden, außerdem vom Bronchus subsuperior.

Eine Teilung des linken Oberlappens in eine obere Hälfte und eine untere Hälfte, also eine dreilappige linke Lunge, beobachtete Boyden 8mal unter 100 Lungen. Die untere Hälfte, die vom unteren Ast des Oberlappenbronchus versorgt wird, entspricht etwa dem Mittellappen der rechten Lunge, doch ist ihre Ausdehnung sehr variabel, und Boyden betont, daß die Bronchialversorgung nicht in 2 Fällen die gleiche war (Abb. 47). Die große Variabilität der Bronchialversorgung zeigt gerade hier, daß es nicht möglich ist, den Bronchialbaum in ein Schema zu pressen. Denn um der Aufrechterhaltung des Schemas willen bezeichnet Boyden in dem Fall Abb. 47a den unterhalb der akzessorischen Spalte gelegenen Bronchus als B4, in Abb. 47d dagegen einen die gleiche Gegend versorgenden und beinahe gleichartig entspringenden Bronchus als verlagerten B2, der durch abnorme Lage der A. pulmonalis einen gemeinsamen Ursprung mit B4 und B5 erhalten habe.

Eine dreilappige linke Lunge wird auch in Fällen gefunden, in denen ein von der Trachea abgehender Bronchus das Gebiet der linken Lungenspitze versorgt (Dalla

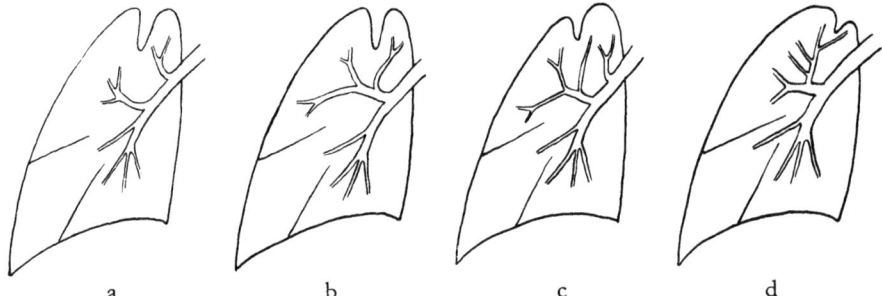

a   b   c   d

Abb. 57a—d. Verschiedene Möglichkeiten der Versorgung des Lobus venae azygos

Rosa, Chiari). Weitere Unterteilungen der unteren Hälfte des linken Oberlappens kommen in sehr variabler Weise vor; in Abb. 56b ist das Verhalten in einem Falle von Bubenik eingetragen.

Überzählige Spalten am rechten Oberlappen können diesen in einen ventralen und dorsalen Teil und diese wieder in einen kranialen und caudalen Abschnitt unterteilen, eine Unterteilung, die offenbar den 3 Ästen des Oberlappenbronchus entspricht und damit den Segmenten 1—3.

Im rechten Mittellappen kann eine von lateral einschneidende Fissur einen ventralen und einen dorsolateralen Abschnitt abgrenzen (Müller), die vermutlich den beiden meist vorhandenen Ästen des Mittellappenbronchus entsprechen.

Am rechten Unterlappen wird gelegentlich noch eine etwa senkrechte Spalte an der lateralen Fläche gefunden (Müller, Hayek, 1940), die die Abschnitte begrenzt, die vom Br. anterior und lateralis versorgt werden.

Die Ursache der Entstehung dieser überzähligen Lappen ist nicht geklärt, doch hängt ihre Ausdehnung mit dem Verzweigungsgebiet einzelner Bronchi zusammen, und zwar jener Bronchi, die von Boyden als Bronchi segmentales und subsegmentales bezeichnet werden.

Offenbar eine ganz andere Entstehungsursache besitzt der sog. Azygoslappen (Lobus venae azygos, Wrisbergi), der oft beschrieben wurde (Lit. bei Genadiew) und gar nicht so selten vorkommt. Nachdem ich einen solchen Lappen jahrelang nicht gesehen hatte, fand ich ihn in einem Präparierkurs unter 60 Leichen 3mal. Er entwickelt sich offenbar, wenn bei Embryonen von etwa 10 mm Länge die Lungenspitze sich zu bilden beginnt und die V. azygos abnormerweise weiter lateral verläuft als sonst (Bluntschli). Ob die Pleuratasche, in die ein Teil der Lunge, den Azygoslappen bildend, vorwächst, aus einem Rest des Ductus pleuropericardiacus entsteht, ist fraglich, doch entsteht die Tasche etwa an der Stelle, an welcher die Einmündungsstelle der Azygos in die Cava superior sich an das Mediastinum verlegt und so den Ductus pleuropericardiacus verschließt (Frick). Auch die Tatsache, daß bei Defekt im Perikard Ober- und Mittellappen unter der Azygos in den Herzbeutel vorragen können (Gruber), spricht dafür, daß die Nische, in der der Azygoslappen liegt, der Verschlußstelle der pleuroperikardialen Verbindung entspricht. Der Azygoslappen ist sehr verschieden groß, er nimmt manchmal nur einen kleinen Teil an der mediastinalen Fläche des Oberlappens ein, manchmal gehört ihm die ganze Lungenspitze an. Dementsprechend ist seine Bronchialversorgung sehr verschieden (Genadiew). Er kann von einem größeren Bronchus versorgt werden, der vom rechten Bronchus (Abb. 57a) oder vom Oberlappenbronchus entspringen kann (Abb. 57b), von zwei Bronchi verschiedenen Ursprungs (Abb. 57c) oder von einem Ästchen des oberen Astes des Oberlappenbronchus (Abb. 57d). Hyrtl (top. Anat.) beschreibt einen Azygoslappen, der von einem trachealen Bronchus versorgt wird. Jedenfalls kann die Bronchialversorgung nicht als Ursache der Bildung dieses Lappens angesehen werden. Praktisch spielt er eine Rolle, da im Röntgenbild der abnorme Verlauf der V. azygos beobachtet werden kann (Vollmar, 1930) und der Lappen eventuell isoliert erkrankt.

Über die Beziehung der Lappen zu den Lappenbronchi

Die im vorhergehenden Kapitel beschriebene Tatsache, daß meist jeder Lappen, auch die durch akzessorische Furchen abgetrennten, von je einem Bronchus versorgt wird, scheint dafür zu sprechen, daß die sicher mechanischen Aufgaben dienenden Lappenspalten durch diese Versorgung der Lappen durch je einen Bronchus bedingt sind und daß die Verschiebung der Lappen gegeneinander von der Längenänderung der Bronchi abhängt. Zahlreiche Varietäten zeigen jedoch, daß eine absolute Abhängigkeit der Lappenbildung von den größeren Bronchi nicht besteht, da einerseits oft ein Lappen von 2 oder 3 Bronchi, die selbständig entspringen, versorgt wird (Abb. 58), andererseits die Ausdehnung der Verästelungen eines Bronchus sich nicht immer an die Lappengrenzen hält, sondern über die Lappenspalten hinausgreifen kann (Abb. 59).

Ein Lappen, der von 2 Lappenbronchi versorgt wird, findet sich häufig, wenn die rechte Lunge zweilappig ist, d.h., die Spalte zwischen Ober- und Mittellappen fehlt. Der abnorme rechte „Oberlappen" wird dann (Abb. 58a) außer vom Oberlappenbronchus auch vom Mittellappenbronchus versorgt, der ja gemeinsam mit dem Unterlappenbronchus vom Stammbronchus entspringt. Bei einer Abhängigkeit der Lappenbildung vom Bronchialbaum wäre dagegen zu erwarten, daß nur der vom Oberlappenbronchus versorgte Teil selbständig bliebe. Der linke Oberlappen wird von 2 Bronchi versorgt (Abb. 58b) bei abnormem Verlauf der A. pulmonalis (Boyden und Hartmann), so daß ein Bronchus oberhalb der Arteria vom Stammbronchus abgeht (eparterieller Bronchus), der zweite unter der Arterie (hyparterieller

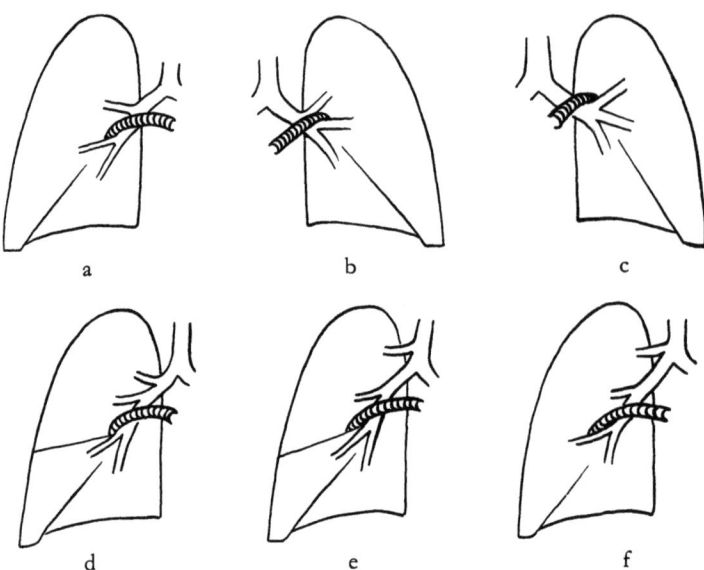

Abb. 58a—f. Versorgung eines Lappens durch 2 oder 3 Bronchi. a statt Ober- und Mittellappen ein einheitlicher Lappen; b bei abnormaler Lage der A. pulmonalis links; c selbständiger Ursprung zweier Oberlappenbronchi links; d 2 eparterielle Bronchi rechts;
e trachealer Bronchus zum rechten Oberlappen; f trachealer, eparterieller und hyparterieller
Bronchus zum Oberlappen einer zweilappigen rechten Lunge

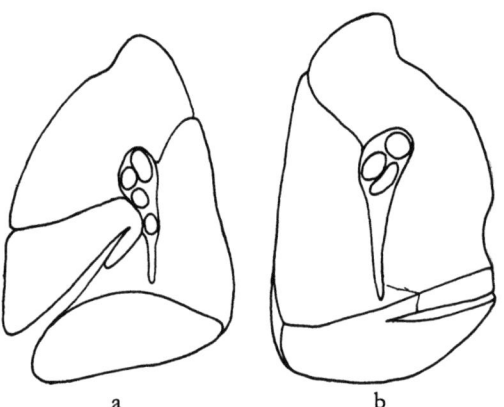

Abb. 59a u. b. Übergreifen des Verzweigungsgebietes eines Lappenbronchus über eine
Fissura interlobaris hinaus, (a) des Mittellappenbronchus; (b) des Unterlappenbronchus

Bronchus). Auch bei normalem Verlauf der Arterie kann dieser Lappen zwei eng
nebeneinander vom linken Bronchus entspringende Bronchi erhalten (Abb. 58c).
Der rechte Oberlappen kann von zwei selbständig vom Stammbronchus entspringenden Bronchi (Abb. 58d) versorgt werden (4 Fälle von Chiari) oder außer von
einem normal entspringenden Bronchus noch von einem trachealen Bronchus
(Abb. 58e). Schließlich beschreibt Dalla Rosa einen Fall, in dem der rechte Oberlappen von 3 Bronchi versorgt wurde (Abb. 58f), einem eparteriellen und einem
hyparteriellen aus dem rechten Bronchus sowie einem trachealen.

Vom Übergreifen der Verzweigungsgebiete eines Lappenbronchus auf den Nachbarlappen bringt Abb. 59 zwei schematische Bilder. In dem einen Falle (Abb. 59a) versorgt der Mittellappenbronchus ein nahe dem Hilus gelegenes Läppchen, das durch die große Lappenspalte zum Unterlappen geschlagen war und erst bei isolierter Füllung des Mittellappenbronchus sich vom übrigen Unterlappen abhob. Umgekehrt reicht in dem anderen Falle beim Neugeborenen (Abb. 59b) das Versorgungsgebiet des linken Unterlappenbronchus an der Lappenspalte vorbei in die besonders breite Lingulaportion des Oberlappens. Ob allerdings dieses Übergreifen eines Bronchus über eine Lappenspalte schon in der ersten Anlage der Lappen ausgebildet war oder das Lungengewebe eines Lappens erst in späterer Fetalzeit an der Lappenspalte vorbei vorgewachsen ist, vermag ich nicht zu sagen.

Jedenfalls zeigen beide Gruppen von Varietäten, daß die Spannungsverhältnisse des Bronchialbaumes nicht allein für die Lappenbildung wesentlich sind.

Lappenbildung und Thoraxform

Daß die Bildung der Lappen mit der Form des Thorax zusammenhängt, scheint aus der Beobachtung von Blasi und Gorgone hervorzugehen, daß bei verschiedenen Konstitutionstypen verschiedene Formen der Lappen gefunden werden. Bei Longitypen soll die normale Lappenform häufiger vorkommen als bei Brachytypen.

Für einen solchen Zusammenhang spricht auch das Verhalten in der Reihe der Säugetiere. Wenig gelappt oder unterteilt ist die Lunge bei Tieren mit faßförmigem Thorax (Weber), wie bei Sirenia, Walen, Lutra, Bradypus und Myrmecophaga, stark gelappt dagegen bei Paarhufern mit kielförmigem langem Thorax [eine besonders große Zahl von Lappen besitzt die Lunge von Hystrix (Narath), welche Form auch einen sehr langen schmalen Thorax besitzt]. Besonders bemerkenswert ist, daß bei einer zweibeinigen Ziege, der die Vorderextremitäten fehlten (Slijper), mit einem faßförmigen Thorax, auch eine ungelappte Lunge gefunden wurde, während ja normalerweise die Ziegen einen kielförmigen Thorax und eine stark gelappte Lunge besitzen.

Diese Beziehung der Lappenbildung zur Thoraxform scheint in Einklang zu stehen mit der Funktion der Einrichtung der Lungenlappen, die ermöglicht, daß bei geometrisch unähnlicher Formänderung des Thorax dennoch eine gleichmäßige Dehnung des Lungengewebes erfolgt.

Die Lungenläppchen

Die Läppchen (Lobuli) der Lunge sind (dort, wo die Lunge in solche gegliedert ist) wie die Läppchen einer Drüse, voneinander durch lockeres Bindegewebe getrennte Abschnitte des Lungenparenchyms, die von einer relativ festen Bindegewebsmembran (Läppchengrenzmembran) abgegrenzt sind und somit mechanisch feste Abschnitte des Lungengewebes mit Durchmessern beim Erwachsenen von 1—2 cm Länge darstellen. Schon Cuvier (1805) hat die Lungenläppchen etwa in dieser Weise definiert und auch schon auf die mehr oder weniger starke Läppchengliederung bei verschiedenen Säugetieren hingewiesen (Hayek, 1956). Der so definierte Begriff eines Läppchens (Lobulus) bedeutet kleiner Lappen, eine sinngemäße Bezeichnung, da die Läppchen ebenso wie die Lappen durch Fissurae voneinander getrennt sind, welche Fissuren eine Verschieblichkeit ermöglichen, nur mit dem Unterschied, daß

a

×   *V.*

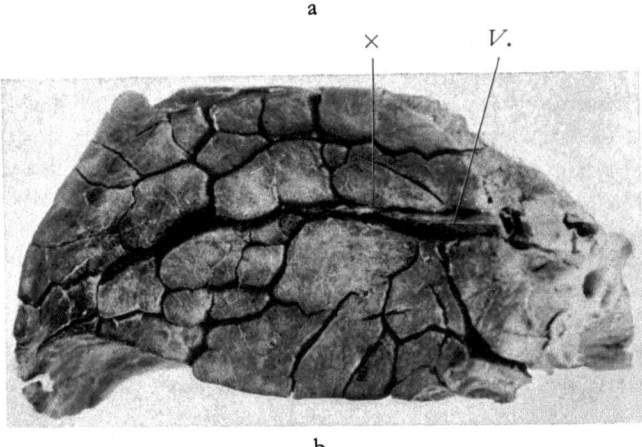

b

Abb. 60a u. b. Läppchenanordnung an der medialen Fläche des Mittellappens, bei b das intersublobäre Septum eröffnet zur Darstellung der V. intersublobaris (*V.*), die vom Hilus bis × dem Bronchus anliegt. Fixation im Thorax, Pleura abpräpariert und interlobuläres Bindegewebe abpräpariert. (Aus v. Hayek, 1940)

die Fissurae interlobares von Pleura ausgekleidet sind, die Fissurae interlobulares dagegen als Gleitgewebe lockeres Bindegewebe enthalten. Dieses lockere Bindegewebe in den Fissurae interlobulares (interlobuläres Bindegewebe) bildet die Septa interlobularia (s. S. 105), doch werden von manchen Autoren auch die Läppchengrenzmembranen (s. S. 239) zum Septum interlobulare gerechnet.

Entgegen dieser Definition haben Miller und Felix die Bezeichnung Lobulus auch auf Gebilde übertragen, die von außen her nicht durch Einschnitte getrennt sind, sondern nur von innen her — d. h. vom Bronchialbaum aus — als Einheit zu erkennen sind. Felix geht bei seiner Definition nur von Korrosionspräparaten der Verzweigungen des Bronchial- und Alveolarbaumes aus, Miller außerdem von mikroskopischen Schnittpräparaten. Beide Autoren berücksichtigen bei ihrer Definition aber nicht die ursprüngliche Bedeutung des Wortes Läppchen (kleiner Lappen), also eines von außen her selbständigen durch Einschnitte getrennten Gebildes, das von diesen Autoren als sekundäres Läppchen bezeichnet wird. Das von Miller sog. primäre Läppchen entspricht dem Acinus anderer Autoren und wird als Verzweigung eines Bronchiolus später (S. 159) besprochen. Die Einseitigkeit ihrer Methodik bewirkt, daß sogar v. Möllendorff etwa die von Felix beschriebenen Läppchen mit der sonst üblichen Läppchendefinition zusammenwirft und zu der Meinung kommt, daß in der ganzen Lunge das gleichmäßig gebaute Läppchen das durchwegs gültige Bauprinzip darstelle. In dem Bestreben, ein gleichmäßiges Bauprinzip zu finden,

Abb. 61. Unterfläche des Mittellappens. Fehlen der Läppchengliederung im dorsalen Teil. Fixierung usw. wie Abb. 60

übersieht v. Möllendorff die Ungleichmäßigkeit der Läppchenordnung. Die Natur läßt sich aber auch hier nicht in ein Schema zwängen.

Man kann zwar schon an der von Pleura überzogenen Lunge an der costalen und mediastinalen Fläche die sog. Läppchenzeichnung erkennen, doch zeigt sich, wenn man die Pleura abzieht (was an der gesunden Lunge leicht möglich ist), daß ein Teil dieser Zeichnung nur durch Pigment bedingt ist. Die durch lockeres Bindegewebe getrennten Läppchen kommen nach Ablösung der Pleura am besten an der in situ mit Formolalkohol fixierten Lunge zur Darstellung (Abb. 60, 61), oder wenn man die Lunge frisch oder carbolfixiert vom Bronchialbaum her mit Luft oder Flüssigkeit aufbläht (Hayek, 1940, 1945), und in diesem Zustand das lockere interlobuläre Bindegewebe der Septa interlobularia herauszupft, so daß Spalten zwischen den kräftigen Grenzmembranen der Läppchen entstehen. Dieses Herauszupfen des lockeren interlobulären Bindegewebes gelingt ohne Schwierigkeit, da das eigentliche Lungenparenchym der Läppchen durch eine relativ feste Läppchengrenzmembran

(s. S. 239) abgegrenzt ist. Es zeigt sich dann, daß die Läppchen keineswegs gleich groß sind, wie etwa Merkel meint, der von 1 cm Seitenlänge spricht. Besonders kleine Läppchen finden sich am scharfen unteren Lungenrand, Blechschmidt spricht direkt von einer Zähnelung. Hier haben die Läppchen kaum $^1/_2$ cm Breite; wenig größer sind die Läppchen im Bereich der Lungenspitze. An der costalen Fläche der Lunge findet man im allgemeinen Läppchen mittlerer Größe von durchschnittlich 1 cm Seitenlänge, doch fehlt an der Außenseite des Unterlappens in Hilushöhe jede Läppchenunterteilung. An der mediastinalen Fläche schließlich zeigen sich Läppchen sehr verschiedener Größe und unregelmäßiger Form bis zu 3 cm Seitenlänge.

Die den Interlobulärspalten zugewendeten Flächen zeigen dagegen ein anderes Bild. Hier fehlt großen Flächen jegliche Unterteilung in Läppchen bei Erwachsenen

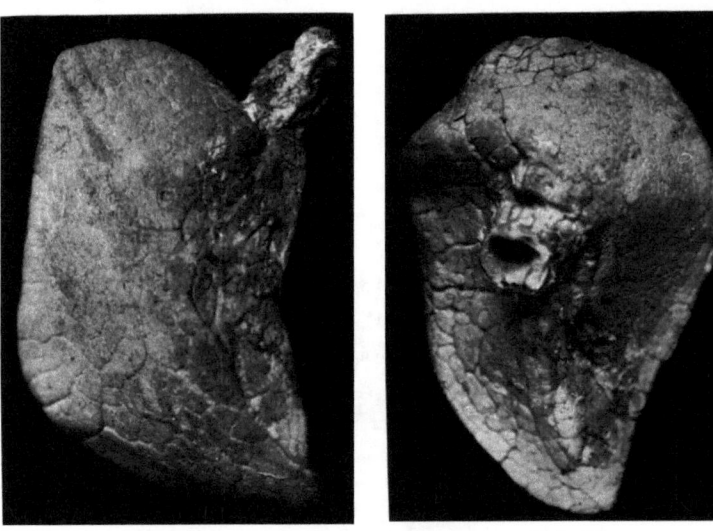

Abb. 62   Abb. 63
Abb. 62. Kraniale Fläche des Mittellappens von Neugeborenen. Fixation wie Abb. 60
Abb. 63. Rechter Oberlappen vom Neugeborenen

ebenso wie beim Neugeborenen. An der caudalen Fläche des Mittellappens ist der dorsale Teil nicht in Läppchen unterteilt (Abb. 61) und ebenso die entsprechende Fläche des Unterlappens. Auch für die kraniale Fläche des Mittellappens gilt das gleiche (Abb. 62), so wie die entsprechende Fläche des rechten Oberlappens und dessen an den Unterlappen grenzende Fläche frei ist von einer Unterteilung in Läppchen (Abb. 63).

Die Läppchen sind an der Oberfläche nicht immer vollständig voneinander durch Septa abgegrenzt, sondern die Septa schneiden oft nur unvollständig in das Lungenparenchym ein. Das findet man nicht nur im Bereich des großen unzerteilten Abschnittes, sondern auch bei den kleineren Randläppchen (Abb. 61). Zungenförmige kleinere Läppchen hängen dann an dem größeren Läppchen wie die Finger an der Mittelhand.

Aber auch nach der Tiefe zu schneiden die Septa interlobularia verschieden weit ein (schematische Abb. 64), nur ganz selten reichen sie bis an den Bronchus heran, so daß das Lungengewebe zweier Läppchen vollständig getrennt ist und das Läpp-

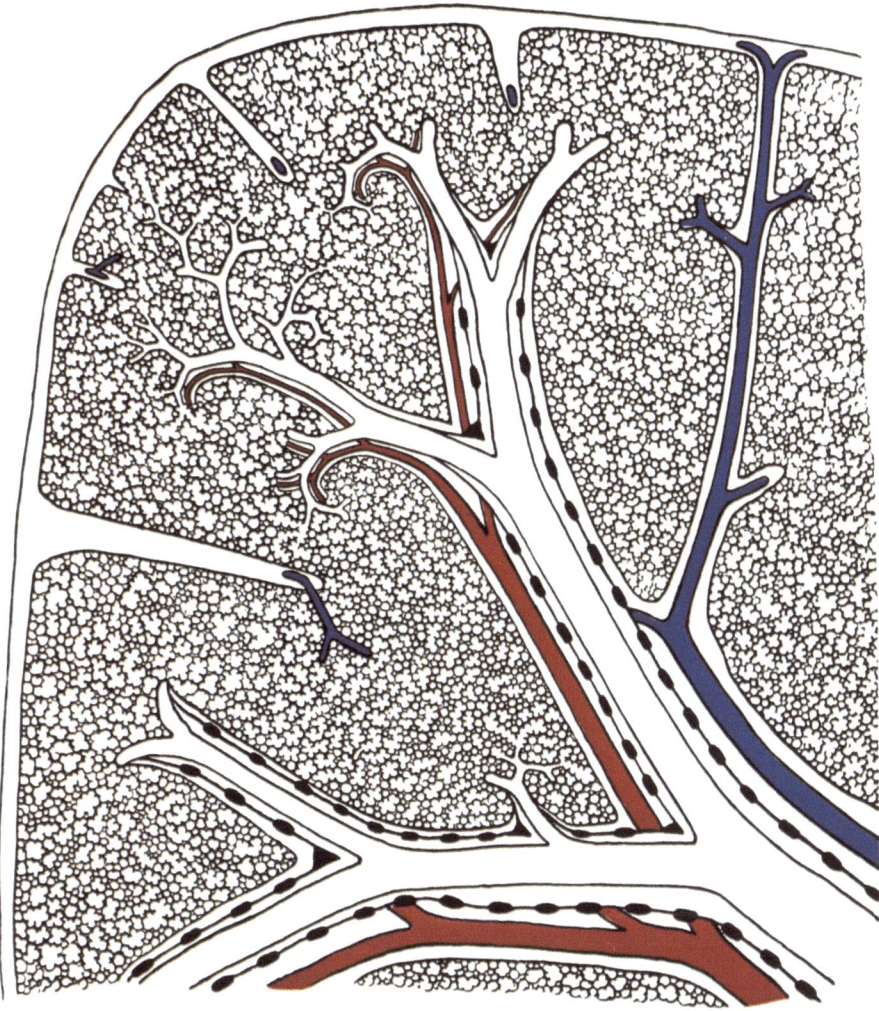

Abb. 64. Schema der Läppchengliederung der Lunge mit Lage der Arterien und Venen (vgl. Abb. 29 mit besonderer Berücksichtigung des interstitiellen Bindegewebes)

chen am Bronchus als Stiel hängt. Zwei solche Läppchen sind auf Abb. 65a vom Fetus in der Lungenspitze getroffen. Derartige gestielte Läppchen haben verschiedene Autoren (Laguesse, v. Möllendorff) als typisch für die ganze Lunge beschrieben. Diese Beschreibung wurde offenbar vom Schwein oder Kalb, bei welchen Tieren solche Läppchen immer besonders deutlich erkennbar sind, auf den Menschen übertragen. Den Raubtieren, Nagetieren sowie der Mehrzahl der Säugetiere fehlt dagegen eine solche Läppchengliederung vollständig. In der Regel schneiden beim Menschen die Septa interlobularia nur unvollständig ein, und in der Tiefe hängt das Lungengewebe der Läppchen zusammen (Abb. 64 und 68). Wann dieser Zusammenhang entsteht, ist nicht festgestellt, doch geht aus meinen Präparaten hervor, daß mindestens beim 9monatigen Fetus, wenn nicht schon früher, das Bild der Läppchen-

gliederung der Lunge das gleiche ist wie beim Erwachsenen, daß also eine Verschmelzung von Läppchen später nicht mehr stattfindet. Dort, wo beim Neugeborenen Septa interlobularia vorhanden sind, gibt es solche meist beim Erwachsenen,
wenn auch beim Erwachsenen die Septa interlobularia relativ weniger breit sind und
am Übersichtspräparat daher weniger in die Augen springen. Dort, wo an der
Außenfläche der Lappen die Läppchenteilung fehlt, fehlt sie auch im Inneren
(Hayek, 1940, 1945), wie der Schnitt durch den Unterlappen in Hilushöhe auf
Abb. 66 zeigt. Wenn Felix auf einer schematischen Zeichnung eines gleich gelegenen
Schnittes gleichmäßig angeordnete Läppchen einzeichnet und sogar Außenläppchen
und Innenläppchen unterscheidet, so geht aus dem Vergleich der beiden Bilder
hervor, daß das, was Felix darstellt, gar keine Läppchen sind, sondern nur die von
ihm durch Ausgießen mit Metall und Korrosion dargestellten Alveolarbäumchen.
Herrnheiser und Kubat bilden einen ähnlichen Schnitt von einem Fall von Lobulärpneumonie, um zu zeigen, daß die Außenläppchen im Sinne von Felix durch Infiltration hervortreten, aber auch an diesem Schnitt sind keine Septa lobularia zu
sehen; infiltriert sind nicht einzelne Läppchen, sondern die Alveolarbäume einiger
Bronchien. Die Pathologie verwendet daher heute auch lieber die Bezeichnung Herdpneumonie statt Lobulärpneumonie (Lauche).

Einen ähnlichen Schnitt von einem Fetus von etwa 30 cm Länge zeigt Abb. 65c.
Das Lungengewebe reicht kontinuierlich vom Hilus bis zur vertebralen und lateralen
Fläche, nur von Spalten für die Einlagerung der Bronchi und großen Gefäße unterbrochen. Nur an der interlobulären Fläche schneiden zwei interlobuläre Septen ein,
und dorsal sind einige Läppchen zu sehen, da der Schnitt etwas tiefer geführt ist als
der beim Erwachsenen. Der nahe der Basis durch den Unterlappen geführte Schnitt
(Abb. 65b) zeigt dagegen eine starke Unterteilung in Läppchen. Auch am Oberlappen
zeigt der abgebildete Schnitt (Abb. 65a), daß das Lungengewebe vom Hilus lateralwärts kontinuierlich bis zur Pleurafläche reicht, während in der Lingulaportion
große Läppchen deutlich durch breite Septen abgegrenzt sind. In der Lungenspitze
sind zahlreiche kleine Läppchen zu erkennen, von denen zwei mit ihrem Bronchialstiel im Längsschnitt getroffen sind. Ein derartiges Verhalten, daß ein Läppchen am
Bronchialstiel hängt, hält v.Möllendorff für das typische; ich habe es jedoch beim
Erwachsenen niemals angetroffen. Aus dem Vergleich mit Lungen vom Neugeborenen schließe ich, daß hier beim Fetus von 30 cm Länge in der Lungenspitze
die Ausbildung der Läppchengliederung noch nicht abgeschlossen ist, doch stehen
gründliche Untersuchungen über diese Frage noch aus.

Aus dem über die Größe und Verteilung der Läppchen Gesagten geht hervor,
daß man die verschieden großen Läppchen der verschiedenen Teile der Lunge
keineswegs, wie v.Möllendorff das versucht, als gleichwertige Bauelemente betrachten kann. Das gleiche gilt, wenn man die Beziehung der von Septa interlobularia
abgegrenzten Abschnitte zu den Verzweigungen des Bronchialbaumes betrachtet.
An dem großen, nicht unterteilten Abschnitt können zwei größere Bronchi (segmentale oder subsegmentale) beteiligt sein. Andererseits sind manchmal auch so
kleine Abschnitte des Lungengewebes von Septa interlobularia abgegrenzt, daß für
deren Versorgung ein kleiner Bronchiolus alveolaris genügt. So zeigt Abb. 67 den
Längsschnitt durch die Teilungsstelle eines Bronchiolus terminalis in zwei Bronchioli
alveolares und drei Septa interlobularia, von denen das mittlere die Verzweigungsgebiete der beiden Bronchioli alveolares voneinander abgrenzt (Hayek, 1945).

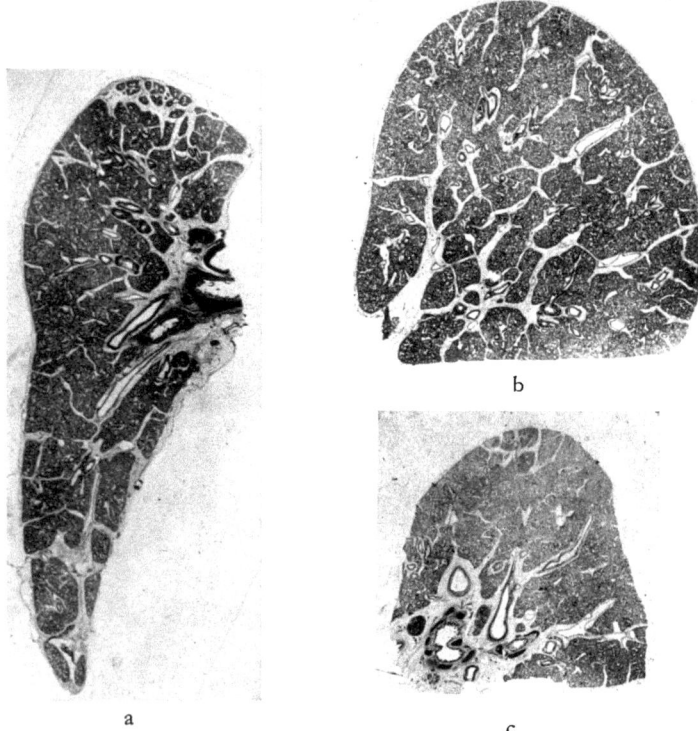

Abb. 65a—c. Schnitte durch Lungenlappen eines Fetus von 30 cm Länge. a Linker Oberlappen; b rechter Unterlappen nahe dem Zwerchfell; c rechter Unterlappen in Hilushöhe.
1,75f

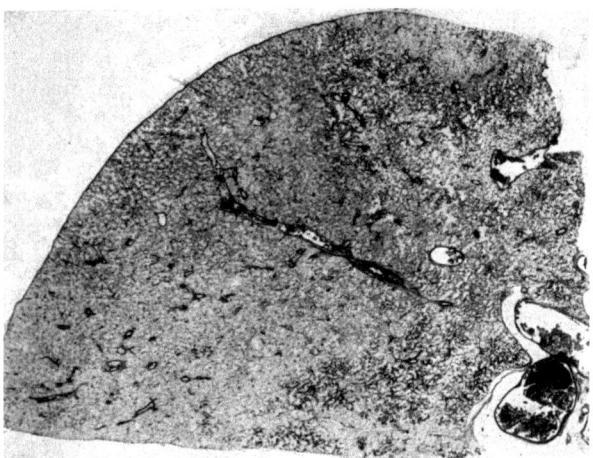

Abb. 66. Transversalschnitt durch einen rechten Unterlappen in Hilushöhe. Fixation im
Thorax. Septa interlobularia fehlen. (Aus v. Hayek, 1951)

Die Bronchi treten mit den Arterien im allgemeinen an der dem Lungenhilus zugewendeten Seite an die Läppchen heran, wobei, wie aus dem Schema Abb. 64 hervorgeht, an dieser Seite der Läppchen eine Unterteilung des Lungengewebes in Läppchen in der Regel fehlt, da, wie gesagt, nur wenige Septen bis an die Bronchi in die Tiefe reichen. Die Bronchi mit den Arterien liegen hier in Kanälen des Lungengewebes, das auch hier von einer kräftigen Grenzmembran — wie die äußere Grenzmembran der Läppchen unter der Pleura — abgeschlossen ist, mit dieser Grenzmembran nur durch lockeres interstitielles Bindegewebe (s. S. 138) verbunden. Nur selten schneiden auch von dieser Seite aus wenig tiefe Septen in das Lungengewebe ein (Abb. 249). Dieses Bindegewebe begleitet die Bronchi und Arterien in die Läppchen hinein bis an die Grenze von Bronchus in den Bronchiolus (s. S. 134),

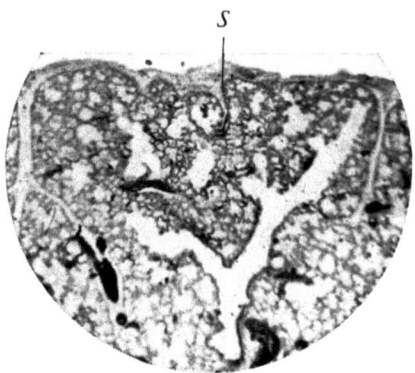

Abb. 67. Längsschnitt durch die Teilung eines Bronchiolus alveolaris. Der von seinen Verzweigungen gebildete Acinus wird noch durch ein Septum interlobulare (*S*) unterteilt. Neugeb. (Aus v. Hayek, 1951)

wo die Wand des Bronchiolus mit Lungengewebe fester verbunden ist (s. S. 117) und längs der Arterien noch etwas weiter, bis dort, wo auch die Arterienwand noch fester in die Lunge eingebaut ist (s. S. 257). Einen Übergang der Knorpelfaserhaut des Bronchus in die Grenzmembran des Lungengewebes der Läppchen wie v. Möllendorff das beschreibt und auch in einer seiner schematischen Zeichnungen in seinem Lehrbuch abbildet, habe ich nie gesehen.

Die in den Septa interlobularia, also in der Peripherie der Läppchen liegenden Venen erhalten ihre Zuflüsse von beiden benachbarten Läppchen, und erst größere Venen gelangen durch die wenigen bis an die Bronchi einschneidenden Septa in die Nachbarschaft der Bronchi und mit diesen gegen den Hilus. Das sie begleitende interstitielle Bindegewebe (s. S. 45) hängt auf diese Weise einerseits mit dem gleichen Gewebe um die Bronchi zusammen, andererseits mit dem der Septa interlobularia und dem subpleuralen interstitiellen Gewebe (s. S. 45).

Eine besondere Einteilung der Läppchen nach ihrer Lage im Lappen bringt Felix (1930), der einen Lappenkern und einen Lappenmantel und an diesen wieder Außenläppchen und Innenläppchen unterscheidet. Als Lappenkern bezeichnet Felix jenen Teil des Lappens, der in Hilusnähe gelegen die Teilung des Lappenbronchus bis zu den Bronchi dritter bis vierter Ordnung mit den daneben verlaufenden Gefäßen enthält. Die Grenze des Lappenkernes gegen den Lappenmantel

Venen so sehr, daß Backmann eine Benennung der verschiedenen vorkommenden Stämme sogar für überflüssig hält. Herrnheiser und Kubat haben die Darstellbarkeit dieser Venen von der mediastinalen Lungenoberfläche her offenbar nicht beachtet, so daß in diesem Punkte ihrer sonst klaren Darstellung die Übersicht fehlt. Die oberflächlichen Venen verlaufen dicht unter der mediastinalen Fläche der Lunge und können, soweit sie nicht direkt unter der Pleura liegen, in den größeren Septa interlobularia leicht freigelegt werden (Abb. 60). Die tiefen Venen dagegen tauchen — bei der Präparation des Hilus von vorne — aus der Tiefe der Lappen hinter einem Bronchus hervorkommend auf.

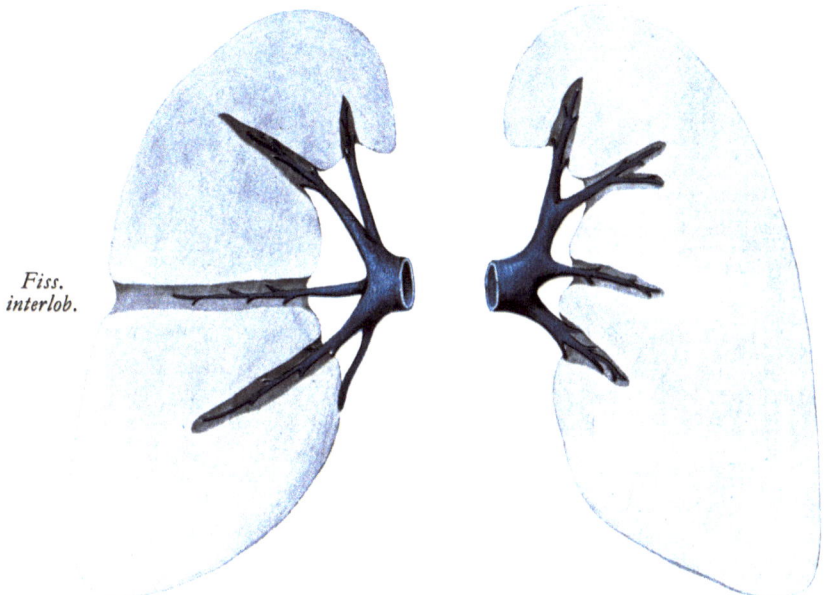

Fiss. interlob.

Abb. 245. Die nahe der mediastinalen Fläche in den großen Septa interlobularia gelegenen oberflächlichen Venen (V. intersublobares). Vgl. Abb. 60 b

Rechts wie links sind meist vier solcher oberflächlichen Venen (Vv. intersublobares, Backmann) an der mediastinalen Fläche darstellbar (Abb. 245). Die am weitesten kranial gelegene dieser Venen liegt in dem meist leicht präparierbaren Septum interlobulare zwischen dem apikalen (B1) und dem dorsalen (B2) Segment, hiluswärts sich den hier in der Tiefe erreichbaren Bronchus- und Arterienstämmen nähernd, um ventral von diesen zur Pulmonalis superior caudalwärts zu ziehen (Ewart, subpleural-ascending-apical, Herrnheiser und Kubat, apico-mediastinalis, Melnikoff und Adachi, mediastinalis ascendens, Appleton, anterior descending). Eine solche V. apicalis anterior beschreiben Boyden und Scannel bei 56% ihrer Fälle.

Eine zweite oberflächliche Vene finde ich vielfach im Septum interlobulare zwischen dem apikalen (B1) und dem vorderen (B3) Segment. Sie entspricht der V. sterno-mediastinalis von Herrnheiser und Kubat und vereinigt sich gelegentlich mit der V. apicalis anterior zu einem kurzen Stamm.

Die dritte oberflächliche Vene liegt links meist zwischen dem vorderen Segment (B3) und dem oberen Lingulasegment (B4). Rechts dagegen kann eine solche Vene

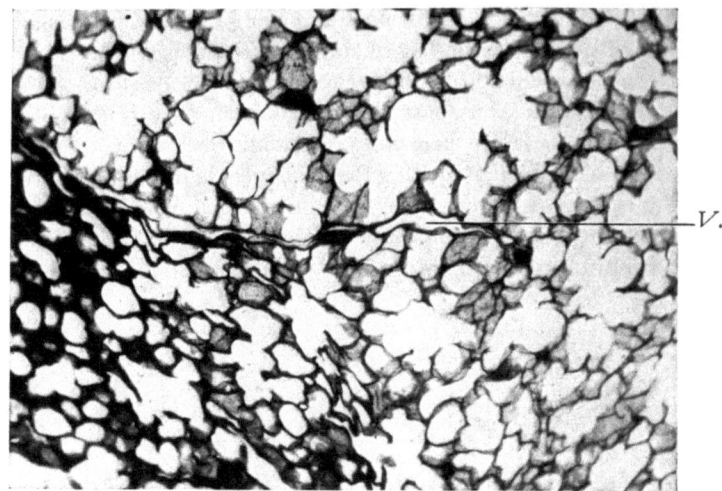

Abb. 68. Septum interlobulare zwischen zwei verschieden gedehnten Läppchen. Fixierung im Thorax. 20fach. *V*. Vene

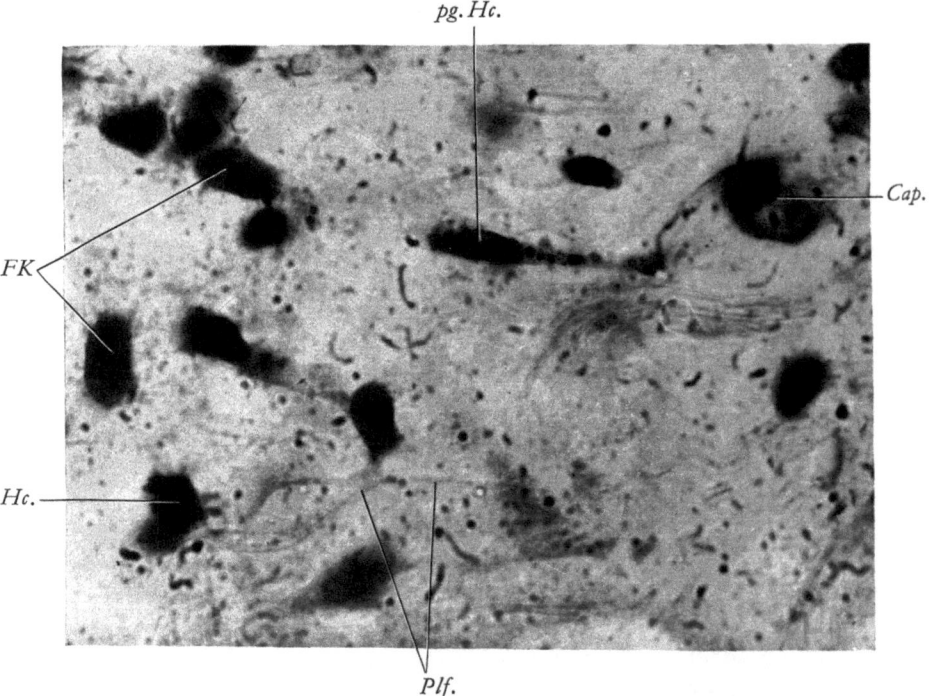

Abb. 69. Interlobuläres Bindegewebe. *FK* Fibrocyten-Kerne, *Plf*. Plasmafortsätze, *Hc*. Histiocyten, *pg.Hc*. mit Pigment, *Cap*. Capillare

finden sich in den Septen regelmäßig Lymphgefäße. Das Bindegewebe der Septen ist faserarm und flüssigkeitsreich und enthält beim Erwachsenen nur wenige Zellen. An entsprechend gefärbten Präparaten lassen sich entsprechend den Ausführungen

Maximows über das lockere Bindegewebe im allgemeinen — Fibrocyten mit ihrem
blassen Kern mit deutlichen Kernkörperchen und dünnen Protoplasmafortsätzen
sowie Histiocyten mit dunklerem Kern und massiverem Zellkörper unterscheiden
(Abb. 69). Benachbarte Histiocyten können beladen sein mit anthrakotischem Pigment oder frei davon sein, wobei allerdings die Frage auftaucht, ob es sich wirklich
um die gleichen Zellformen handelt. Beim Neugeborenen sind die Septen breiter,
also die Gesamtmasse des septalen Gewebes relativ größer und die Lymphgefäße
zahlreicher (Abb. 275). Das Bindegewebe ist etwas zellreicher als beim Erwachsenen,
so daß zusammen mit seiner größeren Masse beim Neugeborenen auf ein gleich
großes Stück eines Septum interlobulare viel mehr Zellen kommen als beim Erwachsenen. Mit diesen Unterschieden im Bau der Septa interlobularia beim Erwachsenen
und Neugeborenen dürfte es zusammenhängen, daß die interstitielle Pneumonie, die
sich vorwiegend in den Septa interlobularia abspielt, beim Säugling eine viel größere
Rolle spielt als beim Erwachsenen.

Die Fasern des interlobulären Bindegewebes, vorwiegend kollagene und nur
wenig elastische, lassen sich beobachten, wenn man zwei Läppchen auseinanderzieht.
Sie verlaufen in Pleuranähe der Pleura etwa parallel die Grenzmembran der Läppchen
verbindend und verhindern das Abziehen der Läppchen voneinander, gestatten
jedoch eine Verschiebung der Läppchen parallel ihrer Grenzflächen zueinander in
geringem Grade. Bei Ödem der Septen, wie es leicht bei unvorsichtiger Durchspülung der Lunge entsteht, ziehen die Fasern gespannt und senkrecht von Läppchen
zu Läppchen (Hayek, 1945) und verhindern deren Verschiebung. So gewinnt auch
beim pathologischen interstitiellen Ödem die ganze Lunge an Festigkeit.

Die Venen in den Septen besitzen eine kräftige Adventitia, die ohne scharfe
Grenze in das interlobuläre Bindegewebe übergeht. Dadurch, daß die Wurzeln der
interlobulären Venen aus den beiden angrenzenden Läppchen kommen und dort in
das Lungengewebe eingebaut sind, begrenzen die Venen die Beweglichkeit der
Läppchen gegeneinander (Ewart, Hayek, 1945) und halten die Läppchen stärker
aneinander fixiert, als das durch das interlobuläre Bindegewebe geschieht.

Die Sublobi

Als Sublobi (Backmann) kann man Teile des Lungenparenchyms bezeichnen, die
durch tief einschneidende große Bindegewebssepten voneinander getrennt sind,
Septen, in deren Tiefe in der Regel eine große Vene liegt. Diese Venen werden von
Backmann als Vv. intersublobares bezeichnet. Diese Septen und Venen sind nur an
der mediastinalen Fläche des Oberlappens und des Mittellappens deutlich ausgebildet (Abb. 245). Hier kann man nach Ablösen der Pleura (Abb. 60) unter den
vielen Septen, die in das Lungengewebe einschneiden, an geeigneten Präparaten
leicht die weniger gekrümmt verlaufenden bindegewebsreicheren Septen aus-
präparieren, in denen größere Venen verlaufen (Abb. 60b). Es handelt sich dabei
um Äste der V. pulmonalis superior, die eine ziemlich große Variabilität zeigen.
Dennoch kann man immer links und rechts 5 oder 6 Sublobi darstellen, die durch
kräftig ausgebildete Septen getrennt sind. Die Grenzen entsprechen meist den nahe
der mediastinalen Fläche gelegenen Venen, während bei anderen Venen, die lateral
oder dorsalwärts entspringen, keine Beziehung zu den Grenzen der Sublobi besteht.

Ein vom Hilus kranialwärts einschneidendes Septum, das etwa 3 cm weit leicht
zu präparieren ist, enthält nur in wenigen Fällen eine größere Vene, da die Lungen-

spitzenvene vielfach dorsal von den Bronchien und Arterien verläuft. Regelmäßig kann man in diesem Septum bis zu den Lungenspitzenästen der Bronchi und Arterien eindringen. Das Septum trennt von der mediastinalen Fläche einschneidend wenigstens teilweise das Verzweigungsgebiet der Lungenspitzenäste des Br. posterior und Br. apicalis. Außer diesem apikalwärts einschneidenden Septum intersublobulare sind rechts am Oberlappen noch ein oder zwei solche Septen vorhanden; manchmal findet man auch, daß ein am Hilus beginnendes Septum sich mit der Vene weiter vorne teilt, so daß seine Teile einen kleinen Sublobus zwischen sich fassen.

Sind Mittel- und Oberlappen miteinander verbunden, dann findet man meist an ihrer Grenze eine Vene, die ihrer Einlagerung in ein größeres Septum entsprechend den Intersublobarvenen gleichzusetzen ist. Der Mittellappen besitzt je nach seiner Größe ein oder zwei solche Septen mit Venen, wobei entweder Sublobi den Verzweigungen von Bronchi entsprechen oder das nicht der Fall ist. Abb. 60 zeigt ein Präparat, an dem der caudale Sublobus, der von einer großen Vene begrenzt wird, von zwei Bronchi versorgt wurde. Links entsprechen die Sublobi (Abb. 245) an den wenigen bisher daraufhin präparierten Objekten den Verzweigungsgebieten von zwei Ästen des Bronchus B3b sowie dem Bronchus B4 und B5, wobei, wie oben betont, die Septen nur bis zu einer gewissen Tiefe von der mediastinalen Fläche her einschneiden.

Am Unterlappen findet sich regelmäßig ein Sublobarseptum am Ansatz des Lig. pulmonale, dessen Bindegewebsplatte — die zwischen den beiden Pleurablättern liegt — in dieses Sublobarseptum einstrahlt (Abb. 41). Die Ausbildung der in diesem Septum gelegenen Vene ist außerordentlich variabel. An dem Schnitt durch die Basis des Unterlappens eines Fetus (Abb. 65) liegt die Vene oberflächlich. Die Spalte trennt in der Regel das Versorgungsgebiet des medialen Bronchus (B7) von dem des Br. posterior basalis (B10). Doch finde ich an der Schnittserie einer Lunge eines Fetus von 55 mm Steiß-Scheitel-Länge, daß der mediale Bronchus auch noch einen Abschnitt dorsal von dem stark ausgebildeten Sublobarseptum versorgt.

Die Funktion der Läppchengliederung und der Septa interlobularia

Daß die Läppchen sich im Bereich der Septa interlobularia gegeneinander verschieben können, kann, wie gesagt, am frischen Präparat gesunder Lungen besonders leicht gezeigt werden (Hayek, 1940), wenn die Läppchen vom Bronchialbaum aus gebläht wurden und die Alveolarwände angespannt sind. Jedes Läppchen bildet dann ein mechanisch festes Gebilde. Daher bewirkt Ödem der Septa interlobularia durch Anspannung des interlobulären Bindegewebes und die dadurch bedingte Unverschieblichkeit der Läppchen eine größere Festigkeit der ganzen Lunge.

Wenn auch außerhalb des Thorax so eine Verschiebung leicht sichtbar ist, so ist sie dagegen innerhalb des geschlossenen Thorax schwerer vorstellbar (v. Möllendorff). Die Läppchen können sich, da sie an ihrer Basis meist verbunden sind, so verschieben wie die Finger gegeneinander, wenn die vier dreigliedrigen Finger zusammen gegen die Mittelhand ulnarwärts oder radialwärts abduziert werden; die Pleura wird sich dann zu den Läppchen so verhalten wie ein Fausthandschuh zu den Fingern. Dadurch wird der ganze Umriß der Hand verändert und ebenso der Umriß des Lappens, eine Formänderung, die im Thorax mit den oft vorkommenden

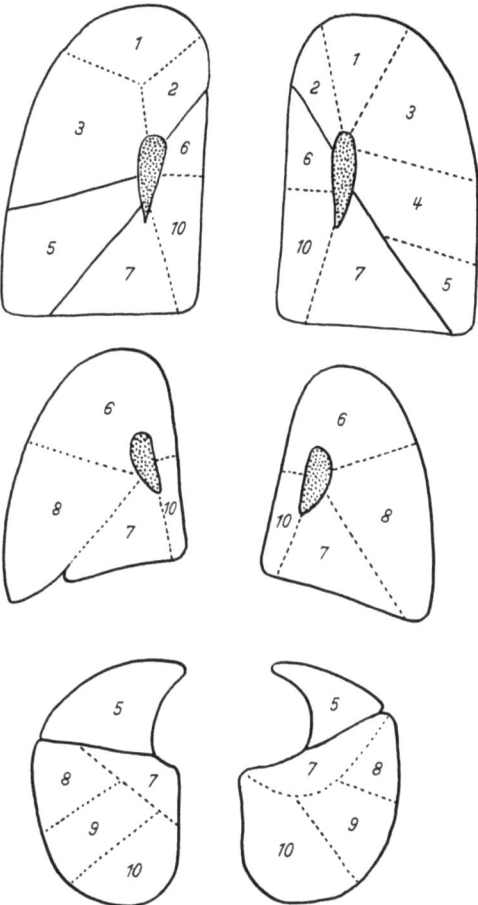

Abb. 70. Die bronchialen Segmente der Lunge. Für laterale Fläche des Oberlappens vgl.
Abb. 45. Med. Fläche der Lunge, Vorder- und Unterfläche des Unterlappens

unähnlichen Formänderungen des Thorax und der ganzen Lunge (s. S. 47) parallel
gehen wird. Diese Art der Verschieblichkeit der Läppchen macht verständlich, daß
an den scharfen Lungenrändern, an der Lingula und dem entsprechenden Teil des
Mittellappens eine starke Läppchengliederung vorhanden ist, da diese Teile der
Lunge starke Formveränderungen mitmachen. Durch die Verschieblichkeit der
Läppchen erscheint es möglich, daß trotz der Formänderung der ganzen Lunge das
einzelne Läppchen wenig oder gar nicht verformt wird, so daß die Form der Alveolen
unverändert bleiben kann. Daß die sog. Spitze des Unterlappens auch eine starke
Läppchengliederung besitzt, wird durch die starke Verschiebung, die der Unter-
lappen gegen den Oberlappen und die Thoraxwand erfährt und die damit verbundene
Formänderung verständlich (s. S. 92).

Das Fehlen einer Läppchengliederung in den sozusagen zentralen Teilen der
Lunge nahe dem Hilus (s. S. 99 und Abb. 61—63, 66) wird verständlich, wenn man
bedenkt, daß die Formänderungen des Thorax durch die peripheren Teile der Lunge

ausgeglichen werden können. Die starke Läppchengliederung der Lungenspitze
wiederum wird verständlich durch die starke Formänderung, die die Lungenspitze
unter Umständen bei der Atmung (s. S. 13) oder bei Lagewechsel (s. S. 48) mit-
zumachen gezwungen ist. Ebenso erscheint die deutliche Läppchengliederung der
konkaven kardialen und diaphragmalen Flächen durch die starken Veränderungen,
die diese Flächen erfahren, verständlich.

Die größeren Septen, welche die Sublobi trennen, scheinen darauf hinzuweisen,
daß die Bronchialversorgung für die Verschiebung der Lungenteile eine Rolle
spielt, so wie ja offenbar die in der Regel vorhandene Versorgung eines Lappens
durch nur einen Bronchus mit der Verschiebung der Lappen zusammenhängt, wenn
auch diese Art der Versorgung offenbar nicht den einzigen Faktor für die Bildung
der Lappen bzw. der Sublobi darstellt.

Daß auch eine verschieden starke Luftfüllung von Nachbarläppchen zu einer
Verschiebung führen kann, habe ich an einer in situ fixierten Lunge beobachtet
(Hayek, 1940). Auch bei den Sublobi wird dieser Faktor eine Rolle spielen.

Die bronchialen Segmente der Lunge

Als bronchopulmonale Segmente oder kurz Segmente der Lunge werden seit
etwa 30 Jahren Abschnitte der Lunge bezeichnet, die wegen ihrer Größe, ihrer Versorgung durch je einen Bronchus und meist eine Arterie und ihre oft vorhandene
natürliche Abgrenzung gegeneinander in der Klinik Bedeutung bekommen haben.
Der Begriff bronchiales Segment fällt mit dem zusammen, was Boyden und Backmann als Sublobus bezeichnet haben, und ist wie dieser durch die Versorgung durch
einen Bronchus und die Abgrenzung durch Septa interlobularia charakterisiert. Doch
sind Sublobi keineswegs in allen Teilen der Lunge gut durch Septa interlobularia
abgrenzbar (s. S. 108). Es gibt auch kleinere Abschnitte der Lunge, die von nur
einem, hier kleineren Bronchus versorgt werden, die sich eben so vielfach durch
Septa interlobularia abgrenzen lassen. Sie sind aber so variabel und meist zu klein,
als daß ihnen eine wesentliche Bedeutung für eine klinische Beschreibung oder ein
klinisches Eingreifen zukommen, wie den sog. Subsegmenten.

Die Bezeichnung Segmente ist also willkürlich für einen klinisch wichtigen Abschnitt von bestimmter Größenordnung gewählt worden, aber aus zweierlei Gründen
nicht günstig. Erstens haben diese bronchialen Segmente keineswegs die Form eines
Segmentes etwa einer Kugel, eines Ovoides oder eines Zylinders, sondern eher die
Form eines Sektors, und zweitens ist der Name schon früher für die von den verschiedenen Segmenten des Rückenmarkes innervierten Abschnitte verwendet worden. Dennoch wird sich dieser an und für sich ungünstige Name nicht mehr aus-
merzen lassen, da er sich so sehr in der Klinik eingebürgert hat.

Die auf Grund der Innervation beschriebenen Segmente der Lunge wurden als
scheibenförmige Abschnitte der Lunge schon 1902 von Carnot und später von
Reinhardt und Sturm, Kalbfleisch und Herklotz beschrieben (s. S. 340). Diese
nervalen Segmente haben in ihrer Ausdehnung nichts mit den bronchopulmonalen
oder bronchialen Segmenten zu tun.

Die einzelnen bronchialen Segmente lassen sich nur durch die Versorgung von
je einem Bronchus voneinander abgrenzen und können dementsprechend beim
Lebenden durch Abklemmen eines segmentalen Bronchus und Aufblasen der Nach-

barbronchi voneinander unterschieden werden. Auch am Präparat können sie einzeln durch Injizieren eines Lungensegments vom segmentalen Bronchus aus mit Luft oder erstarrender farbiger Injektionsmasse dargestellt werden, wie das seit Glass 1934 von vielen Autoren durchgeführt wurde (Hayek, 1955). Glass war es auch, der die Bronchi und die broncho-pulmonalen Segmente gleichartig bezeichnete.

Die einzelnen bronchialen Segmente variieren in ihrer Form und Größe nicht nur im Zusammenhang mit der Variabilität der Form und Größe der einzelnen Lappen, sondern auch darüber hinaus im Einzelnen. Besonders Boyden hat die Variabilität der Segmente der einzelnen Lappen in mehreren Arbeiten von je 50 Lungen beschrieben und in einem großen Werk (1955) dann zusammengefaßt. Vorher schon hatten Jakson und Huber (1943) eine Nomenklatur der bronchialen Segmente aufgestellt, die Namen verwendeten, die eindeutig sein sollten und sich dann 1950 in der in London aufgestellten „internationalen Nomenklatur" auch durchgesetzt haben. Die Bezeichnung der Lungensegmente ist die gleiche wie die der segmentalen Bronchi, und es sei somit auf die Tabelle der Bezeichnungen S. 80, 81 hingewiesen.

Es können also im allgemeinen links wie rechts 10 Segmente unterschieden werden, wenn auch Jakson und Huber links nur 8 Segmente unterscheiden, indem sie an zwei Stellen je ein kleines Segment mit dem benachbarten größeren Segment zusammenfassen. Begründet ist diese Zusammenfassung dadurch, daß die entsprechenden Bronchi meist gemeinsam entspringen und so bronchoskopisch als ein Stamm gesehen werden. Nicht anerkannt werden an der linken Lunge von Jakson und Huber ein eigenes Segmentum posterius (2), das mit dem apicalen Segment zum Segmentum apico-posterius zusammengezogen wird und ein ebenso links eigenes Segmentum mediale (7), das mit dem Segmentum anterius (8) zusammen als Segmentum antero-medio-basale bezeichnet wird. Im Prinzip ist die Frage, was als Segment anerkannt wird, eine Frage für den Kliniker, wenn ein Segment klein ist und die Bronchialteilung weit ab vom Hilus liegt, wird eine Unterscheidung eines solchen Segments sich erübrigen. Für eine Unterscheidung dieser Segmente 2 und 7 spricht aber, daß, wie oben (S. 88, Abb. 51) beschrieben wurde, auch diese Segmente durch überzählige Lappenspalten abgegrenzt sein können, was bei Segment 7 häufig vorkommt. Daß aber bei gewissen Säugetieren (z. B. Cavia) dem Segment 7 entsprechend ein infrakardialer Lappen auch links regelmäßig vorkommt, sei nur erwähnt, weil in einer Publikation das Nichtvorkommen eines linken infrakardialen Lappens bei Säugetieren als Argument gegen die Aufstellung eines Segments 7 links angeführt wurde.

Für die klinische Diagnose erscheint es aber wichtig festzustellen, daß es gewisse Partien der Lunge gibt, die eine sehr variable Bronchialversorgung zeigen, so daß man oft nicht sagen wird können, von welchem Bronchus ein in einem Röntgenbild erkennbarer Herd versorgt wird. Solche Stellen gibt es in allen Lappen, dort wo die typischen Segmente aneinandergrenzen (Hayek, 1959).

So zeigt Abb. 71 a den rechten Oberlappen mit jenen Feldern, an denen Bronchus 1 oder 2, 1 oder 3 und 2 oder 3 beteiligt sein können.

Am Mittellappen (Abb. 71 c) kann das Segment 4 nur lateral sichtbar sein, sich mit dem Segment 5 an der kardialen Fläche kranial beteiligen oder sogar an dieser Fläche caudal von Segment 5 auftreten.

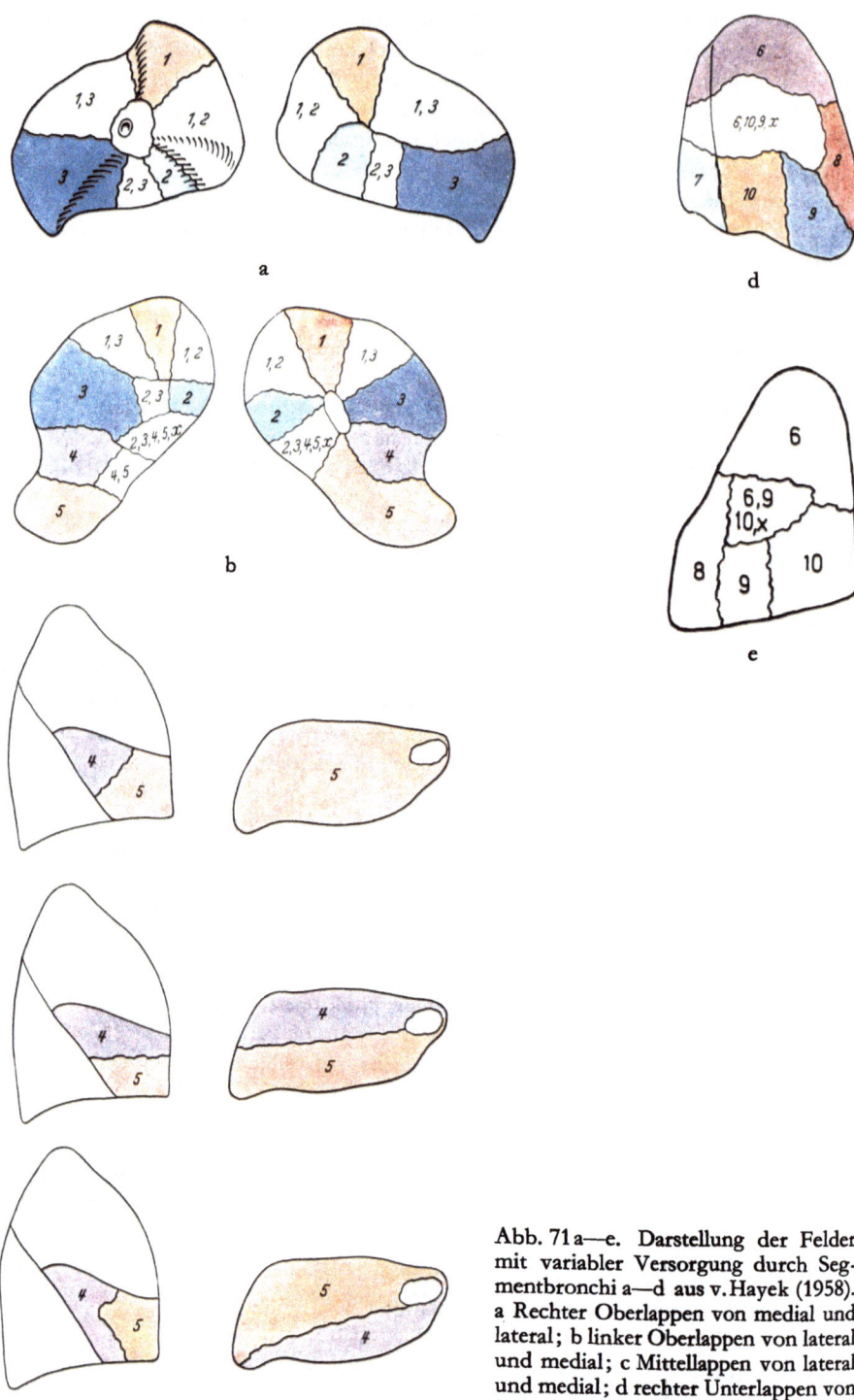

Abb. 71a—e. Darstellung der Felder mit variabler Versorgung durch Segmentbronchi a—d aus v. Hayek (1958). a Rechter Oberlappen von medial und lateral; b linker Oberlappen von lateral und medial; c Mittellappen von lateral und medial; d rechter Unterlappen von hinten; e linker Unterlappen von hinten

Beim linken Oberlappen (Abb. 71 b) ist ein Feld, an dessen Bronchialversorgung in variabler Weise die Bronchi 2, 3, 4 oder 5 und sogar noch ein als Variatät vorkommender Bronchus X der Parabronchus lateralis von Lucien beteiligt sein kann.

Schließlich kann in der Mitte der Hinterfläche beider Unterlappen ein Gebiet vom Bronchus subsuperior (subdorsalis) oder einem der Nachbarbronchi versorgt sein (Abb. 71 d und e), so daß nach dem Röntgenbild allein gewisse Schwierigkeiten bei der Feststellung der segmentalen Zugehörigkeit entstehen können.

Die Variationen der Segmente beschreiben für den linken Oberlappen Boyden und Hartmann, für den linken Unterlappen Berg, Boyden und Smith, für den rechten Oberlappen Scannel und Boyden und für den rechten Unterlappen Smith und Boyden.

Der Bau der Bronchialwand

Allgemeines

Der Bau der Wand der Bronchi steht mit den Funktionen des Bronchialbaumes als mechanisch festes Verspannungssystem (s. S. 2) und als Luftweg in vielfach erkennbarer Beziehung. Seine Aufgaben als Luftweg sind dabei sehr vielfältig; es sind dies die Aufrechterhaltung einer möglichst wirbelfreien Strömung besonders an den Teilungsstellen, die Regelung des Luftwiderstandes und des schädlichen Raumes durch Änderung der Weite der Lichtung, die Anfeuchtung, Erwärmung und Reinigung der Luft und schließlich die Abwehr gegen eingedrungene Fremdkörper. Diese verschiedenen Funktionen kann man nun nicht den einzelnen Schichten der Bronchialwand zuordnen, sondern vielfach dienen zwei Schichten gemeinsam der gleichen Funktion, so sind Schleimhaut und Faserhaut Träger der Längsspannung, Muskelhaut und Faserhaut regulieren zusammen die Weite, und das Abwehrorgan des lymphatischen Gewebes findet sich nicht nur in der Schleimhaut, sondern auch in allen drei Verschiebeschichten.

Als mechanisch feste Schichten sind zu unterscheiden die Schleimhaut (Mucosa), die Muskelhaut (Muscularis) und die knorpeltragende Faserhaut, von denen die beiden letzteren aber bei den großen Bronchi — wie bei der Trachea — eine gemeinsame Schicht bilden.

Abwechselnd gelagert mit den mechanisch festen Schichten gibt es Verschiebeschichten, und zwar eine Submucosa zwischen Schleimhaut und Muscularis, dann im Bereich der mittleren und kleinen Bronchi eine Verschiebeschicht zwischen Muscularis und Knorpelfaserhaut, Extramuscularis und schließlich das peribronchiale Gewebe Peribronchium, das zwischen Bronchuswand und der Grenzmembran des Lungengewebes liegt. Dabei sind die festen Schichten keineswegs vollständig voneinander getrennt, sondern wir werden Verbindungen der Muscularis mit Mucosa und Knorpelfaserhaut zu besprechen haben, so wie auch direkte Faserzüge zwischen Schleimhaut und Knorpelfaserhaut vorhanden sind, die die beiden vor-

wiegend auf Längsspannung beanspruchten Schichten verbinden und schräg von
der Schleimhaut trachealwärts nach außen zur Faserhaut ziehen.

Mit der Größe der Bronchi ändert sich der Bau der Bronchialwand. Danach ist
der Bautypus der großen, mittleren und kleinen Bronchi, die schließlich in die
Bronchioli übergehen, zu unterscheiden; Typen, die allerdings ohne scharfe Grenze
ineinander übergehen. Da das gleiche Kaliber von Bronchi nach einer sehr verschiedenen Zahl von Teilungen erreicht wird (s. S. 75), ist es nicht möglich zu
sagen, daß Bronchi bestimmter Ordnung einen bestimmten Bautypus zeigen. Die
großen Bronchi gleichen im Wandbau der Trachea, die mittleren Bronchi unterscheiden sich von den großen durch die großen unregelmäßigen Knorpel und durch
die eigene Muskelschicht, sie besitzen ferner besonders reichlich Drüsen. Die kleinen
Bronchi sind ärmer an Drüsen und durch das reiche Venengeflecht zwischen
Muscularis und Knorpelfaserhaut ausgezeichnet. Den Bronchioli schließlich fehlen
Drüsen und eine Knorpelfaserhaut, ihre Wand ist fest in das umgebende Lungengewebe eingebaut.

Zu den großen Bronchi rechnen nach dem Bautypus der rechte und linke Bronchus sowie die Unterlappenbronchi, zu den mittleren Bronchi Ober- und Mittel-
lappenbronchi sowie die sog. segmentalen Bronchi, während alle übrigen Verzweigungen dem Bautypus der kleinen Bronchi entsprechen.

Die Schleimhaut (Mucosa)

An der Schleimhaut (Mucosa) kann man das Epithel, eine Basalmembran und
die gefäß- und faserreiche Tunica propria (Stratum proprium) unterscheiden.

Das Epithel (Abb. 72) ist ein mehrreihiges Flimmerepithel mit 3—4 Kernreihen
mit Becherzellen, dessen Höhe von der Trachea peripherwärts abnimmt und dort
in das einschichtige Epithel der Bronchioli übergeht. Die Becher- und Flimmerzellen
reichen mit fadenförmigen Fortsätzen zwischen den basalen Zellen bis an die Basalmembran, an der diese Fortsätze so fest haften, daß sie im Präparat eher zerreißen als
sich von der Basalmembran lösen. Die Form der Zellen wie die der Zellkerne kann
mit dem Dehnungszustand des Epithels stark wechseln, die länglichen Zellkerne der
Becher- und Flimmerzellen können im Schnitt quer auf ihre Längsachse abgeplattet
oder rundlich sein, ja, man sieht auf der Höhe von Schleimhautfalten oft komma-
förmige Figuren. Die Kerne der Basalzellen sind kugelig oder ellipsoidisch. Die
Becherzellen liegen in der Regel einzeln, ohne sich zu berühren, jede von einem
Kranz von Flimmerzellen umgeben, und nehmen gegen die Bronchioli hin an Zahl
ab. An Flachschnitten durch das Epithel findet man aber auch gelegentlich zwei
Becherzellen enge nebeneinander gelegen (Abb. 73). Schaffer (1927), der eine derartige Anordnung offenbar nicht beobachtet hat, meint, daß das der Fall sein müßte,
wenn Becherzellen sich durch mitotische Teilung vermehren würden. Da das Vorkommen von Mitosen in Becherzellen nach Schaffer (1927) bewiesen erscheint,
macht diese Beobachtung wahrscheinlich, daß durch diese Mitosen wieder Becherzellen entstehen und die Tochterzellen sich nicht, wie Schaffer u. a. annehmen, in
andere Zellformen verwandeln. Die Zahl der Becherzellen wechselt offenbar auch
unter nicht pathologischen Umständen und kann bei Erkrankungen stark vermehrt
sein (Schaffer, Clara). Die Flimmerhaare der Flimmerzellen sitzen einer Cuticularmembran auf, die die Zellen untereinander fest verbindet. Zwischen den Zellen

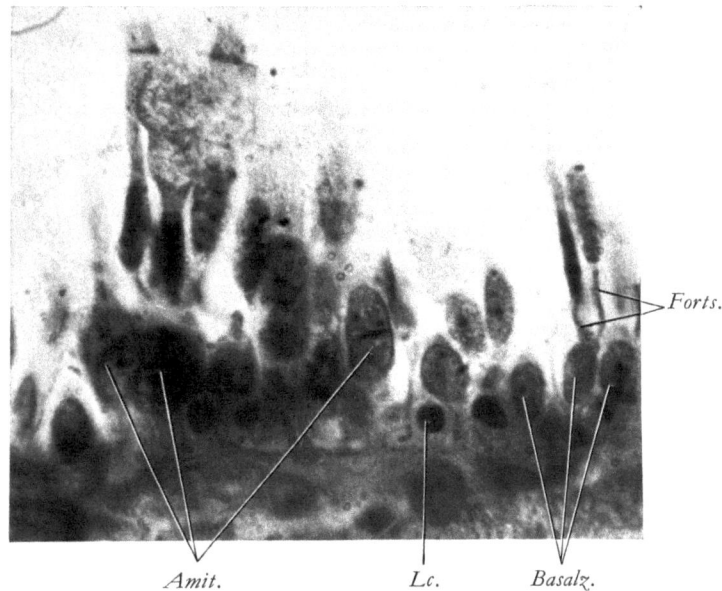

Abb. 72. Epithel des linken Bronchus. *Amit.* Amitose; *Basalz.* Basalzellen; *Lc.* Lymphocyt;
Forts. Fortsätze von Becher- und Flimmerzellen zur Basalmembran. 1000fach Azan

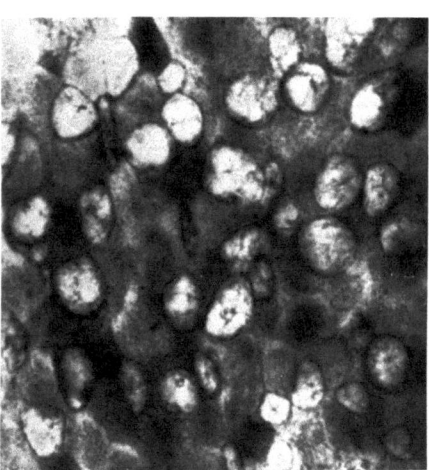

Abb. 73. Flachschnitt durch das Epithel eines kleinen Bronchus. Becherzellen teils paarweise
beisammenliegend. 1000fach Azan

finden sich von der Cuticularmembran bis zur Basalmembran Intercellularspalten,
in denen Wanderzellen gefunden werden. Als Wanderzellen kommen auch in der
normalen Schleimhaut Lymphocyten und Leukocyten sowie auch Mastzellen (Fröhlich) vor. In der Frage, wieweit erschöpfte Becherzellen (sog. Stiftchenzellen) sich
in Flimmerzellen verwandeln können, sei auf Schaffer (1927) verwiesen. Daß in den
Epithelzellen mitotische wie amitotische (Abb. 72) Teilungen vorkommen, konnte
ich gelegentlich beobachten, so wie Schaffer das schon angibt. Als besondere Zell-

form beschreibt Clara vereinzelt flimmerlose Zellen mit oberflächlich gelegenem
Kern, deren Protoplasma sich gegen die Lichtung vorwölbt. Wichtig ist bei der
Beurteilung der Zellformen die passive Formbarkeit der Bronchialepithelzellen, die
bei der Zusammenschiebung des Epithels durch die Kontraktion der Muskulatur
deutlich wird. Die einzelnen Zellen sind dann lang und schlank, manchmal auch
kegelförmig, die Zellkerne nehmen sogar oft Kommaform an, besonders auf der
Höhe der Schleimhautfalten.

Zu erwähnen ist schließlich noch im Bronchialepithel das Vorkommen von
großen rundlichen Zellen mit schwach färbbarem Plasma, über deren Bedeutung ich
nach meinen Beobachtungen noch nichts aussagen kann. Offenbar handelt es sich
um die gleichen Zellen, die Fröhlich als helle Zellen beschreibt. Er findet solche
Zellen besonders an den Teilungsstellen der Bronchi und Bronchioli, und es gelang
ihm mittels Silberimprägnation nach Bielschowsky in diesen Zellen intracelluläre
Nervenendigungen darzustellen. Fröhlich glaubt, daß es sich um sensible Nervenendigungen handelt und daß diese Zellen Chemoreceptoren seien. Auch Glorieux
(1963) beschreibt im Bronchialepithel (Katze) argentaffine Zellen und deren Nerven.
Einseitige Vagusdurchschneidung zeigte die vagale Natur dieser Innervation. Der
Autor hält die Zellen für receptorische Endorgane.

Das einschichtige Flimmerepithel der Bronchien geht ohne scharfe Grenze in
das Epithel der Bronchioli über. An weiten Bronchioli erscheint das Epithel kubisch,
an kontrahierten immer noch hochprismatisch. Becherzellen werden nur mehr vereinzelt gefunden und fehlen in den Bronchioli terminales vollständig. Zwischen den
Flimmerzellen finden sich auch flimmerhaarfreie kubische Zellen, doch reichen die
Flimmerzellen meist noch bis in die Bronchioli alveolares (s. auch Clara, 1937).
Obwohl also in den Bronchioli terminales keine Becherzellen und natürlich auch
keine Drüsen vorhanden sind, finde ich auf dem Flimmerepithel an den Schnitten
einen färberisch darstellbaren schleimähnlichen Belag, in welchem Staubzellen
gelegen sein können. Über die Herkunft dieses schleimähnlichen Belages in den
Bronchioli terminales soll erst bei der Besprechung der Epithelien der Bronchioli
terminales und alveolares gesprochen werden (s. S. 146). Metaplasie des Epithels
findet sich normalerweise im Bereiche von Teilungsstellen (s. S. 157) und in Divertikeln der Bronchi (s. S. 121).

Die Basalmembran erscheint wohl bei manchen Färbungen (z.B. Orcein-
Hämalaun-Eosin, Abb. 76) als homogene Membran von 2 μ Dicke bei Bronchiolen,
bis 8 μ Dicke bei größeren Bronchi. Bei anderen Färbungen jedoch (Azan, Pap)
erscheint sie dagegen in ein feines Netzwerk von Reticulumfasern aufgelöst (Abb. 74).
Die Fasern bilden ineinander übergehend ein so festes Netzwerk, daß bei Faltung
der Schleimhaut die Dicke der Basalmembran sich nicht wesentlich ändert. Die
Lücken zwischen den Fasern gestatten Durchtritt von Wanderzellen, deren Kerne
dabei langgestreckt erscheinen.

Die Membrana propria der Schleimhaut ist eine gefäß- und faserreiche Schicht,
die bei Faltung der Schleimhaut ihre Dicke wesentlich verändert. Das Capillarnetz,
mit 2—3mal so weiten Maschen als das der Alveolarwände, liegt direkt an der Basalmembran, prä- und postcapillare Gefäße in der tieferen Schicht zwischen den
elastischen Fasern. Die Festigkeit der Schleimhaut ergibt sich durch ihren Gehalt an
Reticulum- (Silber-fasern), elastischen und kollagenen Fasern. Die Reticulumfasern
bilden ein zartes Netzwerk, das mit dem der Basalmembran kontinuierlich zusammen-

hängt. Dort, wo Lymphknötchen in der Schleimhaut liegen, bilden diese Fasern allein das Gerüstwerk (Abb. 75). Die elastischen Fasern sind vorwiegend in der Längsrichtung angeordnet und bilden ein lockeres Netzwerk von Längsmaschen. An glatt liegenden Teilen der Schleimhaut nur in 1—2 Lagen angeordnet (Abb. 76a), verlagern sie sich bei Faltenbildung der Schleimhaut zu kräftigen elastischen Strängen in den Falten (Abb. 76b), wobei die Gefäße zwischen den Längsfasern der Stränge liegen. Die Längsfasern der Schleimhaut stehen mit den Ringfasern der äußeren Schichten in Verbindung (Abb. 77), Ringfasern, die selbst wieder im Bereich der

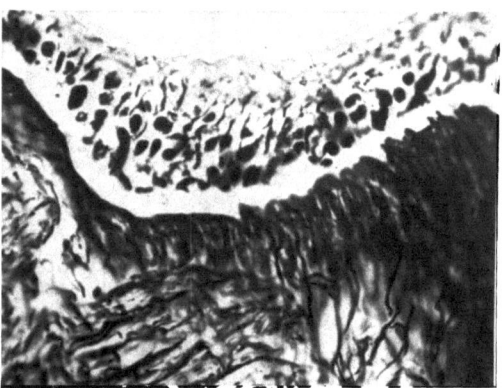

Abb. 74. Flachschnitt durch Epithel und Basalmembran eines kleinen Bronchus. Imprägnation der Silberfasern nach Pap. 600fach

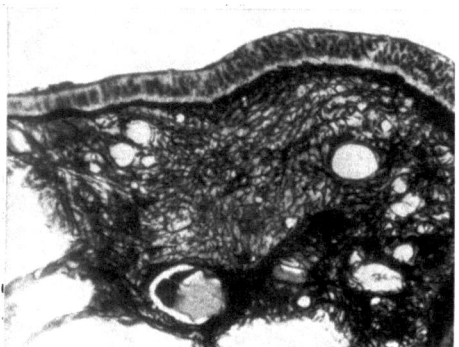

Abb. 75. Silberfasern eines Lymphknötchens in der Schleimhaut eines Bronchiolus. Pap. 100fach

Bronchioli in das Fasergerüst der Alveolen übergehen. Die kollagenen Fasern sind relativ spärlich, verlaufen an der in situ fixierten Lunge leicht gewellt vorwiegend in der Längsrichtung und werden wohl nur bei extremer Dehnung der Bronchi angespannt.

Die Bronchialdrüsen

An die Schleimhaut angeschlossen finden sich von der Trachea bis zu den kleinen Bronchi Drüsen, die in den mittleren Bronchi besonders zahlreich (etwa eine Drüse je Quadratmillimeter) sind (Abb. 78 und 79), in den kleinen Bronchi stark an Zahl abnehmen, den Bronchioli jedoch fehlen. Nur in den großen Bronchi liegen sie im

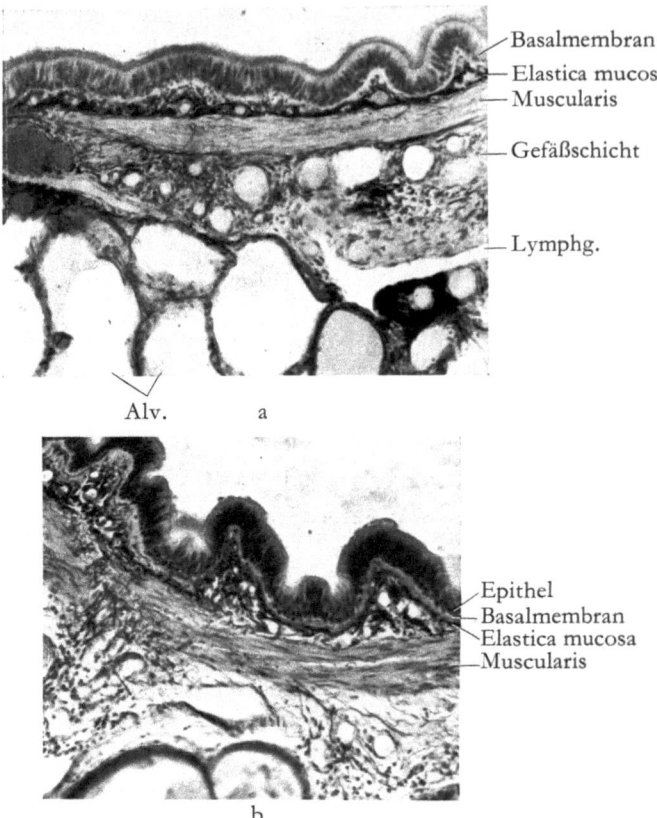

Abb. 76a u. b. Veränderlichkeit der Anordnung der elastischen Fasern in der Propria mucosae bei glatter (a) und gefalteter (b) Schleimhaut. Querschnitte kleiner Bronchi. 100fach. Orcein

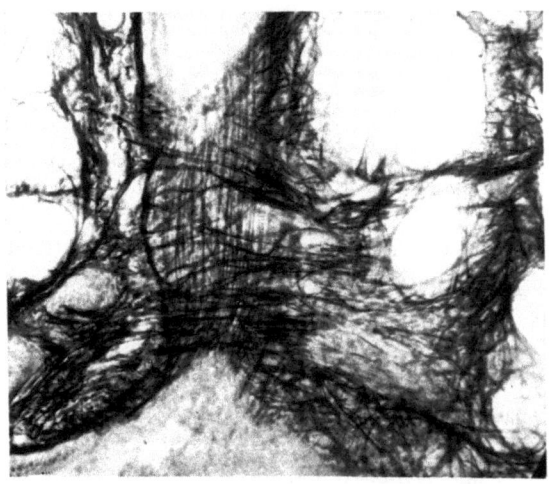

Abb. 77. Flachschnitt der Wand eines Bronchiolus. Elastische Längsfasern der Mucosa und Ringfasern der Muscularis, letztere in benachbarte Alveolen einstrahlend. 120fach. Orcein

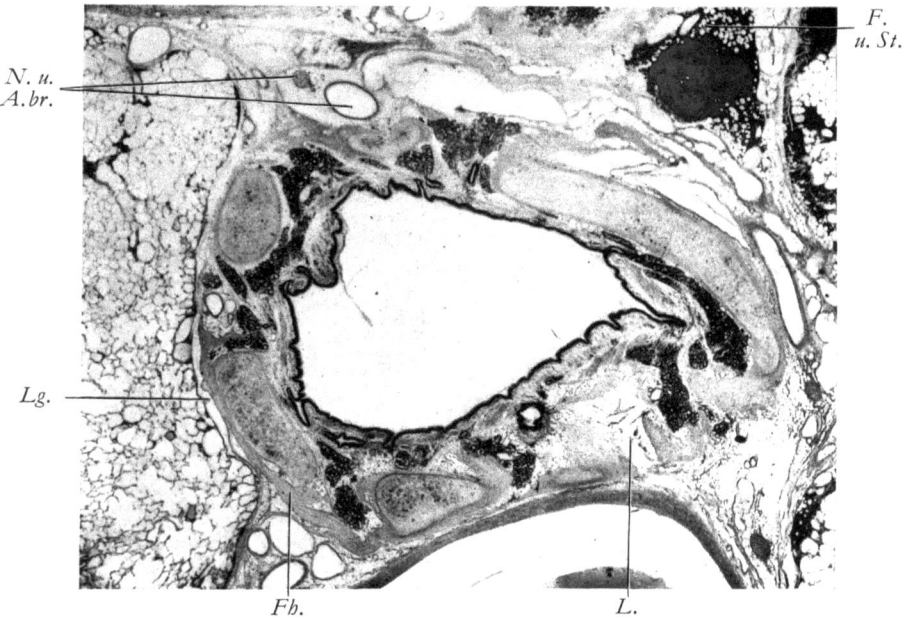

Abb. 78. Querschnitt eines mittleren Bronchus. 10fach. *Lg.* Lymphgefäß; *N. u. A. br.* Nerv und Arteria bronchialis im Fettlager; *Fh.* Faserhaut; *L.* Lücke in der Faserhaut; *F. u. St.* Fettgewebe mit Staubzellen

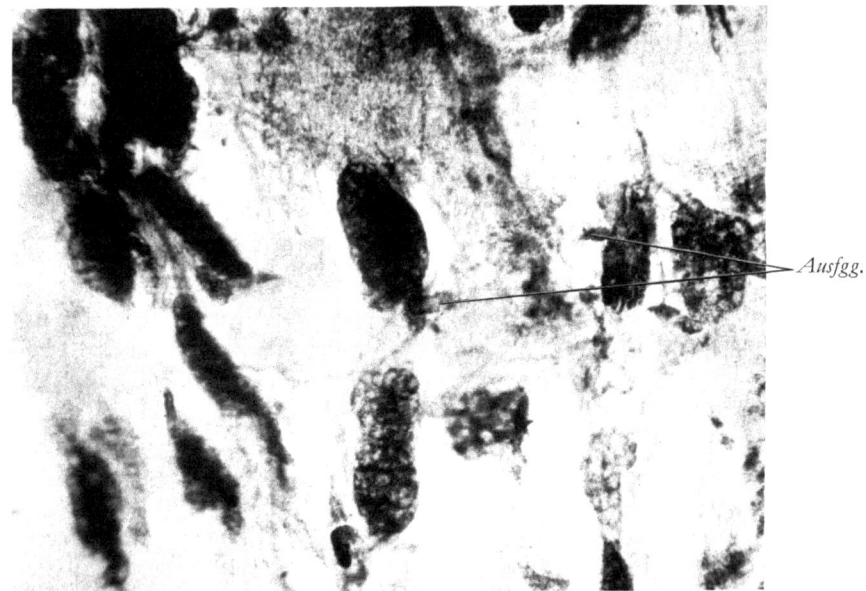

Abb. 79. Bronchialdrüsen am Häutchenpräparat der Bronchialwand ohne Faserhaut. Methode Hellman. *Ausfgg.* Ausführungsgänge der Drüsen. 15fach

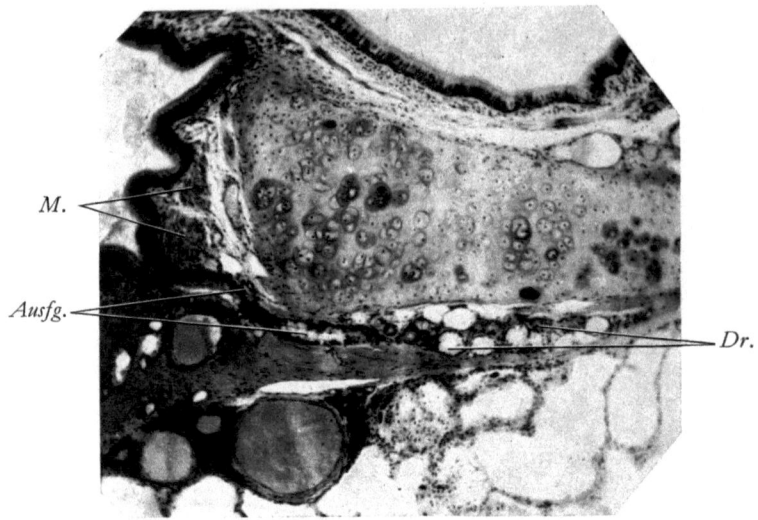

Abb. 80. Bronchialdrüse (*Dr.*) mit langem Becherzellen tragenden Ausführgang (*Ausfg.*) an die Außenseite des Knorpels angelagert. *M.* Muscularis. 60fach

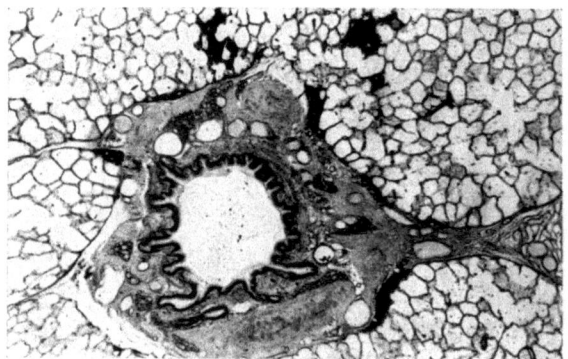

Abb. 81. Kontrahierter mittlerer Bronchus mit zahlreichen längsgetroffenen Drüsen-ausführungsgängen. 15fach

Bereich des Paries anulatus wie in der Trachea gleich unter der Schleimhaut, also in der Submucosa zwischen Schleimhaut und Knorpelfaserhaut. In der Hinterwand dagegen liegen sie wie in den mittleren und kleinen Bronchi außerhalb der Muskulatur zwischen ihr und der Faserhaut, so daß die Ausführungsgänge die Muscularis durchsetzen (Abb. 80, 81, 87). Oft schieben sich die Drüsenkörper auch an die Außenseite der Knorpelfaserhaut vor und reichen so bis in das peribronchiale Bindegewebe (Abb. 78, 80, 102). Die Ausführungsgänge sind sehr verschieden lang und verlaufen meist quer zur Längsrichtung des Bronchus, nahezu radiär oder auch ein Stück tangential (Abb. 78). Letztere werden, wenn sich die Muskulatur kontrahiert und dabei von der Knorpelfaserhaut abhebt, mehr radiär eingestellt (Abb. 81). Die Körper der Drüsen sind meist längliche wurstförmige Walzen, wobei der Ausführungsgang meist an einem Ende der Walze hervorgeht (Abb. 79). Die Größe der Drüsen ist sehr verschieden, die größten bilden vielverzweigte Bäumchen, die von

Bindegewebe zusammengehalten eine Walze von über 1 mm Länge bilden, die kleinsten bestehen nur aus 2 Drüsenschläuchen, die an einen Ausführungsgang anschließen. Die Ausführungsgänge besitzen eine dünne Basalmembran und eine dünne Propria mit einem Netz feinster elastischer Fasern. Das Epithel ist ein Flimmerepithel mit sehr wechselnder Zahl von Becherzellen, das vielfach bis an die Schleimschläuche heranreicht (s. auch Frankenhäuser, Schaffer) oder von diesen durch eine kurze Zone von typischem Epithel der Ausführungsgänge getrennt ist. Außerhalb der Muscularis zeigen die Ausführungsgänge oft eine ampullenartige Erweiterung,

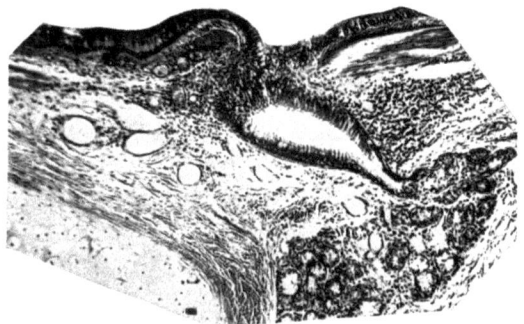

Abb. 82. Ampullenartige Erweiterung eines Ausführungsganges umgeben von lymphoidem Gewebe. Etwa 100fach. (Aus v. Hayek, 1951)

die noch von Flimmerepithel ausgekleidet, vielfach von lymphoidem Gewebe umgeben ist (Abb. 82).

Die Endstücke der Drüsen sind muköse Schläuche und seröse (albuminöse) Acini, die oft schlauchartig in die Länge gezogen sind. Beide Arten von Endstücken sind etwa gleich zahlreich.

Das mukoseröse Sekret der Lunulae läßt sich nach Burkl (1953) mit Toluidinblau metachromatisch färben und verhält sich bei der Bauerschen Reaktion positiv.

Die Gesamtmasse der Drüsen läßt sich annähernd bestimmen, wenn man die Maße ihrer Querschnittsflächen an Bronchialquerschnitten mit den Maßen der Länge der entsprechenden Bronchialquerschnitte multipliziert. Restrepo und Heard haben die Querschnittsflächen der Tracheal- und Bronchialdrüsen an Schnitten zahlreicher Bronchi mehrerer Individuen gemessen und Durchschnitte errechnet, aus denen sich ergibt, daß bei Individuen mit chronischer Bronchitis das Volumen der Drüsen stark vergrößert ist. Aus den Angaben dieser Autoren, die mit meinen Befunden etwa übereinstimmen (Abb. 78), läßt sich das Gesamtvolumen der Tracheal- und Bronchialdrüsen auf mindestens 6 cm³ schätzen.

Die Schleimhautdivertikel. Die Tonsillae pulmonales

Divertikel der Schleimhaut finde ich in der Wand der kleinen Bronchi und der Bronchioli (Abb. 83, 86). Sie durchsetzen die Muscularis ähnlich den Ausführungsgängen und reichen bei den Bronchi häufig durch Lücken der Faserhaut bis ins peribronchiale Gewebe. Ihre Zahl beträgt bis zu 4 auf 1 cm Bronchuslänge. Sie sind einfach schlauchförmig, gelegentlich auch verzweigt, besitzen eine sehr variable Größe und zeigen auch sonst ein sehr variables Verhalten. Während manche nur

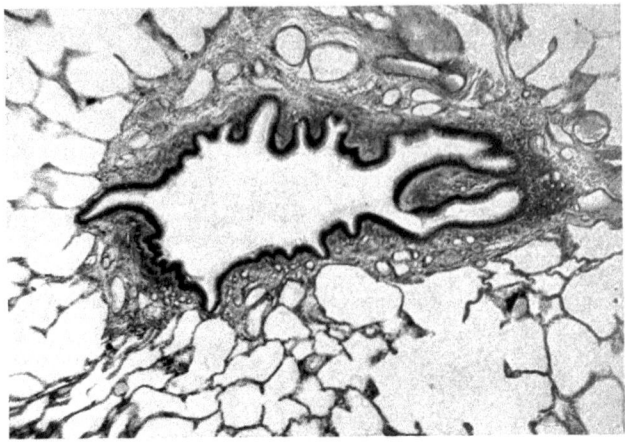

Abb. 83. Querschnitt eines Bronchus mit durch die Muscularis vorragenden Divertikeln, rechts von lymphoidem Gewebe umgeben, links an Alveolen heranreichend. 40fach

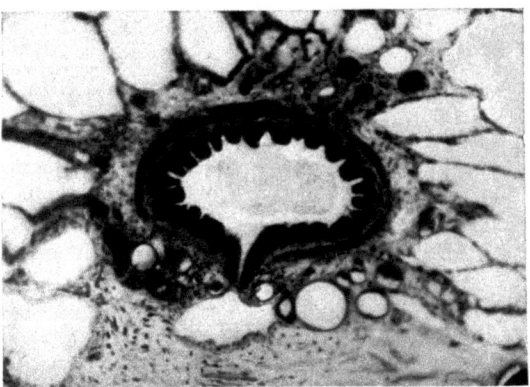

Abb. 84. Divertikel in Kontakt mit Lymphgefäß. Nahe dem Übergang eines Bronchus in einen Bronchiolus. 60fach

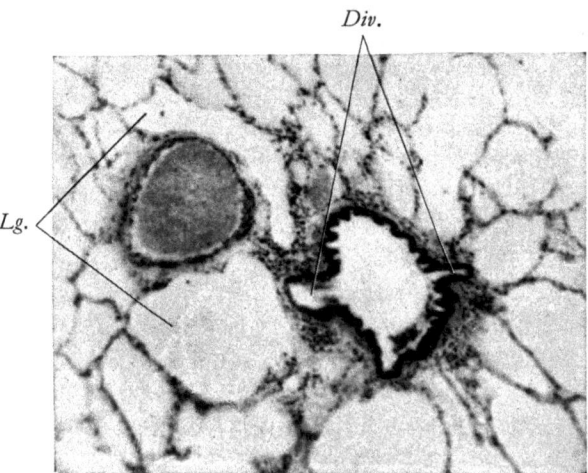

Abb. 85. Bronchiolus terminalis mit zwei Divertikeln (*Div.*), zwei weite periarterielle Lymphgefäße (*Lg.*). 60fach. (Aus v. Hayek, 1951)

bis in die Faserhaut reichen, legen sich andere an eine Alveolarwand an (Abb. 83) oder stehen in Kontakt mit einem Lymphgefäß (Abb. 84). Häufig, beinahe in der Hälfte der beobachteten Fälle, ist das blinde Ende von einer Kappe lymphatischen Gewebes umgeben (Abb. 83, 86). Die Einwanderung von Lymphocyten ins Epithel, die ja sonst im Bronchialepithel überall gefunden wird, kann eine so starke sein, daß die Epithelien auseinandergedrängt sind, wie im Kryptenepithel der Tonsilla palatina. Man kann daher von lymphoepithelialen Organen sprechen. Das Epithel der Divertikel ist Flimmerepithel mit wenig oder ohne Becherzellen, an der Stelle starker Lymphocyteneinwanderung fehlen Flimmer- und Becherzellen, es sind nur unregelmäßig polygonale Zellen erkennbar. Da die Gesamtzahl aller lymphatischen

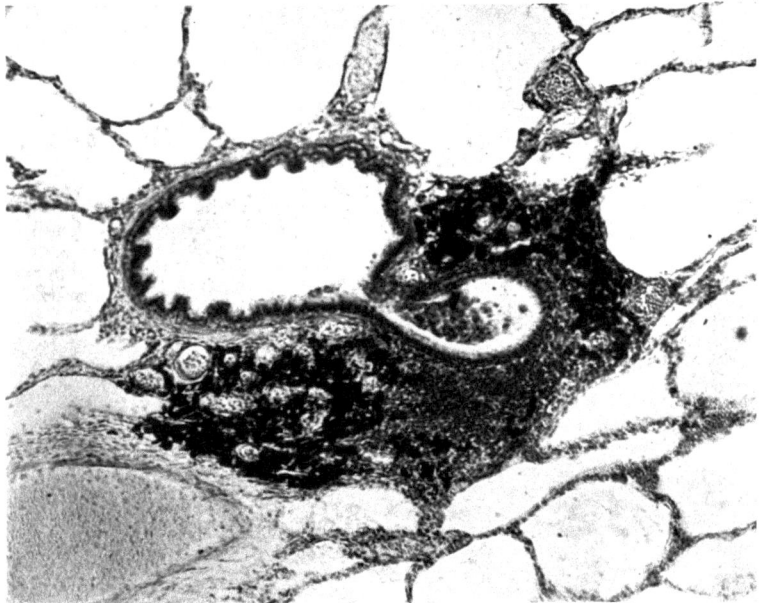

Abb. 86. Bronchiolus mit lymphoepithelialem Divertikel und umgebendem antrakotischem Gewebe

Divertikel in der großen Zahl der Bronchialverzweigungen eine beträchtliche ist, scheint es berechtigt, diese Organe unter der Bezeichnung Lungentonsille (Tonsilla pulmonis, Hayek, 1945) zusammenzufassen und damit den anderen Abwehrorganen an die Seite zu stellen. Inwieweit der direkte Kontakt der Wand mancher Divertikel mit Lymphgefäßen für den Flüssigkeitsstrom besondere Bedeutung hat, ist unbekannt. Ebenso kann bisher nichts darüber gesagt werden, welche Bedeutung das Vorragen mancher Divertikel bis an das Capillarnetz von Alveolen besitzt.

Die Submucosa

Als Submucosa möchte ich jene Schicht charakterisieren, die durch ihren lockeren lamellösen Bau die Verschieblichkeit der Schleimhaut gegen die Unterlage gestattet, insbesondere bei Faltenbildung der Schleimhaut, und ermöglicht, daß sich die Schleimhaut leicht abpräparieren läßt. Heiss (1936) leugnet die Berechtigung der

Unterscheidung einer Submucosa und rechnet sie zur Mucosa, während v. Ebner und Schaffer eine selbständige Submucosa unterscheiden, letzterer beschreibt, daß ihr lamellöses Bindegewebe ohne scharfe Grenze in das Perichondrium übergeht. Am stärksten ist die Submucosa der großen Bronchi im Bereich des Paries anulatus; hier liegen die Drüsen in dieser Schicht. Distalwärts wird sie immer dünner und mehr und mehr von elastischen Fasern durchsetzt, die die Längsfasern der Mucosa mit den Ringfasern der Muscularis (Abb. 76) verbinden. Daß die Faltenbildung außer auf der Verschieblichkeit der Submucosa auch auf der Verlagerung der elastischen Fasern der Schleimhaut beruht, wurde schon oben erwähnt. Doch kann man gerade bei Faltenbildung der Schleimhaut vielfach Gefäße der Submucosa beobachten, die zwischen Elastica der Schleimhaut und Muscularis, also in der Submucosa, gelegen sind. Daß die Silberfasern die Submucosa von der Schleimhaut zur Muscularis durchsetzen und daß dort, wo ein Lymphknötchen der Schleimhaut durch die Muscularis nach außen reicht (Abb. 75), keine Submucosa unterschieden werden kann, ist selbstverständlich.

Die Muscularis

Die Muskelschicht der Bronchialwand ist bei den großen Bronchien wie bei der Trachea zwischen den dorsalen Enden der Hufeisenknorpel verspannt. Bei den mittleren Bronchi ist die Beziehung zu den Knorpeln größtenteils gelöst und zwischen Knorpelfaserhaut und Muskelhaut eine locker gewebte Schicht mit reichlich

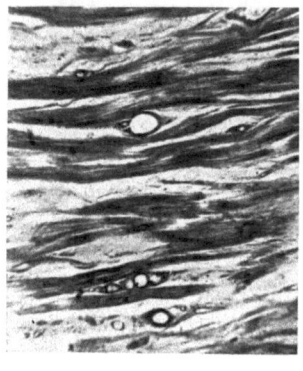 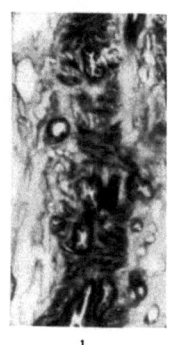

a   b

Abb. 87 a u. b. Flachschnitte durch die Muskulatur (a) eines großen, (b) eines mittleren Bronchus mit zahlreichen Querschnitten von Ausführungsgängen. 15fach. (Aus v. Hayek, 1951)

Gefäßen und Drüsen ausgebildet, die Verschiebungen zwischen Muscularis und Knorpelfaserhaut gestattet. Bei den kleinen Bronchi ist die Selbständigkeit der Muscularis bis auf die Teilungsstellen der Bronchi vollständig und die zwischen ihr und Fibro-Cartilaginea gelegene Verschiebeschicht besonders gefäßreich. Bei den Bronchioli schließlich ist die Selbständigkeit der Muscularis durch den Einbau ihrer elastischen Strukturen in das übrige Lungengewebe wieder aufgehoben.

Die Muskelzellen sind nach Michelassi und Franzeschi durch ihren besonders hohen Glykogengehalt ähnlich dem der Herzmuskelfasern ausgezeichnet, was für ihre intensive Tätigkeit zu sprechen scheint.

Die dicken Muskelbündel verlaufen an den großen Bronchi nahezu quer, zwischen den Bündeln treten die zahlreichen Drüsenausführgänge hindurch (Abb. 87 a). Im

Gegensatz zur Trachea sind die Bündel nicht an den dorsalen Enden der Knorpel, sondern an der Innenseite der großen Knorpel 1—1$^1/_2$ mm von dem dorsalen Ende am Perichondrium befestigt, und zwar mittels elastischer Sehnen, die schon v. Ebner bekannt waren. Am Übergang der großen Bronchien zu den mittleren Bronchien verlagert sich der Ansatz immer weiter ventralwärts, bis die Muskelbündel schließlich eine eigene geschlossene Muskelhaut bilden, aus welcher nur einzelne Bündel, besonders nahe an den Teilungsstellen, an die Knorpel herantreten. Im Bereich der kleinen Bronchi ändert sich der Verlauf der Fasern, in dem die hier etwas dünneren Bündel (Abb. 87b), in Schraubentouren sich überkreuzend, angeordnet sind. Am Bronchiolus sind die Schraubentouren etwas steiler. Die Dicke der Muskelschicht

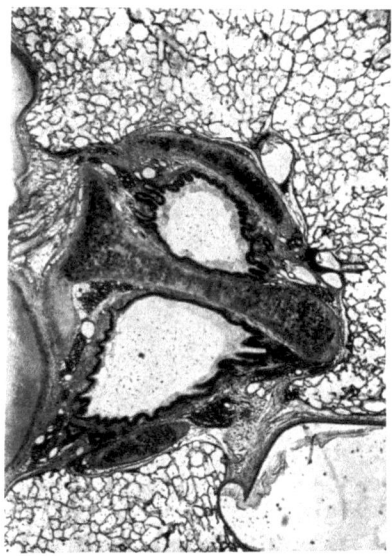 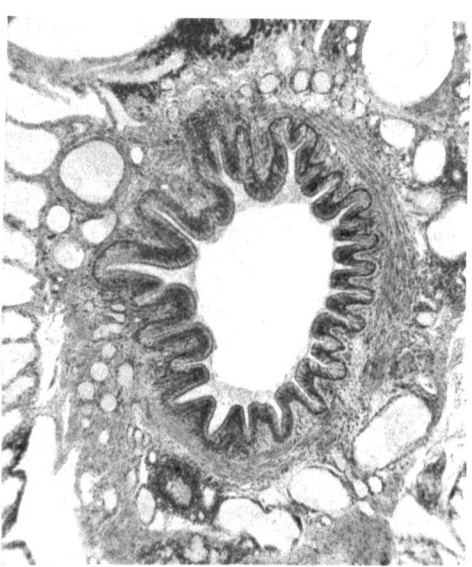

Abb. 88. Teilungsstelle eines kontrahierten Bronchus

Abb. 89. Kleiner Bronchus mit kontrahierter Muskulatur und weitem Venennetz. 40fach

nimmt bei den Bronchioli relativ zur Weite der Lichtung zu, so daß sie an den Bronchioli terminales relativ am stärksten ist. Die Muskelbündel wölben an der in situ (z. B. mit Formolalkohol) fixierten Lunge die Schleimhaut häufig leistenartig vor, so wie man an Ausgußpräparaten nicht selten Abdrücke der Muskelbündel erkennen kann. Doch zweifle ich daran, daß beim Lebenden in der Regel die Schleimhaut in dieser Weise von der Muskulatur beeinflußt wird, sondern ich vermute, daß die Schleimhaut glatt über die Muskelbündel hinwegreicht.

Die Wirkung der Muskulatur bei ihrer Kontraktion wird zu einer Verkleinerung der Bronchiallichtung führen. Bei den großen Bronchi wird es dabei zur Verbiegung des Hufeisenknorpels kommen, wenn auch nicht so stark wie durch die Druckdifferenzen beim Hustenstoß in der Trachea (Stutz). Bei den mittleren Bronchi, wo noch zahlreiche Muskelbündel an den Knorpeln befestigt sind, werden die Knorpel offenbar stark gegeneinander verlagert, wie das besonders auffällig durch das Vorragen des Reiterknorpels einer Teilungsstelle in Abb. 88 zum Ausdruck kommt. Bei den kleinen Bronchi kommt es zu einer starken Verlagerung der Muscularis gegen

die Fibrocartilaginea, die durch das zwischen diesen Schichten gelegene dichte
bronchiale Venennetz möglich wird. Eine starke Füllung dieser Venen mittels
arteriovenöser Anastomosen (s. S. 302) wird eine Abhebung beider Schichten gegeneinander gestatten (Abb. 81, 89, 90). Außer der Füllung der Venen kommt es gleichzeitig zu einer Erweiterung der hier gelegenen großen Lymphgefäße. Die Schleimhaut wird durch die Kontraktion der Muskulatur in mehr oder weniger hohe Falten
gelegt (Abb. 76b, 89) und die Drüsenausführgänge nahezu radiär eingestellt
(Abb. 81). Der Durchmesser kann auf diese Weise bei kleinen Bronchi mindestens um
die Hälfte verkleinert werden, so daß sich eine Verkleinerung der Lichtung auf $^1/_4$
ergibt, wie die Beobachtung einzelner Bronchi lebensfrisch in situ fixierter Lungen
zeigt. Beim Lebenden hat Stutz (1949) die gleich starke Verengerung mittlerer und
kleiner Bronchi, einzelner Lappen oder einer ganzen Lunge nach der Berührung der

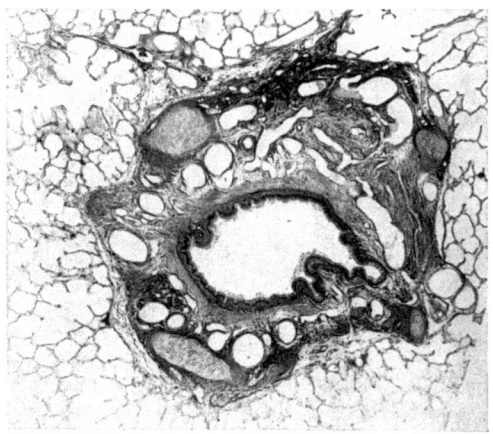

Abb. 90. Mittlerer Bronchus mit kontrahierter Muskulatur und weiten Gefäßen. 15fach

Bronchialschleimhaut mit Jodöl bronchographisch beobachtet und beschrieben,
wobei auch örtlich fadendünne Einschnürungen der Lichtung auftreten können.
An den Bronchioli zeigt sich die Wirkung der Muskulatur an der in situ fixierten
Lunge darin, daß die einen eine glatte Wand und weites Lumen besitzen (Abb. 91b),
andere eine gefaltete Schleimhaut und ein verengtes Lumen (Abb. 91d, 92a). Die
Faltung der Schleimhaut kann sogar so stark sein, daß sich die Falten beinahe
berühren (Abb. 91d, 92a) und schon durch eine geringe Menge von Schleim die
Lichtung praktisch für den Luftdurchtritt verschlossen ist. Diese starke Änderung
der Weite bei Muskelkontraktion wird außer durch die relative Dicke der Schleimhaut (im Gegensatz etwa zur Dicke der Intima kleiner Arterien) ermöglicht durch
die Anordnung der Muskelbündel. Rein ringförmig angeordnete Muskelbündel
müßten sich, um eine starke Verengerung zu bewirken, auf etwa $^1/_3$ ihrer Länge verkürzen, und das ist offenbar nicht der Fall. Die in den Bronchioli in Schraubentouren
angeordneten Muskelbündel werden jedoch, wie eine Analyse des Mechanismus
gezeigt hat (v. Hayek, 1941) — bei annähernd gleichbleibender Länge des Bronchiolus —, imstande sein, eine starke Verengerung der Lichtung zu erreichen, indem
gleichzeitig die Schraubentouren steiler werden. Daß der Bronchiolus in der Lunge
in situ sich nicht wesentlich verkürzen kann, ist verständlich. Am weiten Bronchiolus

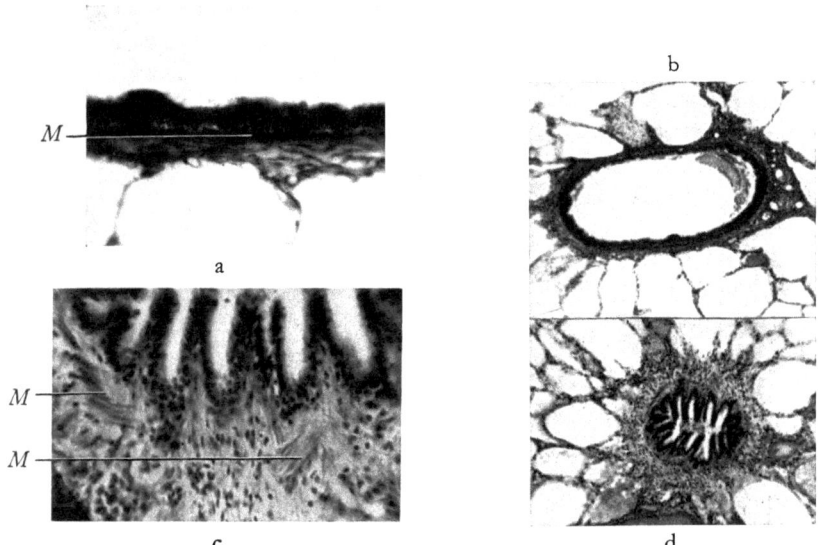

Abb. 91a—d. Querschnitte durch einen kontrahierten und einen erschlafften Bronchiolus derselben in situ fixierten Lunge. *M* Muskulatur. 160fach bzw. 40fach. (Aus v.Hayek, 1951)

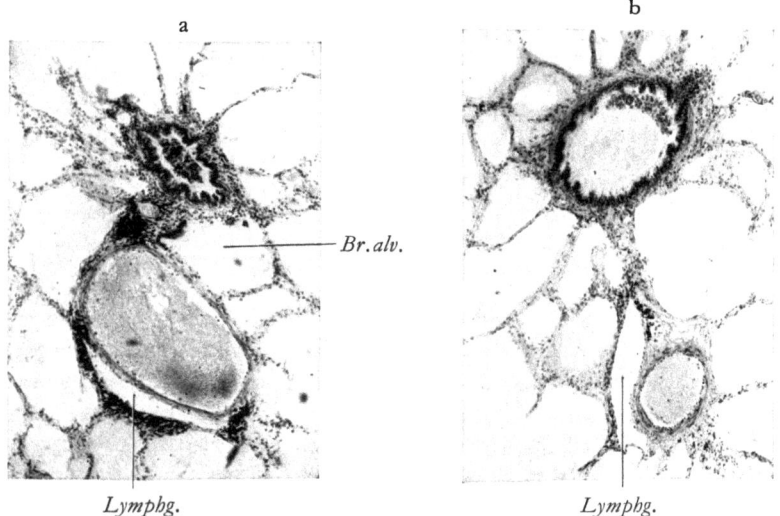

Abb. 92a u. b. Bronchioli terminales mit begleitender Arterie und periarteriellem Lymphgefäß. 60fach. *Br. alv.* Bronchiolus alveolaris. *Lymphg.* Lymphgefäß

sind die Schraubentouren flach. An den durch Injektion von Korrosionsmasse erweiterten Bronchioli sieht man die durch die Muskelzüge bedingten Einschnürungen dementsprechend ringförmig verlaufen (Abb. 43d), so wie Querschnitte (Abb. 91b und d) diesen zirkulären Verlauf zeigen (Abb. 91a und b). Am kontrahierten Bronchiolus dagegen sind sie steiler, so daß die dicken Muskelbündel am

Querschnitt des Bronchiolus nur in kurzen Schrägschnitten getroffen sind (Abb. 91 c und d). Dabei ändert sich auch die Anordnung der Muskelfasern innerhalb der ein lockeres Netz bildenden Bündel gegeneinander. Am kontrahierten Bündel (Abb. 91 c) liegen etwa doppelt so viele Fasern nebeneinander wie am erschlafften. Die Verdickung der einzelnen Muskelfasern bei ihrer Kontraktion kann sich also nicht im Sinne der Erweiterung des Lumens des Bronchiolus auswirken — wie Braus annimmt und wie Goerttler sich das für alle Organe mit steil schraubig verlaufenden Muskelfasern in Analogie mit dem Samenleiter vorstellt —, da sich die Muskelfasern gegeneinander bei der Kontraktion verlagern[1] und die Muskelbündel so locker angeordnet sind, daß eine gegenseitige Beeinflussung und ein Aneinanderpressen, das zur Erweiterung des Lumen führen könnte, gar nicht möglich ist. Daß der Verlauf

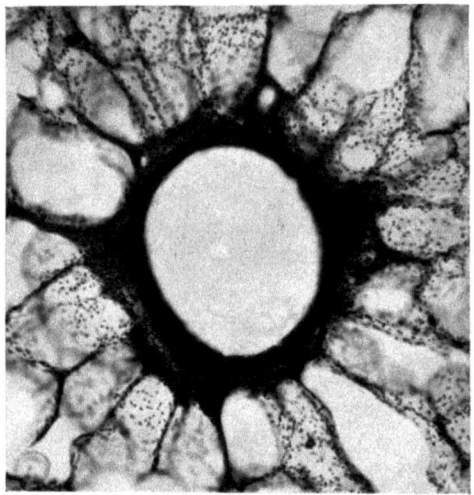

Abb. 93. Bronchiolus. Genauer Querschnitt mit radiärer Anordnung der anstoßenden Alveolarsepten. 60fach

der Schraubentouren der Bronchiolenmuskulatur alveolenwärts steiler wird, beschreibt Caviezel (1955). Er erklärt diese Steilstellung der Muskelfasern damit, daß die inspiratorische Längsdehnung der Bronchioli gegen die Alveolen hin viel ausgesprochener wird.

Am Bindegewebsgerüst der Muscularis sind kollagene, elastische und Reticulumfasern beteiligt. Kollagen- und Reticulumfasern sind in der für glatte Muskulatur typischen Weise die Muskelfasern schräge überkreuzend ausgebildet und hängen mit den gleichen Fasern der Nachbarschichten kontinuierlich zusammen, ein Zusammenhang, der sich an Silberimprägnationspräparaten der Reticulumfasern sehr deutlich zeigen läßt (Abb. 74). Die elastischen Fasern sind vorwiegend in der Richtung der Muskelfasern angeordnet und bilden wie überall ein Netzwerk, das an der Außenseite der Muskelschicht oft verstärkt ist (Abb. 76a). Seine Fasern hängen vielfach mit dem Längsfasernetz der Mucosa zusammen, andererseits mit den äußeren Schichten, wie der Faserhaut bei den Bronchi und den elastischen Netzen

---

1 Grützner (1904) und Müller (1907) haben eine ähnliche Verschiebung der glatten Muskelfasern bei ihrer Kontraktion in der Wand des Froschmagens beschrieben.

der Alveolarwände bei den Bronchioli. Daß die elastischen Sehnen der Muskelfasern mit diesem Netzwerk zusammenhängen, ist klar erkennbar, ohne daß jedoch Genaueres darüber bekannt wäre, wie viele Muskelfasern mit elastischen Sehnen endigen, und ob die elastischen Sehnen etwa vorwiegend zur Faserhaut ziehen, was sich am leichtesten beobachten läßt und schon v. Ebner bekannt war.

Bei den Bronchioli terminales hat der kontinuierliche Übergang der elastischen Fasern der Muscularis in das umgebende Lungengewebe (Abb. 77) zur Folge, daß eine Kontraktion der Muskulatur die benachbarten Alveolen beeinflußt, ja daß sogar schon eine geringgradige Kontraktion die Nachbaralveolen in die Länge dehnt; an genauen Querschnitten zeigt sich dann die auffallend radiäre Anordnung der Alveolarsepten zu dem Bronchiolus wie in Abb. 93.

Die Aufgabe der glatten Muskulatur der Bronchi und Bronchioli sehe ich in der durch die Kontraktion bewirkten Verkleinerung des schädlichen Raumes (Fleisch, 1934; Rein, 1938; Hayek, 1945), nachdem Douglas und Haldane angeben, daß bei angestrengter Atmung der schädliche Raum durch Erweiterung der Bronchi vergrößert wird. Das wird nun bei dem großen geatmeten Luftvolumen keine wesentliche Rolle spielen, während die eben durch die Erweiterung der Bronchien erfolgte Herabsetzung des Strömungswiderstandes sehr wichtig ist. Umgekehrt wird eine Verengerung der Bronchi bei wenig intensiver Atmung den schädlichen Raum in günstiger Weise verringern, wobei wiederum die Vermehrung des Strömungswiderstandes für die geringe geatmete Luftmenge keine große Rolle spielt.

Die extramuskuläre Schicht und das bronchiale Venennetz (Submucosa von Policard)

In der dorsalen Wand der großen Bronchi finden sich die Drüsen in einer dünnen extramuskulären Schicht zwischen Muscularis und Faserhaut fest und kaum verschieblich eingelagert. Nur einzelne Gefäße und Nerven sowie wenig Fettgewebe liegen zwischen den Drüsen. Wo aber bei den mittleren Bronchi die Muskulatur eine eigene geschlossene Schicht bildet, findet sich extramuskulär reichlich lockeres Bindegewebe zwischen den Drüsen und ihren Ausführungsgängen mit einzelnen Fettzellen oder ganzen Fettläppchen sowie zahlreichen Gefäßen. Präparatorisch läßt sich hier leicht eine Trennung von Muscularis und Faserhaut durchführen. Die Schicht gestattet offenbar bei Kontraktion der Muskulatur die Verschiebung gegen die Faserhaut (Abb. 88, 90) sowie die Umordnung der Drüsengänge dabei (Abb. 81). Am Übergang der mittleren zu den kleinen Bronchi nimmt, während die Drüsen an Zahl abnehmen, die Zahl der Gefäße außerordentlich zu. Es handelt sich dabei vorwiegend um Venen, zum Teil auch um Lymphgefäße. Die Venen bilden ein dichtes Gefäßnetz, eben das bronchiale Venennetz (Hayek, 1940), dessen längsgestellte Maschen, wenn die Venen gefüllt sind, oft nicht weiter sind als die Lichtungen der Venen (Abb. 89, 90). Außerdem finden sich in dieser Schicht auch die mächtigen Sperrarterien, die mit Bronchial- und Pulmonalarterie zusammenhängen (s. S. 298) und in das Venennetz mit arteriovenösen Anastomosen einmünden (Abb. 258). Je nach dem Füllungszustand der Venen ist der Abstand der Muscularis von der Faserhaut verschieden groß, bei kontrahierter Muscularis finde ich das Venennetz gefüllt. Das Venennetz stellt offenbar ein raumfüllendes plastisches Polster dar, das eine Verengung der Lichtung gestattet, ohne daß dabei die sich

kontrahierende Muskulatur die Faserhaut und das umgebende Lungengewebe mit-
bewegt (Hayek, 1940). Die starke Veränderlichkeit der Lichtung der kleinen Bronchi
durch die Kontraktion der Muskulatur wird durch das Vorhandensein dieser Venen-
netze mit ermöglicht. Patzelt schreibt diesem Venennetz die Aufgabe der Erwärmung
der Luft zu. Das Venennetz wird von den elastischen Schrägfasern durchsetzt, die
von der Faserhaut zur Schleimhaut ziehen, so daß die zwischen diesen Fasern
gelegenen Venen in ihrer Lichtungsform dem Faserverlauf angepaßt sind. Die
extramuskuläre Schicht und damit auch das Venennetz endigen am Übergang der
kleinen Bronchi in die Bronchioli, wo die Faserhaut und Schleimhaut sich vereinigen (s. S. 134).

Die Faserhaut (Tunica fibro-cartilaginea)

Die Faserhaut besteht aus kollagenen und elastischen Fasern etwa in gleicher
Menge und Knorpelstückchen, in deren Perichondrium die Fasern einstrahlen. Die
Knorpel zeigen bis zu den kleinsten Knorpelstückchen an der Grenze gegen die

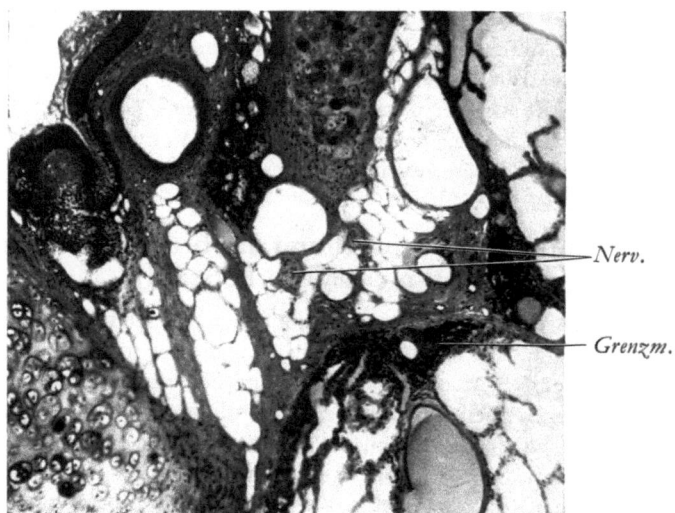

Nerv.

Grenzm.

Abb. 94. Lockerer Aufbau der Faserhaut mit Fettgewebe zwischen den Faserbündeln. 60fach

Bronchioli eine deutliche territoriale Gliederung in den tieferen Schichten, die wohl
wie bei den Trachealknorpeln mit der Biegungsbeanspruchung (Schaffer) zusammenhängt. Die Druckkörper der Territorien werden durch kollagene Fasern in der
interterritorialen Substanz (Schaffer) zusammengehalten, deren Fasern als Zug-
gurtung (Benninghoff, Petersen), aus dem Perichondrium ausbiegend, etwa senkrecht
den Knorpel durchsetzen. Bei den Knorpeln der kleinsten Bronchien ist nicht nur
der Gehalt an elastischen Fasern im Perichondrium vermehrt (Schaffer), sondern
elastische Fasern durchsetzen auch den Knorpel in ähnlicher Anordnung wie die
kollagenen Fasern. Die kollagenen und elastischen Fasern ziehen fast durchwegs
etwa in der Längsrichtung zu Bündeln zusammengefaßt, die zwischen sich an den
kleinen Bronchi relativ größere Lücken freilassen, so daß die Faserhaut von den
großen zu den kleinen Bronchi immer unvollständiger wird. Durch diese Lücken
können Drüsen oder Divertikel vorragen, das extramuskuläre vielfach lymphatische

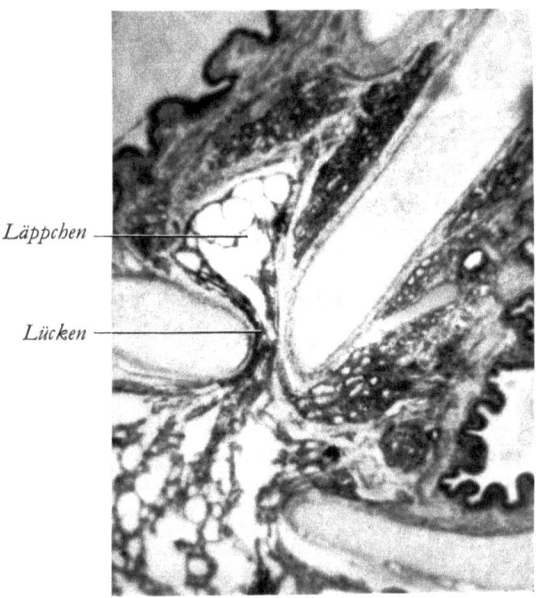

Abb. 95. Hernienartiges Vorragen eines Läppchens Lungengewebe in die Bronchuswand
zwischen die Knorpel und die Muskulatur. 40fach

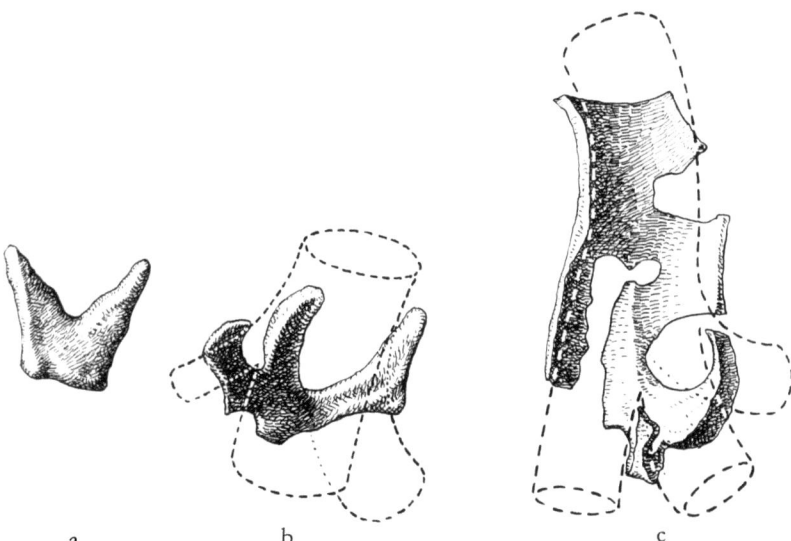

Abb. 96a—c. Auspräparierte Bronchialknorpel aus Teilungsstellen. a Typischer Reiterknorpel aus einem mittleren Bronchus; b von einer Dreiteilung eines mittleren Bronchus;
c aus einem großen Bronchus. (Aus v. Hayek, 1951)

Bindegewebe hängt hier mit dem peribronchialen zusammen, ja, ich finde einmal
sogar, wie ein Zipfel Lungengewebe mit etwa 20 Alveolen in normaler Weite sich
von außen zwischen den Knorpeln bis unter die Muscularis vorgeschoben hat
(Abb. 95).

In den Bronchialknorpeln vom Neugeborenen wurde von Guizetto Glykogen gefunden, dessen Vorkommen in den Knorpelzellen Schaffer für den hyalinen Knorpel im allgemeinen bei gut genährten Tieren beschreibt und mit der Entwicklung des Fettes in diesen Zellen in Beziehung bringt. In den fetthaltigen Knorpelzellen des Bronchialknorpels des Meerschweinchens wird Tetrazol zu Formazan reduziert (Hayek, 1950), es ist also offenbar ein reduzierendes Ferment vorhanden, das möglicherweise mit der Fettentwicklung in diesen Zellen in Zusammenhang steht. Enchondrale Verknöcherung eines Bronchialknorpels mit Fettmarkbildung finde ich einmal in der gesunden Lunge eines jungen Mannes.

In den großen Bronchi finden sich halbringförmige Knorpel wie bei der Trachea, die nahe den Teilungsstellen untereinander kontinuierlich durch Längsbalken oder auch durch Faserknorpel in Verbindung stehen, so daß ganz komplizierte Formen der Knorpel gefunden werden (Abb. 96c) und der größere Teil der Bronchialwand knorpelig sein kann. In den mittleren Bronchi und ihren Verzweigungen nimmt die Masse der Knorpel ab, die unregelmäßig geformten Stücke (Abb. 96b) sind immer kleiner, es werden meist 3 oder 4 Knorpeldurchschnitte an einem Querschnitt des Bronchus gefunden (Abb. 90). Nur an Überkreuzungen mit Arterien finde ich gelegentlich noch größere Knorpelstücke, die nach außen konkav, d.h. der Außenfläche der Arterien angepaßt, sein können. An den kleinen Bronchi ist die Zahl der Knorpel noch geringer, man trifft auf dem Querschnitt oft nur ein Knorpelstückchen, und an den kleinsten Bronchi finden sich vielfach knorpelfreie Abschnitte (Abb. 83, 89, 101), insbesondere gleich nach den Teilungsstellen. Die letzten Knorpel finden sich als Reiterknorpel (Abb. 96a, 97) in den Teilungsstellen am Übergang in die Bronchioli.

Die gesamte Faserhaut bildet auch abgesehen von den darin vorhandenen Lücken keine einheitliche Schicht, sondern sie ist vielfach in Stränge oder Schichten gespalten, zwischen die sich Binde- und Fettgewebe, Drüsen, Gefäße und Nerven einlagern (Abb. 94). Innen zeigt sie tiefe Nischen oder Taschen zur Aufnahme vorwiegend von Drüsen, außen hängt sie mit dem die Fettläppchen umfassenden Bindegewebe zusammen.

Der Wandbau der Teilungsstellen der Bronchi

Der Bau der Teilungssporne und ihr Einbau in die übrige Bronchialwand (Hayek, 1945; Bauer) verdient wegen der Bedeutung der Sporne für den Luftstrom (s. S. 57) und die respiratorischen Winkeländerungen (s. S. 74) eine besondere Besprechung. Schleimhaut, Muscularis und Faserhaut zeigen Besonderheiten.

Das Epithel des trachealwärts konkaven Sporns ist ähnlich wie an der Carina trachea vielfach noch im Bereich der mittleren Bronchi vielschichtiges Plattenepithel (v. Möllendorff, Bauer), das sich oberflächlich mit scharfer Grenze gegen das Flimmerepithel abgrenzt, wobei eine Übergangszone von mehrschichtigem Flimmerepithel gegen das typische mehrreihige Flimmerepithel gefunden wird. Auch an den Stellen der Bronchialwand, die dem Sporn gegenüberliegen, finden sich gelegentlich Plattenepithelinseln (Bauer). Vermutlich handelt es sich um Stellen, die durch Luftwirbelbildung erhöht beansprucht sind. Die elastischen Fasern der Schleimhaut bilden im Sporn ein besonderes kräftiges Bündel, das dort, wo der Sporn beiderseits in die Bronchialwand übergeht, ohne scharfe Grenze in die elastische Längsfaserschicht

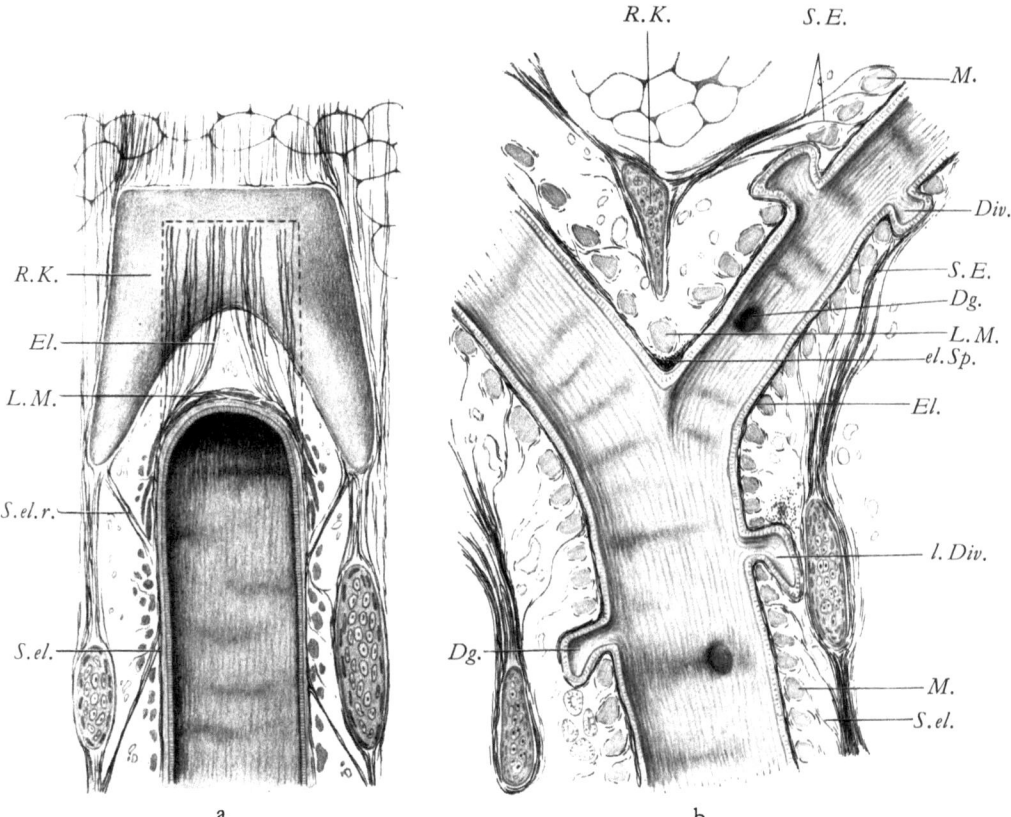

Abb. 97a u. b. Zwei schematische Längsschnitte durch den Abgang eines Bronchiolus von einem Bronchus in der Ebene des Teilungsspornes (a) und senkrecht dazu (b). *Div.* Divertikel, *l. Div.* lymphoepith. Divertikel, *Dg.* Drüsenausführungsgang, *El.* Elastica mucosae, *F. K.* Tunica fibrocartilaginea, *M.* Ringmuskulatur, *L. M.* Längsmuskulatur des Teilungsspornes, *R. K.* Reiterknorpel, *S. el.* elastische Schrägfasern, *S. el. r.* rückläufige Schrägfasern vom Reiterknorpel, *S. E.* Schrägfasern als Endigung der Fibrocartilaginea, *el. Sp.* elastisches Bündel im Sporn. (a aus Bauer, Z. Anat. **114**; b aus v. Hayek, Erg. Anat. **35**)

der Schleimhaut ausläuft. Enge an das elastische Spornbündel angeschlossen verläuft diesem parallel ein Muskelbündel im Sporn, dessen Fasern entweder in elastische Sehnen übergehend in der Elastica mucosae endigen oder aus der Richtung ausbiegend in die Ringmuskelfasern einstrahlen. Die mächtigste Bildung des Sporns ist der sog. Reiterknorpel (Abb. 97), eine Knorpelplatte, die, in der Ebene des Sporns stehend, mit zwei Fortsätzen (Schenkeln) zu beiden Seiten des Sporns trachealwärts vorragt. Am Übergang der großen zu den mittleren Bronchi hängt dieser Reiterknorpel vielfach in komplizierter Weise mit Nachbarknorpeln zusammen (Abb. 96b, c). Weiter distal (Abb. 96a) ist er isoliert und stellt eine viereckige Platte dar, die trachealwärts entsprechend dem Spornrand konkav begrenzt und dünn ist, während die drei anderen nahezu geraden Ränder verdickt sind. An diesen verdickten Rändern strahlen die Fasern der Faserhaut in das Perichondrium ein. Der konkave Rand ist dagegen frei von der Befestigung der Faserhaut und ragt gegen den Schleimhautsporn, diesen stützend, vor (Abb. 97). Der Abstand der Faserhaut von der Schleimhaut ist dadurch im Bereich des Sporns wesentlich vergrößert. Die von der Faserhaut schräg alveolenwärts zur Schleimhaut ziehenden elastischen Fasern sind in der Gegend der Teilungsstelle sehr deutlich ausgebildet (Abb. 97b). Außerdem finden sich aber noch in umgekehrter Richtung schrägverlaufende Fasern, die von den Schenkeln des Reiterknorpelchens schräg trachealwärts an die Schleimhaut heranziehen (Abb. 97a). Durch diese beiden Arten von Schrägfasern sind Schleimhaut und Faserhaut im Bereich der Teilungsstellen in der Längsrichtung kaum verschieblich gegeneinander fixiert.

Bei Winkeländerungen der Teilungsstelle wird die Befestigung der Faserhaut am alveolenwärts gelegenen Rand des Reiterknorpels bewirken, daß die keilartige Form des Sporns selbst sich nicht ändert, der Bronchus etwas distal vom Sporn jedoch gebogen wird, ein Verhalten, das für die Größe der Wirbelbildung an der Teilungsstelle von Wichtigkeit ist. Denn eine Änderung der Keilform des Sporns müßte verstärkte Wirbelbildung hervorrufen, wenn der Sporn in der Ruhelage eine aerodynamisch günstige Form besitzt. Das Muskelbündel im Sporn wird bei seiner Kontraktion den Sporn trachealwärts ziehen und bei einer allgemeinen Kontraktion der Muscularis die Lichtung konform einzuengen imstande sein. Über die respiratorischen Winkeländerungen, die auf Abb. 100 gut zu erkennen sind, wurde schon S. 74 gesprochen.

Die Beziehung der Fibrocartilaginea zur Schleimhaut und das Ende der Fibrocartilaginea am Übergang der Bronchi in die Bronchioli

Daß die Fibrocartilaginea und die Schleimhaut durch vorwiegend elastische Fasern, die quer und schräg verlaufen sollen, verbunden sind, wird schon von Policard und Galy und von Heiss beschrieben. Im Bereich der großen Bronchi sind solche Verbindungen vielfach nicht zu sehen, ebenso im Bereich der mittleren Bronchi. An den kleinen Bronchi dagegen sieht man an Längsschnitten (Abb. 98) zahlreiche zarte elastische Fasern, die vom Perichondrium oder der übrigen Faserhaut schräg alveolenwärts das Venennetz der extramuskulären Schicht durchsetzen und sich zum Teil durch die Muscularis bis an die Elastica mucosae verfolgen lassen. Die zwischen diesen Fasern gelegenen Venenquerschnitte erscheinen entsprechend dem Faserverlauf vielfach abgeplattet. Dieses Fasersystem wird imstande sein, alle in der Schleimhaut entstehenden Längsspannungen trachealwärts auf die Fibrocartilaginea zu übertragen, die selbst trachealwärts immer stärker wird, wenn auch ihre Dickenzunahme keineswegs nur auf das Einstrahlen dieser Fasern aus den inneren Schichten zurückzuführen ist. In diese Schrägfasern finde ich gelegentlich glatte Muskelfasern eingebaut, die als Spannmuskeln der elastischen Fasern dienen können. Trotz dieser Verbindung der Schichten ist die präparatorische Ablösung der Fibrocartilaginea von der inneren Schicht leicht möglich, da die Fasern ja sehr zart sind, wie auch Policard und Galy schon angeben.

Ähnliche, aber viel stärkere Schrägfasern ziehen am Übergang der Bronchi in die Bronchioli von der Fibrocartilaginea zur Schleimhaut, und zwar endigt die ganze Faserhaut mittels solcher Schrägfasern an der Schleimhaut. Teils gehen diese Schrägfasern direkt von der distalen Kante des Reiterknorpels aus (Abb. 97b S.E.),

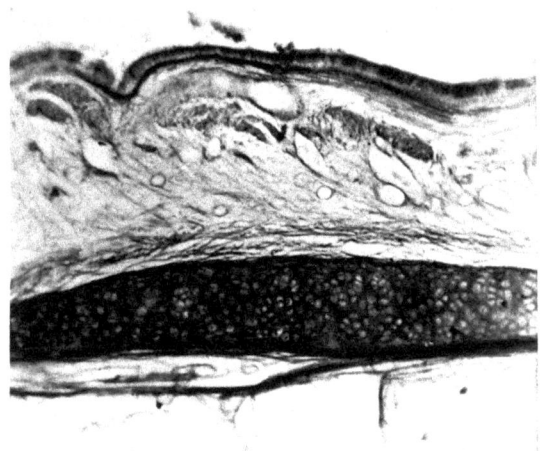

Abb. 98. Längsschnitt durch einen mittleren Bronchus. Schrägfasern zwischen Elastica und Fibrocartilaginea

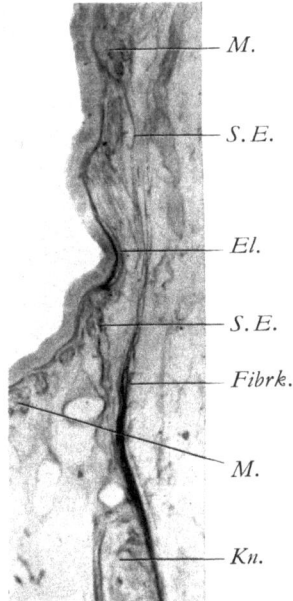

Abb. 99. Längsschnitt durch den Übergang eines Bronchus in einen Bronchiolus. Endigung der Fibrocartilaginea durch Ausstrahlen ihrer elastischen Fasern *S.E.* in die Elastica mucosae *El., Kn.* Knorpel, *M.* Muskulatur. (Aus v. Hayek, Erg. Anat. **35**)

teils aus der übrigen Faserhaut (Abb. 99). Dadurch werden die im Bereich der Alveolen entstandenen Spannungen durch die Schleimhaut der Bronchiolen sowohl auf die Bronchialschleimhaut als auch auf die Fibrocartilaginea übertragen werden können; hier erfolgt die Übertragung der Spannungen des ganzen Lungenparenchyms durch die Schleimhaut der Bronchioli auf die Bronchi, so daß die Übertragungsstelle einen wesentlichen Punkt im Gesamtspannungssystem der Lunge bedeutet, das von den Alveolen bis zum Kehlkopf reicht und für den gesamten Bronchialbaum wie die Atmung überhaupt von so großer Bedeutung ist (s. Abb. 1, S. 3).

Die Endigung der Fibrocartilaginea, an der Grenzmembran, wie sie v. Möllendorff beschreibt und schematisch abbildet, habe ich dagegen nie gefunden, so wie ja auch Läppchen, wie sie Möllendorff darstellt, die wie eine Beere am Stiel des Bronchus hängen, beim Erwachsenen gar nicht oder nur höchst selten vorkommen (s. S. 100).

Die Funktion der Fibrocartilaginea

Die Fibrocartilaginea ist das wichtigste Längsspannungssystem der Bronchialwand, das, durch den atmosphärischen Luftdruck in Spannung gehalten, die Spannungen des Lungenparenchyms über die Bronchioli auffängt und auf die Trachea und damit den Kehlkopf überträgt (Abb. 1). Die Schleimhaut der Bronchi ist wohl der Fibrocartilaginea parallel geschaltet, kommt aber durch ihre wesentlich schwächere Struktur nur in zweiter Linie für die Übertragung der Gesamtspannung in Frage, besonders, da in ihr entstehende Längsspannungen im ganzen Bereich der Bronchi durch Schrägfasern trachealwärts auf die Fibrocartilaginea übertragen werden.

Für die Aufrechterhaltung der Lichtung kann die Fibrocartilaginea nur wenig beitragen. Das zeigt besonders ein aus der Lunge herauspräparierter Bronchialbaum, der auf der Unterlage liegend fast völlig kollabiert. Offen gehalten wird die Lichtung durch die halbringförmigen Knorpel der großen Bronchi und durch die kompliziert verzweigten Knorpel (Abb. 96) am Übergang zu den mittleren Bronchi. Nahe den Teilungsstellen werden die Reiterknorpel eine ähnliche Wirkung haben, besonders dort, wo Teilungen nahe hintereinander gelegen sind und in verschiedenen Ebenen erfolgen. Die Aufgabe des Reiterknorpels sehe ich vorwiegend in einer Verstärkung der Faserzüge der Fibrocartilaginea an einer Stelle, wo Scherungsbeanspruchung durch den Richtungswechsel der Faserzüge zustande kommt. Die Faserzüge werden durch den Einbau von Knorpelstücken fest zusammengehalten und in ihrer gegenseitigen Lage fixiert. Eine genauere Analyse der Faseranordnung in der Fibrocartilaginea, insbesondere in bezug auf die Frage der Entstehung der Bronchiektasien, fehlt jedoch leider bisher.

Die Lichtung der Bronchi

Die Weite der Bronchiallichtung wird aufrechterhalten durch den Unterschied zwischen dem intrabronchial herrschenden Luftdruck und dem Unterdruck im peribronchialen Gewebe (s. S. 49, Abb. 29). Daß auch schon außerhalb der Muscularis zwischen ihr und der Fibrocartilaginea ein ähnlicher Unterdruck herrscht, ist auf Grund der Spalten in der Fibrocartilaginea wahrscheinlich und erscheint mir durch das Vorragen eines Lungenläppchen mit weiten Alveolen in diesen Raum (Abb. 95) bewiesen. (In dem Schema, Abb. 29, ist dieser Raum, da auch die Muscularis nicht gezeichnet ist, nicht berücksichtigt.) Die Muscularis mit ihren elastischen

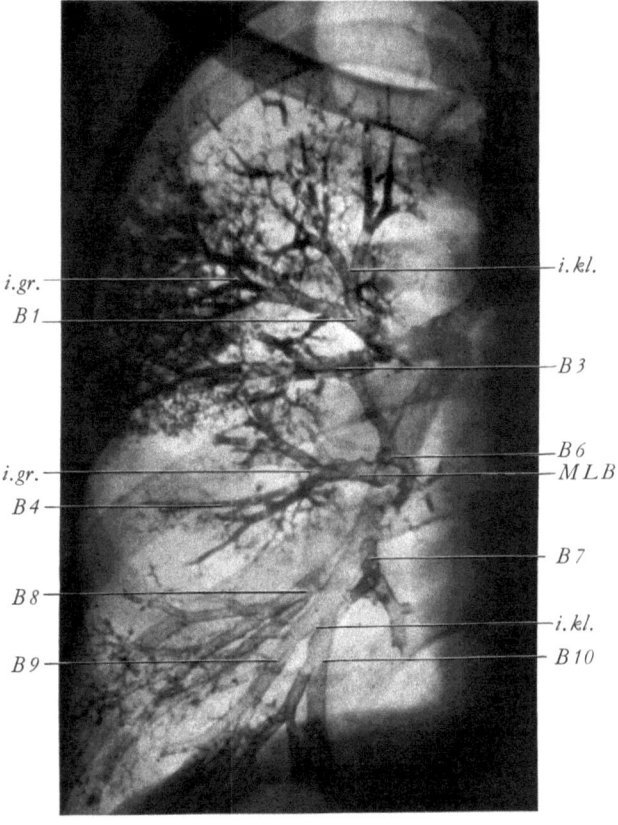

a

Abb. 100a u. b. Bronchographie der rechten Lunge in tiefster Inspiration (a) und tiefster Exspiration (b). (Aufnahmen Prof. Stutz.) Änderung der Weite der Lichtung. *i.gr.* horizontale Bronchi mit inspiratorischer Winkelvergrößerung. *i.kl.* senkrechte Bronchi mit inspiratorischer Winkelverkleinerung

Ringfasern (s. S. 128) wird die in zirkulärer Richtung entstehenden Spannungen auffangen. Die inspiratorische Erweiterung der Bronchien, die Stutz (1949) bronchographisch sehr schön dargestellt hat, zeigt, wie die Weite der Bronchi vom Unterdruck abhängt, der im Thorax und damit auch im interstitiellen peribronchialen Bindegewebe herrscht. Noch mehr als bei der Exspiration verengen sich die Bronchi der durch Pneumothorax völlig kollabierten Lunge (Stutz), wenn also der Unterdruck im Thorax völlig aufgehoben ist und die Druckdifferenz zwischen Bronchuslumen und peribronchialem Raum gleich Null geworden ist. Andererseits wird auch bei Zunahme des Druckes außerhalb des Bronchus während des Hustenstoßes die Bronchiallichtung stark verengt (Stutz), da in diesem Augenblick sich der Druck in den Bronchien durch den Kehlkopf beinahe dem Außendruck angeglichen hat, innerhalb der Alveolen aber noch Überdruck herrscht, der bei der heftigen Exspirationsbewegung entsteht, einer Exspirationsbewegung, die einen Überdruck im ganzen Thoraxraum — also auch im interstitiellen Gewebe — erzeugt.

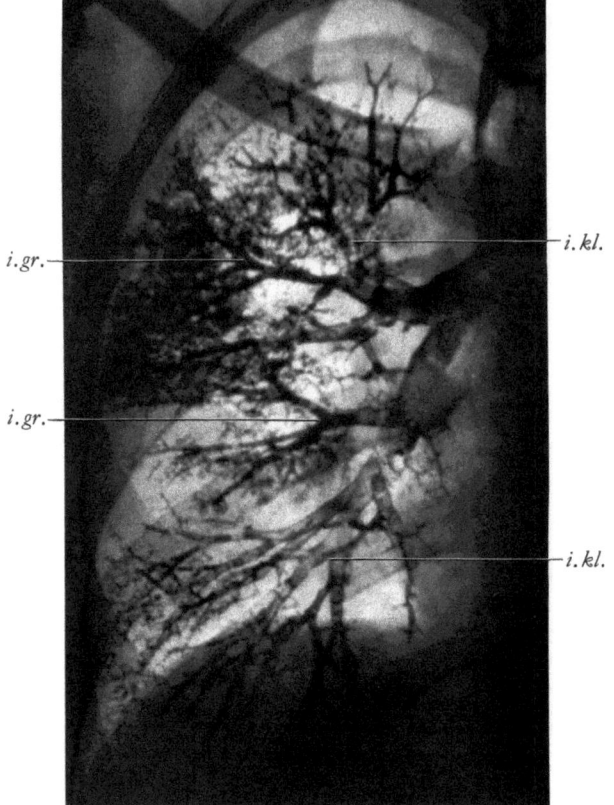

Abb. 100 b

Das peribronchiale Gewebe (Peribronchium)

Das peribronchiale Gewebe, im allgemeinen wenig beachtet, hat erst von Policard (1938) als „la peribronche" eine Würdigung erfahren, doch betrachtet Policard
im wesentlichen nur die Bindegewebsbündel des peribronchialen Gewebes sowie
seine Lymphgefäße. Entsprechend dieser französischen Bezeichnung möchte ich als
deutsche Bezeichnung „das Peribronchium" einführen.

Das Peribronchium reicht entlang der Bronchi (Abb. 29) vom Hilus bis an die
Bronchioli dort, wo die Wand des Bronchiolus in das Lungenparenchym eingebaut
ist. Es hängt erstens mit dem periarteriellen Gewebe zusammen, das die Arterien
noch bis in die Nachbarschaft der Bronchioli alveolares begleitet (Abb. 29). Weiter
geht es im Bereich der großen Venen in das diese begleitende perivasculäre Gewebe
über, und den Venen entlang findet es seine Fortsetzung in das Gewebe der Septa
interlobularia, von denen ja nur wenige bis an die Bronchi heranreichen. Die Septa
interlobularia schließlich hängen mit dem subpleuralen Bindegewebe zusammen.
Alle diese Gewebe, das peribronchiale, perivasculäre, interlobulare und subpleurale
Gewebe, bilden zusammen das interstitielle Bindegewebe der Lunge, das ja bei
gewissen Formen von Ödem und Entzündungen betroffen ist und dann an Schnitten
besonders deutlich hervortritt (Abb. 28 und Lauche).

Während die Abgrenzung des interstitiellen peribronchialen Gewebes gegen das Lungenparenchym durch dessen Grenzmembran eine sehr scharfe ist, hängt es mit der Fibrocartilaginea der Bronchi durch seine Bindegewebszüge zusammen und ist von dem übrigen interstitiellen Gewebe nur durch dessen topographische Beziehung abgrenzbar.

Das gesamte interstitielle Gewebe liegt in einem Raum mit Unterdruck (Abb. 29, S. 45), der durch die elastische Spannung des Lungengewebes aufrechterhalten wird. Ein Unterdruck, der für die Funktionen des peribronchialen Gewebes von besonderer Wichtigkeit ist. Wenn das Peribronchium auch Längsfaserzüge enthält, die mit der Fibrocartilaginea zusammenhängen und demgemäß als Adventitia der Bronchi (Policard) bezeichnet werden kann, so ist es doch im ganzen ein lockeres Gewebe, das eine präparatorische Ablösung der Bronchi von der Umgebung gestattet und in vivo eine Verschieblichkeit der Bronchi gegen die Umgebung ermöglicht. Als

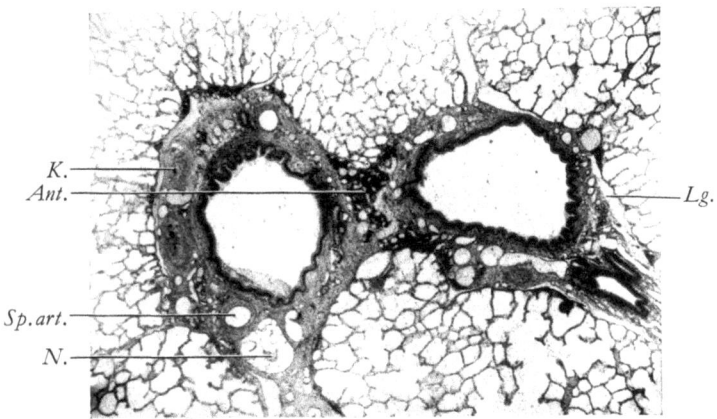

Abb. 101. Schnitt durch zwei Bronchi nahe einer Teilungsstelle. *Ant.* Anthrakotisches Gewebe im Teilungswinkel. *K.* Knorpel, *Sp.art.* Sperrarterie, *N.* Nerv im Fettgewebe, *Lg.* Lymphgefäß

Bestandteile des Peribronchium sind außer lockerem und faserreichem Bindegewebe besonders das Fettgewebe und lymphoide Gewebe zu nennen, die beide Staubpigmente enthalten können, ferner liegen im Peribronchium Bronchialarterien, Bronchialvenen, Nerven und zahlreiche Lymphgefäße sowie vielfach Bronchialdrüsen. Für die Lymphgefäße (Abb. 78, 84) dürfte ihre Lage im Unterdruckraum des Peribronchium von besonderer Wichtigkeit sein, doch soll über die Lymphbahnen im ganzen erst in einem späteren Kapitel (s. S. 310) gesprochen werden.

Für das lockere Bindegewebe des Peribronchium gilt das über das lockere interlobuläre Bindegewebe (S. 105) Gesagte. Das faserreiche Bindegewebe dient vorwiegend der Umhüllung der strangförmigen Fettläppchen (Abb. 78, 94, 101) in deren Innerem vielfach Nerven (Abb. 101) und auch Arterien gelegen sind (Abb. 78, 94). Die zentrale Lage der Nerven in den von Bindegewebe umschlossenen Fettsträngen macht den Eindruck einer mechanisch festen Polsterung der Nerven gegen äußere Einflüsse, ohne daß hier der Wert einer solchen Polsterung verstandlich wäre. Die Bedeutung dieser Einlagerung der Nerven in das Fettgewebe erscheint mir völlig unklar.

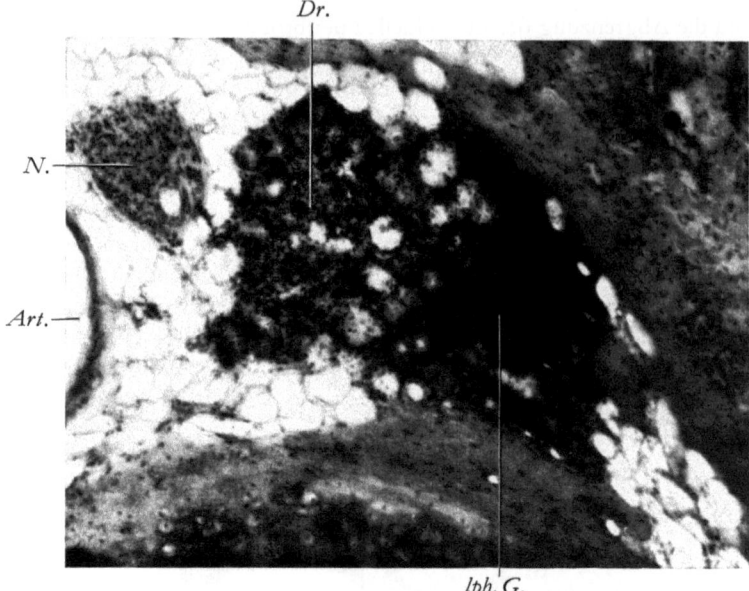

Abb. 102. Peribronchiales Fettgewebe mit Einlagerungen. *N.* Nerv, *Art.* Arterie, *Dr.*
Drüse, *lph. G.* lymphoides Gewebe. 100fach

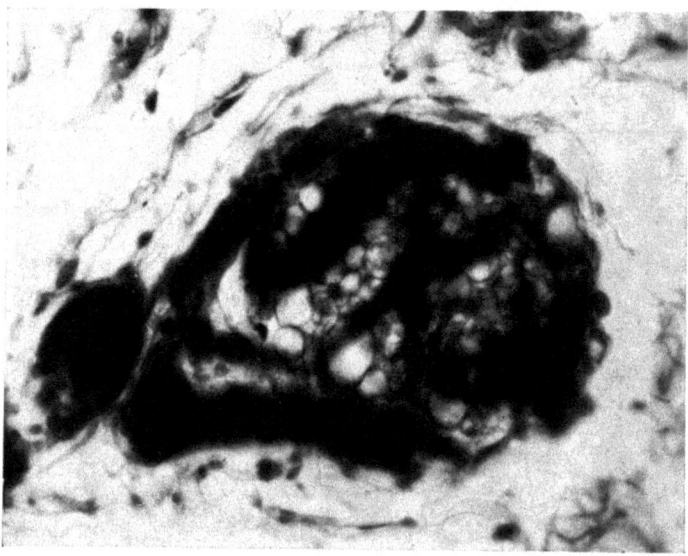

Abb. 103. Peribronchiales Fettläppchen von Neugeborenen mit blutgefüllten Gefäßen und
plurivacuolären Fettzellen. 400fach

Das Fettgewebe ist nur zum Teil in dieser Weise in strangförmigen Fettläppchen
scharf durch eine Bindegewebshülle abgegrenzt, an anderen Stellen geht es ohne
scharfe Grenze in das lockere Bindegewebe oder lymphoide Gewebe über (Abb. 102)
oder schiebt sich an die Drüsenschläuche heran.

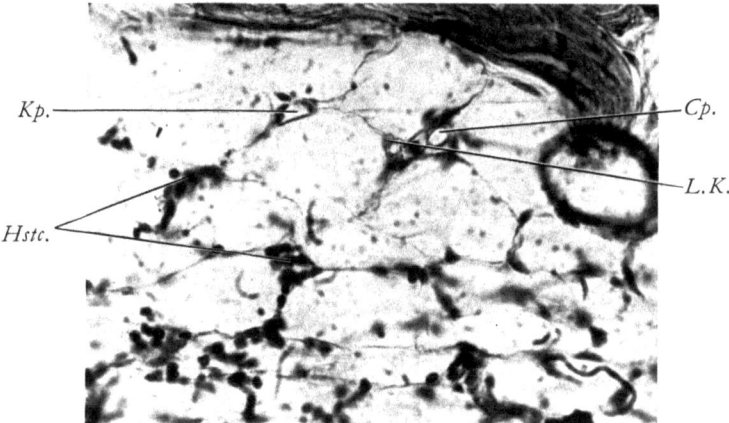

Abb. 104. Peribronchiales Fettgewebe. *L.K.* Lochkern, *Cp.* Capillare, *Hstc.* Histiocyten.
300fach

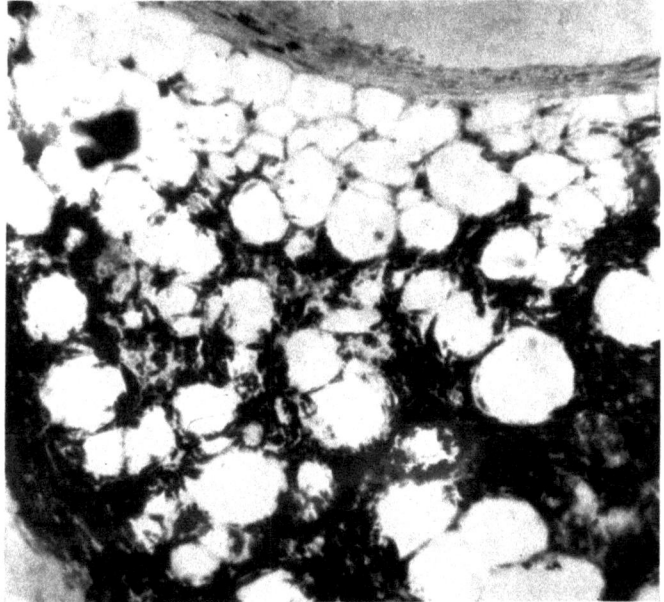

Abb. 105. Peribronchiales Fettgewebe mit anthrakotischen Staubzellen. 200fach

Schon beim reifen Neugeborenen finden sich deutlich abgegrenzte Fettläppchen
aus plurivacuolären Fettzellen bestehend wie im subpleuralen Gewebe (s. S. 40) mit
reichlich Blutgefäßen (Abb. 103). Beim Erwachsenen sind die Fettzellen univacuolär.
Zwischen den Fettzellen, gelegentlich mit typischem Lochkern (Abb. 104), finden
sich meist reichlich Zellen, und zwar handelt es sich im allgemeinen um Histiocyten,
am Übergang in lymphoides Gewebe auch um Lymphocyten. In nächster Nachbarschaft von völlig pigmentfreiem Fettgewebe findet sich solches mit reichlich Pigment
zwischen den Fettzellen, und zwar liegt dieses Staubpigment, soviel ich sehe, durchwegs in den Histiocyten. Die Menge dieser mit anthrakotischem Staub beladenen

Histiocyten kann so groß sein (Abb. 78, 101, 105, 106), daß die Fettzellen nur als runde Löcher in dem dichtgelagerten schwarzen Pigment erscheinen. Diese histiocytären Staubzellen sind klein mit Fortsätzen, der Form der Zwischenräume zwischen

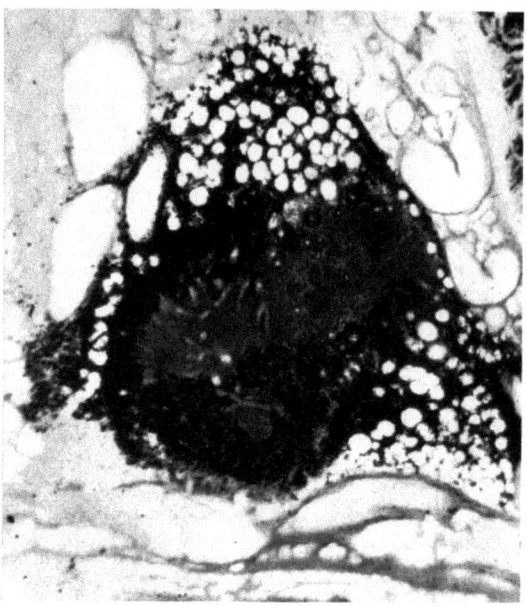

Abb. 106. Peribronchiales Fettgewebe mit anthrakotischem Pigment umschließt staubfreies lymphoides Gewebe mit Gefäßen. Aus einem Teilungswinkel eines Bronchus. 25fach

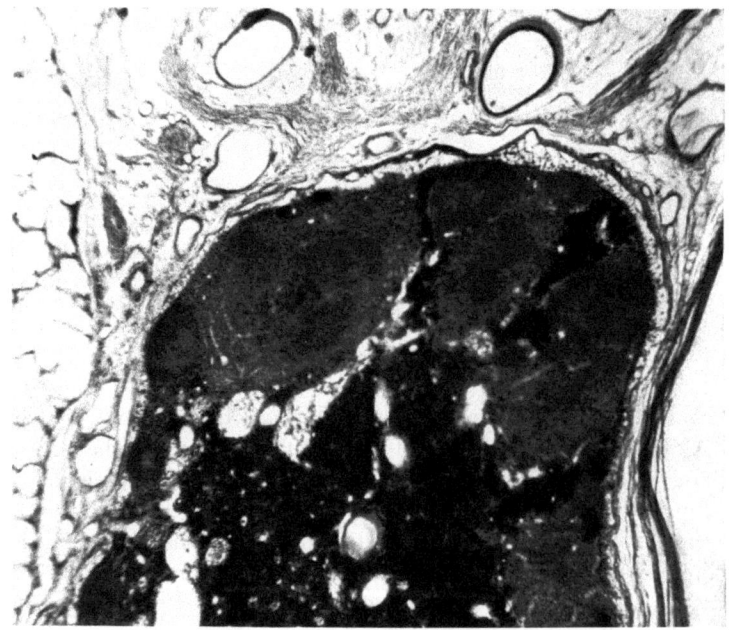

Abb. 107. Bronchialer Lymphknoten im Teilungswinkel eines großen Bronchus mit anthrakotischem Gewebe und staubfreien Lymphonoduli. 25fach

den Fettzellen vielfach angepaßt. Sie besitzen einen kleinen dunklen Kern und unterscheiden sich deutlich von den in den Alveolen und Bronchioli liegenden epithelialen Staubzellen (s. S. 207), die sich von den Alveolarepithelzellen ableiten. Staubzellen solcher epithelialen Herkunft habe ich im Peribronchium nie gefunden. Sie werden nach meinen Beobachtungen offenbar durchwegs durch die Bronchialwege abtransportiert.

Wenn ich hier von Histiocyten spreche, so schließe ich mich der Bezeichnungsweise Maximows an, der diese Bezeichnung mit dem von ihm geprägten Ausdruck „ruhende Wanderzellen" gleichsetzt, er versteht darunter auch die Clasmatocyten Ranviers und die Adventitiazellen Marchands, so wie er „die vergrößerten cytoplasmareichen Reticulumzellen, die sich als Phagocyten betätigen", dem Zellstamm der Histiocyten zurechnet. Die Histiocyten entwickeln sich nach Maximow aus undifferenzierten periviculär gelagerten Mesenchymzellen, doch bin ich an den mir zur Verfügung stehenden Färbungen nicht imstande, im Fettgewebe Histiocyten und Mesenchymzellen zu unterscheiden.

Von diesem mit Histiocyten durchsetzten Fettgewebe läßt sich mittels Bildern aus dem Peribronchium eine Formenreihe bis zu den Lymphknoten aufstellen, in welche Reihe Bilder von der Beziehung des pigmentierten Gewebes zu lymphoidem Gewebe sich einreihen lassen. Von der Einlagerung einzelner Lymphocyten zwischen die Fettzellen bis zu größeren Mengen lymphoiden Gewebes im Fettgewebe (Abb. 102) finden sich alle Übergänge. Andererseits finden sich im Peribronchium, und zwar im Bindegewebe wie im Fettgewebe, nicht selten Stellen, an denen der Staub so dicht gelagert ist, daß man nur an besonders dünnen Schnitten überhaupt noch Zellen unterscheiden kann. Solches stark mit Staub pigmentierte Gewebe umschließt nicht selten halbbogenförmig lymphoides Gewebe (Abb. 106). Die Beziehung des pigmentierten zum lymphoiden Gewebe ist dabei eine ähnliche wie im bronchialen Lymphknoten, wo das staubbeladene Gewebe der Markstränge an die staubfreien Rindenknötchen angrenzt (Abb. 107). Wenn wir mit Maximow die phagocytierenden Reticulumzellen der Markstränge als Histiocyten bezeichnen, so haben wir in beiden Fällen die Tatsache, daß Gewebe, das vorwiegend aus staubbeladenen Histiocyten besteht, sich um lymphoides Gewebe herumlagert. Schließlich finde ich Stellen, an denen das lymphoide Gewebe halbkreisförmig von einem Lymphgefäß umgeben ist (Abb. 108), wobei wieder mit Lymphocyten durchsetztes und staubbeladenes Gewebe in ähnlicher Weise aneinandergrenzen. Dieses bogenförmige Lymphgefäß erinnert an einen Randsinus, nur daß die Kapsel des Lymphknotens fehlt.

Aus dieser Formenreihe allein läßt sich nicht schließen, daß hier nach der Aneinanderlagerung von lymphoidem Gewebe und anthrakotischem Gewebe Lymphknoten entstehen. Aber einerseits fehlen beim Neugeborenen diese Bildungen völlig, und andererseits liegen diese Ansammlungen lymphoiden Gewebes und anthrakotischen Gewebes meist im Teilungswinkel von Bronchien, was ja der typischen Lage der Lymphknoten entspricht und schließlich, scheint nach meinen bisherigen Beobachtungen die Zahl der Teilungswinkel, die Lymphknoten enthalten, beim Erwachsenen größer als beim Neugeborenen. Es scheint mir daher wahrscheinlich, daß postfetal im Peribronchium Lymphknoten neugebildet werden.

Eine solche Vermutung ist nicht völlig neu und für Lymphknoten überhaupt — wenn auch nicht für bronchiale Lymphknoten — schon ausgesprochen worden

(s. Sternberg). So beschreiben verschiedene Autoren die postnatale Entstehung von Lymphknoten im Fettgewebe, wenn auch betont wird, daß die Neubildung von Lymphknoten „nicht überall dort stattfinden kann, wo Fett existiert". Ob diese Tatsache mit dem Vorkommen zweier Fettgewebsarten — des plurivacuolären und univacuolären (s. S. 40) zusammenhängt — und etwa nur das plurivacuoläre Fettgewebe fähig ist, lymphoides Gewebe zu bilden, ist ungewiß. Daß entspeichertes plurivacuoläres Fettgewebe zu lymphoidem Gewebe werden kann, hat Wassermann angegeben, und daß das peribronchiale Fettgewebe des Neugeborenen plurivacuoläres Fettgewebe ist, habe ich oben beschrieben.

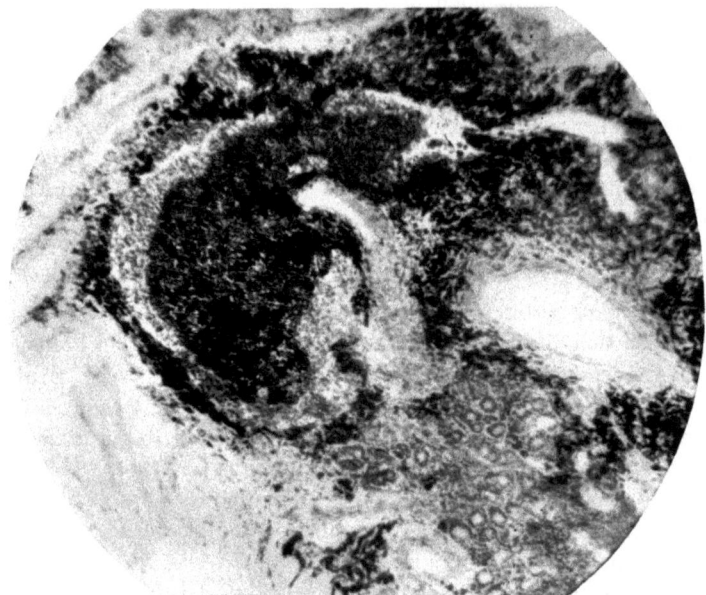

Abb. 108. Lymphoides und anthrakotisches Gewebe mit halbbogenförmigem Lymphgefäß aus dem Peribronchium. 60fach

Es ist nun die Frage zu stellen, wie das anthrakotische Pigment in das Peribronchium gelangt. Offenbar spielt für den Transport dieses Pigmentes der Unterdruck im Peribronchium eine sehr wesentliche Rolle. Es wird hier das gleiche gelten wie für den Pleuraraum und das subpleurale Gewebe (s. S. 45). Hier wie dort herrscht außerhalb der Grenzmembran des Lungengewebes ein Unterdruck, der wesentlich geringer ist als der Druck innerhalb der Alveolen, der ja gewöhnlich nur geringen Atmungsschwankungen unterworfen ist und gelegentlich wie beim Hustenstoß stark ansteigt. Der Druckunterschied wird nicht nur den Abfluß des Blutes in den Venen aus dem Gebiet der Alveolen nach den Venen im interstitiellen Gewebe fördern können, sondern auch den Abfluß der Gewebsflüssigkeit durch die Grenzmembran des Lungengewebes in das interstitielle Gewebe. Ein solcher Flüssigkeitsstrom zur Pleura hin wird schon von verschiedenen Autoren beschrieben (s. S. 251). Über einen gleichen Flüssigkeitsstrom zum Peribronchium konnte ich jedoch noch keine Angaben finden. Dennoch dürfte ein solcher Flüssigkeitsstrom vorhanden sein, da ja die gleichen mechanischen Verhältnisse gegeben sind. Außerdem wandert ja offensichtlich der in die Alveolen gelangte Staub in das Peribronchium. Da nun einerseits Staubzellen epithelialer Herkunft aus den Alveolen nicht im Peribronchium beobachtet wurden, andererseits staubbeladene Histiocyten in den Alveolen (s. S. 207) meiner Meinung nach nicht mit Sicherheit nachgewiesen sind, scheint der Weg der freien Wanderung von Staubkörnchen mit dem Flüssigkeitsstrom aus den Alveolen in das Peribronchium mir derzeit der wahrscheinlichste. Wenn ich einen solchen Flüssigkeitsstrom aus den mechanischen Verhältnissen erschließe und ihn für die Staubwanderung verantwortlich mache, so scheint mir dieser Flüssigkeitsstrom nicht minder wichtig für den gesamten Abtransport von Gewebsflüssigkeit aus den Alveolarsepten sowie unter Umständen für den Abtransport von Ödemflüssigkeit aus den Alveolarsepten, ja sogar den Alveolen selbst (s. S. 311).

Bronchiolus terminalis und Alveolenbäumchen

Der Bronchiolus terminalis ist der letzte Abschnitt des Bronchialbaumes, der noch eine kontinuierliche Auskleidung aus prismatischen Epithelzellen besitzt. Zwischen den Flimmerzellen, die denen der größeren Bronchioli und Bronchi gleichen, finden sich aber auch Zellen, die eine starke funktionelle Veränderlichkeit zeigen wie ähnliche Zellen in den Bronchioli alveolares und wie die Alveolarepithelien, so daß die Besprechung dieser Zellen besser in diesem Zusammenhang erfolgt.

Aus der Teilung eines Bronchiolus terminalis gehen Bronchioli alveolares hervor, die, wie ihr Name sagt, Alveolen tragen[1]; sie sind außerdem noch durch glatte Wandabschnitte ausgezeichnet, in denen kein kontinuierliches prismatisches Epithel mehr vorhanden ist. Die Capillaren drängen sich hier zwischen die prismatischen Zellen vor, so daß an diesen glatten Wandpartien ein Bild ähnlich dem des Alveolarepithels entsteht, in welches das Epithel dieser Wandpartien ohne scharfe Grenze übergeht.

Ebenso wie das Epithel in den Bronchioli alveolares einen kontinuierlichen Übergang vom Epithel der Bronchioli zu dem der Alveolen zeigt, so zeigen auch die anderen Bestandteile der Wand hier einen Übergang von dem Bautypus der Bronchiolenwand zum Bautypus der Ductus und Sacci alveolares, die aus Teilungen der Bronchioli alveolares hervorgehen. Alle Wandbestandteile — Capillaren, kollagenes, elastisches und retikuläres Bindegewebe und Muskulatur — sind hier von dieser Umordnung betroffen. Außer diesen Gewebselementen soll die Oberflächenspannung für die Form und Größe der Alveolen eine Rolle spielen, deren Wirkung auf Oberflächenformen in dieser Größenordnung nicht zu vernachlässigen ist. Durch die aufeinanderfolgenden Teilungen der Bronchioli terminales, Bronchioli alveolares

---

1 Ich ziehe wie Braus die Bezeichnung Br. alveolares der Bezeichnung Br. respiratorii vor, da der Ausdruck respiratorisches Epithel vielfach für das Flimmerepithel der Nasenhöhle und des Tracheobronchialbaumes gebraucht wird.

und der Ductus alveolares mit den Alveolen in ihrer Wand bietet der Ausguß der Lichtung das Bild von Bäumchen, die wir Alveolenbäumchen nennen können. Über die Begriffe Acinus und Racemus, die für solche Bäumchen geprägt wurden, wird in einem eigenen Abschnitt gesprochen.

Sekretionsvorgänge in den Epithelzellen der Bronchioli terminales und alveolares

Wenn auch in den Bronchioli terminales Becherzellen fehlen, so ist doch an der Oberfläche ihres Flimmerepithels oft ein schleimähnlicher Belag sichtbar, und bei Asthma wird gerade in den kleinsten Bronchioli eine Sekretvermehrung beschrieben. Es ergab sich daher die Frage, woher dieses Sekret stammt.

Es sind nun verschiedene Erscheinungen im Epithel der Bronchioli terminales bzw. Bronchioli alveolares zu beobachten, die mit einer Sekretbildung in Zusammenhang stehen können, und zwar erstens das Vorhandensein von Körnchen im Plasma von Flimmerzellen zwischen Kern und Oberfläche, zweitens die Bildung von keulenförmigen Zellfortsätzen und drittens Vacuolenbildungen in und an der Oberfläche der Zelle.

Bei Azanfärbung[1] finde ich in Flimmerzellen zwischen Kern und Flimmersaum im Plasma unregelmäßig größere Körnchen (Abb. 109), die sich ähnlich wie das Chromatin im Kern intensiv rot färben. Sie liegen oft dem Kern enge an, der an dieser Seite abgeplattet oder eingedellt ist. Die Kernmembran ist hier besonders dünn und scheint manchmal ganz zu fehlen. Man hat vielfach den Eindruck, daß die Körnchen aus dem Kern stammen, es sich also um eine Kernsekretion handelt. Einerseits zeigen Kerne eine ähnlich dichte rote Körnelung, andererseits sind Kerne, aus denen die Körnchen ausgetreten scheinen, manchmal beinahe leer von Chromatinkörnchen (Abb. 110). An einzelnen Zellen reichen die Körnchen bis unter den Flimmersaum der Zellen. Ebenso rot gefärbte Körnchen finde ich auch zwischen den Flimmerhaaren und sogar gelegentlich im Schleimüberzug des Epithels, ohne daß ich jedoch sagen könnte, ob es sich hier um die gleichen Körnchen handelt.

Die Flimmerzellen vom Bronchiolus terminalis bis zu den kleinen Bronchi zeigen diese gleiche Körnelung, die dagegen den Flimmerzellen der Drüsenausführungsgänge und den Bronchioli alveolares fehlt. Diese Tatsache spricht dagegen, daß die Körnchenbildung irgend etwas mit der Bildung der Keulenzellen oder der Vacuolen zu tun hat, die gerade in den Bronchioli alveolares gefunden wird. Clara (1936) nimmt nämlich an, daß von ihm beobachtete, mit Azan rot färbbare Körnchen als Vorstufen des Sekrets der Keulenzellen zu betrachten seien, die sich nach ihm aus Flimmerzellen entwickeln sollen, wobei an Stelle der Mitochondrien die genannten Körnchen sichtbar werden. Jedenfalls kann ich bisher nicht entscheiden, ob es sich bei der Bildung dieser Körnchen um einen Sekretionsvorgang handelt oder um einen Stoffwechselvorgang in der Zelle ohne Sekretabgabe.

Die Keulenzellen (Abb. 112 und 113) wurden schon 1936 von Clara vom Kaninchen und vom Menschen beschrieben. Es handelt (Hayek, 1951) sich um schlanke Zellen, die mit einem keulen- oder lappenförmigen Fortsatz über die kubischen Zellen vorragen (Abb. 111, 112). Das Cytoplasma dieser Fortsätze kann homogen erscheinen oder läßt manchmal kleine Vacuolen erkennen. Diese Keulen-

---

1 Abart nach Petersen mit Säurealizarinblau und Phosphorwolframsäure.

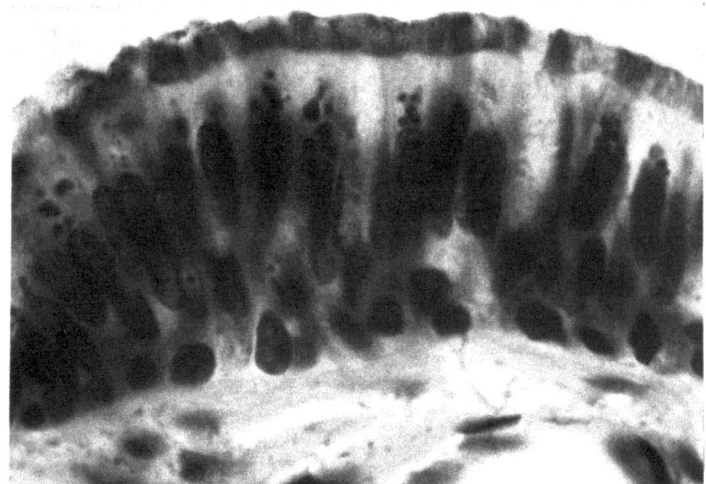

Abb. 109. Epithel eines Bronchiolus. Körnchen in Flimmerzellen, dazwischen eine Becherzelle. Azan Petersen, Säurealizarinblau — Phosphorwolframsäure. 1000fach

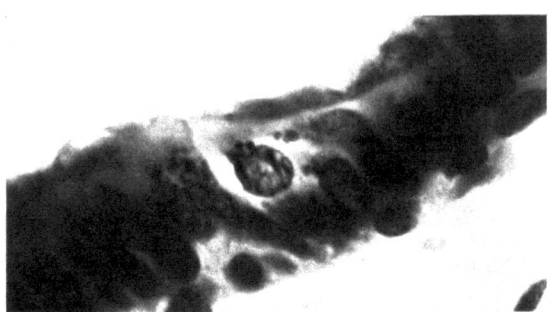

Abb. 110. Wie Abb. 109, Körnchen einem chromatinarmen Zellkern anliegend, Kernmembran dort abgeflacht und dünn

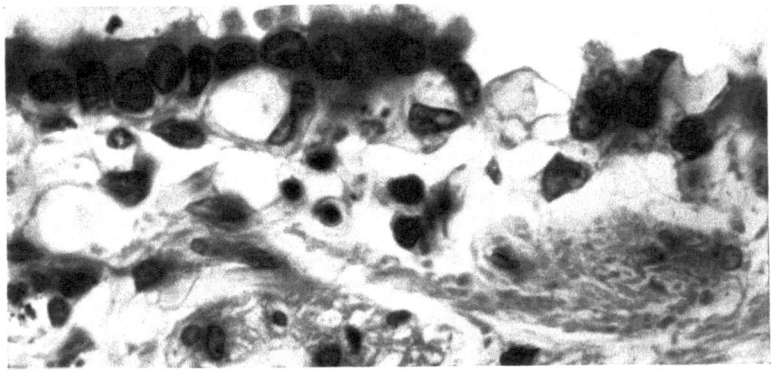

Abb. 111. Bronchiolus alveolaris, Epithelrand und durch Capillare isolierte Epithelzellen,
Keulenzellen. Häm.-Eos. 1000fach

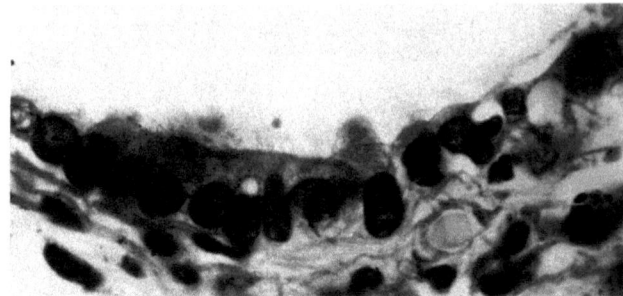

Abb. 112. Bronchiolus alveolaris, Flimmerzellen, flimmerlose Zellen, Keulenzellen und paranucleäre Vacuole. Häm.-Eos. 1000fach

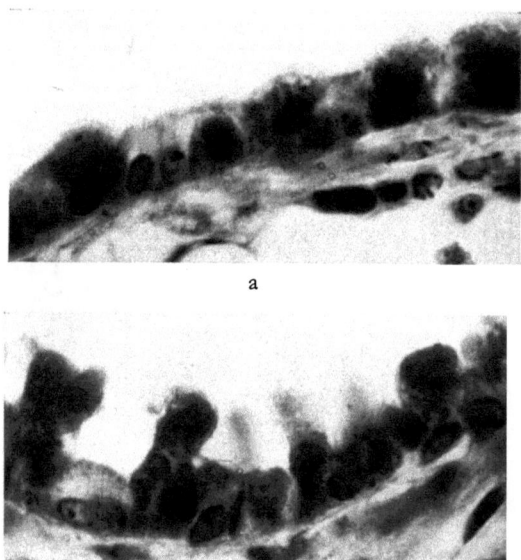

a

b

Abb. 113a u. b. Bronchiolenepithel von der Maus. a kubisch mit hellen Flimmerzellen und dunklen Kuppelzellen nach Atropingabe. b Keulenzellen zwischen Flimmerzellen nach Adrenalingabe. 1000fach

zellen liegen einzeln oder in Gruppen zwischen kubischen, flimmertragenden oder flimmerlosen Zellen. Nachdem ich bei der Maus (1943) nach Adrenalineinwirkung 1:1000 (Abb. 113b) auch solche Keulenzellen und nach Atropineinwirkung 1:1000 nur kubische flimmerlose Zellen (Abb. 113a) zwischen den Flimmerzellen beobachtet habe, ist zu schließen, daß es sich um zwei verschiedene Funktionszustände flimmerloser Zellen handelt. Macklin (1949) hat solche Keulenzellen und flimmerlose Zellen an unbehandelten Mäusen beobachtet und durch Silberimprägnation deutlich hervorgehoben. Clara (1936) sieht in diesen Fortsätzen einen apokrinen Sekretionsvorgang, welcher Meinung ich mich anschließe.

Eine weitere Erscheinung, die meist unabhängig von den eben beschriebenen im Epithel der Bronchioli terminales und alveolares beobachtet werden kann, sind paranucleäre Vacuolen. Diese Vacuolen finden sich einzeln an der apikalen Seite der Zelle, dem Zellkern so dicht angelagert, daß er an der Anlagerungsstelle abgeflacht oder eingedellt erscheint (Abb. 112, 114). Große Vacuolen füllen den lumenwärts vom Kern gelegenen Teil der Zelle völlig aus, so daß das Cytoplasma zu einem dünnen Häutchen ausgezogen erscheint. Die Eindellung des Kernes durch die Vacuole spricht für eine Absonderung des Vacuoleninhaltes unter einem beträchtlichen Druck. Dadurch ähneln diese Zellen bis zu einem gewissen Grade den Becherzellen, mit welchen sie offenbar verwechselt wurden, wenn Becherzellen in Bronchioli alveolares beschrieben wurden. Wie die Bilder zeigen, unterscheiden sich aber diese vacuolenhaltigen Zellen deutlich von Becherzellen. Der Inhalt der Vacuolen bleibt bei H.E.-Färbung völlig ungefärbt und erscheint bei Azanfärbung blaß rosa im Gegensatz zum bläulichen Inhalt der Becherzellen.

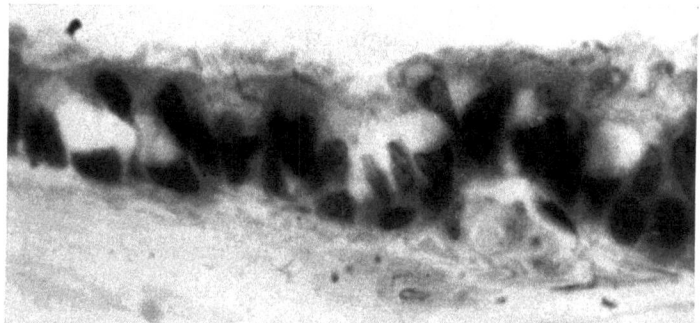

Abb. 114. Bronchiolus alveolaris. Paranucleäre Vacuolen. Häm.-Eos. 1000fach

Als eine dritte Erscheinungsform eines Sekretionsvorganges sind dünnwandige Bläschen oder Vacuolen zu beschreiben, die vom Epithel gegen das Lumen vorragen und den Bildungen gleichen, die von Schaffer (1933) und Krüger (1937) an Epithelien von Nierenkanälchen als Kuppenbläschen bezeichnet wurden. Die Wand dieser Kuppenbläschen liegt mit ihrer Dicke an der Grenze der lichtmikroskopischen Darstellbarkeit. Ich konnte sie nur bei Azanfärbung erkennen (Abb. 116). Nun hat B. Kisch (1958) offenbar gleichartige Bläschen am Bronchiolus vom Kaninchen elektronenmikroskopisch dargestellt. An seiner Abbildung enthält ein Bläschen zahlreiche Körnchen, eines wenige Körnchen und das dritte einen feiner strukturierten Inhalt. In die Lichtung vorragende Bläschen oder Vacuolen am Epithel der kleinsten knorpeltragenden Bronchi finde ich auch beim Meerschweinchen (Hayek, 1952). Dadurch, daß solche Zellen eng nebeneinander liegen, geben sie ein etwas anderes Bild als beim Menschen. Nach Einatmung von versprühter Aludrinlösung 0,1—0,3% finde ich dagegen an den entsprechenden Stellen Flimmerzellen. Es handelt sich offenbar um eine Umwandlung von secernierenden Zellen in Flimmerzellen, eine Umwandlungsfähigkeit, die nicht überraschend ist, wenn man daran denkt, daß J. Schaffer (1908) am Eileiter beschrieben hat, daß aus Flimmerzellen secernierende Zellen entstehen. Auch Clara (1937) gibt an, daß eine Umwandlung secernierender Zellen in Flimmerzellen und umgekehrt im Bronchialepithel beim Kaninchen, und zwar bei Trypanblauspeicherung, erfolgt.

Auch die isolierten Epithelzellen der Bronchioli alveolares, die durch Capillaren von dem geschlossenen Epithelverband getrennt sind, also Nischenzellen, zeigen gelegentlich die gleichen Sekretionserscheinungen. So zeigt Abb. 111 eine Keulenzelle, die durch eine Capillare von der Epithelkante getrennt ist; Abb. 116 zeigt zwei

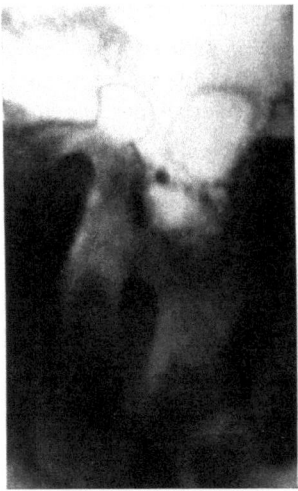

Abb. 115. Vacuolen zum Platzen bereit. Azan, phot. 1000fach. 2:1 vergr.

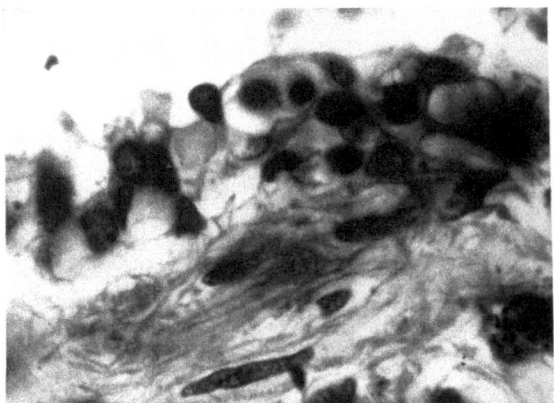

Abb. 116. Übergangszone, Bronchiolus alveolaris, Keulenzelle mit Vacuole neben vacuolisierter Zelle. Häm.-Eos. 1000fach

Nischenzellen, von denen bei der einen an der Basis des keulenförmigen Fortsatzes eine paranucleäre Vacuole liegt. Abb. 137 schließlich zeigt eine andere Übergangsform zwischen Bronchiolusepithel und Alveolarepithel, indem der eine Capillare überragende häutchenartige Fortsatz der letzten Epithelzelle des Bronchiolusepithels an der Basis eine Vacuole enthält.

Auch diese Tatsachen sprechen deutlich gegen die Idee der histiocytären Herkunft der Nischenzellen, die ich noch in einer Arbeit von Wandell (1949) vertreten finde.

Es können somit drei verschiedene Formen von Sekretionsvorgängen an Epithelzellen der Bronchioli terminales bzw. alveolares vom Menschen beschrieben werden,
und zwar die Bildung von Keulenzellen, paranucleären Vacuolen und frei vorragenden
Vacuolen (Abb. 111, 114 und 115). Über das erzeugte Sekret konnten auch die
neueren elektronenmikroskopischen Untersuchungen keinen Aufschluß geben. Es
ist daher auch nicht klar, ob eine dieser drei Sekretionsformen mit der unter pathologischen Umständen bei Asthma bronchiale vermehrten Sekretion in Beziehung
steht.

Die Bronchioli alveolares (respiratorii)

Ein Bronchiolus terminalis teilt sich meist mit einem Winkel von 60—90° in
zwei Bronchioli alveolares (Abb. 117), aus denen durch zwei weitere Teilungen im
ganzen 8 Bronchioli alveolares entstehen, die alle dem Verzweigungsgebiet oder

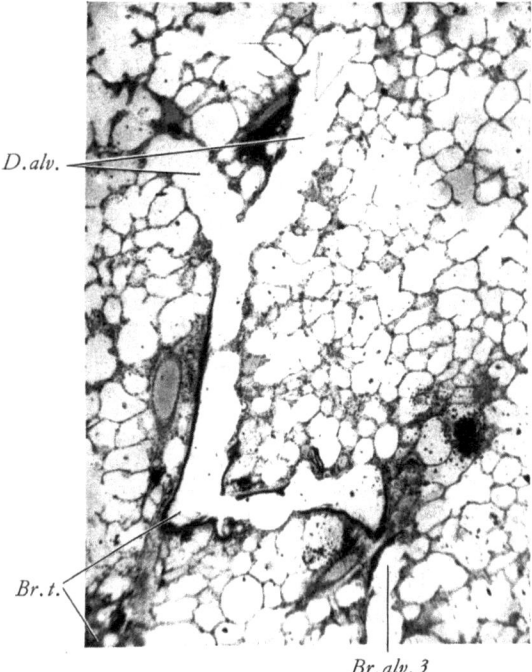

Abb. 117. Teilung eines Bronchiolus terminalis (*Br.t.*) in Bronchioli alveolares. *Br.alv.3*
Bronchiolus alveolaris 3. Ordnung. *D.alv.* Ductus alveolaris. 15fach

Bäumchen eines Bronchiolus terminalis angehören. Man kann entsprechend diesen
Teilungen (wie Loeschcke und Husten) von Bronchioli alveolares 1., 2. und 3. Ordnung sprechen, deren letzter sich wieder in zwei Ductus alveolares teilt. Dabei
erfolgen diese Teilungen keineswegs oft in einer Ebene, sondern aufeinanderfolgende Teilungen stehen vielfach in zueinander senkrechten Ebenen, so daß an einem
Einzelschnitt der Teilungsmodus nicht erkennbar ist, sondern nur an Schnittserien
oder Ausgußpräparaten gesehen werden kann. Engel hat die Verzweigungen des
Bronchiolus terminalis an Kinderlungen mittels Wachsplattenrekonstruktion dargestellt.

Wenn die Teilungen annähernd in einer Ebene liegen, kann dann der aus der dritten Teilung hervorgehende Bronchiolus in rückläufiger Richtung zum Bronchiolus terminalis verlaufen (Abb. 43 und 118), wenn gleichzeitig die Teilungswinkel relativ groß sind. Es entsteht so mit den anschließenden Ductus und Saccus alveolares das Bild eines Kugelbaumes, bei dem sich die letzten Verzweigungen an den Bronchiolus terminalis anlegen oder in seinen Teilungswinkel einlagern können (Abb. 43 und 118). Die Gesamtform des Bäumchens ist auch, wie Engel betont, offenbar vom vorhandenen Raum abhängig und am scharfen Lungenrand oder in Hilusnähe eine andere als etwa mitten im Lungenparenchym.

Ein solcher Teilungsmodus ist jedoch keineswegs die Regel. Statt dichotomischer Teilung findet sich auch Dreiteilung (Abb. 119); oder die beiden Äste sind ungleichwertig, indem ein Bronchiolus terminalis erst seitlich einen Bronchiolus alveolaris abgibt und sich erst dann in zwei weitere Bronchioli alveolares teilt (Engel). Dann

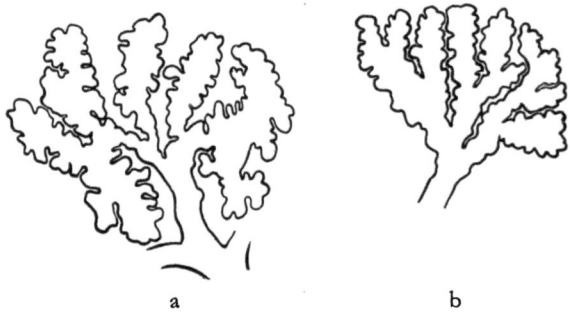

a   b

Abb. 118a u. b. Schema der verschiedenartigen Anordnung der Ductus alveolares.
a Kugelbaum im Inneren der Lunge; b Flächen subpleural

kann die Zahl der aufeinanderfolgenden Teilungen der Bronchioli alveolares vermehrt oder vermindert sein, indem sich schon der Bronchiolus alveolaris 1. Ordnung in zwei Ductus alveolares teilt (Abb. 117) oder eine solche Teilung erst an dem 4. Ordnung erfolgt (Engel). Jedenfalls läßt sich auch hier die Natur nicht in ein Schema zwängen. Beim Kind (Abb. 120) ist die Variabilität offenbar noch größer als beim Erwachsenen.

Entsprechend der Variabilität des Teilungsmodus variiert auch die Länge der Bronchioli alveolares. Bei einer durchschnittlichen, vom Kontraktionszustand sehr abhängigen Weite von etwa 0,4 mm variiert die Gesamtlänge der Bronchioli alveolares von 1—3,5 mm. Die große Variabilität des Teilungsmodus der Bronchioli alveolares dürfte teilweise mit Umbildungsvorgängen zusammenhängen, die nach Policard (1938) und Engel (1950) beim Kind erfolgen, indem durch Rückbildung von Alveolen Bronchioli alveolares in Bronchioli terminales umgewandelt werden. Policard und Galy (1945) nennen die Bronchioli alveolares dementsprechend nach Pablo (1939) bronchioles de transition, welche Bezeichnung auf deutsch Übergangsbronchiolen oder auf lateinisch bronchioli transitionis oder transientes entsprechen würde. Umgekehrt beschreibt Boyden (1967), daß vor dem 4. Lebensjahr Bronchioli terminales durch Neubildung von Alveolen in Bronchioli alveolares umgewandelt werden. Über den Vorgang der postfetalen Neubildung von Alveolen s. S. 211.

Wenn ich im weiteren dennoch von Bronchioli alveolares 1.—3. Ordnung spreche, so ist damit ein häufiger Teilungsmodus verstanden, wobei der Bronchiolus alveolaris 1. Ordnung aus der Teilung des Bronchiolus terminalis entsteht und der 3. Ordnung sich in Ductus alveolares teilt.

Die Weite des aus einem Bronchiolus terminalis (Abb. 85, 92) hervorgehenden Bronchiolus alveolaris ist an Stellen, an denen die Lichtung nicht gerade durch eine Alveole erweitert ist, etwa die gleiche wie die des Bronchiolus terminalis. Nur durch die ansitzenden Alveolen wird die Lichtung stellenweise erweitert, so daß man sagen kann, der Bronchiolus terminalis sei die engste Stelle des Luftweges, auf die eine Erweiterung folgt, die für die Staubablagerung eine wichtige Rolle spielt. An den

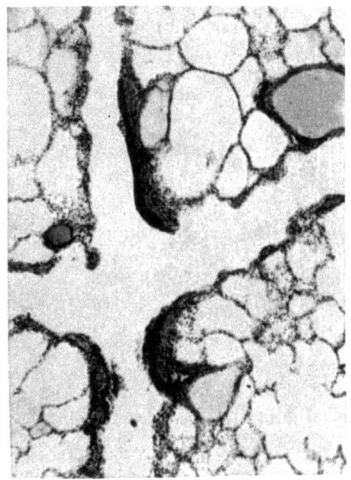

Abb. 119. Dreiteilung eines Bronchiolus alveolaris. 40fach

zwischen den Alveolen gelegenen Muskelringen (Diaphragmen s. S. 156) nimmt die Weite der Lichtung weiter bis zum Bronchiolus alveolaris 3. Ordnung ab (Abb. 92 und 121).

Die Auskleidung mit kontinuierlichem prismatischem Epithel nimmt vom Bronchiolus alveolaris 1. Ordnung, wo sie noch an etwa $^3/_4$ des Umfanges gefunden wird (Abb. 121), bis zum Bronchiolus alveolaris 3. Ordnung an Breite ab (Abb. 120, Engel), so daß sie dort nurmehr einen schmalen Streifen ausmacht (Abb. 122), der alveolenwärts sein Ende findet. Dabei finden sich die ersten Alveolen gegenüber der Anlagerungsstelle an die Arterie und Reste des Epithelstreifens immer an der der Arterie benachbarten Wandpartie (Husten). An den glatten Wandpartien findet sich ein kontinuierlicher Übergang vom Bronchialepithel zum Alveolarepithel, der hauptsächlich durch die Lage der Capillaren zum Epithel charakterisiert ist. Während die Capillaren beim Bronchialepithel in der Schicht unter diesem liegen, finden sie sich schon in der Übergangszone und beim Alveolarepithel in der gleichen Schicht wie die Epithelzellen, die durch die Capillaren in größere oder kleinere Gruppen aneinandergedrängt erscheinen (Abb. 123), wobei diese Zellgruppen alveolenwärts immer kleiner sind, so daß schließlich nur mehr 2 Zellen oder meist eine allein in der Nische zwischen den Capillaren liegt. Das zeigen besonders Silberimprägnationspräparate von Zellgrenzen, wie Kölliker sie schon abgebildet hat, Präparate, von

Abb. 120. Verschiedener Aufteilungsmodus der Bronchioli terminales beim Kind,
Bronchialepithel punktiert. Umzeichnung nach Engel

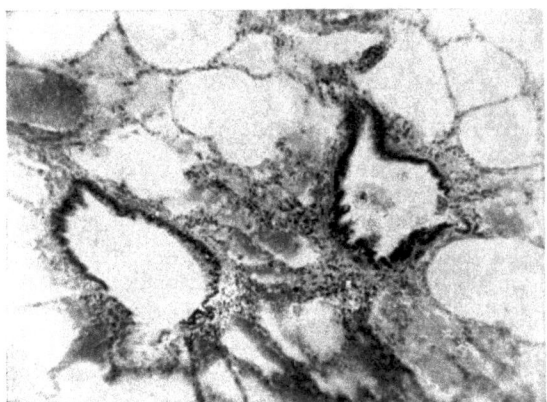

Abb. 121. Bronchioli alveolares 1. Ordnung. 75fach

denen einige noch im Würzburger Institut vorhanden sind (Abb. 124). Über die
hier sichtbaren Linien, die Kölliker als die Grenzlinien der kernlosen Platten
bezeichnet, wird später zu sprechen sein (S. 233). Die einen Teil der Lichtung der
Bronchioli alveolares begrenzenden Alveolen, denen jene ihren Namen verdanken,
sind in ihrer Ausbildung sehr variabel. Zwischen Alveolen, die tiefer sind als die
Breite ihres Einganges (Abb. 125) und ganz flachen Grübchen, die sich kaum von
glatten Wandpartien unterscheiden (Abb. 119), finden sich alle Übergänge. Ebenso
variiert auch die Größe der Alveolen in der Bronchiolenwand. Meist sind sie wesentlich kleiner (Abb. 122b) als die der Saccus alveolares, doch finden sich gelegentlich

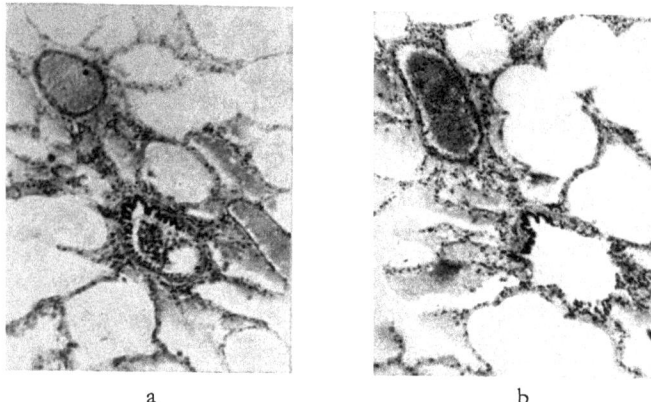

a   b

Abb. 122a u. b. Schnitt durch einen Bronchiolus alveolaris 3. Ordnung, a durch einen
Muskelring; b 5 Schnitte weiter mit Alveolen. 50fach

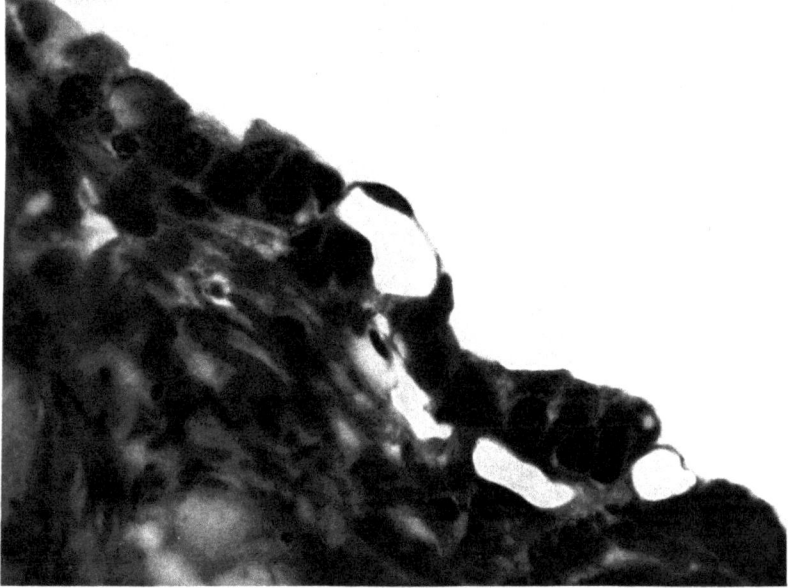

Abb. 123. Bronchiolus alveolaris. Inseln prismatischer Zellen zwischen Capillaren. 1000fach

auch solche, die an Größe nicht hinter diesen zurückstehen (Abb. 125). Die Aus-
kleidung der ersten Alveolen der Bronchioli alveolares variiert, indem, wie schon
Baltisberger und Husten beschrieben haben, gelegentlich kontinuierliches kubisches
Epithel in diesen Alveolen gefunden wird, die dann jenen Gebilden gleichen, die ich
als Divertikel der Bronchioli terminales und Bronchioli alveolares beschrieben habe
(1945, Abb. 90, 121). Ob diese mit kubischem Epithel ausgekleideten Alveolen als
Zeichen des Umbaues im Sinne der Umwandlung von Bronchioli alveolares in
Bronchioli terminales (Policard, Engel) oder im Sinne der Neubildung von Alveolen
(Hilber) aufgefaßt werden dürfen, ist fraglich.

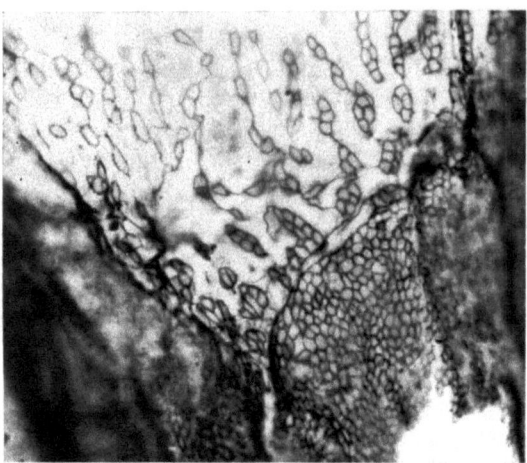

Abb. 124. Bronchiolus alveolaris. Silberimprägnation der Zellgrenzen. Häutchenpräparat der Bronchial- und Alveolarepithelzellen. Die hellen Straßen dazwischen die Capillaren. Präp. von Kölliker. Überzeichnetes Photo. 250fach

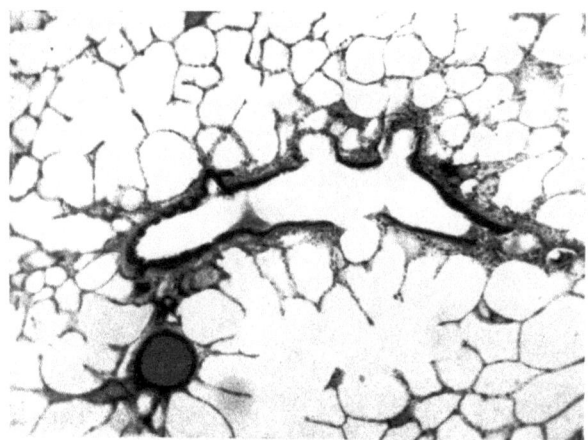

Abb. 125. Bronchiolus alveolaris mit kugeligen Alveolen

Die Anordnung der Alveolen ist eine solche, daß zwischen ihnen ringförmige Abschnitte der Bronchiolenwand frei davon bleiben, so daß in den Bronchioli alveolares 3. Ordnung, die zahlreiche Alveolen nebeneinander tragen (Abb. 122b), die Alveolen stockwerkartig angeordnet sind (wie Orsós es für die Ductus alveolares beschreibt) und diese Stockwerke durch ringförmig vorspringende Leisten oder Diaphragmen (Abb. 122a) voneinander getrennt sind. Diese Diaphragmen enthalten kräftige, den Bronchiolus alveolaris umfassende Muskelringe. An der Bronchiolenlichtung tragen die Diaphragmenringe meist größere Inseln oder Streifen von Bronchialepithel (Abb. 126a). Die freien Ränder der die Alveolen trennenden Septa interalveolaria, die außer Muskelfasern auch besondere Bindegewebsstrukturen enthalten, zeigen an ihrer Oberfläche ein von den Alveolen etwas abweichendes Verhalten, so daß die Besprechung des Baues der Diaphragmenringe und Alveolar-eingangsringe zusammen in einem besonderen Abschnitt erfolgt (s. S. 158).

Das Verhalten des Epithels auf den Teilungsspornen der Bronchioli alveolares verdient noch besondere Aufmerksamkeit. Bei der vielfach vorkommenden Auf-teilung des Bronchiolus terminalis in Bronchioli alveolares 1., 2. und 3. Ordnung habe ich beobachtet (Hayek, 1945), daß der erste und zweite Teilungssporn noch

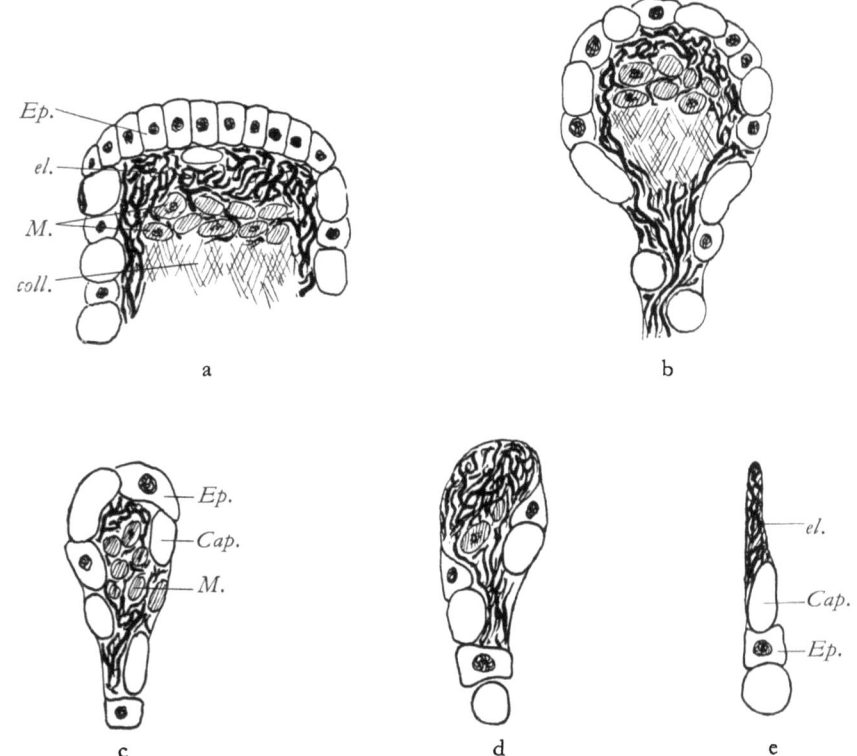

Abb. 126a—e. Schema der Diaphragmaringe und Eingangsringe der Alveolen vom Bron-chiolus alveolaris (a) bis zum Saccus alveolaris (e); b—d Ductus alveolaris, elastische Fasern *el.* schwarz, coll.-ret. Gewebe *coll.* fein schraffiert, glatte Muskelfasern *M.* teils mit Zellkernen eingezeichnet. *Ep.* Epithel. b und e mit Blutcapillaren (*Cap.*)

Bronchialepithel tragen, der Teilungssporn zwischen den Bronchioli alveolares 3. Ordnung jedoch mit Alveolarepithel überzogen ist wie die Alveolareingangsringe (Abb. 120). Daraus ergibt sich, daß das Alveolarepithel der beiden Bronchioli alveolares 3. Ordnung und ihrer Verzweigungen, die aus einem 2. Ordnung hervor-gehen, über dessen Teilungssporn hinweg einen einheitlichen Überzug bildet, während das Bronchialepithel am Teilungssporn zwischen zwei Bronchioli alveolares 2. Ordnung, die von Alveolarepithel einheitlich überzogenen Verzweigungsgebiete voneinander trennt. Ein Verhalten, das für die Ausbreitung pathologischer Prozesse Bedeutung haben könnte und demgemäß bei der Definition des Begriffes eines Acinus oder Racemus in Betracht gezogen werden sollte (s. S. 159).

Die Ductus alveolares

Die Bronchioli alveolares endigen, indem sie sich in der Regel dichotomisch in Ductus alveolares teilen (Abb. 117). Gelegentlich kommt es auch vor, daß ein Ductus alveolaris seitlich aus einem Bronchiolus alveolaris entspringt; Einzelschnitte können ein solches Verhalten aber auch leicht vortäuschen, wenn an einem Längsschnitt des Bronchiolus alveolaris der Streifen von Bronchialepithel gerade nicht getroffen ist. Die Ductus alveolares sind Gänge, deren Wand durchwegs von mehr oder weniger tiefen Alveolen besetzt ist, denen also der für die Bronchioli alveolares charakteristische Epithelstreifen fehlt. Doch findet man neben ganz flachen Alveolen gelegentlich auch Stellen mit fast glatter Wand (Abb. 117). An korrodierten Ausguß-präparaten wird man Ductus alveolares und Bronchioli alveolares daher nicht immer unterscheiden können, und es erscheint mir irreführend, wenn Felix, der vorwiegend mit Metallgüssen gearbeitet hat, die Bezeichnungen Bronchioli alveolares und Ductuli alveolares gleichsetzt. Die Leisten oder Ringe, welche die Eingänge der Alveolen begrenzen, bilden gleichsam die Fortsetzung der Bronchialwand, und die Alveolen stellen Erweiterungen des Lumens dar. Die Ductus alveolares teilen sich in verschiedene Ebenen baumartig, meist dichotomisch, wobei gelegentlich an einem Schnitt 5 hintereinander in einer Ebene liegende Teilungen getroffen sein können. Die Zahl der aufeinanderfolgenden Teilungen in verschiedenen Ebenen des Raumes kann bis zwischen 5 und 8 liegen, wobei die Größe der Äste keineswegs gleich zu sein braucht. Die letzten mehr oder weniger langen, mit Alveolen besetzten Blind-säcke werden vielfach als Sacci alveolares oder Infundibula bezeichnet. Die Anord-nung der Ductus alveolares eines Bäumchens kann entweder eine mehr kegelförmige sein (Abb. 118b), oder mit rückläufigen Ductus alveolares, die sich mit ihrem blinden Ende bis in die letzte Teilungsstelle der Bronchioli alveolares hineinlegen, mehr der Form eines Kugelbaumes gleichen (Abb. 118a), eine Verschiedenheit der Anordnung, die offenbar mit dem verfügbaren Raum — nahe der Oberfläche oder im Inneren der Lunge — zusammenhängt. Dabei bilden die Bäumchen der Ductus alveolares immer eine geschlossene Masse, so daß sich am Korrosionspräparat die einzelnen Bäumchen, gleichsam wie eng zusammengepreßte Pakete, voneinander trennen lassen, ohne sich ineinander zu verzahnen. So sind z. B. die Zwischenräume zwischen den gezeichneten Ductus alveolares der Abb. 118a von Alveolen ausgefüllt, die Ductus alveolares derselben Bäumchen angehören, die aber aus der Ebene des gezeichneten Schnittes herausragen. Die Tiefe und Größe der Alveolen ist keineswegs gleichmäßig, so findet man nahe den Teilungsstellen vielfach flachere Alveolen, die auch einen kleineren Durchmesser haben können.

Die Alveolareingangsringe

Die aus einem Ductus alveolaris vorragenden Alveolen lagern sich untereinander und mit Alveolen der benachbarten Ductus so dicht aneinander, daß zwischen ihnen nur die dünnen Alveolarsepten (Septa interalveolaria) (Abb. 125, 175) stehen bleiben, die meist nur die Dicke einer Capillare haben. Der gegen den Ductus alveolaris vorragende Rand dieser Septen ist dicker und bildet einen Ring um den Eingang der Alveole (Alveolareingangsringe), der am Schnitt wie eine knopfartige Verdickung des Alveolarseptums erscheint.

Die Dicke dieser Alveolareingangsringe wird vom Bronchiolus alveolaris bis zum blinden Ende der Sacci alveolares immer kleiner, wobei die Wandelemente der Bronchiolenwand an Masse abnehmen (Abb. 126). Es sind dies Epithel, Blutcapillaren, kollagene, Reticulum- und elastische Fasern sowie die Muskulatur. Die Epithelzellen, die an den größeren Ringen noch ein kontinuierliches kubisches Epithel bilden (Graf Spee), liegen bei mittelgroßen Ringen vereinzelt zwischen den Capillaren, fehlen aber den kleinen Ringen ganz. Die Capillaren, die unter dem Epithelbelag der großen Ringe spärlich vorhanden sind, liegen auf den mittleren Ringen in einem den Alveolarsepten ähnlichen Netz (s. auch Orsós, Hayek, 1945), fehlen erst den kleineren Ringen. Es ist also nur für die großen und kleinsten Eingangsringe zutreffend, wenn Graf Spee betont, daß die Ringe nicht zum Apparat für den Gaswechsel gehörten und nur als contractiler und Stützapparat des Lungengewebes differenziert seien. Das kollagene Gewebe und die glatte Muskulatur nehmen gleichmäßig ab, so daß die kleinsten Ringe aus vorwiegend elastischen Fasern mit wenig Silberfasern bestehen (Abb. 126c und d).

Die Begriffe Acinus und Racemus

Um das Bauprinzip der Lunge in einem Schema darzustellen, ist vielfach versucht worden, für eine Anzahl von Ductus alveolares, die zusammen ein alveolartragendes Bäumchen bilden, einen neuen Begriff mit einem kurzen Namen zu schaffen. Da gelegentlich solch kleine Bäumchen, wie Aschoff (1935) erwähnt, isoliert erkranken, war für den Pathologen die Schaffung eines solchen Begriffes von Interesse. Für eine Verständigung ist es aber notwendig, daß immer ein Gebilde gleicher Größenordnung unter demselben Namen verstanden wird. Das ist aber bisher nicht der Fall.

Geht man von dem in der Regel ausgebildeten dichotomischen Verzweigungstypus der Bronchioli aus und dem häufigen Befund dreier Generationen von Bronchioli alveolares, von denen sich der letzte wieder in 2 Ductus alveolares teilt, so ist der Acinus, wie ihn die Mehrzahl der Autoren (Loeschcke, Braus, Maximow, Policard) definiert, als das von einem Bronchiolus terminalis gebildete Bäumchen bis zu 16mal so groß als der von anderen Autoren unter diesen Namen verstandene Begriff. Denn diese anderen Autoren verstehen unter Acinus die Verzweigungen eines Bronchiolus alveolaris 1. Ordnung (Husten), 3. Ordnung (Laguesse) oder eines Ductus alveolaris (Grethmann).

Miller dagegen bezeichnet die Verzweigungen eines Bronchiolus terminalis als Lobulus, was der allgemeinen Vorstellung eines Lobulus keineswegs entspricht. Engel (1950) trägt der Verschiedenheit der Begriffe Rechnung und spricht von „großen Acinus", d.h. der Verzweigung des Bronchiolus terminalis und von „kleinen oder terminalen Acinus" als der Verzweigung des letzten Bronchiolus alveolaris, d.h. meist der Bronchioli alveolares 3. Ordnung.

Der Gesichtspunkt, alle Teile zusammenzufassen, in deren Bereich das Alveolarepithel kontinuierlich zusammenhängt, hebt die Bedeutung des letzten von Bronchialepithel überzogenen Teilungssporns der Bronchioli alveolares hervor. Wie oben (S. 157) gesagt, findet sich meist am Teilungssporn von Bronchioli alveolares 2. Ordnung noch Bronchialepithel, während zwischen zwei Bronchioli alveolares 3. Ordnung der Teilungssporn Alveolarepithel trägt. Daraus ergibt sich, daß das Alveolarepithel im Bereich der Verzweigungen eines Bronchiolus alveolaris 2. Ordnung kontinuierlich zusammenhängt und etwa pathologische Veränderungen, die auf Alveolarepithel beschränkt sind, sich in diesem Bereich ungehindert ausdehnen können. Ich habe daher die Verzweigungen eines Bronchiolus alveolaris 2. Ordnung, in welchem das Alveolarepithel zusammenhängt, als Racemus (Traube) bezeichnet (1945). Die pathologische Anatomie muß entscheiden, ob der so umschriebene Bereich von Alveolengängen häufiger in Erscheinung tritt und ob die Aufstellung des Begriffes Racemus praktische Bedeutung hat.

Eine Abgrenzung der Alveolargänge, die verschiedenen Racemi oder großen oder kleinen Acini zugehören, ist außer bei einzelnen besonders günstigen Schnitten nur von der Lichtung aus, also durch Rekonstruktion aus Schnittserien oder an Korrosionspräparaten von Ausgüssen, möglich. Die Septa interalveolaria sind nämlich zwischen Alveolen verschiedener Racemi oder Acini nicht stärker als zwischen Alveolen desselben Racemus oder Acinus (Abb. 117, 175). Septa interacinaria, wie sie von Loeschcke oder van Gehlen angenommen werden, gibt es nicht, wie auch schon v. Möllendorff betont hat. Daß aber gelegentlich ein Lungenläppchen so klein sein kann, daß die begrenzenden, wenig tief einschneidenden Septa interlobularia die Verzweigungen eines Bronchiolus terminalis im Sinne eines Racemus oder Acinus unterteilen, habe ich oben (S. 104) erwähnt, und von einem subpleuralen Läppchen vom Neugeborenen abgebildet (Abb. 67). Daß die Zahl der Alveolarbäumchen oder der Racemi, die ein Läppchen bilden, bei der verschiedenen Größe des Läppchens sehr verschieden sein wird, ist selbstverständlich. Es kann daher nicht davon gesprochen werden, wie verschiedene Autoren das tun, daß eine bestimmte Zahl von Acini ein Läppchen bildet.

Umgekehrt ist auch die Zahl der an einen Bronchiolus alveolaris angeschlossenen Alveolargänge und Alveolarsäckchen sehr verschieden: Es gibt besonders wenig verzweigte Bronchioli alveolares, an die nur 3—5 Alveolensäckchen angeschlossen sind (Felix spricht von „rudimentären Läppchen"), während vielfach die Alveolargänge in Form eines Kugelbaumes um den Bronchiolus alveolaris angeordnet sind und ihre Zahl über 30 betragen kann, von denen an einem Schnitt, also in einer Ebene liegend, 8—10 getroffen sein können (Abb. 118a).

Die Septa interalveolaria

Die Septa interalveolaria, auch abgekürzt Septa alveolaria genannt, bilden die Hauptmasse des dem Gasaustausch dienenden Lungengewebes. Die Grundlage dieser Septen wird vom Capillarnetz gebildet, das von den Netzen elastischer Fasern und kollagenen Fibrillen sowie Reticulumfibrillen (Mikrofibrillen) gestützt wird. Mit diesen Fasern und Fibrillen liegen im Bindegewebsraum zwischen den Basalmembranen der Capillaren und des Epithels auch wenige Bindegewebszellen (Fibrocyten) mit langen vielfach verzweigten Fortsätzen (Tafel und Abb. 167). Daß gelegentlich auch Wanderzellen verschiedener Art (Lymphocyten, Eosinophile, Basophile, Neutrophile) hier gefunden werden, soll nicht vergessen werden. Die den Alveolen zugewendete Oberfläche der Septen wird über der Basalmembran von einem Epithel überkleidet. An diesem können grob gesehen zwei Zellarten unterschieden werden (die großen und die kleinen) und zwischen den (mehr oder weniger dicken, den Kern enthaltenden) Protoplasmakörpern (Perikaryon) dieser Zellen die weniger als ein Mikron dicken Cytoplasmahäutchen als Fortsätze der kleinen Epithelzellen. Diese Cytoplasmahäutchen sind Fortsätze der Perikaryen der kleinen Zellen. Sie sind durch elektronenoptisch darstellbare Zellgrenzen gegeneinander abgegrenzt und ebenso gegen die dicken Zellkörper der großen Epithelzellen.

Die bindegewebige Grundlage der Septa interalveolaria wird nicht selten von einer zur anderen Alveole von Alveolarepithelzellen durchsetzt (Brodensen, Macklin, Hayek), die somit mit zwei Alveolen in Kontakt stehen (Abb. 130, 153). Ob solche Zellen in eine vorhandene interalveolare Pore einwandern oder ob sie zuerst eine Pore im bindegewebigen Septum erzeugen und dann durch ihr Ausfallen eine interalveoläre Pore entsteht, ist fraglich. Bei solchen in einer Pore steckenden Zellen können der Kern und sein Nucleolus, aber auch Mitochondrien, durch die Einklemmung deformiert erscheinen (Abb. 153).

Das Epithel der Alveolen

Die Epithelauskleidung der Alveolaren

Seitdem vor über 100 Jahren Magendie (1840) und Addison (1842) beschrieben haben, daß die Blutcapillaren zwischen den Epithelzellen nackt an der Alveolenwand liegen, wurde ein solches Verhalten der Capillaren bis in letzter Zeit oft wieder beschrieben, z.B. von Clara (1936), Bargmann (1936) und Policard (1938), welch letzterer die zwischen den Capillaren liegenden Zellen so wie Lang (1929) als Histiocyten bezeichnet. Als klassische Theorie von der Auskleidung der Alveolen kann man die Lehre von Eberth (1864) bezeichnen, die dann von Kölliker (1881) vertreten wurde, nach der zwischen Epithelzellen kernlose Epithelplatten die Capillaren bedecken sollen. Stewart (1923), Petersen (1935) und Orsós (1936) beschreiben dagegen ein kontinuierliches Epithel aus unregelmäßig geformten oder platten Zellen, deren dünne (bis $^1/_{10}$ μ) häutchenartige Fortsätze die Capillaren bedecken und die kernlosen Platten bilden können (Petersen).

Es standen sich also vor etwa 30 Jahren zwei konträre Ansichten über die Art der Auskleidung der Alveolen gegenüber — unterbrochenes Epithel mit nackten Capillaren gegen kontinuierliches Epithel —, zwei Ansichten, die für die Deutung der Funktion des Epithels von Bedeutung sein mußten. Eine der Funktionen des Epithels der Alveolen muß es sein (wie auch bei allen anderen Epithelien), den von Gewebsflüssigkeit durchtränkten Bindegewebsraum (des Milieu interne) vom Luftraum der Alveolen zu trennen (Hayek, 1943) und einen eventuellen Flüssigkeitsaustritt in die Alveolen (auch bei Ödem) zu regeln. Aus diesen Überlegungen war zu schließen, daß eine geschlossene Epithelauskleidung der Alveolen normalerweise den Flüssigkeitsaustritt aus dem Bindegewebsraum in die Alveolen verhindert. Tatsächlich konnte ich unter Umständen — wie Petersen und Orsós — beobachten, daß die Capillaren durch dünne Fortsätze der Alveolarepithelzellen überdeckt sind, Cytoplasmahäutchen, die an der Grenze der lichtmikroskopischen Darstellbarkeit liegen (Abb. 130). Diese Häutchen waren nur bei guter Fixation lebensfrischen Materials zu beobachten (Hayek, 1953, S. 149). An anderen Stellen sieht man auch mit stärksten Objektiven am Schnitt die Zelle gegen die Oberfläche der Capillaren zipfelförmig ausgezogen (Abb. 123, 124), so daß anzunehmen war, daß auch an diese Zipfel dünne Häutchen anschließen (Hayek, 1945). Da unter anderen Umständen aber nichts von einer Epithelüberkleidung der Capillaren zu erkennen war, habe ich damals geschlossen, daß sie unter diesen anderen Umständen auch fehlte, eine Meinung, die sich inzwischen auf Grund elektronenmikroskopischer Untersuchungen als unrichtig herausstellte.

Die Methode der Herstellung besonders dünner Schnitte für elektronenmikroskopische Untersuchungen ergab aber die Möglichkeit an gut fixierten Präparaten an Semidünnschnitten (unter 1 μ Dicke) auch lichtmikroskopisch die die Alveolarsepten von Epithelzelle zu Epithelzelle überkleidenden, unter 1 μ dicken Cytoplasmafortsätze der Epithelzellen regelmäßig zu beobachten und zu photographieren (Abb. 146, 147). Diese Cytoplasmahäutchen überziehen die Basalmembranen und das darunter liegende Bindegewebe der Alveolarsepten, so z.B. auch die elastischen Fasern an den Eingangsringen der Alveolen (Abb. 146) und die Capillaren (Abb. 146, 147).

Die lichtmikroskopischen Untersuchungen ergaben also, daß die Alveolarsepten von einem kontinuierlichen einschichtigen Epithel überkleidet sind, an dem die dickeren Teile der Zellen (platt, kubisch oder hochprismatisch), welche den Zellkern enthalten, Perikaryon und die dünnen (unter 1 μ dicken) Cytoplasmahäutchen als Fortsätze dieser kernhaltigen Teile zu unterscheiden sind. Das Vorhandensein dieser durch ihre geringe Dicke meist an der Grenze der lichtmikroskopischen Darstellbarkeit liegenden dünnen Cytoplasmahäutchen wurde so lange von zahlreichen Autoren bezweifelt, bis Low (1952, 1953) als erster mit dem Elektronenmikroskop an ultradünnen Schnitten zeigte, daß die Häutchen beim Menschen wie bei allen untersuchten Säugetieren regelmäßig darstellbar sind. Low (1952, 1953) konnte damals schon auf Grund seiner noch mit primitiver Technik gemachten Aufnahmen die Basalmembran beschreiben, welche das Epithel vom Bindegewebsraum trennt, und außerdem eine Basalmembran der Capillarendothelien. Nach den Publikationen von Low haben sich dann mit der schnell fortschreitenden elektronenmikroskopischen Technik zahlreiche Autoren (Schlipköter, 1954, 1956; Policard et al., 1955, 1956; Karrer, 1956; Schulz, 1956; Bargmann und Knoop, 1956; Dettmer, 1956; Giese, 1957; Pakesch-Hayek, 1957) gleichzeitig mit Untersuchungen über den Bau der Alveolarsepten befaßt, wobei sie die Ergebnisse Lows im wesentlichen bestätigen und auch neue Befunde erheben konnten.

Diese elektronenoptischen Untersuchungen haben durchweg jene lichtmikroskopischen Beobachtungen bestätigt, auf Grund deren eine kontinuierliche Epithelauskleidung beschrieben wurde, die aus mehr oder weniger dicken, den Kern enthaltenden Teilen der Zellen und den Zellfortsätzen in Form dünnster Cytoplasmahäutchen bestehen, deren Dicke an der Grenze der lichtmikroskopischen Darstellbarkeit liegt. Da die Cytoplasmahäutchen ja Fortsätze der Zelle darstellen, deren dickerer Teil den Kern enthält, ist es ungünstig oder sogar unrichtig, von der Zelle oder dem Zellkörper im Gegensatz zum Fortsatz zu sprechen, sondern es wäre besser, den dicken Teil der Zelle, der den Kern enthält (wie bei der Nervenzelle) als Zellrumpf im Gegensatz zu den Fortsätzen zu beschreiben, die einen wesentlichen Teil der Blut-Luft-Schranke bildet. Der Zellrumpf enthält ja außer dem Kern das Centrosom, den Golgiapparat und die große Zahl der Mitochondrien, Vacuolen und Fetttröpfchen usw., während die dünnen Fortsätze, die ja auch zum Zellkörper gehören, besonders durch pinocytotische Einstülpungen der Zellmembran ausgezeichnet sind.

Die Perikaryen der Alveolarepithelzellen bilden etwas mehr als $^1/_{10}$ der Oberfläche der Alveolen (Hayek, 1941, Abb. 133, 136), was auch aus den Abbildungen von Kölliker und Clara hervorgeht. Daraus ergibt sich aber, daß das gesamte Volumen des Cytoplasmas der Alveolarepithelzellen ein sehr beträchtliches ist und etwa — nach der Gesamtoberfläche der Alveolen berechnet — der Masse der Epithelzellen der Glandula thyreoidea entsprechen dürfte, also einem Organ, bei welchem die Funktion des Epithels für den Gesamtkörper eine sehr große Rolle spielt.

Dagegen überziehen die dünnen Cytoplasmafortsätze nahezu $^9/_{10}$ der Alveolenoberfläche und bilden dort einen wesentlichen Teil der Blut-Luft-Schranke (s. S. 238).

Nachdem schon aus den lichtmikroskopischen Beobachtungen (Hayek, 1942) zu erschließen war, daß die AEZ außer der lokalen Funktion des Abschlusses des Bindegewebsraumes (Milieu interne) gegen den Luftraum (Milieu externe) noch weitere Funktionen unter anderem des für den ganzen Organismus wichtigen Stoffwechsels haben müßten, sollen hier die elektronenmikroskopisch erkannten Strukturdetails der AEZ besprochen werden. Details, die vielleicht später Rückschlüsse auf die Funktion der AEZ gestatten, wenn auch die Befunde an den AEZ sich kaum von denen an anderen Zellen unterscheiden. Es sind demnach alle Einzelheiten der Cytologie zu besprechen am Zellkern und am Cytoplasma, an diesem wieder das Perikaryon und die Cytoplasmamembranen. Im Perikaryon finden sich:

Endoplasmatisches Reticulum
Ribosomen
Golgiapparat
Mitochondrien, Cytosomen, osmiophile Körper und Fetttropfen
Multivesiculäre Vacuolen
Centrosomen,

in den Cytoplasmamembranen oder -häutchen

besonders die mikropinocytotischen Invaginationen und Bläschen sowie gelegentlich auch Mitochondrien, Vacuolen und multivesiculare Vacuolen.

Bei all diesen cytologischen Details muß bei der elektronenmikroskopischen Untersuchung ganz besonders auf Artefakte der verschiedenen Fixierungsmethoden geachtet werden, einerseits weil die meist verwendete Osmiumsäure ganz andere Bilder gibt als andere Fixierungsmittel (Glutaraldehyd, Kaliumpermanganat) und weil Osmiumsäure einen ganz besonderen Einfluß auf Fett und Lipoide besitzt.

Anordnung der Epithelzellen

Verfolgt man die Epithelverhältnisse vom Bronchiolus alveolaris gegen die Alveolen am Silberimprägnationspräparat oder an Schnitten, so ergibt sich folgendes Bild. Auf das geschlossene Bronchialepithel folgen an noch glatten Teilen der Bronchialwand (Abb. 119 und 124) zuerst größere, dann kleinere Inseln von Epithelzellen, im Bereich der Alveolen liegen dagegen meist nur mehr isolierte Zellen. Die Zellen liegen zwischen den Capillaren eingesenkt in Gruben oder Nischen, so daß Clara (1936) diese Zellen Nischenzellen nennt, ein Name, den auch Macklin (1946) verwendet. Der Form nach werden die Zellen als platt (Orsós), kubisch (Kölliker) oder prismatisch (Clara, Bargmann) bezeichnet oder als abgerundet (Seemann) oder unregelmäßig und mit Fortsätzen (Bremer, Amprino und Dogliotti und Policard) beschrieben. Ebenso verschieden wie die Angaben über die Gesamtform und Größe der Zellen sind die Schilderungen ihrer Beziehung zu den Capillaren. Seitdem vor über 100 Jahren Magendie und Addison beschrieben haben, daß die Capillaren nackt an der Alveolenwand liegen, wurde diese Beobachtung oft wiederholt (Clara, 1936;

Bargmann, 1936) und sogar die Alveolarwandzellen als Histiocyten bezeichnet (Lang, Maximow, Policard). Dagegen beschreiben andere Autoren (Orsós, Petersen) ein kontinuierliches Alveolarepithel (ausführliche Literatur bei Bargmann). An lebensfrisch mittels Durchspülung der Gefäße fixierten Präparaten sind die protoplasmareichen Alveolarepithelzellen kubisch bis hochprismatisch (Abb. 121—123), wobei die Höhe der Zelle etwa dem Durchmesser einer weiten Capillare entspricht oder noch größer ist. Dabei ist die Form der Zellen vom Füllungszustand der Capillaren stark abhängig und — wie die der Bronchialepithelien — von dem Dehnungszustand des Epithels, so daß bei kontrahierter Muskulatur (Abb. 131) die Zellen über das Epithel pilzförmig vorragen können (Hayek, 1942, 1945). Die Beziehung zu den Capillaren ist eine sehr enge, meist ist jede rundherum von Capillaren umschlossen

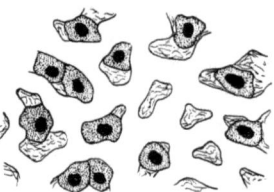

Abb. 127. Alveolenboden mit Alveolarepithelien und Capillaren. Mallory. Umzeichnung nach Clara (1936). 300fach

und füllt so die Masche des Capillarnetzes — abgesehen von der geringen Menge von Bindegewebsfasern — völlig aus. Wenn auf diese Weise nur die beiden den Alveolen zugewendeten Flächen der prismatischen Zelle nicht an Capillaren angrenzen, steht mehr als die halbe Zelloberfläche mit Capillaren in Kontakt (Hayek, 1942). Die Alveolarepithelzellen besitzen damit eine engere Beziehung zu den Capillaren als irgendwelche anderen Zellen des menschlichen Körpers (Abb. 130), woraus allein schon auf einen hohen Stoffaustausch zwischen Blut und Zellen zu schließen wäre.

Der Kern ist in der Regel kugelig bis ovoid, doch finden sich manchmal auch unregelmäßige Kernformen, sogar mit fingerförmigen Fortsätzen oder kleinen Vorragungen. Die Chromatinstruktur ist meist deutlich und der intensiv färbbare Nucleolus deutlich zu erkennen. Es fällt gelegentlich auf, daß sich das Chromatin eng an die Kernmembran anlagert. Das Protoplasma kann homogen körnig oder vacuolig sein. Fauré-Fremiet charakterisiert das Protoplasma als ein wasser- und albuminoidreiches Gel mit einer lipoiden Phase, die, reich an freiem Cholesterin, stark lichtbrechende Körnchen bildet. Einer 3. Phase gehören die Mitochondrien an, die aus phosphatidreichen Lipoiden bestehen. Die Mitochondrien beobachtet dieser Autor beim Meerschweinchen, bei dem ich sie auch an vacuolisierten Zellen darstellen konnte. Sie werden auch von der Ratte (Meves und Tsugaguchi und Stewart) und der Maus (Macklin, 1949) beschrieben. Dem Golgi-Apparat entsprechende Bildungen in Form eines leeren Raumes neben dem Zellkern oder eines Ringes um diesen schildern Granel, Skoblionok und Alice. Zentriolen und Centrosphäre beobachtete Lang an seinen Gewebskulturen von Alveolarwandzellen.

Alle diese verschiedenartigen Einzelbefunde gewinnen an Interesse und werden verständlich, wenn man das Alveolarepithel vom Standpunkt seiner Entwicklung, von dem der Veränderlichkeit der Form und schließlich dem der Funktionsänderung des Plasmas aus betrachtet.

Die Entstehung der Lagebeziehung der Epithelzellen zu den Capillaren

Die Epithelverhältnisse der Bronchioli und der Alveolen sind nur aus der Tatsache zu verstehen, daß beim Fetus Bronchioli und Alveolen zuerst in gleicher Weise von einem einschichtigen prismatischen (etwa kubischen) Epithel ausgebildet sind und erst kurz vor der Geburt die Differenzierung des Alveolarepithels erfolgt. Die Lageänderung der Capillaren zu den Epithelzellen und damit zur Lichtung ist das wesentliche an diesem Umbau (Dogliotti und Amprino, Bizza, Matthis, Lambertini, Stewart, Bremer), der unabhängig von den ersten Atemzügen erfolgt, denn man findet bei Frühgeburten, die geatmet haben, einen weniger weit entwickelten Zustand des Epithels als bei reifen Totgeburten. Während ursprünglich (Abb. 128a) die Capillaren ein Netzwerk in einer Schicht unter der Epithelschicht bilden, legen sich später die Capillaren in eine Schicht mit den Epithelzellen (Abb. 128b), so daß

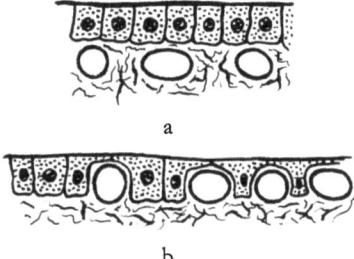

a

b

Abb. 128a u. b. Schema des Umbaues des kubischen Epithels in Alveolarepithel in den Bronchioli alveolares oder auf den Eingangsringen der Alveolen

die Capillaren zwischen den Epithelzellen liegen. Je nach der Dichte des Capillarnetzes bleiben die Epithelzellen in Gruppen oder einzeln zwischen den Capillaren liegen, ein Vorgang, dessen Resultat an der glatten Wand der Bronchioli alveolaris (Abb. 123, 124) besonders klar erkenntlich ist. So sieht man am Silberimprägnationspräparat der Zellgrenzen (Abb. 124) deutlich, wie durch die Straßen der Capillaren, anschließend an das kontinuierliche Bronchialepithel, erst größere Gruppen von Epithelzellen abgegrenzt werden, weiter abseits kleinere Zellgruppen und einzelne Zellen, wodurch das typische Bild des Alveolarepithels in Aufsicht zustande kommt (Abb. 124 oben). Dadurch, daß hier im Bronchiolus alveolaris unter den Epithelzellen und dem Capillarnetz Bindegewebe oder auch Muskulatur liegt, unterscheidet sich das Bild im Schnitt (Abb. 131) jedoch von dem der Alveolarsepten; doch findet sich dort, wo in den Ductus alveolares und Alveolen das Capillarnetz ebenfalls auf reichlich Bindegewebe oder Muskulatur aufliegt, im Prinzip das gleiche Bild. Einzelne Epithelzellen liegen mehr oder weniger vorragend zwischen den Capillaren in Nischen des Capillarnetzes, das gilt in gleicher Weise für die größeren Muskelringe, der Ductus alveolares wie (Abb. 131, 133) für die an die Läppchengrenzmembran angrenzenden Alveolarwände (Abb. 189). Im Bereich der Alveolarsepten zwischen zwei Alveolen dagegen ist die Beziehung dieses Epithels mit seinen Capillaren zu den Lufträumen eine andere; hier ergibt sich durch die geringe Menge von Bindegewebe die Möglichkeit, daß jede Capillare beiderseits an eine Alveole grenzt, und ein gleiches gilt dann auch für viele Alveolarepithelzellen. Zwischen je zwei Alveolen liegen ursprünglich zwei capillarversorgte Epithelien, die von embryonalem Bindegewebe getrennt sind (Abb. 129a). Mit dem Dünnerwerden der Bindegewebsschicht erfolgt eine Annäherung der Capillarnetze, die zueinander in engere Beziehung treten (Abb. 129b), während gleichzeitig, wie oben beschrieben, die Capillaren sich in eine Schicht mit den Epithelzellen lagern (Fetus von 30—40 cm Länge). Erst zur Zeit der Erreichung der Geburtsreife erscheinen die beiden Capillarnetze zu einem vereinigt (Abb. 129c), wobei dann die dickeren elastischen Bindegewebsfasern in das Capillarnetz eingewebt erscheinen, in dem sie eine Capillare auf der einen, die nächste Capillare auf der anderen Seite überkreuzen können und damit sozusagen andeuten, welcher Alveole die Capillare eigentlich angehört (Abb. 173). Matthis

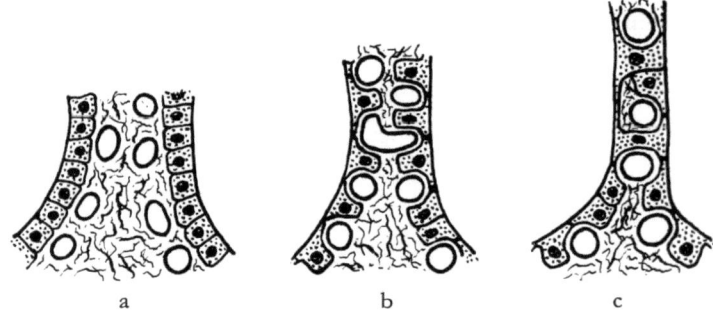

a   b   c

Abb. 129a—c. Schema des Umbaues der embryonalen Wand zweier Alveolen zum Alveolarseptum des Erwachsenen

End. + Ep.   Alv.P.

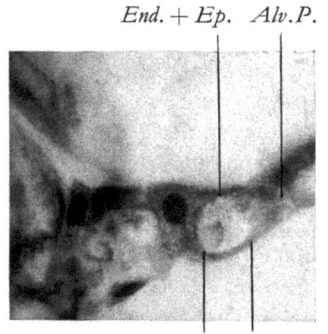

Forts.   End.+Ep.

Abb. 130. Menschliche Alveolarepithelzelle mit ausgebreiteten Fortsätzen (*Forts.*). Um die Capillare ein Doppelhäutchen (*End. + Ep.*) aus Endothel und Epithel. Alveolarpore (*Alv. P.*). 600fach. (Aus v. Hayek, 1951)

(1937) beschreibt von einem Frühgeborenen (430 g, 28 cm), der schon über 1 Std geatmet hatte und dessen Lunge gut entfaltet war, in den Alveolen größtenteils ein isoprismatisches Epithel. An anderer Stelle sieht man, wie „zwei Epithelzellen durch das zwischenragende Haargefäß auseinandergedrängt" erscheinen, „während die oberflächennahen Zellenden noch den Zusammenhang untereinander bewahrt hatten".

„Die zusammenhängenden Teile der Zellen sind oft platt ausgezogen; sie enthalten nie den Kern". Matthis schließt daraus, daß er an etwa gleich stark gedehnten

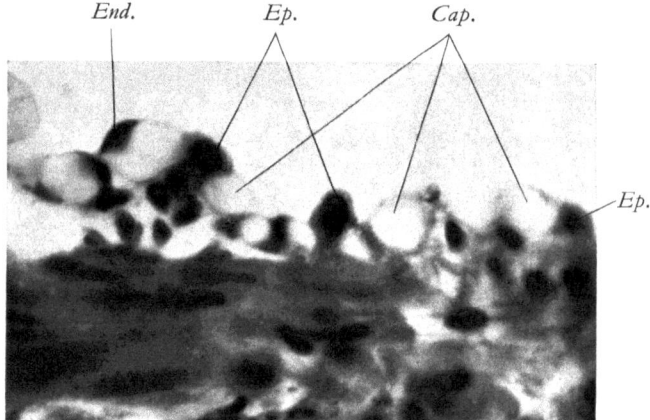

Abb. 131. Alveolarepithel aus einem Bronchiolus alveolaris nahe der Epithelgrenze. Alveolarepithel *Ep.* auf kontrahiertem Muskelring. 500fach. *End.* Endothel, *Cap.* Capillare

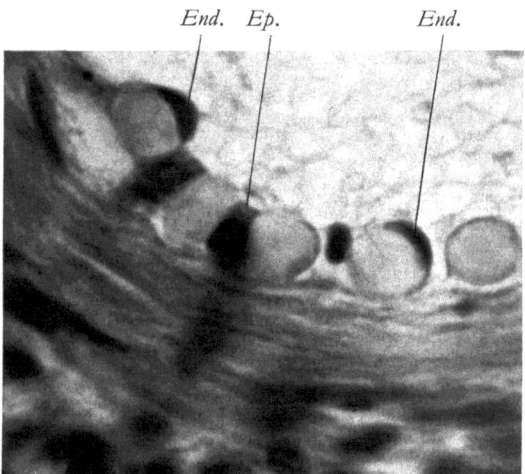

Abb. 132. Wie Abb. 131, nur mäßige Kontraktion der Muskulatur, alveolenwärts liegende Endothelkerne. 1000fach. *End.* Endothelkern, *Ep.* Epithelzelle

Alveolen einerseits isoprismatisches Epithel, andererseits Epithel mit zwischengeschalteten Capillaren findet, daß die Einschaltung der Capillaren nicht durch die Dehnung der Alveolen bei der Atmung erfolgt. Beim Erwachsenen schließlich findet man als weiteres Resultat eines Umbaues vielfach Epithelzellen hochprismatischer Form, die wie die Capillaren durch die ganze Dicke des Alveolarseptums durch reichen (Abb. 130) und also an beide Alveolen heranreichen (Hayek, 1942) und, wie Macklin (1938) das von der Katze und später auch vom Menschen beschreibt, wie ein Korken oder Pflock durch das Alveolarseptum durchgesteckt erscheinen. Daraus ergibt sich, daß an diesen Stellen ein Loch in der bindegewebigen Grundlage entstanden ist, welches das Durchragen der Epithelzelle ermöglicht. Die Bildung derartiger Löcher in dem Bindegewebe des Alveolarseptums ermöglicht auch die Bildung der Alveolarporen, die die Nachbaralveolen miteinander verbinden (s. S. 236).

Aber auch in umgekehrter Richtung kann eine Differenzierung des Epithels erfolgen, nämlich vom Alveolarepithel zum isoprismatischen Epithel. Einerseits findet die Bildung von einschichtigem kubischem Epithel bei der Entstehung von Atelektasen etwa in der Umgebung tuberkulöser Herde statt oder bei Entzündungen (Pestpneumonie, Lauche, lobuläre Pneumonie, Hayek; Abb. 135), so wie Mayer, Guieyesse und Fauré-Fremiet nach Wirkung von Kampfgasen bei Versuchstieren die Umwandlung von Alveolarepithel mittels Zellvermehrung in ein die Alveolen vollständig auskleidendes kontinuierliches kubisches Epithel beobachten. Andererseits entsteht Bronchialepithel aus Alveolarepithel in der normalen Entwicklung, wenn die Umbildung eines Bronchiolus alveolaris zu einem Bronchiolus terminalis erfolgt. Für Säugerjunge ist dies leicht nachweisbar, wenn die Zahl der aufeinanderfolgenden Bronchialteilungen gering ist und sich in der postfetalen Entwicklung vermehrt, wie dies besonders extrem bei Beuteljungen von Echidna (Narath) und Didelphis (Bremer) der Fall ist. Bei diesen Formen teilt sich beim Beuteljungen ein Lappenbronchus direkt in Ductus alveolares, während beim erwachsenen Tier auf den Lappenbronchus mehrere Teilungen folgen, bevor die Ductus alveolares hervorgehen. Ähnliches beobachtet Wilson (1928) bei der Maus. Auch für den Menschen gibt Broman (1923) eine Vermehrung der Zahl der aufeinanderfolgenden Bronchialteilungen einschließlich der Bronchioli alveolares vom Neugeborenen zum Erwachsenen an. Er fand beim Neugeborenen 18—19 Teilungen im Mittellappen, beim Erwachsenen 3—4 mehr. Daß eine solche Untersuchung schwierig und unsicher ist, geht aus dem früher (s. S. 152) über die Zahl der Bronchialteilungen Gesagten hervor. Aus den Angaben Bromans wäre zu schließen, daß auch beim Menschen eine Umwandlung von Bronchioli alveolares in Bronchioli terminales erfolgt. Engel (1949) kommt auf Grund seiner Überlegungen über die postfetale Vermehrung der Acini zu dem gleichen Schluß, und Policard und Galy (1945) sprechen in diesem Sinne nach Pablo (1939) von „Bronchioles des transitions". Die große Zahl der aufeinanderfolgenden Teilungen vor der Teilung in Ductus alveolares und die individuelle Variabilität der Zahl der Teilungen lassen diese Angaben, ob nämlich auch beim Menschen Bronchioli alveolares und Ductus alveolares in der postfetalen Entwicklung in Bronchioli terminales umgewandelt werden, schwer nachprüfen. Es wird daher von verschiedenen Autoren die Vermehrung der Bronchioli terminales (durch Umbildung aus Bronchioli alveolares) bezweifelt. Die Frage bedarf daher einer Nachprüfung.

Die Formveränderlichkeit der Alveolarepithelzellen.
Geschlossene Epithelauskleidung oder nackte Capillaren

An gut fixierten Präparaten der Lunge sieht man an günstig getroffenen Alveolarepithelzellen oft einen dünnen, häutchenartigen Protoplasmafortsatz, der sich über die benachbarten Capillaren legt. Manchmal hat dieses Häutchen in der Nähe des Zellkörpers eine Dicke von mehreren Mikron und verdünnt sich weiter abseits erst auf etwa 1 μ, wie das Abb. 130 und 136 von einseitig und zweiseitig an Alveolen angrenzenden Zellen zeigt. Das gleiche gilt für die letzte Zelle des Bronchialepithels im Bronchiolus alveolaris in Abb. 137, wo in dem über die Capillare vorragenden

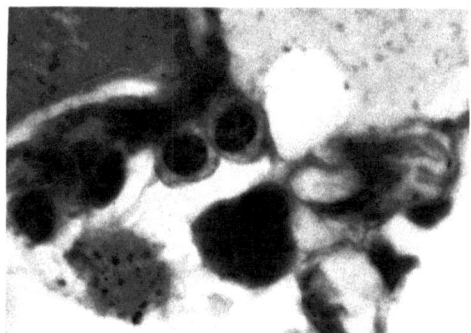

Abb. 133. Zwei kubische Alveolarepithelzellen und Staubzellen. 1000fach

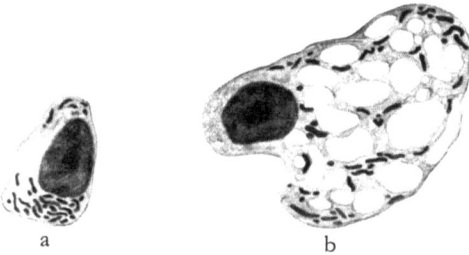

a   b

Abb. 134. a Alveolarepithelzellen vom Meerschweinchen mit Darstellung der Mitochondrien, Färbung nach Masson. b vacuolisiertes Plasma nach Acetylcholingabe

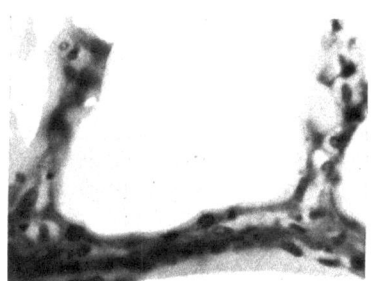

Abb. 135. Geschlossene Epithelauskleidung einer Alveole bei katarrhalischer Pneumonie (Aus v. Hayek, 1945)

Protoplasmafortsatz eine Vacuole sichtbar ist. An anderen Zellen ist der Fortsatz so dünn, daß er nur mit stärkster Vergrößerung gesehen werden kann, ja in manchen Fällen (Abb. 131, 132) sehe ich nur die Zelle zipfelförmig ausgezogen, so daß es wahrscheinlich ist, daß auch an diese Zipfel dünne Häutchen anschließen. An manchen Stellen bilden die Zellfortsätze nur Brücken über die Capillaren mit Lücken im Epithel zwischen den Brücken, ein Verhalten, das dem gleicht, wie es Reinke und Stöhr vom Epithel der Kiemenblättchen des Salamanders darstellt. Daß diese, die Capillaren bedeckenden Fortsätze der Alveolarepithelzellen dadurch entstehen, daß sich die Capillaren gleichsam zwischen die Zellen eindrängen, geht auch aus der Beschreibung von Matthis hervor, der von einem menschlichen Neugeborenen von

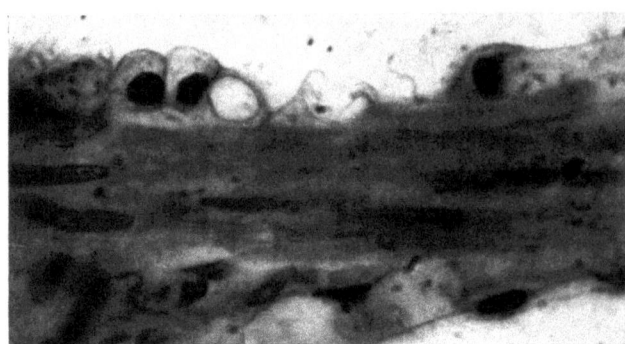

Abb. 136. Alveolarepithel aus Muskelring, rechts einzelne Zelle mit Fortsatz über Capillare.
1000fach

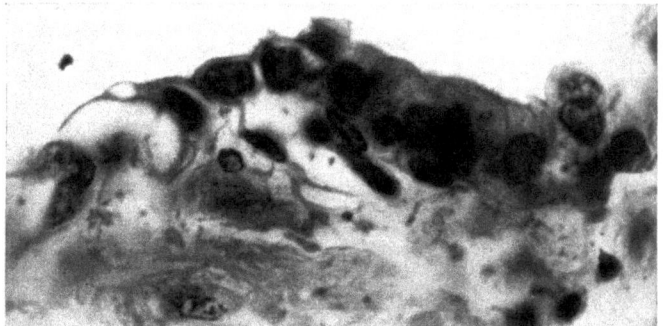

Abb. 137. Epithelgrenze im Bronchiolus alveolaris, letzte Zelle mit Fortsatz über die
Capillare. 1000fach

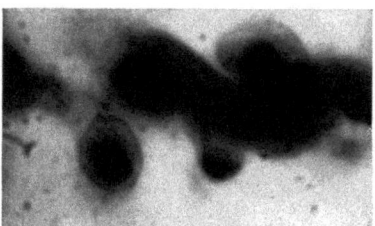

Abb. 138. Kugelige Alveolarepithelzellen. 1000fach

28 cm Länge, das 75 min geatmet hat, außer einer Alveolarauskleidung durch
kubische Epithelien folgendes beschreibt: „Oft hat man den Eindruck, als ob zwei
Epithelzellen durch das zwischenliegende Haargefäß an ihren Basalteilen vonein-
andergedrängt worden wären, während die oberflächennahen Zellenden noch den
Zusammenhang untereinander bewahrten. Die zusammenhängenden Teile der Zellen
sind oft platt ausgezogen; sie enthalten nie den Kern." Bremer war wohl der erste,
der die Umwandlung eines isoprismatischen Epithels in ein Epithel mit zwischen-
gelagerten Capillaren und darüber gestreckten Fortsätzen der Epithelzellen bei
einem Säuger, und zwar Beuteljungen von Opossum beschrieben hat. Für den
erwachsenen Menschen beschreiben Bremer, Amprino und Dogliotti und Petersen

solche häutchenartigen Fortsätze, durch die die Zellen über die Capillaren hinweg in Verbindung treten. Andere Autoren jedoch, wie Seemann und Clara, bestreiten das Vorhandensein solcher Fortsätze und nehmen an, daß die Capillaren nackt am Alveolarlumen liegen. Nackt liegende, d.h. nicht von Epithel bedeckte Capillaren nehmen auch die Autoren an, welche die Alveolarwandzellen für Histiocyten halten, wie Lang, Brodersen und Policard.

Die verschiedene Form der Alveolarepithelien, die einerseits mit Fortsätzen, andererseits als rundliche Zellen ohne Fortsätze (Seemann, Clara und Vertreter der Histiocytenlehre) beobachtet wurden, beruht auf der funktionellen Formveränderlichkeit der Alveolarepithelzellen.

Kugelförmige Alveolarepithelzellen erhielt ich bei der Maus (Hayek, 1943) und beim Meerschweinchen auf den Reiz von Adrenalin, sowie beim Meerschweinchen bei Atemnot (Pneumothorax, Rückatmungsversuch). Ausgebreitete Epithelzellen mit Fortsätzen über die Capillaren hinweg dagegen bei der Maus, bei hohen Atropindosen (Hayek, 1943, Sympathicus- und Parasympathicuslähmung), nach Histamineinwirkung sowie bei Fixation während Sauerstoffatmung beim Meerschweinchen (Hayek, 1951).

Auch beim Menschen finden sich beide Formen der Alveolarepithelzellen, und zwar die Zellen mit den die Capillaren bedeckenden häutchenartigen Cytoplasmafortsätzen nur bei bester, lebensfrischer Fixierung (Abb. 130).

Unter anderen Umständen (Abb. 138) finden sich dagegen kugelige, abgelöste Zellen ohne Fortsätze. Ich vermute, daß diese Zellen, ebenso wie die Alveolarphagocyten, aus den Zellen entstanden sind, welche normalerweise die Alveolen kontinuierlich ausscheiden.

Policard u. Mitarb. (1955) beschreiben wie Low schleierartig ausgebreitete Häutchen als Fortsätze der Alveolarwandzellen, doch nur als Merkmal der jungen Zellen, die sie aber zur Gruppe der Histiocyten zählen.

Mit Hilfe des Elektronenmikroskopes hat (1952) Low bei Säugetieren und beim Menschen festgestellt, daß kernlose Platten als selbständige Elemente nicht existieren und daß die Alveolen kontinuierlich von Epithel ausgekleidet sind, wobei etwa 1 μ dünne Protoplasmahäutchen die dickeren kernhaltigen Teile der Zellen verbinden.

Das Vorhandensein der sog. kernlosen Platten (Kölliker), welche die Capillaren bedecken sollen, ist nur aus der Möglichkeit, Silberlinien zu beobachten, erschlossen worden, welche die Grenze dieser Platten darstellen sollen. Es hat sich nun zeigen lassen, daß die Silberlinien auch an den Originalpräparaten von Kölliker im Würzburger Anatomischen Institut nichts anderes als die Grenzen der Capillarendothelien darstellen. Auch wenn durch starke Adrenalinwirkung die Alveolarepithelzellen sich so weit abkugeln, daß sie sich aus der Alveolenwand herausheben, bleiben die Silberlinien erhalten, sind also nicht an das Epithel gebunden.

Die funktionelle Bedeutung der Bedeckung der Capillaren durch die Alveolarepithelzellen

Die funktionell verschiedene Dicke des die Capillaren überkleidenden Epithelhäutchens hat eine besondere Bedeutung im Lichte der allgemeinen Funktion jedes Epithels, als begrenzende Membran des von Gewebsflüssigkeit durchtränkten Bindegewebsraumes, welcher die Capillaren enthält. Dieser Raum wurde von Petersen als Innenwelt oder Milieu interne bezeichnet. Die Regelung des Durchtritts von Substanzen in beiden Richtungen ist Funktion des Epithels. Dabei wird das Epithel nicht nur die Menge und Art der durchtretenden Substanzen beeinflussen, sondern diese Substanzen auch verändern können.

Auch das Alveolarepithel wird dementsprechend den Durchtritt fester, flüssiger und gasförmiger Stoffe beeinflussen (Hayek, 1942, 1945).

Über die Bedeutung für den Flüssigkeitsdurchtritt kann bisher am meisten gesagt werden. An verbreiterten ödematösen Alveolarsepten verhindert eine kontinuierliche Epithelbedeckung den Austritt der Ödemflüssigkeit in die Alveolen (Hayek, 1942). So haben Wirth, Miller und Mayer, Guieyesse und Fauré-Fremiet ein kontinuierliches Alveolarepithel bei experimentell erzeugtem Ödem beschrieben, Lauche bildet Entsprechendes von der Pestpneumonie ab, und auch bei katarrhalischer Pneumonie finde ich das gleiche (Abb. 135). Daß das Adrenalinödem durch Atropin gehemmt wird, ist wenigstens teilweise durch die Ausbreitung der Alveolarepithelzellen durch Atropinwirkung erklärlich. Die Abrundung der Alveolarepithelzellen durch Adrenalin oder Atemnot andererseits kommt als ein Faktor für die Ödembildung (Hayek, 1942, 1948) in Frage, da nur, wenn die Epithelbedeckung unvollständig ist, aus den Capillaren in die Alveolarsepten ausgetretene Ödemflüssigkeit gleich in die Alveolen gelangt, so daß alveoläres Ödem entstehen kann. Als zweiter Faktor kommt immer ein vermehrter Austritt von Flüssigkeit aus den Capillaren in Frage. Das gilt für das experimentell erzeugte Adrenalinödem sowie für das bei Erstickung eintretende Ödem. Daß die normalerweise aus den Blutcapillaren austretende geringe Menge von Gewebsflüssigkeit bei Veränderung der Epithelauskleidung der Alveolen nicht gleich in die Alveolen gelangt, beruht auf dem Unterdruck im interstitiellen Bindegewebe der Alveolarsepten (s. S. 46), der die Gewebsflüssigkeit aus den Alveolarsepten normalerweise absaugt.

Für den Gaswechsel bedeutet die Ausbreitung der häutchenartigen Fortsätze der Alveolarepithelzellen über die Capillaren, daß die Blut und Luft trennende Membran aus einer Doppelhaut aus Endothel plus Epithel besteht (Hayek, 1948). Dünnerwerden der Membran erleichtert nach Angaben mancher Physiologen den Gasaustausch.

Was schließlich den Durchtritt fester Stoffe betrifft, so wird erst die Aufgabe der kontinuierlichen Epithelhaut an der Alveolenwand durch Retraktion der Fortsätze den Austritt von Erythrocyten in die Alveolen ermöglichen. Daß Retraktion der Fortsätze bei Sauerstoffmangel die Aufnahme von Staub in den Bindegewebsraum erleichtern wird, ist mit Sicherheit anzunehmen, doch sind meine Versuche in dieser Richtung noch nicht abgeschlossen.

Das dünne Protoplasmahäutchen, das sich über die Capillaren hinweg ausbreitet, hat sicher für die gesamte Zelle eine andere Bedeutung als der massive Zellkörper (Hayek, 1945), in welchem der Golgi-Apparat und die Plastosomen sowie allfällig vorhandene Granula oder Tröpfchen sich finden, die mit besonderen Stoffwechselvorgängen zusammenhängen.

Von manchen Autoren (Policard u. a.) wird die Tatsache der Formveränderlichkeit der Alveolarwandzellen als Beweis dafür herangezogen, daß sie nicht epithelialer Natur sein können. Doch sind vielfach Vorgänge bekannt, bei denen amöboide Bewegungen von Epithelzellen vorkommen, so bei der Bedeckung von Defekten im allgemeinen und beim Erwachsenen von Epithel im Granulationsgewebe, das so in atmendes Lungengewebe umgewandelt wird (Lauche). Bemerkenswert scheint mir auch an dieser Stelle, daß das Epithel der Kiemenblättchen vom Salamander eine Parallele in dieser Beziehung zeigt, indem Reinke beschreibt, daß an dem „in Ruhe" befindlichen Epithel die Zellen eng aneinandergrenzen, während sie unter anderen Umständen durch breite Intercellularspalten getrennt und dann nur durch schmale Protoplasmabrücken miteinander verbunden sind, die sie auch neu bilden können.

Protoplasmastruktur der Alveolarepithelzellen und ihre Veränderlichkeit im Zusammenhang mit ihrem Stoffwechsel

Die Größe des Protoplasmakörpers und die Struktur des Protoplasmas kann bei den menschlichen Alveolarepithelzellen eine außerordentlich verschiedene sein, so daß sich in dieser Beziehung überraschend vielgestaltige Bilder ergeben. Dabei handelt es sich aber nicht etwa um Kunstprodukte durch verschiedenartige Fixierung, sondern um Äquivalentbilder verschiedener Funktionszustände. Das geht daraus hervor, daß einerseits in einer mittels Durchspülung gut fixierten Lunge solche verschiedenen Zustandsbilder in nächster Nachbarschaft gefunden werden. Andererseits gelingt es durch Einwirkung geringer Konzentrationen von Hormonen beim Versuchstier, einige dieser Bilder bei der großen Mehrzahl der Alveolarepithelzellen hervorzurufen.

Jedenfalls zeigen sich zwischen den verschiedenen Zellformen, d.h. den Zellen mit dunklem, homogenem Protoplasma, den Körnerzellen, den Schaumzellen mit vacuolisiertem Plasma (Brodersen) und auch den später zu besprechenden Staubzellen alle Übergangsformen. Mit Lange (1909) möchte ich die Zellen mit dunklem, homogenem Plasma und auch die Körnerzellen als Jugendformen betrachten, von denen sich die anderen Zellformen ableiten. Brodersen meint, daß Schaumzellen nichts anderes als weitergebildete Körnerzellen seien, und Guieysse schildert die durch Teilung neu gebildeten Zellen als Körnerzellen (c. granulées). Nach Binet sollen auch Glykogenkörnchen durch Fettvacuolen ersetzt werden können, wenn auch die Körnchen der Körnerzellen in der Regel nichts mit Glykogen zu tun haben.

Von diesen Bildern gelingt es nun, durch Einwirkung von Reizen bestimmte regelmäßig hervorzurufen. So zeigen die abgekugelten Zellen, wie ich sie durch starken Adrenalinreiz (Hayek, 1942 und 1945, bei der Maus) oder Sauerstoffmangel (Hayek, 1950, beim Meerschweinchen) erhielt, ein homogenes Plasma, ebenso die ausgebreiteten Zellen nach Histaminwirkung (Hayek, 1945, bei Cavia). Dagegen bekam ich nach Acetylcholineinwirkung beim Meerschweinchen fast durchwegs stark vacuolisierte Alveolarepithelien, wobei die Mitochondrien zwischen den Vacuolen und um diese herum gelegen waren (Abb. 134b), so wie das Macklin (1949) an unbehandelten Mäusen auch gelegentlich beobachten konnte. Die Mitochondrien scheinen danach mit der Entstehung der Vacuolen in Beziehung zu stehen. Stewart beobachtet ringförmige einen mit Fett gefüllten Hohlraum umfassende Mitochondrien bei Rattenfeten; Bilder, die eine Entstehung der Fettvacuolen zwischen den Mitochondrien wahrscheinlich machen (ähnlich auch Pagel und Granel). Der Inhalt der Vacuolen kann Fett sein oder aus Lipoiden bestehen. An Fetten unterscheidet Granel nur sudanophile kleinere und größere, auch Osmium reduzierende Tröpfchen. Ihre Menge wechselt beim Meerschweinchen nach dem Ernährungszustand; ich finde sie wie Seemann bei besonders reichlich ernährten Tieren, aber auch bei hungernden Tieren; offenbar wird das aus dem abgebauten Fettgewebe stammende Fett aus dem Blute von den Alveolarepithelzellen aufgenommen. Die Lipoidtröpfchen oder -körnchen sollen reich an Cholesterin sein (Fauré-Fremiet), sie nehmen rasch an Volumen zu, wenn man frische Schnitte dem Dampf höherer Alkohole oder Aldehyde aussetzt, verlieren aber ebenso rasch in normaler Luft wieder ihren vergrößerten Umfang. Vermehrt sind die Lipoide in der Gravidität (Motta) und bei Erkrankungen (s. bei Bargmann).

An sonstigen Substanzen, die in Alveolarepithelzellen regelmäßig histologisch nachgewiesen wurden, sind noch Fermente und Vitamine zu nennen. So beschreibt Fauré-Fremiet eine die Lipoidtröpfchen umgebende cadmiophile Substanz, die als Katalysator beim Gasaustausch wirksam sein soll. Die Reduktion von Tetrazol zu Formazan (Hayek, 1951) macht das Vorhandensein eines reduzierenden Fermentes wahrscheinlich. Die Herkunft des von Roger aus der Lunge gewonnenen fettspaltenden Fermentes ist dagegen noch nicht lokalisiert worden. Vitamin A, B und C wurden von Hirt und Wimmer beim lebenden Tier (Maus und Ratte) mittels luminescenzmikroskopischer Untersuchung in den Alveolarepithelzellen beobachtet, wobei Vitamin A in den Capillarendothelzellen stärker vertreten ist als in den Alveolarepithelien, Vitamin B und C dagegen vorwiegend in letzteren. Matzner weist Vitamin C in abgelösten Alveolarepithelien bei Mäusen und Meerschweinchen mittels der Färbung nach Giroud und Leblanc nach und findet erhöhten Vitamingehalt nach Infektionen.

Eisenhaltige braune Granula, die bei Formolfixierung und Anwesenheit von Blut erscheinen, werden in den Alveolarepithelien von F. und T. Sjöstrand beschrieben, nach Blutverlusten fehlen diese Körnchen. Ein ockerbraunes, aus dem Blute stammendes Pigment findet sich nach Terni sowohl in Alveolarepithelien als in Phagocyten, während Policard (1938) ein solches Pigment in verstreut im Gewebe liegenden Zellen beschreibt. Granel und Hedon haben mittels der Berliner Blau-Reaktion Eisen in ockerbraunem und melanotischem Pigment sowie in farblosen Einschlüssen der Alveolarepithelien und Phagocyten nachgewiesen. Wieweit die mit dem ockerbraunen Pigment beladenen Herzfehlerzellen mit den Alveolarepithelien in Beziehung stehen, scheint noch nicht geklärt; ebenso ist nicht sicher, ob bei der sog. Eisenlunge bei sekundärer rezidivierender Anämie das in der Lunge einschließlich der Lymphknoten reichlich vorhandene Eisen auch in den Alveolarepithelien vermehrt ist.

Dafür, daß schon beim Fetus das Lungenparenchym im allgemeinen und die Alveolarepithelien im besonderen einen intensiven Stoffwechsel besitzen, scheint der besondere Reichtum der fetalen Lunge an Lymphgefäßen zu sprechen (s. S. 317).

Die kleinen und großen Alveolarepithelzellen (AEZ I und II)

Beobachtungen darüber, daß an der Wand der Lungenalveolen zweierlei Formen von Epithelzellen vorkommen, liegen schon etwa 90 Jahre zurück und beruhen auf normalem Material sowie experimentellen und klinischen Untersuchungen. So unterscheiden Bozzolo und Grazidei (1879) breite, plättchenförmige Zellen mit spärlichem circumnucleären Cytoplasma und cytoplasmareiche, minder breite, aber dicke Zellen mit reichlich Körnchen, eine Ansicht, die von Bizzozero (1881) im wesentlichen bestätigt wird.

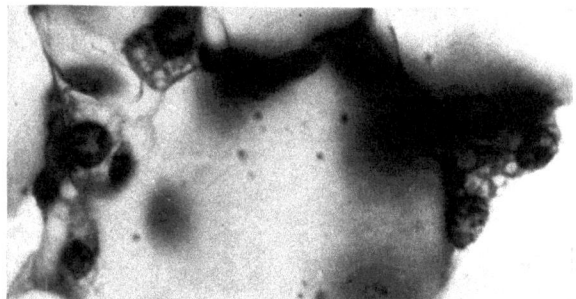

Abb. 139. Alveolarepithelzellen mit stark vacuolisiertem Plasma. Azan 1000fach

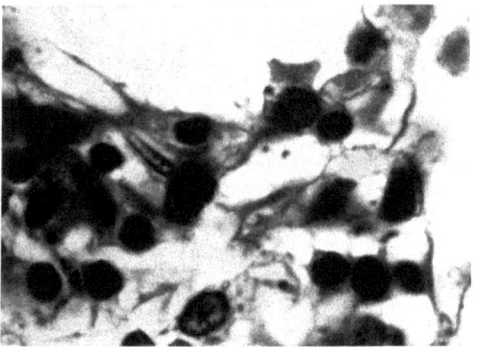

Abb. 140. Zweizipflige Alveolarepithelzelle mit teils homogenem, teils vacuolärem Plasma

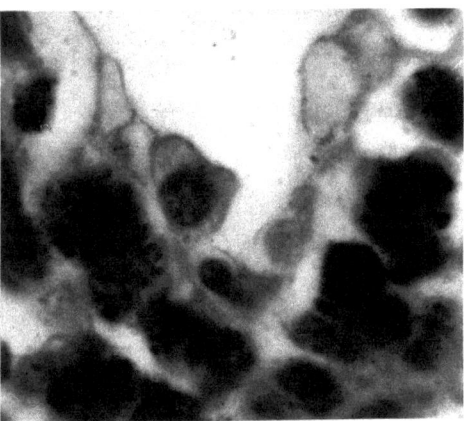

Abb. 141. Vorgewölbte Alveolarepithelzelle mit teils dunklerem homogenem Plasma.
1000fach. Häm.-Eos.

Ich will nun kurz eine Reihe von Zustandsbildern von Alveolarepithelzellen besprechen, die eine überraschende Verschiedenheit zeigen. Eine geringe Menge homogenen Protoplasmas zeigen die hochprismatischen Zellen auf Abb. 133 sowie die kugeligen Zellen auf Abb. 138. Beispiele verschieden stark körnigen und vacuolisierten Plasmas geben Abb. 131, 132, 139 sowie besonders 140. Teils dunkel färb-

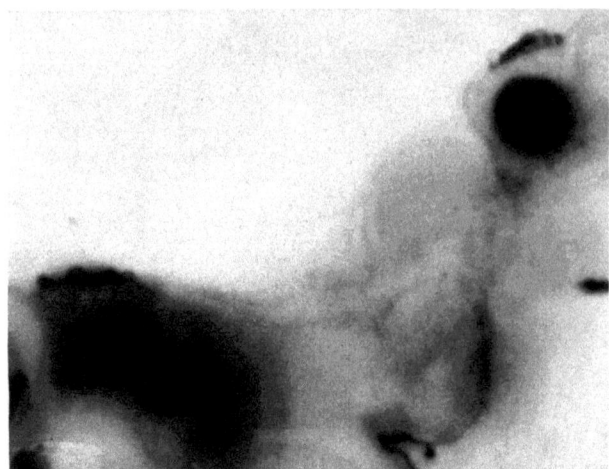

Abb. 142. Zwei Alveolarepithelzellen mit Tröpfchen oder Bläschen an der Oberfläche. phot. 1000fach. 2:1 vergr.

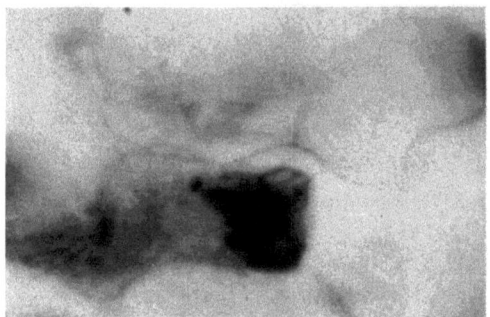

Abb. 143. Zellkern einer Alveolarepithelzelle mit fingerförmigen Fortsätzen. phot. 1000fach. 3:1 vergr.

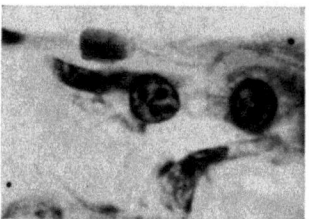

Abb. 144. Alveolarepithelzelle vom Meerschweinchen mit 3 Nucleolen, Acetylcholinreiz. 1000fach

bares homogenes Plasma, teils vacuolisiertes zeigen Abb. 141 und 142, wobei große Formverschiedenheiten in die Augen springen. Eine einzige oder nur wenige Vacuolen besitzen Zellen auf Abb. 138, und schließlich zeigt Abb. 142 der Zelle oberflächlich angelagerte Tröpfchen, die offenbar von der Zelle ausgeschieden wurden. Auch die Oberfläche der Zelle zeigt von der gleichmäßigen Rundung (Abb. 138 und 132) bis zu einem zackigen, ausgefransten Aussehen (Abb. 140) alle Übergänge.

Lange (1909) unterscheidet die Zellen mit dunklem homogenen Protoplasma (Abb. 141) als jüngere Formen gegenüber den Körnerzellen (Abb. 130) und vacuolisierten Zellen (Abb. 139). Brodersen (1933) stellt eine Formenreihe von den Körnerzellen zu den Schaumzellen (Abb. 139) auf und beschreibt eine Umbildung der Körner in die Flüssigkeit der Vacuolen, es handele sich um secernierende Zellen. Macklin (1949) unterscheidet Epicyten (die Reste des Alveolarepithels) von den sich daraus entwickelnden Schaumzellen; er betont, so wie Brodersen, daß der Inhalt der Vacuolen nicht aus Lipoiden bestehe. Eine Vermehrung der vacuolisierten Zellen durch Acetylcholineinwirkung (Hayek, 1945) (Abb. 134) ließ auf die Umwandlung von homogenen in vacuolisiertes Plasma schließen. Policard et al. (1955, 1959) bezeichnen die großen Zellen (type adulte) als die weiter entwickelten gegenüber den kleinen (type jeune). Die kleinen Zellen werden von anderen Autoren (Ito, 1965;

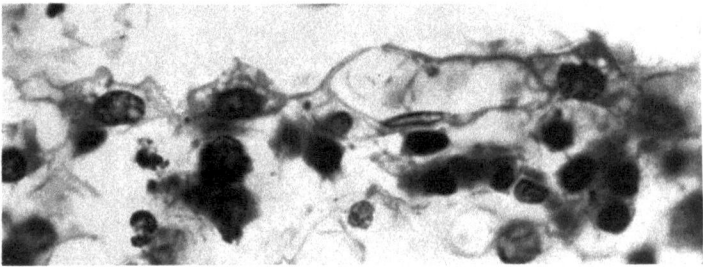

Abb 145. Übergangszone Bronchiolus-Ductus alveolaris, Alveolarepithelzellen mit stark vacuolisiertem Plasma und eine mit dunkler Plasmakuppe. Häm.-Eos. 1000fach

Nagaishi, 1964; Yasuda, 1958; Klika, 1965) auch als Typ I oder Typ A, die großen als Typ II oder Typ B bezeichnet.

Der wichtigste Unterschied zwischen Typ I (A) und Typ II (B) ist, daß die Zellen des Typ I (A) über die Capillaren hinweg das dünne Cytoplasmahäutchen hinausschicken, das lichtmikroskopisch nur selten (Abb. 130, 146, 147), elektronenoptisch aber erst seit den Untersuchungen von Low (1957) darstellbar ist.

Die kleinen Alveolarepithelzellen (Typ I, Typ A) werden mit Recht als meist flach beschrieben (Abb. 149), können aber auch gelegentlich durch eine gefüllte Capillare komprimiert, mehr oder weniger gegen die Alveole vorgewölbt sein (Abb. 130). Charakteristisch ist jedenfalls die geringe Menge Cytoplasmas, das sich zu den Häutchen erstreckt und die geringe Menge von Organellen, so daß das Plasma einfach strukturiert erscheint.

Die großen Zellen (Typ II oder Typ B) lassen im Lichtmikroskop reichliche Körnchen oder auch Vacuolen erkennen und werden daher als granulierte Pneumonocyten bezeichnet. Sie sind dick und breit. So wie zahlreiche Autoren (Lange, Brodersen, Macklin, Policard, Nagaishi u. a.) bin ich zu der Meinung gekommen, daß beide Zellformen der gleichen Herkunft aus dem entodermalen Epithel der Auskleidung der Lungenanlage stammen und daß die kleinen Zellen die primitive Form darstellen, die großen dagegen die differenzierte. Für eine solche Zusammengehörigkeit sprechen einerseits die leicht aufstellbaren Formenreihen (Abb. 150) und die durch den Einfluß von Pharmaka und andere Einflüsse mögliche Umbildung der einen Form in die andere (s. Vacuolenbildung durch Acetylcholinreiz). Für eine Zusammengehörigkeit beider Zellarten sprechen auch ihre Lage auf der Basal-

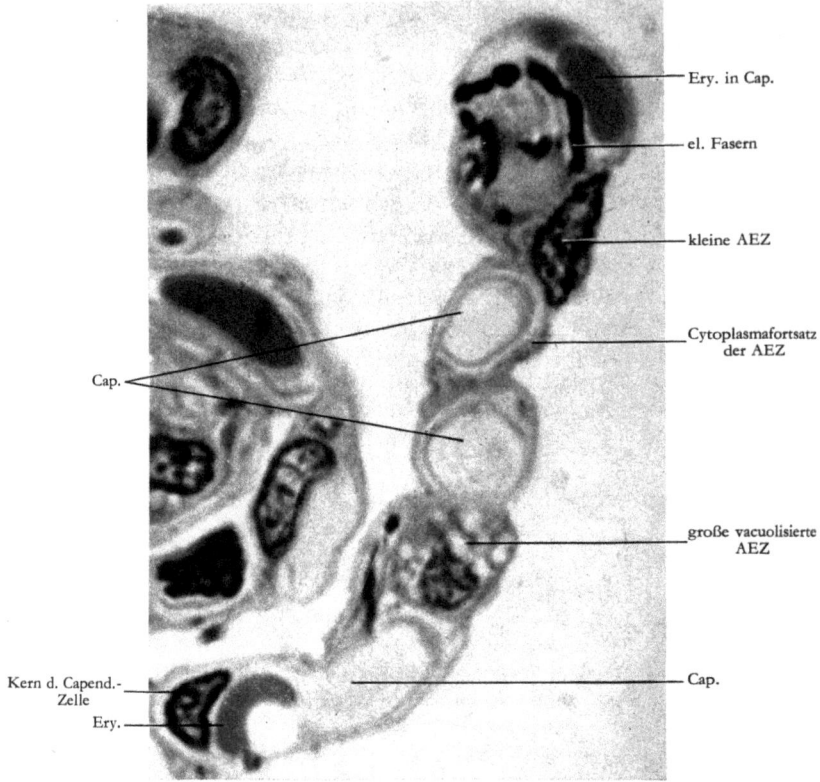

Ery. in Cap.

el. Fasern

kleine AEZ

Cytoplasmafortsatz
der AEZ

Cap.

große vacuolisierte
AEZ

Kern d. Capend.-
Zelle

Ery.

Cap.

Abb. 146. Alveolarseptum mit 4 Capillaren, einer großen und einer kleinen Epithelzelle; elastische Fasern und rote Blutkörperchen, Toluidinblau gefärbt. Die ganze Oberfläche sowie die Capillare im Eingangsring mit epithelialem Cytoplasmahäutchen überkleidet. Semidünnschnitt etwa 1000fach. Fix. Glutaraldehyd

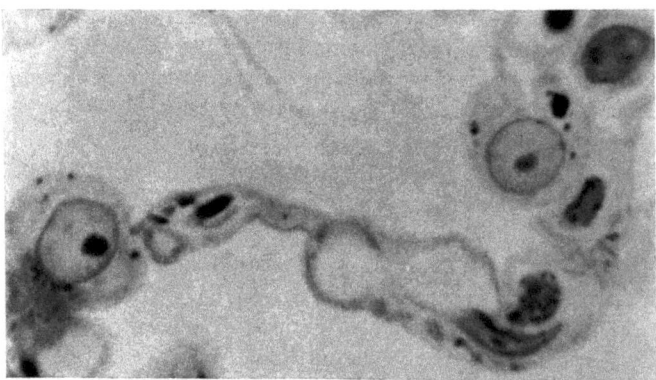

Abb. 147. Alveolarseptum, Semidünnschnitt etwa 1 μ, Toluidinblaufärbung. Durch Fixierung mit Collidin-Osmium die Kerne der Epithelzellen kugelig bläschenartig mit deutlichem Nucleolus, von den Kernen der Capillarendothelien deutlich verschieden. Lichtmikroskop etwa 1000fach

membran und ihre Verbindung durch einen junctional Complex, eine Art der Verbindung, die zwischen Zellen mesodermaler Herkunft (Wanderzellen) und Epithelzellen entodermaler Herkunft meines Wissens bisher nicht beobachtet wurde.

Die in den großen Alveolarepithelzellen (AEZ) mit dem Lichtmikroskop erkennbaren Körner und Vacuolen lassen sich mit dem Elektronenmikroskop differenzieren. Das reichlich vorhandene Cytoplasma der großen AEZ enthält zahlreiche Mitochondrien und Vacuolen, weiter wurden beschrieben Cytosomen und osmiophile Körper, wobei gerade das Vorkommen der letzteren für die großen Zellen charakteristisch ist. Schließlich ist noch das endoplasmatische Reticulum mit und ohne Ribosomen zu nennen.

Durch die Zunahme des Volumens aller dieser Organellen nimmt nicht nur das Volumen der Zelle zu, sondern ihre Form nähert sich mehr der Kugelform. Ich glaube annehmen zu dürfen, daß die zu AEZ II gewordenen Zellen auch ihr Cytoplasmahäutchen zurückziehen, weil das Volumen ihrer Organellen zugenommen hat. Mindestens spricht die Beobachtung von Übergangsformen (Abb. 149, 150) zwischen AEZ I und AEZ II mit ganz kurzen Fortsätzen für einen solchen Vorgang.

Die großen AEZ II zeigen also in der Regel keine häutchenartigen Fortsätze, sitzen aber zwischen den Häutchen der kleinen Zellen breit der Basalmembran auf. Die Kontaktfläche der AEZ II mit der Basalmembran zeigt sich verschieden breit, so daß man eine Formenreihe aufstellen kann von Zellen, die fast mit der Hälfte ihrer kugeligen Oberfläche auf der Basalmembran sitzen (Abb. 151), bis zu solchen, bei denen der Kontakt etwa nur ein Fünftel der Oberfläche betrifft (Abb. 152). Ich bin der Meinung, daß es sich bei dieser Formänderung um die Vorbereitung der Ablösung der AEZ II vom Alveolarseptum handelt, die so zu freien Alveolarzellen werden und Alveolarphagocyten darstellen.

Die Frage, wieweit verschiedene Bilder von Strukturen der AEZ mit Veränderungen bei Arbeit und Ruhe oder im Anschluß an Nahrungsaufnahme oder Abwehrvorgänge zusammenhängen, ist noch kaum in Angriff genommen, während Zusammenhänge verschiedener Strukturen mit Sekretionsvorgängen schon zum Teil geklärt sind.

Die großen Alveolarepithelzellen zeigen lichtmikroskopisch eine sehr verschiedene Form, aber auch sehr verschiedenartige Strukturen des Plasmas, die noch nicht alle mit den mehr Details zeigenden, elektronenmikroskopischen Bildern identifiziert werden können, so daß zuerst die lichtmikroskopisch gewonnenen Bilder besprochen werden müssen. Es ist klar, daß verschiedenartige Fixierung verschiedene Kunstprodukte geben kann, andererseits ergibt sich aber aus dem Nebeneinanderliegen von AEZ mit verschiedener Struktur, daß es sich um verschiedene Funktionszustände handelt.

Ebenso zeigt der in Experimenten reproduzierbare Reizzustand des Plasmas durch Pharmaka oder Hormone die verschiedenen Funktionszustände.

Die Form der AEZ wird vom Füllungszustand der Capillaren und von der dem Dehnungszustand der Alveolenwand sowie dort, wo Muskulatur unter dem Epithel liegt, von deren Kontraktionszustand (Abb. 131, 132) abhängen. Mit der Quellung des Zellkernes zur Kugelform durch die Fixierung mittels Collidin-Osmiumsäure erreichen die Zellen annähernd kubische Form (Abb. 146, 147) mit einem hellen bläschenförmigen Kern. Kubische Zellen werden aber auch bei Formol-Alkohol-Fixierung mit dunklem Kern gefunden (Abb. 133, 139, 143).

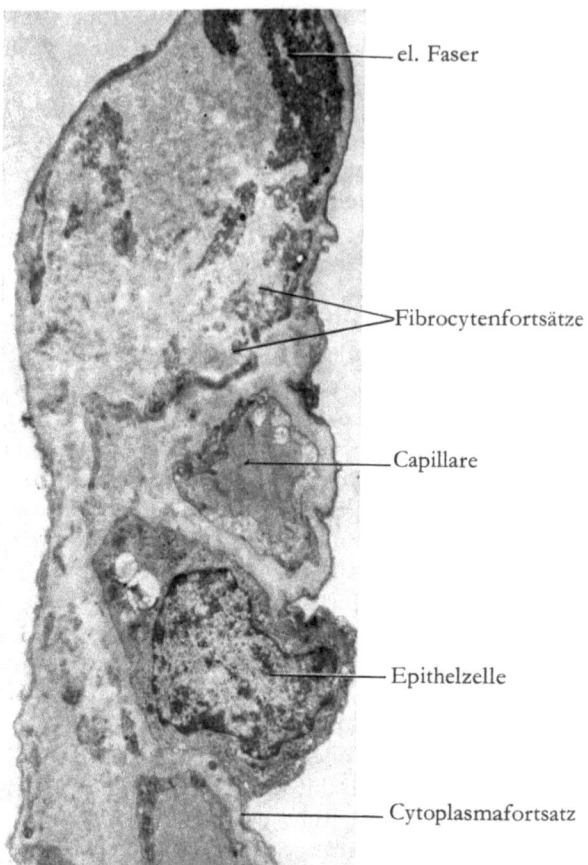

el. Faser

Fibrocytenfortsätze

Capillare

Epithelzelle

Cytoplasmafortsatz

Abb. 148. Alveolarseptum mit elastischem Eingangsring, zwei Capillaren und pfropfenförmig dazwischen steckender kleiner Epithelzelle. Das ganze Septum von dem von der Epithelzelle ausgehenden Cytoplasmahäutchen überkleidet. Fibrocytenfortsätze. Fix. Glutaraldehyd. Siemens Elmiskop II. 5000fach

Dort, wo die AEZ zwischen enge beieinanderliegenden gefüllten Capillaren liegen (Abb. 130, 131, 132, 146), nehmen die Zellen hochprismatische Form an oder sind wie Macklin (1938) sagt, karaffenartig eingeschnürt (Abb. 131, 132).

Die schmale, hochprismatische Form kann auf der Kontraktion der unter Epithel und Capillarnetz liegenden Muskulatur beruhen (Abb. 131, 132) oder findet sich dort, wo eine Epithelzelle zwischen zwei Capillaren wie ein Pfropf im Alveolarseptum steckt (Abb. 121) und von einer Alveole zur anderen hindurchreicht. Ob die Zelle sich im bindegewebigen Alveolarseptum einen solchen Platz geschaffen hat, ist die Frage. Es scheint aber möglich, daß dies der Weg ist, auf welchem durch Heraustreten der Epithelzelle die Alveolarporen (Abb. 153) entstehen (s. S. 236).

Die von den Epithelzellen — über die Capillaren hinweg — ausgehenden häutchenartigen Cytoplasmafortsätze sind in der Regel nur dann lichtmikroskopisch zu sehen (Abb. 137, 146, 147), wenn die Präparate ausgezeichnet fixiert sind (Hayek, 1953) und wenn diese Fortsätze ungewöhnlich dick sind, an ultradünnen Schnitten

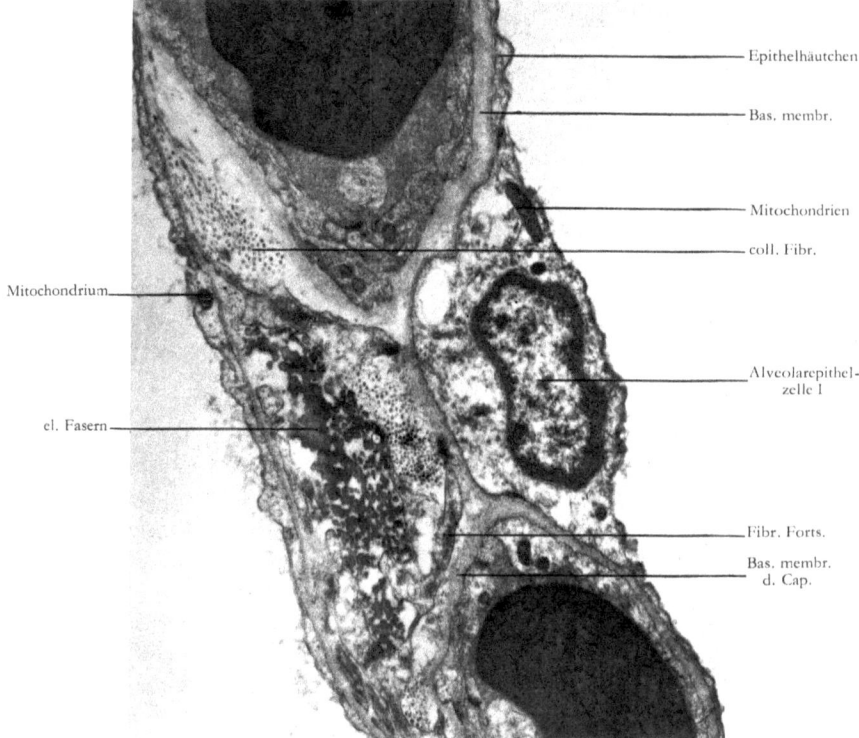

Abb. 149. Alveolarseptum mit Epithelzelle (Typ I) und von dieser ausgehendem Cytoplasmahäutchen an der Oberfläche. Durch Kontrastierung mit Phosphorwolframsäure sind
die Basalmembranen, die elastischen Fasern und besonders die kollagenen Fibrillen hervorgehoben. Fix. Glutaraldehyd. 10000fach

von unter 1 μ Dicke (Abb. 146, 147) sind die Häutchen leichter zu sehen. Meist sind
diese Fortsätze so dünn, daß man von ihnen lichtmikroskopisch nur einen, von der
Zelle ausgehenden, kurzen, zugespitzten Zipfel sieht (Abb. 130, 132), der gegen die
Oberfläche der Capillare vorragt. Auch kann nur elektronenmikroskopisch unterschieden werden (s. S. 186), ob zwischen Zelle und Cytoplasmahäutchen eine Zellgrenze vorhanden ist.

Die freie Oberfläche der AEZ kann sehr verschiedene Formen zeigen. So finden
sich gelegentlich unregelmäßig rauhe, höckerige Fortsätze (Abb. 140) oder (Abb. 141)
glatte, zipfelförmige Fortsätze, Oberflächenformen, die offenbar mit Cytoplasma-
strukturen zusammenhängen und verschwinden, wenn durch Quellung bei der
Fixierung (z.B. Collidin-Osmium-Fixierung) die ganze Zelle Eiform annimmt. Wie
sehr aber auch ein besonderer Funktionszustand die Zellform ändern kann, zeigt
die Formänderung auf Grund der Acetylcholinwirkung, wobei die entstehenden
zahlreichen Vacuolen die Zelle aufblähen und abrunden (Abb. 134b).

Kugelige Alveolarepithelzellen, die sich vom Septum abgelöst haben, finde ich
beim Menschen bei Lungenödem (Abb. 138) sowie bei Versuchstieren (Maus,
Meerschweinchen) bei Adrenalinödem und Erstickung (Hayek, 1943).

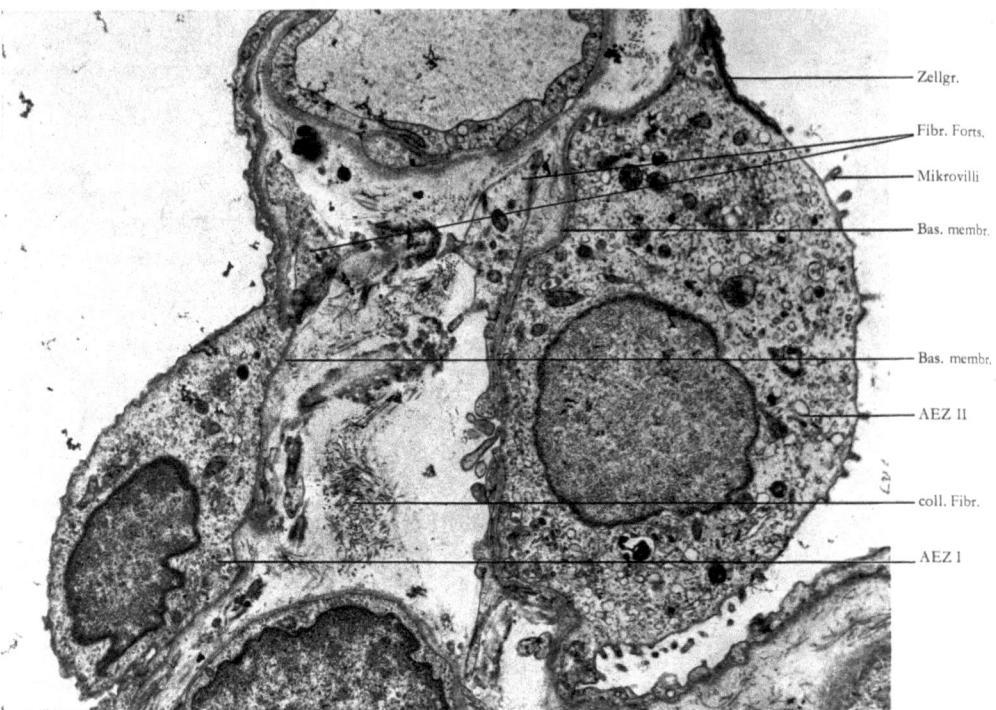

Zellgr.

Fibr. Forts.

Mikrovilli

Bas. membr.

Bas. membr.

AEZ II

coll. Fibr.

AEZ I

Abb. 150. Epithelzellen Typ I und Typ II im Alveolarseptum einander gegenüberliegend. Zwischen den Basalmembranen Fibrocytenfortsätze, elastische Fasern und kollagene Fibrillen in der Zwischensubstanz. Collidin-Osmium. 6000fach

Ein abgelöstes, einschichtiges Plattenepithel als Ausscheidung der Alveolen findet sich unter pathologischen Umständen bei Pneumonien, wenn eine geringe Menge von Ödemflüssigkeit das Epithel abhebt. Schon Lauche beschreibt ein solches Verhalten bei Pestpneumonie 1928 und Miller (1937) bei „Pneumonie" schlechtweg, so wie es Abb. 135 von Masernpneumonie zeigt.

Die Form der Alveolarepithelzellen variiert, wie schon lichtmikroskopisch festgestellt werden konnte, stark, insbesondere in Abhängigkeit von ihrer Beziehung zur Füllung der Blutcapillaren. So beschreibt Macklin (1946) eine Form wie eine in der Mitte verjüngte Karaffe, wenn eine Zelle zwischen den Capillaren durch das Alveolarseptum hindurch an zwei Alveolen heranreicht (Abb. 130). Andere Formen zeigen Abb. 131, 132 und 136. Eine unregelmäßig zipfelförmige Oberfläche bei verschiedener Cytoplasmastruktur zeigen Abb. 140 und 141. Wenn eine Zelle zwischen Capillaren eingeengt liegt, kann der Kern (Abb. 9 in Hayek, 1968) oder auch eine Mitochondrium (Abb. 153) deformiert erscheinen.

Eine dritte Form von Alveolarepithelzellen (Pneumonocyten) beschreiben Meyrick und Reid (1968) von der Ratte als „brush cells", also Bürstenzellen. Diese sollen ausgezeichnet sein durch das Vorhandensein von reichlich Microvilli und sich durch das Fehlen von lamellierten Körperchen von den AEZ II unterscheiden.

Auch beim Menschen finden sich Alveolarepithelzellen mit und ohne Microvilli (Abb. 150, 152, 157, 159) sowie auch an den Cytoplasmahäutchen (Abb. 154) an

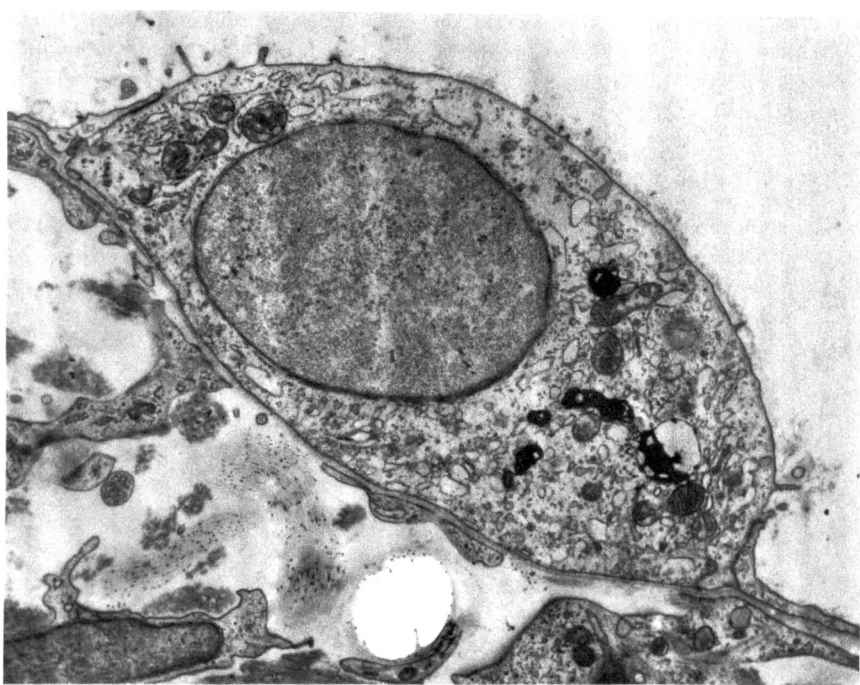

Abb. 151. Große Alveolarepithelzelle (AEZ II), breitbasig der Basalmembran aufsitzend. Beiderseits durch Kittlinien mit dem epithelialen Cytoplasmahäutchen verbunden. An der Oberfläche Microvilli und darüber eine feingekörnte acelluläre Deckschicht. Im Cytoplasma osmiophile Lipoidtropfen, Mitochondrien und endoplasmatisches Reticulum. Fix. Collidin-Osmium. 10000fach

manchen Stellen Microvilli vorkommen, an anderen Stellen fehlen. Nachdem aber vom Meerschweinchen beschrieben wurde (Hayek et al., 1957), daß das Vorhandensein von Microvilli von der Fixierungstemperatur abhängt, möchte ich allgemein die Microvilli als funktionell veränderliche Bildungen halten. Ich bin zur Meinung gekommen, daß die „brush cells" zu den Übergangsformen zwischen AEZ I und AEZ II gehören.

Die Cytoplasmamembranen an der Oberfläche der Alveolarsepten

Etwa $^9/_{10}$ der Oberfläche der Alveolarsepten werden von den meist unter 1 μ dicken Cytoplasmamembranen bedeckt, die (Abb. 130, 146, 149, 150, 155, 159 und 161) nichts anderes sind als Fortsätze der kleinen Alveolarepithelzellen, die vom kernhaltigen Perikaryon dieser Zellen bis zu den Zellgrenzen (Kittlinien) heranziehen. Oft reicht ein solcher Fortsatz (wie auf der Tafel) über 4 Blutcapillaren hinweg, wo er sich überall eng an die Basalmembran anschmiegt und eine Schicht der Blut-Luft-Schranke bildet. Die Cytoplasmafortsätze enthalten gelegentlich Mitochondrien (Abb. 149), Vacuolen (Abb. 164) und sogar nahe der Zellgrenze auch multivesiculäre Vacuolen (Abb. 159), während die anderen Zellorganellen auf das Perikaryon beschränkt sind. An der Oberfläche finden sich oft (Policard et al.,

1955) kleine Microvilli (Abb. 159). Die Dicke der Cytoplasmahäutchen beträgt zwischen $1/_{10}$ und 1 μ, offenbar in Abhängigkeit vom Füllungszustand der Capillare und liegt damit natürlich oft unter der lichtmikroskopischen Darstellbarkeit (Abb. 148, 154, 164, 167).

Die Zellgrenzen der Alveolarepithelzellen

Zellgrenzen in der Wand der Lungenalveolen wurden schon von Kölliker (1881) und von v. Ebner (1902) mittels Silbernitrat als schwarze Linien in der Aufsicht auf die Alveolenwand dargestellt (Abb. 124), doch zeigte sich später (Kammel, 1943;

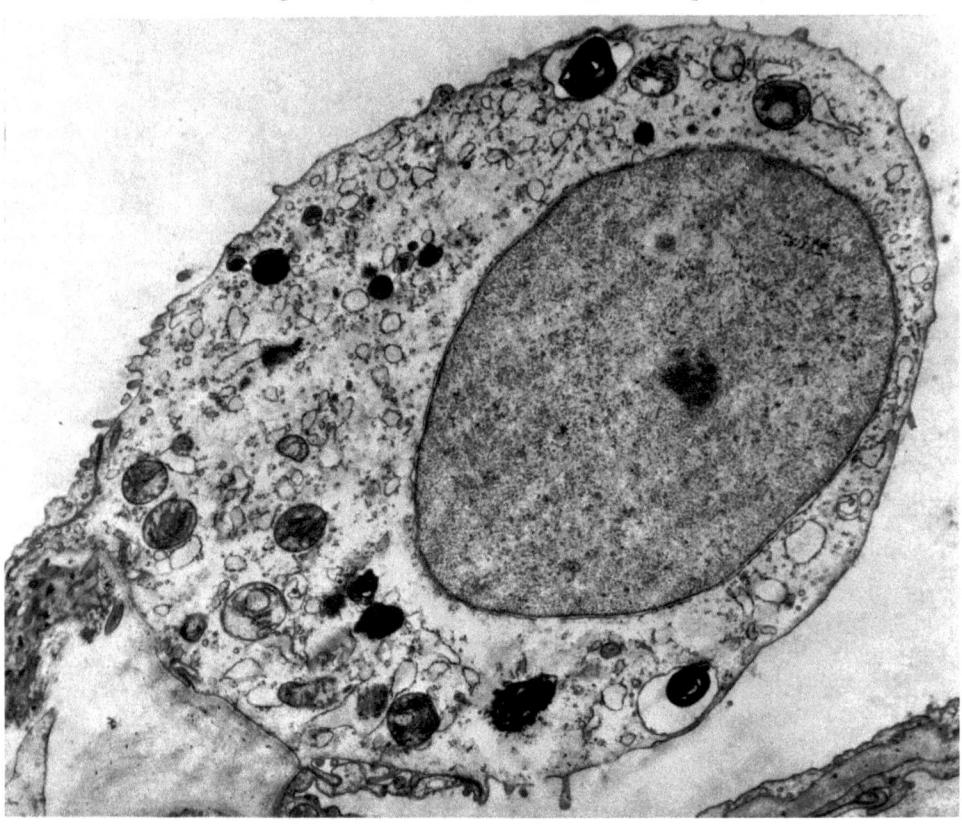

Abb. 152. Große Alveolarepithelzelle (AEZ II) mit schmaler Kontaktfläche mit der Basalmembran in Ablösung vom Septum begriffen. Beiderseits Cytoplasmahäutchen der AEZ I, die Zellbasis kragenförmig umfassend. Im Kern Nucleolus Anschnitt und Sphaeroidium. Fix. Collidin-Osmium. 8000fach

Hayek, 1953), daß ein großer Teil dieser Linien nicht anders ist als eine Darstellung der Grenzen der Capillarendothelien (Abb. 183), da sie auch nach Ablösung der Epithelien (Kammel, 1943) erhalten blieben. Erst die elektronenmikroskopischen Untersuchungen gaben genauen Aufschluß über Zellgrenzen zwischen den Epithelien der Alveolen, wobei Low (1960) die Grenzen zwischen den Cytoplasmahäutchen der kleinen Epithelzellen und Policard et al. (1955) die Grenzen zwischen den Cytoplasmahäutchen und den großen Epithelzellen beschrieben haben. Ähnliches bilden Ito und Shiloschi (1965) ab.

Am Querschnitt durch eine Zellgrenze zwischen zwei Cytoplasmahäutchen zeigen sich bei etwa 15000facher Vergrößerung meist zwei Zonen, die an der Alveolenseite gelegene Verschlußplatte, Zonula adhaerens und der basal gelegene Intercellularspalt, als Teile der am Schnitt im ganzen S-förmig gekrümmten Zellgrenze. Der Intercellularspalt zwischen den Zellmembranen mit einer Länge bis zu 0,8 μ und einer Weite von 250—300 A, öffnet sich gegen die Basalmembran und enthält homogenes Material von der gleichen Dichte wie die Basalmembran. Die Kontaktzone,

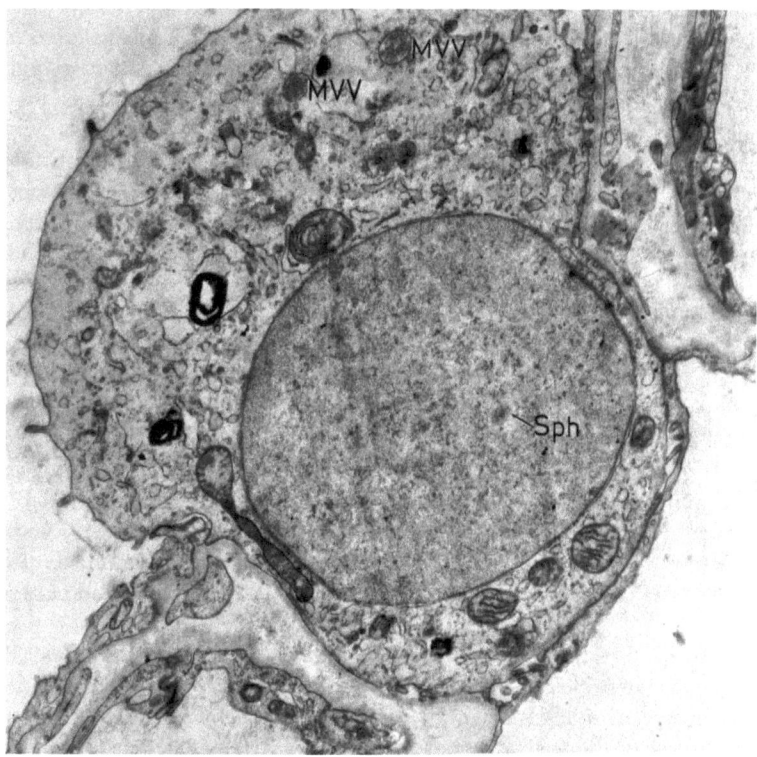

Abb. 153. Das Alveolarseptum durchsetzende, große AEZ II, die bis an das Cytoplasmahäutchen an der anderen Oberfläche reicht. Das lange Mitochondrium erscheint zwischen Kern und dem Rand der Pore im Bindegewebe deformiert. In den Mitochondrien teils gerade, teils gekrümmte Tubuli, teils Cristae mitochondrales. Zwei multivesiculäre Vacuolen (MVV). Sphaeroidium im Kern (Sph). Collidin-Osmium. 8000fach

auch als Verschlußplatte, Kittlinie (Terminal bar, close junction) bezeichnet, erscheint als dunkle, beide Zellmembranen verbindende Masse, die in das nachbarliche Cytoplasma ausstrahlt. Die Kontaktzone allein stellt offenbar die feste Verbindung der Cytoplasmahäutchen dar, nachdem sie bei dünn ausgezogenen Häutchen deren ganze Dicke durchsetzt, während der Intercellularspalt offenbar auseinandergezogen ist, so daß die Kontaktzone bis an die Basalmembran reicht.

Ein besonderes Verhalten aber zeigen die Zellgrenzen dort, wo das Cytoplasmahäutchen einer kleinen AEZ I an eine große AEZ II heranreicht (Abb. 152, 159).

Am Schnitt zeigt sich, daß das Häutchen mehrere μ weit der Seitenfläche des dicken Körpers der AEZ II anliegt (Hayek und Stockinger, 1965) und das Häutchen sich gleichsam wie ein Kragen um die große AEZ herumlegt und die freie alveoläre Fläche von der basalen Fläche abgrenzt. Policard et al. (1954) sprechen davon, daß die Häutchen auf die großen Zellen hinaufzuklettern scheinen. Zahlreiche Befunde sprechen aber dafür, daß ein solches Bild ein Stadium der Ablösung der AEZ II von der Alveolarwand darstellt, denn man kann eine ganze Reihe von Bildern zusammenstellen, bei denen die freie Fläche der großen AEZ verschieden groß ist und bei denen die Kontaktfläche der AEZ mit der Basalmembran verschieden groß ist. Im allgemeinen findet man bei großer Kontaktfläche die freie Fläche kleiner und umgekehrt (Abb. 152 und 151). Ich habe den Eindruck, daß in dem Maße, in dem sich die AEZ II von der Basalmembran ablöst, die Zelle sich aus dem Kragen des Cytoplasmahäutchens oben herausschiebt (Abb. 152). Da der Kragen des Cytoplasmahäutchens gleichsam ein tiefes Körbchen um die Zelle bildet, wird die Schnittrichtung für das Schnittbild sehr wesentlich sein; ein Flachschnitt durch die Alveolenwand wird ergeben, daß ein großer Teil der alveolären Zellfläche vom Cytoplasmahäutchen bedeckt ist wie z. B. auf Abb. 153 (durchkriechende Zelle).

Im Bereich der Zellgrenzen zwischen Cytoplasmahäutchen und der großen AEZ zeigt der Schnitt einen komplizierteren Bau als zwischen dem Häutchen. Es findet sich hier nämlich noch außer der Zonula adhaerens (Schlußleiste, Kittlinie) und dem basal davon gelegenen Intercellularspalt noch vielfach ein punktförmiges Desmosom (Macula adhaerens). Zwischen Schlußleiste und Desmosom liegen die Zellmembranen sehr nahe (etwa 300 A) beieinander. Die Schlußleiste, welche die Zelle rundherum umfaßt, ist an jedem Schnitt getroffen, während das punktförmige Desmosom natürlich nur gelegentlich getroffen sein kann. Inwieweit Schlußleisten und Desmosomen sich an der Oberfläche der großen AEZ verschieben können, so daß es zur Ablösung dieser Zellen kommt, ist fraglich. Der Gedanke, daß die Kontaktzone „Close junction" wie die „Tight junction" zwischen Nachbarzellen die Orte herabgesetzten elektrischen Widerstandes seien, wird u. a. von Trelstand et al. (1966) erwogen.

Die Beobachtung dieser Verbindungskomplexe (Junctional Complex, Palade) zwischen großen und kleinen AEZ spricht unter anderem dafür, daß beide Zellarten gleicher Abstammung sind und spricht gegen die von manchen immer noch vertretenen Anschauung, daß die großen vacuolisierten Zellen mesodermaler Herkunft seien. Ich glaube an dieser Meinung festhalten zu sollen, obwohl in letzter Zeit (Trelstad et al., 1966) junctional areas und tight junctions zwar auch zwischen Entoderm und Mesoderm-Zellen nachgewiesen wurden, aber nur bei Hühnerembryonen in der Zeit der Entwicklung des Mesoderms.

Der Zellkern der Alveolarepithelzellen
Form und Struktur

Form und Struktur des Kernes sind stark von der Fixierung abhängig und geben bei verschiedenen Fixierungen und Präparatschnittenden ein sehr verschiedenartiges Bild. Über die durch verschiedenartige Fixation entstandenen Bilder hinaus ist es wahrscheinlich, daß morphologische Veränderungen bei verschiedenen Funktionszuständen des Kernes zu beobachten sind, doch ist es nicht leicht zu unterscheiden, ob verschiedenartige Bilder nur durch verschiedene Fixierung oder darüber hinaus durch verschiedene Funktionszustände zu erklären sind.

Es gibt Fixierungsgemische, nach deren Einwirkung der Kern der AEZ sich sehr der Kugelform nähert (Abb. 147), und solche, die Bilder höckeriger Kerne zeigen (Abb. 146). Die höckerigen Kerne zeigen eine grobschollige Chromatinstruktur, während die kugelrunden Kerne eine gleichmäßige feinkörnige Struktur höchstens mit locker verteilten Kerngranula erkennen lassen. Fast kugelrunde Kerne finde ich unter den für Elektronenmikroskopie vielfach verwendeten Fixantia, wie

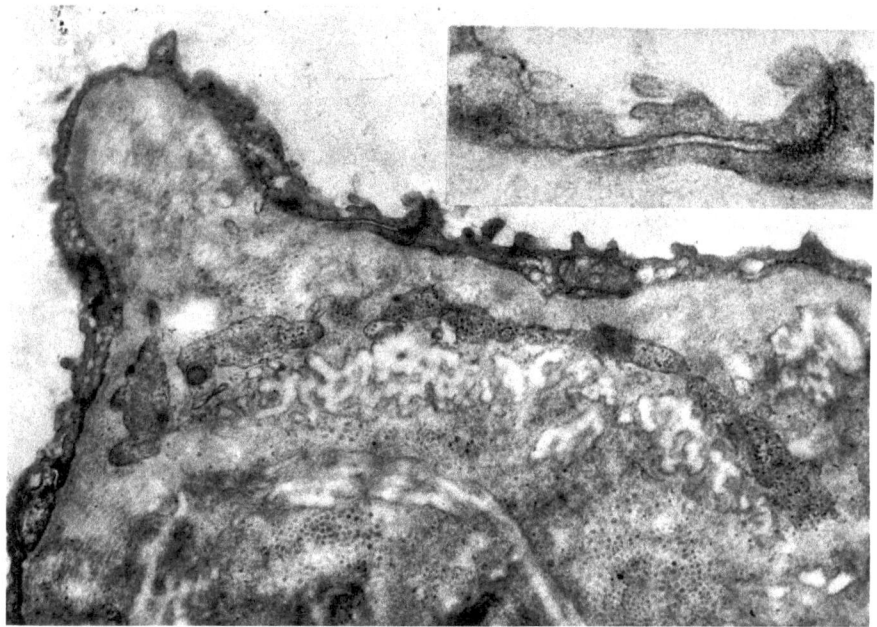

Abb. 154. Zellgrenze zwischen den Cytoplasmahäutchen zweier Epithelzellen. Oberflächliche Kittlinie, basalwärts Intercellularspalt. — Im Alveolareingangsring Kollagenfibrillen, Fibrocytenfortsätze, elastische Fasern, nicht kontrastiert. Fix. Glutaraldehyd.
15 000fach

Osmium-Palade, Collidin-Osmium und $KMnO_4$, sowie nach neutralem Formol, höckrige Kerne besonders nach Glutaraldehyd-Fixation. Die Quellung der Kerne zur Kugelform nach gewissen Fixantia betrifft stärker die AEZ als die Kerne der Endothelzellen, die dagegen unregelmäßig höckrig erscheinen; ein Unterschied, der mit der Permeabilität der Kernmembran oder auch der Zellmembran und der Puffer- oder der pH-Wirkung zusammenhängen dürfte. Ähnlich dürfte es auch von dem verschiedenen pH abhängen, das unter noch nicht näher definierten Umständen die Kerne der Endothel- und Bindegewebszellen sich mit Azan rot färben, während die AEZ-Kerne violett gefärbt werden.

Die Form des Kernes kann auch grob mechanisch beeinflußt sein; so z.B., wenn die ganze AEZ im bindegewebigen Alveolarseptum steckt, kann der durch die Fixierung zur Abrundung neigende Kern eingeschnürt sein (Abb. 148). Der Zellkern kann dabei Hantel- oder Krummform annehmen, wobei auch der Nucleolus krummförmig erscheint. Wenn die Zelle von den benachbarten Capillaren komprimiert ist, wird sich die Längsachse des ovalen Kernes quer oder senkrecht (Abb. 132) zur Oberfläche einstellen; schließlich können dem Zellkern benachbarte Cytoplasmaeinschlüsse (Vacuolen, Tröpfchen, Granula) (Abb. 140, 160) den Kern eindellen, so daß dazwischen Höcker der Kernoberfläche vortreten. Diese Dellen lassen schließen, daß der Inhalt der Vacuole unter einem Druck produziert wurde, der größer ist als der Druck innerhalb der Kernmembran (Ähnliches bei Kernen der Bronchioli Abb. 134, 136).

Ähnliche Höcker und Dellen der Kernoberfläche finden sich aber auch, ohne daß Plasmaeinschlüsse erkennbar wären, die sie hervorgerufen haben könnten. Ob solche unregelmäßigen Kernformen bis zu den Formen mit fingerförmigen Fortsätzen des Kernes (Abb. 143) etwa mit besonderen Stoffwechselvorgängen zusammenhängen, ist fraglich. Bei acetylcholinbehandelten Meerschweinchen fand ich häufig Kerne mit 3 Nucleolen (Abb. 144). Beodeyen beschreibt bei seiner Spezialfärbung mit Methylgrün-Pyronin in den Körnerzellen der Maus 1—2 rötliche und 1—2 blaue Nucleolen.

Die Struktur des Kernes ist ebenfalls stark von der Fixierung abhängig. Die fast kugelrunden Kerne (Fixierung Osm. Pal, Coll. Osm., KMnO₄) zeigen eine feine Granulierung im ganzen Kern fast gleichmäßig verteilt (Abb. 151, 152), abgesehen vom Nucleolus, eventuell ein Sphaeroidium und Kerngranula. Die höckerigen Kerne (Fixierung Glutaraldehyd, Formol-Alkohol) zeigen grobschollig über den Kern verteilte dunkle Chromatinmassen, die aber gelegentlich auch vorwiegend der Kernmembran angelagert sind (Abb. 148, 149), eine Anordnung, die im Gegensatz zu den AEZ in den Endothelkernen in der Regel gefunden wird.

Die Kernmembran

Die Kernmembran ist am besten bei Collidin-Osmiumsäure-Fixierung zu erkennen. Sie besteht aus zwei Lamellen, die durch den perinuclearen Raum voneinander getrennt sind; ihre Gesamtdicke beträgt etwa 20 mμ, wovon die innere Lamelle etwa 6 mμ, die äußere etwa 4 mμ und der perinucleare Raum etwa 10 mμ einnimmt. Bei 20000facher Vergrößerung kann ich bei guter Fixierung (Collidin-Osmium) keine Kernporen erkennen (Abb. 155). Nur bei der für die Darstellung der Kernmembran offenbar wenig geeigneten Kaliumpermanganatfixierung ist die innere Lamelle diskontinuierlich, so daß man Kernporen vermuten könnte. Die äußere Lamelle verläuft meist der inneren vollkommen parallel, vielfach um den ganzen Kern herum, so daß keine Verbindungen des perinuclearen Raumes mit dem endoplasmatischen Reticulum getroffen sind. Nur selten finde ich Erweiterungen des perinuclearen Raumes, die sich gelegentlich in Schläuche des endoplasmatischen Reticulum fortsetzen (Abb. 156), so daß die äußere Lamelle in die Cytomembranen übergeht. Ob es sich beim Fehlen oder Vorhandensein von Verbindungen des perinuclearen Raumes mit dem Reticulum um Zufallsbefunde durch den Schnitt oder um funktionsgegebene Unterschiede handelt, kann ich nicht sagen.

Der Nucleolus

Bei H.E.- oder Azanfärbung sowie bei elektronenmikroskopischer Darstellung ist oft in kleinen wie in großen AEZ ein Nucleolus zu erkennen. Bei seiner Spezial-

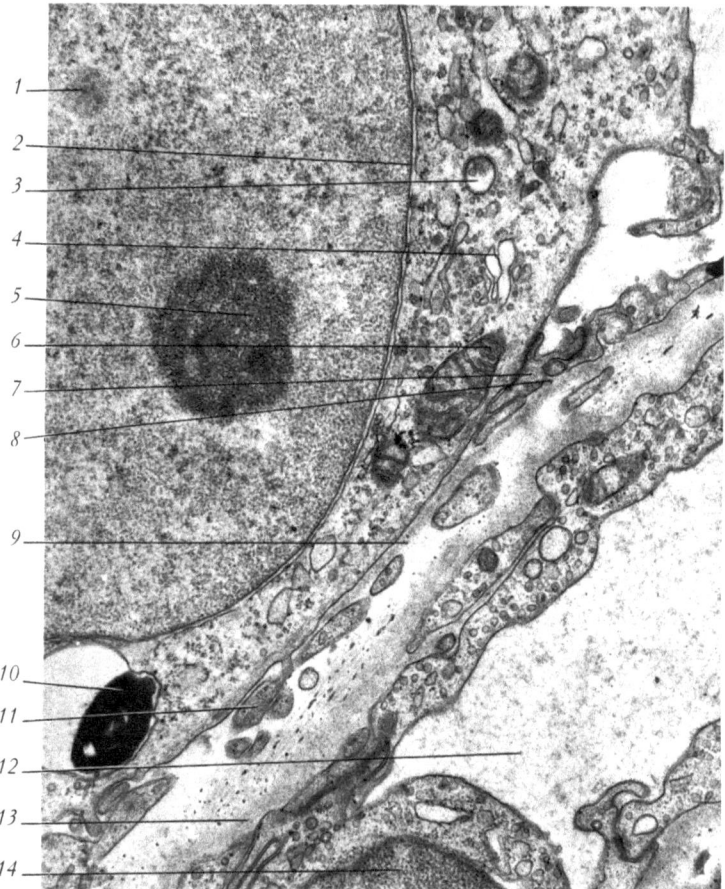

1 ——
2 ——
3 ——
4 ——
5 ——
6 ——
7 ——
8 ——
9 ——
10 ——
11 ——
12 ——
13 ——
14 ——

Abb. 155. AEZ Typ II zur Demonstration des perinucleären Raumes. *1* Sphaeroidium,
2 Perinucleärer Raum, *3* Multives. Vacuole mit kleinen Vesikeln, *4* Golgi-Feld, *5* Nucleolus,
6 Mitochondrium, *7* Cytoplasmahäutchen der AEZ I, *8* Zellgrenze, *9* Basalmembran,
10 Lipoidkugel, *11* Fibrocytenfortsätze, *12* Capillare, *13* Basalmembran, *14* Endothelkern.
Fix. Collidin-Osmium. 20 000fach

färbung mit Methylgrün-Pyronin-Neuviktoriablau beschreibt Brodersen an den
Körnerzellen der Maus 1—2 rötliche und 1—2 blaue Nucleolen. Beim Meerschweinchen finde ich nach Acetylcholinreiz häufig 3 Nucleolen (Abb. 144).

Nach Collidin-Osmium-Fixierung und Färbung mit Toluidinblau tritt in den
fast kugelig gequollenen Zellen und den bläschenartig erscheinenden Kernen der
Nucleolus an Semidünnschnitt besonders deutlich hervor (Abb. 147).

Im elektronenmikroskopisch untersuchten Schnitt sieht man oft keinen Nucleolus
im Kern, ein Befund, der durch die geringe Dicke der Schnitte sich ergibt. Gelegentlich findet man auch 2 Nucleolen. Die Art der Fixierung ist für den Nucleolus ebenso
von Bedeutung wie für den Kern. Nach Fixierung mit Glutaraldehyd unterscheidet
sich der unregelmäßig höckrige Nucleolus (Abb. 148) nur unauffällig vom bröcke-
ligen Chromatin, das vorwiegend an der Kernmembran gelegen, elektronenoptisch

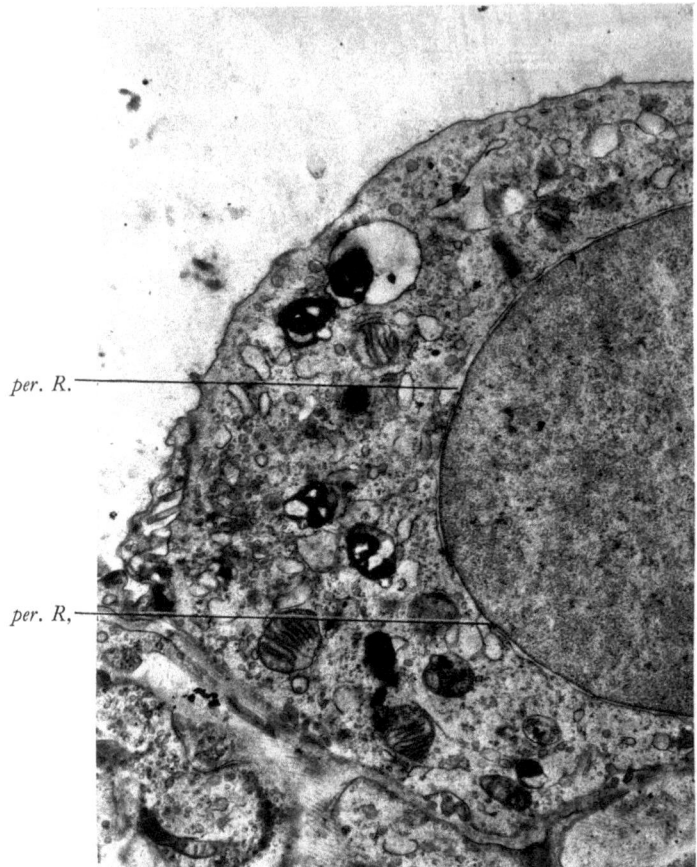

per. R.

per. R,

Abb. 156. AEZ Typ II. Perinucleärer Raum im Zusammenhang mit endoplasmatischem Reticulum. Fix. Collidin-Osmium. 10000fach

dunkel erscheint. Bei der Collidin-Osmium-Fixierung dagegen (Abb. 150) hebt er sich als dunkles Gebilde sehr deutlich von dem feinkörnigen hellen Karyoplasma ab, in dem das Chromatin nicht zu Schollen konzentriert ist. Bei Coll.-Osmium-Fixierung und 20000facher Vergrößerung erscheint der kugelrunde Nucleus ebenso wie die Substanz des übrigen Kernes. nicht aber das Sphaeroidium aus etwa $^1/_{100}$ µ großen Körnchen aufgebaut, die nur im Nucleolus viel dichter gelegen sind. Bei Kaliumpermanganat-Fixierung finde ich den Nucleolus aus dunkleren Schollen bestehend, die von einem feingranulierten fast kreisrunden hellen Hof umgeben sind, der sich deutlich von der übrigen Kernsubstanz abhebt (Abb. 158).

Das Sphaeroidium

Ein Sphaeroidium (Horstmann) im Kern konnte ich bisher 5mal sehen (Abb. 153). An einem meiner Bilder hat es Horstmann selbst gefunden, und entsprechende Gebilde fand ich an 4 anderen Photos. Über die Funktion dieser Gebilde ist bisher nichts bekannt.

Die Zellmembran der AEZ und Microvilli

Als Zellmembran oder Plasmalemm bezeichnet man eine elektronenmikroskopisch bei Vergrößerungen von mehr als 5000fach deutlich darstellbare Cytoplasmahaut von etwa 10 mµ Dicke, die lichtmikroskopisch nicht auflösbar ist. Die im Lichtmikroskop am fixierten und gefärbten Präparat sichtbare „Zellmembran" ist dagegen, wie

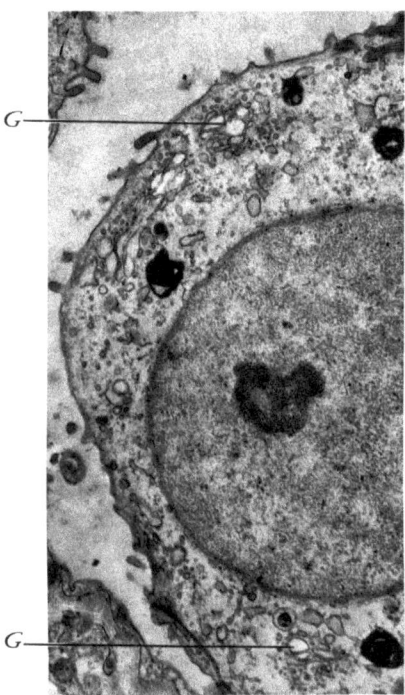

Abb. 157. Nucleolus. Fix. Collidin-Osmium in AEZ II. 10000fach

besonders Bucher (1965) betont, ein Artefakt in dem Eiweiß und Farbstoff auf der Membran niedergeschlagen werden.

An Bildern mit mindestens 20000facher Vergrößerung läßt sich gelegentlich eine Zweischichtigkeit des Plasmalemms erkennen. Auch dort wo zwei AEZ aneinander grenzen, bleibt das Plasmalemm jeder Zelle selbständig und ist von der Nachbarstelle durch einen Spaltraum getrennt (s. S. 187). Abgesehen von den Unregelmäßigkeiten, zeigt das Plasmalemm vielfach Ausstülpungen (nach außen oder nach innen), die Microvilli und die pinocytotischen Membraninvaginationen.

Als Microvillosités (Policard et al., 1955) Pseudopodien (Bargmann und Knoop, 1954) oder Microvilli (Karrer, 1956) werden Cytoplasmafortsätze der AEZ bezeichnet, die etwa $^1/_2$ µ lang auf der freien Fläche der Zellen, also gegen die Alveolen vorragen. Der Name „Microvillosités" wurde von Borysko und Bang (1953) für solche Fortsätze an Zellen der Allantois des Hühnchens geprägt, und solche Fortsätze wurden bald an anderen Zellarten des Urogenitalapparates, Magendarmtraktes etc. gefunden. Größere und zahlreichere Microvilli (Abb. 151) finden wir beim Menschen (wie Policard et al.) an den großen AEZ, kleinere Microvilli (Abb. 150)

in geringerer Zahl an den kleinen AEZ und auch an deren Cytoplasmahäutchen. Die
Länge variiert zwischen $^1/_{10}$ und 1 μ. Es handelt sich offenbar um die gleichen Bildungen, die Lange (1909) als Pseudopodien an AEZ vom Kaninchen in physiologi-
scher Kochsalzlösung von 37° beobachten konnte. Hayek, Braunsteiner et al. (1957)
haben dann bei Meerschweinchen die Microvilli nur an lebenswarm fixierten Objekten
beobachtet, während sie an Präparaten, die nach Abkühlung fixiert wurden, fehlten.
Aus dieser Beobachtung ist zu schließen, daß in vivo normalerweise funktionell
veränderliche Microvilli vorhanden sind, welche an der alveolären Oberfläche vorragen und unter besonderen funktionellen Bedingungen (z.B. Abkühlung) auch
zurückgezogen werden können, so daß dann die Befunde glatter Oberfläche wie
z.B. von Low (1952) zustande kommen. Zu bemerken ist noch, daß dieselbe Zelle

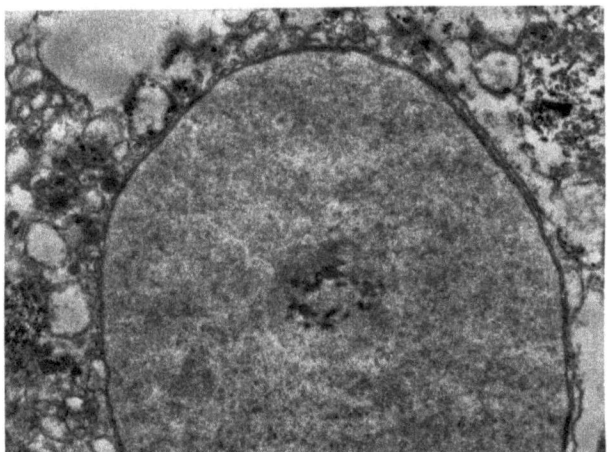

Abb. 158. Nucleolus. Fix. Kaliumpermanganat AEZ II. 10000fach

an einem Teil ihrer Oberfläche lange Microvilli aufweisen kann, während solche am
Nachbarabschnitt der Oberfläche fehlen.

Die wahrscheinlich richtige Vermutung, daß die Alveolen von einem dünnen
Flüssigkeitsfilm irgendeiner Lösung ausgekleidet seien, wirft die Frage auf, ob
dieser Film dicker ist als die Länge der Microvilli und dieser daher in den Film
eintauchen, oder ob er jede einzelne Mikrozotte einbezieht.

An Abb. 151 sieht man an dem Coll.-Osm. fixierten Präparat an jedem einzelnen
Microvillus die Zellmembran überkleidet von einem zarten Netzwerk eines fädigen,
wenig elektronendichten Materials. Die Frage der Natur dieses Materials soll in
einem eigenen Abschnitt (s. S. 159) besprochen werden. Die Microvilli bedeuten
eine wesentliche Vergrößerung die der von Flüssigkeit überkleideten Oberfläche der
AEZ gegen die luftgefüllten Alveolen. Auf dem in Abb. 159 abgebildeten Schnitt
zeigt ein Oberflächenschnitt von 2 μ Länge 3 bis zu 1 μ lange Microvilli, so daß
hier die Oberfläche dadurch auf das 3fache vergrößert ist.

Die micropinocytotischen Invaginationen

Als weitere Bildung der Cytoplasmahäutchen, die aber im Pericaryon der kleinen
Epithelzellen und an den großen Zellen meist fehlt, finden sich reichlich micro-

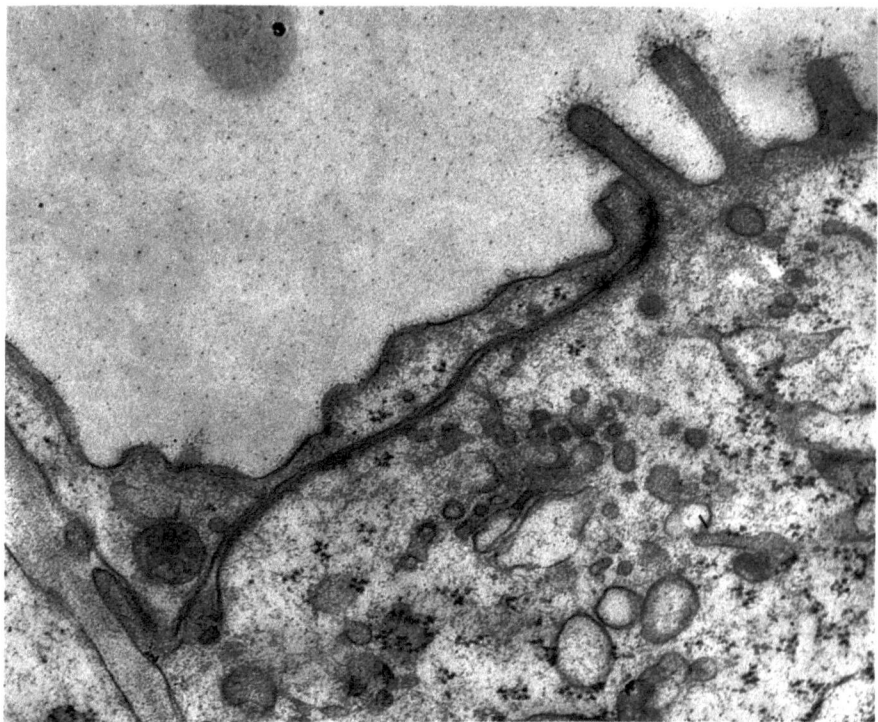

Abb. 159. Zellgrenze zwischen großer AEZ (Typ II) und Cytoplasmamembran einer kleinen AEZ (Typ I) mit Kittlinie, Kontaktzone und Desmosom. Drei lange Microvilli mit acellulärer Deckschicht. Golgi-Feld endoplasmatisches Reticulum mit Ribosomen, multivesiculäre Vacuole mit 6 äußeren und einer zentralen Vesikel. Collidin-Osmium. 40 000fach

pinocytische Invaginationen der Zellmembran und entsprechende Bläschen. Schultz (1959) hat solche Bildungen in der Lunge der Siebenschläfer (Myoxus glis) im Winterschlaf als Besonderheit beschrieben, doch finden wir diese Invaginationen am menschlichen Material (Hayek und Stockinger, 1967) ebenso häufig (Abb. 165).

Die Zahl der Invaginationen und Bläschen ist am Epithelhäutchen — wie beim Siebenschläfer — geringer als am gegenüberliegenden Endothelhäutchen der Capillare und beträgt $^1/_3$—$^1/_4$ der letzteren. Der Durchmesser der Invaginationen und Bläschen beträgt beim Cytoplasmahäutchen der Epithelzellen 0,1—0,01 μ, bei der Mehrzahl 0,05 μ. An der der Basalmembran zugewendeten Seite finden sich etwa 4—5mal so viele Invaginationen als an der Luftseite. Die Verteilung ist sehr unregelmäßig, oft liegen die Invaginationen eng nebeneinander in Abständen der Breite einer Invagination (Abb. 167), andererseits können sie am Schnitt auf einer Zone von 10 Bläschenbreiten völlig fehlen. Der Vorgang der Micropinocytose wurde zuerst von Palade (1956), Benett (1956) und Moore und Ruska (1957) an Endothelien von Blutcapillaren beschrieben und für den Vorgang der Abschnürung der Invaginationen der Zellmembran zu Bläschen der Ausdruck Cytopempsis vorgeschlagen, womit der Transport durch die Zelle ohne Aufbrechung der Zellmembran gemeint ist. Gegen einen solchen „Transport durch die Zelle" scheint aber der große Unterschied der Zahl der Membraninvaginationen an der Luftseite und an der Seite der Basalmembran zu sprechen. Besondere Details über die Beziehung der doppelten Zellmembran zu den Invaginationen beschreiben Hayek und Stockinger (1967). Es ergibt sich die Frage, ob die von Dominguez und Liebow (1967) beschriebene Resorption großmolekularer Stoffe aus den Alveolen (Albumine, Polyvinylverbindungen) mit den Invaginationen zusammenhängt. Daß die dünnen Cytoplasmamembranen der AEZ eine andere Bedeutung für die Alveolarwand besitzen als die dicken Zellrümpfe, habe ich schon 1953 angegeben.

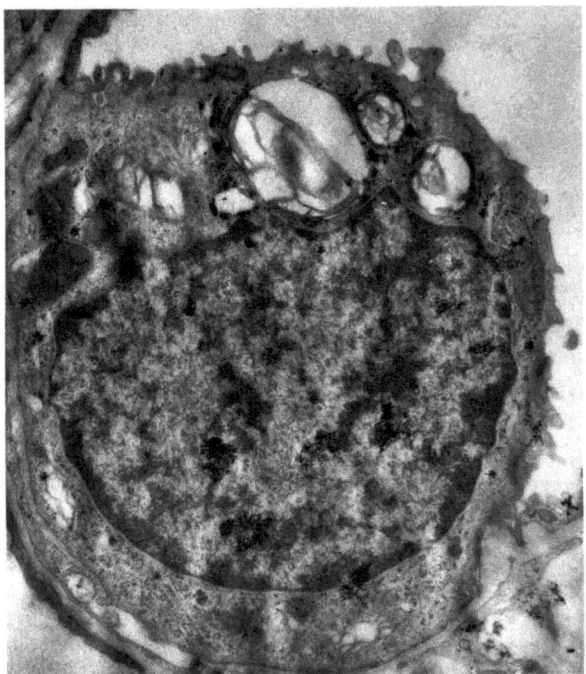

Abb. 160. AEZ II mit Vacuolen, die Impressionen am Zellkern erzeugen. Fix. Glutaraldehyd-Osmium. 10000fach (vgl. Abb. 140)

Fetteinschlüsse in den Alveolarepithelzellen

Angaben in der Literatur über Fetteinschlüsse in den Alveolarepithelien werden schon von Seemann (1931), Lubarsch (1931), und Bargmann (1936) zusammengefaßt und gehen fast 100 Jahre zurück (Parott, 1871). Solche Fetteinschlüsse finden sich in vielen (nicht allen) AEZ besonders nach Fütterung mit fettreicher Nahrung (z. B. Milch, Seemann der von Steatose spricht), aber auch nach reichlicher Fütterung mit weniger fettreicher Nahrung, Klee und Rüben wie beim Meerschweinchen (Hayek). Das Capillarnetz der Lunge ist ja das erste Capillarnetz, das von dem mit Chylus beladenen Blut passiert wird, so daß hier das feinstverteilte Fett dem Blut entnommen und der Weiterverarbeitung im Stoffwechsel der Lunge zugeführt werden kann. So ist es verständlich, daß auch beim akuten Hungerversuch Fettkugeln in den AEZ gefunden werden, da das bei Hunger aus dem Fettgewebe resorbierte Fett durch die Lymphgefäße abtransportiert wird (Hayek). In den AEZ findet sich das Fett in größeren und kleineren Kugeln, die durch die üblichen Fettstoffe homogen anfärbbar sind (Sudan, Scharlach, aber auch z.B. Formazan). Nach Formalinfixierung bleiben Fette und Lipoide alkohollöslich, und so können an derart fixierten Präparaten an Stelle von Fetteinschlüssen vielfach an den Schnitten Vacuolen gefunden werden; es ist aber zu betonen, daß nicht alle Vacuolen Reste von Fetttröpfchen darstellen, sondern daß es auch Vacuolen gibt, die ursprünglich nicht von Fett erfüllt sind, sondern von einer anderen Substanz, die nicht mit Fettfarbstoffen färbbar ist und sich auch nicht mit anderen üblichen Farbstoffen darstellen läßt (Brodersen). Die Beobachtung von einzelnen Vacuolen oder vacuolisierten Zellen allein ist noch kein Nachweis von Fetteinschlüssen. Die kleinen Tröpfchen sollen nach Granel (1909) sudanophil, aber nicht osmiumreduzierend sein (ebenso Guyesse Pellissier, 1920), während die größeren das umgekehrte Verhalten aufweisen. Nach der Meinung von Granel (1909) und Seemann (1931) vollzieht sich im Verlauf der Speicherung eine wesentliche Umänderung der Fettnatur. Die Fetttropfen von 1,5—3 μ Größe, die nach Klika (1965) mit Fettrot oder Sudanschwarz färbbar sind, und nach Klika (1965) die granulären AEZ vielfach ballonartig auftreiben, sollen nach diesem Autor Phospholipoide enthalten. Daß Fett innerhalb von Mitochondrien gebildet wird, berichtet Stewart (1923), Beobachtungen, die zur Frage der Sekretion der AEZ, insbesondere zur Frage der Sekretion der für die Oberflächenspannung an der Alveolenwand wichtigen Substanzen (Palmytoilverbindungen), hinüberführen. Fett bei Fettembolien beschreiben auch Gilbert und Jomier (1905). Es soll in der Lunge nach Ramon (1904), Lieber (1908), Saxl (1909), Rona (1911), A. Mayer und Morel (1919) ein Fett angreifendes Ferment vorhanden sein, das von Lipase verschieden ist. Die Fetteinschlüsse der AEZ können aus dem Blut stammen oder durch Resorption aus den Luftwegen, aber auch (Binet et al., 1937) durch Umwandlung von Glykogenkörnchen entstehen. Die Fetteinschlüsse der AEZ stellen, wie schon Seemann (1931) vermutet, wahrscheinlich ein kompliziertes Gemisch von Fett und Lipoiden dar, womit sich das verschiedenartige Verhalten bei verschiedenen Fixierungen (Hayek und Stockinger, 1968) erklärt.

Fetttropfen aus allen Fettarten oder Lipoiden können bekanntlich nur am nativen Gefrierschnitt oder nach Fixierung mit Aldehyden (Formaldehyd, Glutaraldehyd) als massive Tropfen oder Kugeln mit den verschiedenen Fettfarbstoffen dargestellt wurden, wenn die Präparate nicht durch fettlösende Medien wie Alkohol, Benzol, Chloroform etc. durchgebracht wurden. Nach kürzerem oder längerem Kontakt vor der Färbung mit solchen Medien findet man an Stelle der Fetttropfen im Cytoplasma Vacuolen, die einen geschrumpften Inhalt enthalten oder leer erscheinen. Osmiumsäure fixiert und färbt, nach Angaben verschiedener Autoren, Fette oder Lipoide, die ungesättigte Fettsäuren (mit Doppelbindungen) enthalten, wobei aber eine primäre und eine sekundäre Schwärzung zu unterscheiden ist (Romeis, 1948); ein Teil der Fettsubstanzen schwärzt sich durch Reduktion der Osmiumsäure zu Osmiumdioxyd, während ein Teil sich zuerst nur bräunt und erst durch Nachbehandlung mit schwachprozentigem Alkohol sekundär schwärzt. Das braungefärbte Fett ist im Gegensatz zum geschwärzten in hochprozentigem Alkohol löslich, wodurch „Ringkörper und dergleichen entstehen". Das geschwärzte Fett ist aber in anderen Fettlösungsmitteln wie Benzol, Äther etc. mehr oder weniger löslich (Romeis, 1948, § 1057). Diese schon bei Untersuchungen mit Lichtmikroskop gemachten Beobachtungen spielen für die elektronenmikroskopische Untersuchung

eine große Rolle, weil vielfach Osmiumsäure zur Fixierung verwendet wird und
dementsprechend mit Osmium geschwärzte Gebilde als sog. osmiophile Körper
beschrieben wurden. (Schlipköter, Schulz, Bargmann, Policard, Pakesch und
Hayek etc.). Es ergibt sich nun die Frage, wieweit solche osmiophilen Körper nichts
anderes sind als Kunstprodukte der Fixierung von gespeicherten Fetten oder
Lipoiden, oder ob mit dieser Methode der Osmiumfixierung Organellen in einem
Funktionszustand der Produktion von Fetten oder Lipoiden dargestellt werden.
Der Vergleich von Schnitten aus derselben normalen menschlichen Lunge, von der
Stückchen mit 4 der gebräuchlichsten Fixierungsmittel fixiert wurden, hat einen
gewissen Aufschluß über das Aussehen der Fettkugeln oder Lipoiden in den AEZ
nach diesen Fixierungen gegeben und gestattet eine Unterscheidung zwischen
Äquivalentbildern von Fettkugeln und Fixationsbildern von Organellen in den

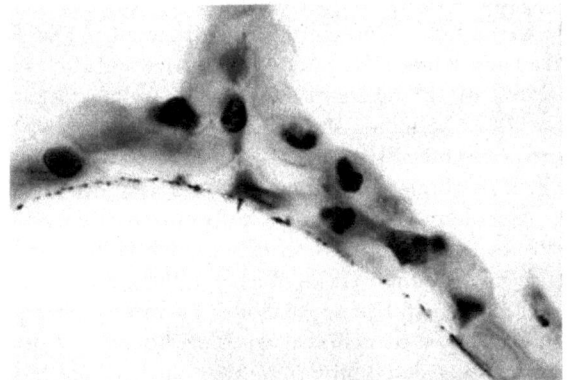

Abb. 161. Acelluläre Deckschicht mit Staubkörnchen auf einer Seite eines Alveolarseptums.
Azanfärbung 1000fach

AEZ. Zur Fixierung wurden Glutaraldehyd, Osmiumsäure Palade, Collidin Osmium
und Kaliumpermanganat verwendet, wobei aber bei der folgenden Einbettung
gewisse Substanzen noch herausgelöst werden können.

Nach Fixierung mit Glutaraldehyd wird der größte Teil der Substanz herausgelöst, und man findet Vacuolen (Abb. 148), die eine kleine Menge unregelmäßig
geschrumpften Materiales enthalten, das teils blättrig erscheint. Dieses Material
erscheint an Semidünnschnitten bei Toluidinfärbung rot gefärbt. Eine Membran,
welche die Vacuolen auskleiden würde, ist bei 10000facher Vergrößerung nicht zu
erkennen, doch sind Reste des geschrumpften Materials der Vacuolenwand oft so
eng angelagert, daß man den Eindruck einer Membran bekommt. Die Vacuolen
erscheinen manchmal leer, offenbar wenn der dünne Schnitt neben dem geschrumpften
Material vorbeiführt. Von anderen Bildungen in der Zelle wie Erweiterungen des
endoplasmatischen Reticulum oder umgewandelten Mitochondrien sind die Reste
der Fettvacuolen durch das Fehlen einer Membran deutlich verschieden. In ähnlicher
Weise machen Picard et al. (1966) einen Unterschied zwischen Fetteinschlüssen der
Zellen mit und ohne Begrenzung durch eine Membran, und zwar bei Fettgewebsarten; sie beschreiben im gewöhnlichen Fettgewebe Fetteinschlüsse ohne Membran
und im braunen Fettgewebe die Fettkügelchen eingeschlossen in eine Membran, die
vom endoplasmatischen Reticulum stammt. Auch nach Fixierung mit Osmium nach

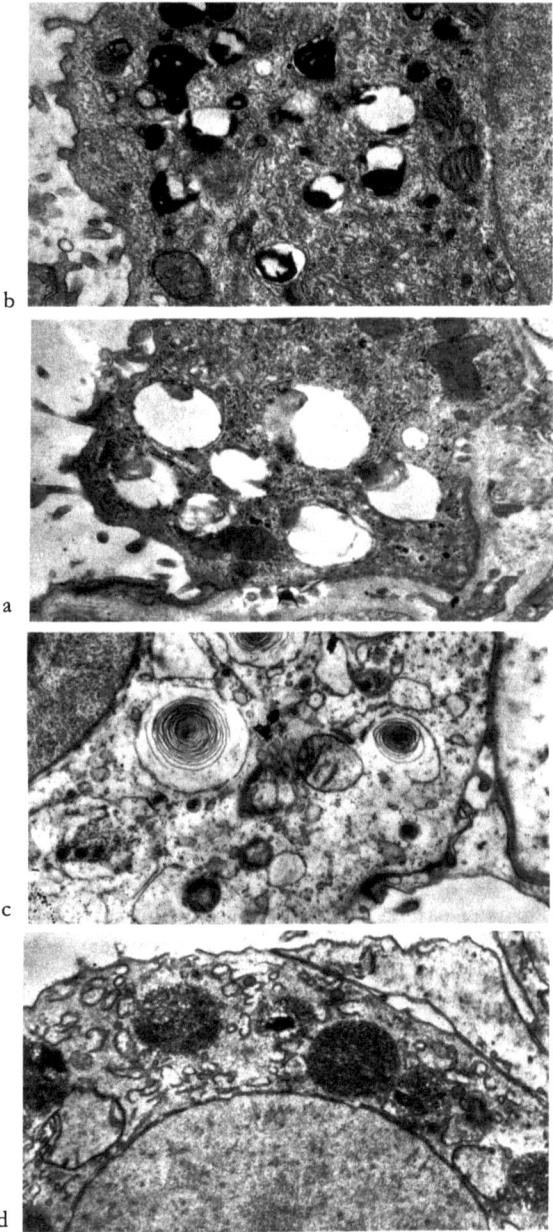

Abb. 162a—d. Lipoidtropfen in AEZ II bei 4 verschiedenen Fixierungen: a Glutaraldehyd; b Osmium-Palade; c Collidin-Osmium; d Kaliumpermanganat. 10000fach

Palade (Abb. 162b) wird viel Material von den Fetteinschlüssen durch die Einbettung herausgelöst. Es ist an den Schnitten in dem so entstandenen Vacuolen meist mehr Material zurückgeblieben, das von der Osmiumsäure geschwärzt ist und eine grob lamelläre bis bröcklige Struktur zeigt. Über die Frage einer Membran wäre das gleiche zu sagen wie nach Glutaraldehydfixierung. Es handelt sich um gleichartige Gebilde, wie sie bei Osmium-Palade-Fixierung seit Schliepköter (1954, 1956) als osmiophile Körper, Bargmann und Knoop (1956) osmiophile Einschlüsse, Policard et al. (1957) inclusions denses und ähnlich bezeichnet wurden. Daß diese Gebilde bei den Abwandlungen der Fixierung und Einbettung durch verschiedene Autoren ein variables Bild zeigen, ist verständlich.

Nach Collidin-Osmium-Fixierung zeigen die Körper meistens ein ganz anderes Bild, das durch seine zahlreichen dünnen Lamellen fast dem Schnitt eines etwa 1000mal so großen Vater-Pacinischen-Körperchens gleicht (Abb. 162c). Ein etwa kugeliger Körper, der aus bis zu 12 Membranen besteht, liegt im Inneren einer Vacuole, die er nicht ganz ausfüllt. Die Vacuole ist teilweise von einer gleichen Membran ausgekleidet. An demselben Objekt können die osmiophilen Körper auch eine Ähnlichkeit mit nach Osmium-Palade fixiertem Objekt zeigen, woraus zu schließen ist, daß das Eindringen der Fixierungsflüssigkeit und die Entfernung des Körpers von der Oberfläche für die Struktur auch eine Rolle spielt.

Nach Fixierung mit Kaliumpermanganat (nach Luft) schließlich erscheinen die Fetttropfen als runde Gebilde, die gleichmäßig aus feinsten Körnchen aufgebaut erscheinen und keine begrenzende Membran zeigen (Abb. 162d). Die Abbildung läßt auch erkennen, daß bei dieser Fixierung durch unregelmäßige Quellung der Mitochondrien die Cristae meist weit auseinandergedrängt sind und das endoplasmatische Reticulum erweitert erscheint. Für diese Strukturen erscheint die Kaliumpermanganatfixierung also wenig geeignet.

Alle vier Fixierungen zeigen das Gemeinsame, daß Reste von Fettkugeln gefunden wurden, die nicht durch eine Membran gegen das Cytoplasma abgegrenzt sind. Ein Verhalten, das deshalb von Interesse ist, weil Picard et al. (1966) beschreiben, daß im gewöhnlichen Fettgewebe die Lipogenese in Cytoplasma in Form von Inklusionen ohne Membran erfolgt, während im braunen Fettgewebe die Fetteinschlüsse an den Hohlräumen des endoplasmatischen Reticulum entstehen und daher von einer Membran umschlossen sind. Aus dieser Beobachtung, daß verschiedene Fixierungsgemische so verschiedene Strukturbilder von Fettkugeln ergeben können, welche Kugeln offenbar aus Gemischen von Fetten und Lipoiden bestehen, ergeben sich weitere Fragen. Wenn nach solchen Fixierungen in AEZ ähnliche Strukturen zu beobachten sind, die aber von einer Membran umschlossen sind und als Cytosomen bezeichnet werden können, soll man dann das Vorhandensein einer Membran oder die Struktur als das wichtigere Kriterium für diese Gebilde annehmen? Eine Membran kann auch zugrunde gehen; eine solche Struktur kann aber aus einem Fettgemisch solcher Art entstehen, gleichviel wo dieses gebildet wurde, im endoplasmatischen Reticulum, im Golgiapparat oder etwa in Mitochondrien.

Es ergibt sich weiter die Frage, woher solche Fettkugeln stammen; aus Resorption aus dem Blut-indirekt; aus dem Chylus durch unveränderte Speicherung; aus dem Umbau von Glykogen; aus der Degeneration von Cytosomen oder Mitochondrien; oder ob sie schließlich als Sekretionsprodukt der AEZ zu betrachten sind.

Die Mitochondrien in den Alveolarepithelzellen

Die Mitochondrien der AEZ werden in der älteren Literatur auch als Plastosomen, Chondriosomen oder Chondriokonten bezeichnet (Mewes und Tsugaguchi,

1914). Fauré-Fremiet (1920) gibt an, daß sie aus phosphatidreichen Lipoiden bestehen. Über die enge Lagebeziehung der Mitochondrien zu Vacuolen oder Fetttröpfchen berichten Granel (1919), Paget (1925), Stewart (1923), Macklin (1949) und Hayek (1953). Das elektronenmikroskopische Bild, das die Mitochondrien mit Sicherheit an ihrer Struktur (Doppelmembranen) erkennen läßt, zeigt, daß die Zahl der Mitochondrien bei den verschiedenen Formen der AEZ verschieden ist. Die kleinen cytoplasmaarmen AEZ (Typ I) mit den weit ausgebreiteten Cytoplasmamembranen enthalten nur wenige Mitochondrien (1—2 am Schnitt, der den Kern trifft), wenn auch in den Cytoplasmamembranen weit abseits vom Kern auch noch Mitochondrien gefunden werden (Abb. 149). An den großen AEZ werden dagegen an einem Schnitt, der den Kern trifft, oft bis zu 10 Mitochondrien (Abb. 151) gefunden.

Die Form der Mitochondrien variiert, es gibt fast kugelförmige, verzweigte und mehr oder weniger langgestreckte, wobei die Form von der passiven oder aktiven Zellform und auch dem nach der Fixierung kugelförmigen Kern beeinflußt werden kann, wie an der im Alveolarseptum stehenden oder durch dieses durchkriechenden AEZ auf Abb. 148.

Die von der Doppelmembran der Mitochondrien vorragenden Cristae mitochondrales sind teils fast plan, teils gekrümmt, teils finden sich auch Tubuli mitochondrales (s.a. Schultz, 1959). Die Cristae durchsetzen nur selten das Mitochondrium von einer Membran zur anderen, meist ragen sie nur von einer Seite gegen die Mitte vor; besonders bei Kaliumpermanganat-Fixierung (Abb. 162d) erscheinen die Mitochondrien oft stark blasenförmig, mit wenig gegen den zentralen Raum vorragenden Cristae, doch dürfte diese extreme Form der Mitochondrien ein durch diese Fixierung entstehendes Kunstprodukt darstellen, das von den Äquivalentbildern bei anderen Fixierungen wesentlich abweicht.

Offenbar funktionelle Veränderungen der Struktur der Mitochondrien wurden von Schlipköter (1954, 1956), Kisch (1955, 1957), Bargmann und Knoop (1958), Schulz (1950, 1959) und Hayek et al. (1958) beschrieben. Bargmann und Knoop (1958) sprechen von einem Degenerationsprozeß der Mitochondrien, wobei osmiophile, teilweise lamellär strukturierte Körper entstehen, die außer in den AEZ auch in den Alveolen gefunden werden. Schlipköter (1956) stellt bei Rattenlungen eine Formenreihe von 6 Typen auf, von denen A die normalen Mitochondrien, F die lamellär strukturierten osmiophilen Cytoplasmapartikel betrifft. An der normalen Rattenlunge gehören 56% der Cytoplasmapartikel dem typischen Mitochondrien-Typ A an, während 16% zum Typ F zu rechnen sind. Nach intratrachealer Injektion von amorpher Kieselsäure fand er nur 10% vom Typ A, während am häufigsten veränderte Mitochondrien vom Typ C (37%) gezählt wurden und die Extremform Typ F nur 8% betrug. Hayek et al. (1958) fanden an lebend fixierten Lungen von Meerschweinchen keine osmiophilen Körper, dagegen bei Tieren in Suffokation neben wenig normalen Mitochondrien zahlreiche solche Gebilde, die dagegen nach Erholung wieder fehlten, so daß auf ein Zugrundegehen der Mitochondrien durch CO_2-Überschuß und eine spätere Regeneration aus anderem Material geschlossen wurde. Schulz (1956, 1958) beschreibt genau 5 Stadien der lamellenförmigen Transformation der Mitochondrien nach Atmung von 3,5% CO_2 bei Ratten und ähnliche Veränderungen bei Rattenfeten. Weiter beschreibt er solches lamellenförmiges osmiophiles Material in den Alveolen.

Wesentliche Veränderungen zeigt auch das Bild der fixierten Mitochondrien nach Unterdruckatmung und Atmung von konzentriertem Sauerstoff (Schulz, 1956, 1959).

Der Prozeß der lamellären Transformation der Mitochondrien zu osmiophilen Körpern soll nach Klaus et al. (1962) die oberflächenartige Substanz in den Alveolen liefern. Dagegen bezweifeln oder verneinen Karrer (1956), Campiche et al. (1963), Buckingham et al. (1964) und Hatasa et al. (1964, 1965) die Entstehung osmiophiler Körper aus Mitochondrien. Hatasa (1965) betont, daß saure Phosphatase in den osmiophilen Körpern nachgewiesen werden konnte, nie jedoch in den Mitochondrien; daher soll keine Beziehung zu den osmiophilen Körpern bestehen, die zu den Lysosomen zu rechnen seien.

Cytosomen und Lysosomen

Als Cytosomen bezeichnen Policard et al. alle Einschlußkörper der AEZ von der Größe von etwa 1 μ, darunter insbesonders auch die osmiophilen Körper, ohne daß darauf Rücksicht genommen wird, ob diese Körper eine Membran besitzen. Schulz (1959) dagegen beschreibt als wesentlich für ein Cytosom eine Membran und stellt bei den Gebilden verschiedener Struktur ganze Formenreihen auf, die er als Entwicklungsreihen bezeichnet. Er unterscheidet eine Entwicklungsreihe degenerierender Cytosomen, die zu osmiophilen schalenförmigen Körpern werden; zweitens eine Reihe, die zur Entwicklung von Mitochondrien führt, und drittens eine Reihe von Cytosomen mit Speichersubstanzen. DeDuve (Zusammenfassung 1963) beschreibt Lysosomen; diese kommen in einer „erschreckenden Auswahl von Form und Größe" sogar in derselben Zelle vor; sie können nicht bloß durch ihre Morphologie identifiziert werden, sondern nur durch den Nachweis ihrer Enzyme, und zwar der hydrolytischen Fermente und besonders der sauren Phosphatase, die mit der Reaktion nach Gomori zuerst von Novikoff nachgewiesen wurde.

Dazu ist aber noch zu beachten, daß bei allen diesen Körpern durch verschiedenartige Fixierung für die elektronmikroskopische Untersuchung bestimmte Äquivalentbilder dargestellt werden, also Kunstprodukte wie bei Fetttropfen. So ergibt sich die Schwierigkeit der Beurteilung solcher Bilder ohne histochemische Reaktionen. Schließlich ist noch zu betonen, daß eine Membran nur dann im Dünnschnitt sicher erkennbar ist, wenn sie genau senkrecht getroffen ist, so daß also nicht immer dieses Kriterium für die Unterscheidung, ob Lipoidtropfen oder Cytosom vorliegt. Kleine, fast kugelige Einschlußkörper der AEZ von $1/_2$ μ Durchmesser mit einer gleichartig fein gekörnten Matrix und einfacher Membran werden von Schulz (1958, 1959) als Grundkörper der Cytosomen bezeichnet. Dieser Autor leitet von diesen Grundkörpern in sog. Entwicklungscyclen die degenerierenden Cytosomen in Form osmiophiler schalenförmiger Körper, aber dann auch die normalen

Abb. 163a—c. Verschiedene Cytosomenformen. Fix. Osmium-Palade. a vom Meerschweinchen; b und c vom Menschen; a mit zentralem Granulum neben Mitochondrien und osmiophilen Körpern, die nach Suffokation gefunden wurden, aus wandständiger AEZ II; b aus wandständiger AEZ II mit häutchenförmigem Cytoplasmafortsatz; c aus einer AEZ II mit häutchenförmigem Cytoplasmafortsatz. Neben normalen Mitochondrien, Cytosomen ohne, mit wenigen teils randständigen und solche mit vielen Körnern. Fix. Osmium. 20 000fach

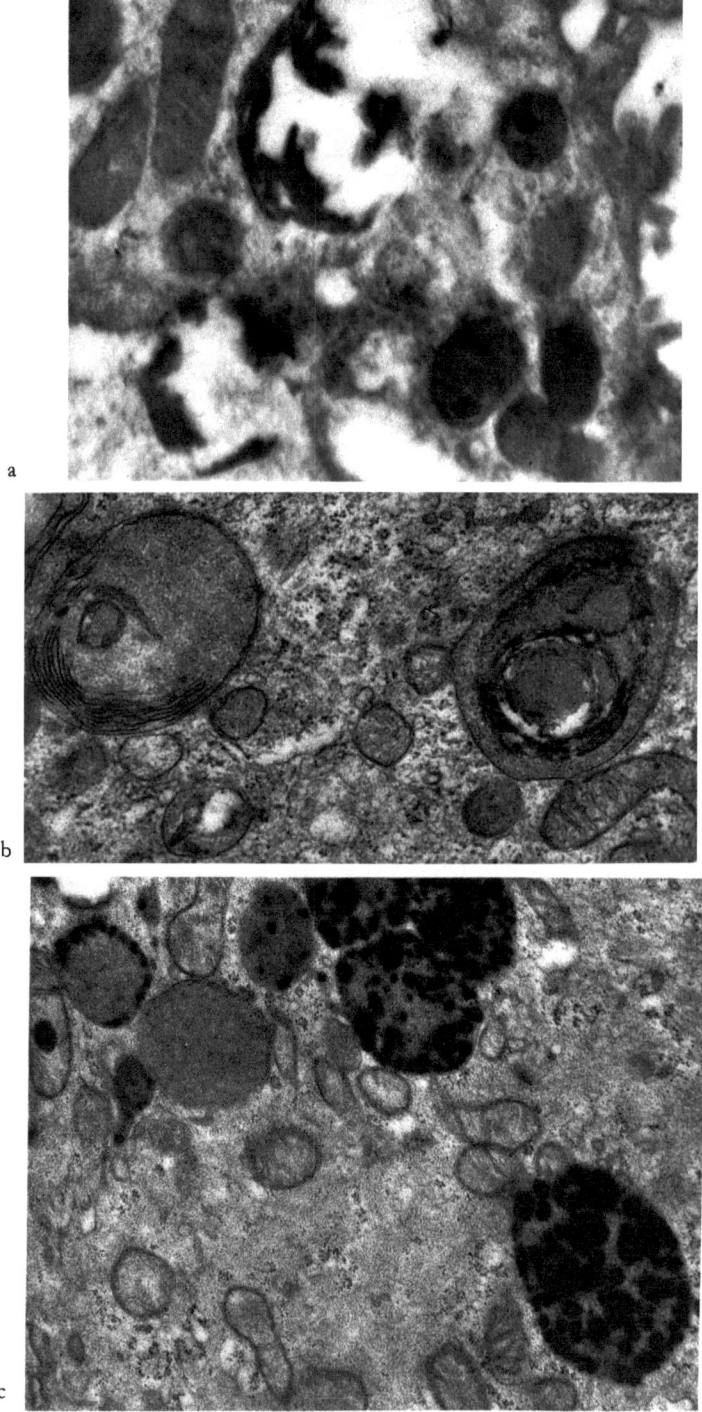

Abb. 163a—c

Mitochondrien und schließlich auch Cytosomen mit Speichersubstanz ab, welche letzteren Bilder weitgehend an Lysosomen erinnern.

Bei Meerschweinchen haben wir (Hayek et al., 1958) in Suffokation reichlich kleine Cytosomen mit und ohne zentralen Verdichtungskörper gefunden (Abb. 163a); neben diesen Cytosomen in denselben Zellen aber auch normale Mitochondrien und osmiophile schalenförmige Körper. Wir haben damals die osmiophilen Körper für Degenerationsprodukte der Mitochondrien und die kleinen Cytosomen für Ausgangskörper der Mitochondrienbildung gehalten.

Am menschlichen Operationsmaterial normal erscheinender Lungenteile fanden wir (Hayek und Stockinger) stark variierende Cytosomenformen in festsitzenden großen AEZ und in den freien Alveolarphagocyten, die ja meiner Meinung nach aus ersteren entstehen.

In wandständigen AEZ sowie in freien Alveolarphagocyten finden wir öfter Cytosomen, die den Entwicklungsformen von Cytosomen, die Schulz (1958) bei der Ratte aus freien Alveolarphagocyten beschrieben hat, gleichen. So zeigt Abb. 163b zwei große Cytosomen mit geschichteten circulär, parallel der Außenmembran gelagerten osmiophilen Lamellen und einem zentralen Körper. Schulz spricht bei solchen Gebilden von einer „Wachstumsrichtung" und davon, daß Lamellen aus einem Granulum hervorzukommen scheinen, während ich auch in diesen Lamellen ein Kunstprodukt der Fixierung und teilweisen Lösung von Material bei der Einbettung sehe.

Nur in freien Alveolarphagocyten (Makrophagen) vom Menschen finden wir eine andere Form von Körperchen (Cytosomen), die durch verschiedene, zahlreiche kleine und größere Kugeln einer intensiv geschwärzten Substanz auffallen (Abb. 163c). Diese Cytosomen gleichen solchen, die Schulz bei der Ratte in der Entwicklungsreihe der Cytosomen mit Speichersubstanz darstellt. In dem kleinen Ausschnitt unserer Abbildung findet man eine Formenreihe von Cytosomen mit feinkörniger Matrix teils ohne, teils mit wenigen randständigen oder unregelmäßigen Kugeln, teils mit zahlreichen Kugeln prall gefüllt. Diese Cytosomen gleichen bis zu einem gewissen Grade den von deDuve als Lysosomen beschriebenen, doch haben wir keine Reaktion auf seine Phosphatase durchgeführt. Jedenfalls scheinen weitere Untersuchungen der Cytosomen und Lysosomen, welche ihre Bedeutung für den Stoffwechsel klären würden, noch erwünscht. Auch die Frage der Entstehung von „Phagosomen" und „autophagic vesicles" aus Lysosomen (deDuve, 1963), und ihre Bedeutung bedarf noch weiterer Untersuchung.

Sekretion der Alveolarepithelzellen

In der Übergangszone vom Bronchiolus alveolaris zur Alveole werden, wie oben (S. 150) besprochen, in den Nischen zwischen den Blutcapillaren sezernierende Zellen gefunden, die sich nicht nur durch ihre hochprismatische Form von den AEZ unterscheiden, sondern auch die für die Epithelzellen der Bronchioli typische Sekretionsformen zeigen. So ist es nicht überraschend, daß auch die AEZ — die mit den Zellen der Bronchioli sich aus einem kontinuierlichen Epithel entwickeln — die Fähigkeit zur Sekretion besitzen.

Die Abgabe eines flüssigen „Sekretes" durch die Schaumzellen beschreibt offenbar als erster Brodersen (1933), der die Meinung ausspricht, daß dieses Sekret der Abwehr gegen Säurewirkung dient. Bargmann (1936) meint, daß die granuläre

Lipoideinlagerung, die nach Granel (1921) an die Umformung der Chondriosomen gebunden sei, ein Ausdruck eines Sekretionsvorganges sei. Ebenso sagt er, daß die mit Cholesterin, das auf dem Blutwege herangetragen wurde (Seemann, 1931), beladenen Zellen als Vermittler der alveolären Ausscheidung fettiger und fettähnlicher Substanzen in Betracht kommen, doch handelt es sich hier weniger um eine Sekretion durch die Zellen, sondern um eine Ausscheidung ganzer degenerierter Zellen. Die Meinung, daß die AEZ eine sekretorische Funktion haben, welche die Aufgabe hat „in conditioning the surface fluid film", wird dann zuerst von Macklin (1946) ausgesprochen.

Der Zelle „oberflächlich angelagerte Tröpfchen, die offenbar von der Zelle ausgeschieden wurden" (Abb. 142), konnte ich dann (1953) zeigen. An der gleichen Stelle hat Fredricsson (1956) bei der Ratte eine starke Reaktion auf alkalische Phosphatasen nachgewiesen.

Ebenso zeigt Buckingham (1964) bei der Ratte die alkalische Phosphatasereaktion an den Membranen osmiophiler Einschlüsse bestimmter Alveolarzellen, im Gegensatz zu den Mitochondrien, welche keine solche Aktivität ergaben. Die Autorin schließt, daß diese osmiophilen Körper keine Beziehung zu Mitochondrien besitzen. Nachdem diese osmiophilen Körper beim Fetus zur gleichen Zeit erscheinen, zu welcher die normale Oberflächenspannung in den Alveolen sich entwickelt, schließt die Autorin, daß diese osmiophilen Körper die oberflächenaktive Substanz liefern.

Das Austreten osmiophiler lamellärer Gebilde aus den Alveolarzellen der Maus beschreibt Hatasa et al. (1965). An der Öffnung in der Zellmembran hängt diese mit der Membran des osmiophilen Körpers zusammen. In den Körpern zeigte sich Reaktion auf saure Phosphatase, woraus der Autor schließt, daß diese Körper keine Beziehung zu Mitochondrien haben, sondern vielmehr zu den Lysosomen zu rechnen sind. Der Autor meint weiter, daß ein Schluß, diese Körper enthielten ein surfactant, verfrüht sei und erst einer Stütze durch morphologische und biochemische Studien bedürfe.

Die Flüssigkeitsauskleidung der Alveolen

Nachdem im vorhergehenden Abschnitt die Angaben, die eine Sekretion der AEZ betreffen, zusammengestellt wurden, möchte ich mich jetzt der die Alveolen auskleidenden Flüssigkeitsschicht zuwenden.

Diese Flüssigkeit besteht meist aus einer wäßrigen Lösung anorganischer und organischer Substanzen. Es kann aber auch an ihrer Oberfläche ein dünner monomolekularer Film nicht wasserlöslicher Substanz vorhanden sein. Die Menge der wäßrigen Lösung an der Alveolenwand kann wechseln, indem per tracheam oder durch die Alveolenwand Flüssigkeit hineinkommt oder abtransportiert wird. Die Blut-Luft-Schranke ist für Wasser und Salzlösung permeabel. Diffusible Substanzen, die intravenös gegeben werden, können schnell in die Alveole durchtreten, so wie umgekehrt per tracheam in die Alveole eingeführtes Wasser schnell in das Blut aufgenommen wird. So beschreibt Laqueur (1919) beim Pferd die Resorption von 12 Litern intratracheal gegebenen Wassers aus der Lunge.

Für den Durchtritt von Flüssigkeit durch die Capillarwand spielt außer dem Blutdruck der osmotische Druck eine besondere Rolle (Hoeber, 1926; Drinker, 1950; Hayek, 1953).

Nun haben aber Liebow u. Mitarb. (Roberts, Taub, Liebow und Aperia, 1966) festgestellt, daß die Menge des intrapulmonalen Wassers annähernd konstant bleibt, daß aber das Wasser dauernd gewechselt wird, indem Tritiumwasser aus dem Blut in die Alveolen gelangt und gleichzeitig eine gleiche Menge Wasser aus den Alveolen ins Blut gelangt. Die Menge dieses ausgetauschten Wassers war nach der Untersuchung dieser Autoren beim Lamm das $1^1/_2$—3fache des intratracheal dargebotenen Wassers pro Minute.

Die Aufgaben dieser Flüssigkeitsschicht dürften vielfältig sein, und die Angaben über ihre Zusammensetzung sind verschieden.

1. Terry (1920, 1964), der offenbar als erster „the Presence of Water on the Respiratory Surfaces of the Lung" gezeigt hat, meint, daß dieses Wasser für den Sauerstofftransport von der Luft in die Blutcapillaren von Wichtigkeit sei.

2. Die Aufgabe, die Alveolenwand vor Säureeinwirkung zu schützen, wird dieser Flüssigkeit von Brodersen (1933) zugeschrieben, nachdem er eine Änderung der Zahl der Körner- und Schaumzellen (welche an der Sekretion beteiligt sind) nach Einwirkung von Salpetersäuredämpfen bzw. Kohlendioxyd gefunden hat.

3. Die Aufgabe eines „tapis roulant" zur Entfernung von Staubkörnchen aus den Alveolen Richtung Bronchialbaum wird von Macklin (1938) angenommen. Auch Clara (1936) stellt sich vor, daß „die Staubteilchen an der Oberfläche der Zellen kleben bleiben". Staubkörnchen, die einem solchen Film aufliegen, zeigt Abb. 161. Der Film selbst ist bei dieser Färbung (Azan) nicht gefärbt, aber man erkennt seine Lage, da die Reihe der Staubkörnchen alle Unebenheiten des Alveolarseptums in Form eines gleichmäßigen Bogens überbrückt. Warum aber so ein staubbeladener Film nur auf einer Seite des Alveolarseptums vorhanden ist und nicht an der Wand der anderen beiden im Schnitt getroffenen Alveolen, ist ungeklärt.

4. Die sezernierenden AEZ sollen schließlich nach Macklin (1946) eine Rolle spielen „in conditioning the surface fluid film". Ohne die Produktion dieses Flüssigkeitsfilmes durch die AEZ nachzuweisen, hat Neergard schon 1920 gezeigt, daß die Oberflächenspannung an der Grenzoberfläche zwischen Luft und der die Alveolenwand benetzenden Flüssigkeit für die Retraktionskraft der Lunge eine wesentliche Rolle spielt. Später wird dann von Hayek (1953), Clements (1959) und anschließend von vielen anderen Autoren auf die Bedeutung des die Alveolen auskleidenden Flüssigkeitsfilms für die Oberflächenspannung in den Alveolen hingewiesen.

Über die Zusammensetzung und morphologische Darstellbarkeit des Flüssigkeitsfilmes gibt es verschiedene Angaben. Macklin (1946) spricht von einem „mucoid surface film". Chase (1959) stellt so einen Oberflächenfilm mittels „freezing drying" dar. Der elektronenoptisch homogene glatte Film von $^1/_{40}$ μ Dicke sei löslich in Wasser und teilweise löslich in Osmiumtetroxydlösung, aber darstellbar mit der PAS-Reaktion, mit Platintetrabromid und saurem Zinkacetat, welches zur Darstellung löslicher Proteine und ihrer Derivate verwendet werden kann. Die PAS-Reaktion ermöglicht nach Pearse (1960) die Darstellung von Polysacchariden, Mucopolysacchariden und Mucoproteinen. Groniowsky und Biscyskowa (1964) fixieren in Kaliumpermanganat und betten in Araldite ein; sie finden ein diffuses, wenig elektronendichtes, feingranuläres Material in $^1/_5$ μ Dicke, welches Hale-positiv ist und die Zellen überkleidet. Sie sind der Meinung, daß die Substanz, welche die Alveolen auskleidet, ein oberflächenaktives Lipoprotein ist. Nach Pearse (1960) stellt die „Hale"-Reaktion Mucopolysaccharide und Proteine (Bechtold, 1928) dar. Nach Fixierung mit Coll.-Osmium finde ich einen zarten Film, der die Epithelien überkleidet (Abb. 151, 159), und zwar in Form eines feinfädigen bis granulären Materiales, das sich als ein bis zu etwa $1/_{15}$ μ dicke Schicht auch der Vorwölbung aller Microvilli anpaßt. Es dürfte sich um gleichartiges Material handeln, wie es Groniowsky beschreibt, doch ist dieses Material bei der von uns angewendeten Coll.-Osmium-Fixierung wesentlich feiner strukturiert und weniger elektronendicht; ein Verhalten, das mit der von Chase beschriebenen teilweisen Löslichkeit in Osmiumsäure in Einklang steht.

Daß der die Alveolen auskleidende, nichtcelluläre Film mit Polysaccharid-Färbung (PAS, Hale) in situ und an Bläschen im Extrakt färbbar ist, berichtet Clements (1959), der auch über die Zerstörbarkeit dieses Filmes durch Trypsin berichtet.

Der die Alveolen auskleidende Film soll einerseits nach Chase (1959) von Pneumonie-Exsudat enzymatisch gelöst werden, andererseits nach Buckingham (1966) Diastase-resistent sein. Dieser Film soll aus Phospholipiden bestehen und die Grundlage der in den Alveolen vorhandenen Oberflächenspannung darstellen (Buckingham, 1966, etc.).

Obwohl von allen Autoren, die sich mit der Oberflächenspannung an den Alveolen befaßt haben, gesagt wird, daß der Film aus Phospholipiden besteht, ist es auffallend, daß die Darstellung eines solchen kontinuierlichen Filmes mittels Osmiumsäure noch nirgends abgebildet wurde. Nur Klicka (1965) bildet elektronen-optisch kleine Teilchen osmiophiler Substanz ab, welche auf den Cytoplasmahäutchen der AEZ liegen, Teilchen, die er als Reste einer kontinuierlichen Alveolen-auskleidung mit einer osmiophilen Membran bezeichnet.

Zur Frage der Entstehung der Phospholipide, welche den für die Oberflächen-spannung maßgebenden Film an der Alveolenwand bilden sollen, ist folgendes zu sagen. Der Metabolismus der Phospholipide in den großen AEZ ist sehr groß (Buckingham, 1964) insbesondere der des Lecithins. Mit C^{14}-Acetat und -Palmitat, das intravenös Kaninchen gegeben wurde, konnte schon nach Minuten bis zu 1 Std in den Phospholipiden der Lunge nachgewiesen werden (Buckingham). Der mit Kochsalzlösung aus der Lunge gewonnene Schaum enthält mehr Dipalmitil-Lecithin als das Lungenhomogenat. Autoradiographische Untersuchungen zeigten das markierte Palmitat in den Körnchen der großen AEZ, woraus geschlossen wird, daß die oberflächenaktive Substanz in diesen Zellen gebildet wurde (Buckingham).

Multivesiculäre Vacuolen (Multivesicular bodies)

Die multivesiculären Vacuolen in den AEZ sind Vacuolen von 0,1—0,15 μ Größe mit einer einfachen Membran. Sie liegen teils im Perikaryon der großen Epithelzellen, teils findet man sie auch im Cytoplasmahäutchen der kleinen Zellen, einige neben der Zellgrenze zur großen Zelle (Abb. 159).

Sie enthalten eine variable Anzahl von kleineren, fast kugeligen Bläschen, die in einer variabel dichten Matrix gelegen sind. Die fast kugelige Hüllmembran der Vacuole erscheint intensiv schwarz, eher etwas dunkler als die Membran der Mitochondrien. Die Größe und die Zahl der Bläschen in der Vacuole ist verschieden, die Anordnung meist unregelmäßig. Nur selten finden sich 7 fast gleich große

Bläschen, 1 in der Mitte und 6 im Kreise herum, musterhaft geordnet. Gelegentlich sieht man nur 3—6 ungleich große Bläschen, von denen 1 oder 2 besonders groß sind, und schließlich findet man Vacuolen, die 10—12 kleinere Vesikeln enthalten, wobei letztere Form außerhalb der Vacuolenmembran auch solche kleine Vesiculae zeigt, die teils mit der Vacuolenmembran in Kontakt stehen.

Es scheint also nach der reinen Beschreibung der Form drei verschiedene Typen solcher multivesiculärer Vacuolen zu geben, wobei aber nicht bekannt ist, ob es sich um Fixierungsprodukte oder verschiedene Funktionszustände handelt. Die geordnet in einer Vacuole angeordneten 7 Bläschen geben ein ähnliches Bild, wie man es gelegentlich in einer Mastzelle am Querschnitt der Röhrchen bei Coll.-Osmium-Fixierung findet, doch handelt es sich um eine ganz andere Bildung.

Über die Funktion der multivesiculären bodies ist noch nichts mit Sicherheit bekannt. Doch werden von Smith und Farquor (1966) in Zellen der Hypophyse multivesicular bodies beschrieben, welche Sekretgranula auflösen und somit zur funktionellen Entwicklungsreihe der Lysosomen gehören sollen.

Multivesicular bodies wurden zuerst von Palay und Palade (1955) in Neuronen beschrieben und mit Neurosekretion in Beziehung gebracht. Die Bilder in dem Buch von Hyden (1967) in den Aufsätzen von Blackstad, Taxi und Novikoff ähneln den multivesiculären Vacuolen mit mehr oder weniger unregelmäßig gelagerten Bläschen, wobei Taxi (S. 227) auch solche Vacuolen abbildet, die mit der Membran der Vacuolen in Kontakt stehen, so daß er eine Passage der Vesikel in oder aus der Vacuole annimmt. Eine Beziehung zu Lysosomen wird von Novikoff auch in Betracht gezogen sowie zum glatten endoplasmatischen Reticulum, zum Golgi-Apparat, zu autophagischen Vacuolen und Einstülpungen der Zellmembran, ohne daß diese Beziehungen schon geklärt oder bewiesen erscheinen. Daß die multivesicular bodies nicht nur in Neuronen vorkommen, gibt Novikoff auch schon an; sie wurden unter besonderen Umständen in Leberzellen beschrieben. Wenn es sich also bei einer Form der multivesiculären Vacuolen um gleichartige Gebilde handelt wie bei denen im Neuron, kann es sich nicht um Gebilde handeln, die mit der Neurosekretion zu tun haben.

Teilung und Wachstum der Alveolarepithelien

Mitosen von Alveolarepithelzellen konnte ich selbst an menschlichem Material nur einzelne beobachten, Clara vermißt sie an seinem großen menschlichen Material ganz. Bei Kaninchen aber hat er an einzelnen Lungen viele Mitosen beobachtet, während sie an anderen Lungen ganz fehlten. Guieysse-Pellissier findet bei Ratten nach Reizung mit Giftgasen eine rapide Vermehrung der Alveolarepithelien, doch sind Mitosen selten. An manchen Stellen beobachtet er eine Anhäufung von Zellkernen, die wahrscheinlich durch amitotische Teilung entstanden sind; es ist so ein großes Syncytium entstanden, dessen Elemente sich später voneinander trennen und dann als isolierte Körnerzellen erscheinen (Mayer, Guieysse und Fauré-Fremiet). Bei weiterer Reizung können diese Zellen nach Guiesse-Pellissier wieder aktiver werden, indem sie, frei im Lumen liegend, sich häufig mitotisch teilen oder durch Amitosen des Kernes ohne Teilung des Plasmas zu multinucleären Riesenzellen werden. Auch Martino beschreibt amitotische Teilungen, so wie Seemann mitotische Teilungen von wandständigen und freien Zellen gefunden hat.

Zweikernige Alveolarepithelzellen beschreibt Loeschcke, und ich selbst fand mehrkernige Alveolarepithelzellen nach Histaminreizung beim Meerschweinchen. Bargmann bildet „konfluierte (?)" Alveolarepithelzellen ab, und Krückmann beschreibt durch Zusammenschluß entstandene Riesenzellen, doch möchte ich nach den Beobachtungen von Guieysse-Pellissier eher glauben, daß es sich um durch Amitose des Kernes entstandene Gebilde handelt. Auch die Riesenzellenpneumonie (Lauche) ist hier anzuführen.

Eine einkernige Riesenzelle mit besonders großem Kern bildet Clara vom Menschen ab, und Guieysse hat offenbar ähnliches beobachtet, wenn er von Gigantisme von Alveolarepithelien bei seinen Versuchstieren spricht.

Eine komplette Epithelauskleidung der Alveolen durch Zellvermehrung entsteht bei Versuchstieren nach Einwirkung von Giftgasen (Mayer, Guiesse und Fouré-Fremiet). Offenbar entsteht auch beim Menschen eine kontinuierliche Epithelauskleidung auf die gleiche Weise, da bei Giftgaseinwirkung (Wirth, Cowdry, Hesse und Loosli), Atelektase und Pneumonien (Lauche, Hayek, 1945), eine solche beobachtet wurde.

Welche Form der Zellteilung für die Vermehrung der Alveolarphagocyten in Frage kommt, ist bisher nicht bekannt.

Speicherung und Phagocytose der Alveolarepithelien

Die Alveolarphagocyten

Die Speicherung von im Blute vorhandenen Stoffen durch die Zellen der Alveolenwand wurde vielfach herangezogen, um die Frage, ob es sich um Zellen entodermaler oder mesodermaler Natur handelt, zu entscheiden. Doch zeigte sich bald, daß die Ergebnisse solcher Versuche eine eindeutige Entscheidung dieser Frage nicht ermöglichten (Policard). So wird Fett, das mit der Nahrung zugeführt wird, außer von Fettzellen oder Reticulumzellen auch von Alveolarepithelzellen gespeichert. Seemann beobachtete bei milch- oder anderer fettreicher Nahrung eine Vermehrung des Fettgehaltes der Alveolarepithelien. Ich selbst konnte einen vermehrten Fettgehalt auch bei hungernden Tieren beobachten, bei denen das resorbierte Fett auf dem Lymph- und Blutwege in die Lunge gelangt. Die Fettkörnchen entstehen bei fettreicher Nahrung nach Granel in engster Beziehung zu den Chondriosomen und finden sich nach Binet, Verne und Parrot besonders in Zellen von subpleuralen und nahe den Septa interlobularia gelegenen Alveolen. Daß nach Eigelbfütterung beim Hund im Sputum von Kawamura und Nakanoin zahlreiche cholesterinhaltige Zellen gefunden wurden, spricht auch für Cholesterinspeicherung durch Alveolarepithelien. Von der Vitalfärbung mittels intravenös eingebrachter elektronegativer kolloidaler Farbstoffe (Lithioncarmin, Pyrrholblau, Trypanblau) wurde von verschiedenen Autoren eine Klärung der Frage erwartet, ob die Alveolardeckzellen entodermaler oder mesenchymaler Herkunft seien (Policard, Seemann). Der Grad der Speicherung hängt dabei wesentlich von der Konzentration und der Länge der Darbietung ab (Trypanblau, Dogliotti und Amprino). Die Alveolarepithelien speichern nur in sehr geringem Grade und nur in Form feiner zarter Körnchen. Clara (1936) faßt zusammen, daß sich durch dieses Verhalten die Alveolarepithelzellen sehr deutlich von den Histiocyten und den intracapillar gelegenen reticuloendothelialen Elementen unterscheiden, die ausnahmslos eine reichliche Speicherung in grobkörniger Form zeigen.

Ähnlich wie diese Farbstoffe verhalten sich auch kolloide Metalle (Eisenzucker, Kollargol, Seemann, Guieysse-Pellissier) und Thorotrast (Clara).

Heute kann auf Grund elektronenmikroskopischer Beobachtungen folgendes ausgesagt werden:

Die Alveolarepithelzellen haben die Fähigkeit zu phagocytieren und zu speichern. Sie haben diese Fähigkeit schon als wandständige Zellen und können sich in freie, im Lumen gelegene Alveolarphagocyten umwandeln. Diese bilden die Hauptmasse der freien Zellen in den Alveolen, zu denen aber noch gelegentlich verschiedene Zellen mesenchymaler Herkunft dazukommen. Der in den Bindegewebsraum gelangte Staub wird dagegen dort von histiocytären Zellen mesenchymaler Herkunft phagocytiert, histiocytären Phagocyten, wie sie sich im Peribronchium und im übrigen Bindegewebe, besonders subpleural, finden.

Intratracheal angebotene Stoffe (Carmin, Ruß, Blutkörperchen, Fette usw.) werden dagegen von Alveolarepithelzellen reichlich aufgenommen (Westhues, Seemann, Clara). Ruß wird schneller gespeichert als Carmin, mit Ruß vollgefressene Zellen nehmen kein Carmin mehr auf (Westhues). Zellen, die reichlich phagocytiert haben, sind in ihrer Vitalität geschädigt. Bei gleichzeitiger intravenöser Injektion von Tusche und intratrachealer Gabe von Carmin zeigt sich nach Sewell deutlich der Unterschied in der Speicherung zwischen den Alveolarepithelien, die das auf dem Luftweg angebotene Carmin, und den Histiocyten, die die auf dem Blutweg herangebrachte Tusche reichlich speichern. Daß die Alveolarepithelzellen per tracheam dargebotene Tuschekörnchen aufnehmen, wurde durch die elektronenmikroskopischen Untersuchungen von Karrer (1960) bestätigt. Er fand Tuschekörnchen in den der Basalmembran aufsitzenden kleinen Alveolarepithelzellen und auch in deren dünnen häutchenartigen Protoplasmafortsätzen, welche nur durch die Basalmembran von der Capillare getrennt sind. Eine Vermehrung der Alveolarepithelzellen durch den Reiz intratracheal eingeführter Tusche beobachtete Westhues (1922) beim Kaninchen, indem er Lungenstücke, die nach der Tuscheinjektion sofort nach Eröffnung des Thorax fixiert waren, mit solchen verglich, die er $^1/_2$ Std im Thermostaten in isotonischem Serum überleben ließ. In den ersten Stücken fand er keine Alveolarphagocyten, in den anderen dagegen in großer Zahl. Nachdem jede Zufuhr von Zellen durch den Blutstrom ausgeschaltet war, müssen die zahlreichen Staubzellen aus Alveolarwandzellen entstanden sein. Auch Guieysse-Pellissier beobachtet, daß auf äußere Reize (Giftgas) hin durch Vermehrung neugebildete Alveolarepithelien, sobald sie selbständig geworden sind, sich abrunden und eine phagocytäre Tätigkeit gegenüber roten Blutkörperchen und Leukocytenresten entwickeln.

In ähnlicher Weise werden offenbar bei Staubeinatmung wandständige Alveolarepithelzellen vielfach nach Zellteilung zu freien Staubzellen oder Alveolarphagocyten, die als meist kugelige Zellen einen Durchmesser bis zu 30 μ erreichen. Die Entwicklung der Alveolarwandzellen — die er für Histiocyten hält — zu Staubzellen hat Policard (1948) im Tierexperiment genau untersucht. Beim Menschen lassen sich alle Stadien der Entwicklung von der wandständigen Alveolarepithelzelle (Nischenzelle) bis zum abgerundeten großen Alveolarphagocyten leicht in eine Reihe stellen. Die kleinen Zellen, wie sie in Abb. 130, 132 und 139 wiedergegeben sind, stellen offenbar nicht phagocytotisch aktive Zellen (cellules d'attente Guieysse) dar. Die Zellen mit einem dunklen Protoplasmaabschnitt, der unregelmäßig gegen die Oberfläche vorragt (Abb. 140, 141), scheinen mir dagegen ein Übergangsstadium

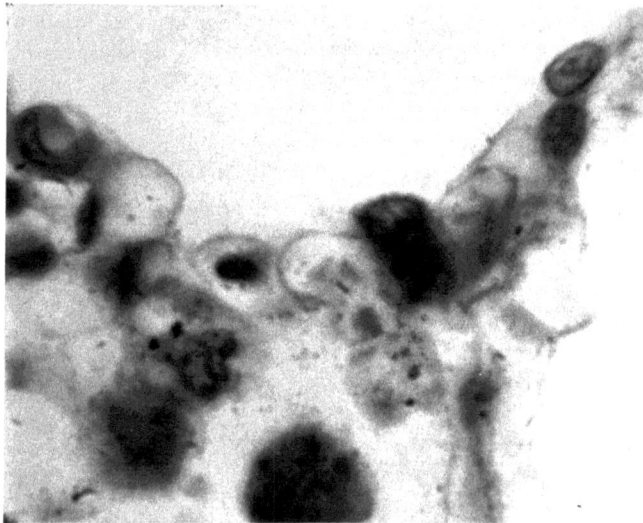

Abb. 164. Hochprismatische Alveolarepithelzelle in der Nische zwischen zwei Capillaren mit phagocytiertem Staub. 1200fach

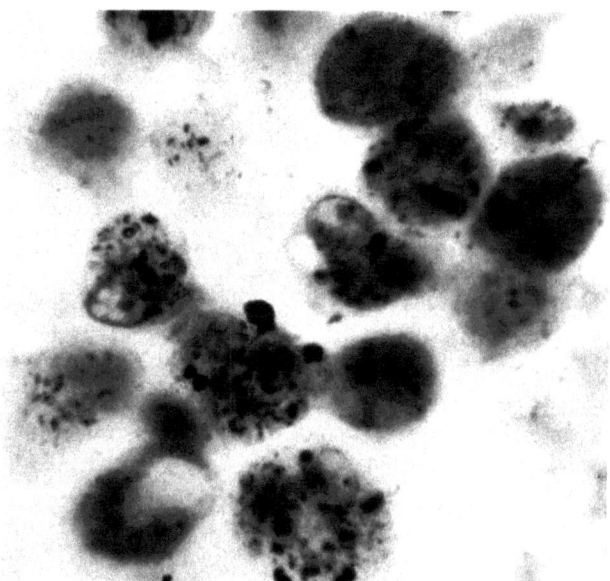

Abb. 165. Gruppe von Staubzellen aus einem Bronchiolus teils mit Vacuolen. 1200fach

zu den Alveolarphagocyten zu bilden. Dem Vorgang der Ablösung von AEZ von der Alveolenwand beim Menschen entspricht offenbar die Formenreihe von Zellen, die mit breiter oder schmaler Basis der Basalmembran aufsitzen, wie sie in den Abb. 151 und 152 in Extremformen dargestellt ist. Solche in den Nischen zwischen den Capillaren sitzenden Zellen, die gegen die Lichtung vorragen, können schon mit phagocytierten Staubteilchen beladen sein (Abb. 164). Sie zeigen ein ebensolches dunkles Protoplasma wie die frei in der Lichtung liegenden Staubzellen. An diesen findet man neben dem mit einem deutlichen großen Nucleolus versehenen Kern nicht selten Vacuolen (Abb. 165). Der Vorgang der Phagocytose durch Staubzellen (Alveolarphagocyten) und Alveolarepithelzellen wurde von Karrer (1958, 1960) elektronenmikroskopisch bei Mäusen untersucht und beschrieben. Er soll der Phagocytose durch Leukocyten ähnlich sein. Durch Invaginationen an der Zelloberfläche gelangen Tuschkörnchen in Taschen, die dann in Bläschen oder Vacuolen unterteilt werden. Diese Vacuolen werden von Membranen begrenzt, welche dieselbe Struktur wie die Zellmembran zeigen. Eine färberische Unterscheidung der wandständigen Alveolarepithelien und der Alveolarphagocyten von den Zellen mesenchymaler Herkunft gelang mir an zwei Lungen. Beide waren in gewöhnlicher Weise in Formalin fixiert und stammten von Fällen von Urethanpneumonie (Letterer). Bei der in üblicher Weise durchgeführten Azanfärbung färbten sich die Zellkerne der Endothelzellen, Leukocyten und Bindegewebszellen hellrot, die Zellkerne der Alveolarepithelien und Staubzellen dagegen violett. Ob sich regelmäßig bei Anwendung einer bestimmten Färbemethode eine solche Differenzierung hervorbringen läßt und worauf dieser Färbeeffekt zurückzuführen ist, konnte bisher nicht überprüft werden. Jedenfalls weist auch dieser Erfolg der Färbung auf die Zusammengehörigkeit der Alveolarepithelien und Staubzellen hin.

Die Form der Staubzellen ist eine sehr variable. Die in den Nischen zwischen den Capillaren liegenden (Abb. 164) hochprismatischen Zellen wurden oben schon erwähnt. Sie besitzen offenbar amöboide Beweglichkeit, da einerseits Zellen mit lang an der Alveolenwand ausgebreiteten Fortsätzen gefunden werden, andererseits auch solche, bei denen ein kommaförmig deformierter Kern und die Lage in einer Alveolarpore auf ein Durchkriechen durch die Pore schließen läßt. Frei in der Alveole liegende Zellen sind kugelig, können sich aber auch, wenn sie in größerer Zahl eng beisammen liegen, zu polyedrischen Bildungen (Bargmann) abplatten. Besonders häufig findet man sie in den Bronchioli alveolares und terminales, wo sie die Lichtung in Form eines Zellcylinders (Petersen) völlig verschließen können. Ich finde an einer sonst als gesund zu bezeichnenden Lunge solche Zellcylinder von 2 mm Länge.

Die zu solchen Cylindern zusammengelagerten Zellen zeigen vielfach schon schwächer färbbare, also offenbar abgestorbene Kerne. Das Schicksal der Staubzellen ist offenbar (Macklin, 1946, u.a.), daß sie in den Flimmerstrom des Bronchialbaumes gelangen und durch den Kehlkopf hinaus befördert werden. Jedenfalls kann man im Sputum die gleichen Zellen nachweisen wie in den Alveolen und Bronchioli. Daß schon in den Alveolen auch andere freie Zellformen gelegentlich gefunden werden und bei Erkrankungen stark vermehrt sind, ist selbstverständlich. Dazu kommen im Sputum noch durch die Bronchialschleimhaut durchgewanderte Leukocyten und Lymphocyten sowie abgestoßene Bronchialepithelzellen.

So wie beim Menschen durch die natürliche Einatmung staubhaltiger Luft, phagocytierter Staub in wandständigen und freien AEZ nachgewiesen werden kann, so haben Karrer (1960) und andere phagocytierte Kohlepartikelchen nach Instillation von chinesicher Tusche in die Trachea in festsitzenden und freien Zellen elektronenmikroskopisch nachgewiesen. So beschreibt Karrer (1960) bei der Maus Kohleteilchen in freien Zellen in der Alveole (Leukocyten und Alveolarphagocyten) sowie in fest an der Alveolenwand sitzenden großen AEZ und in den Cytoplasmahäutchen der kleinen Zellen, darunter auch im freien Ende von Microvilli. Karrer beschreibt, daß die Teilchen anscheinend in Taschen an der Oberfläche gefangen werden, von welchen Taschen ganze Ketten von kleinsten Vesikeln sich ausdehnen. Weiters findet er Kohleteilchen auch in Einschlußkörpern, die außerdem Lamellenformation enthalten.

Auch Klika (1964) beschreibt bei der Katze nach Injektion von chinesischer Tusche Kohleteilchen in granulären Pneumocyten in situ.

Low (1957) unterscheidet zwischen dem Verhalten der Alveolarepithelzellen und der Alveolarmakrophagen gegen colloidales Thorotrast bei der Ratte. In Epithelzellen wurde ThO_2 niemals gefunden und in Makrophagen dagegen in zahlreichen Vacuolen angesammelt.

Aber nicht aller in die Alveole gelangte Staub wird von den dadurch zu Staubzellen werdenden Alveolarepithelien phagocytiert, sondern Staubkörnchen gelangen auch zwischen die die Alveole auskleidenden Epithelzellen in den Bindegewebsraum. Offenbar spielt dafür der Ausbreitungszustand der Alveolarepithelzellen eine Rolle (s. S. 144). Daß intratracheal eingeführtes Carmin bei Versuchstieren in die Alveolarsepten gelangt und dort von Histiocyten aufgenommen wird, hat schon Westhues angegeben. Reifferscheid beobachtet bei Meerschweinchenfeten, bei denen in die Amnionhöhle injizierte Tusche durch aktive Atmungsbewegungen des Fetus in die Alveolen gelangt war, daß kleinste Tuschepartikelchen zwischen den Alveolarepithelzellen in Form von feinen Netzen angeordnet lagen. Jedenfalls geht aus beiden Befunden hervor, daß kleinste Teilchen aus den Alveolen zwischen den Alveolarepithelzellen in den Bindegewebsraum gelangen oder wandern können, ohne daß an dieser Wanderung Zellen beteiligt sind, die diese Teilchen vorher phagocytiert hatten. Über den Mechanismus dieser Wanderung wird bei der Besprechung der Gewebsflüssigkeit der Alveolarsepten und ihres Flüssigkeitsstromes zu sprechen sein (s. S. 172).

Größe und Anzahl der Alveolen, respiratorische Oberfläche der Lunge

Die Angaben der Autoren über die Größe der Alveolen, über die daraus berechnete Anzahl der Alveolen und über die Größe der respiratorischen Oberfläche schwanken in erstaunlicher Weise. So errechnet Schulze (1906) für letzteren Wert 30 m² und Arthus (1927) 200 m², Terni eine Milliarde Alveolen und Schulze nur 150 Millionen. Hilber (1933) hat versucht, die „Fehlerquellen bei der Bestimmung der respiratorischen Oberfläche" aufzudecken, ohne allerdings die Verschiedenheit der Ergebnisse völlig klären zu können. So kommt er z. B. zu dem erstaunlichen Resultat, daß bei zwei gleich schweren Ratten das $1^1/_2$mal größere Lumenvolumen der einen „sicher auf einer Überdehnung der Lunge" beruht, daß aber beide doch praktisch die gleiche respiratorische Oberfläche haben. Hilbers Berechnung beruht auf Messung des Alveolardurchmessers und des Lungenvolumens, von dem er das Volumen der nonrespiratorischen Gewebe (Gefäße und Bronchi) abzieht. Aus Volumen des respiratorischen Parenchyms und dem aus dem Durchmesser der Alveolen errechneten Alveolenvolumens erhält er die Alveolenzahl und daraus die respiratorische Oberfläche. Daher erscheint es notwendig, zuerst die Form und Größe der Alveolen und dann ihre Anordnung und ihren Anteil am Volumen des respiratorischen Parenchyms zu besprechen.

Beim Menschen vermehrt sich die Zahl der Alveolen vom Neugeborenen bis zum Erwachsenen nach den Angaben von Dunill (1962) auf das etwa 10fache, wobei

dieses Wachstum vorwiegend in den ersten 8 Jahren erfolgt. Die Zahl der Teilungsstellen vermehrt sich dabei durchschnittlich von 21 auf 23.

Auch wenn man von der Einwirkung der Muskulatur auf die Alveolenform
absieht, zeigt sich an der in situ fixierten Lunge eine große Verschiedenheit ihrer
Form. Von ganz flachen Alveolen, deren Tiefe kaum $^1/_4$ des Durchmessers ihres
Einganges beträgt im Bereich der Bronchioli alveolares bis zu Alveolen, die breiter
und tiefer sind als dieser Durchmesser, finden sich alle Übergänge. Die Innenfläche
kann einem Kugelsegment entsprechen, wenn an den Stellen, wo mehrere Alveolen
zusammenstoßen, ein größeres Gefäß oder reichlicher Bindegewebe liegt. In anderen
Fällen stoßen die Alveolenwände winkelig aneinander, ja sogar rechtwinkelig dort,
wo die Alveolenwand an die Läppchengrenzmembran angrenzt oder auch im
Bereich der um einen Bronchiolus gruppierten Alveolen, wo die Alveolarwände
radiär auf die Wand des Bronchiolus sich anordnen (Abb. 93). Hier finden sich
Alveolen, die annähernd Quaderform haben oder einem 4—6seitigen Pyramiden-
stumpf entsprechen. Bei allen Alveolenformen ist schließlich zu berücksichtigen,
wenn man die atmende Oberfläche berechnen will, daß sie nicht abgeschlossen sind,
sondern sich gegen die Ductus alveolares öffnen und daher höchstens $^3/_4$ einer
kugelähnlichen Fläche bilden. Daß bei Kontraktion der Muskulatur eines Ductus
alveolaris langgestreckte Alveolenformen mit ganz enger Öffnung zustande kommen,
wird bei der Besprechung der Muskulatur ausgeführt.

Daß die Größe der Alveolen sehr von ihrem Fixierungszustand abhängt, geht
schon daraus hervor, daß die vitale Kapazität der Lunge, d. h. dasjenige Luftvolumen,
das von der höchsten Inspirations- bis zur tiefsten Exspirationsstellung aus den
Lungen entweicht, im Mittel 3200—3800 cm³ beträgt (Landois-Rosemann) und die
Residualluft $^1/_4$—$^1/_5$ der Vitalkapazität ausmacht. Das heißt, das Volumen der Lunge
und damit im wesentlichen das der Alveolen wird bei extremer Atmung auf etwa
$^1/_4$ verkleinert. Nach Elze und Henning (1956) beträgt die Menge der Residualluft
etwa 2400 cm³. Bei Durchspülung der Lunge im Thorax von den Gefäßen aus wird
man im allgemeinen die Lunge in Exspirationsstellung fixieren. Das Volumen einer
solchen Lunge beträgt etwas über 2000 cm³. Aber innerhalb einer solchen Lunge
findet man Stellen mit sehr verschieden großen Alveolen, deren Durchmesser
sich wie 2:3 verhalten können; offenbar auf Grund einer Wirkung der Muskulatur.
Denn, daß die Alveolen nicht von vornherein verschieden groß, sondern bloß verschieden gedehnt sind, geht aus der verschieden dichten Anordnung der Epithel-
und Capillarkerne in den Alveolenböden hervor. Wir finden nämlich an der Wand
kleiner Alveolen die Zellkerne dichter gelagert als in der Wand großer Alveolen,
woraus zu schließen ist, daß sich die großen Alveolen im Zustande der Dehnung
befinden.

An so fixierten Lungen vom Erwachsenen finde ich Durchmesser zentral ge-
troffener Alveolen von durchschnittlich 200—250 μ, wenn ich von den offenbar
kontrahierten Gebieten absehe, also eine Größe, die zwischen den von Bargmann
zusammengestellten Angaben verschiedener Autoren steht. Im höheren Alter soll
die Größe der Alveolen zunehmen. Nach Dunill (1962) soll sich die Zahl der
Alveolen nach der Geburt auf das 10fache vergrößern, vorwiegend aber in den
ersten 8 Jahren.

Von gewissem Interesse ist die Alveolengröße bei den verschiedenen Säugetieren (F. E. Schulze, Marcus, Bargmann). Danach besitzen kleine Formen und

solche mit besonders intensivem Stoffwechsel kleine Alveolen (Maus, Fledermaus), dagegen große Formen, langsamer sich bewegende und primitive größere Alveolen (Pferd, Mensch, Faultier, Didelphis). Daraus ergibt sich, daß die respiratorische Oberfläche auf das Körpergewicht bezogen beim Menschen und beim Faultier besonders klein, bei der Fledermaus dagegen besonders groß, etwa 15mal so groß wie beim Menschen, ist (Bargmann).

In letzter Zeit haben Kirch und Gehrig gezeigt, daß durch sportliches Training (Schwimmversuche) bei Ratten und Meerschweinchen ein Umbau des Lungenparenchyms erfolgt in dem Sinne, daß an Stelle von weniger größeren Alveolen mehr kleinere Alveolen im gleichen Volumen gebildet werden; ein Vorgang, der eine Vergrößerung der respiratorischen Oberfläche bedeutet. Einen ähnlichen Umbau hat Hilber schon nach Lappenexstirpation bei der Ratte beschrieben. Die neugebildeten kleinen Alveolen können akute Anstrengungen (Kirch und Gehrig) — die für normale Tiere zu irreparablem Emphysem führen — ohne bleibende Veränderungen überstehen.

Für die Berechnung der Alveolenzahl aus ihrer Größe und dem Lungenvolumen ist bisher von den Autoren die Lichtung der Ductus alveolares zu wenig berücksichtigt worden. Ihre Lichtung bildet, wie Braus das betont, gleichsam eine Fortsetzung der Bronchioli, an die die Alveolen als seitliche Ausbuchtungen angeschlossen sind. An Querschnitten durch Ductus alveolares (vgl. Abb. 171) macht die von dem Alveolareingangsring begrenzte Lichtung $1/4$—$1/3$ der von ihm mit seinen Alveolen eingenommenen Fläche aus. Es ist also etwa $1/8$—$1/5$ des Volumens des Lungenparenchyms nicht in Alveolen unterteilt. Dazu kommt noch, daß die Lichtung der Ductus alveolares durch die Wirkung der Muskulatur stärkeren Schwankungen unterworfen ist als die Alveolen (Abb. 68).

Aus dem Gesagten ergibt sich, daß die bisher durchgeführten Berechnungen der Alveolenzahl und der respiratorischen Oberfläche einer sehr großen Zahl von Unsicherheitsfaktoren unterworfen sind, so daß ich annehmen muß, daß beide Zahlen im allgemeinen etwas zu hoch gegriffen sind. Was die Alveolenzahl betrifft, so führt ja auch der Berechnungsweg über die Anzahl der Verzweigungen des Bronchialbaumes (s. S. 75) nur zu niedrigeren Werten, schätzungsweise 300 Millionen (s. S. 71, 1. Aufl., 1953), so wie Weibel (S. 109, 1963) auch 300 Millionen berechnet, während ich bei Berechnung nach dem Lungenvolumen auf etwa 400 Millionen komme. Ich möchte nach beiden Methoden die Zahl der Alveolen auf 300 bis 400 Millionen schätzen. Die respiratorische Oberfläche dagegen wechselt ja bei der Atmung sehr stark, bei einer respiratorischen Volumschwankung (Vitalkapazität zu Residualluft) wie 4:1 muß die Fläche auf etwa $1/3$ abnehmen. Danach ergäben sich etwa 30 m² für die Exspiration und höchstens 100 m² für tiefste Inspiration.

Kulenkampff (1957) errechnet an einer Leiche 22 m² innerer Oberfläche und schätzt für dieselbe im Leben 32 m² bei äußerster Exspiration und 50 m² in Inspirationslage bei ruhiger Atmung.

Die Basalmembran der Alveolen

Eine völlig strukturlose membranöse Grundlage der Alveolenwand, die eine Stütze durch elastische Fasern erhält, wurde schon von Toldt (1888) beschrieben. Die Darstellbarkeit der Reticulumfasern mittels Silberimprägnation (Amprino e

Ceresa, Bargmann, Businco, Clara, Ogawa) zeigte dann ein feines, die ganze Dicke
des Alveolenseptums durchsetzendes und die Capillaren umfassendes Netzwerk,
das sich von dem elastischen Netzwerk in Anordnung der Fasern und Färbbarkeit
deutlich unterscheidet (Clara). Es wurde dann die Frage diskutiert, ob neben dem
Gitterfasernetz noch eine strukturlose, nach Mallory blau färbbare Basalmembran
(Seemann, 1931) vorhanden sei (Bargmann, 1936), und Bargmann meint (1936):

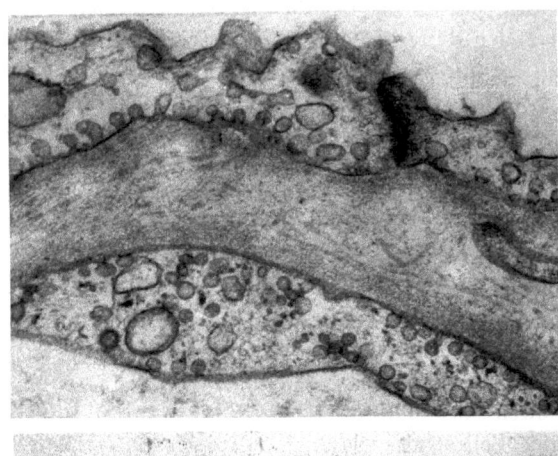

a

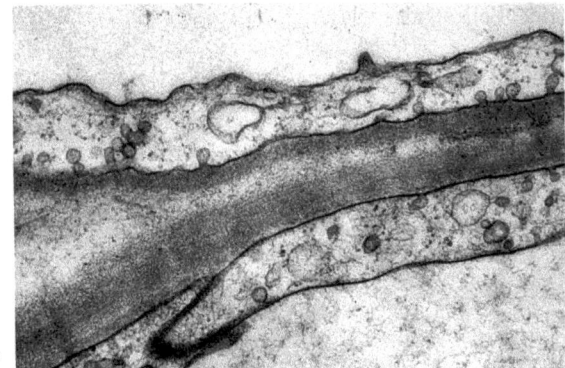

b

Abb. 166a u. b. Blut-Luft-Schranke, Cytoplasmahäutchen von Epithel und Endothel und
Basalmembran. a Gemeinsame Basalmembran. b Zwei Basalmembranen, die nach links
divergieren. Mikropinocytische Invaginationen und Bläschen im Epithel und Endothel.
a 30000fach, b 20000fach. Collidin-Osmium

„Was Seemann als homogene strukturlose Membran beschreibt, dürfte als die
zwischen den Maschen des Netzes von Silberfibrillen befindliche Grundsubstanz
anzusprechen sein." Eine besondere Basalmembran sei nicht nachgewiesen; er sagt
aber dann, daß sie „vielleicht doch vorhanden sei". Jedenfalls konnte über diese
Frage mit dem Lichtmikroskop keine Entscheidung getroffen werden. Eine Basalmembran aus Mucopolysacchariden wird von Doust und Bertalanffy und von
Clemens beschrieben. Policard und Collet (1956) beschreiben, daß die Basalmembran
mit PAS färbbar sei.

Die Festigkeit der Basalmembran ist am fixierten Präparat ziemlich groß, ob das
aber auch für den Zustand in vivo gilt, habe ich auf Grund lichtmikroskopischer

Beobachtungen und daraus sich ergebender Überlegungen schon 1956 als fraglich bezeichnet und insbesondere auf den Durchtritt von Zellen hingewiesen. Auch die elektronenmikroskopischen Beobachtungen scheinen mir dafür zu sprechen, daß die Basalmembran in vivo eine weiche formbare gelatineartige Konsistenz besitzt und daß sie außerdem nicht immer scharf von der Zwischensubstanz des Bindegewebes abgegrenzt ist.

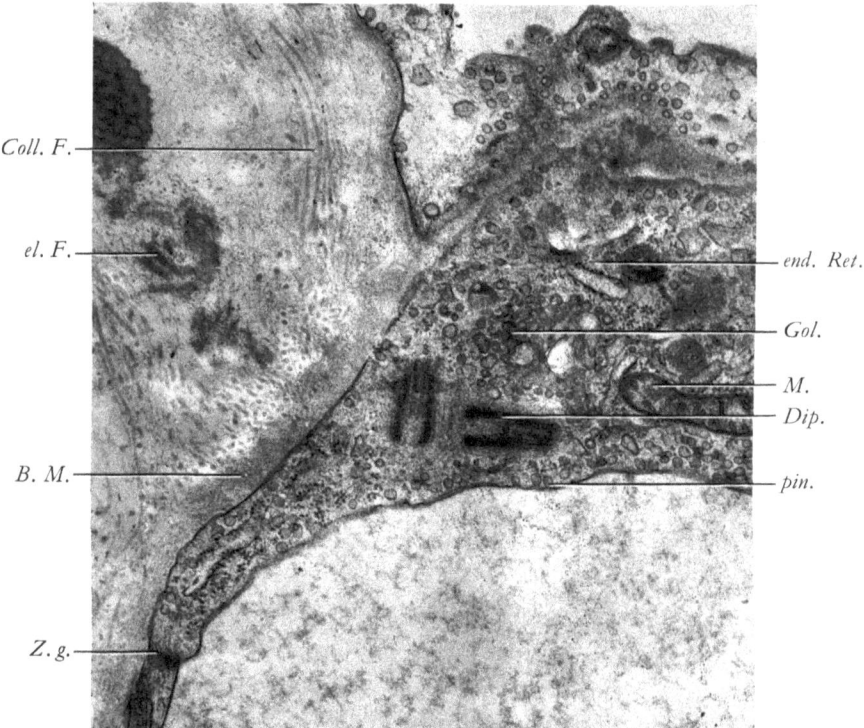

Abb. 167. Plasma einer Capillarendothelzelle als Teil der Blut-Luft-Schranke. Diplosom (*Dip.*), Golgi-Zone (*Gol.*), Mitochondrium (*M.*), Zellgrenze (*Z.g.*), endoplasmatisches Reticulum mit Ribosomen (*end. Ret.*), Epithelzellhäutchen mit pinocyt. Invaginationen und Bläschen (*pin.*), Basalmembran (*B.M.*) nicht scharf abgegrenzt gegen das Interstitium mit coll. Fibrillen-coll.-F. und elastisches Faser-el. Fix. Collidin-Osmium. 20000fach

Nur daraus, daß die Basalmembran aus so einer weichen formbaren Substanz von gelartiger Konsistenz besteht, ist es erklärbar, daß sie im fixierten Zustand manchmal völlig homogen erscheint, manchmal jedoch zweischichtig. Zwei Schichten haben zuerst Pakesch, Hayek und Braunsteiner (1957), beschrieben und ohne diese Arbeiten zu nennen, Low (1961). In beiden Arbeiten wird unter dem Epithel und ebenso unter dem Endothel eine Basalmembran beschrieben, die je eine an die Zellmembran anschließende hellere, weniger elektronendichte Schicht und darunter eine dunkle dichtere Schicht unterscheiden läßt. Low bezeichnet die Schichten als Lamina lucida und Lamina densa. Die Lamina densa läßt sich nicht überall scharf gegen die zwischen den Bindegewebsfibrillen gelegene Substanz abgrenzen (Abb. 167). Low bezeichnet diese Übergangszone als Zona diffusa. Dort, wo eine Capillare

dicht unter dem Epithel liegt, legen sich die beiden Laminae densae so eng aneinander, daß sie nicht überall voneinander abgrenzbar sind. An anderen Stellen weichen
die Laminae densae auseinander, so daß sich zwischen ihnen der Bindegewebsraum
öffnet, in dem die Fibrillen, Fasern und Zellen gelegen sind.

An anderen Stellen des gleichen Objektes läßt sich eine eigene Lamina lucida
der Basalmembran nicht unterscheiden, d.h., die Basalmembran erscheint in ihrer
ganzen Dicke gleichmäßig elektronendicht (Abb. 168). Da dieses Verhalten am
gleichen Präparat beobachtet wird, an dem an anderen Stellen die Schichtung in

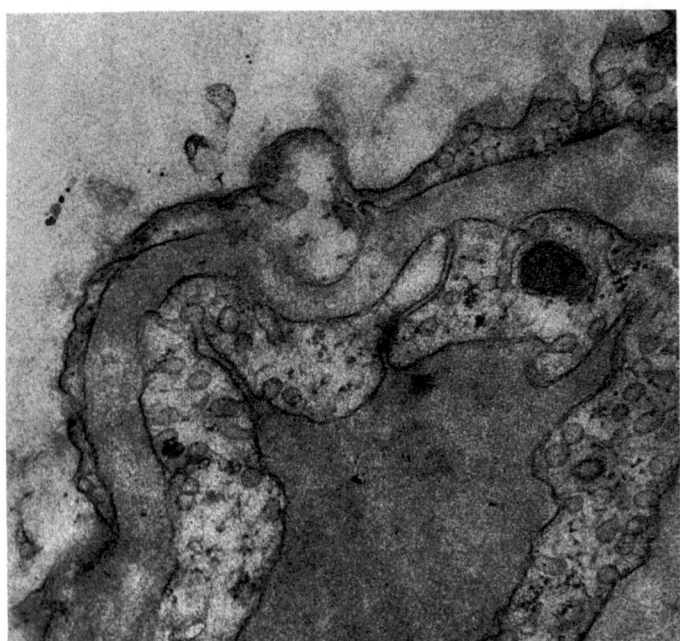

Abb. 168. Zellgrenze im Endothel einer Capillare[1]. Pinocytotische Invaginationen in
Endothel und Epithel, einheitlich feingekörnte Basalmembran

Lamina lucida und densa zu sehen ist, ergibt sich die Frage, ob es sich bei einer
solchen einheitlichen Basalmembran (Abb. 166a, 168) oder bei der mehrschichtigen
um Kunstprodukte handelt, die etwa durch das verschieden schnelle Eindringen
des Fixationsmittels verschiedene Bilder liefern. Welche Bedeutung dieses unter-
schiedliche Verhalten hat, ist unbekannt, sicher spielt aber die Schnittrichtung und
Schnittdicke für die Darstellbarkeit der zwei Schichten der Basalmembran außerdem
auch eine Rolle (s.a. Weibel, 1963, Abb. 70).

Während bei schwächeren Vergrößerungen bis zu 10000fach die Basalmembran
eine homogene (eventuell zweischichtige) Struktur zeigt, erkennt man bei stärkeren
Vergrößerungen über 20000fach eine körnige Struktur. Die Körnchen sind vielfach
in leicht welligen Reihen angeordnet, so daß man den Eindruck einer Fibrille
bekommt, wozu aber zu sagen ist, daß diese Körnchenreihen sich von den bekannten
Fibrillen (Reticulum oder Kollagen) deutlich unterscheiden. Es sind feinere Körn-

1 Mit Kontaktstelle und Intercellularspalt. Fix. Glutaraldehyd. 30000fach.

chenreihen von etwa 10 mµ Breite und gröbere von etwas mehr als 30 mµ Breite zu unterscheiden. Die gröberen Reihen liegen in der Zona diffusa zwischen zwei Basalmembranen und könnten somit den Kollagenfibrillen entsprechen; die feineren Körnchenreihen sehe ich dagegen in einer einheitlichen Basalmembran. Ob sie den Reticulumfasern entsprechen, ist fraglich.

Die Basalmembran mit der Zona diffusa möchte ich wie Low (1961) der licht-mikroskopisch bei PAS-Präparaten darstellbaren Membran gleichsetzen.

Der Basalmembran unter dem Epithel gleicht die Basalmembran der Capillar-endothelien völlig. Der Bindegewebsraum der Alveolarsepten ist von diesen Basal-membranen umschlossen und dort unterbrochen, wo diese Basalmembranen bei Anlagerung der Capillarmembran an das Epithel verschmolzen sind.

Das Bindegewebsgerüst der Alveolenwände

So wie sich das Lumen der Bronchioli in das der Ductus alveolares fortsetzt, geht auch das Bindegewebsgerüst der Bronchiolenwand in das der Alveolarsepten über. Alle drei Faserarten, elastische, kollagene und reticuläre Fasern, werden, wie auch dort, in den Alveolarsepten gefunden, wobei die elastischen Fasern die Haupt-masse ausmachen. Stärkere Bündel von kollagenen Fasern finden sich wie die glatten Muskelfasern vorwiegend im Bereich der Eingangsringe der Alveolen, wo in typischer Weise (Orsós) unter der Schicht von Epithelzellen und Capillaren zuerst

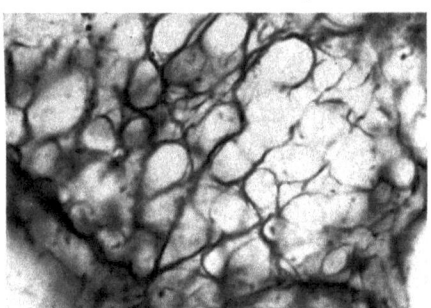

Abb. 169. Silberfasernetz in Alveolarseptum, Pap. 600fach

der elastische Faserring liegt (Abb. 126), darunter die Muskelfasern und am weitesten außen die Kollagenfaserbündel, die mit der Abnahme der Dicke der Eingangsringe schwächer werden und den kleinen Eingangsringen ganz fehlen. Daß auch die Läppchengrenzmembran reichlich Kollagenfasern enthält, wird in einem besonderen Abschnitt zu besprechen sein.

Die kollagenen Fasern sind praktisch nicht dehnbar und daher in der Lunge, wie überall, wo sie mit elastischen Fasern durchwebt sind, gewöhnlich in Form stark gewellter Faserbündel zu finden. Nur bei extremer Dehnung der Lunge durch Aufblähen wird es zuletzt zur Streckung der Wellen kommen, so daß die kollagenen Fasern einer weiteren Dehnung der Lunge einen ohne Zerreißung von Gewebe unüberwindlichen Widerstand entgegensetzen.

Die Reticulum-, Gitter-, argyrophilen oder Silberfasern bilden ein feinstes räum-liches Netzwerk aus zugfesten Fasern, die durch ihre geringe Länge zwischen den

Verzweigungsstellen in diesem Bereich auch eine gewisse Biegungsfestigkeit besitzen. Die Größe der Netzmaschen beträgt in der Regel nämlich nur wenige Mikron. Die Größenordnung der Zelle ist der Bereich, in dem die Silberfasern ihre Stützfunktion zu erfüllen in der Lage sind. Sie besitzen einen hohen Elastizitätsmodul (Plenk, Märk) und eine nur geringe elastische Dehnbarkeit (Lengyel).

Die elastischen Fasern, auch gelbe Bindegewebsfasern genannt, sind, wie man sich leicht an herauspräparierten elastischen Membranen überzeugen kann, gummielastisch dehnbar. Es ist notwendig das hervorzuheben, weil gerade an Hand der Lunge von Orsós u.a. der Gedanke ausgesprochen wurde, daß die Fasern sich wie Strahlfedern verhalten, also zwar elastisch biegsam, aber praktisch undehnbar seien. Petersen und Redenz haben dagegen auf die gummielastische Dehnbarkeit hingewiesen, und letzterer hat an isolierten Fasern gezeigt, daß sie sich auf über ihre doppelte Länge dehnen lassen. Wöhlisch hat ebenfalls, und zwar auf dem physikalischen Wege der Berechnung des Elastizitätskoeffizienten, gezeigt, daß die gelben Bindegewebsfasern gummielastisch dehnbar sind. Je stärker eine elastische Faser gedehnt ist, desto stärkeren Widerstand wird sie weiterer Dehnung entgegensetzen. Der Einbau der glatten Muskulatur in das elastische Netzwerk wird zur Folge haben, daß eine Kontraktion der glatten Muskulatur zu einer stärkeren Spannung des elastischen Netzwerkes führt. Die elastischen Fasern besitzen aber auch eine elastische Biegungsfestigkeit, die zunimmt, je dicker sie im Verhältnis zu ihrer Länge sind, die also beim Kollaps der Lunge zunimmt. (So wie die Lichtung einer angeschnittenen Arterie durch die Biegungsfestigkeit der elastischen Fasern offengehalten wird.)

So wie die elastischen Fasern sich beim Aufblasen der Lunge in allen Richtungen gleichmäßig dehnen (Rohrer), verkürzen sie sich beim Kollaps in allen Richtungen gleichmäßig bis zur völligen Entspannung. In diesem Zustand wird die Eigenform der Lunge nur mehr durch die Biegungsfestigkeit der elastischen Fasern aufrechterhalten, soweit nicht andere Kräfte — wie etwa das Eigengewicht der Lunge — einwirken. Die Länge der elastischen Fasern in Entspannung und ihre Biegungsfähigkeit werden bewirken, daß die Lunge im Zustande des Kollapses nicht vollkommen atelektatisch sein muß. Eine vollständige Atelektase kann erst durch zusätzliche Wirkung der glatten Muskulatur (s. S. 228) und einer hohen Oberflächenspannung (s. S. 230) bewirkt werden, während eine hohe Oberflächenaktivität der die Alveolen benetzenden Flüssigkeit eine Atelektase verhindert.

Die elastischen Fasern in der Lunge werden nur in der Jugend während des Lungenwachstums neu gebildet und bleiben dann zeitlebens erhalten, wobei sie allerdings die zum Emphysem führenden Alterserscheinungen zeigen, eben die geringere Dehnbarkeit und das Brüchigwerden. Das konnten Hayek et al. (1966) zeigen, die beobachteten, daß nur junge Individuen (bis etwa 20 Jahre) eine Vermehrung des radioaktiven Kohlenstoffes C^{14} in den elastischen Fasern feststellen konnten, wie sie sich aus der Vermehrung des C^{14} in der Atmosphäre nach den Atombombenversuchen (1956) erwarten ließ. Der Kohlenstoff 14 wird ja durch die Photosynthese von den Pflanzen als $C^{14}O_2$ aufgenommen und zu Stärke verarbeitet, wodurch er dann direkt oder indirekt in den tierischen oder menschlichen Organismus gelangt.

Eine Abnahme der Dehnbarkeit der Septa alveolaria und auch eine Versteifung dieser Septa kann durch Staubeinlagerung in diese Septa zustande kommen, so daß dann bei Dehnung der ganzen Lunge die um so ein Staubdepot herum gelegenen Alveolen stärker gedehnt werden. Es ist das ein ähnlicher Vorgang, wie ihn Policard (1955) um kleine Narben herum als „distensions des alvéoles autour des tésions" beschreibt.

Die Fibrocyten in den Alveolarsepten

Die Fibrocyten, auch einfach als Bindegewebszellen der Alveolarsepten bezeichnet, sind mit dem Lichtmikroskop schwer als solche zu identifizieren. Sie sollen sich durch ihren kleineren Kern von den Capillarendothelien unterscheiden (Hayek, 1953), ihr weniges Protoplasma soll mit den gewöhnlichen Färbemethoden nur

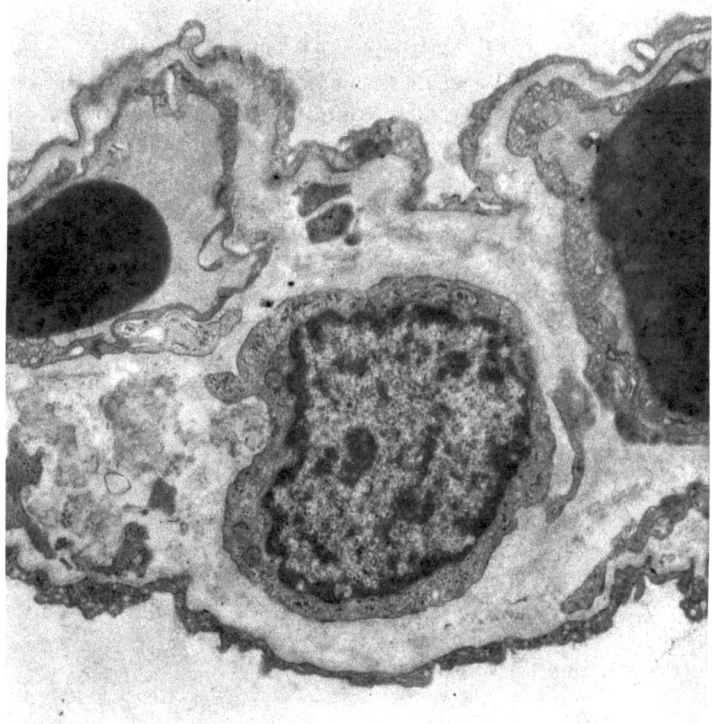

Abb. 170. Alveolarseptum und Fibrocyt mit Fortsätzen und zwei Capillaren, die nur einseitig mit dem Epithelhäutchen durch die Basalmembran in Kontakt stehen. Auf der anderen Seite reichlich Bindegewebe dazwischen. Fix. Glutaraldehyd. 10 000fach

schwach anfärbbar sein. Ihre Zahl ist in den dünnen Alveolarsepten sehr gering, häufiger sind sie aber in den Alveolareingangsringen (Lauche beschreibt sie nur dort) und selbstverständlich zahlreich in der Umgebung der Bronchioli und Gefäße (Hayek, 1953).

Wie alle Bindegewebszellen sind auch die Fibrocyten aus embryonalen Mesenchymzellen entstanden. Ihre Beziehung zur Entstehung der Bindegewebsfasern berechtigt auch, sie als Fibroblasten und mit diesen als fixe (ortsansässige) Bindegewebszellen zu bezeichnen. Zu diesen fixen Zellen mesenchymaler Herkunft gehören offenbar auch die Pericyten, die Plenk und Orsós in der Lunge beschreiben, wobei ersterer sie zu den muskulären Elementen rechnet, letzterer aber zu den Bindegewebszellen, so wie ja auch Maximow im allgemeinen die Pericyten als indifferenzierte Mesenchymzellen auffaßt.

Die Angaben der älteren Autoren über die Fähigkeit der Bindegewebszellen zu phagocytieren, sind nicht durchwegs verwendbar, da manche dieser Autoren diese speichernden Zellen als Histiocyten bezeichnen, aber diese nicht von Alveolarepithelzellen unterscheiden. Nur wenige ältere Autoren unterscheiden Alveolarepithelien und Histiocyten. So Westhues, Francescon, Seemann, Dogliotti und Amprino sowie Clara, welche die Speicherung intravenös injizierter Farbstoffe in Histiocyten schildern. Wie weit diese Histiocyten sich aus Fibrocyten entwickelt haben, ist nicht geklärt.

Im Bindegewebe der Alveolarsepten werden auch gelegentlich die anderen Formen der freien Wanderzellen mesenchymaler Herkunft in gesundem Gewebe gefunden, so Plasmazellen, Mastzellen, eosinophile und neutrophile Granulocyten, Histiomonocyten und Lymphocyten. Doch glaube ich, alle diese Zellarten hier nicht abhandeln zu sollen.

Die Fibrocyten geben im Elektronenmikroskop natürlich auch von der Fixierung stark abhängige Bilder (Abb. 170 und Tafel), eine Verschiedenheit, die hauptsächlich den Zellkern betrifft. Charakterisiert sind die Fibrocyten aber immer und von Epithelzellen und Endothelzellen zu unterscheiden durch ihre Lage im Bindegewebsraum zwischen den Basalmembranen von Endothel und Epithel.

Der Cytoplasmakörper bildet nur eine dünne Schicht um den Zellkern und besitzt lange verzweigte Fortsätze, die offenbar über mehrere Capillarbreiten hinwegragen. Das Cytoplasma enthält wenige kleine Mitochondrien sowie kleinste Bläschen und Granula. Wo ein Fortsatz eines Fibrocyten sich, nur durch eine Basalmembran getrennt, dem Plasmahäutchen einer Endothelzelle oder einer Epithelzelle anlegt, sind diese anderen Plasmahäutchen meist durch die pinocytotischen Invaginationen charakterisiert. Das Cytoplasma der Fibrocyten steht oft in engem Kontakt mit elastischen Fasern oder kollagenen Fibrillen, welch letztere oft auf Fibrillenbreite dem Plasma anliegen.

Die vielfach verzweigten elastischen Fasern bilden in der ganzen Lunge ein sozusagen endloses Netzwerk, das im Bereich der Bronchioli (Abb. 77), Arteriolae (Abb. 221) und Venulae mit dem elastischen Netzwerk der Luftwege und Blutgefäße zusammenhängt. In dieses Netzwerk strahlen vielfach die elastischen Sehnen der glatten Muskelfasern ein. Die Grundlage des elastischen Netzwerkes des Lungenparenchyms bildet außer der Läppchengrenzmembran die elastischen Alveolareingangsringe (Abb. 171). Diese stellen gleichsam eine Fortsetzung der elastischen Struktur der Bronchiolenwand dar. Die zwischen den Eingangsringen sich vorwölbenden Alveolenwände werden von einem zarten Netzwerk gestützt, das an den Eingangsringen haftet und selbst wieder das daraus hervorragende feinste, die Capillaren umspinnende elastische Netzwerk in seiner Lage hält. Schon im Bereich der Bronchioli hängt, wie oben geschildert, das elastische Längsfasernetz der Schleimhaut mit dem Ringfasernetz der Muscularis kontinuierlich zusammen (Abb. 77). Dort, wo in den Bronchioli alveolares die ersten Alveolen liegen, bilden die elastischen Eingangsringe eine Fortsetzung beider Netze. Jeder elastische Eingangsring selbst besteht wieder aus einer größeren oder geringeren Zahl sich aufspaltender und so ein

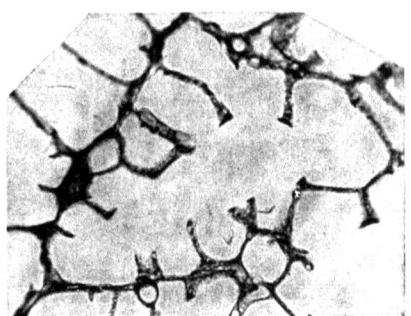

Abb. 171. Schrägschnitt eines Ductus alveolaris mit elastischen Eingangsringen. Orcein, 25fach

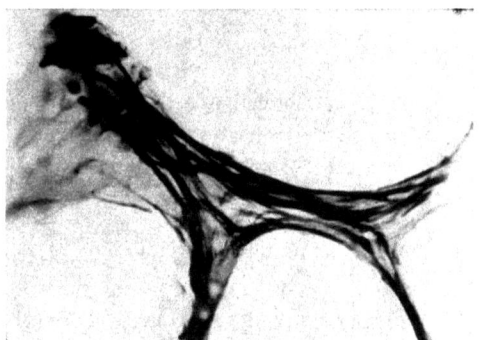

Abb. 172. Flachschnitt durch 3 zusammenstoßende elastische Eingangsringe der Alveolen. Orcein, 1000fach

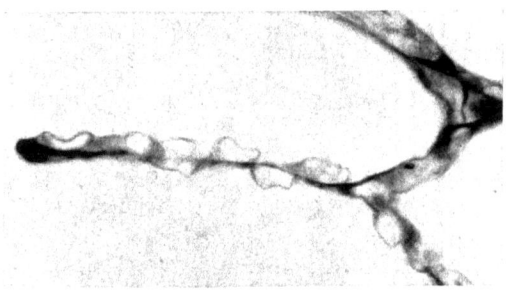

Abb. 173. Gespanntes Septum alveolare, Capillaren abwechselnd auf beiden Seiten einer elastischen Faser. Orcein, 1000fach

langmaschiges Netz bildender Fasern (Abb. 172). Dort, wo drei Eingangsringe aneinanderstoßen, bilden diese ein sphärisches Dreieck (Abb. 12), das durch den netzartigen Zusammenhang der sich verzweigenden Fasern im Bereich der Ringe seine Festigkeit erhält.

Den zweiten Festpunkt für die Alveolenwände bilden die kleinen Gefäße und Bronchioli, die vorwiegend in den Winkeln zwischen je drei Alveolen gelegen sind. So sind die Netze der Alveolenwände zwischen den elastischen Eingangsringen und den elastischen Elementen der kleinsten Gefäße oder Bronchioli (Abb. 93) beinahe eben in den Flächen der polygonalen Alveolen verspannt. An der in situ fixierten Lunge sieht man vielfach, wie Capillaren von einer Seite einer gespannten Faser auf die andere hinziehen (Abb. 173), sie scheinen sich, wie Schaffer sagt, hin und her zu winden, was, wie oben besprochen (S. 166), offenbar auf die Entwicklung der Alveolarsepten aus zwei Alveolarwänden zurückzuführen ist. Die gerade gestreckten Fasern erscheinen gleichsam durch das nicht in einer Ebene liegende Netz der Capillaren hindurchgesteckt. An diesem Netzwerk gegabelter Fasern im Alveolar-boden haftet das äußerst feine Netzwerk der pericapillären Fasern. Dieses Netz ist in der Größenordnung dem Gitterfasernetz gleich, unterscheidet sich aber von diesem durch eine andere Faseranordnung. Die Darstellung dieser feinen Fasern mittels Orceinfärbung gelingt nicht so leicht, so daß gelegentlich ihr Vorhandensein geleugnet wurde. Weil die elastischen Fasern ein kontinuierliches Netz von den Bronchioli, Prä- und Postcapillaren bis in die Alveolenwände bilden, ist es nicht möglich, in diesem Bereich eigene Gefäßfasern oder Alveolarfasern zu unterscheiden, wie Orsós das versucht.

Es besteht keine Schwierigkeit, die elastischen Fasern im elektronenmikroskopi-schen Bild zu identifizieren, da sie bei gewöhnlicher Fixierung (Abb. 150, 154) und noch besser bei Kontrastierung mit Phosphorwolframsäure (Abb. 149) zu erkennen sind. In dem vielfach verzweigten Netzwerk teilen sich die bis zu 1 µ dicken Fasern in feinere Fasern, welche oft nur 0,1 µ dick sind (Abb. 150). Die dickeren Fasern zeigen an der Oberfläche Furchen, bevor sie sich in feinere teilen, so daß der Quer-schnitt unregelmäßig höckrig begrenzt erscheint und der Längsschnitt oft eine wolkige verschiedene Dunkelheit zeigt. Die groben und feinen Fasern liegen meistens in Bündeln von 2—4 µ Dicke zusammen. An Flachschnitten sieht man gelegentlich eine pinselartige Aufsplitterung, die aber nichts mit der Feinheit der collagenen Fibrillen zu tun hat.

Die Bindegewebsfibrillen, welche die Grundlage der collagenen Bündel und der Silberfasern bilden, sind eine Größenordnung kleiner als die elastischen Fasern, gegenüber letzteren mit 1—0,3 µ haben sie nur eine Dicke von höchstens etwa 0,03 µ bis 300 Å. Die Einzelfibrillen sind nur mit dem Elektronenmikroskop bei mindestens 5000facher Vergrößerung und Kontrastierung darstellbar (Abb. 149). Die Mehrzahl der Fibrillen hat einen Durchmesser von etwa 300 Å, an manchen dieser Fibrillen zeigt sich am Querschnitt, wie Schulz das auch beschreibt, eine dunkle Randzone von 40—60 Å Dicke um ein helles Zentrum. In geringerer Zahl finden sich auch dünnere Fibrillen von unter 100 Å Dicke, die teils in Gruppen zusammen liegen, teils aber zwischen den dickeren Fibrillen verstreut.

Die Fibrillen von etwa 300 Å Dicke sind als Kollagenfibrillen oder unit fibers zu bezeichnen, die dünneren Fibrillen von höchstens 100 Å sollen Mikrofibrillen (microfibrils, Low) genannt werden.

Eine Querstreifung der Fibrillen, wie sie in der Literatur (Bucher, Bargmann) beschrieben wird, ist an geeigneten Präparaten (über 20000facher Vergrößerung) an den dünneren wie an den dickeren Fibrillen zu erkennen.

Bei solchen Vergrößerungen finden sich in der Basalmembran und in ihrer Zona diffusa Körnchenreihen, die in ihrer Dicke teils den dicken, teils den dünneren Fibrillen entsprechen. Ob diese Körnchenreihen Vorstufen von Fibrillen entsprechen, ist fraglich. Die Frage, wieweit die lichtmikroskopisch darstellbaren kollagenen bzw. reticulären Fibrillen den elektromikroskopisch darstellbaren Bündeln dicker oder dünner Fibrillen entsprechen, ist noch nicht gelöst.

Die Entwicklung des elastischen Gewebes in der Lunge beschreiben Linser und Setälä, mit den Veränderungen der elastischen Fasersysteme, mit dem Lebensalter und Erkrankungen befassen sich Orsós und Ghigi.

Die Reticulumfasern (Bargmann, Ogawa, Amprino und Ceresa) bilden in den Alveolarsepten ein feines, die ganze Dicke des Septum durchsetzendes (Businco) und die Capillaren umfassendes Netzwerk, das in der Anordnung der Fasern (Abb. 169) sich von dem elastischen Netzwerk deutlich unterscheidet (Clara). Im Bereich der muskulösen Eingangsringe setzt es sich in die Gitterfasern, welche die glatten Muskelzellen umspinnen, fort. Es wurde versucht (Mall, Rusakoff, Orsós) in den Alveolarsepten ein unter den Alveolarepithelzellen gelegenes Netzwerk — der Basalmembran der Bronchialepithelien entsprechend — von dem pericapillaren Netzwerk zu unterscheiden, doch betont schon Plenk, daß die Gitterfasernetze der Capillaren so mit dem Grundhäutchen (der Basalmembran) verbunden sind, daß dort, wo eine Capillare läuft, kein eigenes Grundhäutchen zu unterscheiden ist. Wieweit jedoch beim Ödem der Alveolarsepten etwa auch die Reticulumfasern auseinandergedrängt werden und dann doch pericapilläre Fasern sich von einer Art Basalmembran des Epithels abheben, ist nicht untersucht.

Pathologische Veränderungen der Gitterfasern bei chronischen Erkrankungen beschreibt Rusakoff. Die Bildung der Gitterfasern soll nach Plenk von Zellen mesenchymalen Ursprungs erfolgen, Amprino (1937) dagegen gibt an, daß wenigstens in der Lunge die epithelialen Elemente die Gitterfasern der Basalmembran bilden. Nachdem aber Schaffer gezeigt hat (an der Chordascheide), daß Bindegewebsfasern ohne Kontakt mit Zellen entstehen können, erübrigt sich die Fragestellung, ob die Gitterfasern von dieser oder jener Zellart gebildet werden.

Die Muskulatur des Lungenparenchyms

Seitdem Baltisberger in einer gründlichen Untersuchung die Anordnung der Muskulatur der Lunge eines Individuums beschrieben hat, ist mehrfach angezweifelt worden, ob es sich hierbei um eine normale Lunge handelt. So bezeichnen v. Möllendorff, Engel und Newns und Behrens die Muskulatur als hypertrophisch. Engel und Newns finden in normalen Lungen die Muskulatur der Alveolareingangsringe ebenso angeordnet, aber viel schwächer als Baltisberger, während insbesondere Behrens betont, daß auch die Anordnung in den Eingangsringen von diesem Autor nicht richtig dargestellt sei. Das Vorkommen der von Baltisberger beschriebenen interstitiellen und subpleuralen Muskulatur wird von allen Autoren für die normale Lunge geleugnet bzw. als Muskulatur von Lymphgefäßen erklärt. Ich selbst finde (1950) nur an wenigen Stellen etwas Muskulatur in der Pleura oder vielmehr im subpleuralen Gewebe, ohne aber eine Regelmäßigkeit der Anordnung zu finden oder etwas über ihre Funktion aussagen zu können. Was aber die sog. interstitielle Muskulatur betrifft, die Baltisberger in unregelmäßig vieleckigen Bindegewebskörpern beschreibt, so gibt Baltisbergers Abbildung den Schlüssel zu diesem nicht mehr wieder beobachteten Befund. In dem unteren Teil dieses Bildes ist die Lichtung eines Bronchiolus alveolaris angeschnitten, so daß also die ganze Anhäufung von Muskulatur offenbar nichts anderes ist als ein Flachschnitt eines Bronchiolus oder

Ductus alveolaris, wie ich einen ähnlichen in Abb. 174 wiedergebe. Es handelt sich um die in der Fortsetzung der Bronchialmuskulatur gelegenen muskulösen Alveolareingangsringe, zwischen denen die Capillarquerschnitte an den Alveolenwänden erkennbar sind. Ich finde (Hayek, 1950) die Verteilung der muskulösen Eingangsringe, gleich wie Baltisberger im Bereich der Ductus alveolares verteilt, nur wesentlich schwächer ausgebildet. Abb. 175 bringt einen ähnlichen Längsschnitt wie der von Baltisberger abgebildete, in welchem die Anordnung der muskulösen Eingangsringe nach genauester Kontrolle eingezeichnet ist. Besonders bemerkenswert ist die Abnahme der Dicke der Muskelringe gegen die Sacci alveolares, wo in den Rändern

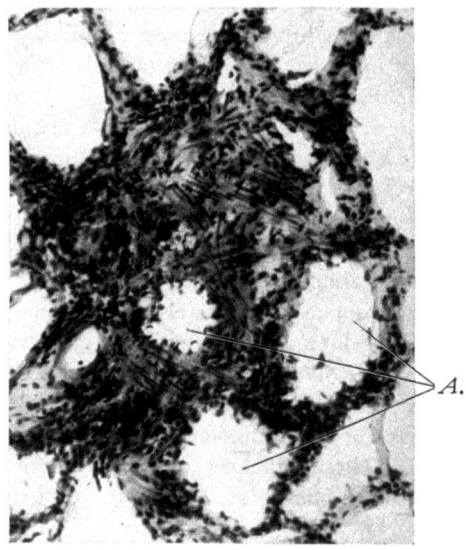

Abb. 174. Flachschnitt durch die Wand eines Bronchiolus alveolaris mit muskulösen Eingangsringen der Alveolen. *A.* Azan. 140fach. [Aus v.Hayek, Z. Anat. Entwickl.-Gesch. **115** (1950)]

der Alveolarsepten oft nur mehr einzelne Muskelfasern liegen oder Muskelfasern ganz fehlen (Abb. 126a—e). Wenn ich von Muskelringen spreche, so ist zu betonen, daß es sich nicht um wirkliche Ringe handelt, sondern die Muskelbündel überkreuzen sich hier winkelig, von einem Ring in den anderen übergehend (Abb. 177), so daß die muskulöse Begrenzung eines Alveoleneinganges meist ein Fünf- oder Sechseck darstellt (Abb. 174). Den am weitesten abseits von den Bronchioli gelegenen Alveolen fehlen muskulöse Eingangsringe völlig, d.h. also vorwiegend den an der Läppchengrenzmembran und damit zum Teil subpleural gelegenen Alveolen. Besonders zu erwähnen sind noch einzelne Muskelbündel, die aus der Muskulatur der Bronchioli ausstrahlen (Hayek, 1950) und über 4—5 Alveolen hinwegziehen können (Abb. 178), wie Baltisberger sie auch schon gesehen hat. Man findet dementsprechend dünne Muskelbündel von unter 5 μ Dicke abseits von den Bronchioli zwischen den Alveolen (Abb. 174). Im ganzen kann man die Muskulatur der Ductus alveolares in verschieden steilen Schraubentouren angeordnet auffassen, die sich in verschiedener Richtung überkreuzen (Abb. 176), wie das van Gehlen tut, ohne daß ich seinen Schlußfolgerungen über die Wirkung der Muskulatur folgen könnte. Denn wenn

1 mm

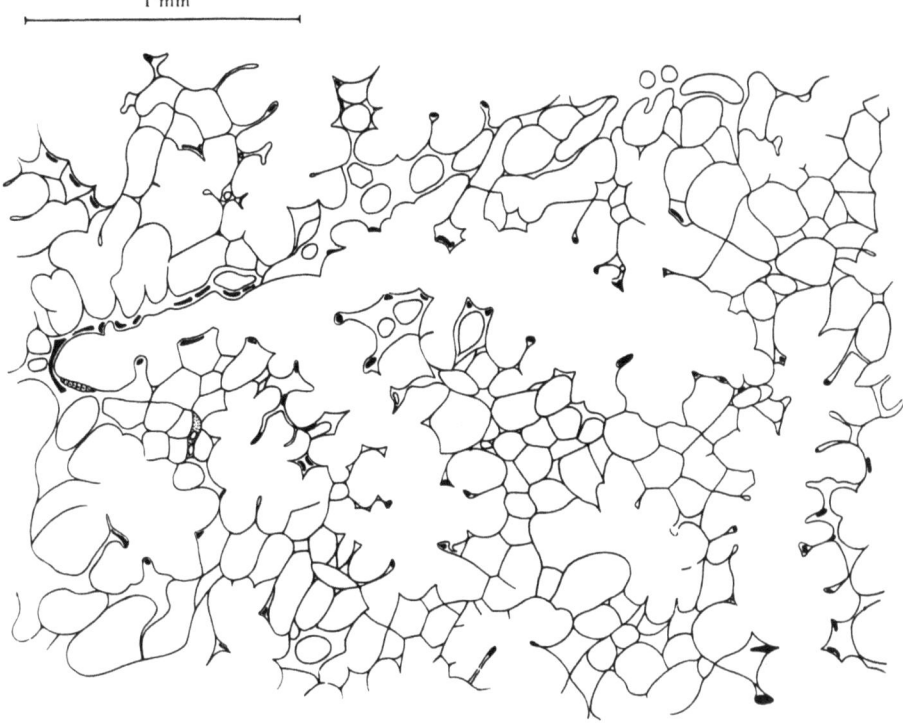

Abb. 175. Längsschnitt durch die Verzweigungen eines Bronchiolus alveolaris. Muskulatur
schwarz. 37fach. [Aus v. Hayek, Z. Anat. Entwickl.-Gesch. **115** (1950)]

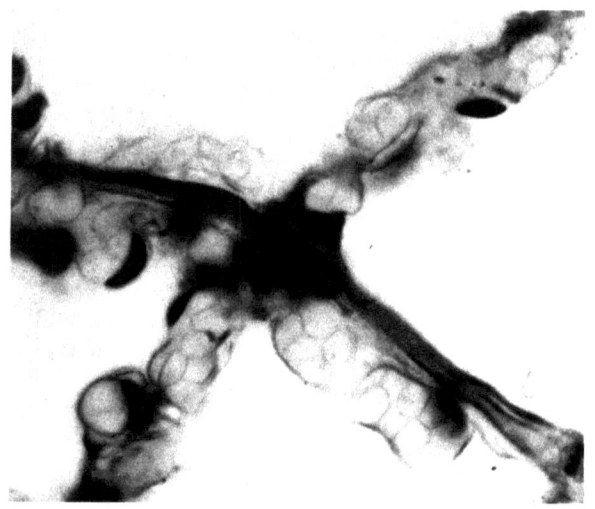

Abb. 176. Dünnes Bündel glatter Muskulatur im Alveolarseptum eines Ductus alvcolaris.
Daneben eine ein Septum durchsetzende AEZ. Capillaren prall mit blaßgefärbten Erytro-
cyten gefüllt. Capillarendothelkerne schwarz. Azan, etwa 800fach

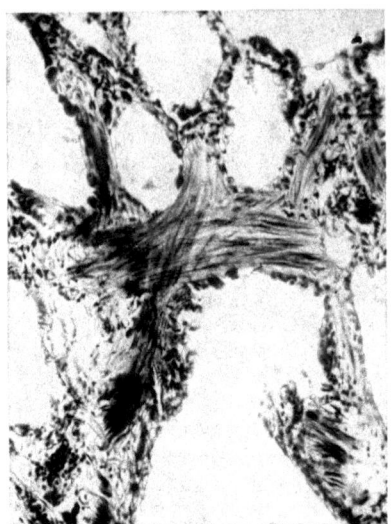

Abb. 177. Flachschnitt durch die Wand eines Ductus alveolaris. Überkreuzung eines Längsbündels mit einem Querbündel. 140fach, Azan. [Aus v. Hayek, Z. Anat. Entwickl.-Gesch. **115** (1950)]

M

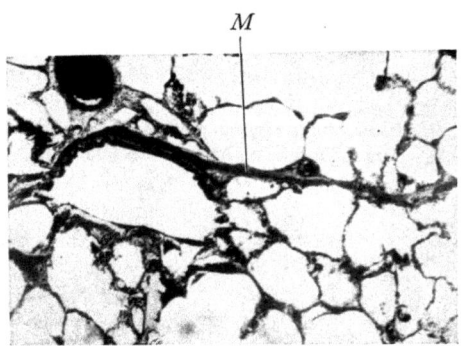

Abb. 178. Querschnitt eines Bronchiolus alveolaris mit ausstrahlendem Muskelbündel *M*. Etwa 50fach. [Aus v. Hayek, Ergebn. Anat. Entwickl.-Gesch. **34** (1945)]

sich die in Form eines Fünf- oder Sechsecks um den Alveolareingang liegenden Muskelbündel, die den muskulösen Eingangsring bilden (Abb. 174 Mitte), verkürzen, wird sich der Eingang verengen, wie das Abb. 179 mit den dicken Muskelbündeln zeigt. Die schraubige Anordnung der Muskelzüge um den Ductus alveolaris, wie van Gehlen sie schildert, könnte nur dann zu einer Erweiterung der Ductus alveolares führen, wenn die einzelnen Muskelfasern so dicht angeordnet wären, daß die kontraktorische Verdickung der eng nebeneinander liegenden Bündel den Umfang vergrößert, wie das Goerttler für den Ductus deferens annimmt. Das ist aber nicht der Fall, vielmehr liegen die Bündel so locker angeordnet, auch schon in den Bronchioli terminales, daß sie sich bei der Kontraktion gegeneinander verschieben können, was jede Wirkung durch Dickenzunahme auf die Lichtung im Goerttlerschen Sinne ausschließt.

Abb. 179. Querschnitt durch einen kontrahierten Ductus alveolaris *(Duct. alv.)* mit stark verengten Alveolareingängen *(Alv. Eing.)* ; *Art.* Arterie. Gez. Specht

Daß glatte Muskelfasern im allgemeinen im Atmungsapparat in elastische Sehnen übergehen, wie van Gehlen das beschreibt, ist schon seit Ebner bekannt. Eine Erweiterung eines Alveolareinganges im van Gehlenschen Sinne ist nur dann möglich, wenn erstens ein Alveolareingang ganz, d. h. ohne Muskelfasern, von einem elastischen Ring umgeben wäre und zweitens die tangential herantretenden spannenden Muskelringe einen festen Ursprung außerhalb des Alveolareinganges hätten. Beides ist aber nicht der Fall. So muß die van Gehlensche Annahme von der erweiternden Wirkung der Muskulatur auf die Alveoleneingänge eine Theorie bleiben, die aber zur genaueren Untersuchung der Anordnung der Muskulatur angeregt hat. Die verengende Wirkung der Muskulatur dagegen erscheint aber durch Befunde, wie Abb. 179 zeigt, sicher bewiesen, ebenso durch Niedner, der in vivo bei Operationen (Lappenexstirpation) die Kontraktion eines Abschnittes Lungengewebes direkt beobachtete und diesen Teil anschließend in Formalin fixierte.

An einem einzelnen — auch an der in situ fixierten Lunge — kontrahiert gefundenen Ductus alveolaris findet man eine Verkürzung und Verengung des ganzen Ganges. Die Lichtung kann fast bis zur Berührung der Alveolareingangsringe ver-

kleinert sein (Abb. 179), und die Alveolareingänge selbst haben dann gerade die
Weite einer Capillare (s. auch Husten, Policard spricht sogar von Sphincteren). Die
Alveolen selbst sind um den Ductus alveolaris herum erweitert, wie dies Bronkhorst und Dijkstra auch schon beschrieben haben, und radiär zum Ductus in die
Länge gezogen. Diese Beobachtung entspricht auch dem, was Policard als Erweiterung der Alveolen „autour des contractures périlésionelles" beschreibt. Die Erweiterung dieser Alveolen wird dadurch verständlich, daß innerhalb des geschlossenen
Thorax eine Verkleinerung eines Abschnittes nur mit der Dehnung anderer Teile
einhergehen kann. Sind mehrere benachbarte Ductus alveolares kontrahiert, so
finde ich z. B. an Präparaten, die Prof. Niedner mir zur Verfügung stellte, die Alveolen
in dem ganzen Abschnitt stark verengt, so daß man von Atelektase sprechen kann.
Ein Zustand, der aus der gegenseitigen Lage der kontrahierten Ductus alveolares
verständlich wird. Würden sich etwa von dem in Abb. 175 getroffenen Ductus
alveolaris nicht nur die beiden gemeinsam aus einem Bronchiolus entspringenden,
sondern auch der senkrecht darauf stehende dritte kontrahieren und damit verkürzen,
so ist verständlich, daß auch die dazwischen liegenden Alveolen verengt werden
müssen, auch wenn sie selbst keine muskulären Eingangsringe haben. Dadurch, daß
durch die Nachbarschaft der Ductus alveolares kein Kubikmillimeter Lungengewebes
frei ist von Muskulatur, wie auch schon Baltisberger angab, könnte durch ihre
Kontraktion in größeren Abschnitten des Lungengewebes alle Alveolen verengt
werden, so daß man mit Recht von Kontraktionsatelektasen sprechen kann. Kontraktionsatelektasen (contractures périlésionelles) hat Policard „autour des lésions
tuberculeuses" am Präparat beobachtet. Die Retraktion des Lungengewebes am
eröffneten Thorax nach Berührungsreizen ist offenbar auf solche Kontraktionen
zurückzuführen (beim Versuchstier Reinhardt, beim Menschen bei Lobectomien
Niedner, Gray). Während einer von Prof. Wachsmuth durchgeführten Operation
konnte ich beobachten, wie nach Berührung des Mittellappens sich sein scharfer
Rand nach der Seite der Berührung hin umkrempte, offenbar durch Kontraktion der
berührten Lungenpartie. Daß eine solche Retraktion nur am eröffneten Thorax
möglich ist, dagegen eine gleiche Kontraktion bei geschlossenem Thorax zu einer
Dehnung und Spannungserhöhung der nachbarlichen Alveolenwände führen muß,
ist verständlich. Dementsprechend beobachteten de Burgh-Dally und Versteegh und
Dijkstra, daß Histamin oder Acetylcholin, welche die glatte Muskulatur zur Kontraktion bringen, den intrapleuralen Druck herabsetzen, und darüber hinaus geben
Troisier, Bariéty und Kohler an, daß größere Histamindosen, die die Muskulatur
lähmen, den intrapleuralen Druck wieder zum Ansteigen bringen. Sturm beobachtet
Schatten im Röntgenbild, die er auf Kontraktionsatelektasen zurückführt. Er nimmt
an, daß diese segmental entstehen und ihre Ausbildung auf die segmentale Innervation zurückzuführen sei. Reflektorisch entstandene Atelektasen bei Operationen
an Bauchorganen beobachtet Faulconer.

Da auch an normalen Lungen beim Versuchstier atelektatische Bezirke gefunden
wurden, spricht Seemann sowie Verzár von Reserveatelektasen, und ich möchte
annehmen, daß diese eben durch Kontraktion der Muskulatur entstehen, die, wie
ich sehe, wenigstens beim Meerschweinchen die gleiche Anordnung zeigt wie beim
Menschen. Den Versuch mancher Autoren, diese physiologischen Atelektasen durch
Bronchialverschluß zu erklären, lehnt auch Huizinga ab, indem er auf die Möglichkeit
des Luftaustausches durch die Alveolarporen hinweist, der zwischen Lungen-

abschnitten, die von verschiedenen Bronchi oder Bronchioli versorgt werden, erfolgen kann und von van Allen als kollaterale Respiration bezeichnet wird. Diese kollaterale Respiration wird durch das, was oben (s. S. 105) über den Zusammenhang des Lungengewebes in der Tiefe der Septa interlobularia gesagt wurde, verständlich (vgl. Abb. 68). Daß aber die Kontraktion eines Bronchiolus gleichzeitig mit Verengung der benachbarten Alveolen erfolgen kann, habe ich an in situ fixierten Lungen vom Menschen (Abb. 91b) und der Maus (starke Adrenalinwirkung, Hayek, 1945) beobachtet. Es scheint aber auch umgekehrt vorzukommen, daß in der Umgebung eines erschlafften Bronchiolus enge Alveolen oder in der Umgebung eines kontrahierten Bronchiolus weite Alveolen gefunden werden (s. S. 127).

Die Wirkung der Muskulatur auf die Lichtungen ist nun nicht nur eine direkte, durch Verengung der von ihr allein gebildeten Ringe, sondern auch eine indirekte durch das Einstrahlen der Muskulatur in elastische Sehnen. Wenn also ein Alveolareingangsring zum Teil von Muskulatur (Baltisberger) und in ihrer Fortsetzung von elastischen Fasern gebildet wird, kann eine Kontraktion der Muskelfaser den ganzen Ring verengen oder, wenn ein Widerstand dies verhindert, die elastische Faser spannen und dehnen, wie etwa an der A. pulmonalis oder allen elastischen Arterien. Die glatten Muskelfasern können als Spannmuskeln der elastischen Fasern dienen, wie überall, wo sie, was v. Ebner schon beschrieben hat, in elastische Sehnen übergehen. Macklin spricht von „myelastic tissue" und Benninghoff von Spannmuskeln des elastischen Gewebes. Eine erweiternde Wirkung auf die Alveolarringe, wie van Gehlen sie annimmt, kann ich aus der Anordnung der Muskelfasern nirgends folgern. Die Beobachtungen Salfelders (1954), der an 150 Lungen von Verstorbenen, die in den Anden in über 3000 m gelebt hatten, eine deutliche Vermehrung der Muskulatur der Alveolareingänge fand, könnten einen Hinweis auf die Funktion dieser Muskulatur geben.

Bei Experimenten, welche die glatte Muskulatur der Lunge betreffen, muß bei manchen Säugetieren die dort in der Pleura vorhandene glatte Muskulatur (s. S. 250) besonders beachtet werden, eine Muskulatur, die dem Menschen aber fehlt.

Die Bedeutung der glatten Lungenmuskulatur für den Atmungsvorgang im ganzen kann ich entsprechend der langsamen Kontraktionsfähigkeit der glatten Muskulatur nur in Veränderungen sehen, die langsamer als der normale Atmungsrhythmus vor sich gehen, so wie solche Kontraktionen in vivo bei Operationen beobachtet wurden. Eine länger andauernde Kontraktion von Teilen der Lungenmuskulatur wird die Bildung von Reserveatelektasen im Sinne von Verzár und Seemann ermöglichen, so daß wir uns vorstellen können, daß Teile der Lunge abwechselnd arbeiten, wie das etwa von den Nierenglomeruli bekannt ist, wenn das Organ nicht extrem ausgelastet wird. Auch physiologische Untersuchungen von U. Euler sprechen für eine solche Möglichkeit. In demselben Sinne kann aber auch ein erhöhter Tonus der gesamten Lungenmuskulatur — wie im Gefäßsystem — die Spannung des Lungengewebes erhöhen und das Volumen verringern, wenn die Atmung weniger tief ist. Damit wäre eine Parallele mit der Funktion der Bronchialmuskulatur gegeben, die ja in diesem Falle durch Dauerkontraktion eine Verringerung des schädlichen Raumes hervorruft. Für eine solche Funktion sprechen verschiedene Beobachtungen. So geben schon Hofbauer und Holzknecht an, daß bei vertiefter Atmung sich die Mittelstellung im Sinne einer Volumenvergrößerung der Lunge ändert. Ebenso können die Beobachtungen nach doppelseitiger Vagusdurchschneidung in diesem Sinne ihre Erklärung finden, welche nach Traube eine Zunahme der Atmungsamplitude vorwiegend oder nur in inspiratorischer Richtung bedingt (Heß) und nach Hering und Breuer nach Lungenblähung ein verlängertes Exspirium hervorruft.

Bedeutung der Oberflächenspannung für die Lungenalveolen

Als erster hat wohl Neergard darauf aufmerksam gemacht, daß in der Größenordnung der Alveolen die Oberflächenspannung an der Grenzfläche zwischen Luft und der die Alveolenwand benetzenden Flüssigkeit für die Retraktionskraft der Lunge eine Rolle spielt. Nach seinen Elastizitätsmessungen an der Schweine- und Hundelunge soll sogar mehr als die Hälfte der Retraktionskraft der Lunge auf der Oberflächenspannung beruhen und nur der kleinere Teil dieser Kraft auf der Elastizität der gelben Bindegewebsfasern. Kilches schränkt auf Grund weiterer Untersuchungen die Angaben Neergards ein und gibt an, daß auch die Gewebselastizität allein die Lunge bis zum Kollaps zu retrahieren imstande ist. Weiter hat Neergard betont, daß sich die Oberflächenspannung ändern kann, und zwar mit der verschiedenen H-Ionenkonzentration, die durch wechselnde CO_2-Spannung zustande kommt. Durch Kohlensäureeinwirkung bekam Wick dann eine Vergrößerung des Lungenvolumens auf das 5fache, wenn er nach Ausschaltung der Muskulatur an der überlebenden Lunge die Kohlensäure einwirken ließ.

Daß auch in der menschlichen Lunge die Oberflächenspannung der die Alveolen benetzenden Flüssigkeit eine sehr verschiedene sein kann, geht daraus hervor, daß bei Lungenödem (v. Hayek, 1952) eine durch die Fixierung geronnene Ödemflüssigkeit manchmal sich in Kugelschalen begrenzt, manchmal jedoch in horizontalen Niveauflächen. Die Verschiedenheit der Alveolarflüssigkeit kann durch die oben (S. 176) besprochene sekretorische (Abb. 142) Tätigkeit der Alveolarepithelien erklärt werden. Auch Policard und Macklin weisen schon auf den Einfluß der Alveolarepithelien auf diese Flüssigkeit im Zusammenhang mit dem Gasaustausch hin. Macklin spricht von „an aqueous mucoid fluid (AMF)", die „acid mucopolysaccharides and myelinogens" enthält und eine konstante günstige Oberflächenspannung aufrecht erhält.

Dieser Flüssigkeitsfilm ist ohne besondere Färbung in der Regel lichtmikroskopisch nicht erkennbar, kann aber durch daran haftende Staubkörnchen sehr deutlich werden (Abb. 161).

Chase (1959) hat eine solche homogene Membrane elektronenoptisch mit der PAS-Methode und mittels Platin-tetrabromid dargestellt, und Groniowsky (1964) hat offenbar die gleiche Membran, welche das Alveolarepithel überkleidet, ebenfalls elektronenoptisch dargestellt; sie besteht seiner Meinung nach aus Hale positivem Material und Lipoiden, nachdem er auf dem Epithel gleichartige Granula wie im Cytoplasma gefunden hat.

Wie groß nun der Einfluß von Flüssigkeiten mit verschiedenen Oberflächenspannungen auf die Retraktionskraft der Lunge sein kann, geht aus Experimenten mit Tanninlösung und gallensaurem Natrium hervor (Hayek, 1952). Nach Benetzung mit Tannin retrahiert sich die mit 2 cm³ Luft geblähte Meerschweinchenlunge bis zur völligen Luftleere, während nach Benetzung mit gallensaurem Natrium von den 2 cm³ eingeblasener Luft noch so viel in der Lunge bleibt, daß sie durch den

Luftgehalt hell gefärbt und beinahe doppelt so groß ist wie die ohne künstliche Beeinflussung kollabierte Lunge. Doch ist die Frage nicht geklärt, wie weit die Tanninlösung auch einen fixierenden Einfluß auf die Gewebe im Sinne einer Schrumpfung besitzt.

Aus diesen Beobachtungen ergibt sich, daß der Bedeutung der Oberflächenspannung für die Retraktionskraft der Lunge noch viel zu wenig Wichtigkeit beigemessen wird, und es ergibt sich die Frage, ob nicht etwa bei Emphysem eine verringerte Oberflächenspannung für die Überbeanspruchung des elastischen Gewebes als Ursache in Frage kommt.

Capillarendothelien und Bindegewebszellen der Alveolenwände

Von den zahlreichen Zellkernen, die in den Alveolarsepten bei der Betrachtung von der Fläche zu sehen sind, gehört nur ein kleiner Teil den Alveolarepithelzellen an. Auch an gut durchspülten Präparaten finden sich immer noch einzelne weiße Blutkörperchen in den Capillaren, wenn auch die roten alle ausgespült sind. Die Mehrzahl der Zellkerne gehört jedoch den Capillarendothelien an und nur selten einer Bindegewebszelle. Bei der Maus nach Bertalanffy und Leblonc [Anat. Rec. 115, 515—542 (1953)] finden sich nach Ausschluß der wandernden Blutzellen 64% endothelartige Zellen gegen 20% vacuoläre und 15% nichtvacuoläre Alveolarzellen.

Die abgeplatteten Kerne der Capillarendothelzellen liegen (s. Abb. 130, 132, 138) vielfach an der der Luft zugewendeten Seite der Capillaren (Hayek, 1949), so daß sie bei Betrachtung des Alveolenbodens von der Fläche in ihrer größten Ausdehnung zu sehen sind. Sie unterscheiden sich dann deutlich durch ihre zarte Chromatinstruktur (Abb. 180) von den Epithelkernen und übertreffen diese meist an Umfang. Einen Capillarendothelkern von doppelter Länge und Breite zeigt Abb. 181. Von der Kante gesehen erscheinen die dann kommaförmigen Endothelkerne dagegen dunkler als die Epithelkerne. Die Anordnung der Zellkerne auf der Oberfläche der Capillare ist eine sehr unregelmäßige, bald liegen die Kerne enger nebeneinander, bald gleichmäßig verteilt oder weiter entfernt. Ob die beiden einander berührenden Kerne (Abb. 182) aus einer Kernteilung hervorgegangen sind oder ihre Lage durch Lageveränderung herbeigeführt wurde, läßt sich nicht entscheiden. Dementsprechend zeigt auch die Anordnung der Zellgrenzen ein sehr unregelmäßiges Bild. Zimmermann hat die Grenzen der Endothelzellen der Lungencapillaren bei der Katze und beim Frosch untersucht und bei beiden Formen einander ähnliche Bilder gefunden, indem nämlich an pleuranahen Capillaren an der pleuralen Seite die Grenzen der dort größeren Zellen viel komplizierter verlaufen als an der respiratorischen Seite (Abb. 225). Dabei liegen, wie Zimmermann angibt, die Grenzen oft an den Konturen der Capillaren, wenn man ihr Netz von der Fläche betrachtet. Da die unter der Pleura liegenden Alveolarcapillaren ein besonders weitmaschiges Netz bilden (s. S. 247), ist dieses Bild nicht ohne weiteres mit dem Bilde eines interalveolären Septum mit dem engmaschigen Capillarnetz (Abb. 127) zu vergleichen. Neuerdings konnten wir nun feststellen, daß das gleiche Silberliniensystem, welches mittels Durchspülung der Gefäße (beim Meerschweinchen) darstellbar ist, auch bei Füllung des Bronchialbaumes mit Silbernitratlösung, wie dies Kölliker durchgeführt hat, erscheint. Die von Elenz, Eberth und Kölliker als Grenzen von sog. „kernlosen Platten" des Epithels bezeichneten Silberlinien sind nichts anderes als die Grenzen

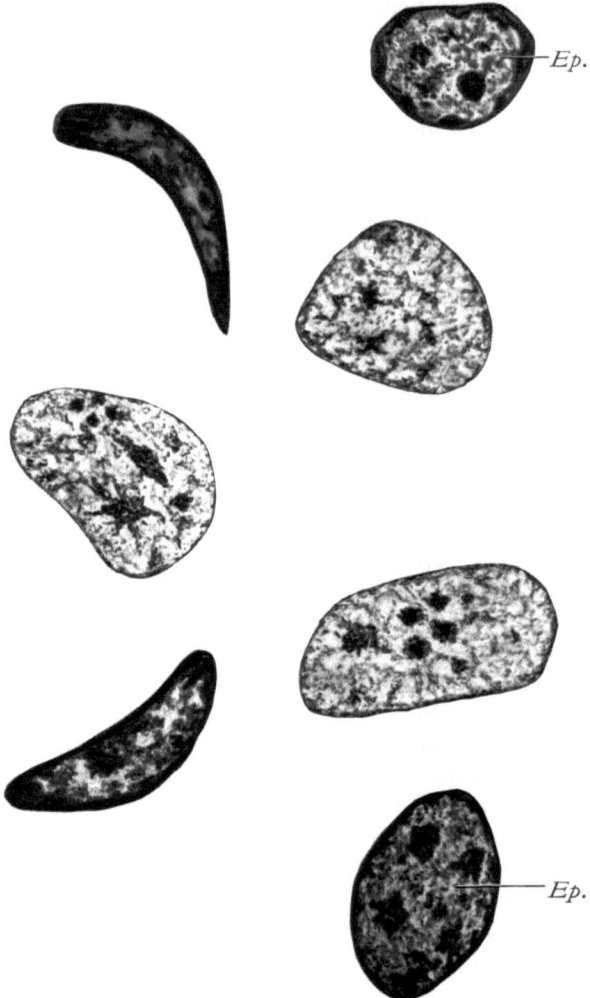

Abb. 180. Zellkerne aus einem Alveolarseptum. 3 Endothelkerne von der Fläche und 2 von der Kante. 2000fach, gez. Specht, *Ep.* Epithelkerne

Abb. 181. Ein Riesenendothelkern. 2000fach, gez. Specht

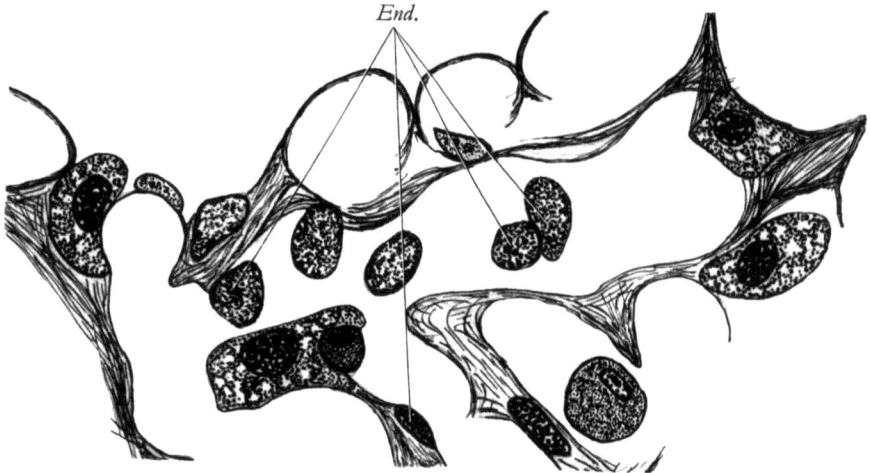

End.

Abb. 182. Flachschnitt durch ein Alveolarseptum. Lage der Capillarendothelkerne, gez. Specht

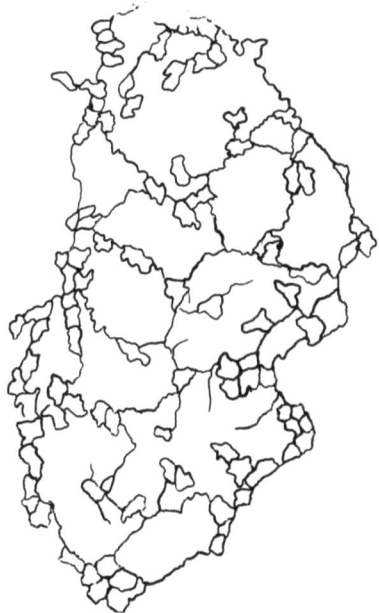

Abb. 183. Alveolenboden, Silberimprägnation. Umzeichnung nach Kölliker. 300fach

der Capillarendothelien. Das läßt sich, auch an Original Köllikerschen Präparaten im Würzburger Anatomischen Institut zeigen, an denen auch die Endothelgrenzen anderer Gefäße als der Capillaren imprägniert sind. So zeigt Abb. 183 (nach Kölliker) den gleichartig gewellten Verlauf der Silberlinien wie die Abbildung Zimmermanns (Abb. 225) von den Endothelgrenzen an der alveolären Seite der Capillaren. Die nicht vollkommene Abgrenzung der Felder und die freien Endigungen von Silberlinien beruhen auf unvollständiger Imprägnierung (Abb. 227) oder auf unvollständiger Abgrenzung von Zellen entsprechend der eng benachbarten Lage der Zellkerne (Abb. 182). Ähnlich wie die Abbildung des Alveolarbodens (183) zeigt auch die Abbildung „der Begrenzungsränder von Alveolen" von Kölliker (Abb. 184) die Silberlinien zwischen den Alveolarepithelzellen, wobei die dadurch abgegrenzten Felder mit den Bildern, die ich von Endothelzellen sehe, im Prinzip übereinstimmen. Besonders klar sind die Silberlinien an jenen Präparaten auf die Endothelgrenzen zurückzuführen, an denen beim Meerschweinchen durch starke Adrenalinwirkung die Alveolarepithelzellen zur kugeligen Kontraktion gebracht wurden und aus ihrer

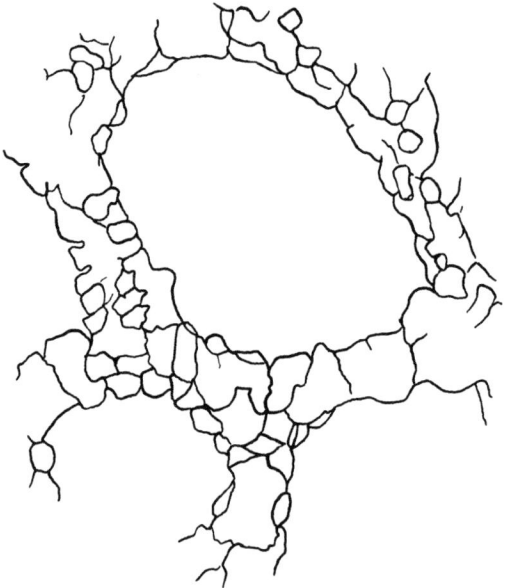

Abb. 184. Alveoleneingang, Silberimprägnation. Umzeichnung nach Kölliker. 300fach

Nische herausgetreten sind. Bei der Betrachtung solch einer leeren Nische sieht man häufig, wie die Zellgrenze an der früher der Alveolarepithelzelle zugewendeten Kontur der Capillare verläuft und daher dort eine ringförmige Linie um diese herum bilden muß, wo die Zelle nicht herausgefallen ist. Beim Übergang der Präcapillaren oder Postcapillaren in die Capillaren ist die Kontinuität der Endothelgrenzen deutlich nachzuweisen. Dabei ist auffallend, daß die Form der Endothelzellen auch in den größeren Gefäßen keineswegs eine so regelmäßig länglich rhomboide ist, wie von den Endothelgrenzen anderer Gefäße bekannt ist. Das ist verständlich, wenn man beachtet, daß (s. S. 270) auch präcapillare oder postcapillare Gefäße, direkt an der Alveolenwand liegend, am Gasaustausch beteiligt sind und daß ja Zimmermann beschrieben hat, daß auch an den Präcapillaren die alveoläre Seite eine andere Form der Endothelgrenzen zeigt als die pleurale Seite. Betrachtet man die Bilder Zimmermanns und Jeckers, so ist es erstaunlich, daß nicht schon diese Autoren im Silberimprägnationsbild die sog. Grenzen der kernlosen Platten als Endothelgrenzen erkannt haben. Bisher führen nur Maximow und Bloom, sich auf Loosli berufend, das Silberliniensystem der Alveolen auf die Endothelgrenzen zurück.

Im elektronenmikroskopischen Bild zeigen die Zellgrenzen zwischen den Capillarendothelzellen (Abb. 150, 166, 167, 168) den gleichen Bau wie die Grenzen der
Cytoplasmahäutchen der AEZ (s. S. 186, Abb. 154, 168). Man kann also an einer
Zellgrenze eine lumenwärts gelegene Kittlinie oder Kontaktzone (Zonula adhaerens)
und basalwärts einen Intercellularspalt unterscheiden. Am Schnitt senkrecht durch
Capillarwand und Zellgrenze erscheint die Kittlinie nahezu $^1/_2\,\mu$ lang und weicht
nur wenig von einer senkrechten auf die Capillarwand ab (Abb. 167). An Schrägschnitten durch die Zellgrenze kann die Kittlinie eine irgendwie unregelmäßig
gekrümmte Linie bilden. An gedehnten Capillaren mit dünner Endothelwand
bildet die Kittlinie allein die Zellgrenze (Abb. 167), während an anderen Stellen
dicker Endothelwand basalwärts von der Kittlinie sich die Zellmembrane bis auf
einen schmalen Intercellularspalt nähern, der am Schnitt eine Länge von mehr als
$^1/_2\,\mu$ haben kann (Abb. 168). An der lumenwärts gerichteten Seite kann das Plasma
der einen oder beider Endothelzellen in Form einer Leiste vorgewölbt sein, die
vom Schnitt als fingerförmiger Farbsatz und von beiden Zellen zusammen wie ein
Entenschnabel aussehen kann. Solche fingerförmige Fortsätze wurden von Kisch
(1962) an Endothelien von Lungencapillaren als Villi beschrieben. Das Cytoplasma
der Endothelzellen läßt zahlreiche, auch für andere Zellen typische Organellen
erkennen. Wenig zahlreich sind die Mitochondrien (Abb. 167 und 168). Man findet
eine Golgi-Zone (Abb. 167), ein Diplosom (Abb. 167) und ein endoplasmatisches
Reticulum mit Ribosomen. Mikropinocytotische Invaginationen und Bläschen sind
viel zahlreicher als an den Cytoplasmahäutchen der AEZ und an der basalen Seite
der Endothelzellen etwas häufiger als lumenwärts.

Daß der Protoplasmakörper der Capillarendothelien in nächster Nachbarschaft
des Kernes etwas dicker ist als abseits davon, spielt bei den Zellen, deren Kerne
alveolenwärts liegen, sicher für den Gaswechsel eine Rolle. Nach Auszählung bei
zahlreichen Schnitten schätze ich, daß bis zu einem Fünftel der alveolaren Oberfläche
der Capillaren von Endothelkernen und dem perinucleären dickeren Plasma eingenommen wird (vgl. auch Abb. 159).

Die Bindegewebszellen unterscheiden sich von den Capillarendothelien durch
ihren meist kleineren unregelmäßig geformten Kern. Ihr weniges Protoplasma ist
mit den gewöhnlichen Färbemethoden nur schwach anfärbbar; niemals habe ich es
granuliert oder vacuolisiert wie das der Alveolarepithelzellen gesehen. Während
man nur ganz selten eine Bindegewebszelle in den dünnen Alveolarsepten findet,
sind sie besonders in den dickeren Alveolareingangsringen häufiger (Lauche beschreibt sie nur dort) und selbstverständlich zahlreich in der Umgebung der Bronchioli
und Gefäße. Wenn Policard und die anderen Anhänger der Histiocytenlehre der
Alveolarwandzellen von Histiocyten sprechen, meinen sie die Alveolarepithelzellen,
von deren epithelialer Abkunft und deren epithelialem Charakter oben gesprochen
wurde. Pericyten konnte ich in den Alveolarsepten nicht beobachten. Plenk und
Orsós dagegen beschreiben solche, wobei ersterer sie zu den muskulären Elementen
rechnet, letzterer dagegen zu den Bindegewebszellen, so wie ja auch Maximow die
Pericyten im allgemeinen als indifferenzierte Mesenchymzellen auffaßt.

Von den Angaben verschiedener Autoren über die Fähigkeit der Bindegewebs-
zellen und Endothelien der Alveolarsepten Farbstoffe zu speichern, sind, was die
Bindegewebszellen (Histiocyten) betrifft, nur wenige verwendbar, da viele dieser
Autoren die Alveolarepithelzellen zu den Histiocyten rechnen (Lang, Policard).

Neuerdings beschreibt Colosi (1958) bei der Ratte bei Vitalfärbung neugeborener Tiere und Organkulturen der Lunge Trypanblauspeicherung in den Histiocyten, die sich durch diese Speicherung von den Alveolarepithelien unterscheiden. So Seemann, der bei intravenöser Injektion von Trypanblau eine tiefblaue Färbung der Histiocyten feststellt und ähnlich Westhues, Francescon und Dogliotti und Amprino. Nach Claras Beobachtungen finden sich nach mehrmaligen intravenösen Gaben von Vitalfarbstoff im Bereich des Bindegewebes um die Gefäße und Bronchien mit groben Farbstoffkörnchen beladene Histiocyten, sowie einzelne solcher Zellen in der Alveolarlichtung, offenbar ausgewanderte histiocytäre Septumzellen. Er betont, daß innerhalb der Capillarlichtung auch noch vermutlich aus der Leber stammende losgelöste, mit Farbstoff gespeicherte Reticuloendothelzellen gefunden werden. Ähnliches zeigt sich auch bei Thorotrastspeicherung (Ravenna, Clara).

Die Capillarendothelien speichern, (Carmin Westhues, Eisenverbindungen, Boerner-Patzelt, Thorotrast, Loreti, Zaietta, Trypanblau, Seemann) nur bei hochgetriebener Speicherung; Clara will sie deshalb nicht in das reticuloendotheliale System eingereiht wissen. Dagegen konnten Hirt und Wimmer mit Hilfe fluorescenzmikroskopischer Untersuchung bei lebenden Ratten bei A-Hypervitaminose reichlich aufleuchtende Tröpfchen in den Endothelzellen feststellen, während Vitamin C in den Alveolarepithelien stärker gespeichert wird als in den Endothelzellen.

Von den auf dem Blutweg in die Lunge gelangten Zellen spielen außer den Lymphocyten und Leukocyten, die bei Entzündungen sich in den Capillaren ansammeln und in größerer Menge in die Alveolen auswandern können, die aus dem reticuloendothelialen System der Leber oder Milz stammenden Histiocyten eine größere Rolle. Nach Aschoff erfahren diese Elemente, die im Abwehrkampf des Organismus verschiedene Stoffe phagocytiert haben, in der Lunge eine Verminderung, indem sie offenbar durch Fermente abgebaut werden, ein Vorgang, den M. B. Schmidt auch von Krebszellen annimmt. Bei Thorotrast gespeicherten Kaninchen sieht Clara massenhaft gespeicherte Histiocyten in den Capillaren, so daß er von einer Histiocytenembolie spricht. Ähnliches finde ich bei schweren eitrigen Entzündungen, bei Extremitätenverletzungen, und Narath führt, diesen Beobachtungen folgend, Lungenerscheinungen bei solchen peripheren Entzündungen darauf zurück, daß die Abwehrkräfte der Lunge durch die Zufuhr von mit Giftstoffen gespeicherten Histiomonocyten auf dem Blutweg so sehr in Anspruch genommen sind, daß „das Alveolarepithel den Selbstreinigungsaufgaben der Lunge in der Richtung der Alveole" nicht mehr gewachsen ist.

Die Alveolarporen

Als Alveolarporen werden Öffnungen bezeichnet, die, zwischen den Capillaren gelegen, die Alveolarsepten von einer Alveole zur anderen durchsetzen (Henle, 1866). Wenn auch verschiedene Autoren das Vorkommen solcher Öffnungen für die gesunde Lunge leugnen, so muß ich sie doch mit Stöhr (1903), Petersen (1935) und Macklin (1935) als normale Bildungen bezeichnen, da ich sie auch an bestens fixierten Lungen gefunden habe, an welchen die Alveolarepithelien mit ausgebreiteten Fortsätzen fixiert waren (Abb. 130). Die Poren haben etwa einen Durchmesser von 10—15 μ. Ihre Entwicklung ist verständlich, wenn man die Umbildung des doppelten Capillarnetzes des Alveolarseptum beim Erwachsenen (s. S. 166) betrachtet. So wie bei dieser Entwicklung Alveolarepithelzellen die bindegewebige Wand durchsetzen, so daß sie wie ein Pflock durch diese getrieben erscheinen, kann sich offenbar auch ohne eine Epithelzelle eine Pore durch das Alveolarseptum bilden, deren Wandung von den häutchenartigen Fortsätzen der Epithelzelle ausgekleidet ist. Daß durch Abrundung einer Epithelzelle und ihre Ablösung Poren entstehen können, habe ich bei Einwirkung hoher Adrenalindosen bei der Maus und beim Meerschweinchen beobachtet. Es ist daher nicht verwunderlich, daß unter pathologischen Umständen beim Menschen Poren in vermehrter Zahl gefunden werden können (Kohn, 1893), die dem Pathologen bekannt sind, besonders da sie gelegentlich von Fibrinfäden von einer Alveole zur anderen durchsetzt werden. Offenbar spielt eine Vergrößerung und Vermehrung der Poren bei Bildung der Emphysemblasen eine Rolle (Hansemann, Loeschcke). Unter den Säugetieren findet man z.B. beim Maulwurf und der Fledermaus (F. E. Schulze, Bargmann) eine so starke Vermehrung der Poren, daß viele Capillaren allseitig von Luft umspült werden, was nach Schulze (1906) von großer Bedeutung für die Erhöhung des Gasaustausches sein muß und bei dem besonders intensiven Stoffwechsel dieser Formen verständlich erscheint.

Ihre Entwicklung ist verständlich, wenn man die Umbildung des doppelten Capillarnetzes im Alveolarseptum des Embryos (Abb. 129) in das einfache des Erwachsenen betrachtet. Bei dieser Entwicklung durchsetzen Alveolarepithelzellen das Bindegewebe des Alveolarseptums so, daß die Zelle wie ein Pflock durch dieses getrieben erscheint (Abb. 130), und mit beiden Alveolen in Kontakt steht. Eine im Bindegewebe steckende Zelle kann auf einer Seite vom dünnen Cytoplasmahäutchen überkleidet sein (Abb. 153), ein Verhalten, das offenbar ein Entwicklungsstadium einer Alveolarpore darstellt. Daß das Bindegewebe eine größere mechanische Festigkeit besitzt als das Plasma der Epithelzelle, ergibt sich daraus, daß die ganze Zelle, ein Mitochondrium (Abb. 153), oder auch der Kern komprimiert sein können. Poren, in denen kein Pericaryon steckt, sind rundum von dünnen, epithelialen Cytoplasmahäutchen ausgekleidet und sind offenbar entstanden, indem eine Zelle herausgewandert oder herausgefallen ist.

Van Allen gibt an, daß durch die Alveolarporen Luft von einem Läppchen in das andere übertreten kann (kollaterale Ventilation), nachdem er das Übertreten von Luft in das Verzweigungsgebiet eines abgebundenen Bronchus beim Hund beobachtet hat. Nun gibt es ja beim Hund keine Septa interlobularia (s. S. 98), und das Lungengewebe hängt durch jeden Lappen kontinuierlich zusammen, so daß eine Verbindung der den Alveolarbäumchen benachbarten Bronchi durch Alveolarporen verständlich ist. Baarsma und Dirken haben neuerdings die Beobachtungen van Allens bestätigt und auch ihre Untersuchungen auf den Menschen ausgedehnt. Nun ist auch beim Menschen das Lungengewebe nur teilweise durch Septa interlobularia unterteilt. Aus dem oben geschilderten Verhalten dieser Septa (s. S. 98) ist wieder verständlich, daß diese Autoren beim Verschluß eines segmentalen Bronchus collaterale Ventilation beobachten konnten. Daß diese Ventilation nach Histamineinwirkung bei Hunden aufhört, wie Lindskog und Alley beschreibt, hängt offenbar mit der besprochenen Histaminwirkung auf die Alveolarepithelzellen zusammen (s. S. 171).

Die Blut-Luft-Schranke

Als innere Oberfläche der Lunge, welche dem Gasaustausch zwischen Luft und Blut dient, wird im allgemeinen die Summe der Fläche der Alveolenwände bezeichnet, in welche Wände die Blutcapillaren aber so eingebaut sein sollen, daß sie mit beiden Nachbaralveolen des interalveolären Septums in Kontakt stehen. Bei der Betrachtung so eines Alveolarseptums von der Fläche zeigt sich, daß etwa $^4/_5$ dieser Fläche von Capillaren eingenommen werden, natürlich in Abhängigkeit vom Füllungszustand der Capillaren und vom Dehnungszustand der Alveolen. Diese $^4/_5$ der alveolären Oberfläche der Lunge könnte man grob gesehen als die dem Gasaustausch dienende Fläche betrachten. Es ergibt sich somit die Frage, ob wir hier überall eine dünne Blut-Luft-Schranke zwischen Capillarlumen und Alveole finden, die, nur aus Epithel, Basalmembran und Endothel bestehend, in einer Dicke von nur etwa $^1/_5$ μ, die für den Gasaustausch günstige geringe Dicke besitzt.

Es zeigt aber schon die lichtmikroskopische Betrachtung eines Querschnittes durch ein Alveolarseptum (Abb. 173), daß die Capillaren vielfach abwechselnd auf der einen und der anderen Seite einer gespannten elastischen Faser liegen und daß somit die Capillaren nicht mit den beiden Alveolen zu beiden Seiten des Septums in direktem Kontakt stehen, sondern meist nur mit einer Alveole in Beziehung stehen. Dasselbe zeigt sich bei elektronenoptischen Bildern, an denen außer den elastischen Fasern auch kollagene Fibrillen, Zwischensubstanz und Fibrocytenfortsätze die beiden Basalmembranen (des Epithels und des Endothels) voneinander trennen (Tafel und Abb. 148—150, 153, 169). Aus diesen Beobachtungen ergibt sich, daß nur etwa die Hälfte dieser genannten $^4/_5$ der Alveolenoberfläche direkt von Capillaren unterlagert wird. Umgekehrt ergibt sich auch, daß nur etwa ein Drittel der cylindrischen Oberfläche der Capillaren mit dem Cytoplasmahäutchen der Alveolenoberfläche direkt in Kontakt steht.

Eine dünne Blut-Luft-Schranke, in deren Bereich zwischen Epithelhäutchen und Endothelhäutchen nur eine einheitliche gemeinsame Basalmembran vorhanden ist, finden sich unter zahlreichen Schnitten nur an etwa einem Drittel der cylindrischen Oberfläche der Capillaren (Tafel) und an etwa 40% der Oberfläche der Alveolen. Seitlich von diesen Stellen, in engster Annäherung von Endothel und Epithel, weichen die beiden Basalmembranen auseinander, und zwischen ihnen liegt der verschieden breite Bindegewebsraum, welcher in der Grundsubstanz Zellen mit ihren Fortsätzen und Fasern enthält, so daß die Gewebsmasse zwischen Blut und Luft wesentlich verdickt ist.

Zu einer Verdickung dieser Gewebsmasse kann aber auch das Cytoplasma der Epithel- und Endothelzellen beitragen, besonders dort, wo etwa der Zellkern eingelagert ist. Darauf, daß die platten Zellkerne der Endothelzellen vielfach ganz oder teilweise an der der Alveole zugewendeten Seite der Capillarwand liegen, darauf habe ich schon 1949 und 1953 hingewiesen. Aber auch die kleinen oder großen Alveolarepithelzellen können mit ihrem dicken Perikaryon ganz oder teilweise einer Capillare aufliegen.

Eine Verdickung der Blut-Luft-Schranke bedeuten natürlich auch die Microvilli der epithelialen Cytoplasmahäutchen, die offenbar eine funktionelle Veränderlichkeit besitzen (Hayek, Braunsteiner und Pakesch, 1957).

Für die Permeabilität der Blut-Luft-Schranke dürfte auch eine Rolle spielen, inwieweit die Cytoplasmahäutchen des Epithels und des Endothels homogen sind. Weibel (1963) unterschied eine „continuous or coherent layer" und eine „discontinuous or incoherent layer".

Für den Gasdurchtritt spielt die homogene oder inhomogene Struktur der epithelialen und endothelialen Cytoplasmahäutchen sicher eine Rolle. Weibel (1961) spricht von der Diskontinuität. Als solche die Kontinuität des Cytoplasmas unterbrechende Strukturen kommen folgende in Frage: Die Vacuolen, die wohl meist dem endoplasmatischen Reticulum angehören, und die Mitochondrien (Hayek, Bromsteiner und Pakesch, 1957). Weiter als kleinere Gebilde die mikropinocytotischen Invaginationen (Hayek, Stockinger, 1967) und die Ribosomen (Weibel, 1963); daß im epithelialen Cytoplasmahäutchen unter Umständen auch phagocytierte Staubkörnchen gefunden werden, hat Karrer gezeigt.

Schließlich ist noch zu betonen, daß die Dicke der beiden Cytoplasmahäutchen aus Epithel und Endothel wechselt. Beim Epithel wechselt sie in Abhängigkeit von der Dehnung der Alveolarwand, beim Endothel in Abhängigkeit von der Weite der Capillaren, bei welchen man von einer Dehnung und wahrscheinlich auch von einem Kontraktionszustand sprechen darf.

Aus diesen morphologischen Befunden ergibt sich für die physiologische Frage nach der für den Gaswechsel „effektiven" und „ineffektiven" Partie (Weibel) der Blut-Luft-Schranke oder für ihre dünne oder ihre dicke Partie folgendes:

Die dünne Partie kann eine Dicke von 0,15—0,5 μ besitzen, je nach dem Dehnungszustand der Cytoplasmahäutchen, und besteht meist nur aus den beiden Cytoplasmahäutchen und einer sie verbindenden Basalmembran. Wo aber die beiden extrem dünnen Cytoplasmahäutchen mit ihren Basalmembranen auseinanderweichen, kann trotzdem die ganze Blut-Luft-Schranke nur 0,5 μ dick sein.

Wo aber auch nur die drei Schichten vorhanden sind, man könnte von einem „Triplet" der Blut-Luft-Schranke sprechen, kann durch besondere Dicke der Cytoplasmahäutchen das Triplet auch bis zu 1,0 μ Dicke zeigen, besonders wo Einlagerungen in das Plasma vorhanden sind. Nachdem aber, wie oben gesagt, nur etwa 40% der Oberfläche der Alveolen an so einem Triplet beteiligt ist und somit von den etwa 100 m² der inneren Lungenoberfläche nur etwa 40 m², möchte ich folgende Frage aufwerfen. Erfolgt der Gasaustausch nur durch das Triplet oder sind auch weitere Teile der Alveolenwand daran beteiligt? Insbesondere möchte ich fragen, wie weit die dicken, kernhaltigen Teile der Endothelzellen und die Körper (Perikaryon) der Epithelzellen an dem Gasaustausch beteiligt sind? Es geht aus diesen Beobachtungen nicht hervor, nach welchen Kriterien man die „effektive" und die „ineffektive" Partie der Blut-Luft-Schranke definieren soll. Auf die Frage, ob die Alveolarepithelzellen als ganze durch ihre Funktion an dem Gasaustausch teilnehmen, habe ich schon 1949 und 1953 hingewiesen. Wie weit der Gasaustausch durch das Bindegewebe der Alveolarsepten erfolgt, ist auch eine ungeklärte Frage.

Die Läppchengrenzmembran

Das aus Alveolenwänden aufgebaute Lungenparenchym ist durchwegs von einer widerstandsfähigen luftdurchlässigen Membran scharf vom interstitiellen Bindegewebe abgegrenzt, einer Membran, die als Läppchengrenzmembran, Grenzmembran des Lungengewebes oder Membrana limitans bezeichnet wird (Miller, Policard, v. Möllendorff). Dort, wo die Grenzmembran unter der Pleura liegt (Abb. 185), wird sie z.B. von Hass zu den Schichten der Pleura gerechnet, was aber nicht sinngemäß erscheint, da ja im Bereich der Septa interlobularia die Grenzmembran sich zur

Abgrenzung des Lungengewebes vom lockeren interlobulären Gewebe als Grenzmembran gegen dieses in die Tiefe senkt (Abb. 185, 131). Im Bereich des Hilus werden
die hier vorspringenden Wülste von Lungenparenchym ebenso von einer Grenzmembran abgeschlossen, wie sich das Lungenparenchym gegen das peribronchiale
und perivasculäre Bindegewebe der Bronchi und großen Gefäße durch eine Grenz
membran abgrenzt (Abb. 101). Ein von einer Grenzmembran umkleideter Kanal
für Bronchus und Arterie reicht weit in die verschieden großen Läppchen hinein
(Abb. 29, 81, 88), um die Arterien weiter als um die Bronchioli, bis dorthin, wo
dann das elastische Netzwerk des Bronchiolus (Abb. 77) bzw. der Arterie (Abb. 209)

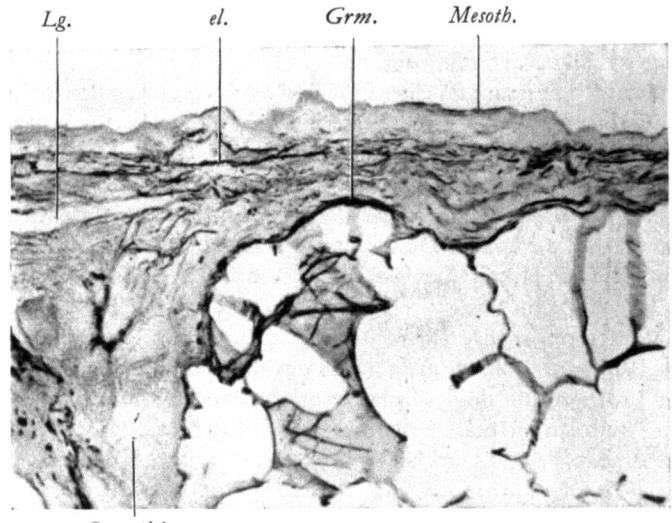

Abb. 185. Senkrechter Schnitt durch die Lungenoberfläche. *el.* Elastica pleurae; *Grm.*
Grenzmembran; *Mesoth.* Mesothel; *Lg.* Lymphgefäß; *Sept. ilob.* Septum interlobulare.
Elasticafärbung 160fach. (Aus Miller, Amer. J. Roentgenol. **1926)**

mit dem Netzwerk des Lungengewebes zusammenhängt. Einen Übergang der
Grenzmembran in die Faserhaut des Bronchus, wie v. Möllendorff das angibt, habe
ich nie gefunden. Vielfach steht die Membran in engster Beziehung zu den periarteriellen (v. Hayek, 1940; van Gehlen) interlobulären oder subpleuralen Lymphgefäßen. Wenn auch die Grenzmembran mit der Pleura oder dem interstitiellen
Gewebe durch einzelne Fasern oder durchtretende Gefäße verbunden ist, so bildet
sie durch ihre feste Struktur doch eine Einheit gegen die verschieblichen Nachbar-
gebilde, die sich präparatorisch leicht ablösen lassen. Auch beim Emphysem kann
hier durch Luftblasen die Ablösung vom Nachbargewebe, besonders der Pleura,
erfolgen. Miller (1926) nennt diese Blasen „Bleps" im Gegensatz zu den „bullae",
die durch Erweiterung von Alveolen entstehen. Die Alveolenwände gehen dagegen
kontinuierlich in die Grenzmembran über, so daß es nur durch scharfes Abkratzen
mit dem Messer gelingt, die dünnen Alveolenwände abzureißen, um die Grenzmembran als Häutchenpräparat darzustellen. An solchen Präparaten (Hayek, 1945;
Hass, 1938) zeigt sich eine wabenartige Struktur, dem Ansatz der Alveolarsepten
entsprechend. Die Membran wird von einem kollagen-elastischen Netzwerk gebildet.

Die elastischen Fasern (Abb. 186) bilden ein Netzwerk, das dem der Alveolenböden und -eingangsringe ähnelt, nur daß die wabenartigen Ringe an der Befestigungsstelle der Alveolarsepten, also in einer Ebene mit den Alveolenböden, gelegen sind. Die Kollagenfasern verlaufen in der in situ fixierten Lunge in gewellten Bündeln, die sich unregelmäßig überkreuzen (Abb. 187) und ein Netzwerk bilden, das im wesentlichen mit der elastischen Wabenstruktur zusammenfällt. Offenbar werden die

Abb. 186. Grenzmembran des Lungengewebes. Häutchenpräparat. Elasticafärbung.
[[Aus Hass, Z. Anat. Entwickl.-Gesch. **108** (1938)]

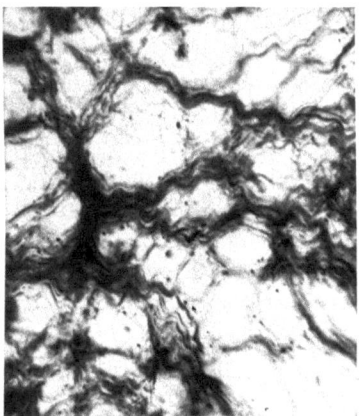

Abb. 187. Grenzmembran des Lungengewebes. Häutchenpräparat. Kollagenfasern. Azan

wellig verlaufenden Kollagenfaserbündel nur bei extremer Dehnung der Lunge gespannt, wodurch sie dann einer weiteren Dehnung einen ohne Zerreißungen unüberwindlichen Widerstand entgegensetzen. Bindegewebszellen werden in der Membran und in ihrer Außenfläche gegenüber den Alveolarsepten stark vermehrt gefunden, wobei natürlich eine scharfe Abgrenzung gegen die Zellen des interstitiellen Bindegewebes am Schnitt nicht immer möglich ist. Besonders in der Nachbarschaft der Bronchi sind die Histiocyten vielfach mit Staub beladen, so daß (Abb. 81) die Grenzmembran als schwarzer Streifen von Kohlepigment deutlich hervortreten kann. Vielfach ist dann die Grenzmembran durch die vielen staubbeladenen Zellen stark verdickt, und es finden sich dazwischen Lymphgefäße und Lymphocyten. Besonders an gegen die Bronchi vorragenden Kanten der Lungenläppchen kommen ganze Leisten von pigmentiertem Gewebe vor, die gelegentlich sogar Lymphknötchen enthalten können. Dabei zeigen auch die anliegenden Alveolen Veränderungen (s. S. 246). Daß die Membran für Flüssigkeit durchlässig ist, machen die ihrer Außenfläche eng angelagerten Lymphgefäße (s. S. 247 und 317) sehr wahrscheinlich sowie die Tatsache, daß den Alveolenwänden Lymphgefäße fehlen und der Abtransport von Flüssigkeit aus den Alveolenwänden offenbar zum Teil zu diesen außerhalb der Grenzmembran gelegenen Lymphgefäßen hin erfolgt. Daß auch Staubteilchen die Membran passieren, ist aus dem Vorkommen von reichlichen Staubteilchen im interstitiellen Bindegewebe zu schließen. Doch hat Policard (1939) bei histospektrographischen Untersuchungen beobachtet, daß die Permeabilität der bei Pneumokoniosen verdickten Membran für verschiedene Elemente eine verschiedene ist, da er zwar Magnesium in der Pleura sowie dieser Membran nachweisen konnte, während Silicium und Aluminium nicht zur Pleura durchdringen.

Die subpleuralen und der Grenzmembran anliegenden Alveolen

Alle der Grenzmembran anliegenden (peripheren) Alveolen, darunter auch die subpleuralen, zeigen Besonderheiten, die hier gemeinsam besprochen werden sollen und von besonderer Bedeutung erscheinen, da diese Alveolen gelegentlich unter pathologischen Umständen ein besonderes Verhalten zeigen.

Da durchwegs die muskulösen Eingangsringe der Alveolen vom Bronchiolus gegen die Sacculi alveolares immer schwächer werden und in den letzten Alveolen ganz fehlen (Baltisberger; v. Hayek, 1950), ist es bei der Anordnung der Alveolarbäumchen (etwa senkrecht auf die Grenzmembran) verständlich, daß den der Grenzmembran anliegenden Alveolen muskulöse Eingangsringe fehlen. Bei Kontraktion der Muskulatur des Lungengewebes (der Eingangsringe) kann es daher zu einer Dehnung der peripheren Alveolen kommen, was mit der Angabe Bargmanns über die gelegentlich besondere Größe dieser Alveolen in Einklang zu stehen scheint. Bei Emphysem finden sich gelegentlich (Loeschcke) die Blasen, die aus erweiterten Alveolen entstehen, an den Oberflächen des Lobulus oder an der kranialen Seite horizontaler Interlobularsepten. Letztere Lokalisation beobachtet Loeschcke bei Bronchostenosen und erklärt sie durch inspiratorische Dehnung dieser Alveolen bei der Zwerchfellatmung. Die der Grenzmembran anliegenden Alveolenwände besitzen ein besonders weites Capillarnetz, das doppelt bis viermal so weite Maschen (Abb. 188) hat wie das der Alveolarsepten (Schultze, 1906; Markus, 1928; bei Säugern; Miller, 1938, und Policard, 1938, beim Menschen). Daß diese Capillaren an der alveolären Seite größere Endothelzellen mit komplizierter geformten Grenzlinien besitzen als die der pleuralen Seite, beschreibt Zimmermann von der Katze (Abb. 225) und vom Frosch. Entsprechend der anderen Größe der Capillarmaschen ergibt sich auch ein besonderes Verhalten der Alveolarepithelzellen. Manchmal findet man in diesen weiten Capillarmaschen nur eine Alveolarepithelzelle enge einer Capillare anliegend, so daß der größte Teil der Masche frei von Epithel erscheint (Abb. 189), aber offenbar doch von einem häutchenartigen Fortsatz der Epithelzelle überkleidet sein kann, nach dem, was über die Veränderlichkeit dieser Fortsätze gesagt wurde (s. S. 168). An anderen Stellen findet man in einer Masche 3 (Abb. 189) bis 6 Alveolarepithelzellen, so daß in vielen Alveolen die Zahl der Epithelzellen

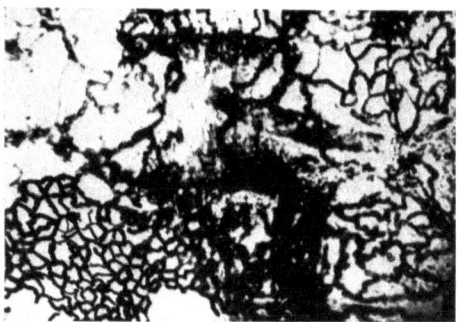

Abb. 188. Injektionspräparat. Capillaren eines Alveolarseptum links und der Grenzmembran rechts. 100fach

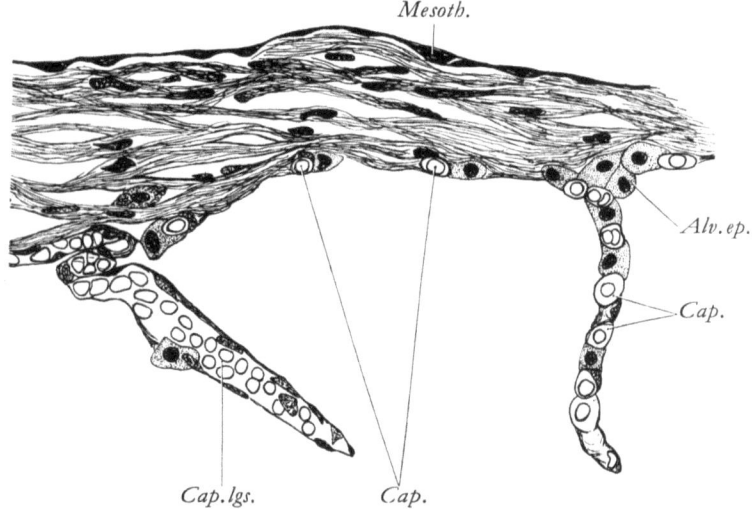

Abb. 189. Senkrechter Schnitt durch die Lungenoberfläche. *Mesoth.* Mesothel; *Cap. lgs.* Capillare längs; *Cap.* Capillare; *Alv.ep.* Nest von Alveolarepithelzellen. Einzelne Capillaren mit einzelnen Epithelzellen an der Grenzmembran. 500fach

besonders groß ist (s. auch Policard, 1947, und Seemann, 1931). Auch die Zahl der freien Alveolarphagocyten findet Seemann in den subpleuralen Alveolen vermehrt. Binet, Verne und Parrot beschreiben besonders reichlich fetthaltige Alveolarepithelzellen, und Francescon hat beobachtet, daß intravenös verabreichte Farbstoffe im Lungengewebe unter der Pleura besonders reichlich gefunden werden. Seemann versucht den Reichtum der subpleuralen Alveolen an Phagocyten durch die mit stärkeren Atmungsbewegungen verbundene stärkere Staubablagerung zu erklären. Dabei findet man nicht nur die staubbeladenen Alveolarphagocyten vermehrt, sondern auch freie oder von Histiocyten phagocytierte Staubkörnchen in verbreiterten Alveolarsepten (Abb. 190). Eine solche Verbreiterung der Alveolarsepten sehe ich besonders auch in hakenförmig umgebogenen, gegen die Bronchien vorragenden Zipfeln von Läppchen, die mir durch die hakenförmige Umbiegung schlechter durchlüftet erscheinen. Die Alveolen ragen einzeln kuppenförmig in das anthrakotische Gewebe vor, und zwischen ihnen setzt sich dieses Gewebe, sich keilförmig

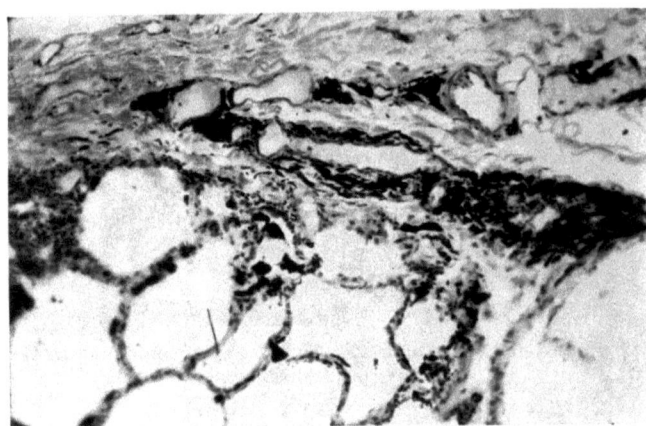

Abb. 190. Randalveolen mit Alveolarphagocyten und durch Staubeinlagerung verdickten Alveolarsepten. 100fach

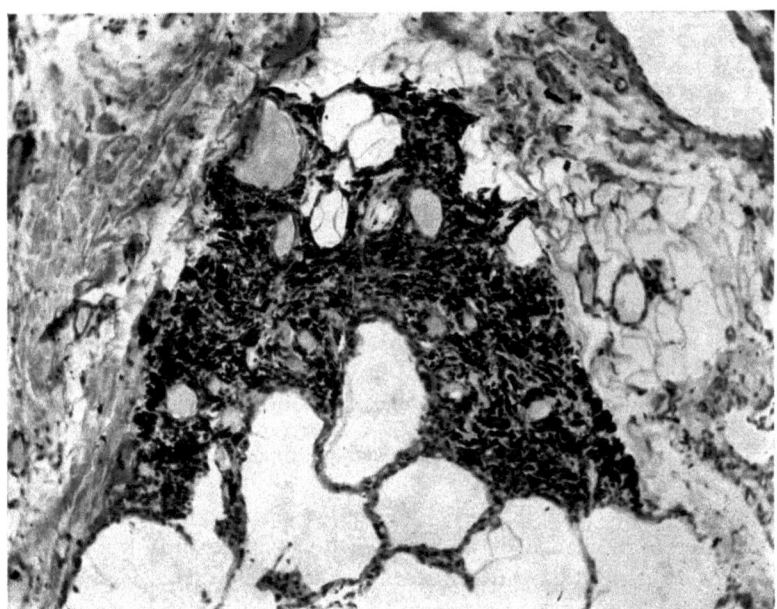

Abb. 191. Leistenförmig verdickte Grenzmembran mit Einlagerung von Gefäßen in ihr antrakotisches Gewebe sowie vorragenden Alveolen. 100fach

verjüngend, in die Alveolarsepten fort (Abb. 191). Dadurch können an einzelnen Schnitten Alveolen völlig von anthrakotischem Gewebe umgeben erscheinen (Abb. 193). Dort, wo die Alveolenwand an das anthrakotische Gewebe angrenzt, findet sich meist ein geschlossenes kubisches Epithel (Abb. 192), das dem in atelektatischen Lungen gefundenen (S. 168, Abb. 135) weitgehend gleicht. An einem Flachschnitt durch eine solche Alveolenkuppe bekommt man das Bild einer Epithelcyste, die in anthrakotisches und lymphoides Gewebe eingeschlossen ist

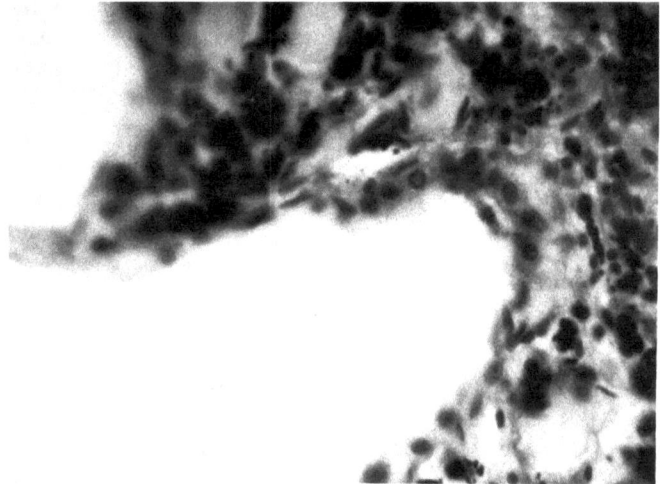

Abb. 192. Randalveole mit teils kubischem Epithel in das anthrakotische Gewebe vorragend.
Häm.-Eos., 400fach

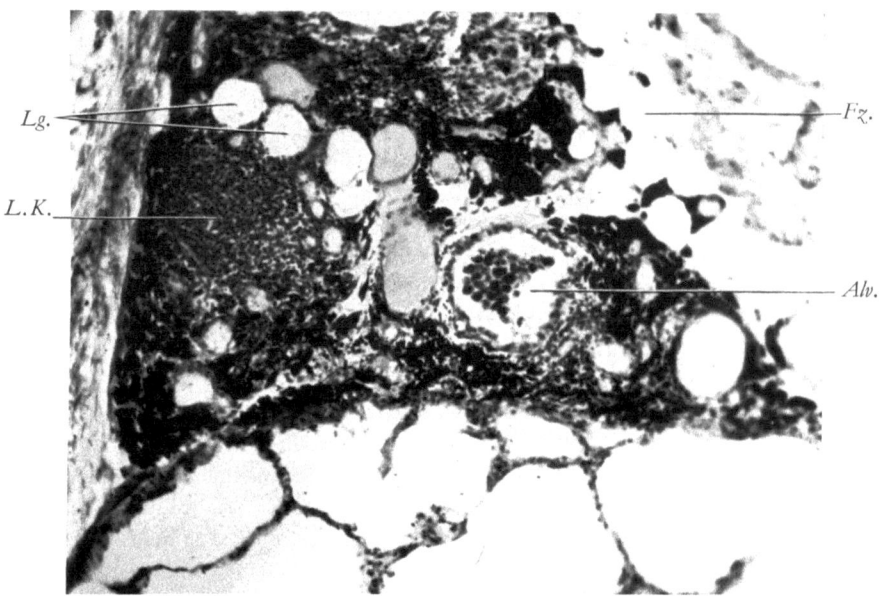

Abb. 193. Anthrakotisches Gewebe der Grenzmembran mit Lymphknötchen *L.K.*, *Alv.*
Alveole mit kubischer Epithelauskleidung mit Staubzellen; *Lg.* Lymphgefäße; *Fz.* Fettzellen.
100fach

(Abb. 193), so daß durch die zahlreichen Lymphgefäße auch ein Epitheleinschluß in einen anthrakotischen Lymphknoten vorgetäuscht werden kann. Auch dort, wo Alveolen mit nicht anthrakotischem lymphoiden Gewebe (s. S. 323) in Kontakt stehen, ist das Alveolarepithel vielfach in Form einer geschlossenen kubischen

Epithelauskleidung zu beobachten, so daß man — wenn nicht eine Schnittserie vorliegt — einen Bronchiolus alveolaris zu sehen glaubt.

So wie Staub sich gerade in peripheren Alveolen besonders reichlich ablagert
und ihre besondere Reaktion veranlaßt, können auch andere pathologische Prozesse
von diesen Alveolen ihren Ausgang nehmen. Seemann weist auf eine Arbeit von
Schabad hin, der die Ausgangsstelle primärer Krebsgeschwülste in Mäuselungen
gerade in subpleuralen Alveolen beobachtet hat, und Diehl sah nach intravenöser
Tuberkuloseinfektion hier die Entstehung der primären Herde.

Die Pleura pulmonalis

Die Lunge wird an ihrer Oberfläche von der eng und faltenlos anliegenden
Pleura pulmonalis überzogen, die im Bereich des Hilus und des Lig. pulmonale in
die Pleura parietalis übergeht. Im allgemeinen haftet die Pleura pulmonalis an der
Grenzmembran des Lungengewebes, nur im Bereich der Fissurae interlobares, wo
sie sich von einem Lappen zum anderen hinüberzieht, liegt sie auf reichlich interstitiellem Bindegewebe nahe den großen Gefäßen und Bronchi. Daß die Pleura an
der Grenzmembran auch beim Lebenden nur locker aufsitzt, geht aus der Bildung
subpleuraler Emphysemblasen (bleps, Miller) und des subpleuralen Ödems hervor.
Dementsprechend gelingt es bei frischen wie bei fixierten Lungen leicht, die Pleura
abzupräparieren, außerdem läßt sie sich in einzelne Schichten auseinanderlösen. Als
Schichten der Pleura können dabei unterschieden werden: 1. das subpleurale interstitielle Gewebe, das entsprechend seinem Gefäßreichtum als Gefäßschicht der Pleura
bezeichnet werden kann, 2. die kräftige Hauptschicht oder Faserschicht und 3. die
zarte, oberflächliche Endopleura. Die Gefäßschicht der Pleura zerreißt beim Ablösen
leicht und bleibt dann teils an der Läppchengrenzmembran, teils an der Faserschicht haften, an den Läppchengrenzen geht sie in das interstitielle interlobuläre
Bindegewebe über. Daß bei Ablösen entweder die zarten, aus der Grenzmembran
in die Pleura einstrahlenden Bindegewebsfasern oder auch zahlreiche Gefäße zerreißen werden, ist selbstverständlich, doch bildet die Pleura eine weitgehend selbständige mechanische, feste Membran, die durch das lockere subpleurale Gewebe
von der ebenfalls festen Grenzmembran getrennt ist. Die mechanische Aufgabe der
Pleura sehe ich vorwiegend darin, daß sie die nur locker zusammenhängenden
Läppchen zusammenhält, obwohl sie deren Verschieblichkeit gestattet. Dafür spricht
besonders die Tatsache, daß bei Formen mit starker Läppchengliederung (Schwein,
Rind) die starke Pleura leicht ablösbar ist, bei Formen ohne Läppchengliederung der
Lunge (Hund, Kaninchen) sich die hier nur zarte Pleura nur schwer abpräparieren
läßt. Die Pleura bildet die glatte Oberfläche, die die leichte Verschieblichkeit der
Lappen und der ganzen Lunge gewährleistet, und sorgt für die Feuchterhaltung
dieser Oberfläche.

Am scharfen unteren Lungenrand beschreibt Luschka (Anatomie 1863, Bd. 2,
Abb. S. 298) gefäßlose und gefäßhaltige Zellen bis zu 1 mm Länge. Sogar eine zarte

netzartige Bildung von über 1 cm Breite (wie ein Mesenterium eines kleinen Säugers, aber ohne Fettgewebe) finde ich gelegentlich an einer vollkommen gesunden Lunge vom scharfen unteren Rande herabhängen. Daß auch Fettgewebe in der Pleura des unteren Lungenrandes vorkommen, darf daher nicht überraschen, da ja netzartige Bildungen vielfach Fettgewebe enthalten. Siehe J. Lang (1965).

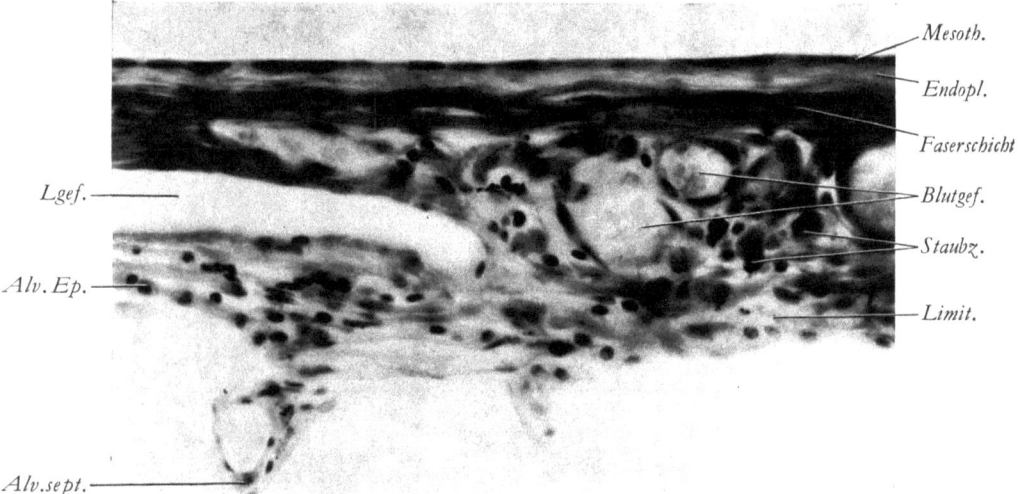

Abb. 194. Schnitt durch die Lungenoberfläche. Häm.-Eos. 400fach. Epithel und Faserschicht der Pleura. Gefäßschicht und Randalveolen

Das subpleurale interstitielle Gewebe (Gefäßschicht der Pleura)

Das interstitielle Bindegewebe, das die Pleura mit der Grenzmembran des Lungengewebes verbindet, geht an den Septa interlobularia (s. S. 45) in das interstitielle Gewebe dieser Septen über (Abb. 29 und 185) und enthält wie dieses Lymphgefäße und Venen, aber auch Arterien und das aus ihnen hervorgehende reichliche Capillarnetz (s. S. 307). Dabei liegen die weiten Lymphgefäße regelmäßig enge an der Grenzmembran (Abb. 194) — so daß sie selten am abpräparierten Pleurahäutchen haften bleiben —, die Blutgefäße dagegen liegen der Hauptschicht der Pleura an. Die Gefäße sind in lockeres Bindegewebe eingelagert, das neben den Gefäßen eine geringe Zellvermehrung zeigt (Abb. 194). Bei Staubeinlagerung dagegen lagern sich die staubbeladenen Histiocyten (Abb. 264) neben den Gefäßen dicht aneinander, so daß die Gefäße an Häutchenpräparaten wie helle Straßen zwischen den anthrakotischen Massen erscheinen (Abb. 195). Offenbar ist eine starke Vermehrung der Histiocyten erfolgt. Nur bei größeren Staubeinlagerungen sind die Gefäße rundum von schwarzen Massen umschlossen. Zwischen den Gefäßen liegen unregelmäßig angeordnete Bündel von Kollagenfasern und einzelne elastische Fasern, die, wie Miller zeigte, teils senkrecht, teils schräg von der Hauptschicht durch die Gefäßschicht zur Grenzmembran ziehen oder auch an den Gefäßwänden ansetzen. In der Nachbarschaft von Lymphgefäßen finde ich nur selten kleine Bündelchen glatter Muskulatur oder einzelne glatte Muskelfasern, die aber nicht zur Wand des Lymph-

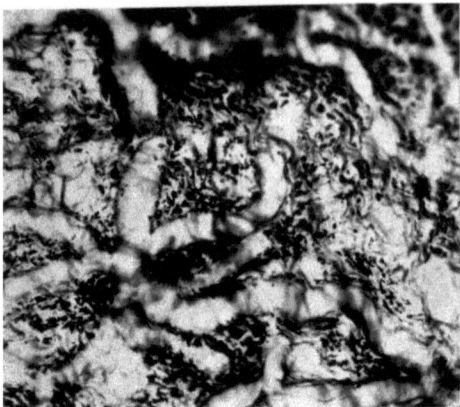

Abb. 195. Häutchenpräparat der Pleura. Blutgefäße als helle Straßen zwischen Staubzellen. 80fach

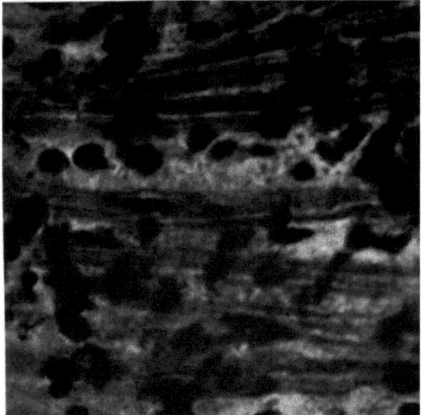

Abb. 196. Häutchenpräparat der Pleura vom Meerschweinchen zur Darstellung der glatten Muskulatur. Häm.-Eos. 260fach

gefäßes gehören. Dagegen habe ich niemals größere Platten glatter Muskulatur gesehen, wie Baltisberger dies an der von ihm untersuchten, offenbar ungewöhnlich muskelreichen Lunge beschreibt. Kleine Ansammlungen von Lymphocyten werden an im allgemeinen gesunden Lungen gelegentlich gefunden sowie sogar manchmal richtige Lymphknötchen, die reichlich mit Gefäßen durchsetzt sind.

Die Hauptschicht (Mittelschicht) der Pleura

Die mechanisch feste, von kollagenen und elastischen Fasern gebildete Hauptschicht der Pleura wird von Miller u.a. mit der Gefäßschicht als areolar layer (conjonctivo-vasculaire) zusammengefaßt, obwohl sie sich präparatorisch meist leicht von der Gefäßschicht trennen läßt oder nur wenige kleine Gefäße in die Hauptschicht hineinragen. Die Kollagenfasern liegen in parallelen Bündeln vielfach in einer Schicht (Abb. 197), weichen aber gelegentlich auseinander, so daß dann zwei sich winkelig überkreuzende Schichten, die präparatorisch getrennt werden können, erkennbar sind. Blechschmidt hat die Anordnung der Fasersysteme beim Neu-

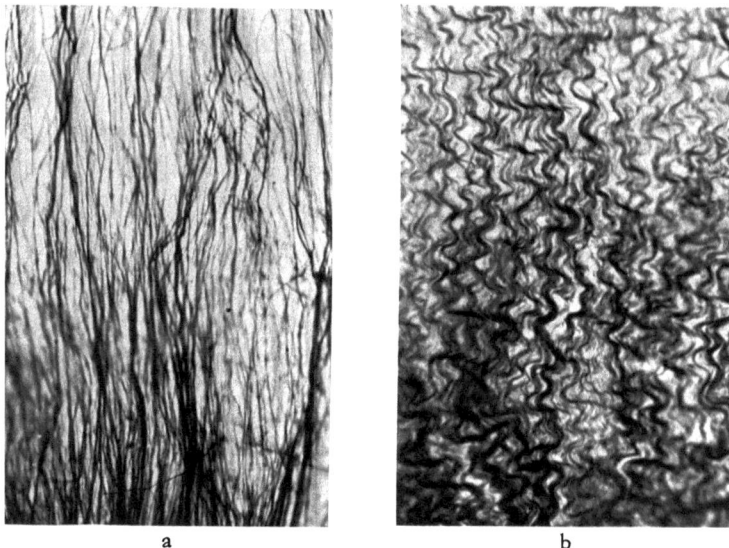

a   b

Abb. 197a u. b. Häutchenpräparate der Pleura einer in situ fixierten Lunge, (a) gestreckte
und (b) gewellte Kollagenfasern. van Gieson. 100fach

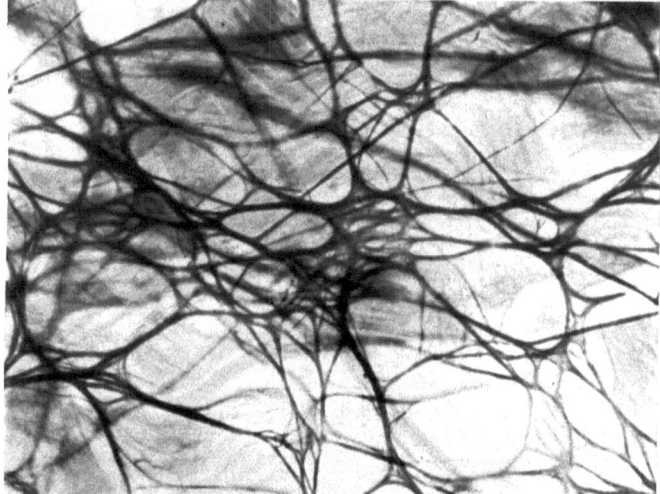

Abb. 198. Elastisches Netz der Pleura. Resorcinfuchsin. 400fach. Häutchenpräparat

geborenen näher untersucht und festgestellt, daß diese Fasern „je näher sie an die
Kanten der Lunge herankommen, desto steiler auf diese Kanten" verlaufen. An den
Außenflächen des Oberlappens überkreuzen sich die beiden Fasersysteme annähernd
senkrecht, am Unterlappen gibt es im wesentlichen ein Fasersystem, das steil gegen
die untere Kante absteigt, am Mittellappen eines, das gegen die vordere Kante
hinzieht. Die Anordnung der Fasern wird von Blechschmidt mit den durch die
Anordnung der Bronchi sich ergebenden Dehnungen in Zusammenhang gebracht.
An derselben in situ fixierten Lunge finde ich gestreckte und gewellte Faserbündel

(Abb. 197) offenbar in Zusammenhang damit, daß in dieser Lunge Läppchen mit weiten und solche mit engen Alveolen vorhanden sind. Die vollkommen gestreckten Fasern (Abb. 197a) werden eine weitere Deckung des unterliegenden Lungenabschnittes verhindern können.

Die elastischen Fasern bilden ein unregelmäßiges Netzwerk (Abb. 198), ohne daß das Vorherrschen einer Richtung von Fasern erkennbar wäre. An der gedehnten Lunge erkennt man an Schnitten nur eine Schicht, während an der kollabierten Lunge die Fasern in zwei Schichten angeordnet erscheinen (Miller). Die elastischen Netze liegen im wesentlichen außen an der Kollagenschicht, sind aber mit ihr so verwebt, daß eine präparatorische Trennung nicht gelingt.

Über die Gefäße der Pleura und insbesondere über die Septa interlobularia zieht die feste Faserschicht der Pleura ohne Änderung der Struktur hinweg (Abb. 185). Das beweist, daß die Septa interlobularia nicht, wie v. Möllendorff meint, an der Pleura verankert sind. Vielmehr besitzen die Läppchen unter der Pleura — entsprechend dem lockeren interstitiellen Bindegewebe der Gefäßschicht — eine, wenn auch geringe, Verschieblichkeit (s. S. 108).

Das Meerschweinchen besitzt in der tieferen Schicht der Pleura eine kräftige Schicht glatter Muskulatur (Abb. 196), die im wesentlichen quer auf die Längsachse der Lunge angeordnet ist. Oppel (1905) beschreibt diese Schicht und gibt an, daß dagegen bei Katze und Hund nur einzelne glatte Muskelzellen gefunden werden, bei anderen Säugern aber glatte Muskulatur in der Pleura fehlt. Dies muß wegen der Frage der Übertragbarkeit von Ergebnissen experimenteller Untersuchungen vom Meerschweinchen auf den Menschen besonders betont werden.

Die oberflächliche Schicht der Pleura

Die oberflächliche Schicht der Pleura (Endopleura, Abb. 194), die sich leicht mit der Fingerkuppe durch Reiben ablösen und dann in horizontalen Streifen abziehen läßt, besteht aus einem zarten Bindegewebshäutchen und einer dünnen zelligen Deckschicht. Im Bindegewebshäutchen lassen sich zarte elastische und kollagene Fasern ohne charakteristische Anordnung nachweisen sowie eine kräftige Silberfaserschicht.

Bindegewebszellen (Hayek, 1951) sind in dem Häutchen relativ reichlicher vorhanden als in der dicken Hauptschicht der Pleura. Vincenzi, der die Schicht als Grenzhaut (limitante) bezeichnet, unterscheidet Zellen mit feinen langen und solche mit kurzen Fortsätzen, offenbar Fibrocyten und Histiocyten.

Die Deckschicht der Pleura wird entsprechend ihrer Entwicklung oft als Mesothel (Maximow) bezeichnet, von anderen Autoren als Epithel oder Endothel (Kollosow). Die Bezeichnung Endothel muß mit Maximow abgelehnt werden, „da dieser Name ausschließlich den aus dem Mesenchym entstehenden Wandzellen der Blut- und Lymphgefäße" vorbehalten bleiben sollte. Ob man von Epithel oder Mesothel spricht, ist an sich gleichgültig, da diese Zellen sich direkt vom mesodermalen Cölomepithel ableiten, welches beim Embryo außerdem Mesenchym bildet.

Die Deckzellen (Epithelzellen) sind nach Art eines einschichtigen platten Epithels angeordnet (Abb. 194), haben eine Dicke von wenigen Mikren und einen größten Durchmesser von etwa 30 μ; sie ändern offenbar leicht ihre Form bei Spannungsänderungen der Unterlage. An der in situ fixierten Lunge finde ich zwischen den vorwiegend vertretenen großen Zellen (Abb. 199a) Inseln von $^1/_2$—$^1/_{10}$ mm Durchmesser mit kleinen Zellen (Abb. 199b) und zahlreichen dazwischenliegenden Lymphocyten in den etwas verbreiterten Intercellularspalten. Diese Inseln gleichen denen, die von Schaffer (1922) und Walter am Peritonaeum und Benninghoff am Perikard beschrieben wurden. Die Intercellularspalten sollen von durchkriechenden Lymphocyten erweitert werden und sich bald wieder schließen; bei der Kleinheit der Zellen soll die große Masse der Intercellularspalten für Flüssigkeitsdurchtritt von Bedeutung sein (Schaffer). Walter (1912) und später Niessing (1938) geben an, daß die Zellen des Peritonealepithels sich auf Reize hin kontrahieren, so daß eine Verbreiterung der Intercellularspalten zustande kommt.

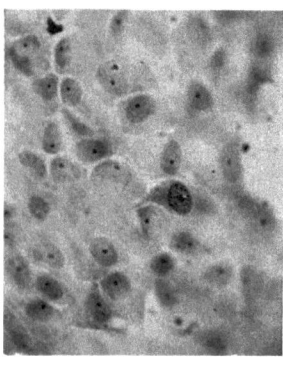 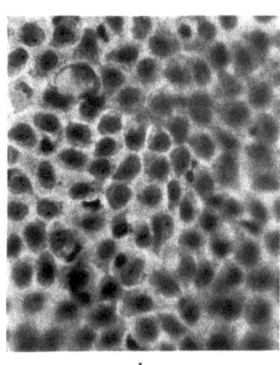

a   b

Abb. 199a u. b. Pleuraepithel, Häutchenpräparat. a Große Zellen, dazwischen Prophase; b aus einer kleinzelligen Insel, eine Zelle vacuolig verändert, zahlreiche Lymphocyten. (Aus v. Hayek, Ergebn. Anat. Entwickl.-Gesch. 34)

Die Fähigkeit der Pleuradeckzellen, ihre Form zu ändern, zeigt sich auch bei lokalen Zerstörungen (Verbrennungen), wie Chlopin beobachtet hat. Die Zellen retrahieren sich zuerst, Zellbrücken behaltend, bis zur Abkugelung und decken dann aktiv wandernd den Defekt. Dabei treten zahlreiche Mitosen auf. Daß die Deckzellen auf diese Weise kriechend auch Fibrinauflagerung überwachsen, hat schon v. Brunn beobachtet. Die rasche Deckung von Defekten scheint nötig, wenn nicht in deren Bereich Verwachsungen der serösen Membran entstehen sollen (Maximow). Gerade diese Fähigkeit der Deckzellen, die Entstehung von Verwachsungen zu verhindern, zeigt, daß die Deckzellen nicht einfach abgeplattete Bindegewebszellen sind, wie gelegentlich behauptet wurde, doch wurde diese Frage schon bei Besprechung der Pleura parietalis behandelt (S. 34).

In den Deckzellen finden sich gelegentlich Vacuolen (Abb. 199b), die auch schon v. Brunn beobachtet und bei gereizter Pleura vermehrt gefunden hat. Ihr Inhalt kann die Oberfläche der Pleura schleimig glatt machen (Borst). Über Regeneration des Mesothels durch amitotische Zellteilungen und Bildung vielkerniger Riesenzellen um kleine Defekte herum berichten Voth und Kohlhardt (1962).

Der Durchtritt von Flüssigkeit durch die Pleura pulmonalis

Daß von der Pleura pulmonalis im Gegensatz zur Pleura costalis keine corpuskulären Elemente wie Tusche, Carmin oder Berliner Blau aus dem Pleuraraum resorbiert werden, wurde im Tierexperiment von Grober, Loeschcke und Ogo (s. S. 42) gezeigt. Dagegen können intratracheal eingeführte Tuscheteilchen von der Pleura pulmonalis ausgeschieden werden (Grober). Offenbar wandern diese Teilchen sowie Staub aus den Alveolen nicht nur mit der Gewebsflüssigkeit aus den lymphgefäß-freien Alveolarsepten durch die Läppchengrenzmembran zum subpleuralen Gewebe, wo sie von histicytären Phagocyten festgehalten werden (Abb. 192, 193, 264), sondern auch gelegentlich noch weiter durch die Pleura; eine Wanderung, die sicherlich mit dem Unterdruck im subpleuralen Gewebe und im Pleuraraum zusammenhängt. Grober spricht in diesem Sinne von einem Flüssigkeitsstrom, der aus der Lunge durch die Pleura pulmonalis in den Pleuraraum führt und von der Pleura parietalis aufgenommen wird. Für eine Ausscheidung von Flüssigkeit aus der Pleura pulmonalis sprechen ja auch die daran haftenden Fibrinbeläge, die offenbar von der Pleura pulmonalis ausgeschieden werden; daß bei Retention von Eiter in infizierten Wunden oft eine Pleuritis auftritt (Narath), ist ebenfalls durch den Flüssigkeits-strom zu erklären, der von den kleinen pneumonischen Herden zur Pleura führt, so wie die Entstehung einer Pleuritis bei Eiterverhaltung in infizierten Wunden (Narath) für den Infektionsweg von der Lunge in den Pleuraraum zeugt. Die den Intercostalräumen entsprechenden Pigmentstreifen (Orsós, Weber, Loeschcke, Hayek, 1945) in der Pleura pulmonalis des Oberlappens zeigen ferner, daß dort, wo stärkere saugende Kräfte bei der Kontraktion der Intercostalmuskeln wirken, mehr staubführende Gewebsflüssigkeit zur Pleura strömt, die dort die Staubablagerung bewirkt.

Für den transpleuralen Flüssigkeitsstrom spielt vermutlich eine wesentliche Rolle, daß im Bereich großer Teile des Pleuraspaltes die Arterien der einander berührenden Pleurablätter verschiedenartiges Blut führen. Die Pleura pulmonalis wird nämlich (Hayek, 1942) großenteils von Ästen der A. pulmonalis versorgt (s. S. 307), die Pleura parietalis dagegen von den Intercostalarterien (s. S. 36). Die Differenz zwi-schen dem O_2-Gehalt der Intercostalarterien und der Pulmonalarterien dürfte einen Beitrag zur Entstehung des Flüssigkeitsstromes leisten. Lauche ist der Meinung, daß die Ausscheidung und Aufsaugung von Flüssigkeit durch die Pleura nicht mechanisch oder grob chemisch-physikalisch, sondern nur durch die spezifische Fähigkeit der Zellen erklärbar ist.

Die Blutgefäße der Lunge

Allgemeines

An den Blutgefäßen der Lunge werden seit langer Zeit die Vasa publica und die Vasa privata unterschieden, wobei als Vasa publica die Aa. und Vv. pulmonales bezeichnet werden, die durch ihre Aufgabe im Dienste des Gaswechsels dem ganzen Organismus dienen, während die Aa. und Vv. bronchiales die Vasa privata darstellen, die die Ernährung des Organs selbst als Aufgabe haben. Es wird sich aber zeigen, daß die Vasa bronchialia einerseits nur einen kleinen Teil des Organs ernähren, andererseits aber auch eine andere Aufgabe besitzen, so daß diese Benennung als grob schematisch bezeichnet werden muß. Außer der Aufgabe als Blutleiter haben die Gefäße auch eine wichtige Funktion als Stützorgane, die bisher wenig Beachtung gefunden hat, aber mit der groben Anordnung der Gefäße in enger Beziehung steht und bei den großen Vasa pulmonalia eine wichtige Rolle für das ganze Organ spielt.

Die Stützfunktion der Vasa pulmonalia und ihre allgemeine Anordnung

Der Nachweis, daß Gefäße im allgemeinen in Stützstrukturen eingebaut sind, so daß Zugkräfte auf die Gefäßwände übertragen werden und diese als zugfeste Stützstrukturen zu betrachten sind, wurde von mir schon vor längerer Zeit (v. Hayek, 1932) erbracht. Später zeigte sich dann (v. Hayek, 1935), daß die unter Druck gefüllten Arterien auch als biegungsfeste Stützorgane zu betrachten sind und daß sie wie elastisch biegsame Stäbe das Gewebe der kollabierten Lunge zu spreizen ver-

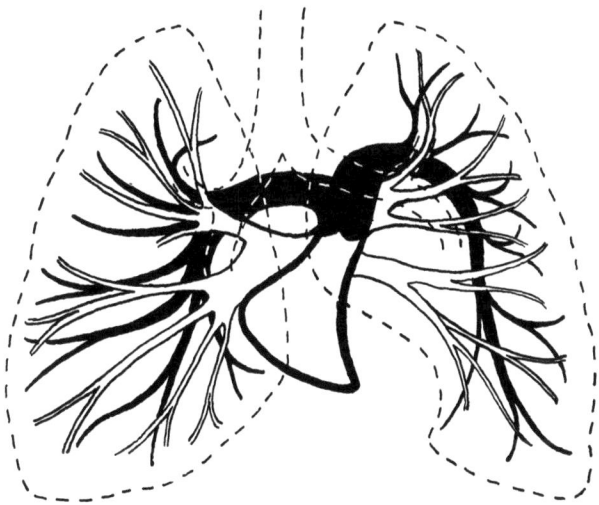

Abb. 200. Schema des Verlaufes der Lungenarterien (schwarz) und Lungenvenen (weiß), nahezu radiärer Verlauf der Venen. [Aus v. Hayek, Ergebn. Anat. Entwickl.-Gesch. **34** (1945)]

mögen. Auch Wick beobachtet (1951), daß bei Entblutung von Versuchstieren das Luftvolumen der Lunge abnimmt, wenn er diese Abnahme auch anders zu erklären versucht. So können im ganzen die Arterien als zug- und biegungsfeste Stützen der Lunge betrachtet werden, die Venen dagegen nur als zugfeste Gebilde.

Aus der Beobachtung, daß die unter Blutdruck gefüllten Arterien biegungsfeste Stützen darstellen, ist der Verlauf der Arterien im wesentlichen parallel den Bronchi von Interesse, da ja auch die Bronchi mit Luft unter atmosphärischem Druck gefüllt gegenüber dem Unterdruck im Pleuraraum relativ biegungsfeste Stäbe darstellen. Die Tatsache, daß die beiden Pulmonalarterien die beiden Bronchi zuerst überkreuzen, bevor sie sich ihnen anlegen, um ihrem Verlauf zu folgen, ist aus der Verlaufsrichtung des Pulmonalisstammes, der von caudal gegen die Bifurcatio aufsteigt (Abb. 200), und den pulsatorischen Längenänderungen verständlich. Wür-

den die Arterien nämlich von medial an den Stammbronchus herantreten und medial
ihm entlang weiterziehen, so würden durch die pulsatorische Vergrößerung des
Bogens der Arterie diese jedesmal an den Bronchus angedrückt werden. Dadurch,
daß die Arterie aber erst den Bronchus überkreuzt (Abb. 200), um dann hinter dem
Oberlappenbronchus links und dem Mittellappenbronchus rechts vorüberzuziehen,
um an die laterale Seite des Stammbronchus zu gelangen, bleibt für die pulsatorische
Verlängerung des Bogens der Arterie Raum, ohne daß er dabei mit dem Bronchialbaum kollidiert. Auch im weiteren Verlauf erscheinen die Äste der Aa. pulmonales
so angeordnet, daß bei Biegungen immer die Konkavität des Bogens der Arterie dem
Bronchus zugewendet ist, ein Verhalten, das wie beim Stamm der beiden Pulmonal-

Abb. 201. Celluloid-Korrosionspräparat der Arterien eines Läppchens. 3fach

arterien mit den pulsatorischen Verlagerungen in Einklang steht. Bei den kleinsten
Arterien, welche die Bronchioli terminales und alveolares begleiten, schließlich zeigt
sich (Abb. 92), daß dort, wo sie in die Nachbarschaft der Lungenoberfläche gelangen,
Arterie und Bronchiolus nebeneinander gleich weit von der Pleura verlaufen, so
daß bei ungleichen Längenänderungen der beiden Gebilde gegeneinander eine Verbiegung des von Bronchus und Arterie zusammen gebildeten Stabes gegen die
Oberfläche zu nicht stattfindet, sondern nur eine Verschiebung parallel der Pleura
erfolgen wird.

    Die sog. segmentalen Arterien und ihre größeren Verzweigungen verlaufen im
allgemeinen radiär zum Hilus und damit wie die entsprechenden Bronchi senkrecht
zur Lungenoberfläche gegen die von ihnen versorgten Läppchen hin. Erst bei den
kleinsten Arterien, die die Bronchioli begleiten, finden sich regelmäßig wie bei den
Bronchioli (s. S. 73) rückläufige Äste (Abb. 201), deren rückläufiger Verlauf durch
die Aufeinanderfolge mehrerer weitwinkliger Teilungen zustande kommt.

Die Teilungsstellen der A. pulmonalis bzw. die Abgangsstellen ihrer Äste werden nicht nur die Möglichkeit haben, die Verteilung der Blutmenge auf die Teile der Lunge zu regulieren. Die Richtung der Teilungssporne wird außerdem die Verteilung linearer Blutströme auf die einzelnen Lungenabschnitte regulieren können.

Es ist nun in letzter Zeit die Frage aufgeworfen worden, ob das Venenblut der verschiedenen Regionen des Körpers im rechten Herzen vollkommen durchmischt wird oder nicht. Im letzteren Falle könnte das Blut der Vena cava superior und das der Vena cava inferior in verschiedenen Teilen der Lunge landen, wofür der Teilungsmodus der Arteria pulmonalis verantwortlich wäre. Bucher und Emenegger (1951) haben diese Frage experimentell am Kaninchen (das keine arteriovenösen Anastomosen besitzen soll) untersucht und gefunden, daß das aus den verschiedenen

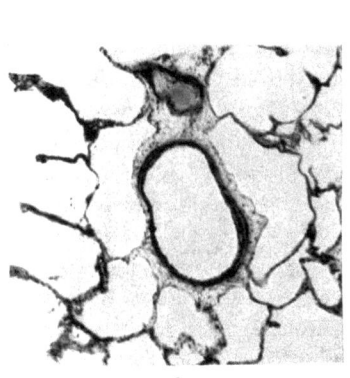 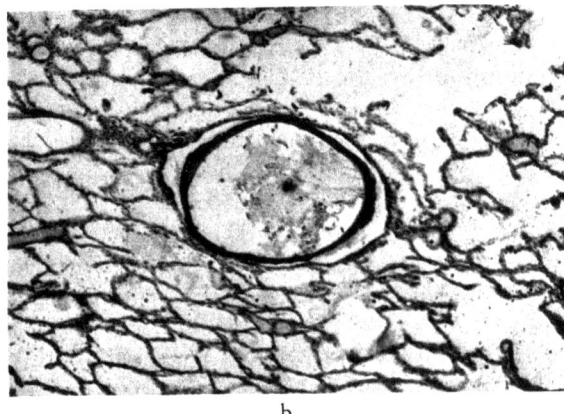

a   b

Abb. 202a u. b. Kleine Arterien mit Extremstellung der arteriellen Lymphräume, beide aus derselben in situ fixierten Lunge. a Arterie kontrahiert mit enge liegenden Endothelkernen, Alveolen und Lymphräume weit; b Arterie weit, Alveolen und Lymphräume enge. Etwa 30fach

Körpervenen (V. jug. und fem.) kommende Blut trotz seiner Passage durch das Herz „nicht homogen gemischt ist, sondern daß sich die Blutströme bis in die einzelnen Lungenlappen verfolgen lassen". Der genaue Einfluß des Teilungsmodus der Arterien auf den Blutstrom müßte noch untersucht werden.

Daß die A. pulmonalis außer zu den Alveolen auch Ästchen zu den Bronchi (Sperrarterien, Rami pulmobronchiales s. S. 298) und zur Pleura (s. S. 307) abgibt, sei hier schon erwähnt.

Die kleinen Arterien sind regelmäßig von periarteriellen Lymphgefäßen (s. S. 313) umgeben, die spaltförmig oft etwa $^3/_4$ oder mehr des Arterienumfanges umfassen. Durch diese Lymphräume ist die Arterie unabhängig von der Spannung des umgebenden Lungengewebes (Hayek, 1945), so daß sich die Arterie kontrahieren kann (Abb. 85, 202a), ohne das umgebende Lungengewebe zu spannen oder sich das Lungengewebe entfalten kann (Abb. 202a), ohne daß die Arterie erweitert wird. Extrem weit sind die Lymphgefäße bei kontrahierter Arterie und weiten Alveolen (Abb. 202a), zu Spalten verengt dagegen bei wenig erweitertem Lungenparenchym und weiter Arterie (Abb. 202b).

Die unter Druck gefüllten Kapillaren haben nach Jäykkä (1956) auch eine Stütz-funktion, indem sie bei menschlichen Feten durch Erektion die postfetale Erweite-rung der Alveolen unterstützen. Ähnliche Bilder über die eng gewundenen Kapillaren der Alveolarsepten zeigt Reynolds (1956) — von nicht geatmeten Feten und Neu-geborenen von Cavia —, der angibt, daß die Luftfüllung der Alveolen nach der Geburt zu einer Streckung und Erweiterung der Kapillaren und damit zu einer Hera-setzung des Strömungswiderstandes führt.

Schließlich zeigt Lauweryns (1962), daß erst der haemodynamische Faktor der Durchströmung der Kapillaren gemeinsam mit der Luftfüllung der Alveolen post partum eine normale Ausbreitung und Konsignation der Alveolen ergibt.

Während so der allgemeine Verlauf der Arterien durch ihre Biegungsfestigkeit verständlich erscheint, sind die Venen durch ihre Zugfestigkeit charakterisiert. Zum linken Vorhof hin ziehen sie im allgemeinen in radiärer Richtung aus beiden Lungen, so daß der Unterschied ihres Verlaufes gegen den der Arterien besonders deutlich an den zum Unterlappen ziehenden Gefäßen hervortritt (Abb. 200). Daß die Venen im Mediastinum nicht nur am Vorhof, sondern besonders auch am Lig. transversum pericardii wurzeln, wurde schon bei Besprechung der Hilusgebilde (S. 69) erwähnt und kommt auch im Wandbau der großen Venen zum Ausdruck (s. S. 280). Im Inneren der Lunge (Lungenkern, Felix) überkreuzen die Venen dann die Arterien und Bronchi; nur selten legen sie sich an diese ein kurzes Stück parallel an, um sich bald wieder von ihnen abzulösen. Weiter peripherwärts liegen die Venen zwischen den Sublobi und Läppchen, die mechanisch feste Einheiten bilden (s. S. 108), in den Septa interlobularia und nehmen auf diesem Verlaufsstück aus den Läppchen die abführenden Venen auf (Abb. 262). Diese aus den Läppchen austretenden und in die interlobulären Venen einmündenden Gefäße halten die Nachbarläppchen aneinander, wie schon Ewart beschrieben hat, so daß eine etwa auftretende spreizende Wirkung der Bronchi dadurch gebremst wird. Die periphersten Äste schließlich kommen aus den pleuranahen Flächen der Läppchen und dem subpleuralen Bindegewebe. Das gesamte System der Vv. pulmonales wird entsprechend seiner Anordnung in-spiratorisch in die Länge gedehnt, und da es sich dank seines Einbaues in die Lunge nicht ablösen kann (s. S. 257), auch erweitert, so daß günstigere Abflußbedingungen aus dem Capillarnetz in die Venen geschaffen werden.

Wenn auch die Mehrzahl der Verzweigungen der V. pulmonalis arterielles Blut aus den Alveolen heranführt, so ist doch die Zahl anderer Äste nicht gering. Es münden nämlich auch die Venen aus der Bronchialwand, ja häufig sogar aus der Wand der Bifurcatio tracheae (s. S. 307) und aus der Pleura in die Vv. pulmonales, Äste, die sicher größtenteils venöses Blut dem arteriellen zumischen. Ja, manchen Säugern, wie dem Pferd, fehlen Bronchialvenen, so daß alles Blut aus den Bronchi in die Pulmonalvenen abfließt.

Besonders zu erwähnen sind noch die kleinen Venen, die das Blut aus der Wand der Bronchioli abführen, da die Frage, ob ihr Blut sauerstoffreich ist, wie das aus der Alveolenwand kommende, oder nicht, keineswegs geklärt erscheint. Miller hat den Verlauf dieser kleinen Venen besonders untersucht und festgestellt, daß sie an der Wand des Bronchiolus wurzelnd radiär von diesem wegziehen, um dann mit den Venen aus den Alveolarwänden sich vereinigend der Läppchenperipherie zuzustreben.

Der Einbau der Arteriae und Venae pulmonales in das Lungengewebe

So wie die großen Gebilde im Bereich des Hilus an der gesunden Lunge gegeneinander verschieblich sind (S. 70), da sie durch lockeres Binde- und Fettgewebe voneinander getrennt werden, besitzen sie auch anschließend im Lungenkern eine gleiche Verschieblichkeit, die sich bei ihrer verschiedenartigen Beanspruchung durch den in ihnen herrschenden Druck und ihre verschiedene Verlaufsrichtung bei jedem Atemzug geltend machen wird.

Auf den Unterschied zwischen zwei Typen des Einbaues von Arterien in das Lungengewebe habe ich schon 1935 (S. 371) hingewiesen. Solche, bei denen zwischen dem elastischen Gewebe der Lungenarterien und den elastischen Netzen des Lungengewebes eine Schicht lockeren Gewebes gelegen ist, und solche, bei denen die elastischen Fasern des Lungengewebes von der elastischen Gefäßwand entspringen. Ich habe das lockere Gewebe als Verschiebeschicht bezeichnet, die gestattet, daß die Media unabhängig von dem umgebenden Gewebe Bewegungen ausführt.

Die an die einzelnen Sublobi oder Segmente herantretenden Arterien und ihre Äste besitzen außer dem lockeren, sie umgebenden Bindegewebe eine besondere Verschiebeeinrichtung in den periarteriellen Lymphräumen, die sie bis an ihr Ende, also bis dorthin, wo die Arterien in die Arteriolen übergehen, begleiten. Diese periarteriellen Lymphräume (Abb. 92, 211, 268, 269) sind seit längerer Zeit für verschiedene Säugetiere bekannt (Manguin-Merlet, Lacoste und Baudrimont, Dubrenit), aber auch schon beim Frosch als Gleiträume zwischen Arterie und Lungengewebe ausgebildet. Beim Menschen fand Aschoff sie mit Krebszellen erfüllt, glaubte sie aber als Bindegewebsspalten bezeichnen zu müssen, bis mir (v. Hayek, 1940) der Nachweis gelang, daß es sich wirklich um Lymphgefäße handelt. Diese Lymphräume gestatten außer Längsverschiebungen der Arterien auch eine Annäherung oder Entfernung der Arterienwand von der Grenzmembran des umgebenden Lungengewebes. Das zeigen besonders zwei Extremfälle, von denen in dem einen Falle (Abb. 202a) durch Erweiterung der umgebenden Alveolen und Kontraktion der Arterie (dichte Lagerung der Endothelkerne) auch der für sie bestimmte Kanal weit und demgemäß die Lymphgefäße weit sind, während an einer anderen Stelle in derselben in situ fixierten Lunge die Alveolen enge sind, so daß der Kanal enge ist und demgemäß bei weiter Arterie die Lymphgefäße nur enge Spalten darstellen (Abb. 202b). Sicher werden diese Lymphräume auch geringe Querverschiebungen der Arterien entsprechend ihrer Festigkeit gegenüber Biegungen gestatten. Die an die kleinsten Arterien anschließenden Arteriolen und Präcapillaren (Abb. 218) besitzen dagegen keine periarteriellen Lymphräume, die elastischen Elemente der Wand dieser Abschnitte sind fest in das Lungengewebe eingebaut, so daß jede Verschieblichkeit fehlt (Hayek, 1945).

Auch bei den Venen sind die kleinsten Abschnitte wie bei den Arterien fest und unverschieblich im Lungengewebe verankert. Schon die interlobulären Venen dagegen lassen sich präparatorisch leicht aus den Septa interlobularia herauslösen, weil sie mit den Nachbarläppchen nur durch lockeres Bindegewebe verbunden sind. Größere perivasculäre Lymphgefäße fehlen den Venen dagegen, nur selten findet man einzelne kleine Lymphgefäße neben Venen (Abb. 284). Das ist so charakteristisch, daß es bei Venen, die tief im Lungengewebe gelegen sind, auf den ersten

Blick am Schnitt möglich ist, sie von Arterien zu unterscheiden — weil eben die Lymphspalten vorhanden sind —, ohne daß man auf die feineren Unterschiede des Wandbaues achtet. Demgemäß werden wohl Längsverschiebungen der Venen gegen das umgebende Lungengewebe möglich sein, nicht aber eine Abhebung der Venenwand vom Lungengewebe, so daß auch die größeren Venen in ihrer Weite vom umgebenden Lungengewebe abhängig sind und eine Volumenzunahme der ganzen Lunge auch eine Erweiterung der Venen zur Folge hat. Macklin hat bei Messungen des Strömungswiderstandes tatsächlich eine Abnahme bei Volumzunahme der Lunge im Experiment an Lungen frisch getöteter Tiere festgestellt.

Auch die Vitalkapazität ist von der Blutfüllung und dem Volumen der Lungen abhängig. Die Retraktion der Lungen wird nach Dow (1939) halb so groß, wenn die Blutrückkehr aus den Extremitäten durch Manschetten gehemmt wird.

Wie groß der Flüssigkeitsanteil der Lungen an Gewicht und Volumen ist, geht aus den Angaben von Spitzka (1904) hervor, der feststellte, daß nach elektrischer Hinrichtung so viel Flüssigkeit ausgepreßt ist, daß das Gewicht der Lunge nur etwa ein Drittel des normalen Gewichtes beträgt.

Der Bau der Arterienwand

Schon bei der makroskopischen Betrachtung unterscheidet sich die A. pulmonalis von der Aorta durch ihre dünnere und leichter dehnbare Wand. Ein Verhalten, das mit dem geringeren Druck in der Pulmonalis, der nur etwa $1/6$—$1/3$ des Aortendruckes beträgt, in Einklang steht (Fleisch). Die pulsatorischen Druckänderungen sind nach Fleisch dagegen in der Pulmonalis, wo der Druck von 10 auf über 30 mm Hg steigen kann, relativ größer als in der Aorta (70:120 mm Hg). Nach Motley u. Mitarb. betragen die pulsatorischen Schwankungen 6:22 mm Hg bei 23—47jährigen Männern in der Ruhe, bei einem Schlagvolumen von 82 cm³, bei Sauerstoffmangel 13:35 mm Hg. Die Drucksteigerung kann danach in der Pulmonalis bis 200% betragen, in der Aorta beträgt sie dagegen normalerweise nur etwa 70%. Demgemäß ist die elastische Dehnbarkeit beider Gefäße sehr verschieden. An der Aorta beträgt sie bei 171 mm Hg (230 g/cm²) 50% (Vierordt). Bei der Pulmonalis dagegen beträgt die elastische Dehnung des Umfanges (etwa 7 cm) bei den normalerweise in vivo in Frage kommenden Drucken bis 40 g/cm² schon 20% (eigene Messungen), bei 100 g/cm² etwa 30% und erreicht schließlich bei 200 g/cm² mit etwa 40% Dehnung praktisch die Dehnbarkeitsgrenze, die offenbar durch die Anspannung der in die Wand eingebauten kollagenen Elemente gegeben ist. Ebenso wie der Stamm der A. pulmonalis verhalten sich auch die A. pulmonalis dextra und sinistra (s. auch Wissler).

Das Volumen des Pulmonalisstammes im ungedehnten Zustand beträgt mit den beiden Ästen bis an den Hilus etwa 50 cm³. Da gleichzeitig mit der pulsatorischen Dehnung des Umfanges um $1/5$ nicht nur der Umfang, sondern auch die Länge zunimmt, ist mit einer Volumzunahme des ganzen Windkessels um mehr als 35 cm³ zu rechnen, so daß von der A. pulmonalis und ihren beiden Ästen mindestens die Hälfte der bei jeder Herzsystole ausgeworfenen Blutmenge von diesem Windkessel aufgenommen werden kann.

Diesen bei der groben Betrachtung sich ergebenden Elastizitätsverhältnissen entspricht auch der feinere Bau der Wand nach dem elastischen Typus mit ihrer

Zusammensetzung aus elastischen kollagenen und muskulösen Elementen. Dabei ist die A. pulmonalis aber nicht, wie schon Benninghoff betont, einfach als zartere Aorta zu betrachten.

Im ganzen gesehen unterscheidet sich die Pulmonalis von der Aorta außer durch ihre geringere Dicke durch die geringe Masse elastischer Elemente and durch die größere Menge von Muskulatur. Weiter ist die Abgrenzung der Intima von der Media keineswegs so scharf (Benninghoff). Die sog. elastischen Membranen sind nicht wie in der Aorta gefensterte Membranen, sondern es handelt sich eher um in Plattenform angeordnete Fasergitter, bei denen die eine oder andere Faserrichtung vorherrscht.

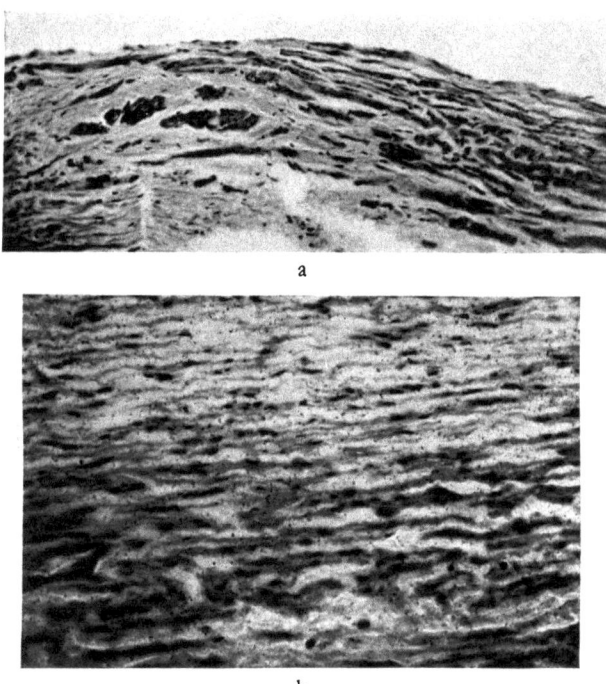

a

b

Abb. 203a u. b. Längsschnitt durch die Arteria pulmonalis. a Ursprung am Anulus fibrosus in der Mitte eines Sinus Valsalvae. 100fach. b 3 cm distal. 300fach

In der Intima findet sich eine solche Gitterplatte von vorwiegend Längsfasern, die der Elastica interna anderer Arterien vergleichbar ist (Abb. 205, 206). In enger Beziehung zu diesem elastischen Längsfasergitter stehen im Stamm der Pulmonalis Längsmuskelfasern, so daß präparatorisch die Intima leicht in Längsstreifen zerlegt werden kann. Außerdem läßt die Intima nur wenig zartes Bindegewebe (elastische und reticuläre Fasern) zwischen Endothel und Elastica erkennen.

Die Media des Stammes scheint am Querschnitt bis zu etwa 30 elastische Platten zu enthalten (Abb. 204), die im inneren Drittel stärker ausgebildet sind als außen. Doch zeigt der Längsschnitt (Abb. 205), wie das Häutchenpräparat, daß es sich um ein Netz vorwiegend ringförmig angeordneter elastischer Fasern handelt. Die Muskulatur ist locker und unregelmäßig angeordnet, der Längsschnitt (Abb. 203b)

Abb. 204. Wie Abb. 203 b. Orcein, 100fach

Abb. 205. Flachschnitt aus der Media des Stammes einer normalen A. pulmonalis einer 22jährigen Frau zur Darstellung der elastischen Sternmembran (*el. St.*). Orcein. Etwa 120fach.
(Aus W. W. Meyer, 1956)

zeigt Längsfaserzüge und Querschnitte von Muskelbündeln, die aber nicht rein ringförmig, sondern leicht schraubig ansteigend sich in beiden Richtungen überkreuzen. Eine Anordnung, die sich auch am Zupfpräparat an den präparatorisch darstellbaren Lamellen erkennen läßt. Eine dritte Richtung, in welcher einzelne Lamellen leicht zerreißen, ist um 45° geneigt, eine Richtung, die offenbar durch die Anordnung der, an der nicht extrem gedehnten Arterie, gewellten Kollagenfaserbündel zustande kommt. An der Wurzel der Arterie (Abb. 203a), am Anulus fibrosus finden sich Ring- und Längsmuskelfasern (Wolff, Lungdahl, Benninghoff), letztere in größerer Zahl nahe den Klappencommissuren. Diese Längsmuskelfasern nehmen distalwärts an Zahl schnell ab, so daß in den die Segmente der Lunge versorgenden Ästen nur fast ringförmig verlaufende Fasern gefunden werden. Eine genauere

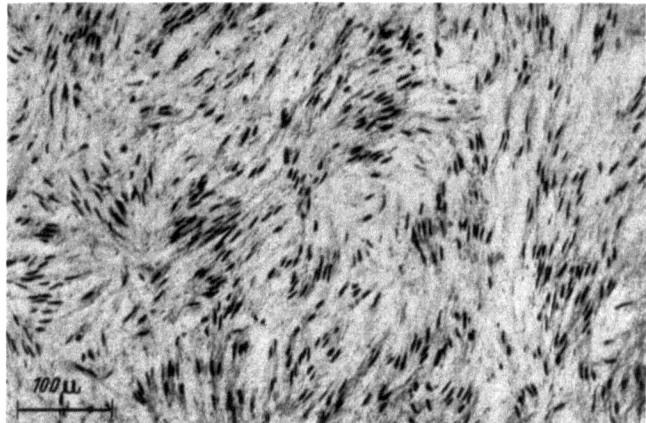

Abb. 206. Flachschnitt aus der Media des Stammes einer normalen A. pulmonalis einer 22jährigen Frau zur Darstellung der Anordnung der Muskelzellen. Häm.-Eos., etwa 120fach. (Aus W. W. Meyer, 1956)

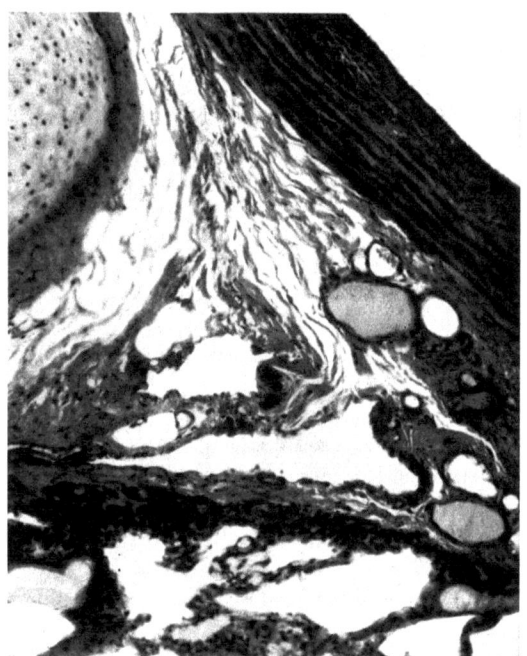

Abb. 207. Arterie von 6 mm Weite und Lymphgefäße mit unvollständiger Längsmuskelschicht. Azan, 100fach

Untersuchung der Anordnung der Muskelfasern hat W. W. Meyer (1956) durchgeführt. Er zeigt an Flachschnitten, daß das scheinbar aus Längs- und Ringfasern bestehende Fasergitter aus sternförmigen elastischen Membranen besteht (Abb. 209), an welchen radiär die Muskelfasern ansetzen (Abb. 206). Aus dieser Anordnung ergibt sich an Quer- und Längsschnitten der Eindruck von Fasern, die längs, schraubig oder quer verlaufen. In den Hauptästen des Pulmonalisstammes sind nach Meyer die Sternmembranen flächenmäßig etwas größer als im Hauptstamm, aber bedeutend dünner.

So kann man bei einer Arterie von 6 mm Weite (Abb. 207) nur mehr 10 Ringmuskelschichten unterscheiden, zwischen denen die elastischen Platten liegen, wobei die undeutliche Abgrenzung der Intima besonders auffällt. Bei 2 mm Lichtung hat die Zahl der elastischen Platten schon auf 6 abgenommen, von denen die aus Längsfasern bestehende Elastica interna (Abb. 210) und die 3 äußersten Ringfaserplatten stärker sind als die dazwischen gelegenen (Abb. 208). Dabei tritt die scharfe Abgrenzung gegen die an elastischen Elementen arme Adventitia deutlich hervor. Schließlich werden die mittleren elastischen Platten bei kleineren Arterien mit nur mehr 3—4 Muskelschichten immer schwächer, so daß man nur mehr von elastischen

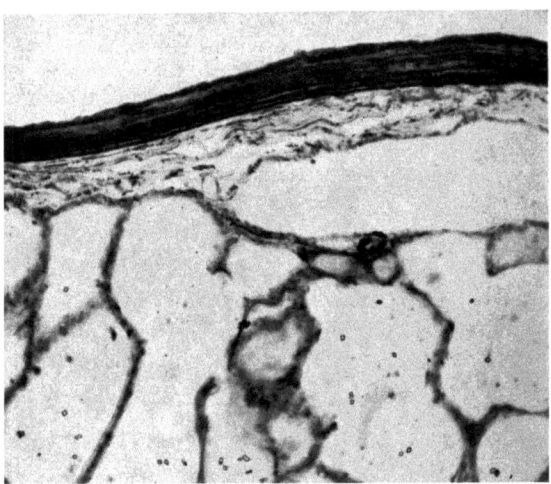

Abb. 208. Arterie von 2 mm Weite, quer daneben periarterielles Lymphgefäß. Orcein, 100fach

Netzen sprechen kann, die äußerste — die Elastica externa — und die innerste — die Elastica interna — heben sich dagegen scharf ab (Abb. 209). Bei den kleinsten Arterien, die eine Weite von 0,1—0,15 mm haben und nur 1—2 geschlossene Ringmuskellagen besitzen, ist diese Ringmuskelschicht zwischen zwei elastische Gitterplatten eingeschlossen, die stärkeren Längsfasergitter der Interna und die schwächeren Ringfasergitter der Externa (Abb. 211). Die elastischen Elemente der Adventitia haben wieder an Masse etwas zugenommen.

Die Adventitia der Lungenarterien ist im Verhältnis zu den übrigen Eingeweidearterien und den Arterien der Extremitäten nur schwach ausgebildet. Insbesondere fehlt das sonst so charakteristische Stratum elasticum longitudinale (Abb. 208, 209, 211). Nach außen von der äußersten elastischen Platte, die wie die Elastica externa der Arterien des großen Kreislaufes (v. Hayek, 1935) aus einem Netz vorwiegend ringförmig angeordneter Fasern besteht, liegen fast nur Kollagenfasern; nur bei den kleinsten Arterien auch spärlich elastische Fasern. Die Kollagenfasern sind nach Schmidt in steilen Schraubentouren um die Arterien angeordnet, so daß sie das Gefäß wie ein Scherengitter umgreifen. Dieser Autor nimmt an, daß bei der inspira-

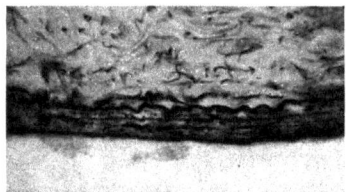

Abb. 209. 1 mm starke Arterie quer. Orcein, 150fach. (Aus v. Hayek, Ergebn. Anat. Entwickl.-Gesch. **35**, vgl. Abb. 233 von der Vene)

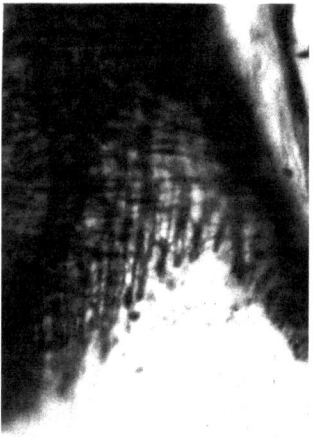

Abb. 210. 1 mm starke Arterie, Flachschnitt. Orcein. (Aus v. Hayek, Ergebn. Anat. Entwickl.-Gesch. **35**, vgl. Abb. 232 von der Vene)

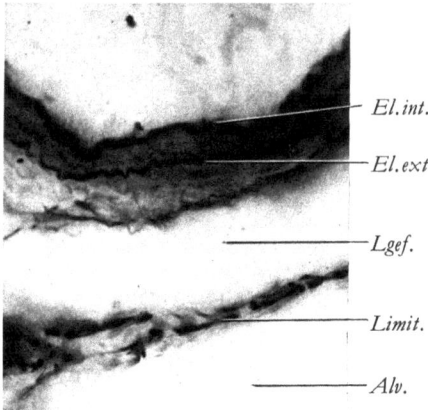

Abb. 211. Kleine Arterie, Lymphgefäß zwischen ihr und einer Alveole. Orcein, 400fach. *El. int.* Elastica interna; *El. ext.* Elastica externa; *Lgef.* Lymphgefäß; *Limit.* Limitans; *Alv.* Alveole

torischen Längenzunahme der Arterien dieses Scherengitter ihr Volumen verkleinert, wodurch bei „der Einatmung aus den Arterien das Blut in das Capillargebiet gedrückt, gleichsam hineingemolken wird". Dies kann aber natürlich nur der Fall sein, wenn vorher schon diese Fasern durch Füllung des Gefäßes gespannt sind. Die Längsspannungen der Arterie, die durch die Inspiration entstehen, werden offenbar zuerst durch die elastischen Platten aufgenommen, die so die Funktion des Stratum elasticum longitudinale anderer Arterien ersetzen.

Altersveränderungen der Lungenarterien beschreibt Martorana.

Die Teilungsstellen der Arterien

Die Teilungen der Lungenarterien sind in der Regel Zweiteilungen (Abb. 201), wobei die Größe der beiden Äste stark variiert. Sie folgen dabei der für die Arterien des großen Kreislaufes bekannten Regel, daß der größere Ast die kleinere Abweichung von der Richtung des Stammes zeigt. Daß besonders kleine Ästchen an-

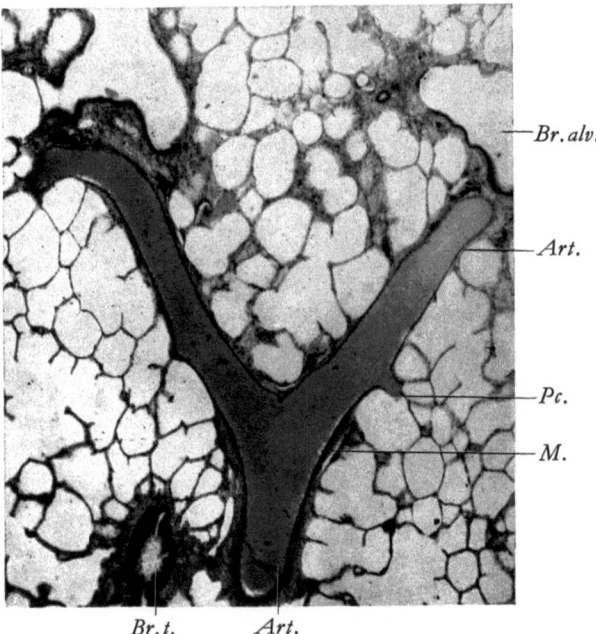

Abb. 212. Teilungsstelle einer kleinen Arterie (*Art.*) in zwei Arteriolen (*Art.*), davon abgehend eine Präcapillare. (*Pc.*), *M.* Muskelring. Zwischen Arterie und Bronchiolus terminalis (*Br. t.*) Lymphgefäß. *Br. alv.* Bronchiolus alveolaris. [Aus v. Hayek, Z. Anat. Entwickl.-Gesch. **110** (1940)]

nähernd senkrecht von einer größeren Arterie abgehen, beobachtet man nur beim Abgang der zu den Bronchi hinziehenden Rami pulmobronchiales (s. S. 297, Abb. 253).

Der Bau der Teilungssporne unterscheidet sich von dem der Körperschlagadern durch seine geringere Stärke (Abb. 212). Insbesondere fehlt im Teilungssporn das gegen den Stamm zu ausstrahlende Muskelbündel (v. Hayek, 1940), das bei den anderen Arterienteilungen so charakteristisch ist und dort als muskulöse Stammschleife bezeichnet wird. Der Teilungssporn ist insbesondere bei den kleineren Lungenarterien muskelfrei (Abb. 213). Gegenüber dem Teilungssporn finde ich

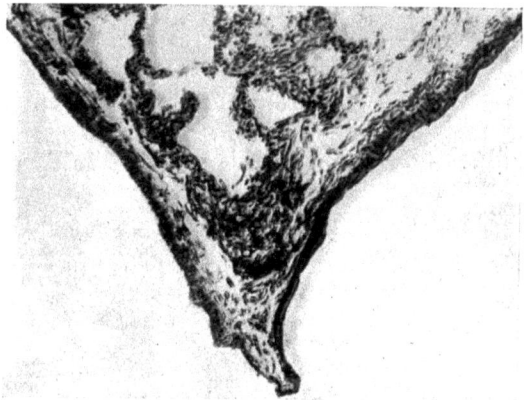

Abb. 213. Längsschnitt durch den Teilungssporn einer Arterie von 2 mm Weite. 50fach.
[Aus v. Hayek, Z. Anat. Entwickl.-Gesch. 110 (1940)]

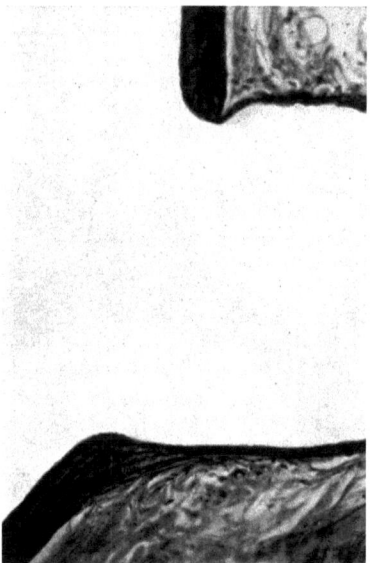

Abb. 214. Arterienabgang, Längsschnitt, ungleiches Verhalten der Wand im spitzen und
stumpfen Winkel. Orcein, 100fach

vielfach eine Verdickung der Muskulatur, die um jeden der abgehenden Äste einen
muskulösen Halbring bildet (Abb. 212). Bei den größeren Arterien sind in dieser
Verdickung auch Längsmuskelzüge ausgebildet (v. Hayek, 1940). Auch bei der
Darstellung der elastischen Fasern ist die geringe Wandstärke am Teilungssporn
und die scharfe Abgrenzung der Wand der beiden Äste gegeneinander auffallend
(Abb. 214), während gegenüber dem Teilungssporn alle Wandschichten des Stammes
sich in die Wand des Astes verfolgen lassen.

Eine genauere Analyse der Anordnung und Wirkung dieser Muskulatur fehlt
noch, doch dürfte es sich um Bildungen handeln, die bei den vorkommenden Winkeländerungen die Weite der beiden Äste regeln.

Über die Kontraktionsfähigkeit der kleinen Lungenarterien und sphincterartigen Einrichtungen

In möglichst frisch nach dem Tode mittels Durchspülung durch Formolalkohol im Thorax fixierten Lungen findet man zwei Extremformen kleiner Arterien, die durch alle Übergangsbilder verbunden sind. In dem einen Falle eine dünne Muskel-

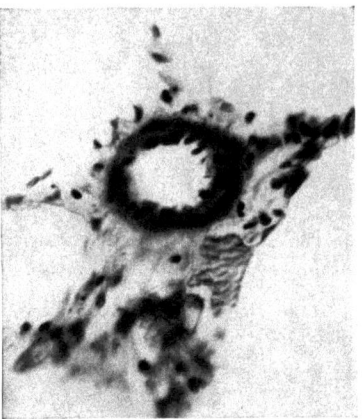

a

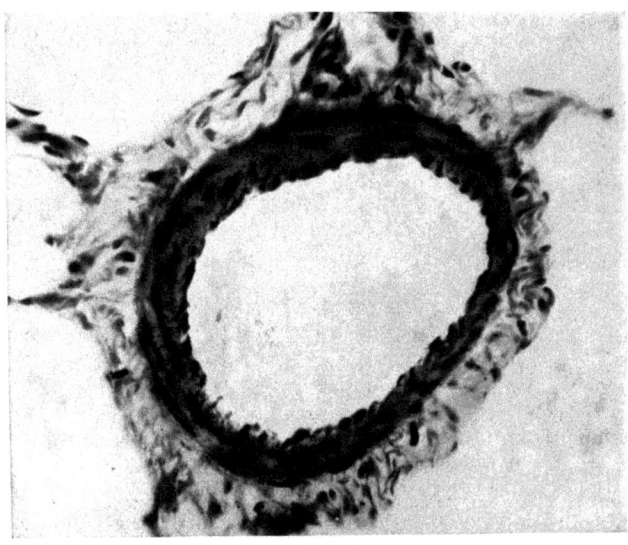

b

Abb. 215a u. b. Kontrahierte Arterien mit vorragenden Endothelkernen. 300fach

wand ($^1/_{12}$—$^1/_{20}$ der Lichtung) und platte scheibenförmige Endothelkerne (Abb. 216), in dem anderen Falle eine dicke Muskelwand ($^1/_3$—$^1/_6$ der Lichtung) und leisten-förmig gegen das Lumen vorspringende Endothelkerne (Abb. 215). Offenbar handelt es sich in letzterem Falle um einen durch die Fixation erhalten gebliebenen oder sogar durch den Fixierungsvorgang entstandenen Kontraktionszustand der Muskulatur, wie er von peripheren Arterien bekannt ist. Daß auch am lebenden

Objekt eine Fältelung des Endothels mit entsprechender Formveränderung der Kerne vorkommt, gibt Krogh von peripheren Arteriolen an. Da nicht nur in derselben Lunge, sondern auch im selben Schnitt von wenigen Quadratzentimetern Fläche kontrahierte und weit offene kleine Arterien gefunden werden, ist anzunehmen, daß alle dem gleichen Reiz bei der Fixierung unterworfen waren und daß daher der verschiedene Kontraktionszustand schon vor der Fixierung, vermutlich also in vivo, bestanden hat. Es ist daraus zu schließen, daß die kleinen Arterien in vivo eine derartige Kontraktionsfähigkeit besitzen, wie sie aus den Abbildungen hervorgeht.

Versucht man sich über das Ausmaß der Verkleinerung der Lichtung ein genaueres Bild zu machen, so ist dies am besten auf Grund der verschieden dichten

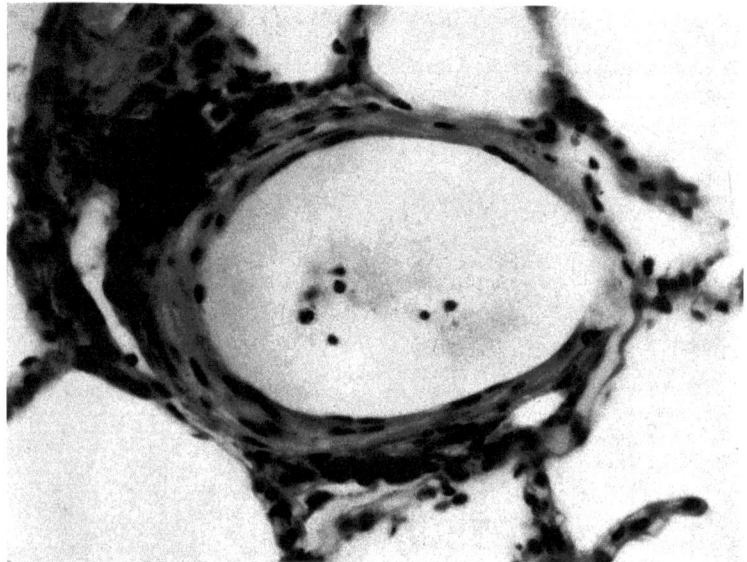

Abb. 216. Weite Arterie mit flachen Endothelkernen. 300fach

Anordnung der Endothelkerne bei kontrahierten und weiten Arterien möglich, außerdem aber auch auf Grund der verschiedenen Dicke der Muskelwand. Da es an der menschlichen Lunge niemals möglich ist, dieselbe Arterie in kontrahiertem und erweitertem Zustand zu beobachten, ist natürlich aus dem Vergleich verschiedener Arterien nur annähernd auf das Ausmaß der Kontraktion zu schließen. Aus den zahlreichen mir vorliegenden Bildern möchte ich schließen, daß eine contractorische Verkürzung des Umfanges und damit auch des Durchmessers auf $^1/_3$—$^1/_4$ möglich ist. Dabei spielt bei diesen kleinen Arterien, die im kontrahierten Zustand nur mehr eine Lichtung bis zu 0,03 mm herunter haben, die Dicke der zusammengeschobenen Intima für die Verkleinerung der Lichtung eine wesentliche Rolle. Eine Verkleinerung des Durchmessers auf $^1/_3$ bedeutet aber eine Verkleinerung der Querschnittfläche auf $^1/_9$ und eine Erhöhung des Strömungswiderstandes auf das 27fache (3^3), was praktisch beinahe zu einer Ausschaltung des von einer solchen kontrahierten Arterie versorgten Gewebsschnittes führen würde. Wieweit in vivo Kontraktionen der Lungenarterien vorkommen, läßt sich aus diesen Beobachtungen nicht schließen, doch

Art. Sph. Rm.

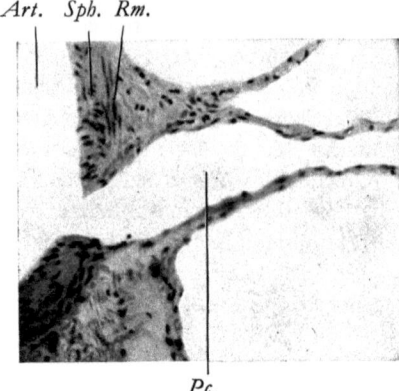

Pc.

Abb. 217. Querschnitt durch eine Arterie mit Abgang einer Präcapillare (*Pc.*), Sphincter (*Sph.*), Ringmuskulatur der Arterie (*Rm.*). 70fach. [Aus v. Hayek, Z. Anat. Entwickl.-Gesch. **110** (1940)]

Artl.

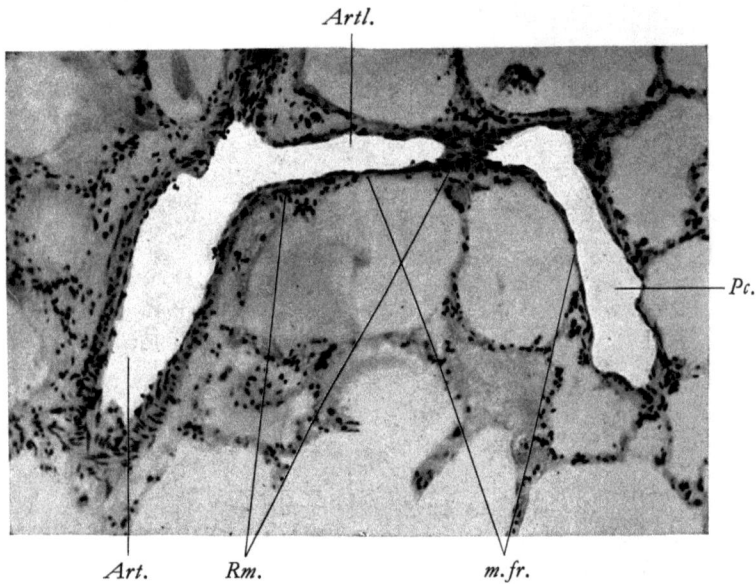

Pc.

Art.   Rm.   m.fr.

Abb. 218. Übergang einer Arterie (*Art.*) in eine Arteriole (*Artl.*) und eine Präcapillare (*Pc.*), Ringmuskel (*Rm.*), muskelfreie Stellen (*m.fr.*). [Aus v. Hayek, Z. Anat. Entwickl.-Gesch. **110** (1940).]. Etwa 100fach

ergibt sich daraus die Möglichkeit, daß einzelne Lungenabschnitte vorübergehend schwächer oder stärker durchblutet werden, so wie ja von den Nierenglomeruli ein abwechselndes Funktionieren bekannt ist (s. S. 110).

Außer der Kontraktionsfähigkeit der kleinen Arterien können für die Regulierung des Blutstromes noch sphincterartige Muskelzüge am Abgang der Präcapillaren und Arteriolen von den kleinen Arterien in Frage kommen, Muskelzüge, die ich schon früher (v. Hayek, 1940) beschrieben habe. Ein Querschnitt durch die Abgangsstelle einer Präcapillare (Abb. 217) oder Arteriole von einer Arterie zeigt deutlich die senkrecht auf die Ringmuskulatur der Arterie verlaufenden Sphincterfasern, von denen ich je nach der Größe des Gefäßes zwischen 2 und etwa 12 Muskelzellen beobachten kann. Wieweit diese Sphincteren jedoch die Lichtung einengen können, konnte ich bisher noch nicht beobachten, so wie ich auch über die Wirkung der Muskelringe der Arteriolen noch nichts aussagen kann.

Die geschilderte Kontraktionsfähigkeit der Lungenarterien scheint eine Erklärung zu geben für die Gefäßsperre, die Mautner und Pick bei Peptonschock und Ähnlichem beschreiben, sowie für die verschiedene Durchblutung einzelner Lungenteile, auf die Schoen hinweist.

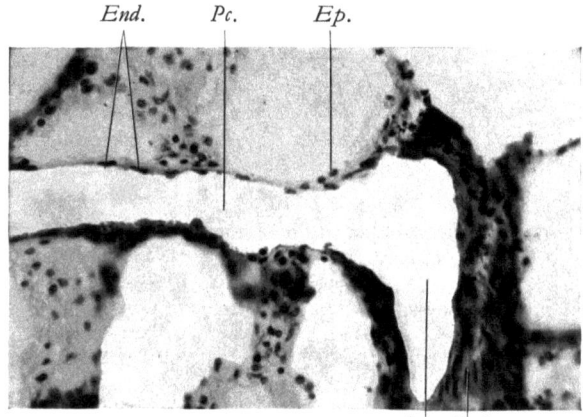

Abb. 219. Übergang einer kleinen Arterie (*Art.*) in eine Präcapillare (*Pc.*), Endothel (*End.*), Epithel (*Ep.*). Etwa 150fach. [Aus v.Hayek, Z. Anat. Entwickl.-Gesch. **110** (1940).]

Weiter gibt sie auch die anatomische Grundlage für die schon von H. Fühnen und E. H. Starling [J. Physiol. (Lond.) **47**, 284 (1913)] vermutete Kontraktion der Lungengefäße und für die Verengerung kleinster Lungenarterien, die U. Euler [Verh. dtsch. Ges. Kreisl.-Forsch. **17**, 8 (1951)] aus Widerstandsänderungen erschließt.

Die Arteriolen und Präcapillaren

Die kleinsten Arterien teilen sich meist in Arteriolen und diese wieder in Präcapillaren, doch findet sich nicht selten der Abgang einer Präcapillare direkt von einer kleinen Arterie. Das Ende der kleinsten Arterie ist nicht nur durch das Ende der geschlossenen Muskellage charakterisiert, sondern hier enden auch die periarteriellen Lymphräume, somit die Selbständigkeit der Arterienwand von dem umgebenden Lungengewebe. Hier endet auch die kontinuierliche Elastica externa, während die Elastica interna sich weiter verfolgen läßt (Abb. 221).

Die Arteriolen sind durch die unvollständige Muskelbekleidung charakterisiert, so daß muskelfreie Stellen mit Muskelringen (Abb. 218, 220) in ihrer Wand abwechseln (Vandendorpe, Myata, v.Hayek, 1940). In den Muskelringen, die bis zu 10 Muskelfasern breit sind, lagern sich diese in nur einer Schicht an. Die Elastica externa zeigt am Rande der muskelfreien Stellen zarte Verbindungsfasern zur Interna, so daß Myata und Vandendorpe von einer Vereinigung dieser beiden

Blätter sprechen. Die elastischen Fasern ihrer Wand hängen direkt mit dem Faser-gerüst der Alveolen zusammen, so daß die Arteriolenwand direkt in die Alveolen-wand eingebaut ist. An den muskelfreien Stellen findet sich, da hier Alveolen-capillaren fehlen, zwischen Endothel der Arteriole und Alveolarepithel außer Silber-fasern nur das zarte Längsfasernetz der Elastica interna. An diesen Stellen dürfte somit schon ein Gasaustausch möglich sein. Die Arteriolen verlaufen im allgemeinen parallel den Bronchioli alveolares 1. Ordnung (Abb. 213).

Die Präcapillaren sind durch das vollkommene Fehlen von Muskulatur aus-gezeichnet. Sie gehen entweder aus einer Zweiteilung einer Arteriole hervor oder

Abb. 220. Arteriolenwand längs. Muskelring und muskelfreie Stelle; etwa 150fach. [Aus
v.Hayek, Z. Anat. Entwickl.-Gesch. **110** (1940)]

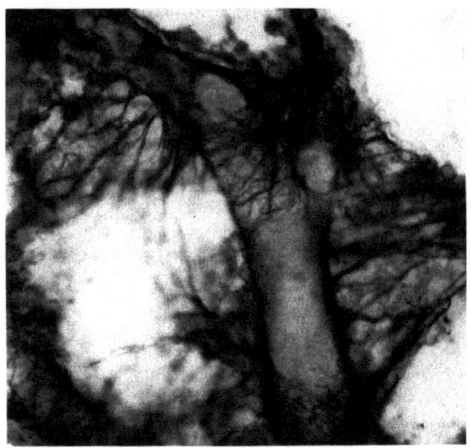

Abb. 221. Arteriole, Einbau ihres elastischen Gerüstes in das der Alveolen. Orcein, 240fach

entspringen als seitlicher Ast einer Arteriole oder kleinster Arterie (Abb. 218, 219). Ihre äußerst dünne Wand läßt außer dem Endothel und den auch in der Capillar-wand darstellbaren Silberfasern noch eine zarte, aus Längsfasern bestehende Elastica interna erkennen, in welche elastische Fasern der Nachbaralveolen einstrahlen. Diesen Alveolen fehlt an den Anlagerungsstellen ein eigenes Capillarnetz, so daß Blut und Luft nur durch eine kaum 2 μ dicke Membran getrennt sind (Abb. 219). Die Weite der Präcapillaren beträgt vielfach etwa 40 μ, oft aber auch an der im Thorax fixierten Lunge 60 und 70 μ, so daß sie dann weiter sind als die Arteriolen, aus denen sie hervorgehen. Man könnte die Präcapillaren demgemäß auch als präcapillare Sinus bezeichnen und damit den von S. und T. Sjöstrand bei der Maus beschriebenen sinuösen Blutgefäßen an die Seite stellen.

Dadurch, daß die Präcapillaren vielfach als seitliche Äste von Arterien oder Arteriolen abgehen und die Luftwege sich weiter dichotomisch teilen, läßt sich eine Zugehörigkeit einer Präcapillare zu einem Bronchiolus alveolaris nicht mehr erkennen, sondern die Präcapillaren liegen zwischen den Alveolargängen, sich an deren Alveolen mittels kurzer Ästchen abrupt in die Capillaren aufsplitternd.

Die Blutversorgung der Alveolen

Der Übergang der weiten Präcapillaren in die Capillaren erfolgt durch kurze Gefäßschnitte von etwa der halben Länge eines Alveolendurchmessers und bis zur dreifachen Lichtung einer Capillare, die zwischen zwei oder drei Alveolen liegen

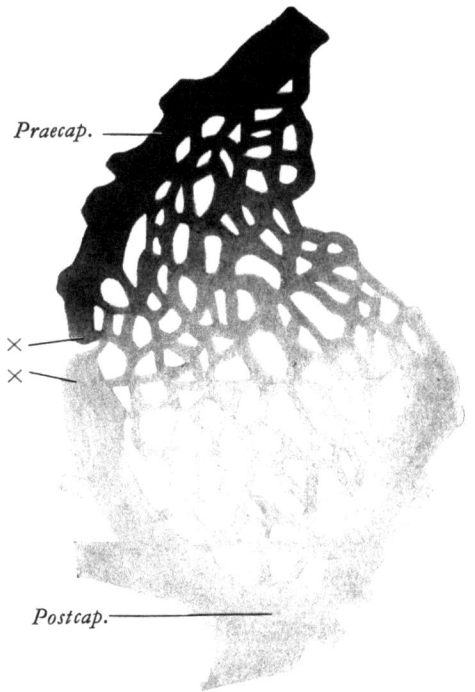

Praecap.

×

×

Postcap.

Abb. 222. Injektionspräparat mit Berliner-Blau-Gelatine. Alveolenboden mit Präcapillare (dunkel) und zwei sich vereinigenden Postcapillaren (hellgrau). Die mit × bezeichneten Enden liegen in verschiedenen Ebenen. 200fach

und an diese sich schnell aufzweigende Capillaren abgeben. Die Zahl der direkt abgehenden Capillaren dürfte — soweit bei der unregelmäßigen Verzweigung eine Zählung überhaupt möglich ist — 12—20 betragen. Ein oder zwei solche Ästchen treten an jede Alveole (Abb. 222) an die Kuppe näher oder weiter vom Alveoleneingang heran; ich habe jedoch niemals ringförmig verlaufende Ästchen (Abb. 223) am Alveoleneingang gefunden, wie Clara (1936) das erwähnt. Nahe den Eingangsringen der Alveolen liegen immer nur Capillaren (Abb. 173, 189).

In ähnlicher Weise verlaufen auch die abführenden Gefäße, indem 1—2 Postcapillaren (Abb. 222), zu welchen sich die Capillaren vereinigen, von jeder Alveole das Blut abführen. Auch diese Postcapillaren liegen zwischen zwei oder drei Alveolen und niemals an den Eingangsringen. Sie haben eine Länge von $^1/_2$ (Abb. 222) bis $1^1/_2$ Alveolendurchmessern.

An den Lungenoberflächen (Abb. 223) ist das Bild der Gefäße ein etwas anderes als am Schnitt. Die präcapillaren Arterien treten aus der Tiefe des Lungengewebes an die Oberfläche heran, um sich hier teils sternförmig in die Capillaren der umliegenden Alveolen zu verzweigen, während die Postcapillaren und Venen an der Oberfläche verlaufen. Dabei liegen die Postcapillaren vorwiegend in der pleuranahen Basis der Alveolarsepten, so daß die Alveolenkuppen je zwischen dem Sternchen

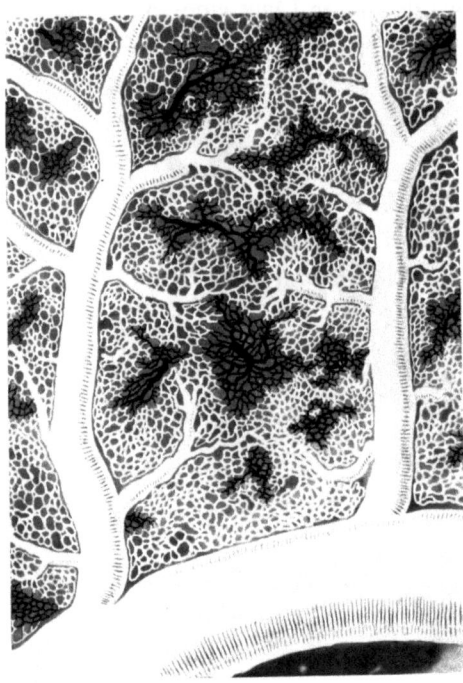

Abb. 223. Lungenoberfläche mit injizierten Gefäßen. Arteriell (schwarz), venös (weiß). Altes Präparat der Anatomie Würzburg; etwa 25fach; überzeichnetes Photo. [Aus v. Hayek, Ergebn. Anat. Entwickl.-Gesch. **34** (1945)]

einer arteriellen Verzweigung und den Venulae gelegen sind. Ebenso wie die Postcapillaren liegen auch die Venulae und Venen in der gleichen Ebene der Grenzmembran des Lungengewebes, so daß alle Elemente des abführenden Blutweges an diesem Präparat auf einem Feld dargestellt werden können. Daß die Venulae und Venen außerdem aus der Tiefe noch Äste aufnehmen, ist selbstverständlich.

Zwischen Präcapillare und Postcapillare finde ich 4—12 Capillarmaschen gelegen, so daß der capilläre Weg des Blutes verschieden lang sein kann. Bei einem Alveolendurchmesser von 250 μ wird er durch 4 Capillarmaschen nur etwa 60 μ, durch 12 Capillarmaschen dagegen etwa 250 μ messen. Nach den Bildern von Wearn, Barr und German (Abb. 224) möchte ich annehmen, daß es dieser kürzere Weg ist, der bei ihren Beobachtungen am lebenden Tier offenbleibt, wenn die übrigen Capillaren sich schließen. Dieser Befund von Wearn an der Lunge entspricht offenbar den Beobachtungen von Jacobi und von Krogh, die den immer offen bleibenden Weg als Stromcapillaren bzw. Ruhecapillaren und die übrigen Capillaren als Netzcapillaren bzw. Arbeitscapillaren bezeichnen.

Abb. 224. Verschiedene aufeinanderfolgende Stadien der Füllung der Capillaren einer Alveole. Lebendbeobachtung von Wearn, Barr und German

Die Capillaren der Alveolen

Die Capillaren haben an der in situ mittels Durchspülung etwa unter Blutdruck fixierten Lunge eine Weite von 10—12 μ, so daß in ihnen Erythrocyten reichlich Spielraum besitzen. An der außerhalb des Thorax fixierten kollabierten Lunge werden sie vielfach enger gefunden (6—11 μ, Claus). Ihr Netzwerk ist so dicht (Abb. 222), daß die zwischen den Capillaren gelegenen Maschen vielfach enger sind als der Durchmesser einer Capillare. Ihre Wand besteht aus Endothelzellen und einem Fasern enthaltenden Grundhäutchen (Plenk).

Die Endothelzellen lassen sich durch Darstellung der Zellgrenzen mittels Silberimprägnation darstellen, wobei sich zeigt, daß die Endothelzellen am Übergang zwischen Arterien und Capillaren eine andere Form annehmen (W. Kammel). Seit Kölliker haben viele Autoren diese Endothelgrenzen als Grenzen der kernlosen Platten der Alveolarsepten beschrieben, doch ist es erstaunlich, daß beim Vergleich der Bilder, wie sie z.B. Jecker und Zimmermann von den Endothelgrenzen geben, mit den Bildern Köllikers von den Grenzen der kernlosen Platten diese Silberlinien nicht schon öfter als die gleichen Bildungen identifiziert wurden. Nur Maximow und Bloom sprechen auf Grund von Angaben Looslis davon, daß die Silberliniensysteme der sog. kernlosen Platten nichts anderes sind als die Endothelzellgrenzen. Ein gleiches Verhalten wie die menschlichen Lungen (alte Silberimprägnationspräparate von Kölliker) zeigen auch die verschiedenen untersuchten Säugerlungen. Die in den kleinen Arterien länglich rhomboidisch begrenzten Endothelzellen (Abb. 226) nehmen schon in den Präcapillaren eine breite, unregelmäßig begrenzte Form an. In den Capillaren schließlich sind wellenförmige Grenzlinien charakteristisch, in deren Bereich lappenartige Fortsätze abwechselnd übergreifen (Abb. 225a). Bei Dehnung der Endothelzellen durch Füllung der Capillaren werden die Grenzlinien offenbar etwas glatter, so daß man einmal stärker, einmal weniger stark gewellte Linien findet. Besonders bemerkenswert ist, daß nach Zimmermann bei der Katze (ebenso wie beim Frosch) in den subpleuralen Alveolenwänden die pleuranahe Seite der Capillarwand kleine Endothelzellen mit glatteren Begrenzungslinien enthält als die respiratorische Seite, so daß die ersteren Endothelzellen (Abb. 225b) mehr denen der Arterien gleichen (Abb. 226). Frei endigende Silbergrenzlinien, wie sie Kölliker abbildet, finde ich auch an eigenen Präparaten, an denen solche Linien

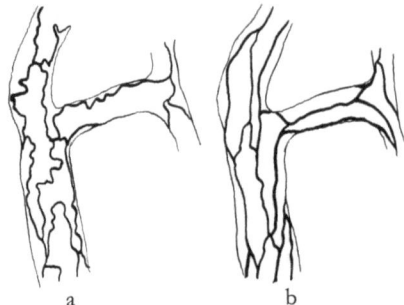

a   b

Abb. 225a u. b. Capillare aus einer subpleuralen Alveolenwand der Katze. a Respiratorische
Seite; b pleurale Seite. Silberimprägnation der Endothelgrenzen. Umzeichnung nach
Zimmermann. Etwa 750fach

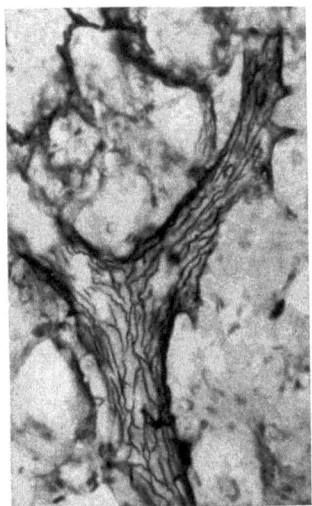

Abb. 226. Kleine Arterie vom Meerschweinchen. Silberimprägnation der Endothelgrenzen.
250fach

zwei kernhaltige Endothelzellen unvollständig voneinander abgrenzen (Abb. 227).
Ob diese Linien durch unvollständige Imprägnierung frei endigen oder ob es sich
dabei um zwei durch Teilung entstandene Endothelzellen handelt, die noch nicht
völlig voneinander getrennt sind, kann noch nicht entschieden werden.

Die Kerne der Endothelzellen liegen vielfach exzentrisch in den Endothelzellen
(Abb. 227), wodurch verständlich ist, daß an manchen Stellen, wie Abb. 182 zeigt,
Endothelkerne dicht beisammen liegen, während an anderen Stellen die Abstände
besonders groß erscheinen. Diese Annäherung von Endothelkernen erinnert an
Bilder der Mesothelzellen des Peritonaeum, wo zwischen den einander genäherten
Kernen Stomata beschrieben wurden.

In bezug auf den Umfang der Capillaren liegen die Endothelkerne häufig (Hayek,
1945 und 1948) an der der Alveole zugewendeten Seite (Abb. 130, 131, 132). Das ist
deswegen von Interesse, weil — wie Benninghoff angibt — die Kerne der Capillar-

endothelien an anderen Organen immer auf der Seite liegen, die der bevorzugten Durchtrittsstelle abgewandt ist. Die für den Gaswechsel vorwiegend in Betracht kommende, der Alveole zugewendete Seite der Capillarwand ist nun nicht nur vielfach durch die Einlagerung der Kerne auf dieser Seite verdickt, sondern um den Kern herum ist auch das Protoplasma etwas dicker als in dem übrigen Teil der Endothelzelle. Aus Zählungen von Querschnitten und Flachschnitten ist zu schließen (Hayek, 1948), daß etwa $^1/_4$ der den Alveolen zugewendeten Seite der Capillaroberfläche von den Kernen (Abb. 206) und dem sie umgebenden dickeren Plasma eingenommen wird. Also ein Anteil der für den Gasdurchtritt in Frage kommenden Membran, der für den Gaswechsel sicher nicht ohne Bedeutung ist.

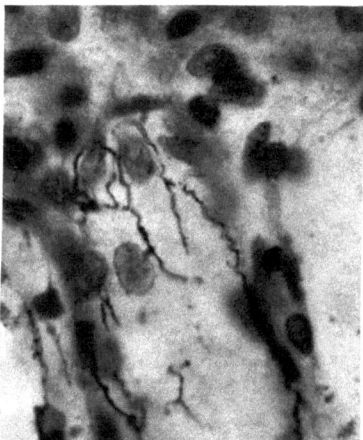

Abb. 227. Endothelgrenzen und Kerne im Alveolenboden vom Meerschweinchen. Silberimprägnation. Hämat. 1000fach

Das Grundhäutchen der Capillaren umschließt den Endothelschlauch. Dieses homogene Häutchen nach Hueck, gallertartig, enthält feinste Elastica- und Silberfasern (Clara, Rusakoff, Plenk), so wie ja auch sonst die Maschen elastischer Gitter von einem homogenen Häutchen abgeschlossen sind (Schaffer). Die feinen elastischen Fäserchen, die jede Capillare umspinnen, sind nicht an jeder Lunge gleich gut mit Elasticafarbstoffen färbbar, sind aber durch ihre geringere Verzweigung leicht von den Silberfasern zu unterscheiden. Letztere bilden um jede Capillare ein feinstes Gitter (Orsós, Clara), das mit dem die Capillarmaschen durchsetzenden Gitterwerk kontinuierlich zusammenhängt und sich auch von dem Silberfasernetz an der Basis der Alveolarepithelien nicht abgrenzen läßt (Clara, Businco). Als Erzeuger des Grundhäutchens mit den Silberfasern werden von Plenk die Endothelzellen angesprochen, während Orsós die Pericyten dafür verantwortlich macht. Pericyten sind aber, wenn es überhaupt solche Zellen in den Alveolarsepten gibt, nur vereinzelt vorhanden, so daß ich mich der Meinung Plenks anschließen möchte.

Die Postcapillaren und die Venulae

Die kleinen Gefäße, die durch Vereinigung von Capillaren in der Alveolenwand entstehen, werden als Postcapillaren bezeichnet. Ihre Weite beträgt bis etwa 50 μ

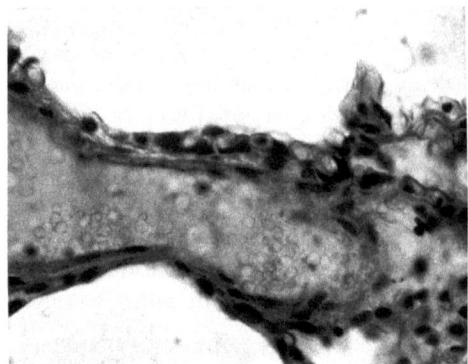

Abb. 228. Postcapillare mit Anlagerung des alveolären Capillarnetzes an der Außenseite.
320fach

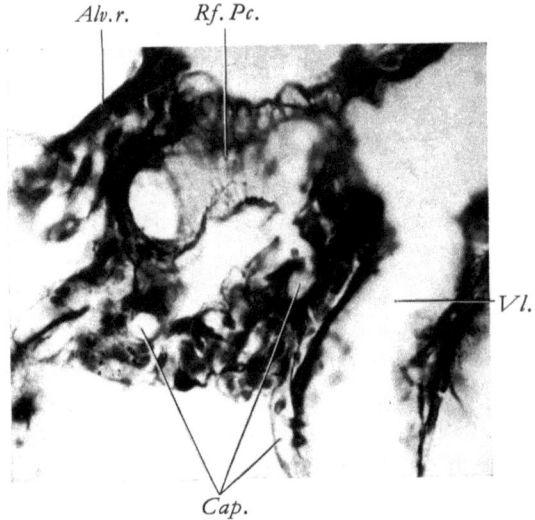

Abb. 229. Einmündung von Capillaren (*Cap.*) in eine Postcapillare, an der die elastischen
Ringfasern dargestellt sind. *Vl.* Venula, *Alv.r.* elastischer Eingangsring einer Alveole.
Rf.Pc. Ringfasern der Postcapillare. Orcein, 400fach

(Merkel), ihrer Wand fehlt Muskulatur. Das Fasernetz, welches ihr Endothel stützt,
besteht außer aus einem Gitterfasernetz aus vorwiegend ringförmig verlaufenden
elastischen Fasern, die kontinuierlich in das Faserwerk des umgebenden Lungengewebes übergehen (Hayek, 1945). v. Möllendorff spricht in diesem Sinne von der
Aufhängung des Lungengewebes an den Venenwurzeln. Gelegentlich finde ich die
Außenseite einer Postcapillare von einem alveolären Capillarnetz bekleidet (Abb. 228),
zum Unterschied von den Präcapillaren, denen eine solche Bekleidung fehlt, so daß
dort eine engere Beziehung zwischen Blut und Luft besteht als bei den Postcapillaren.

Als Venulae sind etwas weitere Gefäße (50—80 μ, Merkel) zu bezeichnen, die
wie die Postcapillaren durch ihre elastischen Ringnetze (Abb. 229) fest ins Lungengewebe eingebaut sind, aber schon vereinzelt Muskelfasern in ihrer Wand besitzen

Rm.

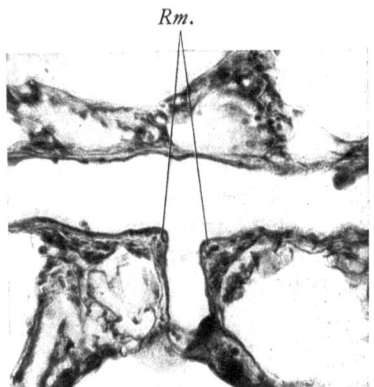

Abb. 230. Einmündung einer Postcapillare in eine Venula mit Ringmuskelfasern (*Rm.*) an der Mündungsstelle. Häm.-Eos. 160fach. [Aus v. Hayek, Ergebn. Anat. Entwickl.-Gesch. **34** (1945)]

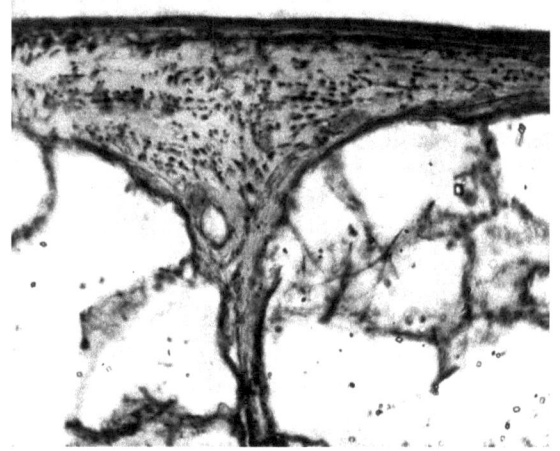

Abb. 231. Vene 2 mm quer und Septum interlobulare. Reichlich elastische Fasern in der Adventitia. Orcein. 100fach. (Vgl. Abb. 208 von einer Arterie)

(Merkel, Macklin, v. Hayek, 1945). Der Übergang einer Postcapillare in eine Venula kann durch einen Muskelring (Bruch, v. Hayek, 1945) an der Einmündungsstelle gekennzeichnet sein (Abb. 230). Zwischen den Muskelzügen, die vielfach ringförmig angeordnet sind, finden sich längere oder kürzere muskelfreie Abschnitte. Takino und Yoshiahi beschreiben, daß die glatte Muskulatur in der Wand kleiner Venen sich in Form von Wülsten findet, die besonders innerviert werden, und daß dadurch an injizierten Venen beim Menschen und anderen Säugern Perlschnurfiguren (Takino und Miyake) beobachtet werden können. Beim Pferd hat Spanner schon vorher Perlschnurfiguren an Lungenvenen beschrieben. Eine Unterscheidung der Venulae von den Arteriolen ist am sichersten durch die vorwiegend ringförmig verlaufenden elastischen Fasern der Elastica interna der Venulae möglich. Dazu kommt noch, daß den Venulae meist Staubpigment fehlt, das um die Arteriolen vielfach gefunden wird.

Die Venenwand

Die kleinen Venen können gegenüber den Venulae am besten dadurch charakterisiert werden, daß sie nicht mehr durch den direkten Übergang ihrer elastischen Wandfasern in die Alveolarfasern fest in das Lungenparenchym eingebaut sind, sondern die Venenwand von der Grenzmembran des Lungenparenchym durch lockeres Gewebe getrennt ist. Dort, wo kleine Läppchen vorhanden sind, verläßt

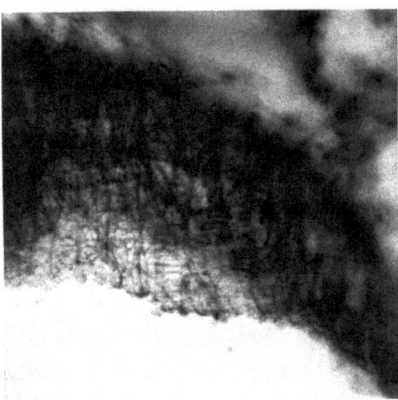

Abb. 232. Vene 2 mm Flachschnitt, Querfasern der Intima. Orcein. [Aus v. Hayek, Ergebn. Anat. Entwickl.-Gesch. **34** (1945).] Vgl. Abb. 210 von einer Arterie

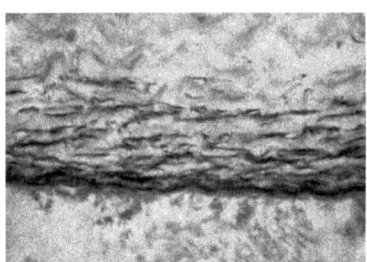

Abb. 233. Kleine Vene, Querschnitt, vgl. Abb. 209 von der Arterie. Orcein. [Aus v. Hayek, Ergebn. Anat. Entwickl.-Gesch. **34** (1945)]

das Gefäß am Übergang von Venula zur Vene das Läppchen, um im interlobulären Septum weiterzulaufen. Wo aber größere Läppchen sich finden, verläuft die kleine Vene in einem von einer Grenzmembran umschlossenen Kanal des Lungengewebes. Die Venenwand ist im ganzen gegenüber den Arterien durch die dünnere Media (Abb. 231 und 234), die stärkere Adventitia und die unscharfe Abgrenzung der beiden Schichten gegeneinander charakterisiert. Die an der Grenze von Intima und Media gelegene Elastica interna besteht bei den kleinen Venen aus einem Ringfasernetz (Abb. 232) mit eingewebten Längsfasern, während bei den größeren Venen die Längsfasern im Fasernetz überwiegen (Bruch). Vielfach bestehen Zusammenhänge mit den elastischen Fasern der Media.

Die Media der Venen erscheint bei der Darstellung der muskulären oder elastischen Elemente durch den starken Gehalt an Kollagenfasern aufgelockert gegenüber

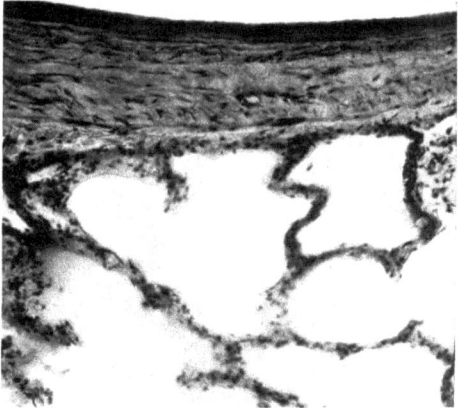

Abb. 234. Vene von 6 mm Lichtung quer. Glatte Muskelfasern in der Adventitia. Azan 100fach

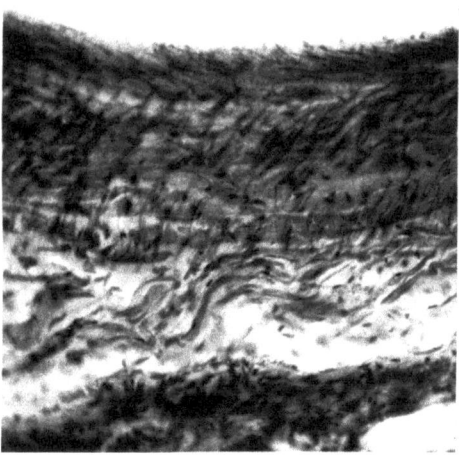

Abb. 235. Vene von 6 mm Weite, Schrägschnitt, reichlich in die Adventitia ausstrahlende glatte Muskelfasern. Azan, 100fach

der Arterienmedia (Bruch). Die elastischen Elemente der Venenwand sind nicht zu Membranen vereinigt, sondern formen Netze, deren feine Fasern vorwiegend zirkulären Verlauf haben (Abb. 233). Durch einzelne Längs- und Radiärfasern stehen sie untereinander in Verbindung. Die locker angeordneten Ringmuskelfasern setzen an den elastischen Fasern an und strahlen aus der äußeren Schicht vielfach schräg in die Adventitia ein, wie der Schrägschnitt (Abb. 235) deutlich erkennen läßt.

Die Adventitia enthält reichlich vorwiegend in der Längsrichtung verlaufende Kollagenfasern, außerdem elastische Fasern und Muskulatur. Die elastischen Netze der kleineren Venen (Abb. 233) bestehen vielfach aus Ring- und Schrägfasern. Bei den mittleren und großen Venen verlaufen diese oft sehr dicken Fasern vorwiegend in der Längsrichtung; sie sind über die ganze Dicke der Adventitia verteilt (Abb. 231) und treten zu Nachbargebilden, wie der Grenzmembran des Lungengewebes, Arterien oder Bronchi, in Beziehung. Glatte Muskelfasern strahlen vielfach aus der Media in die Adventitia ein (Abb. 235) und liegen bei mittleren Venen meist einzeln in der Adventitia (Abb. 231), wo sie mit elastischen Sehnen in das elastische Fasernetz einstrahlen. Bei größeren Venen bilden sie oft dicke Bündel (Abb. 236), die ebenfalls an den Elasticafasern ansetzen (Bruch).

Venenklappen an den Astabgängen wurden von Takino und Okada als Varietät an 2 von 16 Leichen gefunden.

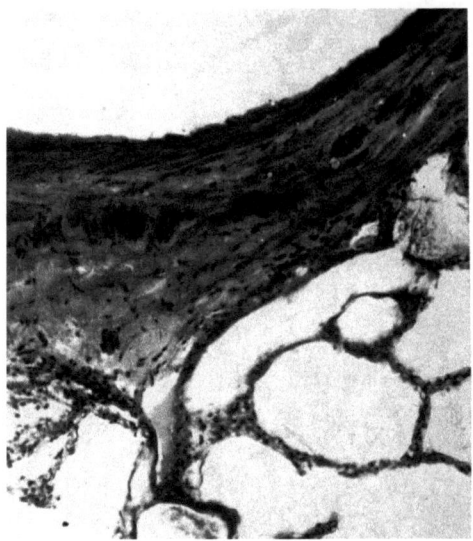

Abb. 236. Große Vene von 8 mm Weite mit dicken glatten Muskelbündeln in der Adventitia. Azan, 100fach

Die Einmündung der Venen in den Vorhof

An der Einmündung der Lungenvenen in den linken Vorhof kann der Übergang der Venenwand in die Wand des Vorhofes und in das Perikard festgestellt werden. Daß die Wurzeln der Lungenvenen bis in die Gegend des Perikardumschlages noch einen Überzug von Herzmuskelfasern besitzen, ist schon lange bekannt. Winterstein und Otterbach haben die Anordnung dieser Herzmuskelfasern makroskopisch untersucht und ihre teils ringförmigen, teils längs den Gefäßen auslaufenden oder von den Astgabeln aufsplitternden Faserzüge beschrieben. Adachi beschreibt, wie an den verschiedenen Seiten der einzelnen Lungenvenen der Myokardüberzug verschieden weit im Verhältnis zur Perikardumschlagstelle vorragt. Ich selbst finde wie Adachi, daß die Herzmuskelfasern gelegentlich die Venen bis in den Hilus hinein begleiten können. Bei kleinen Säugetieren soll der Herzmuskelbelag bis zu den kleinen Lungenvenen tief in die Lunge hineinreichen (Benninghoff).

Für die Verankerung der Lungenvenen am Vorhof ist es wichtig, daß die längsverlaufenden Herzmuskelfasern in die Adventitia einstrahlen und daß die äußeren Adventitiaschichten jedoch in das Perikard übergehen (Abb. 237), wo sie insbesondere mit dem kräftigen Querfaserzug der hinteren Perikardwand zusammenhängen (s. S. 69). Die Media der Venen sowie die Intima (Abb. 237) bilden dagegen die

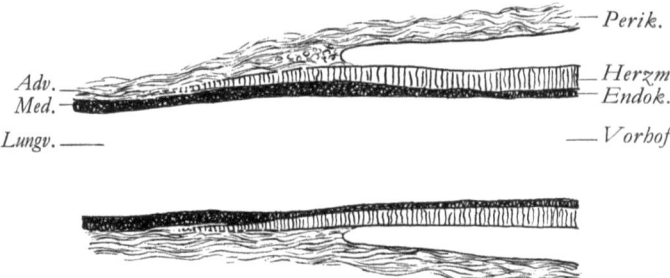

Abb. 237. Schema des Ursprunges der Lungenvenen aus dem Vorhof. Übergang des Perikards und des Myokards in die Adventitia, des Endokards in Media und Intima der Lungenvene

Fortsetzung des Endokards (Adachi), das ja im linken Vorhof besonders dick ist (Benninghoff) und zahlreiche Muskelfasern enthält.

So ist im ganzen eine dreifache Verankerung der Lungenvenen festzustellen. Während der Diastole der Vorhöfe und bei starker inspiratorischer Dehnung der Lungenvenen wird der Zusammenhang der Adventitia mit dem Perikard vorwiegend beansprucht werden. Die systolischen Spannungen des Vorhofes werden sich vom Myokard auf die Adventitia auswirken. Das Endokard dagegen, das die glatte Oberfläche für den Blutstrom zu gewährleisten hat, setzt sich in Intima und Media der Venenwand fort, wobei die an den elastischen Fasern ansetzenden Spannmuskeln der Anpassung an die durchfließende Blutmenge dienen.

Die Teilungsstellen der Venen

Die Teilungsstellen der Venen sind gegenüber denen der Arterien dadurch charakterisiert, daß die beiden Äste im Teilungswinkel durch besonders kräftige elastische Fasern der Adventitia (Abb. 238) zusammenhängen, die bogenförmig den

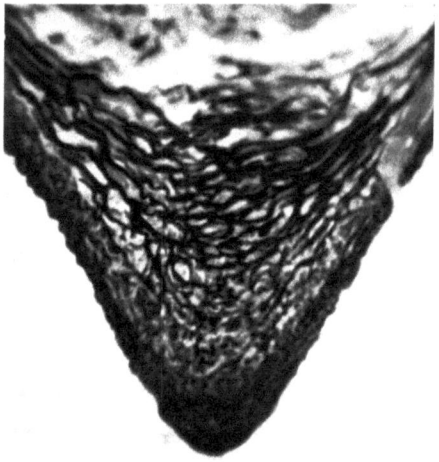

Abb. 238. Teilungssporn einer Vene mit elastischen Bogenfasern der Adventitia, rechts Einmündung einer Venula. Orcein-Häm., 100fach

Teilungssporn durchziehen. In diese Faserzüge sind auch einzelne Muskelbündel eingelagert, die in diese elastischen Fasern einstrahlen. Dadurch erscheint die Venenwand im Bereich des Teilungsspornes stark verdickt, im Gegensatz zu den Arterien (Abb. 213), wo die Wand gerade hier besonders dünn ist. An der Intima ist die Einlagerung zahlreicher Muskelfasern auffallend sowie die Auflösung der Elastica

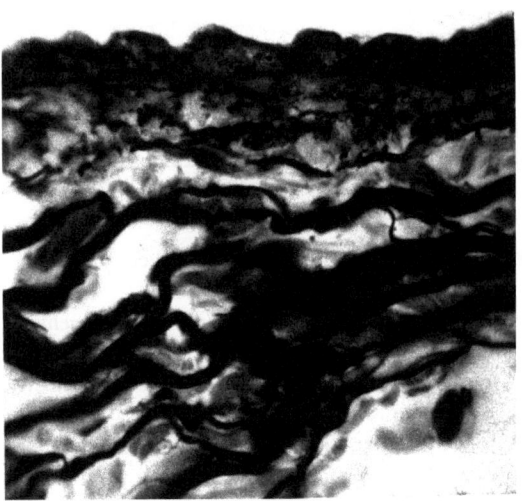

Abb. 239. Muskelreiche Intima der Vene Abb. 238 nahe dem Teilungssporn. Orcein-Häm. 400fach

interna in Einzelfasern, wodurch die Abgrenzung der Intima von der Media hier völlig unmöglich wird (Abb. 239).

Verständlich wird die Verstärkung der Adventitia der Teilungsstellen aus der Beanspruchung der Venen, die, vorwiegend zwischen den Lobuli gelegen, durch deren Erweiterung und Verschiebung gegeneinander auf Spreizung beansprucht werden, während die parallel den Bronchi verlaufenden Arterien mit diesen bei gewöhnlicher Atmung keine wesentlichen Änderungen der Verzweigungswinkel mitmachen.

Die Anordnung der Vasa pulmonalia

Die Arteriae pulmonales dextra und sinistra

Entsprechend dem schraubigen Verlauf der A. pulmonalis communis um die Aorta liegt das Endstück der Pulmonalis links hinter der Aorta und ist nach hinten kranial und etwas rechts gerichtet. Die Teilungsebene liegt so schräg im Raum, daß die linke Pulmonalis nach dorsal und links aufsteigt, die rechte dagegen nahezu transversal nach rechts zieht. Die Abgangswinkel sind umgekehrt proportional den Durchmesser verschieden, indem die linke mit ihrem kleineren Durchmesser (communis 30 mm, dextra 24 mm, sinistra 20 mm) stärker (um etwa 60—70°) von der Fortsetzung des Stammes abweicht als die rechte (um etwa 45°), wobei aber der bogenförmige Verlauf aller drei Gefäße die Abgangswinkel nicht klar in Erscheinung treten läßt. Da die Umschlagstelle des Epikards zum Perikard links etwa an der Grenze von Pulmonalisstamm und linker Pulmonalarterie gelegen ist, besitzt letztere keinen Perikardüberzug. Die rechte Pulmonalarterie — die unter dem Aortenbogen

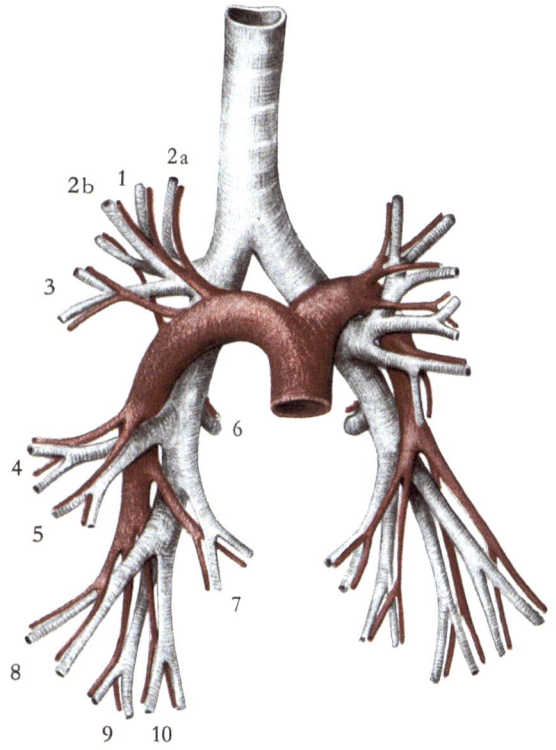

Abb. 240. Bronchialbaum mit Lungenarterien von vorne, mit einer der variablen Formen der Arterien der Lungensegmente 1—10

nach rechts zu an die Dorsalseite der Cava zieht — ist an ihrer ventrocaudalen Fläche bis zur Cava hin vom Perikard der Hinterwand des Sinus transversus pericardii überzogen.

Die Länge der beiden Pulmonalarterien bis zum Abgang ihrer ersten Äste variiert mit der Variabilität dieser Äste. Da diese aber links meist erst nach der Überkreuzung des linken Bronchus abgehen, rechts dagegen ventral vom rechten Bronchus, haben beide oft die gleiche Länge von etwa 35 mm, wenn auch die rechte gelegentlich bis zum Abgang der Oberlappenarterie bis zu 50 mm messen kann.

Nach Abgabe der Äste für den Oberlappen legt sich die Fortsetzung der A. pulmonalis an die laterale Seite des Stammbronchus (Abb. 240, 241). Dieser Abschnitt der Arterie wird am besten als Pars interlobaris (Boyden), der rechten bzw. linken

Pulmonalarterie bezeichnet. Er ist von der Fissura interlobaris aus, wenn die Lappen nicht zusammenhängen, leicht zu erreichen. Herrnheiser und Kubat dagegen rechnen die A. pulmonalis nur bis zum Abgang des ersten Oberlappenastes, den sie als Truncus superior bezeichnen. Die Fortsetzung der Arterie bis zum Hilus des Unterlappens nennen sie Truncus intermedius und ihr Endstück Truncus inferior. Auch Appleton stellt einem Truncus superior die übrige Arterie als Truncus inferior gegenüber. Doch möchte ich es für richtiger halten, wie Felix, Sauerbruch und

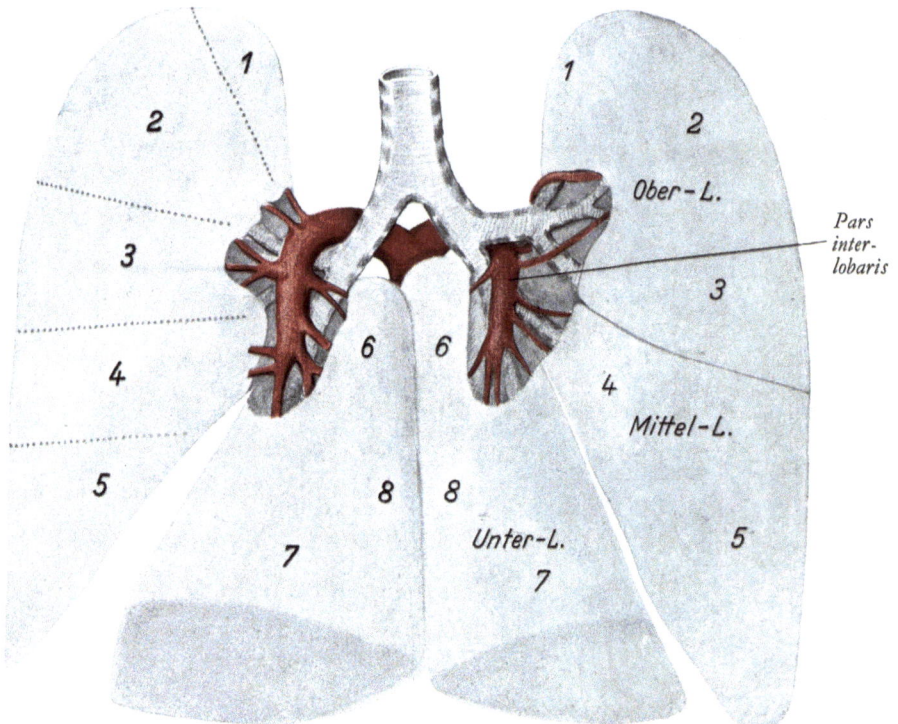

Abb. 241. Einblick in beide Fissurae interlobulares von hinten, beide Unterlappen nach medial umgeklappt zur Darstellung des interlobularen Abschnittes der Arteria pulmonalis

Boyden, bis zur Teilungsstelle in die Unterlappenäste von der A. pulmonalis zu sprechen und nur den letzten Abschnitt als Interlobarteil hervorzuheben.

Die linke Pulmonalarterie kreuzt den Bronchus oberhalb des Oberlappenbronchus, so daß dieser unter der Arterie (hyparteriell) entspringt. Nur in ganz seltenen Fällen verläuft die Arterie nicht über den Oberlappenbronchus, sondern zwischen seinen beiden Anteilen (Br. superior und inferior), die dann selbständig vom Stammbronchus entspringen (was gelegentlich auch ohne Arterienvarietät vorkommt, s. S. 82 und die Abbildung in Benninghoffs Lehrbuch), so daß dann der linke Spitzenbronchus eparteriell entspringt, wie der rechte (Dalla Rosa, Narath). Boyden und Hartmann beschreiben einen Fall, in dem die Arterie zwischen einer oberen Ramifikation, bestehend aus Bronchus 1 + 2 und einer unteren Verzweigung (Bronchus 3 + 4 + 5), verläuft, und nehmen an, daß im frühen Entwicklungs-

stadium der Bildung der epithelialen Bronchialknospen die Arteria abnorm weit
lateral gelegen war, so daß die Knospe für B1+2 medial von der Arterie vorgewachsen ist. Entsprechendes wäre auch anzunehmen, wenn, wie Dalla Rosa
beschreibt, B1+2+3 mit einem gemeinsamen Stamm oberhalb der Arterie entspringen.

Schließlich sind zwei seltene Fälle zu erwähnen, in denen der Oberlappenbronchus zwischen zwei Arterien liegt. In dem einen Falle (Dalla Rosa) war die
dorsale Arterie, die wie gewöhnlich den Ursprung des Bronchus craniodorsal um-
faßte, die kleinere und erschöpfte sich im Oberlappen, während die größere ventrale
Arterie sich über dem Mittellappenbronchus an die laterale Seite des Stammbronchus
begab. In dem anderen Falle (Adachi) war der ventrale Zweig (A. praebronchialis)
der wesentlich kleinere und versorgte, wie Adachi nach dem Korrosionspräparat
annimmt, ventrale Teile des Ober- und Unterlappens.

Die segmentalen Arterien

Die sog. „segmentalen Arterien" (Boyden und Hartmann), die den segmentalen
Bronchi (s. S. 78) entsprechen, variieren in ihrem Ursprung außerordentlich stark,
ja vielfach fehlen solche segmentalen Arterien, und die subsegmentalen Arterien
entspringen selbständig von dem Stamm der Pulmonalis dextra bzw. sinistra. Dementsprechend können zwei extreme Typen der Arterienanordnung unterschieden
werden, der „Baumtypus" (Herrnheiser und Kubat) oder magistrale Typus (Melnikoff, Felix), bei dem die Arterien eines Lappens von einem gemeinsamen Stamm
entspringen, und der „Strauchtypus" (Verzweigungsform), bei dem diese Arterien
selbständig näher oder weiter voneinander aus der A. pulmonalis hervorgehen.
Zwischen diesen Extremtypen kommen zahlreiche Mittelformen zur Beobachtung.
Am rechten Oberlappen sowie am Mittellappen wird häufig der Baumtypus mit
einem gemeinsamen Stamm gefunden, während am linken Oberlappen immer
selbständig entspringende Arterien vorhanden sind. Für die Lage der Arterien zu
den Bronchi gilt im allgemeinen, wie Felix betonte (Abb. 240), daß sie bei aufsteigenden Bronchi (Lungenspitze) medial von diesen, bei quer verlaufenden kranial
und bei den zum Zwerchfell absteigenden lateral von den Bronchi gelegen sind.
Ein stark von dem charakteristischen Verhalten, das im folgenden im einzelnen
beschrieben wird, abweichender Verlauf der Arterien wird vielfach dann gefunden,
wenn die Lappen nur unvollständig durch Fissurae interlobares getrennt sind und
statt dessen das Parenchym der Lappen kontinuierlich zusammenhängt (s. S. 88).

Die Arterien des rechten Oberlappens

Eine systematische Untersuchung über die Variabilität der Arterienversorgung
des rechten Oberlappens wurde von Boyden und Scannel an 50 Lungen durchgeführt, wobei sich ergab, daß ihre Beobachtungen über das prozentuale Vorkommen der verschiedenen Varietäten von den Zahlen, die Appleton ebenfalls an
50 Lungen erhielt, etwas abweichen. In der Regel (92%, Boyden und Scannel)
erhält der Oberlappen seine Arterien von vorne und von hinten, wobei die vorderen
stärkeren Arterien vorne im Hilus (Abb. 240), die hinteren kleineren von dem interlobären Abschnitt der Pulmonalis entspringen. Ausschließlich von vorne wird er
nur selten (8%) versorgt.

Die vorderen Arterien entspringen meist (86%) aus einem einheitlichen Stamm (Abb. 200, A. apicalis, Adachi u.a.), der mit Boyden und Hartmann am besten als Truncus anterior bezeichnet wird, da die Bezeichnung A. apicalis für die den apicalen Bronchus (B1) begleitende Arterie reserviert bleiben sollte. Dieser Truncus anterior teilt sich nach kurzem Verlauf meist in zwei Äste, die sich wieder in sehr variabler Weise in die segmentalen und subsegmentalen Arterien aufspalten. Die Teilung des Truncus anterior kann seinem Ursprung an der Pulmonalis sehr nahe liegen, oder es können schließlich zwei selbständige Arterien von der Pulmonalis entspringen (Abb. 240), nach Adachi in 13%, nach Boyden und Scannel, die diese Gefäße als Truncus superior und inferior bezeichnen, in 14% der Fälle.

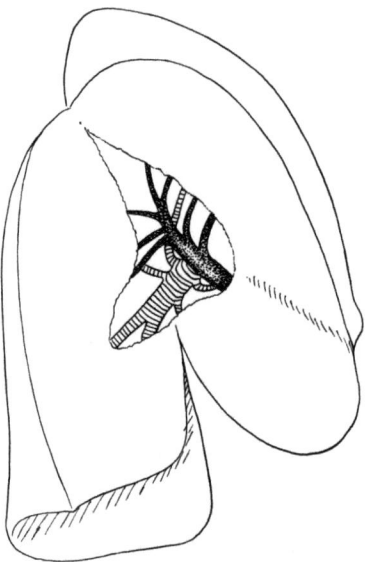

Abb. 242. Fissura interlobaris dextra mit Verzweigung der Pars interlobaris der Arteria pulmonalis (schraffiert) und Endverzweigung der Vena interlobaris (punktiert)

Die an die dorsale Seite des Oberlappens herantretenden Arterien können aus dem ventralen Stamm entspringen und dann über den Bronchus hinweg dorsalwärts biegen (Ramus recurrens, Appleton), wie das Abb. 241 für eine kleinere Arterie zum Bronchus B2a und Abb. 243 größere Arterie zeigen. Diese größere Arterie (Abb. 243) gibt dabei noch einen Zweig für den Unterlappen ab, der in seinem dorsokranialen Abschnitt nicht scharf vom Oberlappen abgegrenzt ist.

Außerdem tritt meist (92%, Boyden und Scannel) eine Arterie von der interlobaren Seite an den Oberlappen, die von der Pars interlobaris der Pulmonalis entspringt und am häufigsten sich dem Bronchus B2b, das ist der hintere Ast des dorsalen Oberlappenbronchus, anschließt (Abb. 241 und 242). Derartige Arterien werden von Appleton und von Boyden und Scannel als Ramus ascendens bezeichnet. Vom chirurgischen Standpunkt erscheint es wichtig, daß diese dorsale Arterie vom interlobaren Abschnitt der Pulmonalis in gleicher Höhe mit der dorsokranialen Unterlappenarterie (A6) entspringt (Abb. 241) oder mit ihr aus einem gemeinsamen Stamm hervorgehen kann (etwa 10%, Appleton, Boyden und Scannel). In ähnlicher

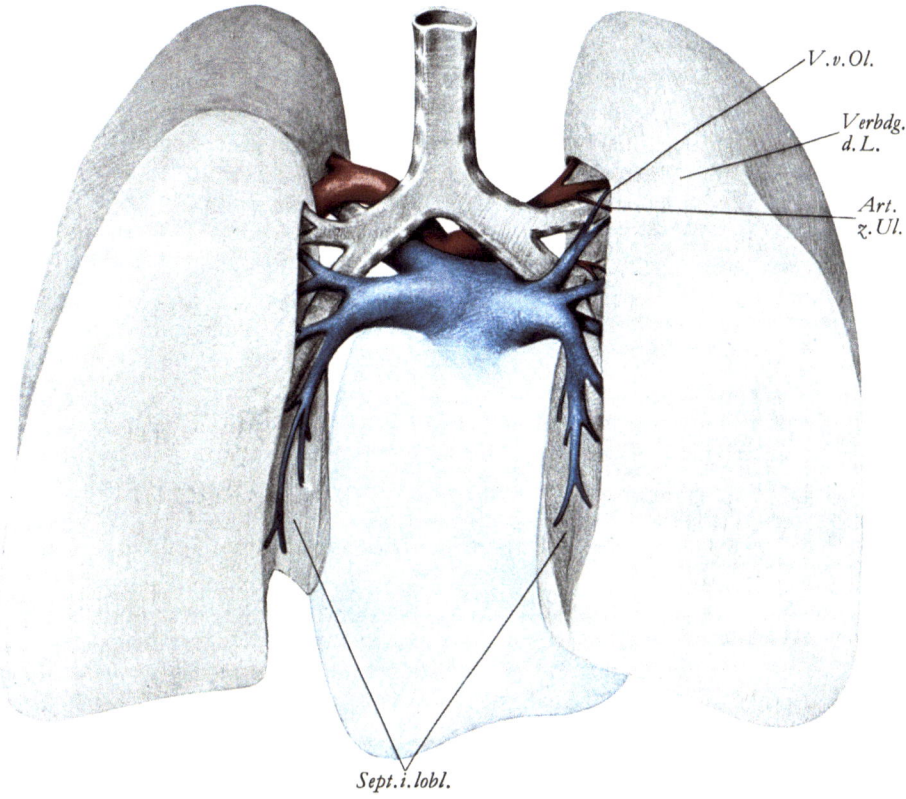

Abb. 243. Ansicht der Lungengefäße von dorsal, intersegmentales Bindegewebsseptum an der medialen Seite des Unterlappens eröffnet zur Darstellung der darin gelegenen Venen *V.v.Ol.* Vene vom Oberlappen; *Verbdg.d.L.* Verbindung der Lappen; *Art.z.Ul.* Arterie zum Unterlappen

Weise kann eine der vorderen Arterien (A 3a) gemeinsam mit einer Mittellappen-arterie (A5) entspringen. Wichtig ist schließlich, darauf hinzuweisen, daß so wie ein Ast einer Oberlappenarterie auch zum Unterlappen ziehen kann (Abb. 243), ähnliches gelegentlich auch in bezug auf die Segmente vorkommt, indem die Segmentgrenze zwischen apikalem und vorderem Segment in 14%, und die Grenze zwischen apikalem und hinterem Segment in 30% von einer Arterie durchsetzt wird (Boyden und Scannel). Für weitere Einzelheiten sei auf die Arbeit von Boyden und Scannel verwiesen.

Die Arterien des linken Oberlappens

Für den linken Oberlappen ist es charakteristisch, daß er, wie schon Sauerbruch hervorhebt, regelmäßig von einer größeren Anzahl selbständig entspringender Arterien versorgt wird (4—8, Boyden und Hartmann), wobei wiederum wie rechts Arterien unterschieden werden können, die von vorne am Hilus erreichbar sind — und also vom aufsteigenden Bogen der Pulmonalis entspringen — und solche, die aus deren interlobulärem Abschnitt hervorgehen. Regelmäßig entspringt vom aufsteigenden Abschnitt der Pulmonalis vor dem Hilus die Arterie für die vordere Hälfte des vorderen Segmentes (A3b), die auch einen Ast für die laterale Hälfte (A3a) abgeben kann. Als nächstes folgt auf dem Bogen der Pulmonalis die selbständige Arterie ($^3/_4$ der Fälle) für die Lungenspitze (A1), die wieder einen gemeinsamen Ursprung mit der Arterie des hinteren Segmentes (A2) besitzen kann ($^1/_4$ der Fälle). Nur ganz selten entspringen vorn Arterien für die lingularen Segmente (A4 und A5). Die Ursprünge dieser Arterien können auf dem Bogen der Pulmonalis von ihrem vorderen auf den oberen Umfang oder vom oberen auf den dorsalen Umfang (A2) verschoben sein.

Interlobär entspringen 2—5 Arterien (Schumacher nach Sauerbruch, Boyden und Hartmann), die die Segmente 3a, 4a und b und 5a und b versorgen. Von diesen Arterien entspringt A3a in der Höhe der obersten Unterlappenarterie (A6, Abb. 241), selten gemeinsam mit dieser, und die anderen (A4 und A5) mehr oder weniger weit caudal von dieser Unterlappenarterie (Abb. 241 und 244), so daß bei Resektion des Unterlappens nicht der ganze interlobäre Stamm der Pulmonalis unterbunden werden kann, ohne die Blutversorgung der lingularen Teile des Oberlappens zu gefährden. Daß auch eine dieser caudalen Oberlappenarterien gemeinsam mit einer Unterlappenarterie entspringen kann, bildet Sauerbruch ab.

Daß im Falle eines kontinuierlichen Zusammenhanges von Ober- und Unterlappen besondere Arterienvarietäten vorkommen, trifft wie rechts auch hier auf der linken Seite zu. So bringt Abb. 244 die Darstellung einer Lunge, bei welcher aus dem Oberlappen eine Arterie durch das hier kontinuierliche Parenchym in die kraniale Partie des Unterlappens übertritt.

Spezielle Angaben über die Häufigkeit der Variation bringen zuletzt in genauer Weise Boyden und Hartmann.

Die Arterien des Mittellappens

Der Mittellappen wird in der Regel von einer Arterie A. lobi medii (Melnikoff, Felix, Herrnheiser und Kubat) versorgt, die an der ventralen Seite der Pars interlobaris der Pulmonalis caudal vom Ursprung von A6 entspringt (Abb. 240) und sich an die kranio-laterale Seite des Mittellappenbronchus anlegt. Sie teilt sich entsprechend dem variablen Verlauf der Bronchi in segmentale und subsegmentale Äste. Gelegentlich finden sich aber auch zwei Mittellappenarterien (Abb. 241), von denen dann die caudale caudal vom Bronchus entspringt, so daß ihr Ursprung ganz nahe an der Teilung des Pulmonalisstammes in die caudalwärts ziehenden Äste gelegen ist. Bei der Aufsuchung der Mittellappenarterie von der Fissura interlobaris aus erscheint diese nicht selten von einer Lungenvene, einem tiefen Ast der V. pulmonalis superior, verdeckt (Abb. 242).

Die Arterien des rechten Unterlappens

Die zum rechten Unterlappen ziehenden Arterien scheinen eine geringere Variabilität zu zeigen als die Arterien der Oberlappen, doch fehlt bisher meines Wissens eine Untersuchung einer größeren Reihe. Die Arterien verhalten sich im allgemeinen wie die segmentalen Bronchi. Als erste geht vom interlobären Abschnitt der Pulmonalis die dorsal gerichtete Arterie A6, die lateral und etwas kranial vom entsprechenden Bronchus (B 6) gelegen diesen begleitet. Sie erhielt so viele Namen, als Autoren sich mit ihr befaßt haben (Ewart, Melnikoff, Felix, Backmann, Herrnheiser und Kubat), wozu noch die Bezeichnung nach dem Bronchus 6 (superior, Boyden) hinzukommt. Nach der Bronchialnomenklatur ist sie als apikale Arterie des Unterlappens zu bezeichnen. Sie entspringt in der Höhe des meist vorhandenen hinteren (dorsalen) Astes zum Oberlappen, immer etwas kranial von der Mittellappenarterie. Etwas unter der Mittellappenarterie gibt die Pulmonalis nach vorne und etwas medial die Arterie ab (A 7), die den medialen oder infrakardialen Bronchus (B 7) an seiner Ventralseite begleitet (A. medialis oder infracardialis). Der Rest des Pulmonalisstammes teilt sich in drei weitere Äste für die drei übrigen basalen Segmente (A 8, A 9, A 10), ohne daß ich eine Regel erkennen kann. Auch eine zweite dorsal gerichtete Arterie entsprechend dem Br. subsuperior kommt vor.

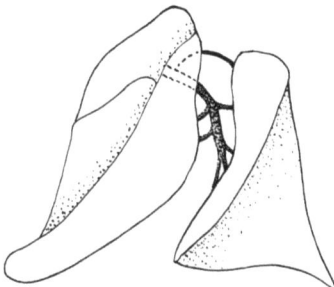

Abb. 244. Fissura interlobaris der linken Lunge. Ast der Arteria apicalis des Oberlappens zum Unterlappen. Varietät bei einem Neugeborenen

Als Besonderheiten sind zu nennen die Versorgung der Spitze des Unterlappens durch einen Ramus recurrens der vorderen Oberlappenarterie (Abb. 243) und zweitens ein gemeinsamer Ursprung der Arterie A 6 mit einer hinteren Oberlappenarterie.

Für die Unterbindung der Unterlappenarterie ist wichtig, daß außer der Unterbindung des Stammes unterhalb des Abgangs der Mittellappenarterie immer mindestens ein dorsal gerichteter Ast zu beachten ist, der über dieser Arterie entspringt.

Die Arterien des linken Unterlappens

Wie im Bereich des rechten Unterlappens gibt der interlobuläre Abschnitt der Pulmonalis, gleich nachdem er an die laterale Seite des Stammbronchus gelangt ist, eine Arterie (A 6) für die Spitze des Unterlappens ab, und zwar etwa in der gleichen Höhe wie die hintere Arterie des Oberlappens (Abb. 241), der restliche Stamm der Pulmonalis teilt sich, in den Hilus des Unterlappens eintretend, unregelmäßig in vier Stämme entsprechend den Bronchi 7—10. Diese Teilung kann schon sehr hoch oben erfolgen wie in Abb. 241, so daß im Interlobärspalt diese vier Äste selbständig in Erscheinung treten. Wenn, wie in dem abgebildeten Falle, der Ursprung der dorsalen Oberlappenarterie (A 4) weit caudalwärts auf die mediale Arterie (A 7) verlagert ist, müssen vier Unterlappenarterien bei Resektion des Unterlappens unterbunden werden, wenn diese Oberlappenarterien geschont werden müssen. In der Regel wird jedoch eine Unterbindung der apikalen Unterlappenarterien (A 6) und des interlobären Pulmonalisstammes für eine Unterlappenresektion ausreichen (Abb. 244). Als Varietäten, die bei kontinuierlichem Zusammenhang des Parenchyms von Ober- und Unterlappen gefunden werden, sind zu nennen ein Ast der A. lingularis (Boyden und Hartmann) und ein Ast der Lungenspitzenarterie zum Unterlappen (Abb. 244). Die große Variabilität der segmentalen Lungenarterien habe ich von einem anderen Gesichtspunkt im Handbuch der Thoraxchirurgie von Alken (1958) im Abschnitt Anatomie, Bd. I, gründlich dargestellt.

Die systematische Anordnung der Lungenvenen

In der Regel münden rechts und links je zwei Lungenvenen, V. pulmonalis cranialis (superior) und caudalis (inferior) in den linken Vorhof ein, die aber nur ein sehr kurzes Endstück besitzen, so daß bei Verlagerung der Einmündung von Ästen vorhofwärts bis zu 4 Venen auf der einen oder anderen Seite in den Vorhof einmünden. Meist führt die obere Lungenvene das Blut des Oberlappens bzw. auch des Mittellappens, die untere Vene das Blut des Unterlappens, doch kommen besonders bei nicht vollständig einschneidenden Lappenspalten (s. S. 89) Abweichungen von dieser Regel vor. Die obere Lungenvene liegt im Hilus ventral und dabei caudal von der Arterie, die untere dagegen dorsal und caudal vom Bronchus. Entsprechend dem radiären Verlauf der Venen zum Vorhof (s. S. 225, Abb. 200) überkreuzen die aus den Stämmen hervorgehenden Äste die Bronchi und die Arterien teils schon im Hilus, teils im Lungenkern, so daß sie sich den Bronchi meist nur für ein kurzes Stück anlegen und diese dabei schräg überkreuzen. Häufig durch den Teilungswinkel eines Bronchus oder einer Arterie hindurchziehend liegen die Venen immer zwischen zwei Bronchi mit den begleitenden Arterien, so daß jede Vene Blut aus dem Verzweigungsgebiet zweier entsprechend großer Arterien aufnimmt und das Blut jeder Arterie durch zwei Venen abfließt. Backmann hat dieses Prinzip für die Beziehung der segmentalen Arterien zu den Venen erkannt, und da seine Sublobi vielfach mit Segmenten zusammenfallen, spricht er von Vv. intersublobares. Petersen hat sowie Miller das entsprechende Anordnungsprinzip für die kleinen Venen im Bereich der Lobuli beschrieben und bezeichnet die kleinsten Venen als Vv. interlobulares. Durch die Lagerung der größeren Venen zwischen den benachbarten Segmenten und Subsegmenten erscheint es nicht günstig, die Venen, wie Boyden u. Mitarb. dies tun, mit Segmentnummern zu bezeichnen, so wie es für die Bronchi und die diese vorwiegend begleitenden Arterien gut durchführbar ist.

Die Verzweigung der Venae pulmonales craniales (superiores)

Unter den in die Vv. pulmonales craniales einmündenden Venen, die in der Regel links das Blut aus dem Oberlappen, rechts aus Ober- und Mittellappen abführen, können oberflächliche und tiefe Venen unterschieden werden, die sich weitgehend vertreten können; d.h., wenn die oberflächlichen stark sind, ist die Ausbildung der tiefen Venen eine schwächere und umgekehrt. Dadurch variiert die Ausbildung der

Venen so sehr, daß Backmann eine Benennung der verschiedenen vorkommenden
Stämme sogar für überflüssig hält. Herrnheiser und Kubat haben die Darstellbarkeit
dieser Venen von der mediastinalen Lungenoberfläche her offenbar nicht beachtet,
so daß in diesem Punkte ihrer sonst klaren Darstellung die Übersicht fehlt. Die
oberflächlichen Venen verlaufen dicht unter der mediastinalen Fläche der Lunge und
können, soweit sie nicht direkt unter der Pleura liegen, in den größeren Septa interlobularia leicht freigelegt werden (Abb. 60). Die tiefen Venen dagegen tauchen
— bei der Präparation des Hilus von vorne — aus der Tiefe der Lappen hinter einem
Bronchus hervorkommend auf.

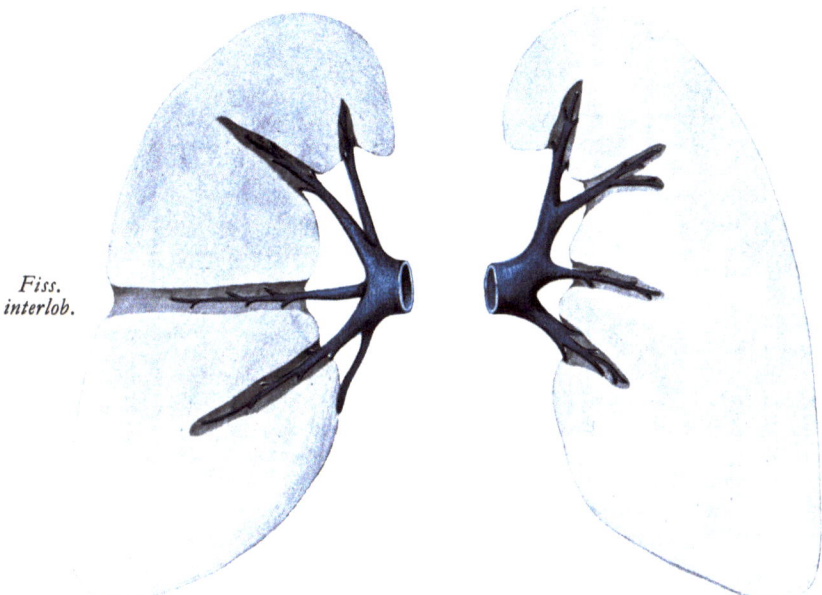

*Fiss.
interlob.*

Abb. 245. Die nahe der mediastinalen Fläche in den großen Septa interlobularia gelegenen
oberflächlichen Venen (V. intersublobares). Vgl. Abb. 60 b

Rechts wie links sind meist vier solcher oberflächlichen Venen (Vv. intersublobares, Backmann) an der mediastinalen Fläche darstellbar (Abb. 245). Die am
weitesten kranial gelegene dieser Venen liegt in dem meist leicht präparierbaren
Septum interlobulare zwischen dem apikalen (B 1) und dem dorsalen (B 2) Segment,
hiluswärts sich den hier in der Tiefe erreichbaren Bronchus- und Arterienstämmen
nähernd, um ventral von diesen zur Pulmonalis superior caudalwärts zu ziehen
(Ewart, subpleural-ascending-apical, Herrnheiser und Kubat, apico-mediastinalis,
Melnikoff und Adachi, mediastinalis ascendens, Appleton, anterior descending). Eine
solche V. apicalis anterior beschreiben Boyden und Scannel bei 56% ihrer Fälle.
    Eine zweite oberflächliche Vene finde ich vielfach im Septum interlobulare
zwischen dem apikalen (B 1) und dem vorderen (B 3) Segment. Sie entspricht der
V. sterno-mediastinalis von Herrnheiser und Kubat und vereinigt sich gelegentlich
mit der V. apicalis anterior zu einem kurzen Stamm.
    Die dritte oberflächliche Vene liegt links meist zwischen dem vorderen Segment
(B 3) und dem oberen Lingulasegment (B 4). Rechts dagegen kann eine solche Vene

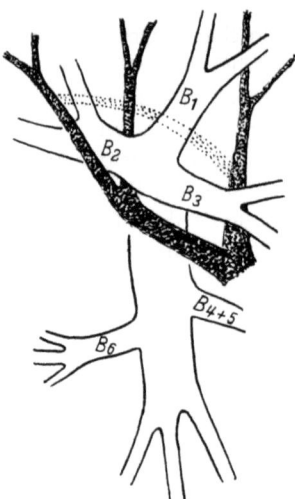

Abb. 246. Die tieferen Venen des rechten Oberlappens in ihrer Beziehung zum Bronchialbaum von lateral gesehen. Häufige Varietäten, punktiert eingetragen

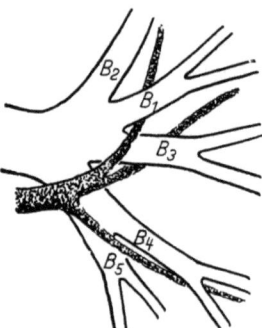

Abb. 247. Die tiefen Venen des linken Oberlappens von vorne gesehen

bei unvollständiger Trennung von Ober- und Mittellappen zwischen diesen als
V. interlobaris unter dem die beiden Lappen verbindenden Pleuraüberzug verlaufen,
wobei sie von beiden Lappen Äste aufnimmt (s. auch Herrnheiser und Kubat). Bei
völliger Trennung beider Lappen verläuft diese Vene in einem von der Unterfläche
in den Oberlappen einschneidenden interlobulären Septum.

Die vierte Vene liegt in der Regel links zwischen den beiden lingularen Segmenten B4 und B5, rechts dagegen nahe der mediastinalen Fläche des Mittellappens,
V. paramediastinalis lobi medii (Herrnheiser und Kubat), in dem starken interlobulären Septum (Abb. 60), das diese Fläche meist in einen kranialen und caudalen
Abschnitt, entsprechend den Segmenten B5a und b, teilt.

Als fünfte oberflächliche Vene kommt gelegentlich noch eine von der caudalen
Fläche des Mittellappens kommende kleinere Vene in Frage. Andererseits findet
sich in seltenen Fällen noch am kranialen Rande des Hilus eine Vene, die von der
medialen Seite der Lungenspitze kommend kranial und vorne die Hilusgebilde
überkreuzend der oberen Lungenvene zustrebt.

Soweit der Blutabfluß aus den dorsal gelegenen Abschnitten der Lungenspitze nicht durch die variablen oberflächlichen Venen erfolgt, führen tiefe Venen das Blut von dort ab, die rechts caudal vom Oberlappenbronchus nach vorne zur oberen Lungenvene ziehen (Abb. 246). Links ziehen diese Venen caudal vom oberen Aste des Oberlappenbronchus nach vorne. Der meist größere Stamm kommt aus dem Gebiet zwischen apikalem (B1) und zentralem (B3) Bronchus, ein kleinerer dorsal von diesem, aus dem Gebiet zwischen dorsalem (B2) und apikalem (B2) Bronchus.

Im Bereich der Lingula findet sich oft eine tiefe Vene, die durch den Winkel zwischen B4 und B5 hindurchtretend von der dorsalen Partie der Lingula herkommt (Abb. 247). In entsprechender Weise findet sich rechts eine tiefe Vene des Mittellappens (V. costalis lobi medii, Herrnheiser und Kubat), die aus dem dorsalen Abschnitt des Mittellappens stammt und nicht selten in die oberflächliche Mittellappenvene mündet.

Als eine bei operativem Vorgehen im Interlobärspalt ins Auge springende Varietät ist noch eine Vene zu nennen (Abb. 242), die im Interlobärspalt subpleural gelegene Äste aus Ober- und Unterlappen aufnimmt und dann unter dem ventralen Bronchus (B3) nach vorne zieht.

Die Verzweigung der Vena pulmonalis caudalis (inferior)

Nachdem der Unterlappen nur ein tief einschneidendes Septum intersublobare besitzt, das zwischen medialem (B7) und hinterem (posterior) basalem (B10) Segment gelegen ist und an der Befestigungsstelle des Lig. pulmonale einschneidet, ist

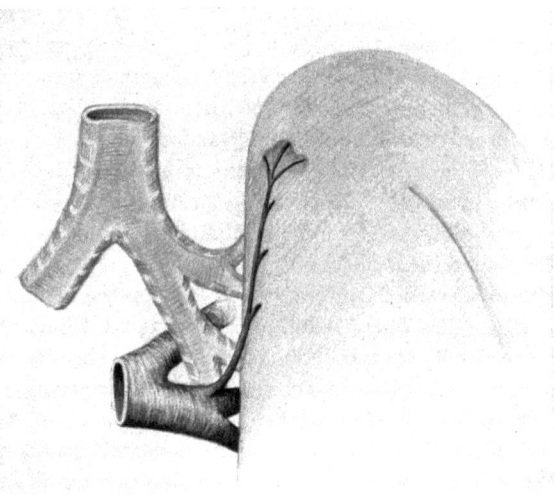

Abb. 248. Dorsalansicht der rechten Lunge mit Vene der Dorsalfläche der Lungenspitze zur Vena pulmonalis inferior. Varietät

es nur hier möglich, durch Eindringen in ein Septum eine V. intersublobaris darzustellen (Abb. 243). Auf Horizontalschnitten durch den Unterlappen caudal vom Hilus (Abb. 65b) tritt dieses Septum mit der Vene besonders deutlich hervor. Mit dieser Vene vereinigen sich mehrere Venen, die aus dem basalen Teil des Unterlappens stammen, meist zu einem unteren Stamm (Ramus inferior, Herrnheiser und Kubat) der V. pulmonalis inferior. Ein oberer Stamm (Ramus superior) wird im wesentlichen von einer etwa horizontal verlaufenden Vene gebildet (V. apico-horizontalis, Herrnheiser und Kubat), deren Stamm etwa an der caudalen Grenze des apikalen Segmentes (B 6) liegt und aus diesem und den Randgebieten der Nachbarsegmente Äste aufnimmt.

Als wichtige Varietäten sind aus dem Ober- bzw. Mittellappen stammende Äste zur V. pulmonalis inferior zu nennen, die ich ebenso wie Adachi und Boyden beobachten konnte. So kann ein schwächeres (Abb. 243) oder stärkeres (Abb. 248) Gefäß, von der Hinterfläche der Lungenspitze kommend, wenn die Lappen zusammenhängen, dorsal vom Hilus vorbeiziehen, um in den Ramus superior der V. pulmonalis inferior zu münden. Andererseits zieht nicht selten bei breiter Ausbildung der Lingula (Abb. 51c) vor oder hinter den Bronchi (Adachi, Boyden und Hartmann) eine Vene von der Lingula zur V. pulmonalis inferior. Auch rechts kann die Mittellappenvene in die V. pulmonalis inferior einmünden.

Einmündung von Lungenvenen in das Cava-System

Daß der Abfluß einer größeren oder kleineren Menge Lungenblutes statt in den linken Vorhof durch eine V. cava in den rechten Vorhof eine wesentliche Störung des Gesamtkreislaufes bedeutet, erscheint so selbstverständlich, daß es überrascht, wenn derartige Beobachtungen als Nebenbefunde an Leichen Erwachsener (Krause, Kolesnikow, Adachi, 57jähriger) beschrieben werden. Adachi findet Einmündungen von Lungenvenen in die Cava unter 270 Leichen 2mal. Daß solche Beobachtungen außerdem an vielfach mißbildeten nicht lebensfähigen Neugeborenen gemacht wurden, soll uns hier nicht so sehr beschäftigen.

Auf der linken Seite können die Venen des Oberlappens oder alle Venen (s. Literaturzusammenstellung bei Zuckerkandl, Freerksen und Fink) sich zu einem Stamm vereinigen, der zur V. brachiocephalica (anonyma) sinistra aufsteigt oder auch noch eine Verbindung mit dem Sinus coronarius cordis besitzt und sich dadurch als V. cava superior (cranialis) sinistra zu erkennen gibt.

Rechts können einzelne Venen in die Cava superior (Adachi) oder inferior (Kolesnikow) kurz vor ihrem Eintritt in den rechten Vorhof münden. Oder im Extremfall, wie Adachi es von einem 22jährigen Mann beschreibt, münden 5 Venen aus Ober-, Mittel- und Unterlappen in die V. cava superior und den Vorhof, und nur eine Unterlappenvene zieht zum linken Vorhof. Dabei ist allerdings ein Septumdefekt zwischen den Vorhöfen vorhanden, in dessen Nachbarschaft das gemeinsame Endstück der Mittellappen- und Unterlappenvene in den rechten Vorhof einmündet.

Daß alle Lungenvenen mit einem gemeinsamen Stamm, der hinter dem rechten Bronchus hochsteigt wie die V. azygos, in die Cava superior einmünden, beschreiben Dalla Rosa und Mönckeberg von nicht lebensfähigen Neugeborenen. Ähnliches mit

Einmündung in die Pfortader beschreibt Arnold (nach Zuckerkandl). Ein großer Teil dieser abnormen Gefäße dürfte sich ohne Schwierigkeiten aus der Entwicklungsgeschichte erklären lassen, denn in gewissen Stadien ist regelmäßig um Lungenanlage und Oesophagus ein Gefäßnetz gebildet, das mit Pulmonalvene und den Kardinalvenen zusammenhängt. Noch bei menschlichen Embryonen von 13 mm Länge finde ich als Rest dieses Zusammenhanges eine Verbindung des Lungenvenenstammes mit den Venen um den Oesophagus.

Die Arteriae bronchiales

Die Variabilität des Ursprunges der Aa. bronchiales wird in den meisten Lehrbüchern der Anatomie erwähnt. In der Regel findet sich ein Stämmchen, das nahe dem oberen Rande des linken Bronchus von der ventralen Seite der Aorta entspringt

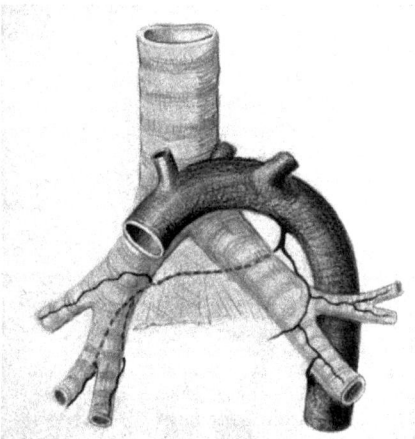

Abb. 249. Arteriae bronchiales, ein Hauptstämmchen oberhalb des linken Bronchus und ein kleines Stämmchen unterhalb desselben aus der Aorta entspringend, sowie ein Ast aus der A. pericardiacophrenica

und sich an beide Lungen verzweigt. Außerdem kann links etwas tiefer aus der Aorta, dem unteren Rand des linken Bronchus entsprechend, eine zweite Bronchialis sinistra hervorgehen, und die rechte Bronchialis kann statt aus dem gemeinsamen Stamm aus einer rechten Intercostalarterie (meist der 4.) entspringen. Das Hauptstämmchen der A. bronchialis gibt oft Äste zum Oesophagus ab. Es teilt sich entweder über oder schon hinter dem linken Bronchus in seine beiden Äste. In letzterem Falle verläuft dann die A. bronchialis dextra an der Hinterfläche der Membrana bronchopericardiaca (Abb. 249), einen diese durchbohrenden Ast nach vorne zum Oberlappenbronchus abgebend, während der hinten bleibende 2. Ast Mittel- und Unterlappenbronchus versorgt. Die zweite linke, tiefer entspringende Bronchial-

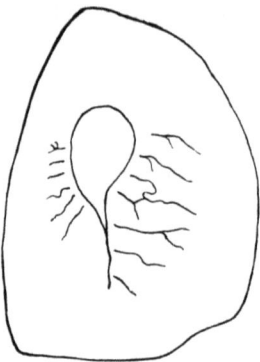

Abb. 250. Äste der Arteria bronchialis zur Pleura der mediastinalen Fläche der linken Lunge. Gummiinjektion. [Aus v. Hayek, Z. Anat. Entwickl.-Gesch. **112** (1942)]

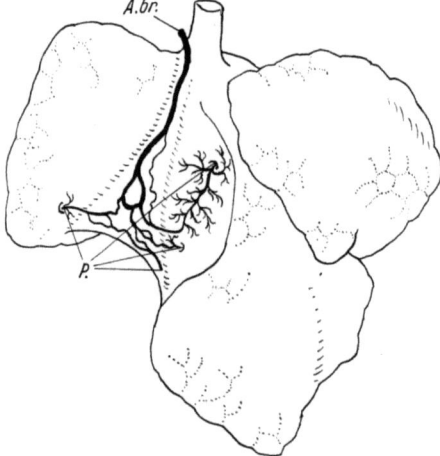

Abb. 251. Subpleurale Verzweigung der A. bronchialis (A. br.) in der Fissura interlobaris und Anastomosen mit der A. pulmonalis (*P.*) nach Zuckerkandl. [Aus v. Hayek, Ergebn. Anat. Entwickl.-Gesch. **34** (1945)]

arterie sehe ich zum linken Unterlappenbronchus hinziehen. In diesem ganzen Bereich geben die Bronchialarterien zahlreiche Äste zu den Lymphknoten ab. Außerdem stehen sie mit den Arterien des Perikards in Verbindung, und es läßt sich regelmäßig ein aus der den N. phrenicus begleitenden A. pericardiophrenica kommender Ast (A. bronchialis anterior) an die Vorderseite der Bronchi verfolgen. Anastomosen verbinden die verschieden entspringenden Arterien untereinander, so daß bei Injektion einer Arterie von ihrem Ursprung aus der Aorta sich alle Arterien einschließlich der der Perikards füllen.

Neben den die Bronchi begleitenden größeren Ästen (vielfach 2 Ästchen an einem Bronchus) werden Äste zur Pleura abgegeben. Eine Anzahl kleinerer Ästchen strahlen radiär um den Hilus (Abb. 250) in die Pleura aus und versorgen somit den größeren Teil der mediastinalen Lungenfläche. Verloop findet auch Äste, die bis an die Zwerchfellfläche reichen. Andere Äste ziehen in die Fissura interlobares und bilden dort (Abb. 251) ein Arteriennetz, das (s. S. 298) mit Ästen der A. pulmonalis anastomosiert.

Die die Bronchi begleitenden Äste verzweigen sich an diesen, insbesondere ihre Drüsen versorgend, sowie an Lymphknoten und als Vasa vasorum in der Wand der größeren Arterien und Venen.

Die Anastomosen zwischen Arteria bronchialis und pulmonalis

Nachdem schon Ruysch (1721) diese Anastomosen an Injektionspräparaten beschrieben hat und Reißeisen eine genaue Schilderung solcher Gefäßverbindungen im Bereich der Bronchien und der Pleura lieferte, wurden diese Anastomosen von einer Anzahl Autoren nicht gefunden und ihr Bestehen geleugnet, so daß es der genaueren Untersuchungen von Küttner (1878) und Zuckerkandl (1883) bedurfte, um die Kenntnis vom Bestehen dieser Anastomosen beinahe zum Allgemeingut zu machen. Schließlich hat noch Miller das Vorhandensein der Anastomosen bestritten, so daß Konaschko sich veranlaßt fühlte, ihr Bestehen auch noch mittels Korrosionspräparaten zu beweisen. So wie andere Autoren diese Anastomosen mit Wachs- oder Teichmannscher Masse darstellten, konnte ich das Zusammenstoßen verschieden gefärbter Gummiinjektionsmasse nach Neumayer in diesen Gefäßen beobachten. Diese Gummiinjektionsmasse ist zwar nicht besonders günstig zur Herstellung von Paraffinschnitten, gestattet aber doch die Anfertigung von Schnittserien, an denen ich, wie an nichtinjizierten Schnittserien auch, den Bau der anastomotischen Gefäße untersuchen konnte.

Leicht zu beobachten sind an Injektionspräparaten die subpleuralen Anastomosen, die vorwiegend im Bereich der Fissurae interlobares vorkommen (Abb. 251), aber auch an der mediastinalen Fläche gefunden werden. Ob dabei Äste der Bronchialis in Pulmonalisäste einmünden oder umgekehrt, ist nach der Weite der Gefäße nicht zu unterscheiden, nach dem Bau der Wand ist zu sagen, daß beide durch ein anastomotisches Gefäß von besonderem Wandbau (einer Sperrarterie, Hayek, 1942) verbunden sind.

Die Anastomosen im Bereich der Bronchien sind nur durch mühsame Präparation der Injektionspräparate oder an Schnittserien nachweisbar (Abb. 101). Die Gummiinjektion hat dabei den Vorteil, daß bei den kleinen Gefäßen, auch wenn die Gefäßwand zerreißt, die selbstvulkanisierende Gummimasse als elastischer Faden erhalten bleibt. Man findet dabei an kleinen Bronchi, etwa in Abständen von 1 cm, von dem Pulmonalisast zum Bronchus hinüberziehende Gefäßchen (Rami pulmobronchiales), die in den eng am Bronchus entlangziehenden Bronchialisast übergehen, so daß beim Auseinanderziehen von Bronchus und Pulmonalarterie (Abb. 252) ein beinahe strickleiterartiges Bild entsteht. Aus diesem Übergangsgefäß, in dem sich an dem gezeichneten Präparat die verschieden gefärbten Injektionsmassen mischten, gehen

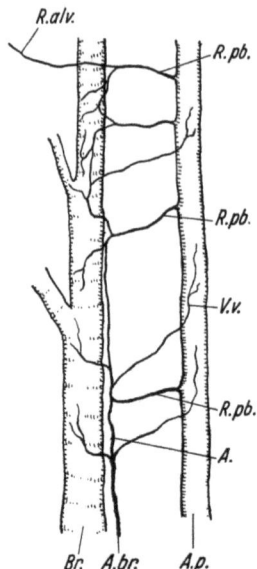

Abb. 252. Verzweigung der A. bronchialis und pulmonalis. Rami pulmobronchiales (*R.pb.*) am Bronchus. *R. alv.* Ramus alveolaris, *V. v.* Vasa vasorum, *A.* Anastomose. [Aus v. Hayek, Ergebn. Anat. Entwickl.-Gesch. **34** (1945)]

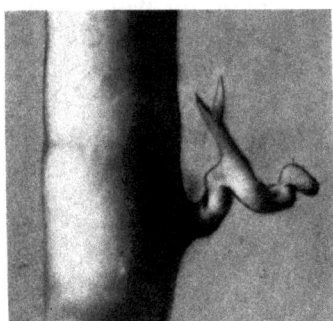

Abb. 253. Abgang eines Ramus pulmobronchialis von einer Pulmonalarterie. Korrosions-präparat mit Celluloid. [Aus v. Hayek, Z. Anat. Entwickl.-Gesch. **110** (1940)]

dreierlei Äste ab: solche zu benachbarten Alveolen (Rami alveolares), zur Bronchial-wand (Rami bronchiales) und solche zur Wand der Pulmonalarterie (Vasa vasorum). An Korrosionspräparaten heben sich die Rami pulmobronchiales von den übrigen Pulmonalisverzweigungen durch ihren auffallenden korkzieherähnlichen Verlauf ab (Abb. 253).

Die Wand der anastomotischen Gefäßabschnitte zwischen A. bronchialis und pulmonalis ist durch ihre besondere Dicke und das Vorhandensein von reichlich Längsmuskulatur ausgezeichnet (Hayek, 1940, 1942), so daß diese Gefäßabschnitte auch auf Grund der verschiedenen beobachteten Kontraktionszustände (Abb. 255) als Sperrarterien zu bezeichnen sind. Dickwandige Gefäße wurden, wie auch Verloop zusammenstellte, schon früher von verschiedenen Autoren in der Lunge beobachtet,

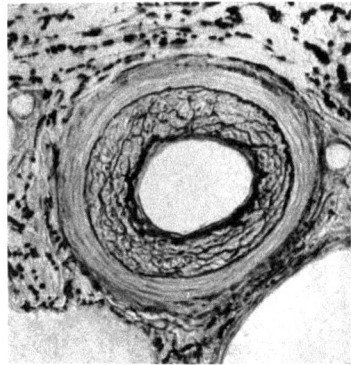

Abb. 254. Sperrarterie aus der Nachbarschaft eines Bronchus, dicke Elastica interna und elastische Grenzschicht zwischen innerer Längs- und äußerer Ringmuskulatur. Orcein, etwa 100fach

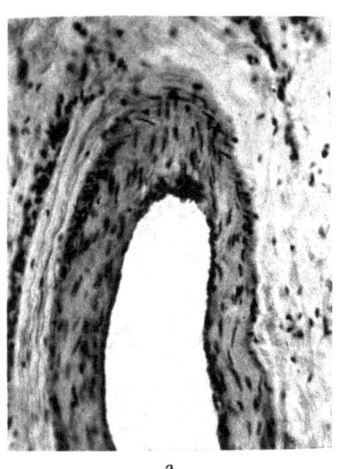
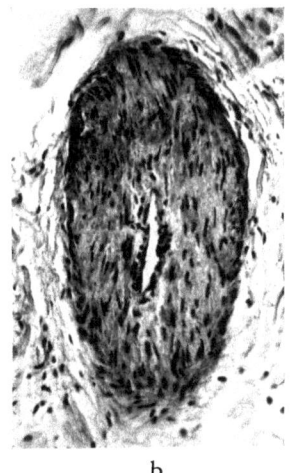

a   b

Abb. 255a u. b. Sperrarterien aus der Pleura. Schrägschnitte erweitert (a) und kontrahiert (b). Häm.-Eos., etwa 150fach. [Aus v. Hayek, Z. Anat. Entwickl.-Gesch. 112 (1942)]

aber von diesen Autoren nur als regelmäßig oder gelegentlich vorkommende Ästchen der A. bronchialis oder als pathologisch veränderte Gefäße aufgefaßt. Daß die Anastomosen von Sperrarterien gebildet werden, kann zum Teil die Befunde der Autoren erklären, die diese Anastomosen an Injektionspräparaten nicht finden konnten. Außer den in der Längsrichtung neben kleinen Bronchi verlaufenden anastomotischen Gefäßen zeigen auch die korkzieherartig gekrümmten Rami pulmobronchialis den Bau von Sperrarterien.

Eine genauere Untersuchung des Wandbaues der Sperrarterien (Hayek, 1940, 1942) zeigte, daß diese eine äußere, relativ dünne Ringmuskulatur (Abb. 254) besitzen, die manchmal auf nur eine einfache Lage Muskelzellen (Abb. 255a) reduziert ist. Innen liegt eine mächtige Längsmuskellage, die reichlich von elastischen Fasernetzen durchsetzt und gegen die Ringmuskulatur durch eine schwächere, gegen die Intima durch eine stärkere elastische Membran abgegrenzt ist. Die beiden

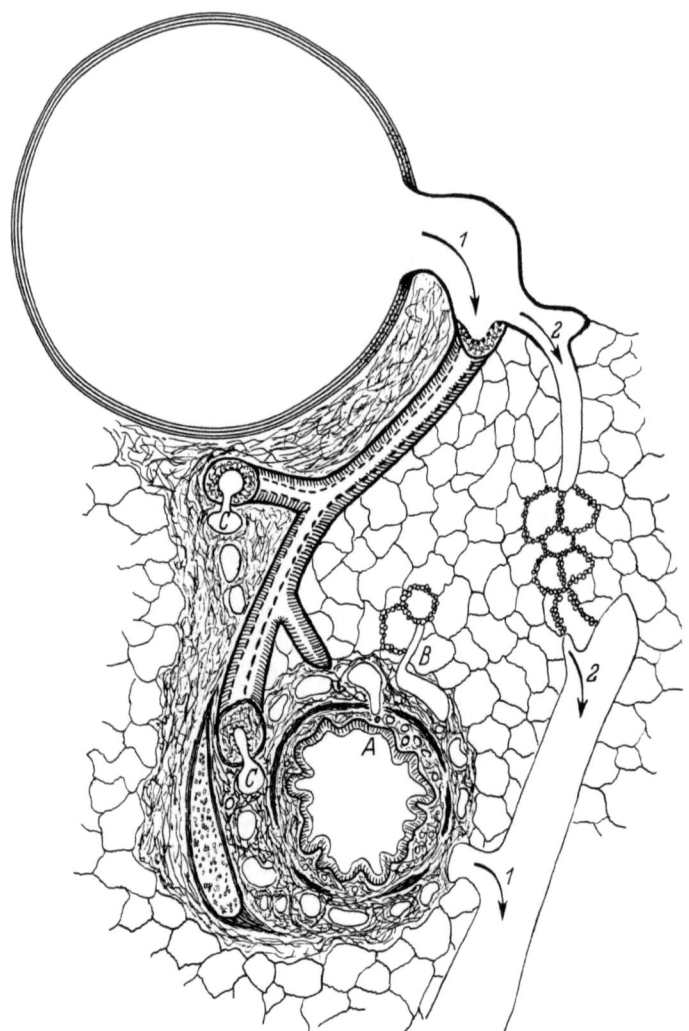

Abb. 256. Hauptschluß des Kreislaufes durch die Capillaren der Alveolen (2—2) und Nebenschluß (1—1) durch Sperrarterie und arteriovenöse Anastomosen (C). Zufluß zum bronchialen Venennetz aus der Bronchialschleimhaut (A) und benachbarten Alveolen (B). Halbschematische Rekonstruktion aus einer Schnittserie. [Aus v. Hayek, Z. Anat. Entwickl.-Gesch. **110** (1940)]

elastischen Membranen können als eine Verdoppelung der Elastica interna und somit die Längsmuskellage als Intimamuskulatur bezeichnet werden. Die sog. Längsmuskeln verlaufen nicht rein längs, sondern in steilen Schraubentouren sich überkreuzend um das Gefäß. Am kontrahierten Gefäß verlaufen die Muskelfasern besonders steil. Bei Kontraktion der Muskulatur kann die Lichtung, wie auch Verloop beschreibt, so gut wie vollkommen geschlossen sein (Abb. 255b), wozu auch die Zusammendrängung der sonst dünnen Intima beiträgt. Die Wirkungsweise schraubig um die Gefäßlichtung verlaufender Muskelfasern bei der Kontraktion habe ich schon früher an der Nabelarterie (Hayek, 1935) geometrisch analysiert.

Der Übergang der dicken Wand der Sperrarterie in die relativ dünne Wand des Pulmonalisastes, von dem sie abgeht, ist ein ganz plötzlicher, wie das Abb. 256 von einer nur mäßig kontrahierten Sperrarterie zeigt. Den Übergang der Bronchialis, die den typischen Wandbau peripherer Arterien mit kräftiger Elastica interna und Ringmuskulatur der Media zeigt (Hayek, 1945), hat Verloop näher untersucht. Er beschreibt im Bereich des Überganges eine Vermehrung der Ringmuskelfasern an verschiedenen Stellen, wobei dann diese Fasern „spiralig" (besser schraubig) um die Lichtung aufsteigen. Diese Faserbündel verlaufen dann, sich überkreuzend, in immer längeren „Spiralen" (besser steileren Schraubentouren), bis sie nahezu parallel zu den Längsmuskelfasern der Intima liegen. Die kleinen Ästchen der Sperrarterien sind (Hayek, 1940) noch ein Stück weit von ihrem Abgang durch dicke Längs-muskelpolster ausgezeichnet bevor sie sich weiter verzweigen. Auch Verloop (1948) bildet einen Schnitt durch ein solches Ästchen ab.

Die Kreislaufverhältnisse in den bronchopulmonalen arteriellen Anastomosen werden natürlich außer von dem Kontraktionszustand der Sperrarterien vorwiegend von den Druckverhältnissen in A. pulmonalis und bronchialis abhängen. Da nor-malerweise in der A. bronchialis als Ast der Aorta der Druck mindestens dreimal so hoch ist als in der A. pulmonalis, wird bei völliger Öffnung der Sperrarterien Blut von der A. bronchialis in die A. pulmonalis fließen müssen, und ebenso werden die Ästchen der Sperrarterien zu den Bronchi, den Alveolen und die Vasa vasorum von den A. bronchialis arterielles Blut erhalten (Hayek, 1945). Wann dieses physio-logischerweise der Fall ist, wissen wir freilich noch nicht. Wenn das Anfangsstück der Sperrarterie, das von der Bronchialis entspringt, gesperrt ist, besteht die Möglich-keit einer Versorgung der Ästchen der Sperrarterien durch die Pulmonalis, sowie andererseits die Möglichkeit besteht, daß bei Verschluß der Sperrarterie an ihrem Pulmonalisursprung arterielles Blut zu den Ästchen der Sperrarterie hinfließt, ohne daß es direkt in die Pulmonalis gelangt.

Welche Bedeutung die A. bronchialis und ihre Anastomosen mit der Pulmonalis haben kann, geht aus den Untersuchungen Virchows hervor, der durch künstliche Einführung von Emboli in Pulmonalisäste den Blutstrom in diesen Ästen unter-brochen hat und dann bei normalem Luftgehalt und Konsistenz des Lappens in diesem ein Netz von erweiterten Verzweigungen der Bronchialarterien fand, die offenbar die Blutversorgung dieses Lappens übernommen hatten. Eine ähnliche Bedeutung für die Blutversorgung der Lunge durch die Bronchialis dürfte die überzähligen Bronchialarterien (Manca) oder ihre Erweiterung auf das 7—8fache (Natucci) haben, die bei Fehlbildungen des Herzens gefunden wurden. Nun haben in letzter Zeit Lapp und Meesen die Ausbildung der Bronchialarterien bei Pulmonal-stenose untersucht und dabei diese sowie ihre Anastomosen enorm erweitert gefunden, so daß diese sogar am von der Pulmonalis aus injizierten Präparat am Röntgenbild oder bei der Korrosion nachgewiesen werden konnten. Bei Pulmonalstenose, die den Blutdruck im Pulmonalkreislauf herabsetzt, tritt offenbar ähnlich wie in Virchows Versuchen die A. bronchialis ergänzend für die Pulmonalis ein. Daß bei offenem Ductus Botalli bei Stenose der Pulmonalis der Druck im Lungenkreislauf nicht herabgesetzt ist, macht verständlich, daß in solchen Fällen eine Erweiterung der Bronchialis und der Anastomosen nicht beobachtet wurde.

Die arteriovenösen Anastomosen

Als arteriovenöse Anastomosen können Verbindungen zwischen Arterien und Venen bezeichnet werden, die weiter sind als Capillaren, wobei aber in der Literatur gelegentlich auch kleinste Gefäße, die etwa den Stromcapillaren Jacobis entsprechen, als arteriovenöse Anastomosen bezeichnet wurden. Wenn ich hier von arteriovenösen Anastomosen spreche, so möchte ich die in einem späteren Abschnitt zu besprechenden Riesencapillaren der Pleura nicht dazu rechnen, da den zuleitenden Gefäßen eine Sperreinrichtung fehlt; ich will mich vielmehr auf Gefäße beschränken, die eine direkte kurze Verbindung von Sperrarterien mit Venen bilden und sich durch ihre Weite wesentlich von Capillaren unterscheiden.

Wohl war schon älteren Autoren aufgefallen, daß bei der Injektion der A. pulmonalis mit dünner Injektionsmasse diese leicht in die Venen überfließt; so schreibt z.B.

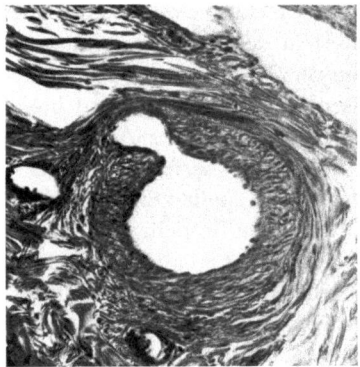

Abb. 257. Arteriovenöse Anastomose. Übergang einer Sperrarterie in eine Vene des bronchialen Venennetzes. [Aus v. Hayek, Z. Anat. Entwickl.-Gesch. **110** (1940)]

Sappey (1879): „l'artère pulmonaire ne peut devenir le siège d'une injection très pénétrante, sans que le liquide injecté ne passe aussitôt dans les veines pulmonaires; et comme ces dernières offrent des communications multipliés avec les artères bronchiques, l'injection est transmise à ces vaisseaux." Doch wurde damals diesen Befunden offenbar keine größere Bedeutung beigelegt. Erst Spanner (1939) beschreibt genauer, daß die in die V. pulmonalis injizierte Celluloidmasse in der Pleura mit der durch die A. bronchialis injizierten Deckweiß-Gelatinemasse in der Pleura zusammentrifft und gibt an, daß diese arteriovenösen Anastomosen eine Weite von 65 µ und mehr hätten.

An Schnittserien konnte ich (Hayek, 1940, 1942) die auffallenden Abgangsstellen kleiner Gefäße von den die Bronchi begleitenden Sperrarterien feststellen und ihre Einmündung in den bronchialen Venenplexus verfolgen, ebenso Lauweryins (1962) und Töndury u. Weibel (1958). Außerdem konnte ich im Bereich der Pleura beobachten, daß die in die A. pulmonalis injizierte Gummimasse nicht nur mit der gelben Masse aus den Bronchialarterien zusammentraf, sondern auch in Venen hinübertrat, ohne in die Capillaren einzudringen, wobei die Untersuchung der so injizierten

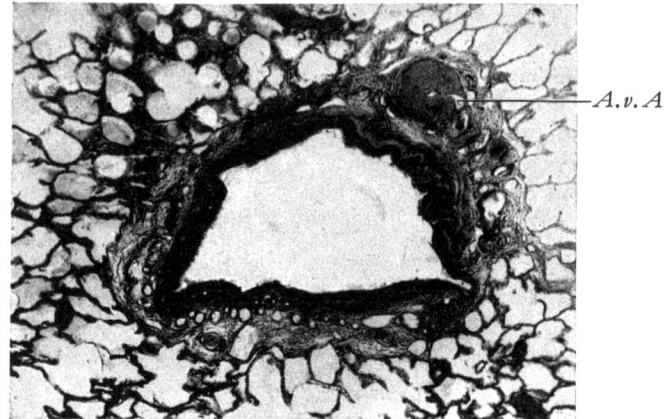

Abb. 258. Arteriovenöse Anastomose in der Wand eines Bronchus. 30fach

Abb. 259. Sperrarterie aus der Pleura mit Astabgängen. [Aus v. Hayek, Z. Anat. Entwickl.-
Gesch. **112** (1942)]

Präparate an Schnitten den einwandfreien Nachweis erbrachte, daß es sich um Venen
(Abb. 260) handelt.

Damit waren an zwei Stellen arteriovenöse Anastomosen festgestellt, unter der
Pleura — sie entsprechen offenbar den von Spanner beobachteten — und an der
Bronchialwand. Letztere entspricht möglicherweise der von van Gehlen durch
Rekonstruktion an der Schnittserie gefundenen Anastomose, deren genauere Be-
schreibung jedoch nicht erfolgt ist.

Die von den Sperrarterien im Bereich der Bronchi abgehenden anastomotischen
Gefäße erscheinen an ihrem Ursprung aus den Sperrarterien aus deren Wand wie
ausgestanzt (Abb. 257) und stellen dünnwandige Gefäße dar, die sich weiter in den
bronchialen Venenplexus verfolgen lassen, der zwischen Muscularis und Fibrocartilaginea der kleinen Bronchi gelegen ist. Die Abgangsstellen dieser Anastomosen
von den Sperrarterien liegen entweder außerhalb der Bronchialwand im interstitiellen
Bindegewebe zwischen Pulmonalarterie und Bronchus (Abb. 256) oder schon in der

Bronchialwand (Abb. 258). In einem etwa $^1/_2$ cm langen Abschnitt eines kleinen Bronchus finde ich vier solche arteriovenösen Anastomosen. Die Weite an der Abgangsstelle beträgt 20 µ und mehr. In den bronchialen Venenplexus münden außer den arteriovenösen Anastomosen (Abb. 256 C) auch noch kleine Venen aus der Bronchialschleimhaut (A) und aus den benachbarten Alveolen (B) ein (s. auch Töndury u. Weibel, 1958). Der Abfluß des Blutes aus dem bronchialen Venenplexus erfolgt in Vv. pulmonales, die das Blut aus allen kleinen und mittleren Bronchi abführen (s. auch Töndury u. Weibel, 1958). Wenn auch Verloop an seinen Schnittserien die arteriovenösen Anastomosen nicht findet und die Meinung ausspricht, daß ich kleine Arterien für Venen gehalten hätte, muß ich doch auf Grund von neuerlichen Untersuchungen meiner Schnitte daran festhalten, daß die beschriebenen Gefäße direkte Verbindungen der Sperrarterien mit dem bronchialen Venenplexus darstellen.

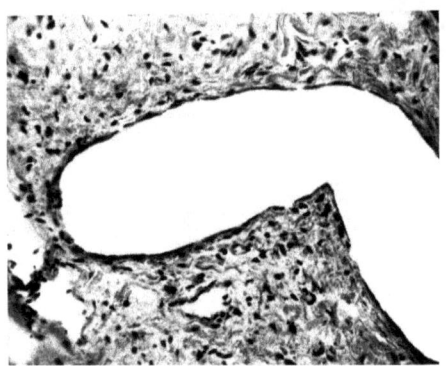

Abb. 260. Vene als Fortsetzung der Arterie von Abb. 259, gleiche Schnittserie. Die das Lumen füllende Injektionsmasse wegretuschiert. Etwa 150fach

Das Vorhandensein von a.v. Anastomosen wird durch Untersuchung von Schnittserien vom Menschen von P. Parvis (1954) bestätigt, ebenso von Töndury und Weibel (1958).

Beim Meerschweinchen und beim Rind hat Castigli kürzlich ähnliche arteriovenöse Anastomosen zu dem bronchialen Venenplexus dargestellt, so daß damit die Möglichkeit besteht, experimentell an die Frage der Bedeutung dieser Anastomosen heranzugehen. Schließlich glauben Prinzmetall u. Mitarb. (1948) bei verschiedenen Tieren das Vorkommen arteriovenöser Anastomosen dadurch nachgewiesen zu haben, daß Glaskugeln von 100—250 µ Durchmesser den Lungenkreislauf passierten.

Bei narkotisierten Tieren haben M. Sirsi und K. Bucher [Experientia **9**, 217—218 (1953)] radioaktive Kugeln (P^{32}) mit einem Durchmesser von 25—30 µ ins Blut eingebracht. Aus der Menge der in der Lunge verbliebenen radioaktiven Substanz wird geschlossen, daß bei der Katze 35% der Blutmenge die a.v. Anastomosen passieren kann (bei Meerschweinchen und Ratte 24%, beim Kaninchen 15%).

Zuletzt beschreiben van der Schüren und Lauweryins arterio-arterielle Anastomosen zwischen Aa. pulmonalis und bronchialis sowie arteriovenöse Anastomosen zwischen A. bronchialis und V. pulmonalis, auf Grund von Röntgenuntersuchungen injizierter Präparate beim Hund, bei dem auch der Ursprung letzterer Anastomosen aus Sperrarterien erfolgt.

Im Bereich der Pleura finde ich von den Sperrarterien — die einerseits eine Fortsetzung von aus dem Lungengewebe austretenden Pulmonalisästen bilden, andererseits aus Bronchialisverzweigungen hervorgehen — abgehende dünnwandige Gefäße (Abb. 259), die sich mit der durch die A. pulmonalis vorgetriebenen Injektionsmasse in charakteristische Venen (Abb. 260) fortsetzen. Derartige arteriovenöse Anastomosen sehe ich an der mediastinalen Lungenfläche und im Bereich der Fissurae interlobares. Sie entsprechen offenbar den Anastomosen, die Spanner durch

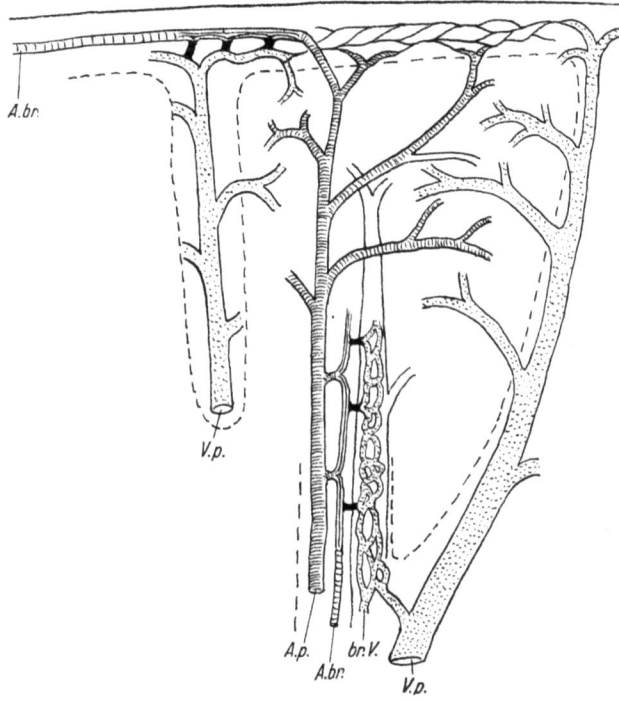

Abb. 261. Schema des Läppchenkreislaufes. Arteriovenöse Anastomosen schwarz, *A.p.* A. pulmonalis, *A.br.* A. bronchialis, *br.V.* bronchiales Venennetz, *V.p.* Vena pulmonalis

Zusammentreffen der Injektionsmassen aus A. bronchialis und V. pulmonalis nachwies, da ja, wie oben beschrieben, A. bronchialis und pulmonalis vielfach miteinander anastomosieren.

Aus der Beschreibung der arteriovenösen Anastomosen im Bereich der Bronchi und der Pleura ergibt sich das in Abb. 261 gebrachte Schema des Läppchenkreislaufes (Hayek, 1945), das zeigt, wie aus den Sperrarterien, die eine Verbindung der Aa. bronchiales und pulmonales herstellen, die durch schwarze Farbe hervorgehobenen arteriovenösen Anastomosen hervorgehen.

Nach dem, was über den Blutstrom in den Sperrarterien gesagt wurde, wird auch durch die arteriovenösen Anastomosen, je nachdem, welcher Abschnitt der Sperrarterie geöffnet und welcher gedrosselt ist, arterielles Blut aus der A. bronchialis oder venöses Blut aus der A. pulmonalis in die V. pulmonalis strömen können. Für den letzteren Fall, also wenn das Ursprungsstück der Sperrarterie aus der A. bronchialis verschlossen, die Verbindung mit der A. pulmonalis dagegen geöffnet ist, gilt die schematische Abb. 256, in der die zwei Möglichkeiten des Blutweges aus der Arteria in die V. pulmonalis eingetragen sind, und zwar 1—C—1 durch die Sperrarterie die arteriovenösen Anastomosen und den bronchialen Venenplexus und 2—2 durch das Capillarnetz der Alveolarsepten.

Versucht man, sich aus der Weite und der geschätzten Gesamtzahl der arteriovenösen Anastomosen eine Vorstellung von der durch sie hindurchfließenden Blutmenge zu machen, so kommt man auf etwa $^1/_{10}$ der Blutmenge des Lungenkreislaufes. Dazu kommt aber noch, daß auch das durch die Riesencapillaren der Pleura (Abb. 262, 263) strömende Blut (s. S. 308) nicht mit der Alveolarluft in Kontakt kommt, so daß ich schließen möchte, daß im ganzen bis zu $^1/_5$ der Gesamtblutmenge durch den Lungenkreislauf strömen kann, ohne daß dieses Fünftel die Möglichkeit des Gasaustausches besitzt.

Die arteriovenösen Anastomosen konnten von manchen Autoren weder durch Injektion noch an histologischen Schnitten gefunden werden. Doch sagt ein solcher negativer Befund bei so schwer darstellbaren Gebilden nichts aus. Dagegen haben Tobin und Zariquily (1950) durch Injektion von Glaskügelchen und von Plastikmassen die Anastomosen nachgewiesen.

Weibel (1959) hat an seinen Schnittserien nur 3 solcher Anastomosen gefunden, davon eine, welche von einer Arterie ohne Längsmuskulatur ausging. Ebenso bildet Cain (1958) den Ursprung einer Vene aus einer Sperrarterie ab. Auf Grund röntgenologischer Befunde bestätigen Sousa et al. (1958) meine Befunde.

Die ausführlichen Untersuchungen von Lauweryns (1962) beim Hund und beim Menschen dürften für die Diskussion über die Frage des Vorkommens arteriovenöser Anastomosen einen Schlußpunkt setzen. Dieser Autor zeigte, daß auch an Präparaten, an denen es nicht gelungen ist, durch Injektion solche Anastomosen nachzuweisen, diese dennoch histologisch gezeigt werden können. Im ganzen hat Lauweryns beim Menschen histologisch in 42% der Fälle peribronchiale und in 50% pleurale arteriovenöse Anastomosen nachgewiesen und röntgenologisch nach Injektion von Kontrastmittel in 48% der Fälle.

Da ja eine noch so gut ausgeführte Injektion niemals alle Anastomosen füllt und bei histologischer Untersuchung die Erkennbarkeit der Anastomosen von der Schnittrichtung abhängt, kann man demnach sagen, daß die arteriovenösen Anastomosen regelmäßig vorkommen, und dies trotz der negativen Befunde mancher Autoren, die keine gefunden haben.

Die funktionelle Bedeutung der arteriovenösen Anastomosen dürfte in folgendem liegen (Hayek, 1953/III). Die Lungenvenen reagieren, wie Euler (1951) gezeigt hat, auf Sauerstoffmangel des Blutes mit Kontraktion, auf vermehrten Sauerstoffgehalt mit Erweiterung. Wenn bei vorübergehender Abschaltung eines Läppchens von der Atmung als Reserveläppchen von diesem sauerstoffarmes Blut abfließt, würden sich die Venen verengen. Es würde zu einer Blutstauung im Läppchen kommen, wenn nicht die arteriovenösen Anastomosen wenigstens etwas sauerstoffreiches Blut den Venen zuführen würden. Die Funktion der arteriovenösen Anastomosen dient also offenbar, wie die der arteriellen Anastomosen, der Sauerstoffzufuhr bei der Bildung von Reserveatelektasen.

Die Blutversorgung der Bronchi

Die Bifurcatio tracheae und die großen sowie ein Teil der mittleren Bronchi werden in allen ihren Wandschichten von den Verzweigungen der A. bronchialis versorgt. Die Anastomosen zwischen A. bronchialis und A. pulmonalis (s. S. 298) ergeben die Möglichkeit, daß je nach der Öffnung oder Schließung der verschiedenen Abschnitte der Sperrarterien die Wand der mittleren Bronchi an ihrem Übergang zu den kleinen Bronchi und diese selbst entweder von der Bronchialis oder von der Pulmonalis versorgt werden. Die an die Bronchioli (interlobuläre Bronchi, Zuckerkandl) herantretenden Arterienästchen lassen sich dagegen am besten von der A. pulmonalis aus injizieren (Zuckerkandl) — trotz der Anastomosen mit der A. bronchialis — so daß auch eine solche Blutversorgung in vivo für gewöhnlich wahrscheinlich ist.

Der Blutabfluß aus den Bronchioli erfolgt in die kleinen Läppchenvenen. Aus den kleineren und mittleren Bronchi führen kleine Venen das Blut in Pulmonalvenen, die dort, wo die Venen neben den Bronchi verlaufen, besonders kurz sind (Abb. 256). Aus den großen Bronchi und der Bifurcatio tracheae sammeln kleine Venenstämme (Vv. bronchiales) das Blut, um im Hilus in die Pulmonalvenen zu münden (Zuckerkandl, Abb. 264). Diese Venen nehmen außerdem Äste aus dem Mediastinum, besonders den Lymphknoten und dem Oesophagus auf und stehen andererseits mit den Venennetzen des hinteren Mediastinums und damit den zur V. azygos und hemiazygos führenden Venen durch reichliche Anastomosen in Verbindung (Zuckerkandl). Ein Netz von Anastomosen, das den Abfluß des Blutes aus den größeren Bronchi und Organen des Mediastinums sowohl in die Lungenvenen wie in die Cava ermöglicht. Dagegen fehlen anderen Säugern, wie dem Pferd, die Bronchialvenen, so daß alles Blut aus der Bronchialwand in die Pulmonalvenen abfließt.

Die Blutversorgung der Pleura

Die Pleura pulmonalis wird an der ganzen konvexen Lungenfläche sowie am größten Teil der Zwerchfellfläche der Lunge von Ästchen der A. pulmonalis versorgt (Hayek, 1942), die in $1/2$—$1^1/_2$ cm Entfernung voneinander aus dem Lungenparenchym unter die Pleura treten. Die übrigen Teile der Pleura pulmonalis, d.h. der größte Teil der Pleura der mediastinalen (Abb. 250) und interlobaren (Abb. 251) Fläche sowie gelegentlich ein Teil der Zwerchfellfläche werden von der A. bronchialis versorgt.

Die an die Pleura herantretenden Arterienäste verzweigen sich in ein lockeres Netz sehr weiter Capillaren. Die Weite der Maschen dieses Netzes (Abb. 262a) beträgt etwa das 10fache und mehr als bei den Alveolarcapillaren, [die ich deshalb als Riesencapillaren bezeichnet habe (Hayek, 1942)] bis zum 3—4fachen eines roten Blutkörperchens. Ja, ich fand sogar, daß die durch die A. und V. pulmonalis injizierte farbige Gummimasse in solchen Capillaren zusammenstieß (Hayek, 1945). Dennoch

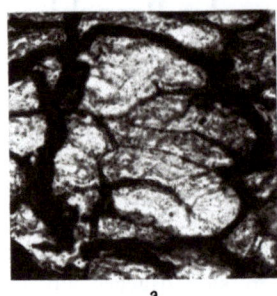 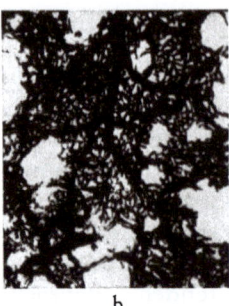

a   b

Abb. 262a u. b. Riesencapillarnetz der Pleura, natürliche Injektion mit Blut, zum Vergleich bei gleicher Vergrößerung das Capillarnetz der Alveolen. [Aus v. Hayek, Z. Anat. Entwickl.-Gesch. **112** (1942)]

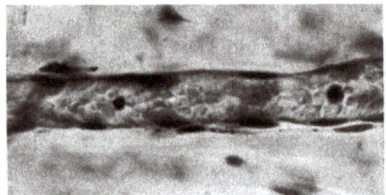

Abb. 263. Blutgefüllte Riesencapillare der Pleura, Häutchenpräparat. Pericyten mit Ruß-körnchen

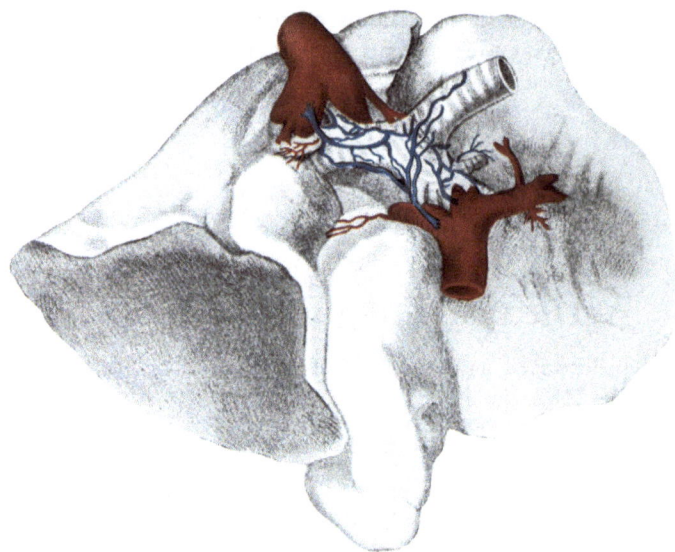

Abb. 264. Einmündung der Bronchialvenen in die Pulmonalvenen am Hilus der linken Lunge. V. pulm. cran. nach vorne umgeklappt. (Aus Zuckerkandl, 1881)

möchte ich hier nicht von arteriovenösen Anastomosen sprechen, da diese Riesen-capillaren durchaus den Wandbau von Capillaren zeigen (Abb. 263). Die dem Endo-thelschlauch dieser Riesencapillaren angelagerten Pericyten zeigen vielfach ein-

gelagerte Staubkörnchen und geben sich dadurch als zum System der Histiocyten
gehörige Zellen zu erkennen. Die aus diesen Riesencapillaren hervortretenden
Venen bilden zierliche Sternchen, die dichter beisammenliegen als die Sternchen der
entsprechenden Arterien. Sie treten entweder in das Lungenparenchym ein oder
münden direkt in die interlobulären Venen, deren Wurzeln sie bilden können
(Abb. 261). Nur in der Nachbarschaft des Hilus treten die Pleuravenen zu den dort
gelegenen Vv. bronchiales in Beziehung.

Auf die Bedeutung der reichlichen Versorgung der Pleura pulmonalis im Bereich
der konvexen Lungenoberfläche durch die A. pulmonalis im Gegensatz zur Versorgung der Pleura costalis durch die A. intercostalis wurde schon bei Besprechung
der Pleura (S. 251 und 36) hingewiesen.

Sperrarterien in der Lunge des Neugeborenen

Als besondere Einrichtung in der Lunge des Neugeborenen, die mit der Um-
stellung des Kreislaufes nach der Geburt in Zusammenhang stehen, werden Sperrarterien mit Polstern aus epitheloiden Zellen gefunden (v. Hayek, 1940, 1945). In
der Intima der kleinen Arterien, bevor sie sich in die Arteriolen teilen, liegen hier

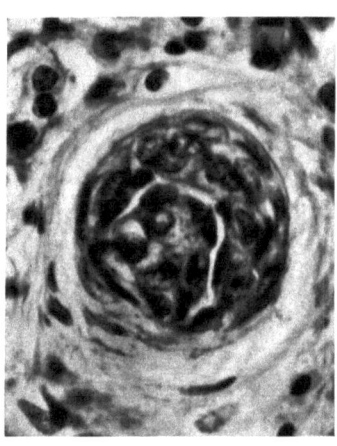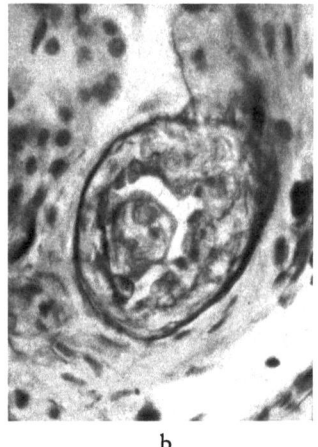

a   b

Abb. 265a u. b. Kleine Pulmonalisäste zu den Alveolen vom Neugeborenen. Intimapolster
aus Epitheloidzellen. a Häm.-Eos., b Orcein. [Aus v. Hayek, Ergebn. Anat. Entwickl.-Gesch.
34 (1945)]

kleine Gruppen von epitheloiden Zellen zwischen Endothel und Elastica interna
(Abb. 265), Zellgruppen, die das Endothel so vorwölben können, daß das Lumen der
Arterie spaltförmig wird. Untersuchungen über die Einwirkung von Histamin auf
diese Zellen an überlebenden Lungen von Neugeborenen, die intra partum ver-
storben waren, zeigten (v. Hayek, 1948), daß diese Zellen stärker als andere Zellen

auf Histamin reagierten (Abb. 266), indem sie eine starke Quellung durch Histamin erfuhren. Nun soll nach Effkemann und Werle der Histamingehalt des fetalen Blutes besonders hoch sein, so daß zu schließen war (Hayek, 1948), daß beim Fetus die durch diesen hohen Histamingehalt des Blutes gequollenen Epitheloidzellen den

Abb. 266. Durch Histamin gequollene Epitheloidzellen mit hellem Plasma in Pulmonalisästen vom Neugeborenen

Lungenkreislauf vor der Geburt drosseln. Für die Einschaltung des Lungenkreislaufes nach der Geburt kommen somit drei Momente in Frage, die Dehnung der Lunge entsprechend dem Eintreten der Atmung, der muskulöse Verschluß des Ductus Botalli (Hayek, 1935) und als drittes das Abklingen der Quellung der durch den hohen Histamingehalt des Fetus verdickten Epitheloidzellen (Hayek, 1948).

Lymphgefäße, Lymphknoten und lymphoides Gewebe
Die Lymphgefäße der Lunge

Die Lymphgefäße haben die Aufgabe, aus den verschiedenen Geweben der Organe Flüssigkeit abzutransportieren, in welcher — gelöst oder ungelöst — Stoffe vorhanden sind, die nicht durch das Blut abtransportiert werden. Die die Gewebe durchströmende Gewebsflüssigkeit nimmt gewisse Stoffwechselprodukte der Gewebe auf, sie wird dauernd von den Blutcapillaren aus durch Flüssigkeitsaustritt vermehrt und andererseits durch den Abfluß in die Lymphgefäße vermindert. Daß in der Lunge außer den Stoffwechselprodukten auch Staubteilchen (darunter auch Bakterien) in die Gewebsflüssigkeit der Alveolarsepten gelangen, dürfte allgemein anerkannt sein.

Die erste wichtige Frage ist nun die, wo der Übertritt der Gewebsflüssigkeit aus den Gewebsspalten in Lymphgefäße erfolgt, und die zweite Frage, wie solche Gewebsspalten von Lymphgefäßen zu unterscheiden sind.

Als Lymphgefäße werden im allgemeinen Gefäße bezeichnet, die vom Endothel ausgekleidet sind, und das gleiche müssen wir verlangen, wenn wir in der Lunge

speziell auch in den Alveolarsepten das Vorhandensein von Lymphgefäßen feststellen wollen. So wie andere Autoren konnte ich in den Alveolarsepten an Schnitten
keine mit Endothel ausgekleideten Gefäße oder Spalten neben den Blutcapillaren
lichtmikroskopisch feststellen; ebenso konnten auch elektronenmikroskopisch keine
Lymphgefäße in den Alveolarsepten beobachtet werden.

Dagegen haben schon Wywodsoff (1866), Sikorski (1870) und Kutsuma (1935)
Netze von Spalträumen durch Injektion dargestellt, die diese Autoren für Lymphgefäße halten. Ähnlich hat nun Engel (1957) in den Alveolarsepten ein schwarzes
Netzwerk von Kohlenstaub beschrieben, von dem er meint, daß es die Lymphgefäße darstelle. Nachdem aber, wie oben gesagt, endothelausgekleidete Lymphgefäße in den Alveolarsepten nicht nachgewiesen werden konnten, muß angenommen
werden, daß es sich bei diesen, von den 4 zuletzt genannten Autoren beschriebenen
Netzen in der Alveolenwand, um Gewebsspalten und nicht um Lymphgefäße handelt.
Loeschcke (1934) spricht von pericapillären Räumen. Ich schließe mich also der
schon von Policard (1939) ausgesprochenen Meinung an, daß die Alveolarsepten
keine Lymphgefäße enthalten und daß Lymphgefäße nur im lockeren Bindegewebe
vorkommen. Auch die Tatsache, daß bei ödematösen Lungen die periarteriellen
Lymphgefäße stark erweitert sind (Abb. 202), aber von Lymphgefäßen in den
Alveolarsepten nichts zu sehen ist, spricht gegen das Vorhandensein von Lymphgefäßen in diesen Septen.

Kleine Lymphgefäße finden sich in der Lunge überall dort, wo lockeres interstitielles Bindegewebe gefunden wird (s. S. 44 und Abb. 29), d.h. unter der Pleura,
in den Septa interlobularia, im perivaskulären und peribronchialen Bindegewebe
sowie in der Wand der Bronchi. Für den Flüssigkeitsstrom zu den Lymphgefäßen
und in ihnen ist es von besonderer Bedeutung, daß diese Bindegewebsräume durch
die Anordnung des elastischen Gerüstes der Lunge unter einem subatmosphärischen
Druck stehen (s. S. 46). Den Septa interalveolaria fehlen wie gesagt Lymphgefäße,
so daß die Gewebsflüssigkeit erst aus der Masse des Lungenparenchyms durch die
Grenzmembran austreten muß, um in die Lymphgefäße zu gelangen. Demgemäß
ergeben sich drei Stellen, an denen die Gewebsflüssigkeit in die Lymphgefäße
gelangt (Schema Abb. 267), erstens im Inneren des Läppchens neben den Verzweigungen der Arterien und Bronchioli, zweitens in der Peripherie der Läppchen,
gelegentlich in Nachbarschaft von Venen, und drittens in der Bronchialwand.

Im Inneren des Läppchens folgt das lockere interstitielle Gewebe der Arterie
weiter in das Läppchen hinein als dem Bronchiolus, denn die Bronchioli sind durch
ihr elastisches Gerüst fest mit dem Lungengewebe verbunden, die Arterien dagegen
mit ihrem lockeren periarteriellen Bindegewebe begleiten noch die Bronchioli
alveolares, und erst die Arteriolen (s. S. 270) sind fest in das Lungenparenchym eingebaut. Das periarterielle lockere Bindegewebe findet sich also bis in die Nachbarschaft der Bronchioli alveolares. Hier liegen die Enden oder Wurzeln der Lymphgefäße, die wie ein Handschuhfinger neben der Arterie blind endigen oder, wenn
man so sagen will, mit einem Blindsack beginnen.

Dieser blindsackartige Anfang des Lymphgefäßes umfaßt vielfach etwa $^1/_3$ des
Umfanges der Arterie und kann zwischen Arterie und begleitendem Bronchiolus
alveolaris (Abb. 268) oder auf der dem Bronchiolus entgegengesetzten Seite der
Arterie (Abb. 269) gelegen sein. Das oft spaltförmige Lymphgefäß teilt sich bald,
der Arterie folgend, in zwei der Arterie anliegende periarterielle Lymphgefäße

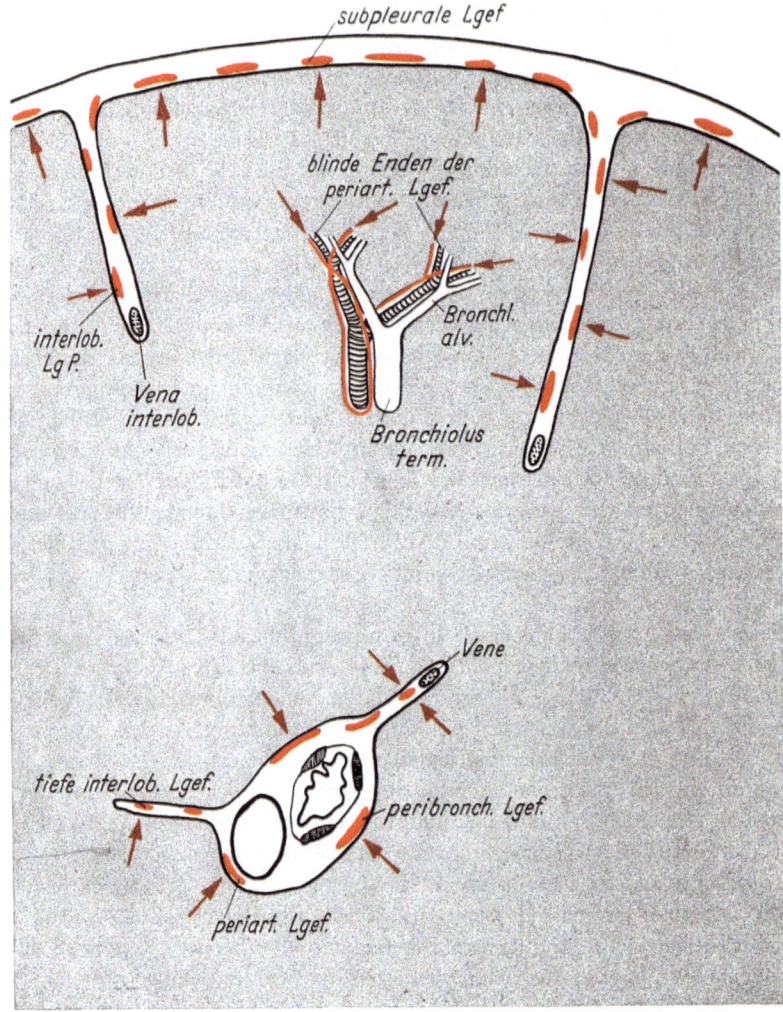

Abb. 267. Schema des Lymphabflusses (Pfeile) aus einem Läppchen in die periarteriellen Lymphgefäße und die verschiedenen perilobulären Lymphgefäße wie subpleurale, inter- lobuläre, peribronchiale und tiefe periarterielle

(Hayek, 1940), die bei verschiedenem Spannungszustand von Arterie und um- gebendem Lungengewebe eine sehr verschiedene Weite zeigen können (Abb. 85, 202). Neben der kontrahierten Arterie (s. die dichte Lagerung der Endothelkerne) auf Abb. 84 ist die Lichtung des einen Lymphgefäßes rund und wesentlich größer als eine Alveole. Gelegentlich teilen sich die Lymphgefäße auch mehrfach, so daß bis zu vier periarterielle Lymphgefäße um eine Arterie herum gelagert sein können. Daß es sich bei diesen Spalten wirklich um Lymphgefäße handelt, was gelegentlich angezweifelt wurde (Maraschio), beweist die Endothelauskleidung (Hayek, 1940b), deren Zellgrenzen auch durch Silberimprägnation dargestellt werden können (Abb. 270), sowie ihre Kontinuität mit klappentragenden Lymphgefäßen.

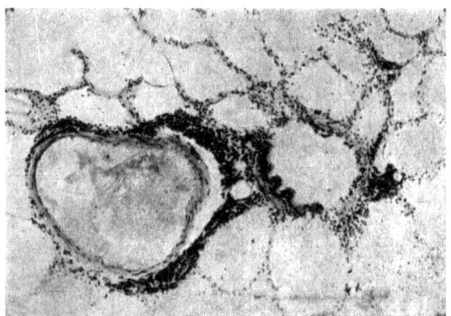

Abb. 268. Bronchiolus alveolaris mit Begleitarterie und periarteriellem Lymphraum, dazwischen lymphoides und anthrakotisches Gewebe. 60fach

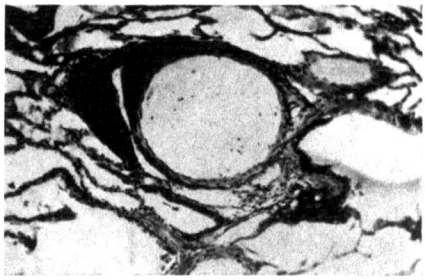

Abb. 269. Wie Abb. 268, doch der Lymphraum und das anthrakotische Gewebe auf der dem Bronchiolus abgewendeten Seite. [Aus v. Hayek, Ergebn. Anat. Entwickl.-Gesch. **35** (1951)]

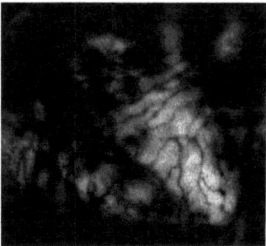

Abb. 270. Endothelgrenzen eines periarteriellen Lymphraumes vom Meerschweinchen. 400fach

Auch ein zartes elastisches Fasergerüst ist in der Wand dieser periarteriellen Lymphräume nachweisbar (Abb. 211, S. 263), dessen Vorhandensein aber die Funktion dieser Lymphspalten als aufsaugende Abschnitte ebensowenig beeinflussen wird wie das elastische Gerüst der Alveolenwände die Funktion der Blutcapillaren.

Derartige klappentragende Lymphgefäße (Abb. 271) führen am Übergang der Bronchioli in die Bronchi (Abb. 276), die Lymphe in die peribronchialen Lymphgefäße, die ein dichtes klappenführendes Netz um die Bronchi bilden. Diese dünnwandigen peribronchialen Lymphgefäße liegen ganz außen im peribronchialen Bindegewebe, d. h. der Grenzmembran des Lungengewebes eng angelagert, der

Klappe

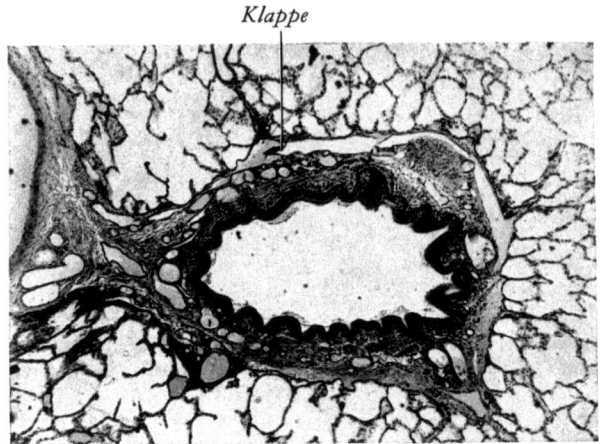

Abb. 271. Kleiner Bronchus mit quer verlaufenden, den Bronchus weitgehend umfassenden Lymphgefäßen mit Klappe. 30fach

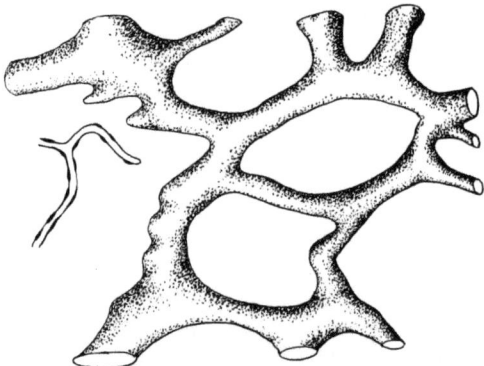

Abb. 272. Lymphgefäße und Blutcapillare aus einem Häutchenpräparat der Pleura. Etwa 30fach

gegenüber sie also die gleiche Lage einnehmen wie die subpleuralen und interlobulären Lymphgefäße. Durch die strickleiterartigen Querverbindungen in dem peribronchialen Lymphgefäßnetz erscheint der Bronchus an einem Schnitt manchmal bis zur Hälfte von einem Lymphspalt umfaßt (Abb. 271). In ähnlicher Weise folgen Lymphgefäße auch den größeren Arterien und liegen hier ebenso (Abb. 208, S. 262) ganz außen im periarteriellen Bindegewebe, dicht an der Grenzmembran des Lungengewebes.

Die zweite Stelle, an der die Lymphe aus dem Lungenparenchym in die Lymphgefäße eintritt, ist in den perilobulären Lymphgefäßen gelegen, an denen wieder subpleurale und interlobuläre unterschieden werden können. Da die Läppchengrenzmembran aber vielfach an die Bronchi und Arterien angrenzt, können auch die eben beschriebenen peribronchialen (Abb. 267) und periarteriellen Lymphgefäße zu den perilobulären Lymphgefäßen gerechnet werden.

Die subpleuralen Lymphgefäße bilden unter der Pleura — der Grenzmembran des Lungengewebes enge anliegend — ein weitmaschiges Netz, das unter der Blutgefäßschicht der Pleura (Abb. 185, 194) gelegen ist. Die einzelnen Lymphgefäße haben in gefülltem Zustande eine Weite von $^1/_{10}$—$^1/_2$ mm, so daß sie immer viel weiter sind als die großen Blutcapillaren der Pleura (Abb. 194, 272). Miller betont, daß, wenn die Injektion der pleuralen Lymphgefäße gelingt, sich trotz der vorhandenen Klappe das gesamte Netzwerk leicht darstellt. Vielfach erhält man jedoch bei der Einstichmethode ein den Läppchengrenzen folgendes Netzwerk dargestellt, wobei dann aber die Kontrolle an mikroskopischen Schnitten zeigt, daß die Injektionsflüssigkeit sich im lockeren Bindegewebe ausgebreitet hat (Miller). Die Lymphgefäße der Pleura bilden ein endloses Netzwerk, blinde Enden sind nirgends zu

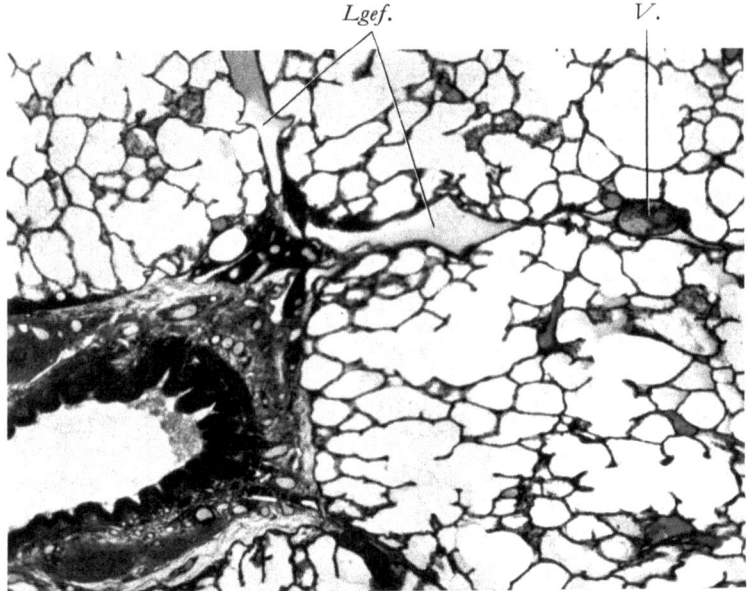

Abb. 273. Vom peribronchialen Gewebe aus einschneidende Septa interlobularia mit Lymphgefäßen. 25fach

finden. Ob man dieses Netzwerk von Lymphcapillaren oder Lymphgefäßen aufgebaut betrachtet, scheint gleichgültig, wenn man daran festhält, daß alle diese Lymphgefäße, die der Grenzmembran des Lungengewebes so enge anliegen, funktionell als Capillaren zu betrachten sind, da sie offenbar die Lymphe von dieser Grenzmembran her aufnehmen. Der von Miller beschriebene Befund, daß hier viele Klappen vorkommen, veranlaßt Miller zu der Angabe, daß es subpleural keine Lymphcapillaren gäbe, doch scheint mir der Gedanke, daß die Unterscheidung zwischen Lymphgefäßen und Lymphcapillaren nur nach dem Vorhandensein von Klappen und nicht nach der Funktion durchzuführen sei, abwegig. Der Funktion nach möchte ich hier von klappentragenden Lymphcapillaren sprechen.

An den Lymphgefäßen der Septa interlobularia kann man entsprechend der Anordnung dieser Septen zwei Gruppen unterscheiden, die Mehrzahl dieser Septen schneidet ja von der Lungenoberfläche ein (Abb. 267), es gibt aber, wie gesagt (s. S. 104), auch Septen, die von den Bronchi aus — also aus dem Inneren der Lunge, wenn auch weniger tief, in das Parenchym vorragen. In den von der Oberfläche aus

Ilsp.

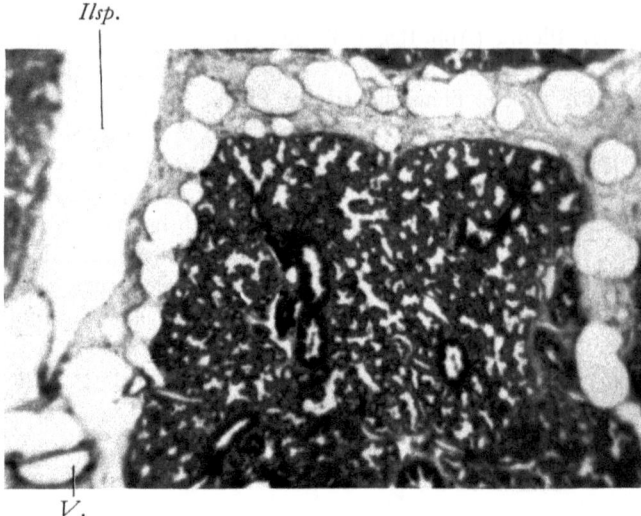

Abb. 274. Subpleurale Lymphgefäße am Interlobulärspalt (*Ilsp.*) und perilobuläre Lymphgefäße großer Weite. Fetus von 30 cm größter Länge. 50fach

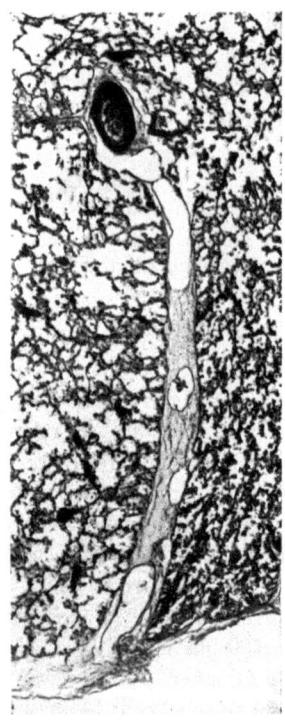

Abb. 275. Septum interlobulare mit Lymphgefäßen und einer blutgefüllten Vene.
Neugeborenes

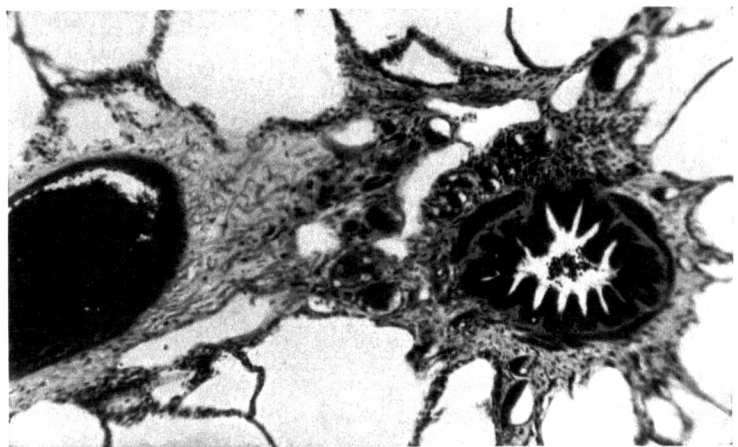

Abb. 276. Übergang eines Lymphgefäßes von der Arterie an den Bronchiolus. 80fach, Azan

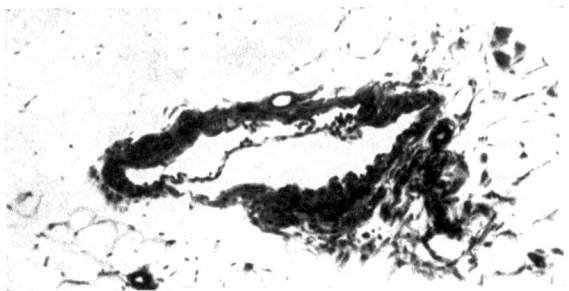

Abb. 277. Lymphgefäß mit Klappe aus der Nachbarschaft des linken Bronchus. 100fach

einschneidenden Septen liegen Lymphgefäßnetze, die mit den subpleuralen Netzen zusammenhängen (Abb. 274 und 275, s. auch Franke im Gegensatz zu Miller) und bis an die in der Tiefe der Septen gelegenen Vv. interlobulares heranreichen. Wenn Miller von Lymphgefäßen spricht, die Venen begleiten, so kann ich beim Menschen vorwiegend (Abb. 275 und 273) solche in der Tiefe der Septa interlobularia finden; beim Hund, der Miller vielfach als Untersuchungsobjekt diente, werden die Verhältnisse anders liegen, da der Hund keine (s. S. 101) solchen Septa interlobularia besitzt wie der Mensch. Die in den von den Bronchi aus einschneidenden Septa interlobularia gelegenen Lymphgefäße (Abb. 249) stehen, Netze bildend, mit den peribronchialen Lymphgefäßen in Verbindung.

Es ist eine sehr auffallende Erscheinung, daß die perilobulären Lymphgefäße relativ zum Lobulus beim Fetus (Abb. 274) enorm voluminös sind und auch noch beim Neugeborenen (Abb. 275) viel zahlreicher erscheinen als beim Erwachsenen. Diese relative Abnahme ihres Volumens geht mit einer Abnahme der relativen Menge des interstitiellen Bindegewebes (s. S. 107) parallel. Da ja der Lymphabfluß aus einem Organ mit der Intensität seines Stoffwechsels steigt (Höber), scheint der Reichtum der fetalen Lunge für einen in ihr vor sich gehenden, aber bisher noch nicht beobachteten intensiven Stoffwechsel zu sprechen. Der Reichtum der fetalen Lunge an perilobulären Lymphgefäßen wurde von Flint schon für das Schwein beschrieben, doch besitzt das Schwein ja eine viel stärker ausgeprägte Läppchengliederung (s. S. 101) als der Mensch.

Die kleinsten Verzweigungen des Bronchialbaumes, an welchen Lymphgefäße nachgewiesen werden können, sind die größeren Bronchioli. Hier gelangen die periarteriellen Lymphgefäße, die, wie oben beschrieben (S. 313), in der Nachbarschaft der Bronchioli alveolares an der Grenze von Arterien und Arteriolen mit Blindsäcken beginnen, in engere Beziehung zur Wand des Bronchiolus, bleiben aber noch außerhalb der Muscularis. Verbindungen dieser den Bronchiolus begleitenden Lymphgefäße zu solchen, die Venen begleiten, kann ich beim Menschen nicht finden; Miller beschreibt in seiner viel zitierten Arbeit über die Blut- und Lymphgefäße des Lungenläppchens solche Verbindungen, aber offenbar vom Hund, auf

Abb. 278. Stark kontrahiertes Lymphgefäß aus der Nachbarschaft des linken Bronchus. 160fach

den sich seine Rekonstruktion bezieht. Die periarteriell beginnenden Lymphgefäße, die zuerst weit abseits von den Bronchioli liegen (Abb. 92), legen sich im Bereich der Bronchioli mehr oder weniger an diese an (Abb. 276), so daß sie dann auch als den Bronchiolus begleitende Lymphgefäße bezeichnet werden können. Erst im Bereich der Bronchi kann ich regelmäßig Lymphgefäßnetze der Bronchialwand unterscheiden, und zwar dort, wie Miller, gleich zwei solcher Netze. Das äußere dieser beiden Netze liegt, wie oben (S. 314) geschildert, im peribronchialen Bindegewebe der Grenzmembran des Lungenparenchyms dicht anliegend und ist funktionell einerseits zu den perilobulären Lymphgefäßen zu rechnen, andererseits dient es als Abflußbahn aus der Bronchialwand. Das innere Lymphgefäßnetz liegt mit dem hier an der Grenze zwischen Bronchus und Bronchiolus beginnenden bronchialen Venennetz (s. S. 129) zwischen Faserhaut und Muskelhaut des Bronchus. In dieses münden einzelne Lymphgefäße aus der Schleimhaut, die durch die Muskelhaut durchtreten. Eine bemerkenswerte Beziehung der Bronchialschleimhaut zu Lymphgefäßen finde ich gelegentlich bei den im Bereich der Bronchi und Bronchioli vorkommenden, die Muscularis durchsetzenden Divertikeln der Schleimhaut (s. S. 121), deren Epithel sich ganz enge an ein Lymphgefäß anlegen kann (Abb. 84), das außerhalb der Muscularis gelegen ist. An der Trachea unterscheidet schon Teichmann — das gleiche gilt auch für die größeren Bronchi — feine Lymphgefäßnetze der

Mucosa und gröbere, die außerhalb der Muscularis liegen, die zwischen den Knorpeln mit den peribronchialen Lymphgefäßen in Verbindung stehen. Aus den geschilderten kleinen Lymphgefäßen, die, wie gesagt, funktionell den Charakter von Capillaren haben, gehen im Bereich der mittleren bis größeren Bronchi, in den Septa interlobularia und auch im Bereich der Pleura die größeren abführenden Lymphgefäße hervor, deren Wand durch das Vorhandensein glatter Muskulatur ausgezeichnet ist. Daß Klappen auch schon in den muskelfreien Lymphgefäßen vorkommen, wurde schon oben erwähnt. Der Übergang der muskelfreien in die muskelhaltigen Gefäßabschnitte ist ein allmählicher, in dem entweder zuerst nur auf einer Seite Muskelfasern die Wand verstärken (Abb. 207) oder, wie Baltisberger das beschreibt, locker neben den Lymphgefäßen liegende Muskelfasern sich dem Gefäß enger anlagern. Die Muskelhaut nimmt hiluswärts an Ausdehnung weiter zu, sowie auch die Stärke der bindegewebigen Elemente der Lymphgefäßwand, wobei zuerst noch muskelfreie Wandpartien vorkommen (Abb. 277), die nur von Bindegewebe gestützt sind. Im Bereich des Lungenstieles findet man schließlich Lymphgefäße, die in ihrem Wandbau dem Ductus thoracicus ähneln und im kontrahierten Zustand (Abb. 278) sehr dickwandig erscheinen.

Die Lymphknoten der Lunge und des Mediastinums

Die Lymphknoten, Nodi lymphatici, durch welche die aus der Lunge stammende Lymphe abfließt, sind vorwiegend entlang des Trachealbaumes gelagert, außerdem kommen aber auch die Lymphknoten des hinteren Mediastinums, des Lig. pulmonale und unterhalb des Zwerchfells gelegene Lymphknoten in Frage.

Als Lymphonodi (Lymphoglandulae) pulmonales werden von Bartels Lymphknoten beschrieben, die „schon im Lungengewebe selbst in den Abzweigungswinkeln der Bronchien" gelegen sein sollen, und Sukiennikow bildet im Bereich des linken Unterlappens 5 solcher Lymphknoten ab. Eine mikroskopische Untersuchung zahlreicher, an diesen Stellen gelegener schwarzer Knötchen zeigte aber, daß es sich meist um anthrakotische Schwielen, gelegentlich mit lymphatischem Gewebe, aber nicht um Lymphknoten handelt. Nur die größeren derartigen Gebilde, die nahe den ersten Teilungen der Lappenbronchi gelegen sind, stellen wirkliche Lymphknoten dar. Diese an den Abgangsstellen der Lappenbronchi und ihrer ersten Teilung gelegenen Lymphknoten werden auch als Nodi lymphatici bronchopulmonales oder bronchiales bezeichnet. Die um die Abzweigung der Lappen gelegenen Lymphknoten werden auch im ganzen als Hilusdrüsen bezeichnet, welcher Begriff aber keine scharfe Abgrenzung erfahren hat, da darunter auch alle Lymphknoten des Lungenstieles von der Bifurkation bis in die Lunge hinein (den Lungenkern, Felix) verstanden werden (Engel). Als obere und untere tracheobronchiale Lymphknoten (Nodi lymphatici tracheobronchiales superiores et inferiores) werden Lymphknoten bezeichnet, die unterhalb und seitlich von der Bifurcatio tracheae gelegen sind. Die untere Gruppe liegt hinter der Membrana bronchopericardiaca (s. S. 61), eine Platte von Lymphknoten bildend, die den Bifurkationswinkel auffüllt (Abb. 38 und 39). Schon beim Embryo von 55 mm St.Sch. Länge findet man die erste Anlage dieser Lymphknoten an über die Medianebene hinwegziehenden Lymphgefäßen (Abb. 279). Die obersten Lymphknoten dieser Gruppe sind vielfach länglich, beinahe symmetrisch und ragen in den Bifurkationswinkel mit einem Zipfel vor. Die oberen

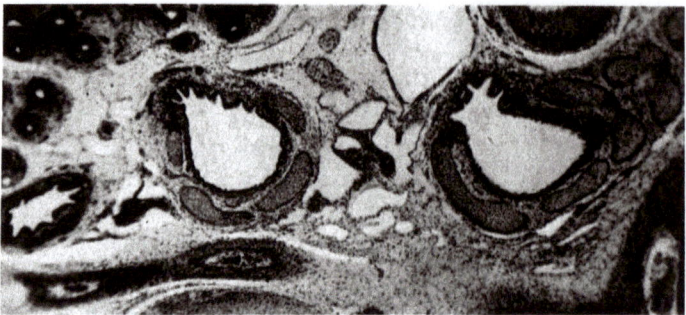

Abb. 279. Anlagen von Lymphknoten in der Bifurkation und über dem Abgang des rechten Oberlappenbronchus. Embryo hum. 55 mm St. Sch. Lg.

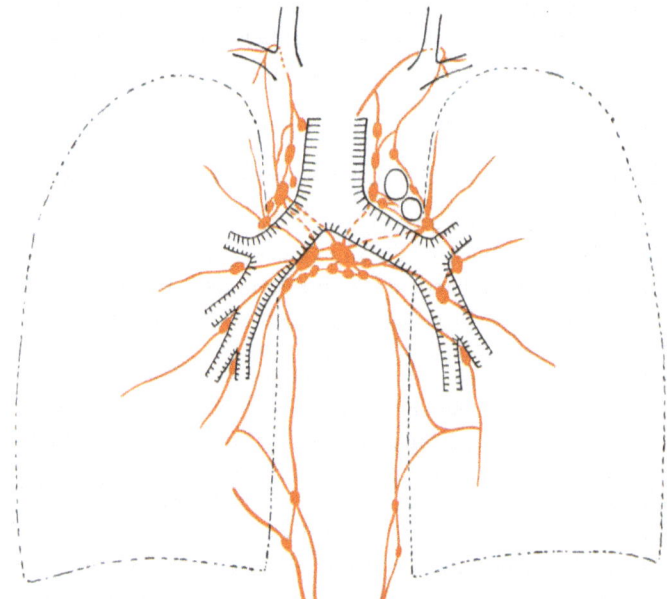

Abb. 280. Anordnung der pulmonalen Lymphknoten und Lymphgefäße mit Abfluß in Truncus bronchomediastinalis anterior et posterior und durch das Lig. pulmonale zum Diaphragma

tracheobronchialen Lymphknoten liegen beiderseits im stumpfen Winkel zwischen Trachea und Bronchi, meist sind die rechtsseitigen Knoten größer als die der linken Seite. Gleichsam abgedrängt von dieser Gruppe durch den Verlauf der Aorta und den Bogen der Pulmonalis sinistra findet sich links dem Pulmonalisbogen aufsitzend ziemlich regelmäßig ein Lymphknoten — oder auch zwei —, der eine enge Lagebeziehung zum Lig. Botalli, Nervus recurrens und dem Vagusast zum Plexus pulmonalis anterior besitzt und gelegentlich mit diesen Nerven durch Schwarten enge verwachsen ist, auf den auch Engel besonders hinweist (Abb. 280).

Die Nodi lymphatici tracheales (paratracheales, Bartels) bilden jederseits der Trachea eine Kette kleinerer Lymphknoten, die besonders rechts (Sukiennikow) von den tracheobronchialen Knoten durch einen Zwischenraum getrennt sein kann. Sie liegen oft enge dem N. recurrens an und können besonders links, wo die Kette oft aus zwei Reihen besteht, den Nerven umschließen.

Die Nodi lymphatici parasternales (mammarii interni) liegen an der inneren Brustwand (Abb. 281) beiderseits vom Sternum längs der A. mammaria (thoracica) interna und wechseln stark in ihrer Zahl, da keineswegs in jedem Intercostalraum Lymphknoten gefunden werden.

Im ganzen vorderen Mediastinum, vom Zwerchfell bis zur oberen Brustapertur finden sich die Nodi lymphatici mediastinales anteriores verbreitet. Die untersten (N.l. phrenici) liegen links vor der V. cava inferior zwischen Perikard und Zwerchfell (Tandler, Sledziewski), weitere im Winkel zwischen beiden und dem Sternum. Die Hauptmenge liegt an der Thymus und die obersten an der V. anonyma (Ln. anguli anonymi), die wieder schon den supraclaviculären Lymphknoten zugerechnet werden können. Die im Lig. pulmonale gelegenen kleinen Lymphknoten, die Franke (Abb. 280) beschrieben hat, können mit den an Oesophagus und Aorta gelegenen zu den Nodi lymphatici mediastinales posteriores (8—12 an der Zahl, Bartels) gerechnet werden.

Die Nodi lymphatici intercostales interni (Abb. 281) schließlich liegen im hinteren Abschnitt der Intercostalräume nahe den Rippenköpfchen, ohne daß aber eine regelmäßige segmentale Anordnung vorhanden wäre.

Die Lymphwege aus der Lunge

Die Zugehörigkeit der Lymphknoten zu den verschiedenen Abschnitten der Lunge hat Engel mit Hilfe der von tuberkulösen Primärherden ausgehenden Infektion an über 50 Fällen untersucht. Die rechten tracheobronchialen Lymphknoten sind danach regionär für die oberen $^2/_3$ des rechten Oberlappens (Abb. 280), während der basale Teil dieses Lappens dorsolateral gelegenen Hilusdrüsen zugeordnet ist. Vom Mittellappen führt der Abflußweg zu Hilusknoten nahe dem Ursprung des Mittellappenbronchus. Für den dorsolateralen Teil des rechten Unterlappens liegen die regionären Lymphknoten dorsolateral im Hilus, für den medialen Teil ventromedial und in den Bifurkationsknoten. Die linke Lungenspitze hat ihre regionären Lymphknoten in den den Arterien in der Nähe des Lig. Botalli aufgelagerten Knoten (Abb. 280); die übrigen Teile des Oberlappens in den vorderen und hinteren Hilusknoten sowie in dem linken Bifurkationsknoten. Der linke Unterlappen verhält sich entsprechend wie der rechte, indem dorsolaterale, ventrolaterale und Bifurkationsknoten für ihn regionär sind.

Darüber hinaus hat Franke an Injektionspräparaten noch Lymphwege von den Unterlappen zu den Lymphknoten im Lig. pulmonale und von dort durch das Zwerchfell zu retroperitonealen Lymphknoten sowie einen Abfluß durch hintere mediastinale Knoten direkt zum Ductus thoracicus beobachtet.

Nach den Befunden von Engel geht ein Teil des Abflusses von den linken Bifurkationsknoten nach rechts zu den oberen tracheobronchialen, so wie überhaupt derselbe Knoten für einen Teil der Lunge als regionärer, für andere Teile als Knoten zweiter Linie in Frage kommen kann. Der Hauptabfluß erfolgt jedenfalls über die oberen tracheobronchialen Lymphknoten und von dort über die Trunci bronchomediastinales (Bartels, Tandler, Pernkopf) zum Angulus venosus (Abb. 280). Meist

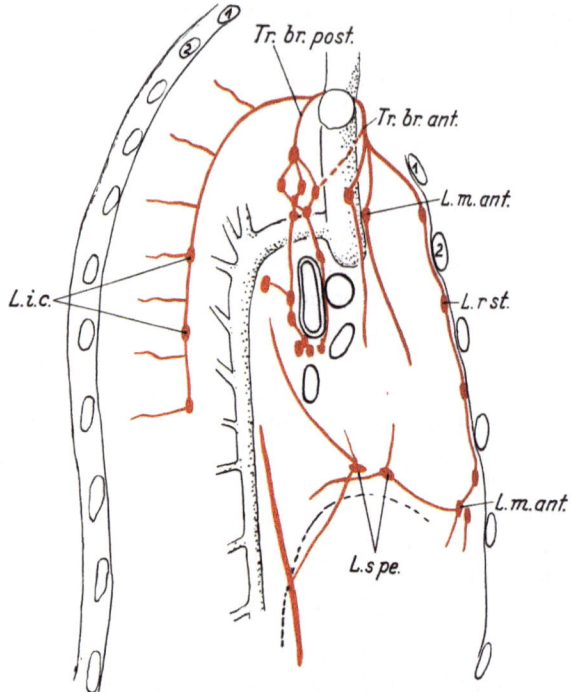

Abb. 281. Lymphknoten und Lymphgefäße im Thorax von rechts gesehen. *L.i.c.* Nodi lymphatici intercostales, *L.spe.* N.l. subpericardiales, *L.rst.* N.l. retrosternales, *L.m.ant.* N.l. mediastinales anterior, *Tr.br.* Truncus bronchomediastinalis

sind jederseits zwei solche Trunci vorhanden, von denen der ventrale mit den Lymphgefäßen aus den vorderen Mediastinalknoten, den Trunci mammarii und manchmal zusammen mit dem Truncus subclavius von vorne her an den Angulus venosus herantritt. Der Truncus bronchomedialis dexter dorsalis zieht hinter der V. anonyma zum Truncus lymphaticus dexter (Abb. 281). Links dagegen mündet der hintere bronchomediastinale Lymphstamm in den Ductus thoracicus (Abb. 280). Die Größe der Trunci bronchomediastinales dorsales und ventrales scheint zu wechseln.

In letzter Zeit hat Munka (1963) an 90 Feten, Neugeborenen und Säuglingen das Lymphgefäßsystem der Lungensegmente an Injektionspräparaten untersucht und kommt im wesentlichen zur Bestätigung der Befunde der älteren Autoren.

Die Abflußwege aus der Innenfläche der Thoraxwand

Die Lymphgefäße der Pleura costalis ziehen teils zu den Nodi lymphatici sternales nach vorne, teils zu den N.l. intercostales nach hinten, stehen aber dennoch untereinander in reichlicher Verbindung. Braune (nach Felix) beschreibt, daß die sternalen Lymphknoten die Lymphgefäße aus dem größten Teil der Pleura costalis bis nahe an die Wirbelsäule beziehen, die Nodi lymphatici intercostales dagegen die Lymphe aus der übrigen Brustwand, besonders aus der Intercostalmuskulatur. Diese tiefen Lymphgefäße der Brustwand sollen mit den subpleuralen und den subcutanen

Lymphknoten in Verbindung stehen. Besonders zu nennen ist hier der am lateralen Rande des M. pectoralis major subcutan gelegene Lymphknoten, der als Nodus lymphaticus axillaris pectoralis bezeichnet wird und vielen Klinikern durch seine Tastbarkeit bei Pleuritis bekannt ist.

Daß die Lymphgefäße der Pleura diaphragmatica mit den subperitonealen Lymphgefäßen durch das Zwerchfell hindurch in Verbindung stehen, wurde schon oben (S. 37) erwähnt. Außerdem kann der Lymphabfluß in die vorderen oder hinteren diaphragmalen Lymphknoten (S. 320) erfolgen und von dort durch vordere (Sledziewski) oder hintere mediastinale Lymphgefäße weiter gehen (Abb. 281). Außer den hinteren diaphragmalen Knoten beschreibt Sledziewski auch Lymphgefäße durch den Hiatus oesophageus zu den Lymphknoten am Magen und der A. coeliaca sowie zu den Bifurkationsknoten. Der Pleura mediastinalis schließlich sind die hinteren und vorderen mediastinalen sowie die diaphragmalen Lymphknoten zugeordnet.

Das lymphoide Gewebe in der Lunge und seine Beziehungen zur Staubablagerung

Das lymphoide Gewebe in der Lunge ist schon Gegenstand ausführlicher Untersuchungen von Arnold, Miller und Policard gewesen, und diese Autoren unterscheiden dabei sein peribronchiales, perivasculäres und subpleurales Vorkommen. Ich kann hier auf die einzelnen Schilderungen der Bronchialschleimhaut (S. 117f.) des interstitiellen Gewebes (S. 138), der Läppchengrenzmembran (S. 239), der Randalveolen (S. 242) und des subpleuralen Gewebes (S. 245) hinweisen. Arnold gebraucht dafür die Bezeichnung lymphatisches Gewebe, während Miller und Policard von lymphoidem Gewebe sprechen. Aschoff unterscheidet diese beiden Begriffe schärfer, indem er von diffus angeordnetem lymphoidem Grundgewebe spricht und von lymphatischen Organen, bei welchen lymphoides Gewebe „organmäßig abgeschlossen ist" und darin wenigstens vorübergehend Sekundärknötchen mit Keimzentren entwickelt. Für die Lymphknoten betont Aschoff, daß sich der Ruß im lymphoiden Gewebe ablagert, während die Sekundärknötchen davon freibleiben (Abb. 107). Für das lymphoide Gewebe in der Lunge beschreiben Arnold und Miller, daß es in ähnlicher Weise Staubpigment enthält. Policard dagegen betont, daß er bei seinen Versuchstieren nach Staubinhalation die „formations lymphoides bronchiques" immer frei von Staubzellen gefunden hat. An meinem menschlichen Material finde ich in ganz auffallender Weise an allen Stellen des Vorkommens lymphoiden Gewebes in der Lunge solches Gewebe, das frei ist von Staubpigment, entweder isoliert von anthrakotischem Gewebe (Abb. 102) oder eng an dieses angelagert (Abb. 86, 106 und 193), so wie im Lymphknoten (Abb. 107) das pigmentierte lymphoide Gewebe neben dem pigmentfreien lymphatischen Gewebe der Sekundärknötchen liegt. Es ist demnach in der Lunge pigmentfreies (anthrakophobes) lymphoides Gewebe von mit Staubzellen durchsetztem (anthrakotischem) lymphoidem Gewebe zu unterscheiden.

Außer der engen Beziehung von lymphoidem Gewebe mit Staubzellen mesenchymaler Herkunft zu solchen ohne ist das Vorkommen beider Gewebeformen in Verknüpfung mit Fettgewebe und mit Lymphgefäßen sehr häufig, wobei wiederum das anthrakotische und anthrakophobe lymphoide Gewebe nebeneinander oder völlig getrennt voneinander gefunden werden. Als fünftes Element ist schließlich noch lymphocytenfreies, mit Staubzellen durchsetztes Bindegewebe zu nennen. Es sind also 5 Elemente zu betrachten, die in verschiedenen Kombinationen vorkommen, es sind

1. Lymphgefäße,
2. Fettgewebe,
3. Staubzellen mesenchymaler Herkunft,
4. Staubpigmenthaltiges lymphoides Gewebe,
5. Staubfreies lymphoides Gewebe,

wozu noch als 6. die Bildung von Sekundärknötchen im lymphoiden Gewebe kommen kann.

Das unpigmentierte staubfreie lymphoide Gewebe, kurz als lymphoides Gewebe bezeichnet, findet sich besonders in der Wand der Bronchioli und Bronchi, im peri-

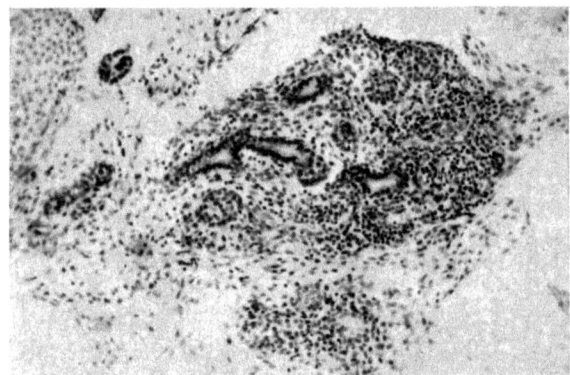

Abb. 282. Drüsenanlage umgeben von lymphoidem Gewebe und Lymphgefäßen. Fetus 30 cm Länge. 100fach

bronchialen interstitiellen Binde- und Fettgewebe, an periarteriellen Lymphgefäßen, an der Grenzmembran des Lungengewebes und in der Pleura. Schon in der Wand der Bronchi alveolares finden sich besonders in den Teilungsstellen gelegentlich kleine Ansammlungen lymphoiden Gewebes, die sich manchmal auch zwischen Alveolen vorschieben. Weiter findet sich lymphoides Gewebe häufig als Kappe auf den Schleimhautdivertikeln (S. 122, Abb. 83 und 84), die an Bronchi und Bronchioli gefunden werden, wobei die Beziehung des lymphoiden Gewebes zum Epithel so enge werden kann, daß man von einem lymphoepithelialen Organ (Hayek, 1945) sprechen kann. Dort, wo Alveolen an lymphoides (Abb. 283) oder anthrakotisches (Abb. 191—193) Gewebe angrenzen, sind die Alveolen von kubischem Epithel ausgekleidet, ein Verhalten, das an andere Organe erinnert, in denen auch dort, wo lymphoides Gewebe unter dem Epithel liegt, dieses eine besondere Differenzierung zeigt. Die Drüsenausführungsgänge der Bronchi sind häufig (Schaffer, Frankenhäuser) von einer lymphoiden Scheide umgeben (Abb. 82, S. 121), und in den Bronchi zwischen Muscularis und Faserhaut finden sich gelegentlich Lymphknötchen, die, wenn auch selten, ein Sekundärknötchen erkennen lassen. Während die in der Bronchialwand gelegenen lymphoiden Bildungen kein Pigment enthalten, wie Policard das von seinen Versuchstieren beschreibt, kann dort, wo die lymphoide Kappe eines Divertikels bis an die Alveolen vorragt, außen an diese Kappe anthrakotisches

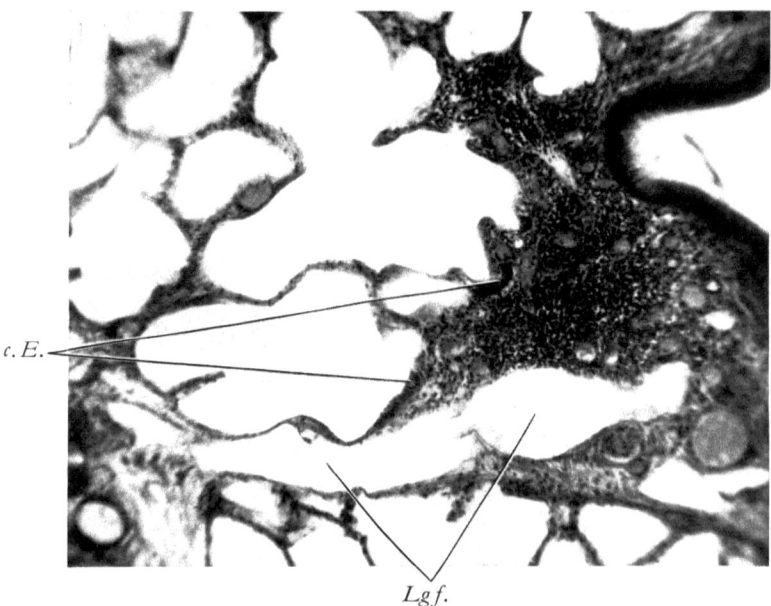

Abb. 283. Bronchiales Lymphknötchen mit Lymphgefäß (*Lgf.*) in Bronchialteilung;
kubisches Epithel (*c.E.*) der anliegenden Alveolen. 100fach, Häm.-Eos.

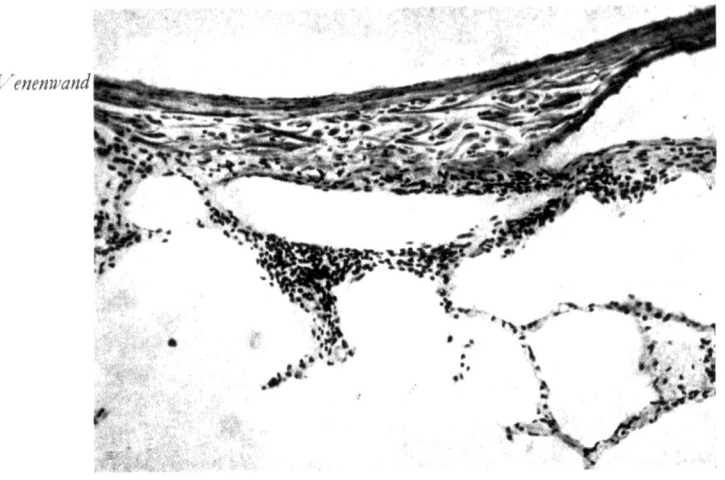

Abb. 284. Lymphgefäß an einer Vene mit lymphoidem Gewebe. 100fach

Gewebe angrenzen (Abb. 86, S. 123). Die eigentliche Bronchialwand ist die einzige
Stelle in der Lunge, an welcher lymphoides Gewebe vorkommt, ohne daß in dessen
Nachbarschaft auch häufig Staubzellen zu finden wären.

Im peribronchialen Gewebe findet sich das lymphoide Gewebe in Form unregelmäßiger Knötchen in Fettgewebe eingelagert, gelegentlich im engen Anschluß an
in das peribronchiale Gewebe vorragende Drüsen (Abb. 102, S. 140). Auch schon
bei einem Fetus von 30 cm gr. Lg. finde ich in peribronchiales Gewebe vorragende
Drüsenanlagen von lymphoidem Gewebe umschlossen (Abb. 282). Wo auch

anthrakotisches Fettgewebe vorhanden ist, kann dieses das staubfreie anthrakophobe lymphoide Gewebe wie eine Schale umschließen (Abb. 106).

Im Bereich der periarteriellen Lymphgefäße liegt wieder das lymphoide Gewebe entweder isoliert oder dicht neben anthrakotischem Gewebe. Wo das lymphoide Gewebe allein einem solchen Lymphgefäß anliegt (Abb. 284), bildet es einen schmalen Randstreifen oder auch ein Knötchen, das zu Teilung eines Lymphgefäßes in Beziehung steht, wodurch Bilder zustande kommen, die an die embryonale Entwicklung der Lymphknoten (Abb. 279) erinnern. Schließlich zeigt Abb. 108 die bogenförmige Anordnung eines Lymphspaltes um lymphatisches und anthrakotisches Gewebe, so daß zum Bild eines Lymphknotens nur eine bindegewebige Kapsel fehlt.

Im Bereich der Läppchenperipherie ist das lymphoide Gewebe an meinen Präparaten durchwegs mit anthrakotischem Gewebe vergesellschaftet. Größere Ansammlungen können schon Bilder zeigen wie ein Sekundärknötchen (Abb. 193, S. 210), das von anthrakotischem Gewebe mit Lymphgefäßen umgeben ist. Das mit Staubzellen durchsetzte lymphoide Gewebe, das ich hier kurz als anthrakotisches Gewebe bezeichnet habe, zeigt einen sehr stark wechselnden Gehalt an Lymphocyten und an Staubzellen. Zwischen lymphoidem Gewebe mit einzelnen Staubzellen und einem anthrakotischen Gewebe, welches nur einzelne, an manchen Stellen gar keine Lymphocyten zwischen den Staubzellen erkennen läßt, finden sich alle Übergänge. Ich habe den Eindruck, daß eine starke Speicherung von Staub oder Ruß in den Histiocyten und eine Einlagerung von Lymphocyten zwischen den Histiocyten sich gegenseitig ausschließen, wobei ich hier den Begriff Histiocyten im weiteren Sinne so wie Maximow fasse und also Reticulumzellen zu den Histiocyten rechne.

Die Beziehungen des lymphoiden Gewebes zum Fettgewebe im allgemeinen hat Wassermann ausführlich besprochen und dabei die histogenetische Verwandtschaft beider Gewebe im allgemeinen geklärt. Nach seinen Untersuchungen gehen das Lymphknotenparenchym und das Fettgewebe aus dem gleichen geweblichen Material hervor. Es handelt sich bei einer Umbildung von lymphoidem Gewebe und von Lymphknoten aus dem Material von Fettorganen daher nicht um Metaplasie, sondern um Entspeicherung von Fettzellen, die dadurch in ihren ursprünglichen Zustand gelangen, indem sie als Mesenchymzellen oder Histiocyten (Reticulumzellen) bezeichnet werden. Stellt man sich auf diesen Standpunkt Wassermanns, so reiht sich die Einlagerung anthrakotischen Pigments und lymphoiden Gewebes in das peribronchiale Fettgewebe vollständig in die von Wassermann geschilderte Entwicklungsreihe ein. Aus der einen lokalen Beziehung von staubfreiem lymphoidem Gewebe zu staubbeladenem lymphoidem Gewebe ergeben sich jedoch weitere Fragen, insbesondere nach der Richtung, wieweit die scharfe Trennung Aschoffs zwischen lymphoidem Gewebe, das Staub speichert, und dem lymphatischen Gewebe der Sekundärknötchen, das dies nicht tut, in der Lunge aufrechtzuerhalten ist. Auch aus Hellmans Untersuchungen der Lymphknötchen, hauptsächlich aber des Darmes ergeben sich noch zahlreiche Fragen, die auch im Bereich der Lunge einer genaueren Untersuchung harren. Wenn ich auch oben Bilder beschrieben habe, die den Eindruck der Neubildung von Lymphknoten im postembryonalen Leben machen, so scheint mir nach meinen bisherigen Beobachtungen eine solche Neubildung wohl möglich, aber nicht bewiesen. Ich komme damit in dieser Frage zu dem gleichen Resultat wie Sternberg und Hellman in ihren zusammenfassenden Bearbeitungen über die pathologische, bzw. normale Histologie der Lymphknoten.

Die Nerven der Lunge, der Pleura und des Zwerchfells

Bei der Bearbeitung des Nervensystems zeigt sich, daß die bisherigen morphologischen Beobachtungen oft nur eine unvollständige Grundlage der mit physiologischen Methoden gewonnenen Ergebnisse bilden und daß aber auch umgekehrt für manche anatomischen Befunde noch keine physiologische Deutung möglich ist. Eine wirklich gründliche zusammenfassende Bearbeitung der Innervation der Lunge fehlt bisher und kann leider auch hier von mir nicht in der entsprechenden Weise, wie die Bearbeitung der anderen Abschnitte erfolgte, gegeben werden, da mir dazu weitere jahrelang dauernde Untersuchungen nötig erscheinen. An der Versorgung der Lunge sind Vagus, Sympathicus und möglicherweise auch der Phrenicus beteiligt. Wenn auch der Verlauf der Stämme dieser Nerven ein regelmäßiger ist, so zeigen doch ihre Äste, beim Phrenicus auch der Ursprung, sowie ihre Verbindungen eine große Variabilität, so daß im einzelnen Fall nie bestimmt gesagt werden kann, wo man etwa solche Verbindungen erwarten kann und wo nicht. Insbesondere zeigt auch die Anordnung der Nerven und ihrer Verbindungen bei den verschiedenen Versuchstieren solche Abweichungen unter den Versuchstieren und vom Verhalten beim Menschen, daß erst gründliche Untersuchungen über den Verlauf der Nerven nötig sind, bevor genaue Angaben über die Anordnung und Funktion bestimmter Fasern gemacht und solche Angaben auf den Menschen übertragen werden können.

Der Nervus vagus

Der N. vagus besitzt schon im Bereich seines Austrittes aus dem Schädel Verbindungen mit dem Sympathicus. Ein Ramus communicans superior zieht vom Ganglion jugulare vagi zum N. jugularis sympathici (W. Fick) und ein Ramus communicans inferior (caudalis) vom unteren Ende des Ganglion nodosum zum Ganglion cervicale superius des Sympathicus; beide Äste sind regelmäßig vorhanden. In $^1/_7$ der untersuchten 28 Fälle fand W. Fick eine Verschmelzung des Ganglion nodosum mit dem Ganglion cervicale superius. Bei einem menschlichen Embryo von 21 mm Länge finde ich Ganglion nodosum und cervicale superius so enge aneinandergelagert, daß eine Abgrenzung nicht überall möglich ist, und Uchida (nach Hirt) beschreibt sogar, daß Ganglienzellen aus dem Sympathicus in den Vagus übertreten. Bei den Affen, die Riegele untersuchte, liegen die Verhältnisse ganz ähnlich wie beim Menschen. Bei verschiedenen anderen Säugern dagegen sind Vagus und Sympathicus im Halsbereich zu einem einheitlichen Nervenstamm vereinigt.

Eine weitere unregelmäßig vorkommende Anastomose (W. Fick) kann sich zwischen Ganglion stellatum und N. recurrens finden. Beide Nn. recurrentes geben je einen N. cardiacus caudalis (inferior) ab, der zum Plexus cardiacus hinziehend hier Erwähnung finden muß, da dieser Plexus mit dem Plexus pulmonalis in Verbindung steht. Der rechte N. recurrens, der sich um die A. subclavia schlingt, entspringt schon im Bereich der Thoraxapertur, also weit entfernt vom Lungenhilus, so daß ein längeres Stück des Vagusstammes zwischen seinem Abgang und der Auflösung des Vagusstammes in seine Äste vorhanden ist. Von diesem Abschnitt des Vagus entspringt rechts meist noch ein selbständiger Ramus trachealis und ein Ramus oesophagicus, zwei Äste, die links durch den tieferen Ursprung des Recurrens und seines Verlaufes unter dem Lig. arteriosum Botalli hindurch in den Recurrensursprung einverleibt erscheinen.

Nach Abgang des Ramus trachealis und oesophagicus rechts und des Recurrens links gibt der Vagusstamm, nahe an den Lungenhilus gelangt, einen oder auch mehrere Rami bronchiales ventrales zum Plexus pulmonalis ventralis ab und teilt sich dann dorsal vom Lungenhilus in zahlreiche Äste. (Es wird auch beobachtet, daß links ein knapp unter dem N. recurrens abgehender Ast sich in einen Ramus cardiacus und einen Ramus pulmonalis teilt.) Diese Äste ziehen Geflechte bildend und sich vielfach verzweigend zum Oesophagus, zu den Bronchi und zur Aorta, wobei manche Äste direkt vom Nervenstamm nur zu einem dieser Organe hinziehen, andere dagegen Verzweigungen an zwei oder alle drei Organe abgeben. Der links und rechts an der Dorsalseite der Bronchi gelegene Plexus pulmonalis gibt Äste zum Oesophagus und zur Aorta ab. Beide Plexus stehen durch Ästchen an der Dorsalfläche der Bifurcatio tracheae sowie durch den Plexus oesophagicus dorsal und ventral vom Oesophagus in Verbindung. An den Plexus pulmonalis treten jederseits variable Rami pulmonalis des Sympathicusgrenzstranges heran.

Über die Variabilität der Anastomosen zwischen Vagus und Sympathicus beim Menschen berichtet Sternschein. Bei der Katze kann sich das Ganglion cervicale inferius seiner ganzen Länge nach an den Vagus anheften, oder es ist in anderen Fällen nur durch feine Nervenfäden mit ihm verbunden (Iwama). Bei anderen Formen, wie beim Hund (Mussgnug) und Kaninchen bilden Vagus und Sympathicus im Halsbereich einen gemeinsamen Stamm, den sog. Vagosympathicus.

Der Sympathicus

Der Grenzstrang des Sympathicus besitzt schon im Bereich des Ganglion cervicale craniale (superius) regelmäßig Verbindungsäste zum Vagus, die aber im einzelnen in ihrem Verlauf variieren (W. Fick). Jedes der drei Halsganglien gibt einen N. cardiacus ab, die mit entsprechenden Vagusästen den Plexus aorticus und cardiacus bilden. Shawe fand in der Regel rechts Fasern vom unteren Halsganglion zur Abgangsstelle des Recurrens vom Vagus, die teils im Recurrens, teils im Vagus weiterliefen. Auch in den Recurrens eintretende Fasern sah er durch den Recurrens rückläufig zum Brustvagus ziehen. Links sind nach diesem Autor Verbindungen vom Ganglion stellatum zum Recurrens häufiger. Das Ganglion cervicale medium hat beim Menschen nach Shawe in $1/3$ der Fälle und beim Hund nach Felix eine Verbindung mit dem Recurrens. Die um die A. subclavia sich herumlegende Schlinge, die Ansa cervicalis profunda (Vieussenii) gibt in der Regel einige Fäden an den N. phrenicus ab, die schon von Luschka (1862) beschrieben wurden, seltener sollen die Fäden aus dem Ganglion cervicale medium entspringen (Henle).

Vom ersten thorakalen Ganglion entspringt nicht selten ein N. cardiacus imus (Pernkopf). Von den ersten drei thorakalen Ganglien gehen offenbar in variabler Weise mehrere Rami pulmonales ab, die die Intercostalarterien begleitend (Toldt, Poirier) zum Plexus pulmonalis und aorticus ziehen. Rechts kranial und vor der V. azygos vorbeiziehend, können sie dagegen links medial oder lateral der Aorta anliegend, durch den Plexus aorticus zum Plexus pulmonalis verfolgt werden. Ich finde in einem Falle rechts ein aus der Vereinigung von Ästen der drei ersten Thorakalganglien entstehendes Nervenstämmchen, das dorsal vom Oesophagus gegen die Konkavität des Aortenbogens zieht und mit dem dort gelegenen Geflecht, dem Zusammenhang von Plexus pulmonalis und cardiacus, in Verbindung tritt.

Ein offenbar ähnliches Stämmchen direkt zum Plexus pulmonalis beschreibt Cruveilhier (nach Poirier) als nerf splanchnique pulmonaire. Bräucker beschreibt feine Fäden, die vom 2. und 3. Thorakalganglion über ein Geflecht an der V. azygos zum Plexus pulmonalis gelangen. Außerdem fand er medial von der Azygos mehrere Ästchen aus diesen Ganglien, die zum Vagusstamm knapp oberhalb der Teilung in die Rami bronchiales oder zu diesen Ästen herantraten. Auch er betont die Variabilität dieser Äste, die er zu den Rami mediastinales rechnet.

Der Phrenicus

Daß der N. phrenicus aus dem 3.—5. Cervicalnerven entspringt, wird in allen Lehrbüchern der Anatomie angegeben. Daß die Stämme dieser Nerven durch Rami communicantes mit dem Grenzstrang des Sympathicus in Verbindung stehen, ist bekannt. Wenn die Vereinigung der aus dem 3. oder dem 5. Spinalnerven kommenden Fasern mit dem Hauptabschnitt, der aus C_4 stammt, erst unterhalb der Clavicula stattfindet, wird vielfach von einem Nebenphrenicus gesprochen. Das aus C_5 kommende Faserbündel zieht häufig zuerst mit dem N. subclavius (Abbildung bei Toldt), um dann ventral von der V. subclavia (Henle) der oberen Brustapertur zuzustreben, während ja der Phrenicusstamm zuerst auf dem M. scalenus anterior gelegen dorsal von der Vene vorüberzieht. Einen vom N. subclavius unabhängigen Verlauf des Nebenphrenicus findet Ruhemann (ähnlich Yano) in mehr als der Hälfte seiner 17 präparierten Fälle, wobei er daneben gelegentlich noch einen Nebenphrenicus aus dem N. subclavius fand und feststellte, daß seine Lage zur V. subclavia variiert. Auch die A. und V. mammaria (thoracica) interna zeigen einen variablen Verlauf zu diesem Nerven, indem sie medial oder lateral vom Phrenicus (Henle) verlaufen können. Die Vereinigung des Nebenphrenicus aus C_5 mit dem Stamm erfolgt in variabler Weise zwischen oberer Brustapertur und Lungenhilus so, daß der Nebenphrenicus von lateral an den Stamm herantritt.

Nur Goetze beschreibt einen Fall, in dem ein tief aus dem Plexus brachialis entspringender Nerv, der offenbar aus C_6 stammende Nebenphrenicus, erst 3 cm über dem Zwerchfell sich mit dem Stamm vereinigte, während ein aus C_5 stammendes Bündel schon hinter der Clavicula diesen erreichte. Nur als seltene Varietät erwähnen Luschka, Henle und Poirier einen ganz feinen Nervenfaden aus dem 6. Cervicalnerven. Einen von kranial aus der Ansa hypoglossi kommenden Nebenphrenicus finde ich bei einem Neugeborenen links von ventral her in Höhe des Lungenhilus an den Phrenicus herantreten. Luschka (1853) u. a. haben diese Varietät schon beschrieben (Ruhemann, Henle). Offenbar handelt es sich um aus dem 3. Cervicalnerven stammende Fasern, die den abnormen Verlauf durch den N. cervicalis descendens der Ansa hypoglossi genommen haben. Luschka (1853) sah einmal ein isoliertes Nervenbündel aus C_3 selbständig bis zum Zwerchfell hinunterziehen, wo es vor dem Stamm in dieses eintrat.

Im ganzen kann trotz der sich zum Teil widersprechenden Befunde gesagt werden, daß im allgemeinen C_3 den ventralen, C_5 den dorsalen Teil des Zwerchfells versorgt. Der Anteil von C_5 dürfte verschieden stark sein, und zwar im Zusammenhang mit der variablen Beteiligung des C_4 am Plexus brachialis, die wieder zum Vorkommen von Halsrippen in Beziehung steht. Daß umgekehrt der Anteil von C_3 sehr groß sein kann, zeigt eine Beobachtung von Rohr (1963), der mitteilt, daß bei beiderseitiger Durchschneidung von C_{1-3} eine lebensbedrohliche Beeinträchtigung der Atmung eintrat und auch das hintere Drittel des Zwerchfells noch funktionierte.

Dort, wo der Phrenicus die A. mammaria kreuzt, empfängt er nach Luschka stets einige Fäden vom Ganglion cervicale inferius (seltener vom Ganglion medium), die mit der Ansa Vieussenii unter der A. subclavia durchziehen, Fasern, die auch ich bei der Präparation beobachten konnte. Yano, der 122 Leichenhälften präparierte, konnte in jedem Falle Anastomosen zwischen Phrenicus und Sympathicus feststellen. Die Anordnung der Nerven variiert stark, so daß der Autor mehrere Typen unterscheidet.

Auch W. Felix hat diese Verbindungen genauer untersucht und einen Plexus suprapleuralis beschrieben, in den außer Ästen aus den Grenzstrangganglien solche aus den Spinalnerven 5—8 und Th_1 eintreten. In dieses Geflecht sollen kleine sympathische Ganglien eingelagert sein. Die daraus hervortretenden Ästchen erreichen den Phrenicus dort, wo er zwischen Vene und A. subclavia hindurchzieht.

Als seltene Varietät berichtet Poirier vom Austausch von Fasern zwischen Phrenicus und Vagus. Ästchen des Phrenicus in ein Nervengeflecht auf V. anonyma dextra und Cava superior bildet Braeucker (1923) vom Fetus ab.

Verzweigungen des Phrenicus zur Pleura mediastinalis, diaphragmatica und zum vorderen Teil der Pleura costalis werden schon von Luschka beschrieben.

Auf den Ramus phrenicoabdominalis einzugehen, dürfte sich hier erübrigen, doch scheint die Besprechung der segmentalen Innervation des Zwerchfells von Interesse. Aus der normalen Verzweigung der Phrenicusäste am Zwerchfell läßt sich kein Schluß über die segmentale Zugehörigkeit der Zwerchfellabschnitte ziehen. Die Beobachtung Luschkas, der einen Nebenphrenicus aus C_3 als selbständigen Nerven bis zum Zwerchfell verfolgen konnte, wo dieser ventral vom Phrenicusstamm ins Zwerchfell eintrat, läßt vermuten, daß der ventrale Zwerchfellteil von kranialen Segmenten versorgt wird. Durch präparatorische Verfolgung der Fasern eines Nebenphrenicus aus C_5 konnte Locchi (1933) feststellen, daß C_5 an der Innervation des ventralen Zwerchfellteiles nicht beteiligt ist. Rohr (1963) gibt auf Grund der Untersuchung von 26 Patienten mit Läsion von C_5 an, daß dieser Segmentalnerv in der Regel nicht merkbar an der Innervation des Zwerchfells beteiligt sei. Er schließt, daß C_4 den dorsalen, C_3 den ventralen Teil des Zwerchfells versorgt.

Daß der dorsale Teil des Zwerchfells von C_5 durch den Nebenphrenicus versorgt wird, ist aus einer Mitteilung von Nettesheimer und Köster zu schließen, die bei operativer Quetschung des Phrenicusstammes ein Erhaltenbleiben der Innervation der hinteren Zwerchfellpartie beobachteten. Dementsprechend schildert Grzan, daß bei Schädigung von C_5 eine isolierte Lähmung der Pars lumbalis des Zwerchfells vorkommt. Dementsprechend stellt Fuchs beim Kaninchen fest, daß das Zwerchfell von C_4—C_7 versorgt wird und daß C_4 den ventralen, C_6 und C_7 den dorsalen Teil des Zwerchfells versorgte. Die Untersuchung wurde mittels Durchschneidung der Phrenicuswurzeln und Beobachtung der Zwerchfellbeweglichkeit in Narkose durchgeführt.

Der Plexus pulmonalis

Nach der Lage zum Bronchus kann jederseits ein Plexus pulmonalis ventralis (anterior) und dorsalis (posterior) unterschieden werden. Der vordere Plexus ist der wesentlich schwächere. Seine Fäden liegen teils vorne der A. pulmonalis auf, teils auch zwischen ihr und dem Bronchus. Mindestens eine Verbindung medialwärts zum Plexus cardiacus ist regelmäßig nachzuweisen. Oberflächliche Fäden lassen sich vorne links zum Oberlappen, rechts zu Ober- und Mittellappen verfolgen. In die Tiefe zwischen die Hilusgebilde treten Nerven ein, die an die Wand der Venen, Arterien und Bronchi des Hilus herantreten. Die Plexus pulmonales ventrales der rechten und linken Seite stehen vor der Bifurkation untereinander in Verbindung, außerdem ziehen jederseits kleine Nerven caudal um den Bronchus herum zum dorsalen Plexus. In die Lunge hinein lassen sich die stärksten Nerven längs der Bronchi, schwächere längs der Arterien und nur wenige feine Fäden der Venen präparieren.

Der Plexus pulmonalis dorsalis, in den die Sympathicusäste aus dem Grenzstrang eintreten, ist wesentlich kräftiger als der ventrale. Außer den genannten Ästen zum Oesophagus und an diesem vorbei zur Aorta descendens sind Verbindungen dorsal von der Bifurcatio tracheae zum Plexus der anderen Seite zu nennen. Die Hauptfortsetzung des Geflechtes bilden die Plexus bronchiales, die vorwiegend an der Dorsalseite der Lappenbronchi in die Lunge eintreten und dort die Bronchi allseitig umspinnen. Äste an die Lungengefäße sind vielfach nachzuweisen. Die Äste, welche die Bronchi begleiten, sind dicker und zeigen in ihrer Lage im Peribronchium eine Besonderheit (s. S. 139). Sie liegen regelmäßig (Abb. 78, 94, 101, 102) in Fettgewebe eingeschlossen, oft mit Ästchen der A. bronchialis (Abb. 78) oder auch mit Drüsenläppchen (Abb. 102), oft aber auch allein im Centrum eines von Bindegewebe umschlossenen Fettwulstes (Abb. 101). Die viel dünneren Äste, welche die Arterie begleiten, liegen in der Adventitia und verlaufen gemeinsam mit Vasa vasorum hier zwischen kleiner Arterie und Vene eingebettet. Am Querschnitt einer größeren Arterie von etwa 5 mm Durchmesser finde ich vier solcher Nerven-Gefäßbündel, an kleineren Arterien oft nur eines. In der Adventitia der Venen sind nur ganz zarte Nervchen gelegentlich mit stärkerer Vergrößerung sichtbar im Bindegewebe der Adventitia zu beobachten.

Über die in den Vagusästen zum Plexus pulmonalis gelegenen, zahlreichen Ganglienzellen stellen Botar et al. (1950) eine Nervenzellkarte auf.

Die Ganglien

Der Ursprung der im Bereiche des N. vagus und seiner Äste gelegenen Ganglienzellen ist durch die Untersuchung von Jones (1942) nur vom Hühnchen bekannt. Nach Exstirpation des Hinterhirns fehlen die Ganglienzellen des Plexus pulmonalis und anderer Plexus. Die Zellen des Ggl. jugulare entwickeln sich nach seinen Untersuchungen nur aus der Kopf-Neuralleiste und die des Ggl. nodosum nur aus dem Ektoderm der 3. Kiemenfurche.

Daß im ganzen Vagusstamm ohne scharfe Abgrenzung gegen das Ganglion nodosum bei der Katze Ganglienzellen vorkommen, beschreibt Dolgo Saburoff. Ihre Zahl nimmt vom Halsvagus zum Brustvagus stark zu. In letzterem finden sich die Ansammlungen von Nervenzellen, besonders an den Abgangsstellen der Äste. Am meisten Ganglienzellen finden sich im oberen Teil des Brustvagus. Er unterscheidet zwei Arten von Zellen, pseudounipolare, die er auch als sensible bezeichnet, besonders im Halsvagus, und multipolare motorische Zellen, besonders häufig im Brustvagus. Die an diesen Ganglienzellen darstellbaren pericellulären Apparate degenerieren nur zum Teil bei gleichseitiger Vagusdurchschneidung (Dolgo Saburoff), ein Verhalten, das der Autor durch das Vorkommen von Fasern des Sympathicus oder des Vagus der Gegenseite erklärbar scheint.

Ganglien wurden in der Lunge seit Remak häufig im Verlauf der Verzweigungen des Plexus pulmonalis beschrieben, insbesondere im Bereich der Bronchien. Außerdem beschreibt Adachi solche an den mit Herzmuskulatur versehenen Abschnitten der Lungenvenen.

Im Bereich der Bronchi werden peribronchiale oder extrachondrale Ganglien und sog. submuköse, besser subchondrale, beschrieben, welch letztere nach Budde stets außerhalb der Ringmuskulatur liegen. Im Bereich der großen Bronchi mit hufeisenförmigem Knorpel finde ich außer extrachondralen auch solche, die in der bindegewebigen Längsfaserschicht der Hinterwand gelegen sind, in die ja auch die Drüsen sich einlagern. Nach der Lagebeziehung zu den Drüsen ist aber zu sagen, daß ich sowohl extrachondrale wie innerhalb der Knorpelfaserhaut gelegene Ganglien enge an Drüsen angelagert finde. In der Submucosa kommen an Teilungsstellen auch Ganglien innerhalb der Ringmuskulatur enge dem Längsmuskelbündel des Teilungsspornes anliegend vor. In der Mucosa beschreibt Okamura bei der Katze einzelne Ganglienzellen.

Größere extrachondrale Ganglien mit 20 und mehr Nervenzellen findet Budde besonders an den Teilungsstellen der Bronchi 2. und 3. Ordnung — ich sehe an einem Schnitt bis zu 10 Zellen —, kleinere Ganglien bis zu den kleinsten knorpelhaltigen Bronchi. Submuköse Ganglien, die stets kleiner sind, sollen nur an großen und mittleren Bronchi vorkommen. Abbildungen von größeren und kleineren extrachondralen Ganglien in Bielschowsky-Färbung bringt Nagaishi (1958).

An den mit Myokard überzogenen Abschnitten der großen Lungenvenen beschreibt Adachi Gruppen von Ganglienzellen in der Adventitia zwischen den Herzmuskelfasern sowie an muskelfreien Stellen.

Feyler (1965) unterscheidet in der menschlichen Trachea Ganglien unter dem Epithel, in der Tunica musculo fibrosa und in der Adventitia. Die ersteren sind meist klein (bis 100 μ), während in den beiden anderen Gruppen die Ganglien mit 100—200 μ Durchmesser überragen, aber auch solche mit über 300 μ Durchmesser vorkommen.

Während Takino im allgemeinen für Säuger und Glaser für den Menschen betont, daß an den Arterien keine Ganglien vorkommen, finde ich einmal in der Adventitia der Wand einer Arterie von 6 mm Weite abseits vom Bronchus ein Ganglion mit 2 großen Ganglienzellen von 40 μ Durchmesser. Protoplasma und Kern dieser Zellen erscheinen homogen, das eine Kernkörperchen sehr dunkel, doch muß dieser Unterschied gegenüber den an Drüsen und an Muskulatur gelegenen Ganglienzellen nichts bedeuten, da das Präparat von einem anderen Objekt stammend anders fixiert war. Kurucz (1958) fand mittels Silberimprägnation meist paarweise gelegene Ganglienzellen an der Media-Adventitia-Grenze der Pulmonalarterien der Katze.

In der Pleura mediastinalis beschreibt Romanow multipolare Nervenzellen.

An großen Bronchi von 1 mm Durchmesser der Katze findet Okamura 8 bis 15 Ganglien, am Querschnitt, an kleinen von 100 μ 3—5 und an den kleinsten Bronchi zwei bis gar keine je Schnitt. In der Längsrichtung soll die Entfernung der

Ganglien 100—300 μ betragen, so daß die Zahl der Ganglien bei der Katze offenbar eine sehr große ist. Beim Menschen finde ich nur selten Ganglien, auch an den großen Bronchi nur an einzelnen Schnitten, woraus zu schließen ist, daß beim Menschen die Ganglien viel weniger dicht liegen.

Im Bereich der Bronchioli und Bronchioli alveolares wies Okamura bei der Katze mittels Versilberung und Vergoldung kleine Ganglien aus 2—3 Zellen nach, und zwar in der Submucosa und Adventitia. Ja, sogar an den Ductus alveolares hat Okamura bei der Katze einzelne Ganglienzellen nachgewiesen, und zwar längs der kleinsten Nervenstämmchen oder einzelner Nervenfasern, die sich zwischen den Alveolen durchwinden.

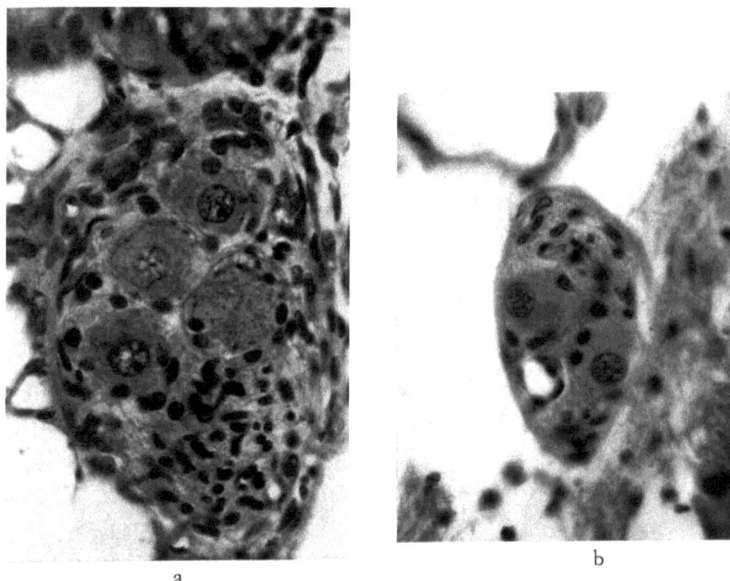

Abb. 285a u. b. Ganglienzellen aus der Bronchialwand. a neben einer Drüse, b im Teilungs-sporn neben dem Längsmuskelbündel. Nachbarschnitte einer Serie. Häm.-Eos. 400fach

Die Größe der Ganglienzellen ist in den verschiedenen Regionen bei der Katze verschieden (Okamura); in der Hilusgegend sollen sie einen Durchmesser von 15—30 μ und in der Wand der Bronchi 8—12 μ, und die kleinen spindeligen Ganglienzellen des Ductus alveolaris einen Längsdurchmesser von 5—10 μ haben. Beim Menschen finde ich im Hilus am linken Bronchus Ganglienzellen von 15—20 μ Durchmesser, in der Bronchialwand neben Muskulatur etwas größere von durch-schnittlich 25 μ, und die größten kugeligen Zellen neben Drüsen mit etwa 30 μ Durchmesser (Abb. 285).

Ein Unterschied in der Protoplasma- und Kernstruktur ist an diesen Abbildungen gleich gefärbter Schnitte einer Serie außerdem deutlich. Die neben der Drüse gelegenen Nervenzellen zeigen ein scholliges Plasma und eine aufgelockerte Kern-struktur, die an den Muskelbündeln dagegen homogenes Plasma und dichtere Kerne.

Die Fortsätze der Ganglienzellen des extrachondralen Plexus sind (Gasparini) beim Neugeborenen und beim Kind wenig zahlreich und wenig verzweigt (Abb. 286a), nehmen aber im Alter an Zahl und in der Kompliziertheit ihrer Ver-

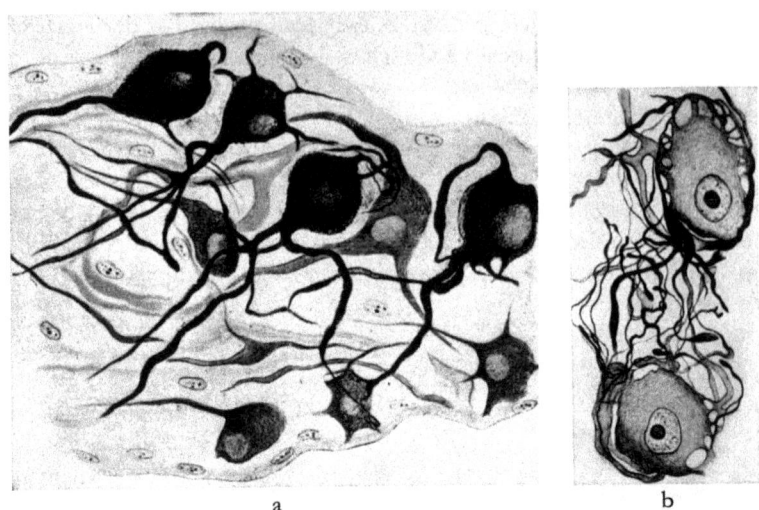

Abb. 286a u. b. Extrachondrale Ganglienzellen, Silberimprägnation, a vom Neugeborenen, b von einer 62jährigen. 400fach. [Aus Gasparini, Arch. ital. Anat. **53**, (1948)]

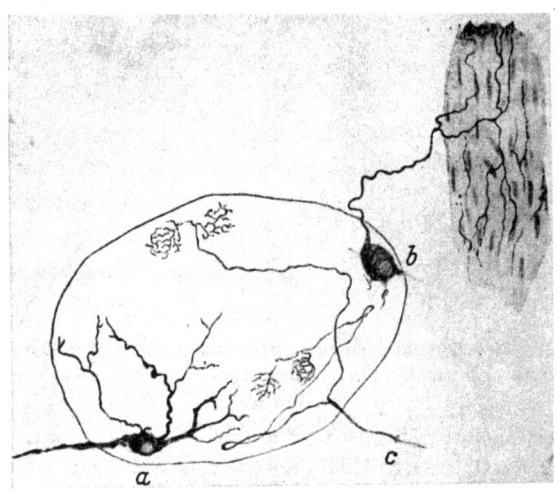

Abb. 287. Ganglion aus der Trachealwand vom Hund. *a* Ganglienzelle mit langem Fortsatz, *b* Ganglienzelle mit Fortsatz zur Muskulatur, *c* markhaltige Nervenfaser mit nervösen Endapparaten zu den Ganglienzellen. [Aus Ploschko, Anat. Anz. **13** (1897)]

zweigungen (Abb. 286b) stark zu, wie das ja auch von den Ganglienzellen des Grenzstranges bekannt ist. Außer den häufigen Zellen mit vielen zarten Fortsätzen findet Gasparini beim Neugeborenen seltener auch Ganglienzellen mit ein oder zwei dicken, am Ende angeschwollenen Fortsätzen. Altersunterschiede fehlen dagegen beim Rind und Pferd. Eine einzelne bipolare Nervenzelle beobachtete Sunder-Plasmann gelegentlich zwischen den vielen multipolaren Zellen in einem Ganglion der Submucosa vom Menschen.

Bei der Katze unterscheidet Okamura an den im Bereich der Ductus alveolares gelegenen Zellen zweierlei Arten von Fortsätzen, Polarfortsätze und Seitenfortsätze. Die Polarfortsätze treten an den beiden Polen der spindeligen Nervenzellen hervor, werden markhaltig, ziehen in den Nervenstämmchen weiter, teils Alveolen entlang, teils Verbindungen mit benachbarten Ganglienzellen eingehend. Die Seitenfortsätze, bis zu 6 an der Zahl, sind fein und kurz, verzweigen sich in der Nähe der Zelle untereinander anastomosierend und scheinen (Okamura) mit einem feinsten Geflecht die glatten Muskelzellen zu umspinnen.

Beim Hund hat Ploschko in den Ganglien der Trachealwand Zellen mit zahlreich innerhalb des Ganglions sich verzweigenden Fortsätzen gefunden (Abb. 287), von denen ein größerer markloser Fortsatz zur Muskulatur verfolgt werden konnte. An anderen Zellen beschreibt er dickere varicöse Fortsätze, die er in ein Nervenstämmchen eintreten sah. Daß die Ganglienzellen im Plexus pulmonalis des Menschen und ebenso bei anderen Säugern bei Embryonen von 6—10 mm Länge mit dem N. vagus in die Lunge einwandern und nicht vom Sympathicus stammen, beschreibt Kuntz.

Glomusbildungen an den Lungenarterien

Nachdem A. v. Haller 1756 das Carotidenknötchen als Glomus caroticum beschrieben hat und fast 200 Jahre später Penitschka (1931) das Glomus aorticum fand, wurden im Bereich der großen Gefäße supracardial eine Anzahl von Glomera beschrieben. Ihrer Struktur und Funktion nach werden sie als nicht chromaffine Paraganglien und als Chemoreceptoren aufgefaßt.

Hier sollen uns nur die zum Stamm der Aorta pulmonalis und ihren Verzweigungen in Beziehung stehenden Glomera interessieren.

Die Beziehung der Glomera zur Arteria pulmonalis kann rein topographisch oder durch die Blutversorgung gegeben sein.

Zwischen Aorta und dem Stamm der Pulmonalis wurden in der gemeinsamen Adventia von verschiedenen Autoren Glomera beschrieben, die als aorticopulmonale Glomera oder Paraganglien (Muratori, 1935) bezeichnet werden können. Sie liegen zwischen dem Ursprung der Arteria coronaria sinistra und dem Ductus (Lig.) Botalli. Becker (1966) beschreibt 20 solcher Glomera, darunter 5 große und 15 kleinere, von denen die 2 obersten nahe dem Ductus Botalli gelegen sind. Die am Ductus Botalli gelegenen Glomera wurden als Paraganglio Botallico von Muratori (1935), von Barnard (1946) und von Becker (1966) beschrieben.

Dagegen finden sich an der Dorsalseite des Pulmonalisstammes nahe der Gabelung, ohne Beziehung zur Aorta, ein oder zwei Glomera. Hausmann (1956) hat die Nervenversorgung solcher Körperchen durch die Rami cardiaci medii des Vagus beschrieben, ein Verhalten, das auch Heyers (1963) angibt. Blessing und Hora (1968) geben an, daß es sich dabei um das gleiche Gebilde handelt, das Krahl (1960) als Glomus pulmonale beschrieben hat, das von diesem Autor und dann von Heyers (1963) auch histologisch untersucht wurde.

Für die Beziehung Glomus pulmonale sollte maßgebend sein, ob dieses Körperchen oder Paraganglion von der Arteria pulmonalis aus versorgt wird, denn nur dann ist ein besonderer funktioneller Zusammenhang mit dem Pulmonalkreislauf zu erwarten, wie das auch Knoche (1966) hervorhebt. Über den Ursprung der ein solcher Glomus versorgenden Arterien widersprechen sich aber die Angaben verschiedener Autoren. Nonidez (1935/36) beschreibt bei weniger jungen Katzen eine aus der Pulmonalis entspringende Arterie, welche ein Glomus versorgt.

Goormaghtigh und Pannier (1939) und Hollinshead (1940) geben an, daß der pränatale Zufluß aus der Pulmonalis, postnatal durch einen Zufluß aus der Aorta ersetzt wird. Auch Boyd (1960) hebt hervor, daß die offenbar pränatal vorhandene Versorgung von der Pulmonalis durch eine von der Aorta abgelöst wird. Becker (1966) bildet eine zwischen Aorta ascendens und Pulmonalisstamm gelegene „intertruncal artery" ab, die aus der Arteria coronaria sinistra entspringt und in nächster Nähe des Ursprunges eine feine Anastomose mit dem Stamm der Pulmonalis zeigt.

Krahl (1960, 1962) hat beim erwachsenen Menschen, beim Schimpansen und bei der Katze den Ursprung der Arterie des Glomus pulmonale von dem Pulmonalisstamm gefunden und ebenso Heyers (1963). Dagegen betonen Becker (1966) und Knoche (1966) die Blutversorgung dieses Glomus durch Ästchen aus der Aorta. Jedenfalls muß die Blutversorgung des sog. Glomus pulmonale noch an zahlreichen postnatalen Präparaten vom Menschen untersucht werden, bevor etwas über die Funktion gesagt werden kann.

Schließlich berichtet T. Hughes (1967) von der Katze, daß die Rückbildung der Verbindung von Aorta und Pulmonalis durch eine „aorticopulmonal artery" zwischen 10. und 42. Tag erfolge und dann das Glomus normalerweise nur mehr durch einen Aortenast versorgt werde. Versorgung durch einen Ast der Pulmonalis hat er einmal beim Hund gefunden.

Als Mikroparaganglien beschreibt kürzlich (1968) Muratori bei der Katze kleine Zellnester, die teils an der Vorderseite der Bifurcatio tracheae, teils extrapulmonal, teils intrapulmonal am rechten Bronchus gelegen sind. Diese Paraganglien (3—7 pro Individuum) sind teils chromaffin, teils nicht chromaffin, sind sichtlich innerviert und enthalten oft Ganglienzellen. Die Blutversorgung erfolgt von Ästen der A. bronchialis.

Es ist bekannt, daß an den großen Kreislauf angeschlossene Glomera als Chemoreceptoren der Blutgasspannung funktionieren (Heymanns und Bruckaert, 1939; Comroe, 1939).

Nachdem bei Untersuchungen von Duke et al. (1903) und von Hilpert et al. (1964) bei isoliertem Sauerstoffmangel in der Arteria pulmonalis sich eine Steigerung der Atmung zeigte, haben Blessing und Hora (1968) in der Lunge nach Chemoreceptoren gesucht. Sie fanden in der linken Lunge eines Neugeborenen, die an einer Schnittserie (mehr als 5000 Schnitte) untersucht wurde, 68 Glomusorgane verschiedener Größe in der Nähe der Arterien oder der Bronchi, von denen die größeren ein arterielles Gefäß enthalten.

Markhaltige Nervenfasern treten vielfach mit ihnen in Verbindung, und gelegentlich finden sich Ganglienzellen „zwischen Glomuszellen und Nervenbündeln". Stanula (1968) beschreibt ein nichtchromaffines Paraganglion der Lunge. Die Autoren nehmen an, daß diese kleinen Glomusbildungen mit dem Glomus pulmonale (Krahl, 1962; Heyers, 1963) Chemoreceptoren der Arteria pulmonalis darstellen.

Tumoren, die offenbar aus solchen Chemoreceptoren entstanden sind, wurden von Korn et al. (1960), Liebow (1962) und Stanula (1968) beschrieben.

Pericelluläre Endapparate an Ganglienzellen

An den Ganglienzellen im Vagusstamm beschreibt Dolgo Saburoff ein pericelluläres Geflecht von Nervenfasern mit Endfüßchen und Endösen von ziemlich mannigfaltiger Struktur. Er faßt diese Endapparate als Endigungen präganglionärer

Vagusfasern auf und die Fortsätze der Zellen als postganglionäre Vagusfasern und betont das Vorkommen einer interneuronalen Synapse innerhalb des N. vagus.

In der Hinterwand der Trachea fand Ploschko, daß Endbäumchen markhaltiger Fasern die Ganglienzellen umspinnen, wobei er darstellt, daß an eine Faser vier solche Endbäumchen angeschlossen sind (Abb. 287). Larsell und Mason beobachteten, daß nach Durchschneidung des Halsvagus beim Kaninchen nicht an allen Ganglienzellen an den Bronchi die pericellulären Fasernetze degeneriert waren.

Der Faseraufbau der Lungennerven

Aus dem über die Variabilität der Anastomosen zwischen Vagus, Sympathicus und Phrenicus beim Menschen und ihr verschiedenartiges Verhalten bei Versuchstieren Gesagten geht hervor, daß eine regelmäßig gleiche Anordnung aller Fasern in den einzelnen Nerven nicht überall erwartet werden kann, so daß etwa eine Durchschneidung oder Reizung an einer bestimmten Stelle nicht immer den gleichen Erfolg haben wird. So betont Mussgnug den verschiedenartigen Erfolg seiner Reizungs- und Durchschneidungsversuche am Phrenicus beim Hund auf den Oesophagus, je nachdem die Anastomose zwischen Phrenicus und Sympathicus vorhanden war oder nicht.

Dennoch soll versucht werden, das aus den verstreuten Angaben in der Literatur sich Ergebende zusammenzustellen.

Der Faseraufbau des Vagus

Der Vagusstamm unterhalb des Ganglion nodosum besteht aus markhaltigen und marklosen Fasern, von denen im allgemeinen die markhaltigen als sensible, die marklosen als autonome Fasern angesprochen werden. Nachdem aber Okamura beschrieben hat, daß im Bereich der Ductus alveolares Ganglienzellen Neuriten mit Markscheide besitzen können, scheint mir die Zuordnung markhaltig — sensibel und umgekehrt auch für den Vagusstamm nicht sicher unterbaut. Auch was die dicken und dünnen markhaltigen Nervenfasern betrifft, so ist ihre Dicke kein Kriterium ihrer Zugehörigkeit zum Vagus oder Sympathicus, da dicke Fasern sich, wie Iwama beschreibt, in dünne teilen können. Die Fasern sind (Veit) zu dickeren und dünnen Bündeln angeordnet, die sich vielfach teilen und wieder miteinander verbinden, ohne daß ein bestimmtes System der Anordnung zu erkennen wäre. Bei einem Vagus war die Verflechtung spärlich, daß es den Anschein hatte, als würden die Faserbündel parallel verlaufen; bei anderen Nerven war an der gleichen Stelle ein dichtes Geflecht vorhanden.

An den Abgangsstellen von Ästen lassen sich vielfach Fasern in den proximalen und in den distalen Teil des Stammes verfolgen (Dolgo Saburoff). Aus den Anastomosen zwischen rechtem und linkem Vagus, caudal vom Lungenhilus, zwischen Bifurcatio tracheae und Oesophagus gelegen, steigen sogar Äste in die Lunge hinein auf (Iwama).

Afferente Vagusfasern

Daß die markhaltigen Fasern, die als sensibel (Gaylor, Dijkstra) angesprochen werden, durchwegs aus Zellen des Ganglion nodosum entspringen, scheint daraus mit Sicherheit hervorzugehen, daß nach Durchschneidung des Vagus oberhalb des

Ganglion nodosum (beim Hund) kein Markscheidenverfall in den Lungenästen nachweisbar ist (Ikegami und Yagita), andererseits zeigen die Zellen des Ganglion nodosum nach Abtrennung der zu einem Lungenlappen ziehenden Äste eine entsprechende Veränderung (s. auch Molhaut). Die Ursprungszellen der sensiblen Fasern für die Lunge liegen nach diesen Autoren in der mittleren Partie des Ganglion nodosum und machen etwa $^1/_8$ der Gesamtzahl der Zellen dieses Ganglion aus. Daß supraganglionäre Durchschneidung des Vagus und infraganglionäre Durchschneidung einen verschiedenen Effekt auf die Ganglienzellen des Ganglion nodosum haben, berichtet Sato. Er fand Veränderungen bei großen und kleinen Ganglienzellen an den Nissl-Schollen und am Golgi-Apparat. Die Nissl-Schollen degenerieren nach supraganglionärer Durchschneidung langsamer, der Golgi-Apparat zeigt nach infraganglionärer Durchtrennung zuerst eine Art Quellung, bevor er degeneriert, während er bei supraganglionärer Durchschneidung dieses Quellungsstadium vermissen läßt. Der Großteil der afferenten Vagusfasern führt nach Adrian Impulse von Dehnungsreceptoren der Lunge. Da 60% letzterer Fasern durch Anästhesie der Pleura in ihrer Funktion ausgeschaltet werden, schließen Weidmann u. Mitarb., daß sie von Dehnungsreceptoren in der Pleura stammen, während über die Herkunft der übrigen Fasern, die Dehnungsimpulse bilden, nichts bekannt ist. Unter den Fasern, die bei Dehnung der Lunge Impulse leiten, unterscheiden Knowlton und Larrabee wieder zwischen langsam und schnell adaptierenden Endorganen stammenden. Einige Receptorenfasern beider Arten reagierten auch auf Volumverkleinerung der Lunge, doch wurden keine Fasern gefunden, die nur bei Verkleinerung Impulse zeigten.

Das Vorhandensein von schmerzleitenden Fasern und sensiblen Fasern aus der Bronchialschleimhaut im Vagus, das schon früher angegeben wurde, wird neuerdings bestätigt durch Untersuchungen von Klassen u. Mitarb., die bei inoperablem Bronchialcarcinom den Vagus unterhalb des Recurrensabganges durchschnitten. Schmerz und Hustenreflex konnten durch einseitige Vagusresektion ausgelöscht werden. Beim Kaninchen wurde das Vorhandensein sensibler Fasern im Vagus von Molhaut sichergestellt. Die Degeneration markhaltiger receptorischer Fasern, die subendothelial in den großen Venen des Lungenstieles endigen, gibt Morin nach Vagusdurchschneidung bei Cavia an. Ähnlich hat Dijkstra nach Vagusdurchschneidung die Degeneration von Nervenendigungen, die er für sensible hält, an den Alveolarepithelzellen beobachtet. Faber vermutet im Vagus centripetale Fasern, durch deren Ausfall bei Vagotomie das Lungenödem zustande kommen soll.

Efferente Vagusfasern

Daß efferente Fasern im N. vagus einen Einfluß auf die Lungenmuskulatur haben, ergibt sich schon aus einer Dissertation von Knaut (1832) „de contractilitate pulmonum nervis vagis irritatis". Ikegami und Yagita kommen auf Grund ihrer Experimente beim Hund mit Durchschneidung des Vagus an verschiedenen Stellen zu dem Schluß, daß keine direkten Fasern aus der Medulla bis in die Lunge ziehen, sondern daß eine Unterbrechung vielleicht im Ganglion nodosum erfolgt. Molhaut dagegen soll nach Bräucker den Nachweis erbracht haben, daß „die motorischen Lungenfasern im dorsalen Vaguskern entspringen und ohne Unterbrechung bis in das Anfangsstück der Lungenäste hineinlaufen". Die Beobachtung Iwamas, daß bei

der Katze nach Durchschneidung des Vagus im Halsgebiet der Brustvagus oberhalb
des Abganges der Lungenäste „sehr viel nicht degenerierte Nervenfasern" neben
zahlreichen degenerierten vorhanden sind, spricht jedoch dafür, daß die nicht
degenerierten markhaltigen Nervenfasern unterhalb der Durchschneidungsstelle aus
Nervenzellen entspringen, wofür die von Dolgo Saburoff im Laufe des Vagusstammes gesehenen Zellen in Frage kommen.

Der Faseraufbau des Sympathicus

Bei der Variabilität der makroskopischen Anordnung der Verbindungen des
Grenzstranges zur Lunge ist es sehr schwierig, über den Faseraufbau der Lungen-
äste des Sympathicus auszusagen. Klinische Beobachtungen lassen jedoch gewisse
Schlüsse über den Faserverlauf zu.

Afferente Fasern im Sympathicus

Nach Foerster sind vorwiegend die Segmente Th2—5 an der sensiblen Lungen-
versorgung beteiligt. Außerdem können auch Th1 und Th6—9 afferente Fasern
aus der Lunge erhalten. Hansen und Staa kommen auf Grund ihrer Beobachtungen
über Spannungsvermehrung in Muskeln, Headschen Zonen und Tiefenhyperalgesie
bei Pneumonie zu dem Schluß, daß die Segmente Th3—9 der Lunge zugeordnet
sind. Den afferenten Schenkel eines Reflexbogens, der die Tätigkeit der Bronchialmuskulatur beeinflußt, vermutet Kaeß im Ganglion stellatum auf Grund der Ergebnisse der Resektion dieses Ganglion.

Auf Grund der Beobachtung chromatolytischer Zellen im 2. und 3. thorakalen
Spinalganglion nach Lungenexstirpation spricht Möllgaard diese Zellen als Ursprungszellen sensibler Fasern für die Lunge an. Auch Bany und Roger fanden bei
physiologischen Versuchen, daß afferente Impulse von der Lunge über den Brust-
sympathicus und seine Rami communicantes zum Rückenmark gelangen.

Efferente Fasern im Sympathicus

Bronchodilatorische Fasern sollen nach Foerster aus im Seitenhorn des Rückenmarkes in Höhe Th2—4 gelegenen Zellen stammen. Bräucker gibt den Verlauf
bronchomotorischer Fasern durch das Ganglion stellatum für die Katze und den
Hund an. Außerdem berichtet er über eine Arbeit von Möllgaard, der bei Exstirpation der Lunge degenerierte Zellen im Ganglion cervicale medium und stellatum bei
Katzen fand, und hält diese Bahn mit Möllgaard für eine vasomotorische Leitungsbahn der Lunge. Da das centrogene Lungenödem auch nach Vagotomie beim
Kaninchen auftritt, schließen Jarisch, Richter und Thoma auf eine durch den
Sympathicus verlaufende Leitungsbahn, die für das Ödem verantwortlich ist. Auch
Fontaine schließt auf das Vorhandensein einer solchen Leitungsbahn, da er bei
einem durch Rückenmarksverletzung in Höhe Th3 entstandenen akuten Lungenödem dieses durch Infiltration des Ganglion stellatum wiederholt auf kurze Zeit
coupieren konnte.

Daß eine gegen Lungenödem wirksame Blockade durch Infiltration nur im
rechten Ggl. stell. wirksam sei, geben Pierach und Stotz an.

Schließlich beschreibt Reinhardt, daß nach Durchschneidung der hinteren und
vorderen Spinalnervenwurzeln von C5—Th2 beim Kaninchen in der Lunge Ver-

änderungen auftreten, die unabhängig von den Lappengrenzen in transversalen Scheiben begrenzt waren. Er spricht demgemäß von Lungensegmenten, die segmental vom Rückenmark aus innerviert werden. Auch Kalbfleisch und Herklotz haben nach Durchschneidung der Nervenwurzeln beim Kaninchen und Meerschweinchen (C 5—Th 8) eine segmentale Innervation der Lunge beschrieben.

Der Fasergehalt des Phrenicus

Ebenso wie Vagus und Sympathicus enthält auch der Phrenicus markhaltige und marklose Fasern. Wenn auch Hitzenberger das Vorkommen von marklosen Nervenfasern beim Menschen und beim Hunde leugnet, so beschreiben doch Aoyagi, Yano und Guénin das Vorkommen markloser Fasern im Phrenicus des Menschen. Außerdem unterscheiden diese Autoren dünn ummarkte (2—4 µ) und dick ummarkte (8—10 µ) Nervenfasern. Die dick ummarkten Fasern sollen motorischer Funktion sein. Ihren Ursprung aus einer besonderen Zellsäule des Vorderhornes, die bei der Ratte von C3—C6 reicht und beinahe zentral etwas näher der Vorderfläche liegt, beschreibt Hirako. Die dünnummarkten Fasern sollen teils efferent, teils afferent leiten (Guénin). Die dicken markhaltigen Fasern nehmen den Hauptteil der Querschnittfläche des Phrenicus ein, die dünnummarkten liegen in feinen Bündeln dazwischen (Yano). Die marklosen Fasern, die schon in dem aus C4 entspringenden Stamm vorhanden sind, nehmen nach abwärts bis in den Brustteil an Zahl zu (Guénin). Eine Zunahme, die durch die Verbindungsäste mit dem Sympathicus erklärbar ist, die dicke und dünne markhaltige und eine verschieden große Zahl markloser Fasern (Yano) enthalten.

Nachdem Ungar u. Mitarb. bei Reizung des peripheren Phrenicusstumpfes in der Lunge starke Gefäßerweiterung, Ödem und Blutungen beobachten, schließen diese Autoren, daß es sich dabei um Reizung von efferenten Hinterwurzelfasern im Phrenicus handelt. Auch Donati und Vanucci nehmen eine Gefäßinnervation der Lunge auf Grund ihrer Ergebnisse nach Phrenicotomie beim Kaninchen an, doch meint Terni, daß diese Ergebnisse auch durch zentripetale Fasern im Phrenicus durch einen Reflex erklärt werden können, nachdem Margaria das Vorkommen zentripetaler Fasern im Phrenicus durch Experimente am Hund wahrscheinlich gemacht hat. Daß der Phrenicus auch afferente Lungenfasern enthält, wird auch von Freerksen angenommen.

Der Faseraufbau der Nervenstränge des Plexus pulmonalis

In den Nervensträngen an den Bronchi unterscheidet schon Ploschko 3 Arten von Fasern, und zwar 1. dicke markhaltige, 2. dünne markhaltige und 3. marklose Fasern. Dicke markhaltige Nervenfasern konnte er zu sensiblen Endapparaten in der glatten Muskulatur verfolgen, so wie Romanow solche Fasern mit freien Nervenendigungen in der Pleura endigen sah. Die dünnen markhaltigen Fasern sollen nach Ploschko, wenn sie sich teilen, marklos werden und mit Endbäumchen an Ganglienzellen herantreten. Die von den Ganglienzellen an die Muskulatur herantretenden Fasern sollen die marklosen darstellen. Markhaltige Fasern sah Romanow sich an den Alveolenwänden verzweigen, und Okamura beschreibt, daß Fortsätze der bronchialen Ganglienzellen markhaltig werdend Alveolen entlang laufen.

Nervenendapparate

In der Pleura parietalis erwähnen Dogiel und Rossi ein Geflecht markloser und markhaltiger Nervenfasern sowie verschiedener Endkörperchen. Romanow beschreibt ausführlich freie Nervenendigungen beim Hund und Meerschweinchen, und zwar baumförmige verzweigte sowie solche, wo die Nervenfasern parallel zueinander und zu Bindegewebsfasern verlaufen. Er sah gelegentlich beide Arten als Endigung einer einzelnen markhaltigen Nervenfaser, die mit ihrer Verzweigung die

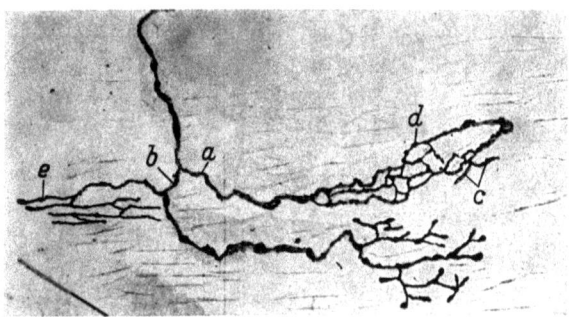

Abb. 288. Nervenendigung in der Pleura parietalis vom Hund bei *d* baumförmige Verzweigung, bei *e* Fasern parallel den Bindegewebsbündeln. (Aus Romanow, 1904)

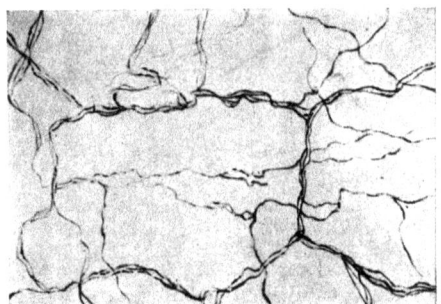

Abb. 289. Nervennetz aus den tiefen Schichten der Pleura parietalis vom Hund. (Aus Romanow, 1904)

Markscheide verlor (Abb. 288). Weiter fand Romanow spindelförmige Gebilde mit einer markhaltigen Faser im Zentrum, die von einem Netz markloser Fasern umsponnen waren, sowie kugelförmige von einer Kapsel umschlossene Endkörperchen, die von einer markhaltigen Faser versorgt wurden und die sich beim Eintritt in eine baumförmig verzweigte marklose Faser fortsetzten. Subepithelial verzweigen sich besonders feine marklose Nervenfasern, die ein Netz bilden. In den tiefen Schichten der Pleura findet sich ein dichtes Netz von Nerven (Abb. 289), aus welchem die Ästchen zu den Endigungen hervorgehen.

In der Pleura pulmonalis vom Hund beschreibt Romanow verschiedene Nervenendigungen. Marklose Fasern treten ans Pleuraepithel heran und verzweigen sich dort in feinste varicöse Fäserchen, die teils zwischen den Epithelzellen ein Netzwerk bilden, teils frei endigen. Er spricht sie als sekretorische Fasern an. Markhaltige Fasern, die zuletzt ihre Markscheide verlieren, endigen mit zahlreichen baum-

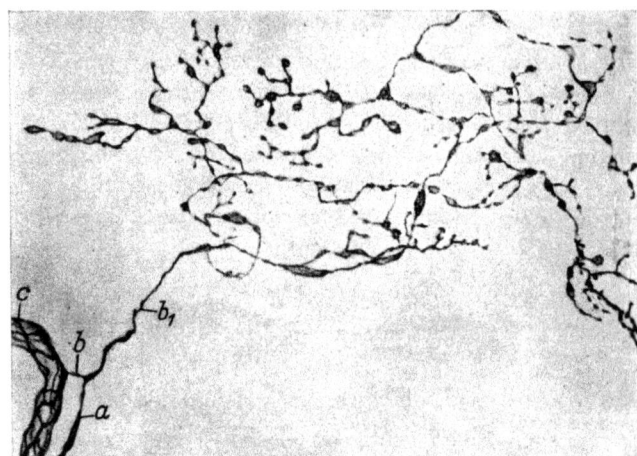

Abb. 290. Aus Pleura pulmonalis vom Hund. *a* Markhaltige Nervenfaser, *b* Ästchen zur baumförmigen Verzweigung in verschiedenen Schichten der Pleura, *c* Ästchen zum Blutgefäß. (Aus Romanow, 1904)

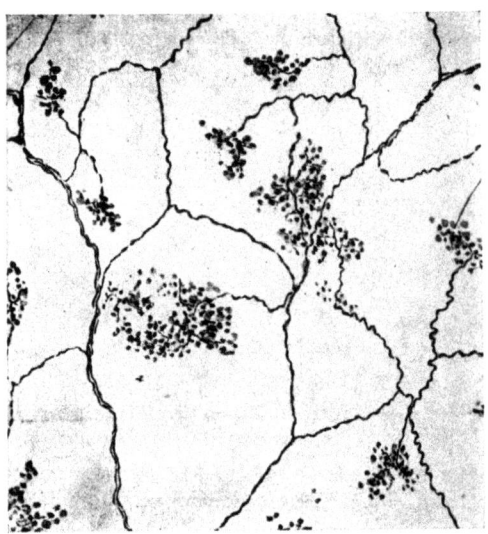

Abb. 291. Netz aus der Grundhaut der Pleura mit an die Alveolen herantretenden Endigungen. (Aus Romanow, 1904)

förmig angeordneten Verzweigungen, deren Äste blattartige Verbreiterungen zeigen (Abb. 291). Eine solche Faser kann auch ein Ästchen abgeben, das sich an einem Blutgefäß verzweigt. An kolbenförmige Nervenendkörperchen sah er markhaltige Fasern mit Henlescher Scheide herantreten, die beim Eintritt in den Kolben ihre Markscheide verlassend sich als dünne Fasern in das Innere fortsetzten. Solche Kolben fand Romanow in verschiedenen Schichten der Pleura. Auch Larsell beschreibt die Verzweigungen markhaltiger Nervenfasern in der Pleura pulmonalis vom Hund und Kaninchen.

Kadanoff und Gürowski (1963) zitieren auch neuere Arbeiten aus dem Russischen, in denen auf Grund der Methylenblaumethode und der Silberimpregnation bei Tieren Endigungen in der Pleura beschrieben werden. Es handelt sich um marklose Verzweigungen markhaltiger Fasern, die als Receptorenfelder aufgefaßt werden.

In der Wand der Trachea und Bronchien sind erstens die fein verzweigten motorischen Endigungen von Nervenfasern an der glatten Muskulatur zu nennen, zu denen Ploschko marklose Fasern von den Ganglienzellen her verfolgen konnte. Okamura spricht von einem feinsten Geflecht, das von Seitenfortsätzen, den Ganglienzellen, gebildet wird. Außerdem beschreiben Ploschko und später Larsell und Jones markhaltige Fasern, die zwischen den Muskelfasern in Ästchen zerfallen, „intermuskuläre Endbäumchen", die sensibler Funktion sein sollen. Ebensolche Endigungen „Receptorenfelder" stellten Sunder-Plasmann, dann Sampolo (1950) und schließlich auch Nagaishi (1963) dar. Feine Nervengeflechte um die Bronchialdrüsen beschreibt Larsell. Eingekapselte und nichteingekapselte Receptoren im Bindegewebe der Schleimhaut von Trachea und Bronchi werden von Kadanoff und Gürowski (1953) beschrieben.

Unter dem Epithel haben Berkeley und Ponzio ein feines Geflecht beschrieben, das seine Fasern zwischen und in die Epithelzellen hineinschickt. In Epithelzellen eintretende Nervenfasern zeigt Fröhlich an den von ihm beschriebenen „hellen Zellen" der Bronchi und Bronchioli. Auch Sunder-Plasmann (1933) beschreibt, daß außer feinen im Epithel gelegenen Neurofibrillenbündeln auch einzelne Neurofibrillen in Epithelzellen und deren besonders große Kerne eintreten.

Zwischen den Alveolen beschreibt Okamura Ganglienzellen und kleine Nervenstämmchen, welche die Muskelfasern erreichen. Ein reiches Netz von Nerven ist nach Ponzio im Parenchym vorhanden. Aus einem interalveolären und perialveolären Netz sollen varicöse Fäserchen an die Alveolarepithelien herantreten und diese mit einem pericellulären Netz umfassen. In ähnlicher Weise beschreibt Romanow aus dem Netz feiner markhaltiger Fasern der Pleura hervorgehende Nervchen, die an die Alveolen herantreten (Abb. 291) und sich dort in die Epithelzellen verzweigen. Policard und Stöhr bezweifeln, ob die von Ponzio mittels Silberimprägnation dargestellten Nervenendigungen nicht durch Imprägnation von Bindegewebsbildung vorgetäuscht seien, doch hat Ponzio außerdem so wie Romanow die Methylblaumethode verwendet. Dijkstra hat Nervenendigungen in der Alveolarwand, die er als sensibel bezeichnet, sowie ihre Degeneration nach Vagusdurchschneidung beobachtet, und Sunder-Plasmann (1938) findet an Alveolarepithelzellen ein nervöses Terminalreticulum, von dem er annimmt, daß es effektorischer Natur sei und die Regelung der Durchlässigkeit der Alveolarepithelien zur Aufgabe habe.

Die Gefäße der Lunge sollen eine reichliche Innervation aufweisen (Stöhr, Gaylor, Dijkstra). Eine Endigung von sensiblem Typ in der Arterienwand eines 8jährigen Kindes bilden Larsell und Dow (1933) ab. Andere Nervenfasern der Arterienwand sollen nach Larsell (1921) postganglionäre sympathische Fasern sein; dagegen fanden Luckhardt und Carlson (1921) Veränderungen der Weite der A. pulmonalis nur bei der Durchschneidung des Vagus, nicht aber der des Sympathicus, sie halten also diese Fasern für solche vagalen Ursprungs. Dieser Meinung schließt sich Kurucz (1958) an, nachdem er in der Arterienwand Ganglienzellen gefunden hat. Der Plexus markloser Nervenfasern, in welchem diese Zellen liegen, findet sich an der Grenze von Media und Adventitia enge an die Vasa vasorum angeschlossen.

Außerdem beschreibt er reichlich Nervenfasern in der Media. Larsell (1935) beschreibt vasomotorische Endigungen in feinen Blutgefäßen der Pleura, während Romanow Endigungen an Blutgefäßen ebendort abbildet, die von Nervenzweigen sensibler Pleuraendigungen gebildet werden. Gleichzeitige Innervation glatter Muskulatur und einer Capillare durch ein gemeinsames Nervennetz bildet Dijkstra ab.

Ein effektorisches nervöses Terminalreticulum beschreibt Sunder-Plasmann in der A. pulmonalis vor dem Hilus, in Arteriolen und Capillaren. Freie Nervenendigungen kommen nach Morin bei Katze und Meerschweinchen in den Venen im Hilus und tiefer in der Lunge subendothelial vor. Auf Grund ihrer Degeneration nach Vagotomie bezeichnet er sie als Verzweigungen sensibler Vagusfasern.

Nonidez beschreibt in den Lungenvenen nahe ihrer Mündung (Hund, Katze, Kaninchen) subendotheliale und perimuskuläre Endigungen. Die subendothelialen Verzweigungen betrachtet er als pressoreceptorische Endigungen, da sie denjenigen im Carotissinus ähneln.

Es ergibt sich aus verschiedenen Beobachtungen die Frage, ob es einen intramuralen Reflexbogen gibt, durch den auf Reizung der Arterie (A. pulm.) eine Kontraktion erfolgt?

Die Möglichkeit ist vorhanden, wenn die sensiblen Endigungen (Saeschl und Row, 1955) die Ganglienzellen (Hayek, 1953; Kroner, 1958) und die Nervenfaserendigungen an der glatten Muskulatur (Laeschl und Row, 1933) zusammenhängen. Ob es hier Axonreflexe gibt, die von einer sensiblen Faser zur Ganglienzelle führen, ist nicht bekannt. Für das Vorkommen solcher Axonreflexe überhaupt in der Lunge sprechen Befunde von Romanow (1904), der ein Ästchen einer sensiblen markhaltigen Faser von der Pleura zu einer Capillare abbildet (Abb. **296**), und von Dijkstra, der die gleichartige Innervation einer Capillare und glatter Muskulatur durch ein gemeinsames Nervennetz schildert.

Gegen das Vorhandensein eines kurzen Reflexbogens sprechen Befunde von Binet und Burstein (1940), die beobachteten, daß der nach Setzen eines Embolus sonst auftretende reflectorische Spasmus bei durchschnittenen Vagi oder starker Atropinisierung ausbleibt.

Zusammenfassung über die Lungeninnervation

Versucht man sich aus den vielen geschilderten bekannten Einzelheiten ein Gesamtbild über die Innervation der Lunge zu machen, so stößt es immer wieder auf Schwierigkeiten, die Einzelbefunde in richtigem Zusammenhang zu bringen. Trotz der Zahl der Einzelbefunde sind noch allzu viele Fragen völlig offen.

Die afferenten Bahnen

Sichergestellt scheint zu sein, daß afferente Bahnen für Schmerzleitung, Berührungsempfindung und Volumreception im N. vagus verlaufen. Welche Nervenendigungen aber für die Schmerzempfindung in der Pleura und den Bronchi sowie für den Hustenreiz in den Bronchi (und der Pleura) in Frage kommen, wissen wir ebensowenig, wie sichere Beziehungen zwischen den verschiedenen Receptoren in der Pleura pulmonalis und den Dehnungsreizen bekannt sind. Daß diese sensiblen Fasern aus Ganglienzellen des Ganglion nodosum entspringen, scheint sichergestellt.

Doch ist es eigenartig, daß das Degenerationsbild dieser Zellen (Nissl-Schollen und Golgi-Apparat, Sato) bei supra- und infraganglionärer Durchschneidung ein verschiedenes ist, was meines Wissens von anderen sensiblen Ganglien noch nicht beobachtet wurde. Ob die verschiedene Größe der Ganglienzellen des Ganglion nodosum mit einer verschiedenen Funktion zusammenhängt, ist ebenfalls unbekannt. Von den Nervenendigungen in den Alveolen (Romanow, Dijkstra, Sunder-Plasmann) wissen wir nicht, ob sie sensibler oder etwa effektorischer Natur sind, so wie auch für die Endigungen an Pleuraepithelien sensible sowie sekretorische Funktion angenommen werden könnte (Romanow). Ob die von Morin beschriebenen subendothelialen Endigungen sensibler Vagusfasern in Lungenvenen als pressoreceptorisch aufzufassen sind, ist fraglich. Der Verlauf pressoreceptorischer Fasern kann nach den bisherigen Untersuchungen ebensogut im Vagus, Sympathicus oder Phrenicus erfolgen. Welche Funktion (nur Schmerzleitung?) und was für Endigungen die zweifelsohne vorhandenen afferenten Fasern im Grenzstrang (Förster, Hansen und Staa, Möllgaard) haben, ist ebenfalls unbekannt. Auch über die Art und Weise der Funktion einer sensiblen Nervenfaser, die sich teilend an einer Capillare und mit freien Nervenendigungen im Bindegewebe der Pleura endigt, haben wir noch keine Vorstellung.

Die efferenten Bahnen

Das Bild, das uns die vielen Einzelbefunde vom Verlauf effektorischer Fasern zur Lunge geben, ist auch noch recht unklar. Motorische Fasern zur glatten Muskulatur der Lunge ziehen zweifellos durch den Vagus (Knaut, Morand, Ikegamie). Ob diese Fasern aber direkt aus der Medulla zu den intrapulmonalen Ganglienzellen hinziehen, wie Morand meint, oder vorher noch eine Umschaltung erfolgt (Ikegami und Yagita) — etwa in den von Dolgo Saburoff beschriebenen Ganglienzellen im Vagusstamm — scheint mir keineswegs entschieden. Dagegen dürfte es gesichert sein, daß efferente Vagusfasern an Ganglienzellen der Bronchialwand endigen (Larsell), die wiederum Fortsätze zur glatten Muskulatur senden (Ploschko, Larsell, Okamura). Ob die Innervation der Bronchialdrüsen auf einem entsprechenden Wege über Ganglien neben den Drüsen erfolgt, ist nicht klar, wenn auch Ganglien eng neben Drüsen gelegen vorkommen, und über eine effektorische Innervation des Bronchialepithels (Sekretion) oder der Alveolarepithelien (Ploschko) (Sekretion?, Stoffwechsel?) können nur Vermutungen angestellt werden. Ob sekretorische Fasern im Vagus oder Sympathicus oder vielleicht in beiden verlaufen, ist fraglich.

Was die Vasomotoren betrifft, so ist nur das eine klar, daß den nahe des Herzmuskelüberzuges der großen Lungenvenen gefundenen Ganglienzellen (Adachi) offenbar die gleiche Funktion zuzuschreiben ist wie den Ganglienzellen der Vorhofswand. Ob Ganglien in der Arterienwand häufiger vorkommen und ob dort etwa eine Umschaltung der motorischen Innervation der Arterien erfolgt, muß auch noch untersucht werden. Eine Innervation der glatten Muskulatur der Lungenarterien und -venen scheint sichergestellt, doch ist anatomisch der Verlauf der Bahnen nicht geklärt, wenn auch aus physiologischen Untersuchungen der Verlauf von vasodilatorischen Fasern im Phrenicus (Ungar) und Sympathicus (Jarisch) zu vermuten ist und das nach Vagusdurchschneidung beobachtete Lungenödem auf efferente, die Gefäße beeinflussende Vagusfasern schließen läßt.

Literatur

Allgemeine Literatur

Bargmann, W.: Die Lungenalveole. In: Möllendorffs Handbuch der mikroskopischen Anatomie, Bd. V/3. Berlin 1936.

Clara, M.: Histobiologie der Lungenalveole. Z. mikr.-anat. Forsch. **40** (1936).

— Histobiologie des Bronchialepithels. Z. mikr.-anat. Forsch. **41**, 321 (1936).

Engel, St.: Die Lunge des Kindes. Stuttgart 1950.

Felix, W.: Topographische Anatomie des Brustkorbes, der Lunge und der Pleura. In: Sauerbruchs Chirurgie der Brustorgane, Bd. I. Berlin 1928.

Hayek, H. v.: Die menschliche Lunge. Ergebn. Anat. Entwickl.-Gesch. **34**, 144 (1945); erg. Neudruck (1952).

Heiß, R.: Der Atmungsapparat. In: Möllendorffs Handbuch der mikroskopischen Anatomie, Bd. V/3. Berlin 1936.

Lauche, A.: Entzündungen der Lunge. In: Henke-Lubarsch' Handbuch der pathologischen Anatomie, Bd. III, Teil 1. Berlin 1928.

Miller, W. S.: The lung. Springfield, Illinois 1937.

— The structure of the lung. J. Morph. **8**, 165 (1893).

Policard, A.: Le poumon. Paris 1938.

— Galy, P.: Les Bronches. Paris 1945.

Seemann, G.: Histobiologie der Lungenalveole. Jena 1931.

Spannungs- und Druckverhältnisse

Anthony, D.: Funktionsprüfung der Atmung. Beitr. Klin. Tuberk. **71**, (1938).

Cameron, G. R.: Pulmonary Oedema. Brit. med. J. **1948**, 965.

Gehlen, H. van: Der Acinus der menschlichen Lunge. Morph. Jb. **85**, 186 (1940).

Hayek, H. v.: Die menschliche Lunge. Ergebn. Anat. Entwickl.-Gesch. **34**, 144 (1945); **35** (1952).

Möllendorff, W. v.: Über die Lungenkonstruktion. Z. Anat. **111** (194).

Winterstein, H.: Physiologie der Atmung. Z. Bäderk. **1** (1928).

Zenker, W., Glaninger, J.: Die Stärke des Trachealzuges. Z. Biol. **111**, 154—164 (1959).

Thorax und Zwerchfell

Assmann, H.: Klinische Röntgendiagnostik, 3. Aufl. Leipzig 1924.

Blechschmidt, E.: Konstruktionsplan der Neugeborenenlunge. Z. Anat. Entwickl.-Gesch. **105**, 1 (1935).

Ebner, V. v.: Rippenbewegungen. His' Arch. 1879.

Eisler, P.: Die Muskeln des Stammes. In: Bardelebens Handbuch der Anatomie Bd. 2/1. Jena 1912.

Eve, F. C.: Activation of inert Diaphragma by gravity method. Lancet **1932 II**. Zit. nach Diringshofen, Künstliche Beatmung durch Kippen. Ärztl. Prax. **2** 5 (1950).

Feneis: Über die Interkostalmuskeln. Mitt. Anatomentreffen Bonn 1948.

Fick, R.: Spezielle Gelenklehre. In: Bardelebens Handbuch der Anatomie, Bd. II/2, Abt. 3, 1911.

Foerster, O.: Spezielle Physiologie und Pathologie der quergestreiften Muskeln. In: Handbuch der Neurologie, herausgeg. von O. Bumke und O. Foerster, Bd. 3, S. 500. Berlin: Springer 1937.

Graf, W.: Rote und weiße Muskulatur des Kaninchens. Anat. Anz. **95**, (1945).

Hasselwander, A.: Über die Gestalt des Zwerchfells usw. Z. Anat. Entwickl.-Gesch. **114**, 375 (1949).

Hayek, H. v.: Cardia und Hiatus oesophageus des Zwerchfells. Z. Anat. Entwickl.-Gesch. **100**, 218 (1933).
— Die Beweglichkeit der 1. Rippe. Z. Anat. Entwickl.-Gesch. **114**, 680 (1950).
Heinrich, R.: Die konstruktive Form des Zwerchfells. Z. Anat. Entwickl.-Gesch. **117**, 410 (1953).
Henderson, L. J.: Atmung, Erstickung und Wiederbelebung. Leipzig 1911.
Hitzenberger, K.: Das Zwerchfell in gesundem und krankem Zustand. Wien 1927.
Holzknecht, Hofbauer: Zur Physiologie und Pathologie der Atmung. Holzknechts Mitt. 2. H. Jena 1907.
Jamin, F.: Zwerchfell und Atmung. In: Groedel, Röntgendiagnostik, 3. Aufl. München 1921.
Keith, A.: The mechanism of exspiration in man. London 1909.
Kratzeisen, E.: Retrosternale Zwerchfellhernie. Virchows Arch. path. Anat. **232**, 227 (1921).
Landerer, A.: Atembewegungen. Arch. f. Anat. **1881**, 272—302.
Pfuhl, W.: Zur Mechanik der Zwerchfellbewegungen. Z. Konstit.lehre **12** (1926).
— Oberflächengröße von Lunge und Herz. Z. Anat. Entwickl.-Gesch. **89**, 387 (1929).
Schaffer, J.: Lehrbuch der Histologie, 3. Aufl. Wien 1933.
Tandler, J.: Anatomie des Herzens. In: Bardelebens Handbuch der Anatomie, Bd. 3/1.
Virchow, H.: Krümmung und Rippenpfannen der Brustwirbelsäule. Arch. Anat. u. Physiol., Anat. Abt. 169—196 (1917).
Wallraff, J.: Der menschliche Herzbeutel. Morph. Jb. **80**, 376 (1937).
Watzka, M.: Über rote und weiße Muskelfasern. Z. mikr.-anat. Forsch. **45**, 668 (1939).
Werenskiold, B.: Bau und Funktion der Rippenhöckergelenke. Skr. norske Vidensk.-Akad., I. Mat.-nat. Kl. **7** (1938).
Wheeler-Haines, R.: J. Anat. (Lond.) **80**, 4 (1946).
— Proc. of Anat. Soc. nach Excerpta med. **1** (1948).

Pleura parietalis

Bartels, P.: Das Lymphgefäßsystem. In: Bardelebens Handbuch der Anatomie, Bd. 3, Teil 4.
Dabelow, A.: Reaktion der Lymphknoten bei Fetttransport. Z. Zellforsch. **12**, 207 (1930).
Dybkowsky: Über Aufsaugung und Absonderung der Pleurawand. Ber. sächs. Ges. Wiss., math.-phys. Kl. **1866**.
Eisler, P.: Wich und Sog als wirksame Faktoren im Organismus. Z. Anat. Entwickl.-Gesch. **76**, 200 (1925).
Feyrter, F.: Wien. klin. Wschr. **1947**, 477.
Fink, H.: Spaltlinien der Pleura costalis. Diss. Freiburg 1936.
Fleiner, W.: Die Resorption corpusculärer Elemente durch Lunge und Pleura. Virchows Arch. path. Anat. **112**, 97, 282 (1888).
Gräper, L.: Die anatomischen Veränderungen kurz nach der Geburt. I. Pleura. Anat. H. **59**, 44 (1920).
Grober, J.: Die Resorptionskraft der Pleura. Beitr. path. Anat. **30**, 265 (1901).
Hafferl, A.: Anatomie der Pleurakuppel. Berlin 1939.
Haß, E.: Elastische Netze der Pleura. Z. Anat. Entwickl.-Gesch. **108**, 337 (1938).
Heiß, R.: Über die hinteren Pleuragrenzen. Arch. f. Anat. **1919**, 130.
Hoffmann, A.: Die Entwicklung des Fettgewebes beim Menschen. Anat. Anz. **97**, 242 (1950).
Kreuzfuchs, S.: Das Hustenphänomen. Münch. med. Wschr. **1912**, Nr. 2, 80.
Lang, J.: Über eigenartige Kapillarkonvolute der Pleura parietalis. Z. Zellforsch. **58**, 487—523 (1962).
Loeschcke, H.: Experimentelle Untersuchungen über Saftstrom- und Resorptionswege. Virchows Arch. path. Anat. **292**, 281 (1934).
Magnus, G.: Darstellung der Lymphwurzeln. Dtsch. Z. Chir. **175**, 159 (1922).
Maximow, A.: Gewebe der serösen Membranen. In: Handbuch der mikroskopischen Anatomie, Bd. II/1, S. 289, 1927.
Mead, J., Whittenberger, J. L.: In: Handbook of Physiology, Respiration, I. chap., **18**, 477—486 (1963).
Niessing, K.: Formwandel der Serosadeckzellen. Z. Zellforsch. **28** (1939).
— Z. mikr.-anat. Forsch. **52** (1942).

Okamoto, T.: Scalenus minimus. Anat. Anz. **58** (1924).

Seifert, E.: Der feinere Bau des Mediastinums. Langenbecks Arch. klin. Chir. **151**, 237 (1928).

Sontoul, J. H., Dejussien, J., Ponpre, J. G.: Les culs de sac pleuro parieteaux en fonction des types morphologiques humains. Bull. Ass. Anat. (Nancy) **114**, 769—779 (1962).

Staub, N. C.: Effects of alveolar surfac tension on the pulmonary vascular bed. Jap. Heart J. **7**, 386—399 (1966).

Strauß, F.: Zur Funktion der parietalen Pleura. Schweiz. med. Wschr. **1946**, 34. Sammelref. Excerpta med. **1948**.

Wagner, J. C.: Asbestosis and cancer. Abbottempo **3**, 26—29 (1968).

Walter, R.: Über die „Stomata" seröser Höhlen. Anat. H. **46**, 274 (1912).

Wassermann, F.: Fettorgane und lymphatische Organe. Sitzgsber. Ges. Morph. u. Physiol. Münch. **42** (1933).

Zuckerkandl, E.: Descriptive und topographische Anatomie des unteren Halsdreieckes. Z. Anat. Entwickl.-Gesch. **2**, 54—62 (1877).

Der allgemeine Aufbau der Lunge

Hayek, H. v.: Das Lungenläppchen. Anat. Nachr. **1**, H. 4 (1948).

— Die Läppchen und Septa interlobularia. Z. Anat. Entwickl.-Gesch. **110**, 405 (1940).

Heiß, R.: Hintere Pleuragrenzen. Arch. f. Anat. **1930**, 130.

Orsós, R.: Gerüstsystem der Lunge. Beitr. Klin. Tuberk. **87**, (1936).

Pfuhl, W.: Zur Mechanik der Zwerchfellbewegungen. Z. Konstit.lehre **12** (1926).

Rohrer: Schweiz. med. Wschr. **1921**, 1.

Stutz, E.: Bronchographische Beiträge. Fortschr. Röntgenstr. **72**, 129 (1949).

Die Trachea

Aschoff, L.: Die elastischen Systeme des Tracheobronchialbaumes. Atti Congr. internat. Patologi Turin **1912**.

Barkley, A., Franklin, K., Macbeth, R.: Rönt. Studies of the Execcetion of dust. Amer. J. Roentgenol. **39**, 673 (1938).

Benninghoff, A.: Über den funktionellen Bau des Knorpels. Verh. anat. Ges. **31**, 250 (1922).

Bockendahl, A.: Regeneration des Trachealepithels. Arch. mikr. Anat. **24**, (1885).

Brückner, H.: Bewegungen des Bronchialbaumes. Z. Anat. Entwickl.-Gesch. **116** (1952).

Brünings, W.: Direkte Laryngoskopie. Wiesbaden 1910.

Ebner, V. v.: In: Kölliker-v.Ebner, Handbuch der Histologie. 1902.

Elze, C.: Anatomie des Tracheobronchialbaumes. In: Handbuch der Hals-, Nasen- und Ohrenkrankheiten, Bd. 1, 1925.

Fuchs-Wolfring, S.: Arch. mikr. Anat. **52**, 735 (1898).

Heller, A., Schröter, v.: Die Carina tracheae. Denkschr. Akad. Wien., math.-nat. Kl. **1897**.

Hilber, H.: Bronchialbaum. Morph. Jb. **71** (1932).

Huizinger, E.: Weite und Wachstum des Bronchialbaumes. Z. Hals-, Nas.- u. Ohrenheilk. **33**, 546 (1933).

— Physiologie des Bronchialbaumes. Pflügers Arch. ges. Physiol. **238**, 767 (1937).

Kopsch, A.: Golgi-Apparat. Z. mikr.-anat. Forsch. **5** (1926).

Luschka, H.: Anatomie des Menschen, Bd. 1, 2. Abt. Tübingen 1863.

Macklin, C. Ch.: X-ray studies on bronchialmovement. Amer. J. Anat. **35**, 303 (1925).

— Tubercle **1932**.

Marcus, H.: Lungenstudien 1—4. Morph. Jb. **58/59** (1928).

Oliveros, G.: Beobachtungen über die muskelelastische strukturelle Anordnung der Bifurcatio tracheae. Anat. Anz. **107**, 351—364 (1959).

Petersen, H.: Histologie. München 1935.

Pratje, A.: Zur Topographie des Mediastinum. Verh. anat. Ges. **33** (1924).

— Form und Lage der Speiseröhre. Z. Anat. Entwickl.-Gesch. **81**, 316 (1926).

Schaeffer, J. P.: Morris-Schaeffer. Human anatomy. Philadelphia 1942.

Schaffer, J.: Epithelgewebe. In: Handbuch der mikroskopischen Anatomie, Bd. 2. Berlin 1927.

— Histologie. Wien 1923. 3. Aufl. 1933.

Schuhmacher, S. v.: Histologie der Luftwege. In: Handbuch der Hals-, Nasen- und Ohren-krankheiten, Bd. 1, 1925.
Stutz, E.: Bronchographische Beiträge. Fortschr. Röntgstr. **72**, 129 (1949).
Tandler, J.: Anatomie des Herzens. In: Bardelebens Handbuch der Anatomie, Bd. 3, 1. Abt., S. 264, 1913.
Toldt, K.: Gewebelehre, 3. Aufl. 1888.
Wätjen: Pathologie der Schleimdrüsen. Beitr. path. Anat. **68** (1921).
Wallraff, J.: Der menschliche Herzbeutel. Morph. Jb. **80**, 376 (1937).
Weingärtner, L.: Arch. f. Laryng. **32** (1920).
Wolf-Heidegger, G.: Die funktionelle Struktur der Ligamenta anularia. Acta anat. (Basel) **1**, 295 (1947).

Mesopneumonium

Benninghoff, A.: Anatomische Beziehungen von Atmung und Kreislauf. Fortbild.lehrg. Nauheim **1935**.
Blechschmidt, E.: Konstruktionsplan der Neugeborenenlunge. Z. Anat. Entwickl.-Gesch. **105** (1936).
Böhme, W.: Zur Physiologie des Herzens. Klin. Wschr. **1935**, 614.
Hayek, H. v.: Arterien als Stütz- und Halteorgane. Z. Anat. Entwickl.-Gesch. **104**, 359 (1935).
Henke, P.: Beiträge zur Anatomie des Menschen. Leipzig 1872.
Huizinger, E.: Physiologie des Bronchialbaumes. Pflügers Arch. ges. Physiol. **238**, 767 (1937).
Macklin, C. Ch.: X-ray studies on bronchial movement. Amer. J. Anat. **35**, 303 (1925).
— Tubercle **1932**.
Popa, G.: Respiratory movements of the hilus. J. Anat. (Lond.) **1932**.
Schulze, W.: Untersuchungen über das Ligamentum pulmonale. Dtsch. Z. Chir. **239**, 127 (1933).
Spee, v.: Bemerkungen betr. Spannungen der Brustorgane. Verh. anat. Ges. **23**, 169 (1909).
Stutz, E.: Bronchographische Beiträge. Fortschr. Röntgenstr. **72**, 129 (1949).
Tandler, J.: Anatomie des Herzens. In: Bardelebens Handbuch der Anatomie, Bd. 3, Abt. 1, S. 264. 1903.
Wallraff, J.: Der menschliche Herzbeutel. Morph. Jb. **80**, 376 (1937).

Bronchialbaum

Backmann, G.: Lungenvenen der Wirbeltiere. Lunds Univ. Aarsscr., N.F. **33** (1937).
Berg, R., Boyden, E., Smith, F.: Bronchi of left lower lobe. J. thorac. Surg. **18**, 216 (1949).
Boyden, Scannel, J.: Bronchovascular pattern of right upper lobes. Amer. J. Anat. **82**, 27 (1948).
Boyden, E., Hartmann, J.: Bronchopulmonary segments of left upper lobe. Amer. J. **79**, 321 (1946).
Boyden, E. A.: The prevailing pattern of bronchopulmonary segment. Dis. Chest **15**, 657 (1949).
Bubenik, J.: Varietätenbeobachtungen. Ber. naturwiss. Ver. Innsbruck **1882**.
Dalla Rosa, L.: Morphologie der Varietäten des Bronchialbaumes. Wien. klin. Wschr. **1889**, Nr. 22.
Heiß, R.: Zur Entwicklung und Anatomie der menschlichen Lunge. Arch. f. Anat. **1919**.
Lewke, J.: Durchlüftungsmechanismus der menschlichen Lunge. Z. ges. inn. Med. **5**, 13 (1950).
Reinhardt, E.: Die Topik der lobulären Pneumonie. Verh. dtsch. path. Ges. **1936**, 222.
Smith, F., Boyden, E.: Segmental bronchi of right lower lobe. J. thorac. Surg. **18**, 195 (1949).
Sturm, A.: Zur klinischen Pathologie der Lunge. Stuttgart 1948.
Stutz, E.: Bronchographische Beiträge. Fortschr. Röntgenstr. **72**, 129 (1949).

Lappen

Bauer, E.: Teilungssporne an den Bronchi. Diss. Würzburg 1944.
— Z. Anat. **114**, 273 (1949).

Blasi, B., Gorgone, A.: Richerche Anatomiche sulta lobazione pulmonare. Arch. ital. Anat. **29**, 48 (1931).

Blechschmidt, E.: Konstruktionsplan der Neugeborenenlunge. Z. Anat. Entwickl.-Gesch. **105**, 1 (1935).

Bley, M., Boyden, E., Smith, F.: Bronchi of left lower lobe. J. thorac. Surg. **18**, 216 (1949).

Bluntschli, H.: Abnormer Verlauf der Vena azygos in einer Spalte im Oberlappen. Morph. Jb. **33**, 562 (1905).

Boyden, E., Hartmann, J.: Bronchopulmonary segments of left upper lobe. Amer. J. Anat. **79**, 322 (1946).

Boyden, E. H.: Cleft left upper lobes. Surgery **26**, 167 (1949).

Braus, H.: Anatomie des Menschen, Bd. 1 u. 2. Berlin 1921 u. 1924.

Browder, S.: Factors influencing lung lobation in the mouse. Anat. Rec. **83**, 31—40 (1942).

Bubenik, J.: Varietätenbeobachtungen. Ber. naturwiss. Ver. Innsbruck **1882**.

Chiari, H.: Über eine neue Form der Dreiteilung der Trachea. Prag. med. Wschr. **1891**.

Dalla Rosa, L.: Zur Casuistik und Morphologie der Varietäten des menschlichen Bronchialbaumes. Wien. klin. Wschr. **1889**.

Devé, M. F.: Les lobes surnumeraires du pommon. Bull. Soc. Anat. Paris **75** (1900).

Duančič, V.: Ectopia cordis. Morph. Jb. **89**, 98 (1943).

Frick, H.: Über den Abschluß der pleuropericardialen Verbindung bei Embryonen. Diss. Frankfurt 1947.

Gennadiew, A. N.: Über den Lobus azygos. Z. Anat. Entwickl.-Gesch. **92**, 178 (1930).

Gillapsi, C., Miller, L. I., Baskin, M.: Anomalies in lobation. Anat. Rec. **11**, 63 (1916).

Gruber, G. B.: Zur Kenntnis der cranialen Doppelbildung. Beitr. path. Anat. **110**, 347 (1949).

Hayek, H. v.: Die Läppchen und Septa interlobularia. Z. Anat. Entwickl.-Gesch. **110**, 405 (1940).

— Die menschliche Lunge. Erg. Anat. **34**, 143 (1945); **35** (1951).

Heiß, R.: Mechanische Begründung der Lungenlappen. Anat. Anz. **41**, 62 (1912).

Henle, J.: Handbuch der systematischen Anatomie, 2. Aufl., Bd. 2. Braunschweig: Viehweg 1873.

Loeschcke, H.: Störungen des Luftgehaltes. In: Henke-Lubarsch' Handbuch der pathologischen Anatomie, Bd. 3, Abt. 1, 1928.

Müller, H.: Mißbildungen der Lunge und Pleura. In: Henke-Lubarsch' Handbuch der pathologischen Anatomie, Bd. 3, Abt. 1. Berlin 1928.

Narath, A.: Der Bronchialbaum der Säugetiere und des Menschen. Bibliotheca med. Stuttgart 1901.

Orsós, T.: Pigmentstreifen der Lunge. Verh. dtsch. path. Ges. **23**, 445 (1928).

Rektorzik, E.: Über Accessorische Lungenlappen. Wochenbl. Ges. Ärzte Wien **17** (1861).

Schaffner, G.: Über den Lobus inferior accessorius. Virchows Arch. path. Anat. **152**, 1 (1898).

Slijper, E. J.: Bipedal Goat. Proc. kon. ned. Akad. Wet. **45**, 288 (1942).

Smith, F. R., Boyden, E. A.: Variations of right lower lobe. J. thorac. Surg. **18**, 195 (1949).

Tamaka, S., Tuchiga, S.: Morphologische Untersuchungen der Herz-Lungenpräparate bei Zwillingsfeten. Folia anat. jap. **16**, 285 (1938).

Läppchen, Sublobi und Segmente

Backmann, G.: Lungenvenen der Wirbeltiere. Lunds Univ. Aarsskr. **33** (1937).

Berg, R., Boyden, E., Smith, F.: Segmental bronchi of left lower lobe. J. thorac. Surg. **18**, 216 (1949).

Blechschmidt, E.: Konstruktion der Neugeborenenlunge. Z. Anat. Entwickl.-Gesch. **105**, 1 (1936).

Boyden, E. A.: Segmental anatomy of the lungs. New York-Toronto-London: Blakiston 1955.

Carnot: La topographie segmentaire de la pneumonie franche. Presse méd. **87**, N. 8 (1902).

Cuvier, G.: Anatomie comparé, Bd. **4**. 1805.

Ewart, W.: Bronchi and pulmonary blood vessels. London 1889.

Glass, A.: The bronchopulmonary segment with special reference to lung abscess. Amer. J. Roentgenol. **31**, 328—332 (1934).

Hayek, H. v.: Das Lungenläppchen. Z. Anat. Entwickl.-Gesch. **110**, 405 (1940).
— Die Anatomie der Lungensegmente. Wien. klin. Wschr. 105, 1017—1019 (1955).
— Normale Anatomie. In: Handbuch der Thoraxchirurgie, Bd. I. Berlin-Göttingen-Heidelberg: Springer 1957.
Herrnheiser, G., Kubat, A.: Systematische Anatomie der Lungengefäße. Z. Anat. Entwickl.-Gesch. **105**, 570 (1936).
Huizinga, E., Behr, E.: Verteilung der Lungensegmente. Ned. T. Geneesk. **8** (1939).
Hyrtl, J.: Anatomie des Menschen, 6. Aufl. Wien 1859.
Jakson, Ch., Huber, J. F.: Correlated applied ¿ natomy of the bronchial tree and lungs with a system of nomenclature. Dis. Chest **9**, 319—326 (1943).
Kalbfleisch, H., Herklotz, F.: Die nervalen Segmente der Lunge beim Kaninchen und Meerschweinchen. Z. ges. inn. Med. H. 1, 1/2 (1940).
Laguesse, E., Hardevillier, A.: Sur la topographie du lobule pulmonaire. C. R. Soc. Biol. (Paris) **1848**, Nr 11.
Lauche, A.: Entzündungen der Lunge und des Brustfells. In: Henke-Lubarsch' Handbuch der pathologischen Anatomie, Bd. 3, Abt. 1. Berlin 1928.
Lucien, M., Weber, P.: La systemisation pulmonaire chez l'homme. Arch. Anat. (Strasbourg) **21** (1936).
Maximow, A.: Bindegewebe. In: Möllendorffs Handbuch der mikroskopischen Anatomie, Bd. 2 Teil, 1. Berlin 1917.
Merkel, F.: Atmungsapparat. In: Bardelebens Handbuch der Anatomie, Bd. 6, Abt. 1.
— Z. Anat. Entwickl.-Gesch. **105**, 1 (1936).
Miller, W. S.: The lobule of the lung. Anat. Anz. **7** (1892).
— The lung. Springfield, Illinois 1937.
Möllendorff, W. v.: Lungenkonstruktion. Ergebn. Anat. Entwickl.-Gesch. **1941**.
Reinhardt, E.: Beiträge zur Kenntnis der Lunge als neurovasculäres und neuromuculäres Organ nach Beobachtungen am Kaninchen. Virchows Arch. path. Anat. **292**, 322 (1934).
— Die Topik der lobären Pneumonie als Beweis ihrer Entstehung im Zentralnervensystem. Verh. dtsch. path. Ges. **222** (1936).
Scannel, G., Boyden, E.: Segments of right upper lobe. J. thorac. Surg. **17**, 232 (1948).
Smith, F., Boyden, E.: Segmental bronchi of right lower lobe. J. thorac. Surg. **18**, 195 (1949).
Sturm, A.: Die klinische Pathologie der Lunge. Stuttgart: Wissensch. Verlagsges. 1948.

Bau der Bronchialwand

Bauer, E.: Teilungssporne an den Bronchien. Diss. Würzburg 1944.
— Z. Anat. Entwickl.-Gesch. **114**, 273 (1949).
Benninghoff, A.: Über den funktionellen Bau des Knorpels. Verh. anat. Ges. **31**, 250 (1922).
Braus, H.: Anatomie des Menschen, 2. Aufl., Bd. 2. Berlin 1934.
Burkl, W.: Über die Sekrete der Halbmonde der gemischten Drüsen des Respirationstraktes. Z. mikr.-anat. Forsch. **59**, 558—561 (1953).
Clara, M.: Histobiologie des Bronchialepithels. Z. mikr.-anat. Forsch. **41** (1937).
Douglas, B. H., Haldane, I. S.: Regulation of normal breathing. Nach Douglas, Ergebn. Physiol. **14**, 352 (1914).
Ebner, V. v.: Respirationsorgane. In: Köllikers Handbuch der Gewebelehre, Bd. 3. Leipzig 1902.
Fleisch, A.: Ergebn. Physiol. **36** (1934).
Fränkel, A.: Bronchialasthma. Dtsch. Z. klin. Med. **35** (1898).
Frankenhäuser: Tracheobronchialschleimhaut. Diss. Dorpat 1895.
Fröhlich, F.: Die „helle Zelle" der Bronchialschleimhaut. Frankfurt. Z. Path. **60**, 517 (1949).
Goerttler, K.: Konstruktion der Wand des Samenleiters. Morph. Jb. **74**, (1934).
Grützner, P.: Die glatten Muskeln. Ergebn. Physiol. **3**, 2. Abt. (1904).
Guizetto: Glykogen im Trachealknorpel. Zbl. allg. Path. path. Anat. **21**, (1910).
Hart, C., Mayer, E.: Kehlkopf, Luftröhre und Bronchien. In: Henke-Lubarsch' Handbuch der pathologischen Anatomie, Bd. 3, Abt. 1. Berlin 1928.
Hayek, H. v.: Arteriovenöse Anastomosen in der menschlichen Lunge. Z. Anat. Entwickl.-Gesch. **110**, 412 (1940).

Hayek, H. v.: Muskulatur der Bronchi und Bronchioli. Wien. klin. Wschr. **1948**, 114.
— Zur Darstellung von Reduktionsorten mittels Tetrazol. Naturwissenschaften **37**, 262 (1950).
— Verh. anat. Ges. **48**, 164 (1950).
Marchand, F.: Über pathologisch-anatomische Befunde usw. Münch. med. Wschr. **1914**, 117.
Maximow, A.: Bindegewebe. In: Möllendorffs Handbuch der mikroskopischen Anatomie, Bd. 2, Teil 1. Berlin 1927.
Möllendorff, W. v.: Lungenkonstruktion. Z. Anat. Entwickl.-Gesch. **1941**.
Mönckeberg, I.: Bronchialasthma. Verh. dtsch. path. Ges. **1909**.
Müller, A.: Wie ändern die von glatter Muskulatur umschlossenen Hohlorgane ihre Größe. Arch. f. Physiol. **116** (1907).
Patzelt, V.: Blutkreislauforgane und Art. ven. Anastomosen. Wien. klin. Wschr. **1942** I, 55.
Petersen, H.: Lehrbuch der Histologie. Berlin 1935.
Rein, H.: Lehrbuch der Physiologie 1936.
Schaffer, J.: Epithelgewebe. In: Handbuch der mikroskopischen Anatomie, Bd. 2, Teil 1. 1927.
Stutz, E.: Bronchographische Beiträge. Fortschr. Röntgenstr. **72**, 129 (1949).
Wassermann, F.: Histologische Grundlagen der Fettspeicherung. Z. Kreisl.-Forsch. **23**, 665 (1931).
— Fettorgan und lymphatisches System. Sitzgsber. Ges. Morph. u. Physiol. Münch. **42** (1933).
— Über Speicherung, Entspeicherung und Wiederspeicherung der Fettorgane. Verh. anat. Ges. **38**, 181 (1924).

Bronchiolus terminalis und Alveolarbäumchen

Aschoff, L.: Über den Lungenacinus. Frankfurt. Z. Path. **48**, 449 (1935).
Baltisberger, W.: Über die glatte Muskulatur der Lunge. Z. Anat. Entwickl.-Gesch. **61**, 271 (1921).
Braus, H.: Anatomie des Menschen, Bd. 2. 1934.
Gehlen, H. van: Der Acinus der menschlichen Lunge. Morph. Jb. **85**, 186 (1940).
Granel, F.: Sur les cellules àgroisse des alveoles. C. R. Soc. Biol. (Paris) **82**, 1329, 1367 (1919).
Grethmann, W.: Zur Pathologie der Miliartuberkulose. Beitr. klin. Tuberk. **71**, 1 (1928).
Hayek, H. v.: Bau und Funktion der Alveolarepithelien. Anat. Anz. **93**, 129 (1942).
— Reaktionsfähigkeit der Alveolarepithelien. Klin. Wschr. **1943**, 637.
— Reaktive Formveränderungen. Z. Anat. Entwickl.-Gesch. **115**, 436 (1951).
Hilber, H.: Über regenerierende Rattenlungen. Morph. Jb. **74** (1934).
— Über regenerative Lungenhyperplasie. Z. Anat. Entwickl.-Gesch. **112** (1943).
Husten, K.: Der Lungenacinus. Beitr. path. Anat. **68** (1921).
Kölliker, A.: Zur Kenntnis des Baues der Lunge. Verh. phys.-med. Ges. Würzb., N.F. **16** (1881).
Laguesse, E., Hardevillier, A.: Présentation d'un acinus pulmonaire. C.R. Congr. franç. Méd. Lille **1899**.
Lang, F. J.: Gewebskulturen der Lunge. Arch. exp. Zellforsch. **2** (1926).
— Alveolarphagocyten. Virchows Arch. path. Anat. **275** (1929).
Loeschcke, H.: Morphologie des Acinus. Beitr. path. Anat. **68** (1921).
Loosli, C. G.: Anat. Rec. **62** (1935).
— Amer. J. Anat. **62**, 375 (1938).
Maximow, A., Bloom, W.: Textbook of Histology. Philadelphia 1949.
Mewes, Fr., Tsukaguchi, R.: Vorkommen von Plastosomen im Epithel von Trachea und Lunge. Anat. Anz. **46**, 289 (1914).
Orsós, T.: Über das elastische Gerüst der Lunge. Beitr. path. Anat. **41** (1907).
— Beitr. klin. Tbk. **87** (1936).
Pablo, V. de: Arch. méd.-chir. Appar. résp. **14**, 1 (1939).
Petersen, H.: Histologie. München 1935.
Policard, A., Galy, P.: Le vacuome de la cellule du poumon. C. R. Soc. Biol. (Paris) **103** (1930).

Policard, A., Galy, P.: Le poumon. Paris 1939.
— — Les bronches. Paris 1945.
Skoblionok, S.: Arch. Russ. d'Anat. **10**, 169 (1931).
Spee, F. v.: Vorweisung von Präparaten menschlicher Lungen. Verh. anat. Ges. **37**, 302 (1928).
Stewart, F.: Histogenetic Study of the respiratory epithelium. Anat. Rec. **25**, 181 (1923).

Epithel der Bronchioli und Alveolen

Addison, Th.: Observations on Pneumonie. Guy's Hosp. Rep. **1843**. Zit. nach Bargmann.
Bizza: Lunge bei angeborener Atresie der Luftwege. Virchows Arch. path. Anat. **307**, 515 (1941).
Bremer, J. L.: The Lung of the Oppossum. Amer. J. Anat. **3**, 67 (1904).
Brodersen, J.: Staub-, Körner- und Schaumzellen der Lunge. Z. mikr.-anat. Forsch. **32**, 73 (1933).
Bromann, J.: Verh. anat. Ges. **32** (1923).
Businco, A.: Struttura del Polmone. Monit. zool. ital., Suppl. **44** (1933).
Dogliotti, G., Amprino, R.: Ricerche sulla struttura dell'alveolo. Arch. ital. Anat. **30**, 1.
Fauré-Fremiet, M. D.: Action de chimiques sur la cellule epithelial pulmonaire. C.R. Soc. Biol. (Paris) **170**, 1344 (1920).
Kölliker, A.: Bau der Lunge. Verh. phys.-med. Ges. Würzb., N.F. **16** (1881).
Lambertini, G.: L'epithelio polmonare prima e dopo la Nascita. Boll. Soc. ital. Biol. sper. **6** (1931).
Macklin, C. Ch.: Pulmonic alveolar Epithelium. J. thorac. Surg. **6**, 82 (1936).
— The silver lineation of the alveoli. J. thorac. Surg. **7**, 536 (1938).
— Residual epithel cells. Trans. roy. Soc. Can. **40**, 93 (1946).
— Two types of epithelium of Bronchioli. Canad. J. Res. **27**, 50 (1949).
— Mitochondrial arrangements. Biol. Bull. **96**, 173 (1949).
Matthis, J.: Sekretionserscheinungen in Ausführgängen. Z. mikr.-anat. Forsch. **13**, 343 (1928).
— Alveolarepithel des Neugeborenen. Anat. Anz. **83**, 310 (1937).
Mayer, A., Guieysse-Pellisier, A., Fauré-Fremiet, E.: Lésions pulmonaires déterminées de gaz suffocant. C. R. Soc. Biol. (Paris) **170**, 1289 (1920).
Orsós, T.: Zbl. allg. Path. path. Anat. **57** (1933).
— Beitr. Klin. Tuberk. **87** (1936).
Pablo, V. de: Arch. méd.-chir. Appar. resp. **14**, 1 (1939).
Reinke, Fr.: Beziehungen des Lymphdruckes zu Regeneration. Arch. mikr. Anat. **68**, 252 (1906).
Seemann, G.: Histobiologie der Lungenalveole. Jena 1931.
Stöhr, Ph., Schulze, F. E.: Lehrbuch der Histologie, 18. Aufl., Abb. 34. Jena 1919.
Willson, H. G.: Amer. J. Anat. **41** (1928).
Wirth: Wirkung des Phosgens. Naunyn-Schmiedebergs Arch. exp. Path. Pharmak. **181** (1936).

Alveolen und Alveolarepithelien

Bandmann, H., Frey, K.: Topogr. und röntgenkinematographische Untersuchungen über die Formänderung des Arcus Aortae. Acta anat. (Basel) **24**, 103—117 (1955).
Bertalanffy, F. D., Leblanc, C. P.: Renewal of alveolar cells. Anat. Rec. **115**, 515—543 (1953).
Binet, L., Verne, I., Parrot: Poumont gras par intoxication. C.R. Soc. Biol. (Paris) **125**, 712 (1937).
Blackstad, Th. W.: Cortical grey matter, S. 49, in: The neuron, edit. of H. Hyden. Amsterdam: Elsevier Publ. Comp. 1967.
Bolo, Juhasz, Varga: Urethan verursachte adenome Mäuselunge. Acta morph. Acad. Sci. hung. **3**, 101—110 (1953).
Boyden, E. A.: Notes on the development of the lung in infancy and early childhood. Amer. J. Anat. **121**, 749—762 (1967).
Bremer, J. L.: On the lung of the opossum. Amer. J. Anat. **3**, 67—73 (1904).
Brodersen, J.: Körner- und Schaumzellen. Z. mikr.-anat. Forsch. **32**, 73 (1933).

Bucher, O.: Histologie und mikroskopische Anatomie des Menschen, 4. Aufl. Bern: Huber 1965.

Buckingham, S., McNary, W. F., Sommers, S. C.: Pulmonary alveolar cell inclusions: Their development in the rat. Science **145**, 1192 (1964).

— Heinemann, H. O., Sommers, S. C., McNary, W. F.: Phospholipid synthesis in the large pulmonary alveolar cell. Amer. J. Path. **48**, 1027 (1966).

Caviezel, R.: Über die Muskulatur und Elastica der Bronchioli. Z. Anat. Entwickl.-Gesch. **119**, 156—173 (1955).

Clements, J. A.: Physical properties of the pulmonary interface third air pollution. Med. Research Conference Calif. State Dep. of Publ. Health, Los Angeles, 1959.

Duve, Chr. de: The Lysosome. Readings from scientifics American: The living cell. San Francisco: Freemann & Co. 1965.

Farquar, M. G., Palade, G. E.: Junctional complexes in various epithelia. J. Cell Biol. **17**, 375—412 (1963).

Fauré-Fremiet, M. E.: Action de chimiques sur la cellule épitheliale pulmonaire. C. R. Soc. Biol. (Paris) **170**, 1394 (1920).

Fredricsson, B.: The distribution of alkaline phosphatase in the rat lung. Acta anat. (Basel) **26**, 246—256 (1956).

Glorieux, H.: Les cellules argentaffines du poumon et leur connexions avec le système nerveux. Arch. Biol. (Liège) **74**, 377—390 (1963).

Granel, F.: Sur les cellules a graisse. C. R. Soc. Biol. (Paris) **82**, 1329 (1919).

— Sur l'élaboration de la graisse. C. R. Soc. Biol. (Paris) **82**, 1367 (1919).

— Les lipoides de l'épithélium pulm. C. R. Ass. Anat. **16**, 251 (1921).

— Hédon, L.: Sur le fer du poumon. C. R. Soc. Biol. (Paris) **99** (1936).

— — Le pigment mélanique. Bull. Histol. appl. **5** (1928).

Guieysse-Pellissier, M. A.: Modifactions et lésions des cellules épithéliales pulmonaires. C. R. Acad. Sci. (Paris) **170**, 1411 (1920).

Hayek, H. v.: Reaktionsfähigkeit der Alveolarepithelien. Klin. Wschr. **1943**, 637.

— Histobiologie der Epithelzellen der Bronchioli und Alveolen. Verh. anat. Ges. **49**, 137 (1951).

— Die menschliche Lunge. Berlin-Göttingen-Heidelberg: Springer 1953.

Hayek, H., Braunsteiner, H., Pakesch, F.: Über die Veränderlichkeit der Microvilli der Alveolarepithelien bei Temperaturveränderungen. Wien. Z. inn. Med. **38**, 165 (1957).

— — — Über das Zugrundegehen und die Neubildung von Mitochondrien in Alveolarepithelzellen. Wien. klin. Wschr. **48**, 951 (1958).

— Stockinger, L.: Die Zellgrenzen in der Alveolenwand. Verh. Anat. Ges. 62. Vers. Erg.-H. zu Anat. Anz. **121**, 129 (1968).

Hirt, A., Wimmer, K.: Luminiscenzmikroskopische Untersuchungen am lebenden Tier. Vitaminstoffwechsel. Klin. Wschr. **1940**, 123.

Ito, T., Shibasaki, S.: Morphologische Studien über die Lunge der Fledermaus. Arch. histol. jap. **25**, 491—531 (1965).

Kammel, W.: Über die Kapillarendothelien und Silberlinensysteme in den Alveolarsepten der Lunge. Z. Anat. Entwickl.-Gesch. **116**, 326—331 (1952).

Karrer, H. E.: The ultrastructure of the mouse lung, capillary endothelium. Exper. Cell Res. **11**, 542—547 (1956).

— An electronenmicroscopic study of the structure of pulmonary capillaries and alveoli of the mouse. Bull. Johns Hopk. Hosp. **98**, 65—83 (1956).

— The alveolar macrophage. 4. Internat. Kongr. für Elektr.-Mikroskopie, Berlin 1958. Berlin-Göttingen-Heidelberg: Springer 1960.

— The ultrastructure of the mouse lung the alveolar macrophage cytology. J. biophys. biochem. Cytol. **4**, 693—700 (1958).

— Elektron mikroskop study of the phagocytosis process in the lung. J. biophys. biochem. Cytol. **7**, 357—366 (1960).

— Electron microscopic study of the phagocytosis process in lung. J. biophys. biochem. Cytol. **7**, 357—366 (1960).

Kawamura, T., Nakanoin, T.: Cholesterinspeicherung in der Lunge. Verh. dtsch. path. Ges. **20** (1925).

Kisch, B.: Electron microscopy of the lung in acute pulmonary edema. Exp. Med. Surg. **16**, 17—28 (1958).

— Electron microscopy of the lungs. III. Endothelial cells of the smallest air ducts. Exp. Med. Surg. **16**, 1—16 (1958).

Klika, E., Janont, V.: The visualisation of the lining film of the lung alveolus with the use of Maillats modification of Champy's methode. Folio morph. (Praha) **15**, 318—329 (1967).

Krüger, O.: Kuppenbläschen der Epithelien. Z. mikr.-anat. Forsch. **41**, 453 (1937).

Lange: Untersuchungen über das Epithel der Lungenalveolen. Frankfurt. Z. Path. **3**, 170 (1909).

Letterer, E.: Pathologisch-anatomische Beobachtungen an urethanbehandelten Kranken. Klin. Wschr. **1948**, 385.

Low, F.N.: Electronmicroscopy of the rat lung. Anat. Rec. **113**, 437—450 (1952).

— The pulmonar alveolar epithelium of laboratory mammals. Anat. Rec. **117**, 241—264 (1953).

— The extracellular portion of the human blood air barrier and its relation to tissue space. Anat. Rec. **134**, 105—124 (1961).

— The electron microscopy of sectioned lung tissu after varied duration of fixation in buffered odmium tetroxide. Anat. Rec. **120**, 827—852 (1954).

— The pulmonary alveolar epithelium as an endodermal derivative. Anat. Rec. **127**, 51—64 (1957).

— The extracellular portion of the human blood air barrier and its relation to tissuse space. Anat. Rec. **139**, 105—124 (1961).

Macklin, C. Ch.: Two types of epithelium of the bronchiols of albino mouse. Canad. J. Res. **27**, 50 (1949).

— Mitochondrial arangements. Biol. Bull. **96**, 173 (1949).

— The aqueous fluid of the pulmonary alveolar wall. Anat. Rec. **118**, 398 (1954).

— Pulmonary sumps, dust accumulation, alveolar fluid and lymph vessels. Acta anat. (Basel) **23**, 1—32 (1955).

Matthis, J.: Kann von einem formändernden Einfluß der Atmung auf die Alveolarepithelien gesprochen werden? Anat. Anz. **83**, 310—315 (1936/37).

Matzner, K. H.: Histochemie der Alveolarphagocyten. Anat. Anz. **87**, 22 (1938).

Meyrick, B., Reid, Lynne: The alveolar brush cell in rat lung — a third pneumonocyte. J. Ultrastruct. Res. **23**, 71—80 (1968).

Motta, G.: Su alcemi elementi cellulare del polmone in gravidanza. Arch. Anat. (Strasbourg) **6** (1927).

Nagaishi, Ch.: The structure of the lung. Tokyo: Igaku Shoin Ltd. 1957.

— Electron microscopic observations of the pulmonary alveoli. Exp. Med. Surg. **22**, 81—117 (1964).

— Okoda, Y.: The structure of the Broncho-alveolar system with special reference to its fine structure. Acta tuberc. jap. **10**, 20—38 (1960).

Narath, A.: Die Entwicklung der Lunge von Echidna in Semons zool. Forschungsreisen **2**, 247—274 (1894).

Novikoff, A. B.: Enzyme localisation, S. 256, in: The neuron, edit. of H. Hyden. Amsterdam: Elsevier 1967.

— Lysosomes in nerve cells, S. 319, in: The neuron, edit. of H. Hyden. Amsterdam: Elsevier 1967.

Oderr, Ch. P., Pizzolato, Ph., Ziskind, J.: Emphysema studied by microradiology. Radiology **71**, 236—245 (1958).

Oppel, A.: Lehrbuch der vergleichenden mikroskopischen Anatomie der Wirbeltiere. Teil 6. Atmungsorgane, S. 658. Jena: G. Fischer 1905.

Pagel, W.: Zur Histologie der Exsudatzellen. Virchows Arch. path. Anat. **256**, 641 (1925).

Pakesch, F., Hayek, H., Braunsteiner, H.: Die Struktur der die Lungenkapillaren bedeckenden Epithelhäutchen. Wien. Z. inn. Med. **38**, 184 (1957).

Palade, G. E.: s. Farquar, M. G.

Pattle, R. E.: Properties, function and origin of the alveolar lining layer. Nature (Lond.) **175**, 1125—1126 (1955).

Pattle, R. E.: Lipoprotein composition of the film lining the lung. Nature (Lond.) **189**, 844 (1961).
— The cause of the stabilaty of bubbles derived from the lung. Phys. in Med. Biol. **5**, 11—26 (1960).
Patzelt, V.: Der Darm. In: Handbuch der mikroskopischen Anatomie v. Möllendorf, Bd. V/3. Berlin: Springer 1936.
Pearse, A. G. E.: Histochemistry theoretical and applied, 2nd ed. London: Churchill 1960.
Policard, A.: La périphérie du lobule pulmonaire chez l'homme. Acta anat. (Basel) **4**, 229—238 (1947/48).
— Reactions pulmonaires aux poussieres. Bull. Histol. appl. **25**, 71 (1948).
— Collet, A., Gilbaire-Ralyte, L.: Etude an microscope elektronique des cellules alvéolaires. C.R. Acad. Sci. (Paris) **240**, 2363—2365 (1955).
— — Pregermann, S.: Structures alvéolaires normales du poumon examinées au microscope électronique. Sem. Hosp. Ann. Rec. Méd. **1957**, 385—398.
Reifferscheid, W.: Physiol. Atembewegungen und Lungenfunktion beim Fetus. Z. Geburtsh. Gynäk. **122**, 316 (1941).
Restrepo, G., Heard, B. E.: The size of bronchial glands in J. Path. Bact. **85**, 305—310 (1963).
— Mucous gland enlargement in bronchitis. Thorax **18**, 334—339 (1963).
Roger, H.: Les fonctions internes du poumon. Rev. Soc. argent. Biol. Suppl. **1934**, 456.
Schaffer, J.: Bau und Funktion des Eileiterepithels. Mschr. Geburtsh. Gynäk. **28**, 526 (1909).
— Das Epithelgewebe. In: Handbuch der mikroskopischen Anatomie v. Möllendorff, Bd. II/1. Berlin: Springer 1927.
Schiller, E.: Histobiologie der Lunge: Alveolarphagocyten und Staubtransport. Anat. Anz. **102**, 389—395 (1956).
Schulz, H.: Die submikroskopische Anatomie und Pathologie der Lunge. Berlin: Springer 1959.
Sewell, W. T.: Phagocytic properties of the alveolar dust cells. J. Path. Bact. **22**, 40 (1918).
Sjöstrand, F. u. T.: Granulierte Epithelzellen. Z. mikr.-anat. Forsch. **44**, 370 (1938).
Stewart, F. W.: Respiratory epithelium. Anat. Rec. **25**, 181 (1923).
Stutz, E.: Ist die fetale Lunge nur ein wachsendes Organ? Arch. Gynäk. **191**, 496—506 (1959).
Taxi, J.: Observations on the ultrastructure of the ganglionic neurons of rana, S. 221, in: The neuron, edit. of H. Hyden. Amsterdam: Elsevier 1967.
Terni, T.: Istobiologia del polmone. Minerva med. **1930**.
Voth, D., Kohlhardt, M.: Untersuchungen zur Histomorphologie und Zytologie des menschlichen Mesothels. Z. Zellforsch. **58**, 546—572 (1962).
Wandell, W. R.: Organoid differentiation of the fetal lung. Arch. Path. **47**, 227 (1949).
Weibel, E. R.: Morphometrische Analyse von Zahl, Volumen und Oberfläche der Alveolaren und Kapillaren der menschlichen Lunge. Z. Zellforsch. **57**, 648—666 (1962).
— Morphometry of the human lung. Berlin-Göttingen-Heidelberg: Springer 1963.
Westhues, H.: Vitalfärbung der Lunge. Beitr. path. Anat. **70** (1922).
Zimmermann, K. W.: Der feinere Bau der Blutkapillaren. Z. Anat. Entwickl.-Gesch. **68**, 29—101 (1923).

Teilung und Wachstum

Cowdry, E. V.: Handbook of Histologie. 1935.
Guieysse-Pellissier, M. A.: Modification et Lésions des céllules épithéliales pulmonaires. C.R. Acad. Sci. (Paris) **170**, 1411 (1920).
Hesse, F. L., Loosli, C. G.: The lining of alveoli in mice, rats and dogs. Anat. Rec. **105**, 299 (1949).
Krückmann: Lungentuberkulose und Fremdkörperriesenzellen. Virchows Arch. path. Anat. **138** Suppl. (1895).
Loeschcke, H. L.: Morphologie des Acinus. Beitr. path. Anat. **68**, (1925).
Macklin, C. Ch.: Alveolarphagocytes of the mouse. Internat. Anat.-Kongr. Oxford 1950.
Martino, L.: Rivestimento dell'Alveolo. Arch. Ist. biochim. ital. **8**, 183 (1936).
Mayer, A., Guieysse-Pellissier, A., Fauré-Fremiet, E.: Lésions pulmonaires déterminée du gaz suffocant. C.R. Soc. Biol. (Paris) **170**, 1289 (1920).
Wirth, W.: Naunyn-Schmiedebergs Arch. exp. Path. Pharmak. **181** (1936).

Größe und Zahl der Alveolen

Elze, C., Hennig, A.: Die inspiratorische Vergrößerung von Volumen und innerer Oberfläche der menschlichen Lunge. Z. Anat. Entwickl.-Gesch. 119, 457—469 (1956).

Hilber, H.: Über Fehlerquellen bei der Bestimmung der respiratorischen Oberfläche. Biol. Zbl. 53, 603 (1933).

Hennig, A.: Bestimmung der Oberfläche beliebig geformter Körper mit besonderer Anwendung auf Körperhaufen. Mikroskopie 11, 1—20 (1956).

Kulenkampff, H.: Bestimmung der inneren Oberfläche der menschlichen Lunge. Z. Anat. Entwickl.-Gesch. 120, 198—200 (1957).

Marcus, H.: Lungen. In: Handbuch der vergleichenden Anatomie, Bd. 3. Berlin 1937.

Schulze, F. E.: Beiträge zur Anatomie der Säugetierlungen. S.-B. preuß. Akad. Wiss., phys.-math. Kl. 6, 225 (1906).

Terni, T.: Istobiologia del polmone. Minerva med. 1930.

Weibel, E. E.: Morphometrische Analyse von Zahl, Volumen und Oberfläche der Kapillaren und Alveolen der menschlichen Lunge. Z. Zellforsch. 57, 648—666 (1962).

Bindegewebsgerüst

Amprino, R.: La struttura del polmone nel periodo fetale. Arch. ital. Anat. 38, 447 (1937).

— Ceresa, F.: Transformazioni postuatale e senile nella struttura del polmone. Arch. ital. Anat. 38, 428 (1937).

— — Struttura del polmone postuatale e anile. Arch. ital. Anat. 38, 428 (1937).

Gehlen, H. v.: Der Acinus als elastisch-muskulöses System. Morph. Jb. 85, 186 (1940).

Ghigi, C.: Connettivo del polmone. Ric. Morf. 17 (1939).

Huzlla, Th.: Histophysiologie der Lungenalveole. Magy. orv. Arch. 2, 84 (1940). Zit. nach Anat. Ber. 41, 424.

Lengyel, J.: Dehnbarkeit der Silberfaser. Anat. Anz. 74, 289 (1932).

Linser, P.: Entwicklung des elastischen Gewebes der Lunge. Anat. H. 13, 307 (1900).

Märk, W.: Die mechanische Bedeutung der argyrophilen Fasern. Anat. Anz. 94, 401 (1945).

Mall, F.: Das retikulierte Gewebe etc. Abh. sächs. Ges. Wiss., math.-phys. Kl. 17, 299 (1891).

Nagel, H.: Mechanische Eigenschaften der Kapillarwand. Z. Zellforsch. 21, 376 (1934).

Orsós, T.: Über das elastische Gerüst der Lunge. Beitr. path. Anat. 41 (1907).

— Beitr. Klin. Tbk. 87 (1930).

Petersen, H.: Das mechanische Verhalten der elastischen Faser. Beitr. path. Anat. 76, 222 (1926).

Plenk, H.: Die argyrophilen Fasern und ihre Bildungszellen. Ergebn. Anat. Entwickl.-Gesch. 27, 302 (1927).

Redenz, E.: Untersuchungen der isolierten elastischen Faser. Beitr. path. Anat. 76, 226 (1926).

Rusakoff, A.: Die Gitterfasern der Lunge. Beitr. path. Anat. 45, 476 (1909).

Schaffer, J.: Histologie, 3. Aufl. Wien 1923.

Setälä, K.: Topographische Entwicklung des elastischen Gewebes der Lunge. Acta Soc. Med. „Duodecim" 20 (1938).

Wöhlisch, E.: Kautschukartige Elasticität. Verh. phys.-med. Ges. Würzb. 51 (1926).

Muskulatur

Allen, C. M. van: Kollaterale Respiration zwischen Lungenläppchen. Z. Anat. Entwickl.-Gesch. 98, 453 (1932).

Baltisberger, W.: Glatte Muskulatur der menschlichen Lunge. Z. Anat. Entwickl.-Gesch. 61, 249 (1921).

Behrens, W.: Zur Frage der Atelektase. Schweiz. med. Wschr. 1950, 69.

Bronkhorst, W., Dijkstra, C.: Das neuromuskuläre System der Lunge. Beitr. Klin. Tuberk. 94 (1940).

le Burgh-Daly: Intrapleur. pressure. Proc. roy. Soc. 110, 92 (1932).

Engel, Newns, G. H.: Musculature of Lung of children. J. Path. Bact. 49, 381 (1939).

Engel, S.: Lungenmuskulatur. Dtsch. med. Wschr. 1948, 382.

Euler, U.: Kongr. für Kreislaufforsch., Nauheim, 1951.

Faulconer, A.: Atelektasis during operations. Anesthesiology 7 (1946).

Gehlen, H. van.: Der Acinus als elastisch-muskulöses System. Morph. Jb. **85**, 186 (1940).
Gray, I. R.: Atelektasis complic. pulm. Lobectomy. Thorac (Lond.) **1** (1946).
Hayek, H. v.: Muskulatur im Lungenparenchym. Z. Anat. Entwickl.-Gesch. **115**, 88 (1950).
Heuck, F.: Die Streifenatelektasen der Lunge. Zwanglose Abhandlungen aus dem Gebiet der norm. u. path. Anat., H. 7. Stuttgart: Thieme 1959.
Huizinger, E.: Physikalische Atelektasen. Pflügers Arch. ges. Physiol. **238**, 709 (1937).
Husten, K.: Lungenacinus. Beitr. path. Anat. **68** (1920).
Macklin, C. Ch.: Anat. Rec. **24**, 119 (1922).
— Arch. Surg. **19**, 212 (1929).
— Örtliche Regulierung der Atmung. Aschoffs Vorlesung, Freiburg **2**, H. 1 (1942).
Möllendorff, W. v.: Lungenkonstruktion. Z. Anat. Entwickl.-Gesch. **111**, 224 (1941).
Niedner, F.: Neurovegetative Lungenreaktionen. Acta neuroveg. (Wien) **1**, 353 (1950).
Policard, A.: Le poumon. Paris 1938.
Reinhardt: Virchows Arch. path. Anat. **292**, 322 (1934).
— Verh. dtsch. path. Ges. **1936**, 228.
Salfelder, K.: Über die Lungenmuskulatur. Verh. dtsch. Ges. Path. 38. Tagg 1954.
Seemann, G.: Histologie der Lungenalveole. Jena 1931.
Sturm, A.: Segmentpneumonie, Lungenkrampf. Klin. Wschr. **1943**, 406.
— Dtsch. Arch. klin. Med. **190**, 252 (1943).
— Dtsch. med. Wschr. **1946**, 201.
Troisier, I., Bariéty, M., Kohler, M.: Histamine et pression intropleurale. C.R. Soc. Biol. (Paris) **92**, 413 (1940).
Verstegh, Dijkstra: Anat. n. exp. investigations about the muse. Proc. kon. ned. Akad. Wet. **45**, 766 (1942).
Verzar, F.: Regulation des Lungenvolumens. Pflügers Arch. ges. Physiol. **232** (1933); **238** (1938).

Oberflächenspannung

Hayek, H. v.: Über die Veränderlichkeit der Oberflächenspannung in den Alveolen und ihre Bedeutung für die Retraktionskraft der Lunge. Naunyn-Schmiedebergs Arch. exp. Path. Pharmak. **214** (1952).
Kilches, R.: Zur Frage der Retraktionskraft der Lunge. Klin. Wschr. **1940**, 695.
Macklin, Ch. C.: Residual epithel cells on the pulmonary alveolar wall. Trans. roy. Soc. Can., Sect. V **1946**, 93.
Neergard, K. v.: Neue Auffassungen über Atemmechanik. Z. ges. exp. Med. **66**, 373 (1929).
Wick, H.: Wirkung der Kohlensäure auf die Weite der Lungenalveolen. Arch. int. Pharmacodyn. **1952**.
— Änderung der Lungenelastizität durch Kohlensäure. Arch. int. Pharmacodyn. **1952**.

Capillaren und Bindegewebszellen

Aschoff, L.: Z. ges. exp. Med. **50**, 52 (1926).
Boerner-Patzelt, D.: Arch. mikr. Anat. **102**, 184 (1924).
Colosi, G.: Gli istiociti del pulmone e loro rapporto con la parebe alveolare. Arch. ital. Anat. Embriol. **63**, 1—20 (1958).
Dogliotti, G., Amprino, R.: Ricerche sulla struttura dell'alveolo. Arch. ital. Anat. **30**, 1 (1932).
Eberth, I.: Virchows Arch. path. Anat. **24**, 503 (1862).
— Z. Zool. **12** (1862).
Elenz, E.: Das Lungenepithel. Würzb. naturw. Z. **5**, 66 (1864).
Francescon, A.: Boll. Soc. ital. Biol. sper. **5** (1930).
— Riv. Pat. sper. **9**, 165 (1932).
Hayek, H. v.: Alveolarepithelien und Kapillaren. Klin. Wschr. **1948**, 723.
Hirt, A., Wimmer, K.: Luminescenzmikroskopische Untersuchung. Klin. Wschr. **1939**, 733; **1940**, 123.
Jeker, L.: Über die kernlosen Platten im Alveolarepithel. Anat. Anz. **77**, 65 (1933).
Kammel, W.: Die Silberlinien der Endothelgrenzen in den Lungenalveolen. Z. Anat. Entwickl.-Gesch. **115** (1952).

Kölliker, A.: Zur Kenntnis des Baues der Lunge. Verh. phys.-med. Ges. Würzb., N.F. 16, (1881).
Lang, F. J.: Arch. exp. Zellforsch. 2, 93 (1926).
Loreti, F., Zaietta, A.: Arch. ital. Anat. 36 (1936).
Maximow, A., Bloom, W.: Textbook of Histology, 5. Aufl. 1949.
Narath, H.: Die Lunge als Schlammfänger. Münch. med. Wschr. 1942, 871.
Orsós, F.: Das elastische Gerüst der Lunge. Beitr. path. Anat. 41, 95 (1907).
— Zbl. allg. Path. path. Anat. 57, 81 (1933).
Plenk, H.: Gitterfasern. Ergebn. Anat. Entwickl.-Gesch. 27 (1927).
Ravenna, P.: Arch. Sci. med. 57 (1913).
Schmidt, M. B.: Verh. Dtsch. Ges. Naturforsch. u. Ärzte, Braunschweig 1898.
Westhues, H.: Vitalfärbung der Lunge. Beitr. path. Anat. 70, 223 (1922).
Wimmer, K.: Stellung des Reticuloendothels. Verh. anat. Ges. 47, 42 (1939).
Zimmermann, K. W.: Der feinere Bau der Blutcapillaren. Z. Anat. Entwickl.-Gesch. 68, 29 (1923).

Alveolarporen

Allen, D. M. van: Collaterale Respiration. Z. Anat. Entwickl.-Gesch. 98, 453 (1932).
Baarsma, P., Dirken, M.: Collateral Ventilation. J. thorac. Surg. 17, 238 (1948).
— — Huizinger, E.: Collateral Ventilation in Man. J. thorac. Surg. 17, 252 (1945). Zit. nach Scannel.
Bargmann, W.: Zur vergleichenden Histologie der Lungenalveole. Z. Zellforsch. 23, 335 (1935).
Hansemann, D. v.: Untersuchungen über die Entstehung des Lungenemphysems. Zbl. allg. Path. path. Anat. 1900, 971.
Henle, J.: Handbuch der systematischen Anatomie, 2. Aufl. 1873.
Kohn, H.: Zur Histologie der fibrinösen Pneumonie. Münch. med. Wschr. 1893, Nr. 3.
Lindskog, G., Alley, R.: Pharmak. Factors influencing collat. Ventilation. Meeting Americ. Surg. Assoc. 1948. Zit. nach Scannel.
Loeschcke, H.: Störungen des Luftgehaltes. In: Handbuch der pathologischen Anatomie, Bd. III/1, S. 597. 1928.
Macklin, Ch. C.: Pulmonic alveolar pous. J. Anat. (Lond.) 69, 188 (1935).
Petersen, H.: Histologie und mikroskopische Anatomie. 1935.
Scannel, J.: Thoracic Surgery. New Engl. J. Med. 239, 927 (1928).
Schulze, F. E.: Beiträge zur Anatomie der Säugetierlungen. S.-B. Akad. Wiss. Berlin, phys.-math. Kl. 6, 225 (1906).
Stöhr, Ph.: Lehrbuch der Histologie. 1903.

Läppchengrenzmembran

Gehlen, H. van: Der Acinus usw. Morph. Jb. 85 (1940).
Haß, E.: Die elastischen Netze der Pleura. Z. Anat. Entwickl.-Gesch. 108, 337 (1938).
Miller, W. S.: The human pleura pulmonalis, its relation to the bleps and bullae of Emphysema. Amer. J. Roentgenol. 15, 399 (1926).
Möllendorff, W. v.: Beiträge zum Verständnis der Lungenkonstruktion. Z. Anat. Entwickl.-Gesch. 111, 224 (1941).
Policard, A.: Recherches histopetrographiques sur l'échange des substances entre le Poumon et la pleure. Bull. Histol. appl. 16, 57 (1939).
— C.R. Soc. Biol. (Paris) 130, 375 (1939).

Periphere Alveolen

Baltisberger, W.: Glatte Muskulatur der Lunge. Z. Anat. Entwickl.-Gesch. 61, 249 (1921).
Binet, L., Verne, I., Parrot, I. L.: Fettabbauvermögen der Lunge. Ann. Anat. path. 15 (1938). Zit. nach Anat. Ber. 38.
Diehl, K.: Tierexperimentelle Erbforschung bei Tuberkulose. Beitr. Klin. Tuberk. 97, 331 (1942).
Francescon, A.: Zit. nach Clara, Z. mikr.-anat. Forsch. 40, 147 (1936).
Hayek, H. v.: Die Muskulatur im Lungenparenchym. Z. Anat. Entwickl.-Gesch. 115, 88 (1950).

Loeschcke, H.: Störungen des Luftgehaltes. In: Handbuch der pathologischen Anatomie, Bd. III/1. 1928.

Marcus, H.: Lungenstudie. V. Morph. Jb. **59**, 561 (1928).

Policard, A.: La périphérie du lobuli pulmonaire chez l'homme. Acta anat. (Basel) **4**, 229 (1947).

Schabad, L. M.: Zit. nach Seemann, G.

Schulze, F. E.: Beiträge zur Anatomie der Säugerlungen. S.-B. Akad. Wiss. Berlin, phys.-math. Kl. **6**, 225 (1906).

Seemann, G.: Histobiologie der Lungenalveole. Jena 1931.

Zimmermann, K. W.: Der feinere Bau der Blutkapillaren. Z. Anat. Entwickl.-Gesch. **68**, 29 (1923).

Pleura pulmonalis

Argaud, R.: Sur l'endopleure. C.R. Soc. Biol. (Paris) **82**, 857 (1919).

Baltisberger, W.: Glatte Muskulatur der Lunge. Z. Anat. Entwickl.-Gesch. **61** (1921).

Benninghoff, A.: Blutgefäßsystem. In: Handbuch der mikroskopischen Anatomie, Bd. 6. 1930.

Blechschmidt, E.: Konstruktionsplan der Neugeborenenlunge. Z. Anat. Entwickl.-Gesch. **105**, 1 (1935).

Borst, M.: Pathologie der serösen Deckzellen. Virchows Arch. path. Anat. **162**, 94 (1900).

Brunn, v.: Serosadeckzellen und Entzündung. Beitr. path. Anat. **30** (1901).

Chlopin: Regeneration im Mesothel. Beitr. path. Anat. **98** (1937).

Haß, E.: Die elastischen Netze der Pleura. Z. Anat. Entwickl.-Gesch. **108**, 337 (1938).

Kolossow, A.: Struktur des Pleuroperitonealepithels. Arch. mikr. Anat. **42** (1893).

Maximow, A.: Bindegewebe. In Handbuch der mikroskopischen Anatomie, Bd. 2, S. 1. 1927.

Miller, W. S.: A study of the human pleura pulmonalis. Amer. J. Roentgenol. **15**, 399 (1926).

Möllendorff, W. v.: Beiträge zum Verständnis der Lungenkonstruktion. Ergebn. Anat. Entwickl.-Gesch. **1941**, 224.

Niessing, K. L.: Deckzellen. Z. Zellforsch. **28** (1938).

Roberts, L. E., Taub, R. N., Liebow, A. A., Aperia, A. C.: Transpulmonary water exchange in newborn lambs under artificial placentation. Amer. J. Physiol. **210**, 478—486 (1966).

Schaffer, J.: Lehrbuch der Histologie. Leipzig 1922.

Vincenzi, L.: Sulla struttura della limitante. Anat. Anz. **20**, 492 (1902).

Voth, D., Kohlhardt, M.: Untersuchungen zur Histomorphologie und Zytologie des menschlichen Mesothels. Z. Zellforsch. **58**, 546—572 (1962).

Walter, A.: Stomata seröser Höhlen. Anat. H. **46** (1912).

Blutgefäße, Allgemeines und Bau

Adachi, B.: Das Venensystem der Japaner. Kyoto 1933.

Bandmann, H., Frey, K.: Topographische und röntgenkinematographische Untersuchungen über die Formänderung d. arcus aortae. Acta anat. (Basel) **24**, 103—117 (1955).

Benninghoff, A.: Pericyten. Z. Zellforsch. **4**, 164 (1926).

— Funktionelle Struktur der Lungengefäße. Verh. Ges. Kreisl.-Forsch. **8** (1935).

— Blutgefäße. In Handbuch der mikroskopischen Anatomie, Bd. VI/1, S. 38. 1930.

Bruch, H.: Über den Bau der Lungenvenenwand. Diss. Würzburg 1945.

Businco, A.: Struttura del polmone. Monit. zool. ital., Suppl. **44** (1933).

Clara, M.: Histobiologie der Lungenalveole. Z. mikr.-anat. Forsch. **40** (1936).

Dow, Ph.: Venous return as factor of vital capacity. Amer. J. Anat. **127**, 780 (1939).

Fleisch, A.: Der normale Blutdruck. In: Handbuch der normalen und pathologischen Physiologie, Bd. VII/2, S. 1283. 1927.

Hayek, H. v.: Die Einordnung von Blutgefäßen in die funktionelle Struktur. Verh. anat. Ges. **41**, 196 (1932).

— Bau und Funktion der Arterien als Stütz- und Halteorgane. Z. Anat. Entwickl.-Gesch. **104**, 354 (1935).

Hueck, Cl.: Neubildung des Grundhäutchens der Kapillaren. Virchows Arch. path. Anat. **296** (1936).

Jacoby, W.: Beobachtungen am peripheren Gefäßapparat. Naunyn-Schmiedebergs Arch. exp. Path. Pharmak. **86** (1920).

Jeecker, L.: Über die kernlosen Platten im Alveolarepithel. Anat. Anz. **77**, 65 (1933).

Kammel, W.: Über die Kapillarendothelien und Silberliniensysteme der Alveolen. Z. Anat. Entwickl.-Gesch. **1952**.

Krogh, A.: Anatomie und Physiologie der Kapillaren. Monogr. Physiol. **1924**.

Ljungdahl, M.: Untersuchungen über die Arteriosklerose des kleinen Kreislaufes. Wiesbaden 1915.

Macklin, C. Ch.: Capacity of pulm. Arteries and veines. Rev. canad. Biol. **5**, 199 (1946).

— Terminal pulm. Venules. Trans. roy. Soc. Can., Sect. V **105** (1945).

Martorana, P.: Struttura dell'Arterie pomonare e delle Vene polmonare. Ric. Morf. **15** (1936).

Mautner, Pick, I.: Lungensperre. Münch. med. Wschr. **1915**, 1141.

Maximow, A., Bloom, W.: Textbook of Histology. Philadelphia 1949.

Merkel, G.: Beitr. path. Anat. **105**, 176 (1941).

Meyer, W. W.: Über eigenartige Beziehung des elastischen Gerüstes zur glatten Muskulatur der Lungenarterie. Z. Zellforsch. **43**, 383—390 (1955).

— Richter, H.: Das Gewicht der Lungenschlagader als Gradmesser der Pulmonalarteriensklerose und als morphologisches Kriterium der pulmonalen Hypertonie. Virchows Arch. path. Anat. **328**, 121—158 (1956).

Miyata, S.: Aufbau und Gestalt der peripheren Strombahn des kleinen Kreislaufes. Virchows Arch. path. Anat. **304** (1939).

Miller, W. S.: Das Lungenläppchen, seine Blut- und Lymphgefäße. Arch. f. Anat. **1900**, 197.

Möllendorff, W. v.: Lungenkonstruktion. Ergebn. Anat. Entwickl.-Gesch. **1941**.

Orsós, R.: Über das elastische Gerüst der Lunge. Beitr. path. Anat. **41** (1907).

— Beitr. Klin. Tuberk. **87** (1930).

Otterbach, K.: Genese des Myocardüberzuges der Vena pulmonalis. Morph. Jb. **81**, 547 (1938).

Plenk, H.: Die argyrophilen Fasern. Ergebn. Anat. Entwickl.-Gesch. **27**, 302 (1927).

Rusakoff, A.: Die Gitterfasern der Lunge. Beitr. path. Anat. **45**, 476 (1909).

Schaffer, J.: Histologie. Wien 1933.

Schoen, R.: Durchblutung der Lungenlappen. Dtsch. med. Wschr. **1932**, 15.

Sjöstrand, F. u. T.: Sinuose Blutgefäße in der Lunge der Maus. Anat. Anz. **87**, 193 (1938).

Spanner, R.: Z. Anat. **109**, 488 (1939).

Spitzka, E. A.: A note on the true weight of the human lungs. Amer. J. Anat. 3, Proc. of the Assoc. of Amer. Anatomists, 17. Sess., p. V (1904).

Takino, M., Miyake, S.: Lungenvenen. Acta Sch. med. Univ. Kioto **18** (1936).

— Okada, S.: Astklappen in Lungenvenen. Acta Sch. med. Univ. Kioto **22**, 311 (1939).

— Yoshiaki, S.: Bau der Lungenvenen. Acta Sch. med. Univ. Kioto **15** (1932); **17** (1934).

Vandendorpe, F.: Structure de L'artériole pulmonaire. Ann. d'Anat. path. **13** (1936).

Vierordt, H.: Anatomische physiologische Daten und Tabellen. Jena 1906.

Wearn, I. T., Barr, I. S., German, W. I.: Behavior of the arterioles and capillaries of the lung. Proc. Soc. exp. Biol. (N.Y.) **24** (1926).

Wick, H.: Die Beeinflussung der Tracheal- und Bronchialweite. Arch. int. Pharmacodyn. **85** (1952).

Winterstein, J.: Vorhofsmuskulatur. Z. Anat. Entwickl.-Gesch. **99**, 721 (1933).

Wolff, K.: Normale und pathologische Anatomie der Arteria pulmonalis. Beitr. path. Anat. **95** (1935).

Zimmermann, K.: Der feinere Bau der Blutkapillaren. Z. Anat. Entwickl.-Gesch. **68**, 29 (1923).

Anordnung der Aa. und Vv. pulmonales

Adachi, B.: Das Arteriensystem der Japaner. Kyoto 1931.

Appleton, A.: Segments and blood vessels of the lung. Lancet **1944**, 592.

Bachmann, G.: Lungenvenen der Wirbeltiere. Upsala Läk.-Fören. Förh. **29**, 345 (1924).

— Lunds Univ. Aarskr. **33** (1937).

Boyden, E.: Prevailing pattern of broncho pulmonary segments. Dis. Chest **15**, 657 (1949).

Boyden, E., Hartmann, F.: Bronchopulmonary segments of left upper lobe. Amer. J. Anat. **79**, 321 (1946).
— Scanell, G.: Bronchovascular pattern of right upper lobe. Amer. J. Anat. **82**, 27 (1948).
Dalla Rosa, L.: Zur Casuistik und Morphologie der Varietäten des menschlichen Bronchialbaumes. Wien. klin. Wschr. **1889**.
Felix, W.: Topographische Anatomie des Brustkorbes und der Lungen. In: Sauerbruch, Chirurgie der Brustorgane, Bd. 1. Berlin 1928.
Gomez Oliveros, L.: Art. y venas pulmon. Valencia 1951.
Herrnheiser, G., Kubat, A.: Systematische Anatomie der Lungengefäße.
Melnikoff, A.: Blutgefäße der Lunge. Langenbecks Arch. klin. Chir. **124**, 460 (1923).
Narath, A.: Der Bronchialbaum der Säugetiere und des Menschen. Bibliotheca med. Stuttgart 1901.
Petersen, H.: Beobachtungen über den Feinbau verschiedener Organe. Z. Zellforsch. **10**, 511 (1930).
Sauerbruch, F.: Chirurgie der Brustorgane, Bd. 1. Berlin 1928.

Lungenvenen und Cava

Adachi, B.: Das Venensystem der Japaner. Kyoto 1933 (Literatur).
Bucher, K., Emenegger, H.: Über die Mischung des Blutes der Körpervenen im Lungenkreislauf. Bull. schweiz. Akad. med. Wiss. **7**, 418—429 (1951).
Dalla Rosa, L.: Varietäten des menschlichen Bronchialbaumes. Wien. klin. Wschr. **1889**.
Fink, R.: Mündung der Vena pulmonalis sin. in die Vena anonyma. Z. Anat. **108**, 741 (1938).
Freerksen, E.: Mündung einer V. pulm. in die V. anonyma. Z. Anat. **107**, 411 (1937) (Literatur).
Kolesnikow, N.: Mündung der V. pulm. in V. cava. Anat. Anz. **74**, 233 (1932).
Krause, W.: Henles Handbuch der systematischen Anatomie, Bd. 3/1. 1868 (Literatur).
Mönckeberg, J.: Mißbildungen des Herzens. In Handbuch der speziellen Anatomie, Bd. II, S. 140. Berlin 1924.
Zuckerkandl, E.: Die Anastomosen der Vena pulmonalis mit den Bronchialvenen. S.-B. Akad. Wiss. Wien, Math.-naturwiss. Kl., Abt. 3, **84** (1881).

Die Aa. und Vv. bronchiales

Arteriovenöse Anastomosen

Cain, H.: Neben- und Kurzschlüsse im Lungenkreislauf des Menschen. Klin. Wschr. **36**, 321—325 (1958).
Castigli, G.: Sulle anastomosi arterio-venosi nel polmone. Arch. ital. Anat. **53**, 249 (1949).
Euler, U. v.: Physiologie des Lungenkreislaufes. Verh. dtsch. Ges. Kreisl.-Forsch. **17**, 8—16 (1951).
Gehlen, H. van: Der Acinus der menschlichen Lunge. Morph. Jb. **85**, 186 (1940).
Hayek, H. v.: Der funktionelle Bau der Nabelarterien und des Ductus Botalli. Z. Anat. Entwickl.-Gesch. **105**, 15 (1935).
— Über einen Kurzschlußkreislauf. Z. Anat. Entwickl.-Gesch. **110**, 412 (1940).
— Kurz- und Nebenschlüsse in der Pleura. Z. Anat. Entwickl.-Gesch. **112**, 221 (1942).
Hyrtl, J.: Die Corrosions-Anatomie und ihre Ergebnisse. Wien: Braumüller 1873.
— Lehrbuch der Anatomie, 14. Aufl. Wien: Braumüller 1878.
Konaschko, P.: Anastomosen der Arteria bronchialis und pulmonalis. Z. Anat. Entwickl.-Gesch. **78**, 136 (1926).
Küttner: Beitrag zur Kenntnis der Kreislaufverhältnisse der Lunge. Virchows Arch. path. Anat. **65** (1875).
Lapp, H.: Beziehungen der Arteria bronchialis und pulmonalis. Verh. path. Ges. **1950**.
— Verh. Ges. Kreisl.-Forsch. 1951.
Latayet, M.: La vascularisation sanguine des bronches. Bronches **4**, 145—175 (1954).
Lauweryus, J.: De longuaten: Hua architectonik en hun rol bij de longoutploiing. Brussel: Arscia Uitgaven 1962.
Manca, P.: Arch. ital. Anat. **4**, 815 (1933).
Natucci, G.: Pathologica **31** (1939).

Parvis, P.: Sulle arterie a musculature longitudinale ai bronchi humani. Arch. ital. Anat.
  58, 359 (1954).
Prinzmetall, M.: Amer. J. Physiol. **152**, 48 (1948).
Reißeisen, Sömmering: Über den Bau der Lungen. Berlin 1808. Zit. nach Zuckerkandl.
Ruysch, F.: Opera omnia, Bd. I. Amstelod 1721. Zit. nach Zuckerkandl.
Schüren, G. von der, Lauweryns, J.: Documents radiologiques et histologiques sur la
  circulation bronchique du chien. Bull. Ass. Anat. (Nancy) **114**, 825—832 (1962).
Sirsi, M., Bucher, K.: Studies on arteriovenous anastomoses in the lungs. Experientia
  (Basel) **9**, 217 (1953).
Spanner, R.: Z. Anat. Entwickl.-Gesch. **109**, 488 (1939).
Tobin, C. E., Zeriquiey, M. O.: Arterio-venous shunts in the human lung. Proc. Soc. exp.
  Biol. (N.Y.) **75**, 827—829 (1950).
Töndury, A., Weibel, E.: Anatomie der Lungengefäße. Ergebn. ges. Tuberk.- u. Lung.-
  Forsch. **14**, 60—100 (1958).
Verloop, M. C.: The arteriae bronchiales and their anastomoses with the arteriae pulmonales.
  Acta anat. (Basel) **5**, 171 (1948).
Virchow, R.: Gesammelte Abhandlungen. Zit. nach Zuckerkandl.
Weibel, E.: Die Blutgefäßanastomosen in der menschlichen Lunge. Z. Zellforsch. **50**,
  653—692 (1959).
— Die Entstehung der Längsmuskulatur in den Ästen der A. bronchialis. Z. Zellforsch.
  47, 448—468 (1958).
Zuckerkandl, E.: Anastomosen der Venae pulmonales mit den Bronchialvenen. S.-B. Akad.
  Wiss. Wien, math.-nat. Kl., Abt. 3, **84** (1881).
— Verbindungen der arteriellen Gefäße der menschlichen Lunge. S.-B. Akad. Wiss. Wien,
  math.-nat. Kl., Abt. 2, **87** (1883).

Lymphgefäße

Baltisberger, W.: Die glatten Muskeln der menschlichen Lunge. Z. Anat. Entwickl.-Gesch.
  61, 271 (1921).
Drinker, C. K.: Pulmonary edema. Harvard Univ. Press 1950.
Engel, S.: The origin of the pulmonary lymph system. Acta anat. (Basel) **29**, 229—235
  (1957).
Flint, J.: Development of the lung. Amer. J. Anat. **6**, 1 (1906).
Franke, K.: Lymphgefäße der Lunge. Dtsch. Z. Chir. **119** (1912).
Hayek, H. v.: Periarterielle Lymphräume. Anat. Anz. **89**, 209 (1940).
Höber, R.: Physikalische Chemie der Zelle. Leipzig 1926.
Kutsuma, M.: Lymphgefäße der Lunge. Folia anat. jap. **13**, 385 (1935).
Loeschcke, H.: Experimentelle Untersuchungen über Saftstrom- und Resorptionswege.
  Virchows Arch. path. Anat. **292**, 281 (1934).
Maraschio, P.: Lymphgefäße der Lunge. Anat. Anz. **90** (1940).
Munka, V.: Das Lymphgefäßsystem der Lungen vom Standpunkt ihrer Segmentstruktur.
  Biologické Práce. Biol. Arbeiten des wiss. Kollegium f. Biologie d. slow. Akad. d.
  Wiss. IX/4, 1963.
Sikorsky, J.: Lymphgefäße der Lunge. Zbl. med. wiss. **1870** (nach Miller).
Tobin, Ch. E.: Human pulmonic lymphatics. Anat. Rec. **127**, 611—624 (1957).
Wywodsoff, D.: Lymphgefäße der Lunge. Wien. med. Wschr. **1866**, 11.

Lymphknoten

Bartels, P.: Lymphgefäße. In Bardelebens Handbuch der Anatomie, Bd. III/4. Jena 1910.
Pernkopf, E.: Topographische Anatomie. Wien 1937.
Sledziewski, H.: Vaisseaux efferents des ganglions lymphatiques diaphragmatiques. C. R.
  Ass. Anat. **1931**.
Sukiennikow, W.: Topographische Anatomie der bronchialen und trachealen Lymphknoten.
  Berl. klin. Wschr. **1903**, 316.
Tandler, J.: Herz. In: Bardelebens Handbuch der Anatomie, Bd. III, Abt. 1. Jena 1913.

Lymphatisches Gewebe

Arnold, J.: Über das Vorkommen lymphatischen Gewebes in den Lungen. Virchows Arch. path. Anat. **80** (1880).

Aschoff, L.: Die lymphatischen Organe. Med. Klin., Beih. **1926**, 1.

Frankenhäuser, L.: Tracheobronchialschleimhaut. Diss. Dorpat 1879.

Hellmann, T.: Lymphknoten. In: Möllendorffs Handbuch der mikroskopischen Anatomie, Bd. II, Teil 1. 1936.

Miller, W. S.: The Distribution of lymphoid Tisme in the Lung. Anat. Rec. **5**, 99 (1911).

Policard, A.: Sur quelques caractères histophysiologiques des formations lymphoides bronchiques. Bull. Histol. appl. **27**, 118 (1950).

Schaffer, J.: Lehrbuch der Histologie. Leipzig 1933.

Sternberg, C.: Lymphknoten. In: Handbuch der pathologischen Anatomie, Bd. I, Abt. 1, S. 13. 1926.

Wassermann, F.: Fettorgan und lymphatisches System. Sitzgsber. Ges. Morph. u. Physiol. Münch. **42** (1933).

— Die Fettorgane des Menschen. Z. Zellforsch. **3**, 235 (1926).

Nerven

Adachi, B.: Das Venensystem der Japaner. Kyoto 1933.

Adrian, E. D.: J. Physiol. (Lond.) (Beitr.) **79**, 332 (1933). Zit. nach Weidmann.

Aoyagi, T.: Zur Histologie des Nervus phrenicus. Mitt. med. Fak. Tokyo **1911**.

Barry, G. E.: J. Physiol. (Lond.) **45**, 473 (1913). Zit. nach Bräucker.

Berkeley, H.: The intrinsic pulmonary nerves in mammals. J. comp. Neur. **3**, 107 (1893).

Botar, J., Afra, D., Moritz, P., Schiffmann, H., Scholz, M.: Die Nervenzellen und Ganglien des N. Vagus. Acta Austr. (Bosch) **10**, 284—314 (1950).

Bräucker, W.: Der Brustteil des vegetativen Nervensystems. Beitr. Klin. Tuberk. **66**, 1 (1927).

— Nerven der Thymus. Z. Anat. Entwickl.-Gesch. **69**, 307 (1923).

Dijkstra, C.: Lungeninnervation. Beitr. Klin. Tuberk. **92**, 445 (1939).

Dolgo-Saburoff, B.: Zur Lehre vom Aufbau des Vagussystems. I. u. II. Z. Anat. Entwickl.-Gesch. **105**, 79—93 (1935); **106**, 637—647 (1936).

Donati, Vanucci: Zit. nach Terni, T.

Elftman, A. G.: Afferent and parasympathetic innervation of lungs and trachea of dog. Amer. J. Anat. **72**, 1—27 (1943).

Farber, S.: Neuropathic pulmonary edema. Arch. Path. **30**, 180 (1940).

Felix, W.: Anatomisch-klinische Untersuchungen über den Phrenicus. Dtsch. Z. Chir. **171** (1922).

Feyler, K. P.: Quantitative Untersuchungen über die vegetativen Ganglien im Paries membranaeus der Trachea des Menschen. Anat. Anz. **117**, 371—379 (1965).

Fick, W.: Zur Kenntnis der Vagus-Sympathicus-Verbindungen unterhalb des Schädels. Klin. Wschr. **1924**.

Foerster, O.: Symptomatologie. In: Bumke-Foersters Handbuch der Neurologie, Bd. 5. 1936.

Fontaine, R.: Crisis d'œdeme argue pulmonaire chez un parapligique. Presse méd. **1940 II**, 711.

Freerksen, E.: Vegetatives Nervensystem und Lunge. Beitr. Klin. Tuberk. **103**, 384 (1950).

Fröhlich, F.: Die „helle Zelle" der Bronchialschleimhaut. Frankfurt. Z. Path. **60**, 517 (1949).

Fuchs, R. F.: Über die Innervation des Diaphragmas usw. Sitzgsber. des Dtsch. nat.-med. Ver. für Böhmen, Lotos 1898.

Gano, K.: Zur Anatomie des Nervus phrenicus. Folia anat. jap. **3**, 95 (1925).

— Zur Anatomie und Histologie des N. phrenicus. Folia anat. jap. **6**, 247 (1928).

Gasparini, F.: Sulla morfologia delle cellule metasimpatico polmonare. Arch. ital. Anat. **53**, 78 (1948).

Gaylor, J.: Intrinsic nerv mechanism of the human lung. Brain **57** (1934).

— Biol. Ber. **32**, 49.

Glaser, W.: Intraneurale Nerven der Blutgefäße der Lunge. Z. Anat. Entwickl.-Gesch. **83**, 327 (1927).

Glaser, W.: Nerven der Bronchialwand. Z. Anat. Entwickl.-Gesch. **83**, 332 (1927).
Guénin, R.: Führt der Phrenicus marklose Nervenfasern? Z. Anat. Entwickl.-Gesch. **92**, 71 (1930).
Goetze, O.: Die radicale Phrenicotomie etc. Langenbecks Arch. klin. Chir. **134**, 595 (1925).
Grzan, C. J.: Die cervicale Zwerchfellparese. Fortschr. Röntgenstr. **79**, 369—382 (1953).
Henle, J.: Handbuch der Anatomie, Bd. 3, Abt. 2, S. 472. 1871.
Hirako, G.: Über die Zellsäule der Wurzelzellen des Phrenicus. Folia anat. jap. **6**, 311 (1928).
Hirt, A.: Die Anatomischen Grundlagen des symp. und parasymp. Nervensystems. Schweiz. med. Jb. **1931**.
Hitzenberger, H.: Das Zwerchfell in gesundem und krankem Zustand. Wien 1927.
Jarisch, A., Richter, H., Thoma, H.: Zentrogenes Lungenödem. Klin. Wschr. **1939**, 1440.
Ikegami, D., Yagita, K.: Über den Ursprung des Lungenvagus. Okayami-Igakkwai-Zasshi (jap.) **1907**.
Iwama, Y.: Untersuchungen über den peripheren Bau des Nervus vagus. Folia anat. jap. **3**, 215, 281 (1925); **6**, 129 (1928).
Kadanoff, D., Gürowski, A.: Morphologie der Rezeptoren des Atmungs- und Verdauungssystems beim Menschen. Jena: G. Fischer 1963.
Kaeß: Zit. nach A. Löwen u. O. Wiedhopf, Chirurgische Behandlung der Störungen des vegetativen Nervensystems. In: Handbuch der gesamten Therapie, Bd. 4. 1926.
Kalbfleisch, H., Herklotz, K.: Lungensegmente. Z. ges. inn. Med. **1** (1946).
Klassen, K., Morton, D., Centis, G.: Clinical physiology of bronchi. Effect of vagussection. Surgery **29**, 38.
Knaut: De contractilitate pulmonum nervis vagis irritatis. Diss. Dorpat 1832.
Knowlton, G., Larrabee, M.: Analysis of pulmonari volume receptors. Amer. J. Physiol. **147**, 100 (1946).
Kuntz, A.: The development of sympathetic nervous system in man. J. comp. Neurol. **32**, 187 (1920).
Kurucz, J.: A contribution to the innervation of the pulmonal artery. Acta anat. (Basel) **34**, 305—311 (1958).
Larsell, O.: New ending in the human pleura pulm. J. comp. Neurol. **61**, 407 (1935).
— Nerve termination in the lung of the rabbit. J. comp. Neurol. **33**, 105 (1921); **35**, 47 (1923).
— Dav, R. S.: Innervation of human lung. Amer. J. Anat. **52**, 125—146 (1933).
— Mason: Experimental Degeneration of the vagus nerve. J. comp. Neurol. **33**, 509 (1921).
Leschke, W.: Experimentelle Beiträge zur Frage der segmentalen Innervation der Lunge. Z. ges. inn. Med. **7**, 769 (1952); **8**, 249 (1953).
Locchi, R.: Quelques observations sur le nerf paraphrénique. Biol. Ber. **27**, 1627 (1933).
Luckhardt, A., Carlson, A.: Studies on the visceral sensory nervous system. Amer. J. Physiol. **56**, 72—112 (1921).
Luschka, H.: Der Nervus phrenicus des Menschen. Tübingen 1853.
— Anatomie, Bd. I, Abt. 2, S. 216. 1862.
Margaria: Zit. nach Terni.
Möllgaard: Skand. Arch. Physiol. (Berl. u. Lpz.) **26**, 315 (1912). Zit. nach Bräucker.
Molhaut: Neuraxe **2** (1910). Zit. nach Bräucker.
Morin, F.: Basi anatomiche dei Reflesse dal pedunculo pulmonare. Biol. lat. (Milano) **1**, 713 (1949).
Mussgnug, H.: Der Anteil des Phrenicus an der Innervation der Brustorgane beim Hunde. Dtsch. Z. Chir. **227**, 132 (1930).
Nagaishi, Ch.: The structure of the lung. (Jap. mit engl. Beschriftung der Abb.) 2 Bde., mit N. Nagasowa, M. Yamashita, Y. Okada u. N. Inaba. Tokyo: Ikagu Shoin Ltd. 1958.
Nettesheimer, F., Köster, K.: Phrenicus und Zwerchfell. Tuberk.-Arzt H. 10 (1952).
Nonidez, J. F.: Identification of the Receptor areas in pulmonary veins. Amer. J. Anat. **61**, 203 (1937).
Okamura, Ch.: Die Ganglien der Wand der Bronchien und Alveolen. Z. mikr.-anat. Forsch. **41**, 627 (1937).
Pierach, A., Stotz, K.: Dtsch. med. Wschr. **1952**, 1344.
Ploschko, A.: Die Nervenendigungen und Ganglien der Respirationsorgane. Anat. Anz. **13**, 12 (1897).

Poirier, P.: Traité d'Anatomie V, III.

Policard, A.: Le poumon. Paris 1938.

Ponzio, F.: Le terminazion nervose nel polmone. Anat. Anz. **28**, 74 (1916).

Reinhardt, E.: Die Topik der lobären Pneumonie als Beweis ihrer Entstehung im Zentralnervensystem. Verh. dtsch. path. Ges. **1936**, 222.

Riegele, L.: Die Innervation der Hals- und Brustorgane einiger Affen. Z. Anat. Entwickl.-Gesch. **80**, 776 (1926).

Roger: Presse méd. **25**, 73 (1917). Zit. nach Bräucker.

Rohr, H.: Die Segmentinnervation des Cervicalgebietes. Wien: Springer 1963.

Romanow, A.: Über Nervenendigungen in der parietalen und visceralen Pleura bei einigen Säugetieren [Russisch]. Diss. Tomsk 1904.

Rossi, F.: L'innervazione della pleura. Arch. Zool. ital. **16**, 701 (1931).

Ruhemann, E.: Die Verlaufsvarietäten des Nebenphrenicus. Beitr. Klin. Tuberk. **59**, 553 (1924).

Sato, Y.: Über Veränderungen des Ganglion nodosum nach supra- und intraganglionärer Vagusdurchschneidung. Folia anat. jap. **11**, 335 (1933).

Spencer, H., Leof, D.: The innervation of the human lung. J. Anat. (Lond.) **98**, 599—609 (1964).

Sternschein, E.: Anastomosen zwischen Vagus und Sympathicus bei der Katze. Z. Anat. Entwickl.-Gesch. **64**, 441 (1922).

Stöhr, Ph.: Das periphere Nervengewebe. In: Handbuch der mikroskopischen Anatomie, Bd. 4/1.

Sunder-Plasmann, P.: Neurovegetative Receptorenfelder usw. Z. ges. Neurol. Psychiat. **147**, 414 (1933).

— Der Nervenapparat der menschlichen Lunge. Dtsch. Z. Chir. **250**, 705 (1938).

Terni, T.: L'innervazione del pulmone. Minerva med. **21**, 2 (1930).

Ungar, G., Grossiord, A.: C.R. Soc. Biol. (Paris) **121**, 115 (1936).

Weidmann, H., Brede, B., Bucher, K.: Die Lage der vagalen Dehnungsreceptoren in der Lunge. Helv. physiol. pharmacol. Acta **7**, 476 (1949).

Glomera

Barnard, W. G.: A paraganglion related to the Ductus arteriosus. J. Path. Bact. **58**, 631 (1946).

Becker, A. E.: The glomera in the region of the heart and great vessels. Path. europ. **1**, 410—424 (1966).

Blessing, M. H., Hora, B. J.: Glomera in der Lunge des Menschen. Z. Zellforsch. **87**, 562—570 (1968).

Comroe, J. H.: The localisation and function of chemoreceptors of the aorta. Amer. J. Physiol. **127**, 176—191 (1939).

Goohmaghtigh, N., Pannier, R., Haller, A. v.: Les paraganglions du cœur. Arch. Biol. (Liège) **50**, 455—533 (1939).

Hausmann, E.: Über die Anatomie der Herznerven. Z. Anat. Entwickl.-Gesch. **119**, 263—279 (1956).

Heyers, W.: Beitrag zur Morphologie des Glomus pulmonale. Frankfurt. Z. Path. **72**, 616—663 (1963).

Heymanns, C., Bouckaert, J. J.: Les chemorecepteurs du Sinus carotidien. Ergebn. Physiol. **41**, 28 (1939).

Hilpert, R., Barbeyu, K., Bartels, H.: Der Einfluß des Sauerstoffdruckes im venösen Mischblut. Naturwissenschaften **49**, 546 (1962).

Hollinshead, W. H.: A note on the blood supply of the supracardial bodies in the kitten. Anat. Rec. **76**, 283—290 (1940).

Hughes, Trevor: The aorticopulmonary artery of the cat its location and postnatal closure. Anat. Rec. **158**, 491—500 (1967).

Knoche, H.: Beitrag zur Gefäßversorgung der aorticopulmonalen Glomera. Z. mikr.-anat. Forsch. **74**, 283—295 (1966).

Korn, D., Bensch, K., Liebow, A., Castleman, B.: Multiple minute pulmonary tumors resembling chemodetectomas. Amer. J. Path. **37**, 641 (1960).

Krahl, V. E.: The glomus pulmonale; its location and microscopic anatomy. Ciba Foundation Symposion on Pulmonary Structure and Function. London: Churchill 1962.

— The Glomus pulmonale. A preliminary report. Bull. Sch. Med. Maryland 45, 36—38 (1960).

Liebow, A. A.: Recent advances in pulmonary anatomy. Ciba Foundation Symposion on Pulmonary Structure and Function. London: Churchill 1962.

Mostecky, H., Lichtenberg, J., Kalus, M.: A non-chromaffin paraganglion of the lung. Thorax 21, 205 (1966).

Muratori, G.: Connessioni tra tessuto paraganglionare e zone recettrici aortiche in vari mammifici. Monit. zool. ital. 45, 300—310 (1935).

Nonidez, J. F.: The aortic (depressor) nerve and its associated epitheloid body, the Glomus aorticum. Amer. J. Anat. 57, 259—302 (1962).

Penitschka, W.: Paraganglion aorticum supracardiale. Z. mikr.-anat. Forsch. 24, 24—37 (1931).

Stanula, H.: Zur Kenntnis der Lungendetektome. Thoraxchirurgie, Vaskuläre Chirurgie 16, 204—209 (1968).

Zusammenfassung der wissenschaftlichen Arbeiten von Prof. Dr. H. v. Hayek über die Lunge

Blutgefäße und Zwerchfellfascie. Anat. Anz. **75** (1932).

Cardia und Hiatus oesophageus. Z. Anat. Entwickl.-Gesch. **100** (1933).

Thorax, Atmung und Herztätigkeit, Tung-Chi Med. Monatsschrift. 1937.

Verschlußfähige Arterien in der menschlichen Lunge. Anat. Anz. **89** (1940).

Periarterielle Lymphräume. Anat. Anz. **89** (1940).

Kurzschlußkreislauf in der Lunge. Z. Anat. Entwickl.-Gesch. **110** (1940).

Läppchen und Septa interlobularia. Z. Anat. Entwickl.-Gesch. **110** (1940).

Präkapillaren und Arteriolen in der Lunge. Z. Anat. Entwickl.-Gesch. **110** (1940).

Gefäße der Lunge. Phys. med. **63** (1940).

Verengung der Bronchi und Bronchioli der Muskulatur. Wien. klin. Wschr. **54** (1941).

Lymphwege der Lunge. Anat. Anz. **90** (1940).

Muskulatur der Bronchi und Bronchioli. Phys. med. **64** (1941).

Nebenschlüsse in der Pleura. Anat. Anz. **93** (1942).

Alveolarepithelien. Anat. Anz. **93** (1942).

Kurz- und Nebenschlüsse in der Pleura. Z. Anat. Entwickl.-Gesch. **114** (1942).

Reaktionsfähigkeit der Alveolarepithelien. Wien. klin. Wschr. **1943**.

Der feinere Bau der menschlichen Lunge und ihrer Gefäße. Ergebn. Anat. Entwickl.-Gesch. **34** (1944).

Epitheloide Sperrarterien in der Neugeborenenlunge. Z. Anat. Entwickl.-Gesch. **114** (1948).

Zur Entstehung des Lungenödems. Experientia (Basel) **4** (1948).

Alveolarepithelien und Kapillaren. Wien. klin. Wschr. **26** (1948).

Lungenläppchen. Anat. Nachr. **1** (1949).

Phys. Veränderungen der Alveolarepithelzellen. Anat. Nachr. **1** (1949).

Beweglichkeit der 1. Rippe und Lungenspitze. Z. Anat. Entwickl.-Gesch. **114** (1950).

Zur Frage der Lungenmuskulatur. Wien. klin. Wschr. **28** (1950).

Die Muskulatur im Lungenparenchym. Z. Anat. Entwickl.-Gesch. **115** (1950).

Alveolarepithel und Sauerstoffangebot. Z. Anat. Entwickl.-Gesch. **115** (1951).

Funktionelle Anatomie der Lungengefäße. Verh. Ges. Kreisl.-Forsch. 1951.

Histophysiologie der Epithelien der Bronchioli und Alveolen. Verh. anat. Ges. (Jena) **41** (1951).

Bedeutung der Oberflächenspannung für die Alveolen. Arch. exp. Path. 1952.

Über flimmertragendes und sezernierendes Bronchial-Epithel. Arch. exp. Path. 1952.

Die menschliche Lunge 1. Aufl. Berlin-Göttingen-Heidelberg: Springer 1953.

Anatomisches zur Frage des Asthma. Wien. klin. Wschr. **30** (1952).

Kontraktionsfähigkeit der Lungenarterien. Z. Anat. Entwickl.-Gesch. **116** (1952).

Die menschliche Lunge und ihre Gefäße. Erg. Anat. Entwickl.-Gesch. **34** (1952).

Anatomische Grundlagen des Lungenödems. Wien. klin. Wschr. **65** (1953).

Anatomisch-physiologisches zur Frage der Staublunge. Vortrag gehalten auf der II. österr. Tagung f. Arbeitsmedizin, Wien, 1952.

Zur Funktion der Gefäßanastomosen in der Lunge. Verh. anat. Ges. **51** (1953).

Funktionell-anatomisches zur Frage der Staublunge: In: Jötten, Die Staublungenerkrankung, Bd. 2. Darmstadt: Steinkopff 1954.

Zur Frage der Staublunge. II. Österr. Tagung Arbeitsmed. 1952.

Der Einfluß von versprühter Flüssigkeit mit verschiedenem pH auf die Staubretention in der Lunge. Z. Aerosol-Forsch. **4** (1955).

La vascularisation des Bronches. Bronches **4** (1954).

Die Anatomie der Lungensegmente. Wien. med. Wschr. **105** (1955).

Die Lunge. In: Handbuch der Zoologie. Mammalia **5/8** (1956).

Die Anatomie der Brustorgane. In: Handbuch der Thoraxchirurgie. Berlin-Göttingen-Heidelberg: Springer 1956.

Zur Anatomie des Lungenkreislaufes. Wien. Z. inn. Med. **37** (1956).

Der Einfluß von Aerosolen auf die Auskleidung der Alveolen. Z. Aerosol-Forsch. **5/2** (1956).

Die Alveolarepithelien und die pulmonalen Gefäßanastomosen. In: Silikoseforschung, „Grundfragen der Silikoseforschung".

Veränderlichkeit der Mikrovilli der Alveolarepithelien. Wien. inn. Med. **38** (1957).

Struktur der die Lungenkapillaren bedeckenden Epithelhäutchen. Wien. Z. inn. Med. **38** (1957).

Anatomische Grundlagen der Lungenfunktion. Bad Oeynhausener Gespräche I. 19. bis 21. X. 1956.

Zugrundegehen und Neubildung von Mitochondrien in AEZ. Wien. klin. Wschr. **70** (1958).

Neuere Ergebnisse über Bau und Funktion des Atemorganes. Grundfunktionen. Leipzig: VEB. G. Thieme 1959.

The human lung. Übersetzung und Erweiterung des Buches. New York: Hafner Publ. Comp. 1960.

Die anatomischen Grundlagen der Atmung. Kongreß für physikalische Medizin, Friedrichsrhoda 1959.

Funktionell-anatomische Fragen zur Physiologie der Lunge. Sitzber. d. physiolog. Gesellsch. Berl. klin. Wschr. **1959**.

Neuere Ergebnisse über Bau und Funktion der Atemorgane in Grundfunktionen. Kongr. d. Ges. f. phys. Med. 1959.

Concentration of Inhaled Cerium-144 in Pulmonary Lymph Nodes of Human Beings. Nature (Lond.) **192** (1961).

Cellular structure and mucous activity in the bronchial tree and alveoles. Ciba Symposium on pulm. structure and function 1962.

Altersbestimmung der elastischen Fasern der Lunge mittels C^{14}. Anz. d. math.-naturwiss. Kl. d. ö. Akad. Wiss. 1966.

Schädlicher Raum und Atemwiderstand. Wien. klin. Wschr. **79** (1967).

Zellgrenzen der Alveolenwand. Anat. Anz., Erg. H. z. **121** (1968) (mit Stockinger).

Sachverzeichnis

Die *kursiven* Zahlen beziehen sich auf Abbildungsnummern, die **halbfetten** Zahlen beziehen sich auf Überschriften

Universitätsdruckerei H. Stürtz AG Würzburg